STRUKTUR UND EIGENSCHAFTEN
DER MATERIE
EINE MONOGRAPHIENSAMMLUNG
BEGRÜNDET VON M. BORN UND J. FRANCK
HERAUSGEGEBEN VON F. HUND-LEIPZIG UND H. MARK-WIEN
XVI

MOLEKÜLSPEKTREN

UND IHRE ANWENDUNG AUF CHEMISCHE PROBLEME

VON

DR. H. SPONER

A. O. PROFESSOR AN DER UNIVERSITÄT GÖTTINGEN
Z. ZT. UNIVERSITÄT OSLO

II
TEXT

MIT 87 ABBILDUNGEN

BERLIN
VERLAG VON JULIUS SPRINGER
1936

ISBN 978-3-642-98201-9 ISBN 978-3-642-99012-0 (eBook)
DOI 10.1007/978-3-642-99012-0

MEINEM LEHRER UND FREUNDE

JAMES FRANCK

GEWIDMET

Vorwort.

Die Untersuchungen der Atom- und Molekülspektren haben entscheidend unsere heutigen Vorstellungen vom Atom- und Molekülbau beeinflußt und diese Ergebnisse haben wiederum in fruchtbarer Weise zur Deutung zahlreicher Erscheinungen der Atom- und Molekülphysik beigetragen. Insbesondere hat sich die Verwendung spektroskopischer Ergebnisse bei der Behandlung vieler chemischer Probleme als sehr nützlich und aufschlußreich erwiesen. In dem vorliegenden Buche ist eine Darstellung der Molekülspektren unter diesem Gesichtspunkt versucht worden. Daher erfolgt sie nicht für alle Gebiete der Bandenspektren gleichmäßig; sie ist auf den für sie bestimmten Leserkreis — Experimentalphysiker und physikalische Chemiker — zugeschnitten, die an dem Gebiet der Bandenspektroskopie und den zahlreichen damit verknüpften Problemkreisen näher interessiert sind. So werden z. B. die Darstellung der energetischen Verhältnisse in Molekülen mit Hilfe von Potentialkurven, die Prädissoziation und die Zuordnung der Molekülterme zu getrennten Atomtermen verhältnismäßig ausführlich gebracht, während die Intensitätsverteilung in Einzelbanden nur kurz behandelt ist und eine Besprechung des Zeeman-Effektes wegen seiner geringen Bedeutung für die in dem Buche behandelten Fragen ganz weggelassen ist. Für die Ultrarotspektren der zweiatomigen Moleküle hat sich seit ihrer Darstellung in Band X dieser Sammlung „Das ultrarote Spektrum" von Cl. Schaefer und F. Matossi nichts Entscheidendes geändert, so daß sie sehr kurz behandelt werden. Ebenso ist auf den Raman-Effekt mit Rücksicht auf Band XII dieser Sammlung „Der Smekal-Raman-Effekt" von K. W. F. Kohlrausch nur so weit wie nötig eingegangen worden.

In dem Buche wird von theoretischen Ableitungen abgesehen. Die quantenmechanische Betrachtungsweise wird so weit auseinandergesetzt und benutzt, wie es für das Verständnis gewisser Phänomene nötig scheint. Dabei können einige in Kleindruck gebrachte Absätze von dem weniger theoretisch interessierten

Leser auch übergangen werden. Auch sonst sind öfters Beispiele und etwas ferner liegende Betrachtungen in Kleindruck gesetzt.

Fast die zweite Hälfte des Buches ist den Anwendungen spektroskopischer Ergebnisse auf eine Reihe von Problemen gewidmet, die sowohl für den Physiker wie für den Chemiker von Interesse sind. Hier kann die Verwertung spektroskopischen Materials weder für alle Abschnitte gleichmäßig stark, noch auch erschöpfend sein. Vielmehr sollen eine Reihe von Beispielen mehr als Hinweis für die Vielseitigkeit der Anwendungen dienen. Das Kapitel über Molekülanregung durch Stöße steht in loserem Zusammenhang zum Thema des Buches. Daß es trotzdem aufgenommen wurde, geschah darum, weil für eine Anwendung spektroskopischer Erfahrungen und Ergebnisse auf chemische Probleme der Kinetik eine Betrachtung der verschiedenen möglichen Energieübertragungen bei Stoßprozessen wichtig ist.

Den Schluß des Buches bildet ein Anhang zum Tabellenband, um beide Bände auf den gleichen Stand vom Herbst 1935 zu bringen.

Im Vorwort des Tabellenbandes als erstem Teil dieses Buches habe ich einer Reihe von Kollegen meinen Dank für manchen Rat und manche Hilfe ausgesprochen. Denselben Herren gilt auch diesmal mein herzlicher Dank. Besonders hervorheben möchte ich noch die hilfreiche Mitarbeit von Herrn Dr. TELLER, mit dem gemeinsam das Kapitel über mehratomige Moleküle entstanden ist. Beim Lesen der zweiten Korrektur haben mich noch die Herren Dr. LOTMAR und AARS unterstützt. Ebenso habe ich wiederum dem Verlage Julius Springer für die Erfüllung zahlreicher Wünsche und für die sorgfältige Ausstattung des Buches bestens zu danken.

Oslo (Norwegen), im November 1935.

H. SPONER.

Inhaltsverzeichnis.

Berichtigungen zum Tabellenband.

Auf S. 8 u. 10: Unten muß He_2 statt He stehen.

„ S. 22: Bei BeH^+ sind $\nu_{0,0}$ und A_0 gleich 39051 statt 39059.

„ S. 26: Bei BiH zweite Reihe von unten muß in der Kolonne „Übergang“ $B\,^1\Sigma \rightarrow A\,^1\Pi$ statt $B\,^1\Sigma \rightarrow A\,^1\Sigma$ stehen.

„ S. 104: Bei TeS_3 und P_2S_5 muß in der Kolonne „Bemerkungen“ S-Atom statt O-Atom stehen.

„ S. 137: Bei HD sind die Bezeichnungen g und u wegzulassen.

I. Kurze Einführung in die Atomspektren[1] nach der alten Quantentheorie.

§ 1. Das Atommodell und die Bohrsche Theorie.

Nachdem die Vorstellung vom Atomismus der Materie und der Elektrizität aus dem Stadium einer Arbeitshypothese in dasjenige einer durch die experimentellen Befunde wohlbegründeten Theorie getreten war, war die nächste Frage die nach einer eventuellen Struktur der Atome. Wie Versuche von Lenard über den Durchgang von Elektronen durch Materie und vor allen Dingen Untersuchungen von Rutherford und Mitarbeitern über den Durchgang von α-Teilchen durch Materie gezeigt haben, besteht ein Atom aus einem positiv geladenen Kern und aus negativ geladenen Elektronen. Der Durchmesser des Atoms ist 10^{-8} cm, der des Kerns etwa 10^{-12} cm, der des Elektrons etwa 10^{-13} cm. Die Elektronenladung beträgt $-e = -4{,}770 \cdot 10^{-10}$ elst. E*. Die Kernladung ist so groß wie die Summe aller Elektronenladungen. Sie ist gleich der Ordnungszahl des Elements im periodischen System. Aus der Deutung der Spektren ergab sich noch die Notwendigkeit, dem Elektron ein mechanisches Drehimpulsmoment (Spin, S. 9) und ein magnetisches Moment zuzuschreiben. Auch viele Kerne besitzen einen Spin (S. 80).

Der Kern hat sich ebenfalls noch als teilbar erwiesen, wie die Aussendung der aus dem Kern stammenden radioaktiven α- und β-Strahlen und schließlich die Atomzertrümmerungsversuche beweisen. Auf Unterschieden in seiner Struktur beruht das Vorhandensein von Isotopen, d. h. von Elementen gleicher Kernladungszahl, aber verschiedenem Atomgewicht.

Für das beschriebene Modell ergibt die klassische Mechanik und Elektrodynamik die Bewegungsform eines Planetensystems. Die

[1] Näheres über Atomspektren findet sich z. B. in den Büchern von Hund, F.: Linienspektren. Berlin: Julius Springer 1927. — Grotrian, W.: Graphische Darstellung der Spektren von Atomen und Ionen mit ein, zwei und drei Valenzelektronen. Berlin: Julius Springer 1928. — Pauling, L. u. S. Goudsmit: The Structure of Line-Spectra. Mc Graw Hill Book Comp. 1930. — Kuhn, H.: Atomspektren. Hand- u. Jahrb. d. chem. Phys. Bd. 9, I. Akad.Verlagsges. 1934. — Siehe auch Sommerfeld, A.: Atombau und Spektrallinien. — Ruark, A. E. u. H. C. Urey: Atoms, Molecules and Quanta.

* Siehe Anm. S. 5.

Schwerkräfte sind durch die elektrostatischen COULOMB-Kräfte ersetzt. Da aber ein solches Modell nicht stabil sein und keine scharfen Spektrallinien aussenden kann (die Elektronen müßten als umlaufende elektrische Ladungen durch elektromagnetische Ausstrahlung ständig Energie verlieren und in den Kern stürzen), stellte BOHR zwei Postulate auf. Danach ist ein atomares (bzw. molekulares) System nur in sog. stationären Zuständen existenzfähig, denen diskrete Energiewerte W entsprechen, und Energieänderungen finden nur bei Übergängen zwischen diesen Zuständen statt. Zweitens genügt hierbei ausgestrahltes oder absorbiertes Licht der Bedingung $h\nu = W_1 - W_2$, wo h das PLANCKsche Wirkungsquantum $6{,}547 \cdot 10^{-27}$ ergsec, ν die Lichtfrequenz und W_1 und W_2 die Energien der beteiligten Zustände sind. Die Anwendung der BOHRschen Frequenzbedingung und die weitere Ausgestaltung der Theorie ergaben tatsächlich beim einfachsten Atom, dem Wasserstoff, eine vollständige und erschöpfende Darstellung seines Linienspektrums. Selbst bei den komplizierten Spektren der höheren Atome ist eine weitgehende Entwirrung möglich gewesen.

Der Gedankengang der „korrespondenzmäßigen" Methode von BOHR beruht auf der Vorstellung, daß das klassische Modell nur für makroskopische Dimensionen das wirkliche Verhalten der Materie beschreibt, für atomare ihm aber nur in gewisser Weise korrespondiert, indem die klassischen Gesetze durch quantenmäßige Zusatzannahmen ergänzt bzw. ersetzt werden. Diese Zusatzannahmen beziehen sich erstens darauf, welche von den klassisch möglichen Bahnen in der Quantentheorie als stationäre Zustände auftreten. Zweitens aber beziehen sie sich auf die Häufigkeit der Quantensprünge, indem die Intensitäten der Quantenfrequenzen durch einen Vergleich mit den Intensitäten der klassischen Frequenzen ermittelt werden. Insbesondere erhält man „Auswahlregeln", die die möglichen quantenhaften Änderungen einschränken, wenn es im klassischen Modell keine Frequenz gibt, die dem betreffenden Quantenübergang korrespondiert.

Mit diesen Betrachtungen gelingt es, die wesentlichen Züge der Spektren wiederzugeben und zu einem Verständnis für den Aufbau des periodischen Systems zu gelangen. Da wir für diese Einführung nicht mehr brauchen und uns ohnehin auf eine kurze Aufzählung der Ergebnisse beschränken müssen, soll die BOHRsche Theorie diesem einleitenden Kapitel zugrunde gelegt werden. Es sei aber schon an dieser Stelle gesagt, daß sie für eine exakte Beschreibung der atomaren Vorgänge nicht völlig ausreicht. Die Theorie ist im ganzen nur als Vorstufe zur neuen Quantenmechanik zu betrachten. Wegen ihrer Anschaulichkeit werden wir aber auch bei den Molekülen vielfach die einfache modellmäßige Beschreibung verwenden.

§ 2. Die allgemeinen spektroskopischen Gesetze.

In diesem Paragraph seien die wichtigsten Begriffe der Spektroskopie und die allgemeinen Gesetze der Spektren kurz zusammengestellt.

Glühende feste Körper besitzen ein kontinuierliches Spektrum, Gase dagegen ein Linien- oder Bandenspektrum. (Von einzelnen kontinuierlichen Gebieten wird jetzt abgesehen.) Atome senden ein Linienspektrum, Moleküle ein Bandenspektrum aus. Das Spektrum erscheint in Emission, wenn der Körper „angeregt" wird, z. B. durch elektrische Entladung im Entladungsrohr oder durch sehr hohe Temperatur, etwa in der Flamme. Die sog. Bogenspektren werden von neutralen, Funkenspektren von ionisierten Atomen ausgesandt. Damit ist natürlich nicht behauptet, daß im Bogen nur Spektren neutraler Atome auftreten können, doch ist es vorzugsweise der Fall. Entsprechendes gilt für die Funkenspektren. Man erhält das Spektrum in Absorption, wenn der Körper mit Licht von kontinuierlicher Wellenlängenverteilung durchstrahlt wird. Die Lage einer Linie (oder Bande) eines Spektrums gibt man durch ihre Wellenlänge λ an (in Luft oder Vakuum). Sie wird in ÅNGSTRÖM-Einheiten gemessen (1 Å $= 10^{-8}$ cm) oder in Wellenzahlen $\nu = \frac{1}{\lambda_{\text{vac}}}$ (Einheit cm^{-1})[1].

Charakteristisch für viele Atomspektren ist, daß sich ihre Linien in sog. Serien ordnen lassen. Unter einer Serie versteht man allgemein eine Folge von Spektrallinien, die mit abnehmender Wellenlänge gesetzmäßig näher aneinanderrücken und gegen eine endliche Grenzwellenlänge konvergieren. Das Gesetzmäßige findet seinen Ausdruck in der Aufstellung einer Serienformel. Die erste

---

[1] Die *Wellenzahl* $\frac{1}{\lambda_{\text{vac}}}$ unterscheidet sich von der *Frequenz* ν durch den Faktor c (Lichtgeschwindigkeit) $\frac{1}{\lambda_{\text{vac}}} = \frac{\nu}{c}$. Leider wird in der Spektroskopie allgemein für die Frequenz und Wellenzahl der gleiche Buchstabe ν verwandt.

Serienformel hat BALMER im Jahre 1885 für die vier im Sichtbaren liegenden Wasserstofflinien H_α 6563 Å, H_β 4861 Å, H_γ 4340 Å, H_δ 4102 Å aufgestellt. Wir schreiben die BALMERsche Formel heute folgendermaßen

$$\nu = \frac{1}{\lambda} = R\left(\frac{1}{4} - \frac{1}{n^2}\right).$$

Dabei bedeutet R die Zahl 109678 (in cm^{-1}) (RYDBERG-Konstante, s. später) und n durchläuft die ganzen Zahlen von 3 ab. Außer dieser Serie sind noch vier weitere Wasserstoffserien bekanntgeworden, die ähnlichen Gesetzen gehorchen, so daß sich allgemein alle Wasserstofflinien durch die Formel

$$\nu = R\left(\frac{1}{m^2} - \frac{1}{n^2}\right) \tag{1}$$

darstellen lassen. Die Größen $T = \frac{R}{m^2}$ bzw. $T = \frac{R}{n^2}$ nennen die Spektroskopiker Terme. Es hat sich dann gezeigt, daß die Darstellung durch Differenzen zweier Terme (die im allgemeinen etwas kompliziertere Ausdrücke als beim H bilden) streng für alle bisher bekannten Spektren gilt, d. h. alle Linien lassen sich als Kombinationen zwischen zwei Termen auffassen. Diese Regel von allgemeinster Bedeutung wird nach ihren Entdeckern das RYDBERG-RITZsche Kombinationsprinzip genannt.

Eine physikalische Deutung der Terme ergibt sich mit Hilfe der BOHRschen Frequenzbedingung

$$h\nu = W_1 - W_2. \tag{2}$$

Die Terme entsprechen den verschiedenen Zuständen des Atoms. Messen wir ν wieder in Wellenzahlen, wie es in der Spektroskopie üblich ist, und wie wir es in den Serienformeln getan haben, so lautet die BOHRsche Frequenzbedingung

$$\nu = \frac{W_1}{hc} - \frac{W_2}{hc}, \tag{2 a}$$

d. h. der *Termwert* ist gleich dem durch hc dividierten *Energiewert* des betreffenden Quantenzustandes. Daß tatsächlich die mit hc multiplizierten Terme Energien sind, ist durch die Elektronenstoßuntersuchungen von FRANCK und HERTZ bewiesen (s. auch Kapitel VI).

Ein paar Worte müssen noch über die zahlenmäßige Festlegung der Termwerte gesagt werden. Die Energiewerte W sind nur bis auf eine beliebige additive Konstante bestimmt, mithin auch die Termwerte, die ja bis auf einen Faktor auch Energiemaße sind. Es laufen zwei Zählweisen nebeneinander her. Einmal sind die Absolutwerte der Terme derart festgelegt worden, daß der Termwert $T = 0$ und der Energiewert $W = 0$ dem ionisierten Zustand zukommen. Von diesem Nullzustande aus entstehen die übrigen Quantenzustände durch Anlagerung des abgetrennten Elektrons an den Atomrumpf. Bei dieser Zählung werden die Energiewerte negativ. Die Termwerte rechnet man aber als positive Größen, indem man den Ansatz $T = -\frac{W}{hc}$ macht. Nach dieser Zählung sind die Größen W die *Ionisierungsarbeiten* für die *einzelnen Quantenzustände* des Atoms. Die andere Zählweise geht von der Überlegung aus, welche Energiebeträge dem Atom *zugeführt* werden müssen, um das Elektron in höhere, in „angeregte" Zustände zu bringen. In dieser Zählung wird dem Normalzustand der Energiewert 0 zugeordnet und die höchste Energie dem Term, der der Abtrennung des Leuchtelektrons entspricht. Er gibt die *Ionisierungsarbeit des Atoms* an.

Die erste Zählung wird hauptsächlich bei der Seriendarstellung benutzt, die zweite mehr bei den komplizierteren Spektren, in denen eine Einordnung in Serien noch nicht gelungen ist.

Aus dem oben Gesagten geht hervor, daß man den Termwert angeben kann zur Charakterisierung der Energie des entsprechenden Zustandes, obgleich seine Dimension cm^{-1} ist. In den Elektronenstoßuntersuchungen wird als Energiemaß das Elektronenvolt (e-Volt) benutzt. Das ist die kinetische Energie eines Elektrons, das durch eine Potentialdifferenz von 1 Volt beschleunigt worden ist. Der Chemiker wiederum rechnet in kcal/Mol. Folgende Zahlen seien zur Umrechnung mitgeteilt:

Die Wellenzahl $\nu = 1$ entspricht der Frequenz $\nu = 3.10^{10}$ und der Energie $h\nu = 6{,}55 \; 10^{-27} \cdot 3.10^{10} = 1{,}96 \cdot 10^{-16}$ erg.

1 e-Volt entspricht $1{,}591 \cdot 10^{-12}$ erg und 1 kcal/Mol entspricht $6{,}90 \cdot 10^{-14}$ erg/Molekül[1].

Daher:

1 e-Volt $\sim$ 23,05 kcal/Mol $\sim$ 8106 cm^{-1} $\sim$ $1{,}591 \cdot 10^{-12}$ erg/Molekül.

---

[1] Hierbei ist als Loschmidtsche Zahl N der von R. T. Birge [Rev. Mod. Phys. Bd. 1 (1929) S. 1; Physic. Rev. Bd. 40 (1930) S. 228] angegebene Wert $6{,}064 \cdot 10^{23}$ unter Zugrundelegung eines e-Wertes von $4{,}770^{-10}$ el. st. E. benutzt worden. Neuerdings geben Birge und McMillan [Physic. Rev. Bd. 47 (1935) S. 330] als besten Wert $4{,}780 \cdot 10^{-10}$ an.

§ 3. Spektren von Atomen mit einem Valenzelektron[1].

Die hauptsächlichsten Vertreter sind die Spektren von H, He^+ und der Alkalien. Ferner gehören hierher die Funkenspektren der Erdalkalien, die Bogenspektren von Cu, Ag, Au und andere.

Wasserstoff und ionisiertes Helium besitzen überhaupt nur ein Elektron. Kern und Elektron ziehen sich nach dem COULOMBschen Gesetze an. Wird in erster Näherung der Kern als ruhend angesehen, dann beschreibt das Elektron nach der klassischen Theorie eine beliebige Ellipse um den Kern als dem einen Brennpunkt. Auf welche Weise die BOHRsche Theorie eine Auswahl aus diesen möglichen Bahnen trifft und wie die Serienformeln des Wasserstoffspektrums nach diesen Modellvorstellungen abgeleitet werden, bringt heute jedes Lehrbuch der Atomtheorie, so daß hier auf eine Wiederholung verzichtet werden kann. Erwähnt sei nur, daß die Energie des Systems nur von der großen Achse, nicht von der Exzentrizität der Ellipse abhängt. Das ist der Grund, weshalb die Darstellung des Spektrums mit einer einzigen Quantenzahl n gelingt:

$$\nu = \frac{1}{\lambda} = \frac{2\pi^2 e^2 m^4}{h^3 c}\left(\frac{1}{n_1^2} - \frac{1}{n_2^2}\right).$$

Hier ist e = Ladung und m = Masse des Elektrons. n heißt Hauptquantenzahl. Der Faktor vor der Klammer ist gleich $1{,}09 \cdot 10^5\ \mathrm{cm}^{-1}$, d. h. bis auf die letzte nicht mehr sichere Stelle gleich dem empirischen Werte $R = 109678\ \mathrm{cm}^{-1}$. Diese Übereinstimmung war der erste große Erfolg der BOHRschen Atomtheorie. Von ihrem Standpunkt aus erscheint also im Wasserstoffemissionsspektrum die BALMER-Serie durch einen zweiquantigen Endzustand ($n_1 = 2$) charakterisiert; H_α entsteht durch Übergang von einem dreiquantigen ($n_2 = 3$) in den zweiquantigen Zustand. Entsprechend sind die übrigen Serien aufzufassen. Zur Veranschaulichung zeichnet man sich die verschiedenen Terme oder Energiezustände eines Atoms in einem Diagramm auf und deutet die Übergänge, d. h. die Spektrallinien durch Striche zwischen den in Frage kommenden Termen an. Als Beispiel ist in Abb. 1 das Wasserstoffspektrum in dieser Weise aufgetragen. Die Dicke der Linien ist ein ungefähres Maß

[1] Das Zahlenmaterial der Atomspektren findet sich in den Tabellenwerken: F. PASCHEN u. R. GÖTZE: Seriengesetze der Linienspektren. Berlin 1922. — A. FOWLER: Report on Series in Line Spectra. London 1922. — W. GROTRIAN: Graphische Darstellung der Spektren, Teil II. Berlin: Julius Springer 1928. — R. F. BACHER u. S. GOUDSMIT: Atomic Energy States, Mc Graw-Hill Company 1932.

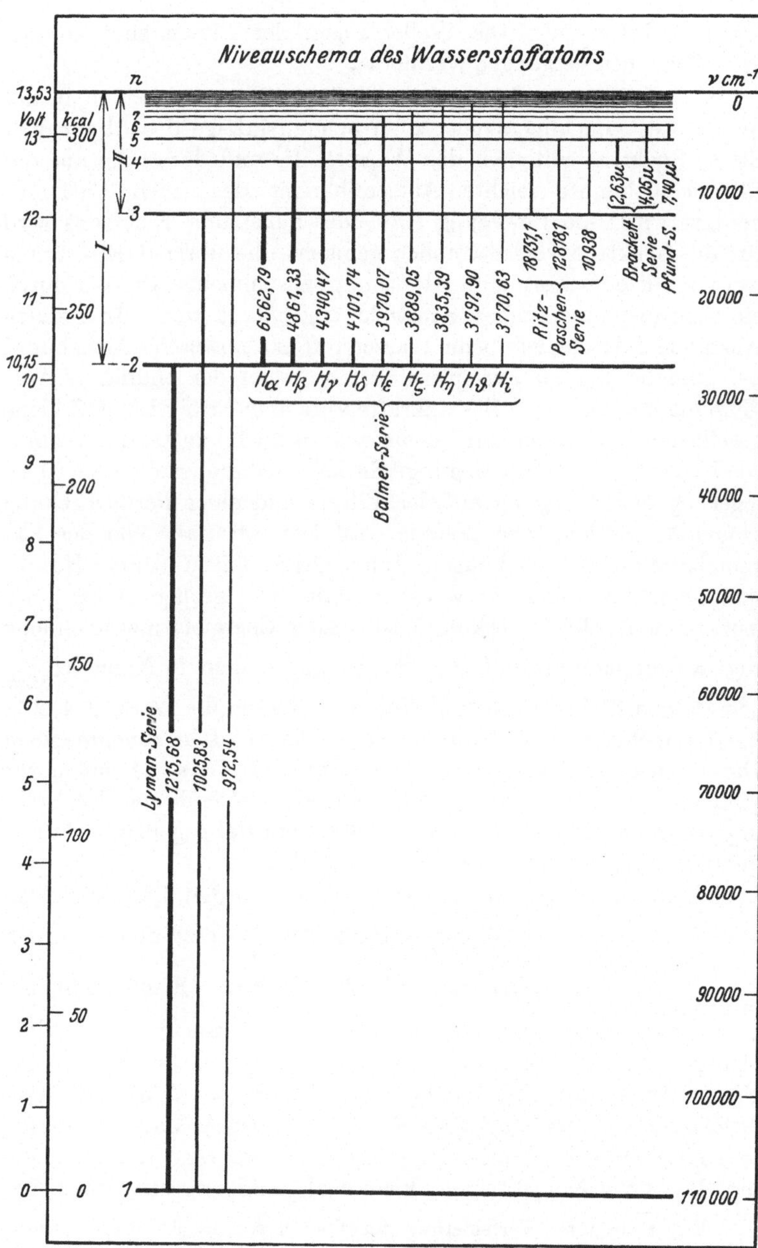

Abb. 1. (Aus GROTRIAN: Graphische Darstellung der Spektren, II.)

für ihre Intensität. Die Wellenlängen der Linien sind an den betreffenden Übergängen vermerkt.

Für die Beschreibung der Alkalispektren benutzt man das Modell des Leuchtelektrons, zu dem man infolge der Ähnlichkeit dieser Spektren mit dem des Wasserstoffs und durch die aus der Chemie bekannte leichte Abtrennbarkeit des einen Elektrons geführt wird: die Bewegung *eines* (des äußersten) Elektrons wird für die Spektren verantwortlich gemacht, die übrigen Elektronen werden mit dem Kern zum Atomrumpf zusammengefaßt, der durch ein zentralsymmetrisches Kraftfeld angenähert wird. In großem Abstande herrscht wie beim Wasserstoff COULOMBsche Anziehung; bei Annäherung an den Kern treten wegen der endlichen Ausdehnung des Rumpfes Zusatzkräfte auf. Der Erfolg ist, daß keine geschlossene Ellipsenbahn mehr wie beim H zustande kommt, sondern eine Rosettenbewegung. Sie kann näherungsweise als Überlagerung der Bewegung auf der Ellipse und einer Periheldrehung aufgefaßt werden. Die Energie wird jetzt ebenfalls von der Exzentrizität der Bahn abhängen. Infolgedessen tritt außer der Hauptquantenzahl n, die auch weiterhin mit der „großen Achse" der (rotierenden) Ellipse verknüpft ist, in der Energieformel noch eine sog. Nebenquantenzahl l auf. Sie ist gleich dem in Einheiten $\frac{h}{2\pi}$ gemessenen Elektronenbahndrehimpuls. l kann die Werte $0, 1, 2 \ldots n-1$ annehmen, wobei mit zunehmendem l (d. h. zunehmendem Drehimpuls) die Exzentrizität abnimmt. Für $l = n - 1$ haben wir schließlich eine Kreisbahn, die Exzentrizität ist Null und der Drehimpuls und somit l haben ihren größten, mit der gegebenen Hauptquantenzahl n verträglichen Wert erreicht.

Für die Abhängigkeit des Termwertes von den Quantenzahlen haben wir statt der Wasserstoff-Formel $\frac{R}{n^2}$ jetzt den Ausdruck $\frac{R}{[n+f(l)]^2} = \frac{R}{n^{*2}}$, wobei man n^* als effektive Quantenzahl bezeichnet, die natürlich nicht ganzzahlig zu sein braucht. Gewöhnlich benutzt man (hauptsächlich aus historischen Gründen) für die Nenner $[n+f\,(0)]^2$, $[n+f\,(1)]^2$, $[n+f\,(2)]^2$, $[n+f\,(3)]^2$ die Ausdrücke $(m+s)^2$, $(m+p)^2$, $(m+d)^2$, $(m+f)^2$ usw.[1]. Dabei ist m, die sog. Laufzahl des Terms, eine ganze Zahl, während s, p, d, f, die sog. RYDBERG-Korrektionen, kleiner al 1 und negativ sind. Die

[1] Wegen weiterer Verfeinerung der Formel s. z. B. F. HUND: Linienspektren, S. 34.

Buchstaben s, p, d, f werden auch zur Bezeichnung der Terme verwandt. BOHR hat durch „korrespondenzmäßigen“ Vergleich der quantenmäßigen Ausstrahlung mit dem klassischen Strahlungsvorgang gezeigt, daß l sich bei Lichtemission (oder Absorption) nur um ± 1 ändern kann. D. h. es finden nur $s \leftrightarrow p$, $p \leftrightarrow d$, $d \leftrightarrow f, \ldots$ -Übergänge statt.

Das bisher diskutierte Termschema der Alkalien enthält eine Vereinfachung. In Wirklichkeit sind alle Terme bis auf die s-Terme doppelt. Zur Erklärung dieser Tatsache müssen die benutzten einfachen modellmäßigen Vorstellungen erweitert werden. Das geschieht dadurch, daß man zu den zwei bereits genannten Größen, die den Zustand bestimmt haben (große Achse der Ellipse und Bahndrehimpuls) eine weitere hinzunimmt.

Als mit allen Erfahrungen im Einklang erwiesen hat sich die Hypothese von GOUDSMIT und UHLENBECK[1], daß das Elektron einen inneren Drehimpuls $\mathfrak{s}$ besitzt, der den Wert hat:

$$|\mathfrak{s}| = s\frac{h}{2\pi} = \frac{1}{2}\frac{h}{2\pi}. \tag{3}$$

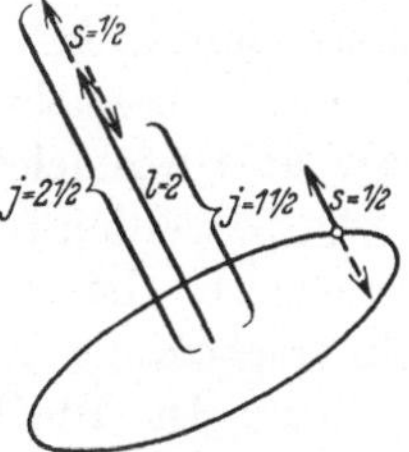

Abb. 2. Zusammensetzung der Drehimpulse l und $\mathfrak{s}$.

Das mechanische Impulsmoment wird Spin genannt und das Elektron als spinning electron oder Kreiselelektron bezeichnet. Im Magnetfelde sind für den Spinvektor die beiden Einstellungen möglich, bei denen die dem Feld parallele Drehimpulskomponente $+\frac{1}{2}$ und $-\frac{1}{2}$ $\left(\text{in Einheiten } \frac{h}{2\pi}\right)$ ist. Zwischen dem Magnetfeld, das durch den Umlauf um den Atomrumpf erzeugt wird, also vom Bahnimpuls herrührt, und dem magnetischen Moment des Elektrons herrscht eine Wechselwirkung. Infolgedessen setzen sich der Eigendrehimpuls des Elektrons $\frac{1}{2}\frac{h}{2\pi}$ und sein Bahndrehimpuls $l \cdot \frac{h}{2\pi}$ vektoriell zum Gesamtdrehimpuls (Gesamtimpulsmoment) $j\frac{h}{2\pi} = \left(l + \frac{1}{2}\right)\frac{h}{2\pi}$ und $\left(l - \frac{1}{2}\right)\frac{h}{2\pi}$ zusammen und diesem entspricht die „innere“ Quantenzahl j (Abb. 2). Man erhält also für jeden Wert von l, der nicht 0 ist, zwei Werte von j, nämlich $j = l + \frac{1}{2}$ und $j = l - \frac{1}{2}$, je nachdem ob die Richtung des

[1] GOUDSMIT, S. u. G. E. UHLENBECK: Naturwiss. Bd. 13 (1925) S. 593; Physica Bd. 6 (1926) S. 273.

Drehimpulses der Eigenrotation mit der Richtung des Drehimpulses $\mathfrak{l}$ zusammenfällt oder ihr entgegengesetzt ist. Wir erwarten doppelte Terme, Dubletts. Die Einfachheit des s-Terms wird dadurch erklärt, daß für ihn $l = 0$ gesetzt wird. Dann ist nur ein Wert $j = \frac{1}{2}$ möglich. Für j gilt die Auswahlregel $\Delta j = 0$ oder ± 1. Die Eigendrehimpulse der Rumpfelektronen geben keinen Beitrag, da ihre vektorielle Resultierende 0 ist.

Auch in komplizierteren Spektren hat man ähnliche Dublettsysteme gefunden, die man formal durch zwei Quantenzahlen l und j beschreiben kann. Sie haben aber dann eine andere modellmäßige Bedeutung, auf die im nächsten Paragraphen eingegangen wird. Wir wollen jedoch hier bereits die auch die komplizierteren Fälle umfassende jetzt allgemein gebräuchliche Bezeichnungsweise einführen. Die Terme werden mit den Buchstaben S, P, D, F, ... bezeichnet, die der Bahndrehimpulssumme 0, 1, 2, 3, ... usw. *aller* Atomelektronen entsprechen. Die kleinen Buchstaben s, p, d, f, ... werden für die Bahndrehimpulse der einzelnen Elektronen reserviert. Ist nur *ein* Valenzelektron vorhanden, so wird die Unterscheidung zwischen kleinen und großen Buchstaben unwichtig. Die Multiplizität (Anzahl der Zustände, die sich nur durch verschiedene Einstellung des Elektronenspins unterscheiden) wird durch eine links oben an den Termbuchstaben gesetzte Zahl bezeichnet; die innere Quantenzahl wird an die einzelnen Terme des Multipletts rechts unten angehängt. Wo es zur Unterscheidung notwendig ist, kann die Laufzahl (die oben mit m bezeichnet wurde) vor das Ganze gesetzt werden, z. B. bedeutet $2\,{}^2P_{3/2}$ einen Dublett-P-Term mit $j = \frac{3}{2}$ und der Laufzahl 2. Die D_1-Linie des Na schreibt man z. B. $1\,{}^2S_{1/2} - 2\,{}^2P_{3/2}$[1]. Die Größe $T = \frac{R}{(m+p)^2}$ wird also auch durch das Symbol mP gekennzeichnet.

Die folgende Abb. 3 gibt das Termschema des Kaliums mit den hauptsächlichsten Linien. Die Dicke der Linien ist wieder ein ungefähres Maß für ihre Intensität. Die Symbole, die sich auf das Atom und auf das Elektron beziehen, sind in leicht erkenntlicher Weise angegeben. Zu erklären bleibt noch die Skala rechts außen, die mit $\sqrt{\frac{R}{\nu}}$ überschrieben ist. Sie bedeutet die empirischen

[1] Da der S-Term trotz seiner Einfachheit mit zum Dublettsystem gerechnet wird, schreibt man ${}^2S$ statt ${}^1S$.

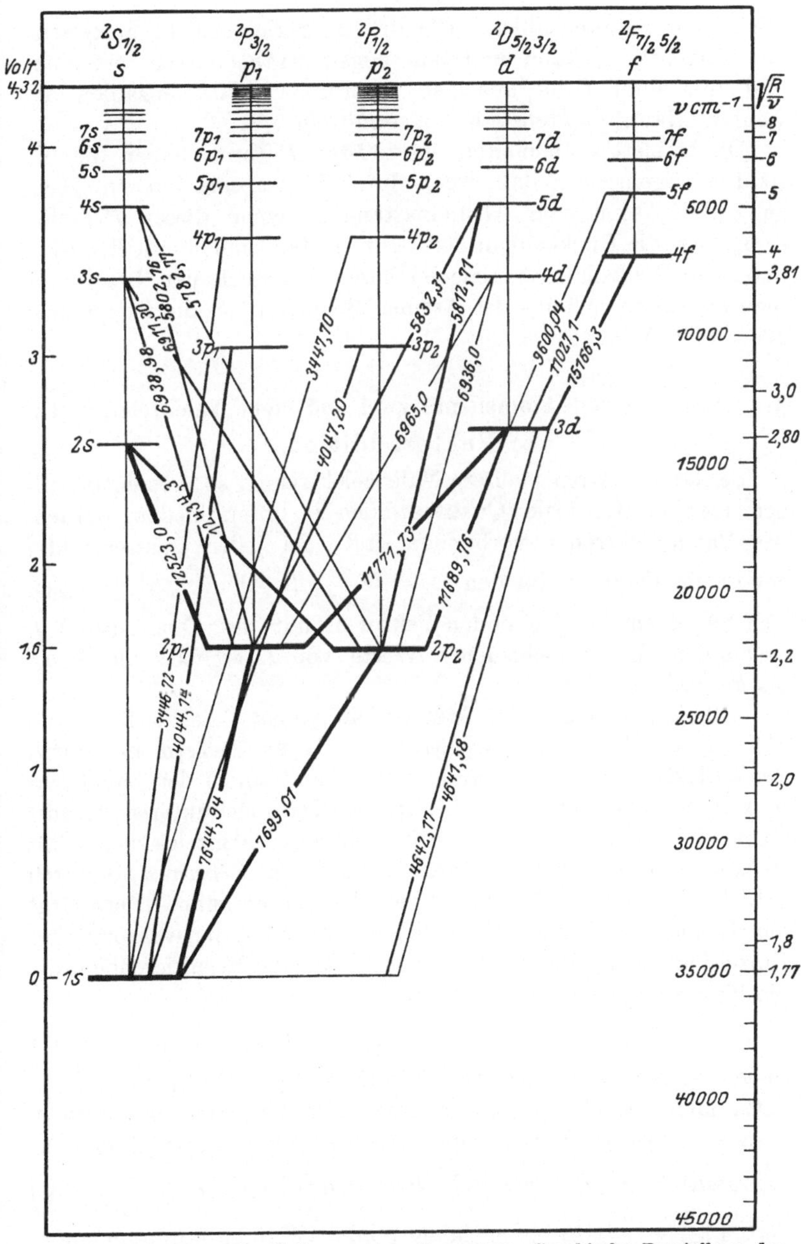

Abb. 3. Termschema des Kaliums. (Aus GROTRIAN: Graphische Darstellung der Spektren, II.)

effektiven Quantenzahlen. Die in den Serienformeln auftretenden Korrektionen kann man näherungsweise theoretisch berechnen und mit ihrer Hilfe aus den empirischen Quantenzahlen die wahren Hauptquantenzahlen n ermitteln.

Die Dublettkomponenten des tiefsten P-Terms haben die besondere Eigenschaft, daß, wenn durch Lichtabsorption ein Übergang des Atoms vom Grundzustand in einen dieser P-Terme erfolgt ist, die Rückkehr in den Grundzustand nur durch Emission derselben Wellenlänge geschehen kann. Solche Linien bezeichnet man als Resonanzlinien des Atoms. Beim K ist es die Doppellinie 7645/7699 Å.

§ 4. Spektren von Atomen mit zwei und mehr Valenzelektronen.

a) Vektoraddition.

Besitzt ein Atom mehrere Valenzelektronen, so müssen im allgemeinen ebenso viele Quantenzahlen l_i unterschieden werden, wie Valenzelektronen vorhanden sind. Zu jeder Quantenzahl l gehört ein Vektor $\mathfrak{l}$, für den $|\mathfrak{l}| = l \cdot \frac{h}{2\pi}$ gilt. Alle Vektoren $\mathfrak{l}$ setzen sich zu einem resultierenden Vektor $\mathfrak{L}$ mit der Quantenzahl L zusammen. Die verschiedenen Werte von L ergeben die S, P, D, F usw. -Terme.

Während also bei den Atomen mit *einem* Valenzelektron ein P-Term nur durch *ein* p-Elektron ($l = 1$), ein D-Term nur durch *ein* d-Elektron ($l = 2$) zustande kommt und somit der Bahndrehimpuls des Valenzelektrons bereits den Term charakterisiert, entsteht der Bahndrehimpuls bei *mehreren* Valenzelektronen als Resultierende einzelner Vektoren, so daß ein P-Term z. B. durch p-Elektronen oder d-Elektronen gebildet werden kann. Hierin liegt der Grund, die kleinen Buchstaben für die Impulsvektoren der Einzelelektronen, die großen hingegen für die Resultierenden, die die Terme ergeben, zu reservieren.

Jedem Valenzelektron ist ferner eine Quantenzahl $s_i = \frac{1}{2}$ für seinen eigenen Drehimpuls (Eigenrotation, Spin, Drall) zuzuordnen. Setzt man alle Vektoren, die diesen Quantenzahlen entsprechen, zusammen, so erhält man einen resultierenden Vektor $\mathfrak{S}$ mit der Quantenzahl S. Bei zwei Valenzelektronen ist sie 0 $\left(\frac{1}{2} - \frac{1}{2} = 0\right)$ oder 1 $\left(\frac{1}{2} + \frac{1}{2} = 1\right)$, je nachdem ob die Vektoren $\mathfrak{s}_i$ untereinander parallel oder antiparallel sind. Für jedes einzelne Elektron bestehen nämlich wieder je nach dem Umlaufssinn der Rotation zwei mögliche Richtungen des Impulsvektors, die entgegengesetzt sind. Allgemein ist bei z Elektronen die resultierende Quantenzahl S

$$S = \frac{1}{2}, \frac{3}{2}, \frac{5}{2}, \ldots \frac{z}{2} \quad \text{bei ungeradem } z,$$

$$S = 0, 1, 2, \ldots \ldots \frac{z}{2} \quad \text{bei geradem } z.$$

Genau wie früher werden jetzt die beiden resultierenden Quantenzahlen L und S vektoriell zusammengesetzt. Man erhält den Gesamtdrehimpuls des Atoms mit der inneren Quantenzahl J. Während aber früher $\Delta l = \pm 1$, aber nicht 0 sein konnte, gilt jetzt $\Delta L = 0, \pm 1$; dabei bleibt aber $\Delta l = \pm 1$ bestehen. Für J gilt das gleiche Auswahlprinzip wie für j, d. h. es kann sich um ± 1 oder 0 ändern. Der Übergang $0 \rightarrow 0$ ist jedoch verboten. Für S gilt bei leichten Elementen $\Delta S = 0$.

b) Multiplizitäten.

Die innere Quantenzahl J bzw. S bestimmt die Multiplizität der Terme. Der größte Wert von J ist $L + S$. Die übrigen möglichen Werte sind alle Zahlen, die um eine ganze Zahl kleiner als $L + S$, aber nicht kleiner sind als $|L - S|$.

Mit $L = 0$ erhalten wir stets einen einfachen Term, mit $L = 1$ höchstens einen dreifachen, mit beliebigem L höchstens einen $2L + 1$fachen. Mit $S = 0$ erhalten wir Singuletts, mit $S = \frac{1}{2}$ höchstens Dubletts, mit beliebigem S Multipletts mit höchstens $2S + 1$ Termen. Die maximale Multiplizität des Spektrums bei gegebenem S ist danach durch $2S + 1$ bestimmt. Bei der Bezeichnung der Terme wird gewöhnlich diese maximale und nicht die tatsächliche Multiplizität verwandt. Ist daher z. B. $L = 0$ und $S = \frac{1}{2}$, so spricht man von einem Dublett-S-Term und bezeichnet ihn mit ^2S. Da S halbzahlig bei ungerader Valenzelektronenzahl und ganzzahlig bei gerader Elektronenzahl ist, wechseln im periodischen System gerade und ungerade Multiplizitäten miteinander ab. Wenn $L < S$ ist, ist die tatsächlich vorkommende Multiplizität kleiner als die maximale. Übergänge zwischen Termen gleicher Multiplizität sind wesentlich stärker als solche zwischen Termen verschiedener Multiplizität, sog. Interkombinationen. Wenn innerhalb eines Multipletts die Komponente mit dem kleinsten

J-Wert am tiefsten liegt, dann spricht man von regelrechter Termlage. Bei anderer Anordnung spricht man von „verkehrten“ Termen.

Man unterscheidet noch „gerade“ und „ungerade“ Terme. Für die ersteren ist die gewöhnliche algebraische (nicht vektorielle!) Summe Σl_i für alle Elektronen eine gerade Zahl; für die anderen ist Σl_i ungerade. Es kombinieren (bei Abwesenheit äußerer Felder) nur gerade mit ungeraden Termen und umgekehrt. Ganz nützlich ist folgende Tabelle, die die möglichen Werte von J bei vorgegebenem L und S und die maximale Multiplizität der sich daraus ergebenden Terme wiedergibt.

Tabelle 1. Die möglichen Werte von J bei gegebenen Werten von L und S.

	$L=0$	$L=1$	$L=2$	$L=3$	Maximale Multiplizität bei gegebenem S
$S=0$	0	1	2	3	Singuletts
$S=\frac{1}{2}$	$\frac{1}{2}$	$\frac{1}{2}\ \frac{3}{2}$	$\frac{3}{2}\ \frac{5}{2}$	$\frac{5}{2}\ \frac{7}{2}$	Dubletts
$S=1$	1	0 1 2	1 2 3	2 3 4	Tripletts
$S=\frac{3}{2}$	$\frac{3}{2}$	$\frac{1}{2}\ \frac{3}{2}\ \frac{5}{2}$	$\frac{1}{2}\ \frac{3}{2}\ \frac{5}{2}\ \frac{7}{2}$	$\frac{3}{2}\ \frac{5}{2}\ \frac{7}{2}\ \frac{9}{2}$	Quartetts
$S=2$	2	1 2 3	0 1 2 3 4	1 2 3 4 5	Quintetts
$S=\frac{5}{2}$	$\frac{5}{2}$	$\frac{3}{2}\ \frac{5}{2}\ \frac{7}{2}$	$\frac{1}{2}\ \frac{3}{2}\ \frac{5}{2}\ \frac{7}{2}\ \frac{9}{2}$	$\frac{1}{2}\ \frac{3}{2}\ \frac{5}{2}\ \frac{7}{2}\ \frac{9}{2}\ \frac{11}{2}$	Sextetts
$S=3$	3	2 3 4	1 2 3 4 5	0 1 2 3 4 5 6	Septetts
$S=\frac{7}{2}$	$\frac{7}{2}$	$\frac{5}{2}\ \frac{7}{2}\ \frac{9}{2}$	$\frac{3}{2}\ \frac{5}{2}\ \frac{7}{2}\ \frac{9}{2}\ \frac{11}{2}$	$\frac{1}{2}\ \frac{3}{2}\ \frac{5}{2}\ \frac{7}{2}\ \frac{9}{2}\ \frac{11}{2}\ \frac{13}{2}$	Oktetts
Maximale Multiplizität bei gegebenem L	Singuletts	Tripletts	Quintetts	Septetts	

Für die Frequenzintervalle innerhalb eines Multipletts gelten einfache Zahlenbeziehungen, auf die hier nicht näher eingegangen werden soll.

c) Beispiele: Erdalkalien und Helium.

Zu den Spektren mit zwei Valenzelektronen gehören die Bogenspektren der Erdalkalien, ferner diejenigen von Zn, Cd, Hg und insbesondere von He, außerdem eine Reihe von Funkenspektren. Es treten bei ihnen zwei Termsysteme auf, von denen eins aus Einfachtermen und das zweite aus Tripletttermen besteht. Da man bei He zwischen den beiden Termsystemen keine Interkombinationen kannte[1], nahm man ursprünglich an, daß Heliumgas aus zwei verschiedenen Elementen, Parhelium und Orthohelium bestehe. Diese Namen haben sich für die Kennzeichnung der Atomzustände der beiden Systeme erhalten. Das Parhelium stellt das Singulettsystem dar, das Orthohelium das Triplettsystem; von seinen drei Termkomponenten sind aber zwei so eng benachbart, daß ihre Auflösung erst neuerdings möglich war. Das Auftreten zweier Termsysteme kann nach dem vorher Gesagten formal durch die verschiedene Einstellung der Spinvektoren der beiden Valenzelektronen, die $S = 0$ und $S = 1$ liefert, erklärt werden. Als Leuchtelektron kommt aber nur das eine Elektron in Frage, das andere ist beim Zustandekommen des gewöhnlichen Spektrums in einem s-Zustande und hat $l = 0$.

Es möge hier schon gesagt werden, daß der große Abstand der Singuletterme von den entsprechenden Tripletttermen durch die Wechselwirkung zwischen den Spinvektoren der beiden Elektronen nicht befriedigend erklärt werden kann, denn modellmäßig ist eine so große magnetische Wechselwirkung nicht zu verstehen. Hier hat erst die Quantenmechanik ein Verständnis gebracht (S. 37).

§ 5. Quantelung im äußeren Felde.

a) Magnetfeld (ZEEMAN-Effekt)[2].

Äußere Felder haben je nach ihrer Stärke verschiedenen Einfluß auf die im Atom vorhandenen Drehimpulse. Ein *schwaches Magnetfeld*

[1] Eine von TH. LYMAN [Nature, Lond. Bd. 110 (1922) S. 278; Astroph. J. Bd. 60 (1924) S. 1] als Interkombinationslinie gedeutete schwache Linie gehört nach H. B. DORGELO und J. H. ABBINK [Z. Physik Bd. 37 (1926) S. 667] wahrscheinlich dem Ne an.

[2] Der Einfluß eines Magnetfeldes auf die Aussendung von Spektrallinien wurde 1896 von ZEEMAN entdeckt. Man unterschied einen normalen und einen anomalen ZEEMAN-Effekt, da nur der erste sich nach der klassischen Theorie beschreiben ließ. Beim normalen ZEEMAN-Effekt treten bei transversaler Beobachtung (d. h. $\perp$ zum Magnetfeld) neben der ursprünglichen Linie zwei weitere Linien rechts und links von ihr im gleichen Abstand auf. Alle Linien sind linear polarisiert. Beim Longitudinaleffekt (Beobachtung in Richtung des Feldes) fehlt die ursprüngliche mittlere Linie, die beiden andern sind entgegengesetzt rechts und links polarisiert. Der anomale Effekt, der eine komplizierte Aufspaltung zeigt, hat sich als der experimentell und theoretisch allgemeinere Fall erwiesen. Da für das Folgende nur das Verhalten des Vektormodells im Magnetfelde gebraucht wird, soll auf den eigentlichen ZEEMAN-Effekt, d. h. die Betrachtung der Linienaufspaltung, nicht näher eingegangen werden.

stört die zwischen $\mathfrak{L}$ und $\mathfrak{S}$ vorhandene Koppelung nur wenig, nur $\mathfrak{J}$ präzessiert um die Feldachse unter dem Winkel θ und gibt zur Entstehung einer Komponente $\mathfrak{M}$ in der Feldrichtung Anlaß. Die zugehörige neue sog. magnetische Quantenzahl M ist definiert durch $\cos\,\theta = \frac{M}{J}$. Sie kann die Werte J, $J-1$, $J-2, \ldots -J$ annehmen, d. h. der Vektor $\mathfrak{M}$ und damit das Atom können $2\,J + 1$ verschiedene Stellungen im Magnetfeld einnehmen (Abb. 4). Diese Tatsache bezeichnet man als räumliche oder Richtungsquantelung[1]. M ist bei gerader Elektronenzahl ganzzahlig ($M = 0$, ± 1, $\pm 2, \ldots$) und bei ungerader Elektronenzahl halbzahlig $\left(M = \pm\frac{1}{2}, \pm\frac{3}{2} \cdots\right)$. Für M gilt die Auswahlregel $\Delta\,M = 0, \pm 1$. (Handelt es sich um die Bewegung nur eines Valenzelektrons, so sind in ganz entsprechender Weise die Quantenzahlen j und m zu verwenden.) Wegen der in schwachen Feldern nur geringen Störung der durch n_i, l_i, L, S allein bestimmten Bewegung sind hier die durch das Magnetfeld verursachten Frequenzänderungen *klein* gegen die Frequenzintervalle der Multipletts ohne Feld.

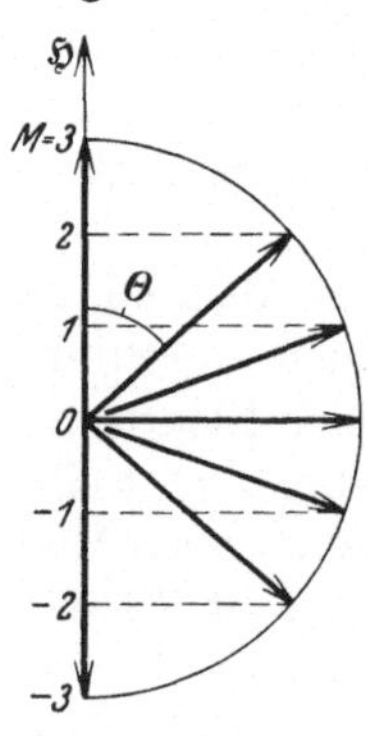

Abb. 4. Mögliche Stellungen von $\mathfrak{J}$ im Magnetfeld für $J = 3$.

Durch *stärkere Felder* wird die Koppelung zwischen den Vektoren $\mathfrak{L}$ und $\mathfrak{S}$ gelockert, so daß sie schließlich voneinander unabhängig werden. Jeder der beiden Vektoren erfährt dann für sich eine Richtungsquantelung und erhält eine gequantelte Komponente in der Feldrichtung. Die Komponente M_S von S hat die Werte S, $S-1, \ldots -S$ und die Komponente M_L von L die Werte L, $L-1, \ldots -L$. Als Auswahlregeln gelten: $\Delta\,M_S = 0$, außerdem $\Delta\,M_L = \pm 1$ im Longitudinaleffekt und $\Delta\,M_L = 0, \pm 1$ im Transversaleffekt. Der Zusammenhang mit der Quantenzahl M für schwache Felder ist derart, daß $M = M_L + M_S$ ist, d. h. beim Übergang von schwachen zu starken Feldern bleibt die Anzahl

[1] Den experimentellen Nachweis der Richtungsquantelung erbrachten Stern und Gerlach [Z. Physik Bd. 8 (1921) S. 110; Bd. 9 (1922) S. 349], die bei Silberdampf-Atomstrahlen die zwei theoretisch möglichen Orientierungen im Magnetfeld (Grundterm von Ag ist ^2S mit $j = 1/2$, $2j + 1 = 2$) fanden, nicht aber die nach der klassischen Theorie zu erwartende kontinuierliche Verteilung der Drehimpulskomponenten.

der magnetischen Niveaus ungeändert, aber das Aufspaltungsbild und die Intensitäten werden geändert[1].

b) Elektrisches Feld (STARK-Effekt).

Die Aufspaltung der Spektrallinien im elektrischen Felde wurde 1913 von STARK gefunden. In einem *schwachen elektrischen Felde* stellt sich $\mathfrak{J}$ ebenfalls nach der Beziehung $\cos\theta = \frac{M}{J}$ ein (Abb. 5). Während aber der das Magnetfeld darstellende Vektor ein Drehvektor ist, ist der das elektrische Feld charakterisierende Vektor ein Schubvektor. Trotzdem hat M hier ebenfalls die Werte J, $J - 1$, $\ldots - J$, aber Zustände, die sich nur durch das Vorzeichen von M unterscheiden, haben die gleiche Energie. Sie können nämlich durch Spiegelung an der durch den elektrischen Vektor $\mathfrak{E}$ und den Vektor $\mathfrak{J}$ bestimmten Ebene ineinander übergeführt werden, d. h. es hat hier nur $|M|$ einen Sinn.

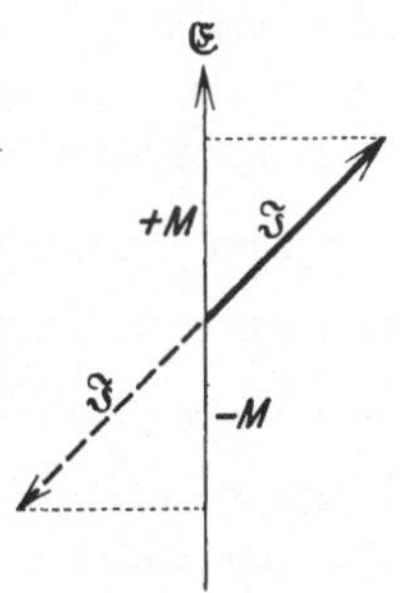

Abb. 5. Einstellung von 𝔍 im elektrischen Feld.

Die Wechselwirkung der durch den Drehimpuls $\mathfrak{L}$ charakterisierten Elektronenbahn mit dem Felde $\mathfrak{E}$ ist auf Grund der Symmetrieverhältnisse diejenige eines Quadrupols mit einem elektrischen Feld. Klassisch gibt das eine Energie, die dem Quadrat des cos zwischen $\mathfrak{L}$ und $\mathfrak{E}$ proportional ist.

In *starken elektrischen* Feldern kann wieder umgekehrt die Wechselwirkung zwischen $\mathfrak{L}$ und $\mathfrak{S}$ als Störung betrachtet werden. In erster Näherung präzessiert $\mathfrak{L}$ unabhängig von $\mathfrak{S}$ um die Feldachse, die entsprechende Quantenzahl ist M_L. Auf $\mathfrak{S}$ kann zwar das elektrische Feld nicht direkt wirken, doch ist mit der Rotation des Vektors $\mathfrak{L}$ um die Feldrichtung ein schwaches Magnetfeld parallel zu dieser Richtung verbunden, das auch die Präzession von $\mathfrak{S}$ hervorruft. Die zugehörige Quantenzahl M_S kann die Werte S, $S - 1, \ldots - S$ annehmen. Wie beim ZEEMAN-Effekt gilt $M = M_L + M_S$.

[1] Der Übergang von schwachen zu starken Feldern bedingt experimentell die Überführung des anomalen in den normalen Effekt (PASCHEN-BACK-Effekt). Für nähere Einzelheiten und experimentelle Ergebnisse sei auf das Buch verwiesen: BACK, E. und A. LANDÉ: ZEEMAN-Effekt und Multiplettstruktur der Spektren. Berlin: Julius Springer 1925.

§ 6. PAULI-Prinzip und periodisches System.

a) PAULI-Prinzip.

Um zu verstehen, warum manche Atome als Grundterm einen S-, andere einen P-Term haben und warum überhaupt eine periodische Wiederkehr der Spektraltypen vorhanden ist, ist die Annahme folgenden Gesetzes nötig, dessen Richtigkeit sich aus den daran anschließenden Folgerungen ergeben hat und das man als Ausschließungsprinzip von PAULI[1] bezeichnet: *In einem Atom kann es niemals zwei Elektronen geben, die in allen vier Quantenzahlen übereinstimmen.* Benutzt man z. B. ein Magnetfeld, so ist je nach der Stärke des Feldes der Quantenzustand des Elektrons durch n, l, j, m oder n, l, m_l und m_s bestimmt. Ist $n = 1$, so gibt es nur *zwei* Zahlenquadrupel: $n = 1$, $l = 0$, $j = \frac{1}{2}$, $m = \pm\frac{1}{2}$, die sich also im Vorzeichen von m unterscheiden, bzw. $n = 1$, $l = 0$, $m_l = 0$, $m_s = \pm\frac{1}{2}$, die sich im Vorzeichen von m_s unterscheiden. Es können sich also nur zwei Elektronen in der Schale mit $n = 1$, also der tiefsten Schale[2], befinden. Das dritte Elektron beim Li muß dann in einer Schale mit $n = 2$ untergebracht werden. In dieser können sich maximal acht Elektronen befinden. Denn für $l = 0$ gibt es die beiden Möglichkeiten $j = \frac{1}{2}$, $m = \pm\frac{1}{2}$ und für $l = 1$ bestehen die Möglichkeiten $m = \pm\frac{1}{2}$ für $j = \frac{1}{2}$ und $m = \pm\frac{1}{2}$, $\pm\frac{3}{2}$ für $j = \frac{3}{2}$. Das sind im ganzen acht verschiedene Möglichkeiten, d. h. zwei s-Elektronen und sechs p-Elektronen können in der Schale mit $n = 2$ sich befinden. Allgemein ist die Zahl der Elektronen mit bestimmter Hauptquantenzahl n gleich $2\,n^2$. Elektronen mit gleichen Quantenzahlen n und l nennt PAULI „äquivalente" Elektronen. Dann ist nach seinem Prinzip die maximale Anzahl äquivalenter Elektronen $2\,(2\,l + 1)$.

b) Das periodische System.

Auf Grund chemischer Erfahrungstatsachen war man zu der Vorstellung gelangt, daß die Edelgasatome besonders symmetrische und stabile Konfigurationen bilden und daher sehr schwer

---

[1] PAULI, W.: Z. Physik Bd. 31 (1925) S. 765.

[2] Das ist die aus der Röntgenspektroskopie bekannte K-Schale.

Elektronen abgeben und aufnehmen. KOSSEL[1] nahm an, daß die den Edelgasen vorangehenden Halogene darum leicht als einwertige negative Ionen auftreten, weil sie zur Komplettierung ihres Elektronensystems zu einer stabilen Edelgaskonfiguration gern ein Elektron unter Energieabgabe (Elektronenaffinität) an sich reißen. Umgekehrt treten die auf die Edelgase folgenden Alkalien darum gern als einwertige positive Ionen auf, weil sie leicht ein Elektron abgeben und dann edelgasähnlich werden. Entsprechend kann bei andern Atomen in der Nachbarschaft der Edelgase die positive Elektrovalenz durch das Vorhandensein leicht abtrennbarer Elektronen bis zum Rest eines edelgasähnlichen Rumpfes gedeutet werden, während die negative Elektrovalenz auf der Vervollständigung zu einer Edelgaskonfiguration beruht. So gelangte KOSSEL zur Anschauung vom Schalenbau der Atome. Nach BOHR entsprechen die Schalen den Hauptquantenzahlen der Elektronen; eine neue Periode beginnt immer dann, wenn das äußerste Elektron eine neue Hauptquantenzahl bekommt. In der ersten Periode wird die erste Schale $n = 1$ ausgebildet. Mit *Li* beginnt die zweite Periode und die Ausbildung der zweiten Schale $n = 2$, die bei *Ne* vollendet ist. Sie umfaßt acht Elektronen. Die dritte Periode und entsprechend die dritte Schale beginnen mit acht weiteren Elektronen, die von *Na* bis *A* hinzukommen. Im folgenden wird die Gesetzmäßigkeit verwickelter, da bei den schwereren Elementen nicht mehr der größeren Hauptquantenzahl n stets die höhere Energie entspricht. Deshalb werden die 18er- und 32er-Perioden, die $n = 3$ und $n = 4$ entsprechen, nicht mehr in der gleichen übersichtlichen Weise angelagert. BOHR[2] hat nun das periodische System durch schrittweisen Aufbau eines Elementes aus dem vorhergehenden unter Zuhilfenahme seiner empirisch bekannten Spektren abgeleitet. Dabei nahm er an, daß die einmal bestehende Anordnung vom nächsten Element unverändert übernommen wird (Aufbauprinzip). Eine wesentliche Unterstützung dieser Annahmen bedeutete ein empirischer Satz, der sog. spektroskopische Verschiebungssatz. Er besagt, daß das Spektrum eines ionisierten Atoms große Ähnlichkeit besitzt mit dem des im periodischen System vorangehenden neutralen Atoms, nur ist es nach kurzen Wellenlängen verschoben. Beide Atome haben eine um 1 verschiedene Kernladung, jedoch die gleiche Zahl von Elektronen.

---

[1] KOSSEL, W.: Ann. Physik Bd. 49 (1916) S. 229.
[2] BOHR, N.: Z. Physik Bd. 9 (1922) S. 1.

Auf Grund des BOHRschen Aufbauprinzips, das von STONER[1] und MAIN SMITH[2] weitergeführt wurde, ergab sich eine Einteilung der Elektronen in Haupt- und Untergruppen (Gruppe oder Schale).

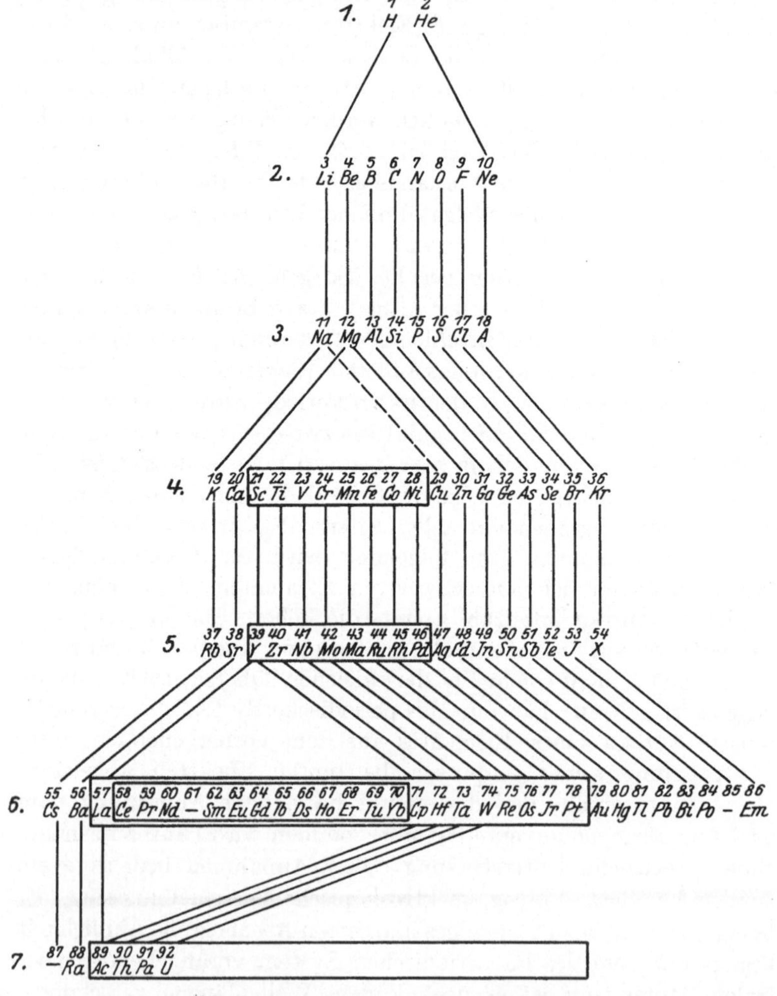

Abb. 6. Periodisches System der Elemente.

[1] STONER, E. C.: Philos. Mag. Bd. 48 (1924) S. 719.

[2] SMITH, S. D. MAIN: J. Chem. Ind. Bd. 43 (1924) S. 323; Chemistry and Atomic Structure. London 1924.

Eine Erklärung der von ihnen gefundenen Gesetzmäßigkeiten gibt heute das PAULIsche Prinzip. Die Elektronenanordnung in den verschiedenen Schalen ist danach die folgende:

$$\underbrace{1s^2}_{K\text{-}},\underbrace{2s^2\,2p^6}_{L\text{-}},\underbrace{3s^2\,3p^6\,3d^{10}}_{M\text{-}},\underbrace{4s^2\,4p^6\,4d^{10}\,4f^{14}}_{N\text{-Schale}}\ldots$$

Dabei bedeutet die vor den Buchstaben stehende Zahl, wie in der Spektroskopie üblich ist, die Hauptquantenzahl; der rechts oben angehängte Index gibt die Zahl der Elektronen in den jeweiligen s-, p-, d- usw. -Untergruppen an. Diese „normale" Elektronenanordnung ist nicht bei allen Elementen erfüllt, sondern an einigen Stellen wird die gleichmäßige Auffüllung der Untergruppen unterbrochen und dafür eine neue Schale begonnen. Die Stellen kommen besonders gut in der Form des periodischen Systems zum Ausdruck, die auf J. THOMSEN zurückgeht und die seit BOHR vielfach benutzt wird (Abb. 6). In den durch Umrahmungen deutlich hervorgehobenen Elementgruppen besitzt eine innere Elektronenschale nicht abgeschlossene Untergruppen, die erst in dieser Gruppe vervollständigt werden. Auf eine nähere Besprechung der einzelnen Perioden möge hier verzichtet werden[1].

II. Kurze Einführung in die Quantenmechanik.

§ 1. Dualismus zwischen Wellen und Korpuskeln; die Ungenauigkeitsrelation.

Bevor wir uns den Molekülspektren zuwenden, sollen noch einige Bemerkungen über die Grundlagen der Quantenmechanik und ihre Behandlungsweise vorangeschickt werden. Wir werden zwar bei der Besprechung der Bandenspektren weitgehend mit dem formalen Schema des Vektormodells auskommen, doch sind gewisse Erscheinungen nur zu verstehen, wenn man auf den Grundgedanken der Quantenmechanik, den Dualismus zwischen Teilchen- und Wellenvorstellung, zurückgreift. Es hat sich nämlich gezeigt, daß es nötig ist und nach der Quantenmechanik keinen Widerspruch bedeutet, *Licht* einerseits als *Wellen*strahlung und andererseits als Strom von Lichtquanten*teilchen* zu betrachten und ebenso *Korpuskular*strahlen nicht nur als *Teilchen*, sondern unter Umständen auch als Materie*wellen* aufzufassen. (Es sei hier nur

[1] Es sei dafür z. B. auf die ausführliche Darstellung in dem Buche von E. RABINOWITSCH u. E. THILO: Periodisches System der Elemente. Stuttgart: Ferdinand Enke 1930, verwiesen.

erinnert an den COMPTON-Effekt und die Elektronenbeugungsversuche.) Schon in dem BOHRschen Quantenpostulat $W = h\nu$ ist diese Doppeldeutigkeit vorhanden. Der Begriff Energie bezieht sich nämlich offenbar auf ein Teilchen (Atom, Elektron, Lichtquant), der Begriff Schwingungszahl gehört aber zu einer Welle. Der scheinbare Widerspruch, daß Licht- und Korpuskularstrahlen gleichzeitig Teilchen- und Wellencharakter besitzen, wurde von HEISENBERG und von BOHR dadurch gelöst, daß sie die experimentelle Prüfbarkeit der Teilchen- und Wellentheorie ganz ausführlich durchdiskutierten. Diese Diskussion führte zu der sogen. *Ungenauigkeitsrelation.* Sie besagt, daß jedes „experimentum crucis" zur Entscheidung zwischen Teilchen- und Wellentheorie an einer prinzipiellen (durch keinerlei Verfeinerung der Meßmethoden zu umgehenden) Ungenauigkeit der Messungen scheitert. So kann z. B. nach der Ungenauigkeitsrelation die Koordinate oder der Impuls eines Teilchens an und für sich beliebig genau gemessen werden, aber beide zugleich kann man nur mit einer gewissen Ungenauigkeit bestimmen, indem man die Bahn eines Teilchens (aus der ja Koordinate *und* Impuls folgen würden) nie genau festlegen kann. Aus der Unmöglichkeit der genauen Bahnbestimmung folgt dann, daß die Interferenzversuche mit Elektronenstrahlen nicht als „experimentum crucis" gegen die Teilchenvorstellung gelten können. Denn die Interferenzversuche sind zwar im Widerspruch zur Bahnvorstellung, aber die Ungenauigkeitsrelation zeigt, daß selbst bei Zugrundelegung der Teilchentheorie Beschränkungen in der Anwendbarkeit der Bahnvorstellung vorhanden sind.

§ 2. Die DE BROGLIEsche Wellenlängenformel.

Ordnet man der Bewegung eines Korpuskularstrahls, z. B. eines Kathodenstrahls eine Welle zu, dann muß man die Brechung eines Elektronenstrahls nach dem HUYGHENSschen Prinzip interpretieren können. Hierbei müssen die Richtungsänderungen in der Ausbreitung der Elektronenwelle den Richtungsänderungen bei der Bewegung eines korpuskular gedachten Elektrons korrespondieren. Denken wir uns z. B. zwei durch eine Ebene getrennte Gebiete, in denen das Elektron konstante potentielle Energien V_1 und V_2 hat. Dann wird es in beiden Gebieten auch konstante Impulse p_1 und p_2 besitzen. Andererseits soll das Elektron in jedem der beiden Gebiete durch je eine ebene Welle mit den Ausbreitungsgeschwindigkeiten u_1 und u_2 beschrieben werden. Die Änderung der Bewegungsrichtung des als Teilchen gedachten Elektrons an der Ebene läßt sich nach der klassischen Mechanik, die Änderung der Ausbreitungsrichtung der Elektronenwelle aber nach dem HUYGHENSschen Prinzip berechnen. Beide Rechnungen ergeben dieselbe Richtungsänderung, wenn $\frac{u_1}{u_2} = \frac{p_2}{p_1}$ ist. Wenn mehrere durch Ebenen getrennte Gebiete konstanten Potentials vorliegen, so wird sich jedesmal u umgekehrt proportional zu p ändern. Somit kann man $u = \frac{k}{p}$ setzen, wobei k eine während der Bewegung (oder Wellenausbreitung) unveränderliche Größe von der Dimension einer Energie ist. Daher liegt es nahe, sie gleich der Gesamtenergie zu setzen. Diese ist aber gleich $h\nu$, d. h. $u = \frac{h\nu}{mv}$. Mit DE BROGLIE können wir jetzt nach der bekannten Beziehung $u = \lambda \cdot \nu$ dem Vorgange eine Wellenlänge $\lambda = \frac{u}{\nu}$ zuschreiben. Diese ergibt sich zu

$$\lambda = \frac{h}{mv}. \tag{4}$$

Diese DE BROGLIEsche Wellenlängenformel kann für praktische Zwecke in einer etwas anderen Form geschrieben werden. Drücken wir mit Hilfe der Beziehung $\frac{m}{2} v^2 = eV$ die Elektronengeschwindigkeit v durch die durchlaufene Potentialdifferenz V aus, so wird $\lambda = \frac{h}{\sqrt{2me}} \frac{1}{\sqrt{V}}$ oder in technischen Einheiten $\lambda\,(\text{Å}\,E) = \sqrt{\frac{150}{V_{\text{Volt}}}}$.

§ 3. Die Wellentheorie von SCHRÖDINGER.

Die Beziehung Wellengeschwindigkeit $= \frac{\text{Energie}}{\text{Impuls}}$ und die DE BROGLIEsche Wellenlängenformel beziehen sich auf freie Elektronen. Es entsteht nun die Frage, wie sie auf gebundene Elektronen, d. h. auf das Atom, zu übertragen sind. Dabei tritt als wesentlichster neuer Zug auf, daß, wenn das Elektron eine Energie innerhalb der Ionisierungsenergie hat, der Wellenvorgang auf die Umgebung des Atomkerns beschränkt bleiben muß. Für Schwingungsvorgänge, die in einem beschränkten Gebiet stattfinden, sind aber in ähnlicher Weise wie für Schwingungen von Saiten oder Membranen nur bestimmte Wellenlängen zulässig. Das bedeutet nach (4), daß nur gewisse Geschwindigkeiten, also gewisse Energien vorkommen können. Diese entsprechen dann den BOHRschen Energieniveaus, die durch die Spektren gegeben sind.

Diese Darstellung ist insofern zu stark vereinfacht, als die klassische Bewegung eines Elektrons im Atom im allgemeinen mit veränderlicher Geschwindigkeit vor sich gehen wird. Nach (4) ist dann auch die Wellenlänge variabel, und zwar so stark, daß man oft die Ähnlichkeit des Wellenvorganges mit einer Sinuswelle nicht mehr erkennen kann. Deshalb ist die kompliziertere Beschreibung durch eine Differentialgleichung nötig. Für den feldfreien Fall muß die Differentialgleichung eine einfache Sinusabhängigkeit von den räumlichen Koordinaten liefern. Das wird durch eine Gleichung von der Form

$$\Delta\psi + \frac{4\pi^2}{\lambda^2}\psi = 0 \tag{5}$$

erreicht. Hier wird ψ als Amplitude der Welle bezeichnet und $\Delta\psi = \frac{\partial^2\psi}{\partial x^2} + \frac{\partial^2\psi}{\partial y^2} + \frac{\partial^2\psi}{\partial z^2}$. Um die Gleichung den gebundenen Elektronen im Atom anzupassen, muß in dem Ansatz $\lambda = \frac{h}{m v}$ für v die veränderliche Geschwindigkeit eingesetzt werden. Sie folgt aus dem Energiesatz $\frac{m}{2}v^2 + V(x, y, z) = E$, wo V die potentielle und E die konstante Gesamtenergie des Elektrons ist. Also ist

$$v = \sqrt{\frac{2}{m}(E - V)}\,. \tag{6}$$

Führen wir diesen Wert von v in die Wellengleichung (5) ein, so bekommen wir

$$\Delta\psi + \frac{8\pi^2 m}{h^2}(E - V)\psi = 0\,. \tag{7}$$

In dieser Gleichung wird die Wellenamplitude ψ als Funktion des Ortes gesucht. Auf ihre physikalische Deutung kommen wir noch zu sprechen. Die Gleichung ist die bekannte SCHRÖDINGERsche Differentialgleichung. Sie nimmt in der neuen Atommechanik die Stelle der Bewegungsgleichung der klassischen Mechanik ein.

Bei der Lösung eines Bewegungsproblems wird ψ bestimmt und dabei gefordert, daß die Funktion sich überall eindeutig und regulär verhält. Für den Fall der Bewegung eines Elektrons in einem beschränkten Gebiet, z. B. um einen Kern, muß auch der Wellenvorgang im wesentlichen auf die Nachbarschaft des Kerns beschränkt bleiben. Dementsprechend wird hier gefordert, daß ψ in unendlich großer Entfernung verschwindet. Nur für bestimmte

Werte der Gesamtenergie E existieren Lösungen der Gleichung[1], welche den genannten Bedingungen (eindeutig, regulär, Verschwinden im Unendlichen) genügen. Diese bestimmten Werte von E nennt man Eigenwerte und die zugehörigen Lösungen Eigenfunktionen des Problems.

Wir wollen uns diese Verhältnisse anschaulich klarmachen für den Fall des linearen harmonischen Oszillators[2]. Die SCHRÖDINGER-Gleichung für den linearen harmonischen Oszillator lautet

$$\frac{d^2\psi}{dx^2} + \frac{8\pi^2 m}{h^2}(E - V)\psi = 0. \tag{8}$$

Hierbei ist $V = \frac{m}{2} 4\pi^2 \nu_0^2 x^2$. x ist die Koordinate, von der die Bewegung nur abhängt. ν_0 ist die Frequenz des Oszillators nach der klassischen Mechanik. Werden die Abkürzungen $a = \frac{8\pi^2 m E}{h^2}$ und $b = \frac{4\pi^2 m}{h} \nu_0$ eingeführt, so heißt die obige Gleichung

$$\frac{d^2\psi}{dx^2} + (a - b^2 x^2)\psi = 0. \tag{8a}$$

Für eine graphische Konstruktion der Kurve $\psi(x)$ ist aus dieser Gleichung die Krümmung der Kurve (zweiter Differentialquotient von ψ nach x) zu entnehmen. Für $b = 0$ oder sehr kleine x-Werte bekommt man eine sin- oder cos-Kurve. Da aber b von 0 verschieden ist, wird die x-Achse in zwei Teile zerlegt, in denen die Kurve eine verschiedenartige Krümmung hat:

$a > (bx)^2$ oder $x < \frac{\sqrt{a}}{b}$ Krümmung zur x-Achse hin,

$a < (bx)^2$ oder $x > \frac{\sqrt{a}}{b}$ Krümmung von der x-Achse weg.

Beginnt man mit der Konstruktion von ψ von einer bestimmten Stelle der Koordinatenachse aus, so bekommt man einen cos-artigen Verlauf mit einer 0-Stelle bei etwa $x = \frac{\pi}{2\sqrt{a}}$. Mit wachsendem x nimmt die Stärke der Krümmung ab und bei $x = \frac{\sqrt{a}}{b}$ tritt ein Wendepunkt ein. Von da ab krümmt sich die Kurve von der

[1] Die E-Werte für ein Atom oder Molekül ergeben sich negativ. Für $E \geqq 0$ hat die SCHRÖDINGER-Gleichung immer Lösungen, die sich über den ganzen Raum erstrecken und der völligen Abtrennung des Elektrons entsprechen.

[2] Für einen solchen Oszillator ist die Kraft rein elastisch, d. h. proportional der Entfernung aus der Ruhelage. Wir schließen uns im folgenden einer Darstellung von R. BECKER an.

x-Achse weg und geht im allgemeinen ins Unendliche, s. Kurve a der Abb. 7. Zeichnet man eine entsprechende Kurve für einen größeren Wert von a, a' in der Abb. 7, so liegt die erste 0-Stelle etwas näher an der Ordinatenachse, dagegen der kritische Wendepunkt mehr entfernt von ihr als bei der a-Kurve. Dann kann es vorkommen, daß die a'-Kurve hinter dem Wendepunkt noch die x-Achse schneidet, daß dann für wachsende x aber ψ negativ unendlich wird. Die beiden beschriebenen Fälle erfüllen nicht die Bedingung, daß ψ im Unendlichen verschwinden muß. Es muß aber einen Wert zwischen a und a' geben, bei welchem das positiv Unendlichwerden gerade umschlägt in das negativ Unendlichwerden, d. h. ψ würde sich asymptotisch der x-Achse anschmiegen. Dieses ψ ist dann eine Eigenfunktion und das zugehörige a ein Eigenwert der Differentialgleichung. Die Stelle des Wendepunktes, von der ab dieses asymptotische Anschmiegen der Eigenfunktion stattfindet, ist durch $a - b^2 x^2 = 0$ gegeben, d. h. durch $E - V = 0$. Diese Differenz entspricht der kinetischen Energie, die das Elektron klassisch gerechnet besitzen würde. Der Wendepunkt der Eigenfunktion befindet sich also an der Stelle, bis zu welcher das Elektron nach der klassischen Mechanik sich höchstens vom Kern entfernen könnte. Das heißt, daß die Amplitude wesentlich von 0 verschieden ist in einem größenordnungsmäßig gleich großen Bereich, wie ihn die klassisch berechnete Bahn besitzt.

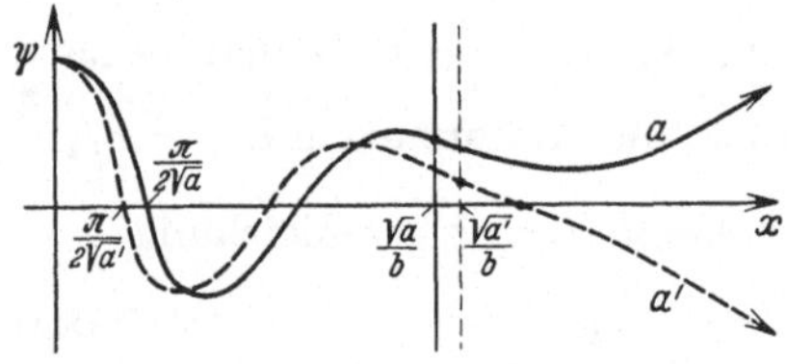

Abb. 7. Konstruktion der Eigenfunktion des linearen Oszillators.

Numeriert man die möglichen Eigenwerte von a bzw. E durch ($v = 0, 1, 2, 3, \ldots$) und bezeichnet die entsprechenden Eigenfunktionen mit ψ_0, ψ_1, ψ_2 usw., so gibt die Numerierung jeder Eigenfunktion zugleich die Zahl ihrer Nullstellen an. Die ganzen Zahlen $v = 0, 1, 2, 3, \ldots$ sind mit den Quantenzahlen der alten Quantentheorie zu vergleichen. „Quantenzahlen" entsprechen also der Zahl der Nullstellen (Knotenzahl) der Eigenfunktion. Da der Integrationsbereich von $-\infty$ bis $+\infty$ reicht, verlaufen die ψ-Kurven symmetrisch (cos-artig, horizontaler Schnitt der ψ-Achse) oder antisymmetrisch (sin-artig, Schnitt durch den Nullpunkt des Koordinatensystems) zur Ordinatenachse. Die symmetrischen Kurven haben eine gerade, die antisymmetrischen eine ungerade

Zahl von Nullstellen. Die folgende Abb. 8 gibt die vier ersten Eigenfunktionen des linearen Oszillators wieder. Wir wollen daran die Symmetrieverhältnisse etwas näher studieren. Legen wir durch den Koordinatenanfangspunkt senkrecht zur x-Achse eine Ebene, so können die symmetrisch verlaufenden ψ-Funktionen durch Spiegelung an dieser Ebene zur Deckung gebracht werden. Bei

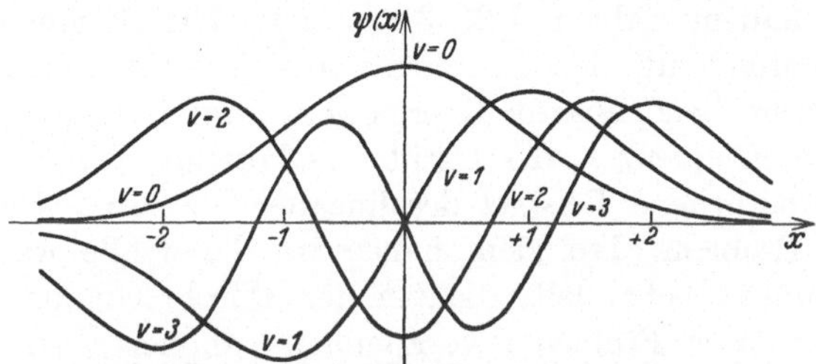

Abb. 8. Die ersten vier Eigenfunktionen des linearen Oszillators.

dieser Operation sind die zugehörigen Koordinaten x am Koordinatenanfangspunkt gespiegelt worden. Um die antisymmetrisch verlaufenden ψ-Funktionen bei der Spiegelung an der Ebene durch die Mittelsenkrechte zur Deckung zu bringen, müssen sie mit — 1

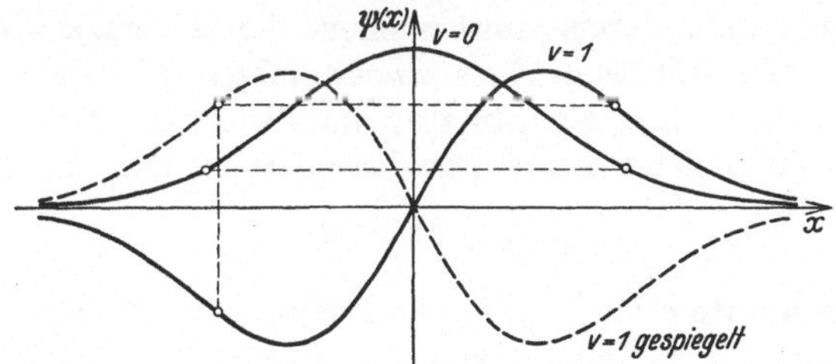

Abb. 9. Spiegelung der Eigenfunktionen an der ψ-Achse.

multipliziert werden. Dabei werden wiederum die Koordinaten x am Koordinatenanfangspunkt 0 gespiegelt. In der folgenden Abb. 9 sind zur besseren Veranschaulichung noch einmal die ersten beiden Eigenfunktionen des linearen Oszillators aufgezeichnet und jeweils eine beliebige Koordinate x herausgegriffen worden. Es ergibt sich also, daß bei Spiegelung der Lagekoordinate x am Koordinatenanfang die zugehörige Eigenfunktion dem Absolutwerte nach unverändert bleibt, aber ihr Vorzeichen bei dieser Operation behalten oder wechseln kann. Die geraden Funktionen, nämlich die cos-Funktionen, behalten ihr Vorzeichen, die ungeraden, nämlich die sin-Funktionen, müssen mit — 1 multipliziert werden.

Als Eigenwerte ergibt die Durchrechnung unseres Beispiels

$$E = 1/2\, h\nu_0,\ 3/2\, h\nu_0,\ \ldots\ (v + 1/2)\, h\nu_0,\ \ldots \qquad (9)$$

Die Energiewerte des linearen harmonischen Oszillators der Frequenz ν_0 sind also Produkte aus dem fundamentalen Faktor $h\nu_0$ und den halben Zahlen 1/2, 3/2, ... [1]. Die Eigenwerte sind gleichbedeutend mit den Energieniveaus der Bohrschen Theorie. Die Differenz benachbarter Energiewerte ergibt $h\nu_0$, welches der klassischen Frequenz ν_0 des Oszillators korrespondiert.

Das besprochene Beispiel des linearen Oszillators ist ein sehr spezielles Problem. Trotzdem haben wir dabei alle wesentlichen Gesichtspunkte behandelt, die bei der Durchrechnung atomarer und molekularer Probleme vorkommen. Immer wird die dem Problem entsprechende Differentialgleichung aufgestellt und es werden die Eigenwerte E bestimmt, für welche die Gleichung eindeutige, reguläre und im Unendlichen verschwindende Lösungen besitzt. Stets entsprechen die Eigenwerte E den Energieniveaus der alten Bohrschen Theorie, also den spektroskopischen Termen.

Als zweites Beispiel wollen wir die Bewegung eines Massenpunktes auf einem Kreise untersuchen, die ein stark idealisiertes Modell für die Rotation eines zweiatomigen Moleküls darstellt. Wir haben nur eine Koordinate, nämlich den Winkel φ. Die Schrödinger-Gleichung hat für diesen Spezialfall die Form

$$\frac{d^2\psi}{d\varphi^2} + c\psi = 0.$$

Die Konstante c ist $\frac{8\pi^2 I E}{h^2}$, wo E wieder die Energie und I das Trägheitsmoment des ebenen Rotators bedeutet. Bekanntlich wird die Differentialgleichung durch den Ansatz integriert $\psi = e^{i\sqrt{c}\,\varphi}$. Damit diese Lösung eindeutig ist, muß $\sqrt{c}$ ganzzahlig sein. $\frac{h}{2\pi}\sqrt{c}$ ist der Drehimpuls unseres Modells, wie sich aus der quanten-

[1] Dieses Resultat weicht von dem der früheren Quantentheorie ab, nach der die Energie stets gleich einem ganzzahligen Vielfachen des Energieelementes $h\nu$ war ($0, h\nu, 2h\nu, 3h\nu, \ldots$). Nach Schrödinger ist also der niedrigste Energiewert des Oszillators von 0 verschieden. Schon früher war von einigen Physikern, besonders von Nernst, die Hypothese der sog. Nullpunktsenergie eingeführt worden. Sie ergibt sich jetzt als natürliche Folge aus den Grundlagen der Wellenmechanik. Halbzahlig aufgebaute Energieformeln waren vor der Quantenmechanik schon bei der Beschreibung einiger Eigenschaften der Moleküle aus ihren Bandenspektren gefordert worden.

mechanischen Definition des Drehimpulses ergibt. Wir setzen $\sqrt{c} = J$. Daraus folgt $\frac{8\pi^2 I E}{h^2} = J^2$ oder $E = \frac{J^2 h^2}{8\pi^2 I}$, d. h. die Energie E des Rotators kann nur diskrete Werte annehmen, die quadratisch mit der Zahl J wachsen. Da sowohl cos wie sin eine Lösung ist, so existieren zu jedem Eigenwert E zwei Eigenfunktionen. Man bezeichnet darum das Problem als „entartet", und zwar in unserm Fall als „zweifach entartet". Diese Entartung entspricht der Tatsache, daß sowohl rechts- wie linksläufiger Umlauf die gleiche Energie ergeben.

Die erhaltenen Energiewerte des Rotators stimmen mit denjenigen der älteren Quantentheorie überein (S. 39). Es hat sich aber für die Deutung der Beobachtungsergebnisse bei den Molekülspektren diese einfache Behandlungsweise als unzureichend erwiesen. Es hat sich vielmehr gezeigt, daß man nach der Quantenmechanik die Bewegung nicht auf eine in der Ebene um eine feste Rotationsachse erfolgende Drehung beschränken kann, sondern man muß die räumliche Bewegung eines Punktes auf einer Kugeloberfläche untersuchen. Dies würde einem starren Hantelmodell für ein zweiatomiges Molekül entsprechen. Die Ausrechnung würde über den Rahmen dieses Buches hinausgehen, da sie in die Theorie der Kugelfunktionen führt[1]. Jedenfalls folgt aus dieser, daß die entsprechende Differentialgleichung auf der ganzen Kugelfläche endliche, stetige und eindeutige Lösungen nur besitzt, wenn $\frac{8\pi^2 E I}{h^2} = J(J+1)$ ist. Hier ist J eine ganze Zahl und $J\frac{h}{2\pi}$ der Drehimpuls. Es ergeben sich für die Energie folgende diskrete Werte:

$$E = J(J+1)\frac{h^2}{8\pi^2 I} = \left(J + \frac{1}{2}\right)^2 \frac{h^2}{8\pi^2 I} - \text{const.}; \; J = 0, 1, 2 \ldots \quad (10)$$

Es ist interessant, daß jetzt nicht mehr Proportionalität mit J^2, sondern mit $J(J+1)$ sich ergibt, was gleichbedeutend mit halbzahligen Energieformeln ist. Das ist der wesentliche Unterschied gegenüber dem Ergebnis der älteren Theorie.

§ 4. Physikalische Bedeutung der ψ-Funktionen.

Die physikalische Deutung der ψ-Funktionen hat BORN[2] gegeben und sie steht in enger Beziehung zur Ungenauigkeitsrelation (siehe

[1] S. z. B. A. SOMMERFELD: Atombau und Spektrallinien, Wellenmechanischer Ergänzungsband, 1929.

[2] BORN, M.: Z. Physik Bd. 37 (1926) S. 863, Bd. 38 (1926) S. 803.

S. 22). Nach BORNs Hypothese soll das Quadrat der Amplitude von ψ ein Maß sein für die Wahrscheinlichkeit, das Elektron an einem gegebenen Orte anzutreffen. Da die Eigenfunktionen im allgemeinen komplexe Größen sind und die Wahrscheinlichkeit einen reellen Wert haben muß, ist der Absolutwert des Quadrats zu nehmen. Diesen erhält man, indem man ψ mit der konjugiert-komplexen Größe $\overline{\psi}$ multipliziert. Setzt man also $\psi\,\overline{\psi}\,dx\,dy\,dz$ für die Wahrscheinlichkeit, das Elektron im Raumelement $dx\,dy\,dz$ anzutreffen, so ist $\int\int\int \psi\,\overline{\psi}\,dx\,dy\,dz$ die Wahrscheinlichkeit, es im Integrationsraum zu finden. Diese Wahrscheinlichkeit muß aber gleich 1 sein, denn bei Durchsuchen des ganzen Raumes muß es bestimmt zu finden sein (Normierungsbedingung).

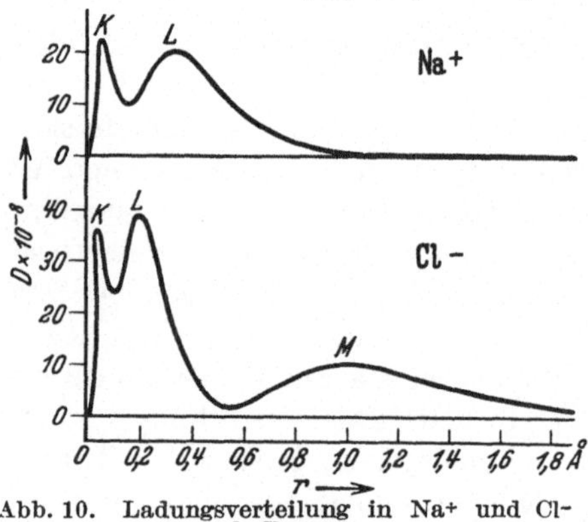

Abb. 10. Ladungsverteilung in Na+ und Cl- nach PAULING.

Als Beispiel für die Ladungsverteilung in einem Atom diene die Abb. 10. Sie bringt nach PAULING die Verteilung der $\psi\overline{\psi}$-Werte in den kugelsymmetrischen edelgasähnlichen Ionen Na^+ und Cl^-. Als Abszissen sind die Kernabstände aufgetragen, als Ordinaten die Größen $D = 4\pi r^2\,\psi\overline{\psi}$. Die Amplitudenquadrate sind mit $4\pi r^2$ multipliziert, um die Wahrscheinlichkeiten in einer ganzen Kugelschale und nicht nur in einem Raumelement zu bekommen.

Die Kurven sind Darstellungen für die Wahrscheinlichkeit, ein Elektron in einer bestimmten Kugelschale anzutreffen. Man sieht, daß die Verteilungen in bestimmten Entfernungen vom Kern Maxima haben. Diese entsprechen ungefähr den Radien des ersten, zweiten und dritten BOHRschen Kreises. Die Kugelschalen, für die die drei Maxima vorhanden sind, kann man als K-, L- und M-Schale deuten.

§ 5. Einelektronensysteme und Mehrelektronensysteme nach der Quantenmechanik.

a) Einelektronensysteme.

Bisher hatten wir mit dem harmonischen linearen Oszillator und dem ebenen Rotator nur Fälle betrachtet, bei denen der Bewegungsvorgang von einer einzigen Koordinate abhängt. In den meisten Fällen wird man jedoch zu Differentialgleichungen mit mehreren Veränderlichen geführt; so hat man z. B. bei der Bewegung eines Elektrons in einem Kraftfeld bereits drei variable Raumkoordinaten. Es ist im allgemeinen unmöglich, solche Gleichungen unmittelbar explizit zu lösen. Man ist dann bestrebt, an Stelle von einer Gleichung mit n Variabeln mehrere Gleichungen mit je weniger Veränderlichen einzuführen. In der Theorie der Differentialgleichungen bezeichnet man dieses Verfahren als Separation der Variabeln. Z. B. gelingt es bei einem kugelsymmetrischen Kraftfeld (Einelektronenproblem im Atom), das Problem auf drei Differentialgleichungen mit je einer Veränderlichen zurückzuführen, die beim H-Atom sogar explizit gelöst werden können.

Hier soll ein anderer Fall besprochen werden, der für das spätere wichtig ist, nämlich das sog. Zweizentrenproblem. Dies ist die Bewegung eines Elektrons der Masse m und der Ladung $-e$ im Felde zweier raumfester Kerne mit den Ladungen $Z_1 e$ und $Z_2 e$. Das Feld ist hier zylindersymmetrisch, die Symmetrieachse ist die Kernverbindungslinie. In diesem Falle ist es möglich, das Problem auf eine Gleichung mit einer Veränderlichen und eine weitere Gleichung mit zwei Veränderlichen zurückzuführen. In unserm Beispiel seien r_1 und r_2 die Abstände des Elektrons von den beiden Kernen, r der Abstand der Kerne voneinander (Abb. 11). Die SCHRÖDINGER-Gleichung lautet:

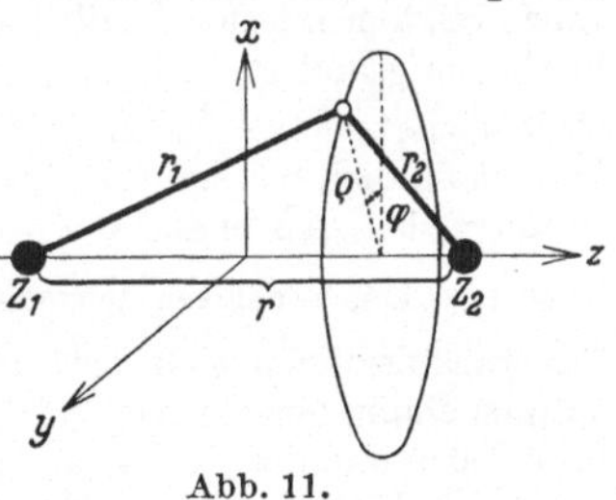

Abb. 11.

$$\Delta \psi + \frac{8 \pi^2 m}{h^2} \left(\frac{Z_1 e^2}{r_1} + \frac{Z_2 e^2}{r_2} + E \right) \psi = 0 \tag{11}$$

wobei $U = -e^2 \left(\frac{Z_1}{r_1} + \frac{Z_2}{r_2} \right)$ die potentielle Energie des Elektrons ist. Zu einer weiteren Behandlung der Gleichung werden statt der kartesischen Koordinaten x, y, z die der Symmetrie des Problems angepaßten Zylinderkoordinaten ϱ, φ und z eingeführt, indem man $x = \varrho \cos \varphi$ und $y = \varrho \sin \varphi$ setzt. Für die Lösung macht man den Ansatz $\psi = \psi(\varphi)\, \psi(\varrho, z)$ und dividiert die Gleichung durch $\psi(\varphi)$. Man erhält dann

$$\frac{d^2 \psi(\varphi)}{d \varphi^2} \frac{1}{\psi(\varphi)} = \varrho^2 \left[\frac{\partial^2 \psi(\varrho, z)}{\partial \varrho^2} + \frac{2}{\varrho} \frac{\partial \psi(\varrho, z)}{\partial \varrho} + \frac{\partial^2 \psi(\varrho, z)}{\partial z^2} + \right.$$
$$\left. + \frac{8 \pi^2 m}{h} \left(\frac{e^2 Z_1}{r_1} + \frac{e^2 Z_2}{r_2} + E \right) \psi(\varrho, z) \right] \tag{11a}$$

Darin hängt die linke Seite nur von φ, die rechte nur von ϱ, z ab; beide Seiten müssen daher gleich einer Konstanten sein, der sog. Separationskonstanten. Wir setzen

$$\frac{d^2 \psi(\varphi)}{d \varphi^2} \frac{1}{\psi(\varphi)} = -\alpha$$

und haben damit die Koordinate φ absepariert. Die Lösung dieser Differentialgleichung kann bekanntlich in der Form $\psi = e^{i \lambda \varphi}$ angesetzt werden. Aus der Differentialgleichung folgt dann $\alpha = \lambda^2$ und aus der Bedingung der Eindeutigkeit, daß λ eine ganze Zahl sein muß. Man sieht, daß außer für $\alpha = 0$ zu jedem α zwei λ-Werte mit verschiedenem Vorzeichen und mithin zwei Eigenfunktionen gehören. In reeller Darstellung lautet die Lösung $\psi = \frac{\cos(\lambda\varphi)}{\sin(\lambda\varphi)}$. Vergleichen wir unser Resultat mit dem auf S. 28 für den Rotator erhaltenen, so sehen wir, daß λ nichts anderes als den Drehimpuls um die Kernverbindungslinie bedeutet. Seine Einheit ist $\frac{h}{2\pi}$, λ ist die zugehörige „Quantenzahl". Da sowohl der cos wie der sin, also eine symmetrische wie eine antisymmetrische Funktion eine Lösung ist, so existieren zu jedem Eigenwert λ zwei Eigenfunktionen. Wir haben wieder eine zweifache Entartung, die von der Zylindersymmetrie herrührt.

Um die Wirkung dieser Symmetrie zu untersuchen, drehen wir das ganze System um den Winkel φ_0 um die Figurenachse. Das Problem bleibt hierbei ungeändert. Die Eigenfunktionen ändern sich trotzdem, und zwar multipliziert sich $e^{i\lambda\varphi}$ mit der Zahl $e^{i\lambda\varphi_0}$ (die den Absolutbetrag 1 hat). Das ist ähnlich wie bei der Spiegelung des Oszillators am Ursprung, wo das Problem dasselbe blieb, aber gewisse Eigenfunktionen doch ihr Vorzeichen änderten. Das Verhalten der *reellen* Eigenfunktionen $\frac{\cos(\lambda\varphi)}{\sin(\lambda\varphi)}$ ist komplizierter. Sie transformieren sich bei einer Drehung untereinander. Eine genauere Untersuchung der Korrespondenz zwischen den quantenmechanischen Eigenfunktionen und den klassischen Bahnen zeigt, daß die komplexe Schreibweise einer zirkulären Bewegung der Elektronen entspricht, die bei einer Drehung um φ_0 nur die Phase ändert, was durch den komplexen Faktor $e^{i\lambda\varphi_0}$ ausgedrückt wird. Die reellen Eigenfunktionen dagegen entsprechen zwei zueinander und zur Achse senkrechten linearen Bewegungsmöglichkeiten der Elektronen. Bei einer Umdrehung gehen diese beiden Bewegungsrichtungen in zwei neue Richtungen über, die aus den alten linear ausgedrückt werden können[1]. Die Symmetrie gibt also dadurch, daß sie zwei verschiedene Bewegungsmöglichkeiten zuläßt, die durch Drehung ineinander übergeführt werden können, Anlaß zur Entartung.

Für den Fall $\lambda = 0$, in dem der Drehimpuls um die Kernverbindungslinie verschwindet, existiert nur eine Lösung, d. h. die zugehörigen Terme (Σ-Terme, s. S. 83) sind nicht zweifach entartet.

Zur weiteren Behandlung des Problems löst man den zweiten Teil der Gleichung (11a)

$$\frac{\partial^2\psi(\varrho, z)}{\partial\varrho^2} + \frac{2}{\varrho}\frac{\partial\psi(\varrho, z)}{\partial\varrho} + \frac{\partial^2\psi(\varrho, z)}{\partial z^2} + \frac{8\pi^2 m}{h}\left(\frac{e^2 Z_1}{r_1} + \frac{e^2 Z_2}{r_2} + E\right)\psi(\varrho, z) = \frac{\lambda^2}{\varrho^2}$$

unter Berücksichtigung der Randbedingungen. Nur für bestimmte Werte von E ergeben sich Lösungen. Die Eigenwerte E sind die spektroskopischen Terme.

Bei Einführung von elliptischen Koordinaten kann man auch eine vollständige Separierung in alle drei Koordinaten durchführen. Dann kann man jeder Koordinate eine Quantenzahl zuordnen.

---

[1] Ist $\lambda = \pm 1$, so transformieren sich die reellen Eigenfunktionen genau wie Richtungen. Im übrigen ist die Transformation etwas komplizierter, hat aber den gleichen Grund.

b) Mehrelektronensysteme[1].

Während alle Atome mit einem Valenzelektron nach den unter a) erwähnten Prinzipien behandelt werden können, gibt es bei Molekülen streng nur ein Beispiel für ein Einelektronensystem, nämlich das H_2^+. Bei Molekülen spielen die Mehrelektronensysteme die Hauptrolle. Für ihre Behandlung ist es wieder wichtig, eine wenigstens teilweise Separation der SCHRÖDINGER-Gleichung zu erreichen, um Quantenzahlen der Einzelelektronen in Molekülen einführen zu können.

Die verallgemeinerte SCHRÖDINGER-Gleichung für ein Mehrelektronensystem — zwei Kerne mit k Elektronen — lautet

$$\sum_1^k \left[\Delta\psi + \frac{8\pi^2 m e^2}{h^2}\left(\frac{Z_1}{r_{1i}} + \frac{Z_2}{r_{2i}} - V_i\right)\psi\right] + \frac{8\pi^2 m}{h^2} E\psi = 0. \qquad (12)$$

Um zu einer Separation der Gleichung zu gelangen, kann man so vorgehen, daß man alle Elektronen bis auf das $k$te zusammenfaßt. Die Eigenfunktion *sämtlicher* Molekülelektronen kann man dann als Produkt aus ψ_k, der Eigenfunktion des $k$ten Elektrons, und einer Funktion ψ_s, die von allen übrigen Elektronen abhängt, auffassen. In dem zeitlich näherungsweise konstanten Feld der $k-1$-Elektronen soll sich das $k$te Elektron bewegen. Das Feld kann als rotationssymmetrisch (um die Kernverbindungslinie) angenommen werden. V ist dann nur von den Koordinaten des $k$ten Elektrons abhängig. Mit Hilfe dieses Ansatzes kann man eine Gleichung für ψ_k „abseparieren", genau wie wir beim Einelektronensystem eine Koordinate absepariert hatten. Und genau wie dort kann die Gleichung für ψ_k durch Einführung von Zylinderkoordinaten weiter behandelt werden, von denen die Koordinate φ abepariert wird. Sie führt auf die Benutzung einer Quantenzahl λ_k für das $k$te Elektron, die dem λ aus a) entspricht. Wegen des speziellen Ansatzes für V, der natürlich eine, wenn auch ziemlich gute Näherung bedeutet, ist λ_k weniger scharf definiert als λ. Manchmal empfiehlt es sich, auch für das $k-1$te Elektron und evtl. das nächste das Potential nur von den eigenen Koordinaten abhängig anzunehmen und auch diese abzuseparieren.

Allgemein kann man folgendes sagen: Lassen sich ein oder mehrere Elektronen abseparieren, so bezeichnet man diese als äußere oder Valenzelektronen. Ist das System *vollkommen* separierbar, so lassen sich jedem Elektron drei Quantenzahlen n, l, λ zuordnen. Die einzelnen λ setzen sich zu $\Sigma\lambda = \Lambda$ zusammen. Im *näherungsweise* separierten System lassen sich meist wenigstens die Quantenzahlen λ definieren. Die nicht abseparierbaren Elektronen bilden zusammen mit den Kernen den Molekülrumpf. Für diese Elektronen lassen sich keine Quantenzahlen mehr definieren. Man sagt auch, sie besitzen verwaschene Quantenzahlen.

Zu dem eben eingeführten Λ (das mit $\frac{h}{2\pi}$ multipliziert den Gesamtdrehimpuls der Elektronen um die Kernverbindungslinie darstellt) können wir auf einem von Voraussetzungen freierem Wege gelangen als durch Separation in Funktionen der Einzelelektronen. Es ist auch klar, daß, während die

[1] Näheres s. z. B. bei KRONIG, R. de L.: Band Spectra and Molecular Strukture, 1930.

Drehimpulse der einzelnen Elektronen nur eine näherungsweise Bedeutung haben, der Gesamtdrehimpuls exakt definiert ist. Der angedeutete Weg beruht darauf, daß man wieder untersucht, wie sich die Gesamteigenfunktionen bei Umdrehung um die Figurenachse verhalten. Es zeigt sich, daß man dann ebenso wie beim Einelektronenproblem komplexe Eigenfunktionen finden kann, die sich bei Umdrehung um φ_0 mit $e^{i\Lambda\varphi_0}$ multiplizieren. Durch diese Transformationseigenschaft kann Λ definiert werden. (Dem Vorhergehenden entsprechend gehört $\pm\Lambda$ zum gleichen Eigenwert.)

Auf die korrespondenzmäßige Betrachtung des Mehrelektronensystems (Vektormodell) wird später eingegangen werden.

Eine besondere Betrachtung verdienen die Molekülzustände $\lambda = 0$ und $\Lambda = 0$. Die zugehörigen Terme (Σ-Terme) sind nicht zweifach entartet. Spiegelt man für den Fall $\lambda = 0$ das Einelektronensystem an einer durch die Kernverbindungslinie gelegten Ebene, so erhält man eine neue Lage des Elektrons, die aus der alten auch durch eine entsprechende Drehung zu erreichen ist. Da man nun weiß, daß die Gesamteigenfunktion des Systems bei einer Drehung ungeändert bleibt, so ist der Schluß zu ziehen, daß das Gleiche bei einer Spiegelung der Fall ist.

Anders liegt der Fall beim Mehrelektronensystem. Hier erhalten wir bei der gleichen Spiegelung eine Systemanordnung, die im allgemeinen nicht durch eine Drehung zu erreichen ist. Der Schluß, daß bei einer Spiegelung die Gesamteigenfunktion ungeändert bleibt, weil eine Drehung sie nicht verändert, ist hier also nicht anwendbar. Diese Änderung kann aber höchstens in einem Vorzeichenwechsel bestehen, da bei zweimaliger Ausführung der Spiegelung der ursprüngliche Zustand wieder erreicht wird. Wir werden beide Fälle — Vorzeichenwechsel und Vorzeichenerhaltung — haben und sagen, daß wir zwei Arten von Σ-Termen haben können. Σ^+-Terme sind solche, bei denen die Eigenfunktion ihr Vorzeichen behält, Σ^--Terme solche, bei denen sie es wechselt.

Für Zustände mit $\Lambda > 0$ (Π, Δ-Zustände, s. S. 83) führt diese Betrachtung der Spiegelung zu keiner weiteren Einteilung der Terme. Wegen der zweifachen Entartung kann man nämlich für jede Spiegelung Eigenfunktionen so auswählen, daß die eine bei der Spiegelung in sich selbst, die andere in ihr Negatives übergeht.

c) Symmetrieeigenschaften bei gleichen Kernen.

Bei Systemen mit gleichen Kernen bestehen eine Reihe von Symmetrieeigenschaften, die für die Deutung der Spektren eine große Rolle spielen. Legen wir den Koordinatenanfangspunkt in den Mittelpunkt der Kernverbindungslinie und multiplizieren wir die kartesischen Koordinaten der Elektronen mit — 1, so bedeutet diese Operation eine Spiegelung der Elektronen am Koordinatenanfang. Statt dieser Spiegelung kann man auch eine Spiegelung an einer durch den Koordinatenanfangspunkt senkrecht zur Kernverbindungslinie gehenden Ebene ausführen und danach eine Drehung um 180^0 um die Kernverbindungslinie.

Es hat sich folgende Definition gebildet: Ein Elektron wird gerade genannt, wenn seine Eigenfunktion bei der Spiegelung der Elektronen am Koordinatenanfang sein Vorzeichen behält, ungerade, wenn sie das Zeichen wechselt. Die Eigenschaft gerade und ungerade wird durch unten angehängte Indizes g oder u angedeutet.

Für die Terme existiert eine entsprechende Definition: Ein Term heißt gerade oder ungerade, je nachdem ob seine Eigenfunktion bei Spiegelung aller Elektronen am Koordinatenanfang das Vorzeichen behält oder wechselt. Die Termeigenschaft gerade oder ungerade wird ebenfalls durch unten angehängte Indizes g oder u angedeutet.

Eine weitere Symmetrieeigenschaft ergibt sich bei Berücksichtigung der Molekülrotation aus der Vertauschung der Kerne. Diese wird erhalten, wenn die kartesischen Koordinaten der Kerne mit -1 multipliziert werden. Welche Operationen führen zu einer Vertauschung der Kerne? Dreht man das Molekül um eine Achse senkrecht zur Kernverbindungslinie um 180^0, so hat man zwar die Kerne vertauscht, aber ebenfalls die Elektronen. Man kann diese wieder zurückbringen, indem man sie am Koordinatenanfang spiegelt und danach an einer durch die Kernverbindungslinie gehenden Ebene, die auf der Drehachse senkrecht steht. Danach hängt die Eigenschaft eines Zustandes, symmetrisch oder antisymmetrisch in den Kernen zu sein, einmal von der Kernbewegung und dann von der Elektronenkonfiguration ab.

Die besprochene Symmetrieeigenschaft wird folgendermaßen definiert: Ein Term heißt in den Kernen symmetrisch oder antisymmetrisch, wenn seine Eigenfunktion bei Vertauschung der Kerne das Vorzeichen behält oder wechselt.

d) Resonanzentartung, das He-Atom.

In diesem Abschnitt kommen wir auf die Besprechung eines *Atoms* zurück, um einen neuen Begriff, den der Resonanzentartung, an einem möglichst einfachen Beispiel einzuführen. Die allgemeine Wellengleichung eines Atoms mit zwei Elektronen lautet:

$$\left.\begin{aligned} \Delta\,\psi + \frac{8\,\pi^2\,m\,e^2}{h^2}\left[\frac{Z}{r_1}+\frac{Z}{r_2}-\frac{1}{r_{12}}\right]\psi + \frac{8\,\pi^2\,m}{h^2}\,E\,\psi = 0 \\ \Delta = \Delta_1 + \Delta_2 \end{aligned}\right\} \tag{13}$$

Hier ist Δ der Differentialoperator (LAPLACEscher Operator) im sechsdimensionalen Konfigurationsraum. Er setzt sich aus den dreidimensionalen Ausdrücken Δ_1 und Δ_2 der beiden Elektronen 1 und 2 additiv zusammen. r_1, r_2 und r_{12} sind die Entfernungen der beiden Elektronen vom Kern und voneinander. In dem Ausdruck für die potentielle Energie stellen die ersten beiden Glieder die anziehende Wirkung des Kerns auf die beiden Elektronen und das dritte Glied die gegenseitige Abstoßung der Elektronen dar.

In erster Näherung kann man das Wechselwirkungsglied r_{12} vernachlässigen und damit sofort die Gleichung separieren:

$$\Delta_1\psi(1) + \frac{8\,\pi^2\,m}{h^2}\left[\frac{Z\,e^2}{r_1}+E_1\right]\psi(1) = 0$$

$$\Delta_2\psi(2) + \frac{8\,\pi^2\,m}{h^2}\left[\frac{Z\,e^2}{r_2}+E_2\right]\psi(2) = 0\,.$$

Die Eigenwerte der Gleichungen sind

$$E_1 = -\frac{R\,h\,Z^2}{n_1^2}\quad E_2 = -\frac{R\,h\,Z^2}{n_2^2}\quad R = \frac{2\,\pi^2\,m\,e^4}{h^3};\ Z = 2\,.$$

In erster Näherung erhält man also zwei voneinander unabhängige Systeme von „stehenden“ Wellen. Jedes Wellensystem ist einem Elektron zugeordnet. Es entspricht ihm eine eigene Energie E_1 bzw. E_2. Die Eigenfunktion des gesamten Atoms ist $\psi = \psi(1)\,\psi(2)$ und die zugehörigen Energiewerte sind einfach die Summe von E_1 und E_2: $E = E_1 + E_2$. Eine spezielle Kombination von n_1 und n_2 ergibt eine spezielle Lösung $\psi_{n_1}(1)\,\psi_{n_2}(2)$.

Nun wird die Differentialgleichung (13) aber auch durch den Ansatz $\psi' = \psi_{n_2}(1)\,\psi_{n_1}(2)$ gelöst, die Eigenwerte sind aber wieder gleich $E = E_1 + E_2$. Dieser Fall der Entartung ist ein anderer als die vorher besprochene Entartung in der Winkelkoordinate φ. Er beruht auf der völligen Gleichheit von Masse und Bindung der beiden Elektronen, wie sie in der gewöhnlichen Mechanik zu Resonanzerscheinungen führt. Man hat dafür die Bezeichnung Resonanzentartung gewählt.

Die Tatsache der Entartung ist von Wichtigkeit für die Behandlung des Problems in nächster Näherung, wenn wir das Wechselwirkungsglied berücksichtigen.

Gehören nämlich zur gleichen Energie E zwei Lösungen ψ und ψ', so ist wegen der Linearität der Schrödinger-Gleichung auch $\varphi = \alpha\,\psi + \beta\,\psi'$ eine zu E gehörige Lösung, wobei α und β beliebige Zahlen sind. Wenn man nun das Wechselwirkungsglied $\frac{e^2}{r_{12}}$ berücksichtigt, so zeigt es sich, daß sich die Energiewerte E nur wenig ändern. Von den Funktionen $\varphi = \alpha\,\psi + \beta\,\psi'$ sind aber nicht alle geeignet, die Lösung der Differentialgleichung auch nach der Berücksichtigung des Gliedes $\frac{e^2}{r_{12}}$ näherungsweise darzustellen. Eine relativ einfache Überlegung, auf die jedoch hier nicht eingegangen werden kann, zeigt nämlich, daß nur die Funktionen $\varphi_I = \psi + \psi'$ und $\varphi_{II} = \psi - \psi'$ eine gute Annäherung an die gesuchte Wellenfunktion darstellen können. Zu diesen beiden Funktionen gehören dann die beiden Energiewerte

$$E_I = E + \varepsilon_I \quad \text{und} \quad E_{II} = E + \varepsilon_{II}, \tag{14}$$

die sich von der früher gefundenen Energie E nur um die kleinen Glieder ε_I und ε_{II} unterscheiden. Diese Glieder stellen den Einfluß der Elektronenwechselwirkung $\frac{e^2}{r_{12}}$ auf die Energien E_I oder E_{II} des stationären Zustandes dar.

Eine eingehendere Untersuchung zeigt, daß Funktionen vom Typus φ_I und solche vom Typus φ_{II} zu stationären Zuständen gehören, die ineinander unter Lichtausstrahlung praktisch nicht übergehen[1]. Der Grundzustand des He verhält sich dabei wie ein φ_I-Term. Denn in diesem Falle sind beide Elektronen im Grundzustand, d. h. es ist $n_1 = n_2 = 1$. Folglich sind die Funktionen $\psi = \psi_{n_1}(1)\,\psi_{n_2}(2)$ und $\psi' = \psi_{n_2}(1)\,\psi_{n_1}(2)$ nicht voneinander verschieden. Dann gibt aber nur die symmetrische Funktion $\varphi_I = \psi + \psi'$ ein sinnvolles Resultat, während die antisymmetrische $\varphi_{II} = \psi - \psi' = 0$ verschwindet.

Experimentell sind in der Tat zwei Termsysteme des Heliums bekannt (S. 14), nämlich das Orthoheliumsystem und das Parheliumsystem, die mit-

[1] In der hier gegebenen Näherung ist überhaupt kein Übergang zu erwarten. Nur durch den hier nicht besprochenen Einfluß des Elektronenspins kann eine sehr schwache Interkombination zustande kommen.

einander praktisch nicht kombinieren. Da dabei der Grundzustand dem Parsystem angehört, sind die Wellenfunktionen φ_I diesem, die Funktionen φ_{II} hingegen dem Orthosystem zuzuordnen.

§ 6. Der Elektronenspin und das PAULI-Prinzip bei Molekülen.

Die bisher benutzten Gleichungen berücksichtigen nicht den Eigendrehimpuls der Elektronen. Er ist von der Größe $s\frac{h}{2\pi} = \frac{1}{2}\frac{h}{2\pi}$. Das mit ihm verbundene magnetische Moment kann mit den magnetischen Momenten, die von l, λ und Λ herrühren, in Wechselwirkung treten. Wir erhielten für das He-Atom bereits ohne Berücksichtigung des Elektronenspins die Existenz der beiden nichtkombinierenden Systeme. Erst zur Erklärung der Mannigfaltigkeit der Terme (Ortho-Triplett, Para-Singulett) muß der Elektronenspin in die Wellengleichung eingeführt werden.

Für Atome hatte das PAULI-Prinzip ausgesagt, daß es in einem Atom niemals zwei Elektronen geben kann, die in allen vier Quantenzahlen n, l, m_l, m_s (oder n, l, j, m) übereinstimmen. Man kann die Regel auch so ausdrücken, daß zu den Quantenzahlen n, l und m_l höchstens zwei Elektronen gehören, die sich jedoch im Spin entgegengesetzt verhalten müssen.

In der Wellenmechanik tritt das PAULI-Prinzip in folgender Form auf: Die Eigenfunktion ist in allen Elektronen antisymmetrisch, d. h. sie ändert ihr Vorzeichen, wenn man die Koordinaten und die Spins zweier Elektronen vertauscht. Diese Regel enthält als Spezialfall das alte quantentheoretische PAULI-Prinzip. Befinden sich nämlich zwei Elektronen im gleichen Zustand, so kann bei ihrer Vertauschung keine Änderung stattfinden. Das ist im Widerspruch zur Forderung der Antisymmetrie und der Zustand ist daher verboten.

Die Multiplizität der He-Terme ergibt sich aus dem wellenmechanischen PAULI-Prinzip folgendermaßen: Wir hatten gefunden, daß die Paraterme symmetrisch und die Orthoterme antisymmetrisch in den räumlichen Koordinaten der Elektronen sind. Nun führen wir neben den räumlichen Koordinaten x, y, z, die wir im vorigen Paragraphen allein betrachtet hatten, noch eine Spinkoordinate ein und stellen die Gesamteigenfunktion als Produkt von Spin- und räumlicher Eigenfunktion dar. Da das Produkt aus einer symmetrischen und einer antisymmetrischen Funktion antisymmetrisch ist, das Produkt von zwei symmetrischen oder zwei antisymmetrischen Funktionen aber symmetrisch, müssen die Orthoterme Tripletts und die Paraterme Singuletts sein. In den Paratermen stehen die beiden Spins antiparallel gerichtet, die Elektronen sind im gleichen Zustand und die zugehörige Spineigenfunktion muß antisymmetrisch sein. Den Orthotermen mit gleichen Spinrichtungen muß man hingegen symmetrische Spineigenfunktionen zuordnen. Der Energieunterschied $\varepsilon_I - \varepsilon_{II}$ zwischen Singulett- und Triplettermen, den man nicht modellmäßig mit Hilfe der Elektronenspins deuten konnte, findet jetzt seine Erklärung in dem Wechselwirkungsglied $\frac{\text{const.}}{r_{12}}$, welches für die Differenz zwischen Para- und Orthotermen ausschlaggebend ist.

III. Molekülspektren.

A. Zweiatomige Moleküle.

§ 1. Allgemeines über die Energie eines Moleküls.

Die Entstehung der Atomspektren wurde durch Bewegungen bzw. Sprünge von Elektronen erklärt. Dabei wurde der Atomkern als ruhend angenommen. Bei den zweiatomigen Molekülen kommen zu der Elektronenbewegung zwei neue Bewegungsmöglichkeiten hinzu: 1. eine Rotation der Kerne um ihren gemeinsamen Schwerpunkt, 2. eine Schwingung der Kerne um die Ruhelage in Richtung ihrer Verbindungslinie, denn sie sind nicht starr miteinander verbunden. Es liegt nun die Annahme nahe, daß sich die molekulare Energie dementsprechend aus drei Bestandteilen zusammensetzt, deren jeder für sich nur diskrete Werte annehmen kann: 1. Energie der Rotation, 2. Energie der Kernschwingung, 3. Energie der Elektronenbewegung. Es ist der Anteil der Rotationsenergie klein gegen den der Schwingungsenergie und dieser wieder klein gegen den der Elektronenenergie.

a) Rotationsenergie.

Betrachten wir zunächst nur die Rotationsenergie E_r und nehmen wir den einfachsten Fall zweier starr miteinander verbundener Kerne an. Das ist das sog. Hantelmodell eines zweiatomigen Moleküls. Für dieses Modell hatte sich nach der Quantenmechanik (S. 29) der Energiewert ergeben:

$$E_r = hc\,B\,J\,(J+1) = hcB\left(J+\frac{1}{2}\right)^2 - \text{const.};\qquad B = \frac{h}{8\pi^2 c I},$$
$$J = 0,\ 1,\ 2,\ 3,\ \ldots$$

Da beim Rotator die Betrachtungsweise der älteren Quantentheorie besonders bequem und anschaulich ist, sei sie kurz mit erwähnt. In unserm Modell erfolgt die Rotation mit konstanter Winkelgeschwindigkeit w, da keine äußeren Kräfte auf das System wirken. Dann ist $E_r = \frac{1}{2} I w^2$, wo I das Trägheitsmoment des Moleküls bedeutet. Es ist $I = m_1 r_1{}^2 + m_2 r_2{}^2$, wenn r_1 und r_2 die Abstände der beiden Atome mit den Massen m_1 und m_2 von dem Schwerpunkt bezeichnen. Führt man $r = r_1 + r_2 =$ Kernabstand und $\mu = \frac{m_1 m_2}{m_1 + m_2}$ $\left(\text{oder } \frac{1}{\mu} = \frac{1}{m_1} + \frac{1}{m_2}\right) =$ reduzierte Masse ein, so wird, da $m_1 r_1 = m_2 r_2$ ist, $I = \mu r^2$. Nach der BOHRschen Atomtheorie gilt für das Gesamtimpulsmoment $I w = \frac{J h}{2\pi}$, also

$$E_r = \frac{J^2 h^2}{8\pi^2 I}.$$

Messen wir die Energie in spektroskopischen Einheiten (cm^{-1}), um die Rotationsterme eines Moleküls darzustellen (in Analogie zu den Termen beim Atom), so müssen wir durch hc dividieren

$$\frac{E_r}{h c} = B J (J + 1). \tag{15}$$

Berücksichtigt man in zweiter Näherung, daß infolge der Rotation das Molekül durch Zentrifugalkraft auseinandergezogen wird und die Kerne dadurch andere Gleichgewichtslagen erhalten, so tritt eine geringe Änderung des Trägheitsmomentes auf. Wie man zeigen kann, ist die hinzukommende Korrektionsgröße der 4. Potenz von J proportional. Es ergibt sich für die Rotationsenergie

$$\frac{E_r}{h c} = B J (J + 1) + D J^2 (J + 1)^2. \tag{16}$$

Da J in den Ausdruck für die Rotationsenergie in erster Näherung fast quadratisch eingeht, so nehmen die Abstände der Rotationsterme eines Moleküls vom Grundniveau gerechnet nahezu quadratisch mit J zu, während die Abstände benachbarter Rotationsterme linear wachsen (s. Abb. 12, S. 44).

b) Kernschwingungsenergie (ohne und mit Rotation).

Wir betrachten jetzt den Energieanteil, der nur von der Kernschwingung herrührt, d. h. unsere Hantel soll nicht rotieren, aber die beiden Atome können längs ihrer Verbindungslinie gegeneinander schwingen. Hier ist der einfachste Fall die Annahme einer rein elastischen Kraft proportional der Entfernung q der Kerne aus ihrer Ruhelage, d. h. der lineare harmonische Oszillator.

Seine Schwingungsenergie[1] ist

$$E_v = v \cdot h c \omega_0. \tag{17}$$

$c\omega_0 = \nu_0$ ist die Eigenfrequenz des Oszillators. Die Energie nimmt also proportional mit der Quantenzahl v zu, die Amplitude der Schwingung mit $\sqrt{v}$. v heißt Schwingungsquantenzahl (Abkürzung von vibration).

[1] Diese Gleichung ist zuerst von M. PLANCK bei der Begründung der Quantentheorie benutzt worden.

Der besprochene einfachste Fall einer harmonischen Schwingung ist jedoch nur als Spezialfall zu betrachten. Allgemeine Gültigkeit besitzt er nur für unendlich kleine Schwingungen. Im allgemeinen sind die Atome nicht durch rein elastische Kräfte miteinander verbunden, d. h. die Schwingung im wirklichen Molekül ist nicht streng harmonisch. Im allgemeinen anharmonischen Falle gilt für E_v eine Entwicklung von der Form

$$E_v = h\,c\,\omega_0\,v - h\,c\,\omega_0\,x_0\,v^2 + h\,c\,\omega_0\,y_0\,v^3 + \ldots, \tag{18}$$

die man für praktische Zwecke meist schon beim zweiten Gliede abbrechen kann. Die neue Quantentheorie hat v durch $v + \frac{1}{2}$ ersetzt (S. 28), so daß wir schreiben wollen, indem wir gleichzeitig ω_0 und x durch ω_e und x_e ersetzen (e Abkürzung von equilibrium)

$$E_v = h\,c\,\omega_e\left(v + \frac{1}{2}\right) - h\,c\,\omega_e\,x_e\left(v + \frac{1}{2}\right)^2. \tag{18a}$$

Das bedeutet, daß selbst für die Schwingungszahl $v = 0$ eine Restenergie verbleibt, nämlich $\frac{1}{2}\,h\,c\,\omega_e - \frac{1}{4}\,h\,c\,\omega_e\,x_e$. Man bezeichnet sie mit Nullpunktsenergie der Schwingung (s. S. 28 Anm.). Wäre sie nicht vorhanden, so würde das die genaue Festlegung des Kernabstandes und das Verschwinden der Relativgeschwindigkeit und somit des zugehörigen Impulses bedeuten. Dieses aber widerspricht der Ungenauigkeitsrelation, die wir auf S. 22 besprochen haben.

Soll die Gl. (18 a) die Größe der Schwingungs*terme* eines Moleküls angeben, so müssen wir sie durch hc dividieren

$$\frac{E_v}{h\,c} = \omega_e\left(v + \frac{1}{2}\right) - \omega_e\,x_e\left(v + \frac{1}{2}\right)^2. \tag{19}$$

Aus diesem Ausdruck geht hervor, daß die Schwingungsterme im Molekül mit zunehmendem v allmählich näher aneinanderrücken[1]. Sie bilden schließlich eine Häufungsstelle, die sog. Konvergenzgrenze.

Macht man für das Kraftgesetz aus irgendwelchen Modellvorstellungen heraus spezielle Annahmen, so muß sich für kleine Amplituden immer Gl. (18) für die Schwingungsenergie ergeben. Nur die Werte für die Konstanten weichen in den einzelnen Fällen je nach dem Kraftgesetz voneinander ab. Immer muß der Ansatz

---

[1] Es sind nur drei Ausnahmen von dieser Regel bekannt, nämlich die Hydride LiH, NaH und KH, bei denen im ersten angeregten Elektronenzustand die Schwingungsterme mit wachsendem v anfänglich auseinanderrücken und dann erst näher zusammengehen.

für die potentielle Energie so aufgestellt werden, daß Dissoziation des Moleküls bei endlicher Energie möglich wird. Verschiedene Ansätze für derartige Potentialfunktionen rühren von KRATZER[1] und MORSE[2] her. KRATZER hat der Tatsache Rechnung getragen, daß in den Atomen elektrische Ladungen vorhanden sind und daß Kerne und Elektronen sich gegenseitig anziehen und abstoßen. Sein Ansatz für die potentielle Energie beruht auf der Annahme der Gültigkeit des COULOMBschen Anziehungsgesetzes in erster Näherung. Er ist daher geeignet für Moleküle mit polarer Bindung, bei denen entgegengesetzt geladene Ionen gegeneinander schwingen. Schreibt man seine Potenzreihe in folgender Form, wobei wir beim 2. Gliede abbrechen wollen,

$$V(r) = D\left(1 - \frac{2}{\frac{r}{r_e}} + \frac{1}{\left(\frac{r}{r_e}\right)^2}\right), \tag{20}$$

so ist $V(r) = 0$ für den Gleichgewichtsabstand $r = r_e$; für $r = \infty$ ist $V(r) = D$, der Dissoziationsarbeit. Der Ansatz liefert für die Schwingungsenergie in erster Näherung Gl. (18).

Für homöopolare Moleküle wird man hingegen einen Ansatz mit höheren Potenzen von r benutzen. MORSE hat eine Exponentialfunktion vorgeschlagen und sein Ansatz hat sich als gut brauchbar für homöopolare Moleküle erwiesen

$$V(r) = D\,(1 - e^{-a(r-r_e)})^2. \qquad (21)^3$$

Hiermit hat MORSE aus der SCHRÖDINGER-Gleichung folgende Eigenwerte berechnet

$$E_v = h\,c\,\omega_e\left(v + \frac{1}{2}\right) - \frac{h^2 c^2 \omega_e^2}{4\,D}\left(v + \frac{1}{2}\right)^2, \tag{22}$$

wobei $c\,\omega_e$ gleich dem früheren ν_0 ist. Der zugehörige Gleichgewichtsabstand, bei dem $V(r)$ sein Minimum besitzt, ist r_e. Weiterhin gilt $c\,\omega_e = \frac{a}{2\pi}\sqrt{\frac{2D}{\mu}}$. D ist die Dissoziationsarbeit, μ die reduzierte Masse.

Die nächste Frage ist, ob sich die Energieanteile einfach addieren, wenn wir eine gleichzeitige Rotation und Schwingung zulassen. In erster Näherung können wir bejahend antworten, in zweiter Näherung müssen wir aber die gegenseitige Beeinflussung von Schwingung und Rotation berücksichtigen. Infolge der

---

[1] KRATZER, A.: Z. Physik Bd. 3 (1920) S. 289.

[2] MORSE, P. M.: Physic. Rev. Bd. 34 (1929) S. 57.

[3] Dieses ist der von MULLIKEN unwesentlich abgeänderte MORSE-Ansatz.

Schwingung ist das Trägheitsmoment I des Moleküls nicht mehr konstant, sondern veränderlich. Sein Mittelwert ist verschieden von dem ursprünglichen I ohne Schwingung. Auch die Rotation bedingt, wie wir schon gesagt hatten, eine geringe Veränderlichkeit der Kernlagen und somit des Trägheitsmoments. Da die Kernlagen für die Schwingung *und* Rotation wichtig sind — Stärke der Bindung und Trägheitsmoment —, wird man E_v und E_r nicht einfach addieren können, sondern muß noch ein Wechselwirkungsglied hinzufügen. Setzt man z. B. den KRATZERschen[1] Ansatz in die SCHRÖDINGER-Gleichung für den oszillierenden Rotator ein, so erhält man in erster Näherung eine Summation der Energien des harmonischen Oszillators und des Rotators, in zweiter Näherung aber Glieder, die die Wechselwirkung zwischen Schwingung und Rotation und die Veränderlichkeit des Trägheitsmomentes enthalten:

$$\left.\begin{aligned}\frac{E_v + E_r + E_{vr}}{hc} &= \omega_e\left(v+\frac{1}{2}\right) - 3\,B_e\left(v+\frac{1}{2}\right)^2 + B_e\left(J+\frac{1}{2}\right)^2 - \\ &\quad - \frac{6\,B_e^2}{\omega_e}\left(J+\frac{1}{2}\right)^2\left(v+\frac{1}{2}\right) - \frac{4\,B_e^3}{\omega_e^2}\left(J+\frac{1}{2}\right)^4\end{aligned}\right\}\quad(23)$$

c) Elektronenenergie und Gesamtenergie.

Für die Elektronenenergie können im allgemeinen keine einfachen analytischen Ausdrücke angegeben werden (s. auch S. 63). Wir wollen sie daher nur mit E_{el} bezeichnen, worunter wir einfach den zahlenmäßigen Absolutbetrag verstehen.

Wenn wir jetzt nach der Gesamtenergie eines zweiatomigen Moleküls fragen, so werden wir E_{el} zu den Schwingungs- und Rotationsenergieanteilen hinzufügen und außerdem erwarten, daß auch zwischen der Elektronenbewegung und den beiden anderen Bewegungen Wechselbeziehungen stattfinden. Wir fassen die darauf zurückgehenden Energieanteile $E_{el\,r}$ und $E_{el\,v}$ zusammen in ein Glied $E_{el\,v\,r}$. Es ist sehr klein und sein Hauptanteil rührt von $E_{el\,r}$ her. Die Gesamtenergie setzt sich also aus folgenden Energieanteilen zusammen:

$$E = E_{el} + E_v + E_r + E_{vr} + E_{elvr}.$$

Zur Beschreibung der *Terme* ist sie durch hc zu dividieren.

Natürlich hat man unabhängig von Modellvorstellungen die empirischen Schwingungs- und Rotationsterme durch Potenz-

[1] E. FUES [Ann. Physik Bd. 80 (1926) S. 367; Bd. 81 (1926) S. 281] und besonders J. L. DUNHAM [Physic. Rev. Bd. 41 (1932) S. 721] haben mit einem noch mehr verallgemeinerten Ansatz weitere Näherungen berechnet.

reihen darstellen können, die ganz- oder halbzahlige Laufzahlen enthalten, die den Quantenzahlen v und J entsprechen. Die gebräuchliche ganzzahlige Formel ist

$$\left.\begin{array}{l}\frac{E}{hc}=\frac{E_0}{hc}+(\omega_0 v-\omega_0 x_0 v^2+\omega_0 y_0 v^3+\ldots)+\\ \qquad B_v J(J+1)+D_v J^2(J+1)^2+\ldots\end{array}\right\} \tag{24}$$

wobei B_v, D_v ... wieder von v abhängen, um der Wechselwirkung zwischen Schwingung und Rotation Rechnung zu tragen.

$$B_v=B_0-\alpha v+\gamma v^2+\ldots;\quad D_v=D_0+\beta v+\ldots$$

Die heute meist gebrauchte halbzahlige Darstellung ist:

$$\left.\begin{array}{l}\frac{E}{hc}=\frac{E_{el}}{hc}+\left\{\omega_e\left(v+\frac{1}{2}\right)-\omega_e x_e\left(v+\frac{1}{2}\right)^2+\omega_e y_e\left(v+\frac{1}{2}\right)^3\ldots\right\}+\\ \qquad B_v J(J+1)+D_v J^2(J+1)^2+\ldots\end{array}\right\} \tag{24a}$$

Hier sind B_v und D_v die gleichen Größen wie oben, werden aber durch folgende Potenzreihen dargestellt[1]:

$$B_v=B_e-\alpha_e\left(v+\frac{1}{2}\right)+\gamma_e\left(v+\frac{1}{2}\right)^2+\ldots;\, D_v=D_e+\beta_e\left(v+\frac{1}{2}\right)+\ldots$$

Vergleicht man diese empirischen Formeln (24) mit aus den Modellvorstellungen erhaltenen, indem man sie z. B. mit dem KRATZERschen Ansatz (20) oder MORSEschen Ansatz (21) kombiniert, so kann man zu bestimmten Aussagen über die Koeffizienten x_e, D_e und α_e bzw. x, D_0 und α kommen.

Die KRATZERsche Potentialfunktion gibt z. B.

$$x_e\,\omega_e=3\,B_e \tag{25}$$

$$\alpha_e=\frac{6\,B_e^2}{\omega_e}. \tag{25a}$$

Beide Beziehungen stimmen nur sehr ungefähr. Hingegen läßt sich für D_e ein Ausdruck herleiten, der für kleine Amplituden streng gilt, nämlich

$$D_e=-\frac{4\,B_e^3}{\omega_e^2}. \tag{26}$$

Für die Dissoziationsarbeit D ergibt sich

$$D=\frac{h\,c\,\omega_e^2}{4\,B_e},$$

[1] Der Index e wird im folgenden auch an die Rotationskonstanten gehängt, sobald die Darstellung sich auf die halbzahlige Numerierung der Schwingungsquanten bezieht, der Index 0 wird für die ganzzahlige Numerierung benutzt. Diese Indizierung wird weggelassen, wenn das Wechselwirkungsglied vernachlässigt wird ($\alpha=0$) und somit der Unterschied zwischen B_0 und B_e verschwindet.

was nicht gut stimmt. Der MORSE-Ansatz gibt dafür $D = \frac{h\,c\,\omega_e^2}{4\,x_e\,\omega_c}$, eine recht brauchbare Näherung. Von dieser schon vorher empirisch bekannten Gleichung (S. 103) war MORSE bei der Aufstellung seiner Potentialfunktion überhaupt ausgegangen.

In der folgenden Abbildung ist ein Schema der Schwingungs- und Rotationsterme für zwei Elektronenterme eines zweiatomigen Moleküls angegeben.

Nach der BOHRschen Frequenzbedingung erhält man die Spektrallinien, indem man die Energiedifferenz zwischen zwei verschie-

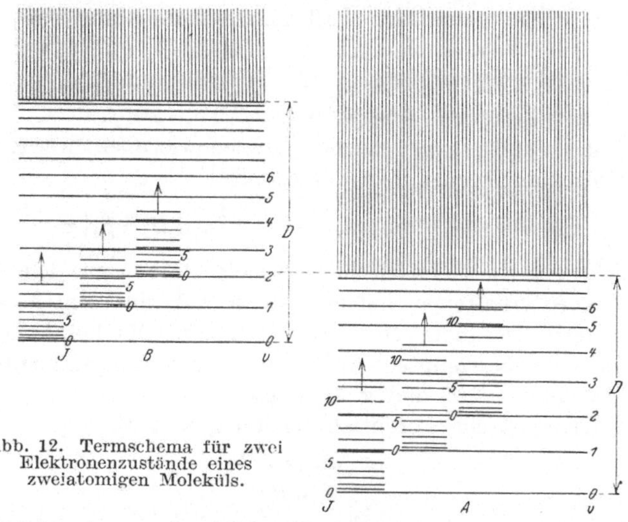

Abb. 12. Termschema für zwei Elektronenzustände eines zweiatomigen Moleküls.

denen Molekülzuständen bildet. Dabei ist es in der Bandenspektroskopie üblich, den energiereicheren Zustand mit einmal gestrichenen und den energieärmeren mit zweimal gestrichenen Buchstaben zu bezeichnen. Bei der *Emission* einer Spektrallinie geht das Molekül vom energiereicheren Anfangszustand in den energieärmeren Endzustand über, bei der *Absorption* gilt das Umgekehrte.

Zum Schluß dieses Paragraphen seien noch die Auswahlregeln für die Quantenzahlen v und J angegeben. Die Rotationsquantenzahl J ändert sich bei Strahlungsprozessen im Ultrarot um ± 1, und zwar gilt diese Regel unabhängig davon, ob bei dem betreffenden Übergang nur die Rotationsenergie oder gleichzeitig mit ihr die Schwingungsenergie sich ändert. Ist außerdem die Elektronenenergie am Übergang beteiligt, so kommen auch Änderungen von J um 0 vor. Wir werden im §4 diese Regel plausibel zu machen suchen.

Die Schwingungsquantenzahl v ändert sich beim harmonischen Oszillator nur um den Betrag ± 1, wenn bei dem Übergang nur Schwingung oder Schwingung und Rotation gemeinsam beteiligt sind. Da in Wirklichkeit die Moleküle am besten durch schwach anharmonische Oszillatoren beschrieben werden, kommen mit rasch abnehmender Intensität auch Übergänge mit zwei und mehr Schwingungsquanten vor. Zusammen mit einem Elektronenübergang kann sich hingegen die Schwingungsenergie um große Beträge ändern, Begründung siehe § 4.

§ 2. Rotations- und Rotationsschwingungsspektren[1].

a) Rotationsspektren.

Da die Rotationsperioden im Molekül sehr langsame sind, handelt es sich bei den Energien der Rotationsquanten um sehr kleine Beträge. Die Spektren, die durch Differenzbildung der Energiewerte zustande kommen, liegen daher im äußersten Ultrarot. Für ihre Wellenzahlen ergibt sich

$$\nu_r = B\,[J'\,(J'+1) - J''\,(J''+1)]\,. \tag{27}$$

Man hat reine Rotationsspektren nur in Absorption beobachtet. Hierbei kommt nur die Auswahlregel $J' = J'' + 1$ in Frage, wie leicht einzusehen ist. Damit wird

$$\nu_r = 2\,B\,(J''+1) \qquad J'' = 0,\ 1,\ 2,\ 3,\ \ldots$$

In diesem einfachsten Falle, bei dem von der Veränderlichkeit des Trägheitsmomentes abgesehen wird, besteht das Spektrum also aus äquidistanten *Linien*. Wenn man bei so tiefer Temperatur arbeiten könnte, daß die Absorption vom rotationslosen Grundzustand aus erfolgt, so bekäme man nur eine einzige Linie. Bei den meist bei Zimmertemperatur ausgeführten Beobachtungen sind mehrere Rotationsquanten angeregt, so daß die Spektren eine Reihe von Linien enthalten. Rotationsspektren sind z. B. bei HCl, HBr, HJ beobachtet. Daß gerade Verbindungen mit H-Atomen besonders untersucht sind, liegt daran, daß bei ihnen die Rotationsquanten verhältnismäßig groß sind und damit in einen spektral günstigeren Bereich fallen als bei Molekülen mit schwereren Atomen. Besonders erwähnt sei die Arbeit von CZERNY[2],

---

[1] Näheres s. SCHAEFER, CL. u. F. MATOSSI: Das ultrarote Spektrum, Berlin, Julius Springer 1930.

[2] CZERNY, M.: Z. Physik Bd. 34 (1925) S. 227.

der zwischen 42 μ und 100 μ 7 Absorptionsmaxima im Rotationsspektrum des HCl beobachten konnte. Aus seinen Messungen geht deutlich hervor, daß im Ausdruck für die Rotationsenergie J^2 durch $J(J+1)$ ersetzt werden muß[1]. Natürlich bilden die Maxima keine streng arithmetische Progression wegen der geringen Änderung des Trägheitsmomentes mit der Rotation. Das wurde von CZERNY bei ihrer genauen Darstellung auch berücksichtigt.

Da in dem Ausdruck für B das Trägheitsmoment I enthalten ist, ist es möglich, diese wichtige Molekülkonstante aus den Rotationsspektren oder aus den gleich zu besprechenden Rotationsschwingungsspektren zu berechnen (s. S. 267).

b) Rotationsschwingungsspektren.

Sie kommen durch Übergänge zwischen Zuständen mit verschiedener Rotations- und Schwingungsenergie zustande. Wir werden also nicht mehr eine einzige Folge äquidistanter Linien erwarten wie oben, wo wir die Rotationen des Moleküls bei der Kernschwingung 0 bzw. der Nullpunktsschwingung studiert haben, sondern zu *jeder* Kernschwingungsfrequenz wird eine Folge von Rotationsfrequenzen gehören. Das Bild des Spektrums wird also eine Reihe von *Banden* ergeben. Jede Bande besteht aus den einzelnen Rotationslinien. Für die Frequenzen der Banden ohne Rotation ergibt sich die einfache Näherungsformel

$$\left.\begin{aligned}\nu_v &= \left[\omega_e\left(v'+\frac{1}{2}\right)-\omega_e x_e\left(v'+\frac{1}{2}\right)^2\right]-\left[\omega_e\left(v''+\frac{1}{2}\right)-\omega_e x_e\left(v''+\frac{1}{2}\right)^2\right]\\ &= \omega_e\,(v'-v'')-\omega_e\,x_e\,(v'^2-v''^2+v'-v'')\end{aligned}\right\}\quad(28)$$

Auch bei den Rotationsschwingungsspektren handelt es sich aus experimentellen Gründen meist um Absorptionsbeobachtungen. Das erste Schwingungsquant wird mit großer, die folgenden mit stark abnehmender Intensität absorbiert (s. S. 45). Daher tritt nur

[1] CZERNY mußte damals, da aus dem von ihm benutzten Energieausdruck $B\,J^2$ für die Frequenz $\nu = 2\,B\left(J+\frac{1}{2}\right)$ folgt, J halbzahlig annehmen, um in Übereinstimmung mit der Erfahrung zu kommen. Daher ersetzte er J durch $J^*+\frac{1}{2}$, wo $J^* = 0, 1, 2, 3 \ldots$ ist, und erhielt als Energie $B\left(J^*+\frac{1}{2}\right)^2$. Subtrahieren wir von diesem Ausdruck den spektroskopisch nicht nachweisbaren Betrag $\frac{B}{4}$, so erhält man die übliche Energieformel $B\,J^*(J^*+1)$.

die sog. Grundschwingung mit erheblicher Intensität auf. Die erste Oberbande, d. h. der Übergang $\frac{1}{2} \rightarrow \frac{5}{2}$ (Absorption von zwei Schwingungsquanten) ist sehr viel schwächer und die folgenden Oberbanden haben oft schon verschwindende Intensitäten. Die Übergänge $\frac{3}{2} \rightarrow \frac{5}{2}$ oder $\frac{5}{2} \rightarrow \frac{7}{2}$, also von stärker schwingenden Zuständen aus sind erheblich schwächer als diejenigen vom Niveau der Nullpunktsschwingung aus, außerdem fallen sie wegen der Kleinheit des quadratischen Gliedes fast genau mit den letzteren zusammen.

Entsprechend den Auswahlregeln für die Rotation $J' = J'' \pm 1$ ($J' = J''$ ist für zweiatomige Moleküle im Ultrarotspektrum

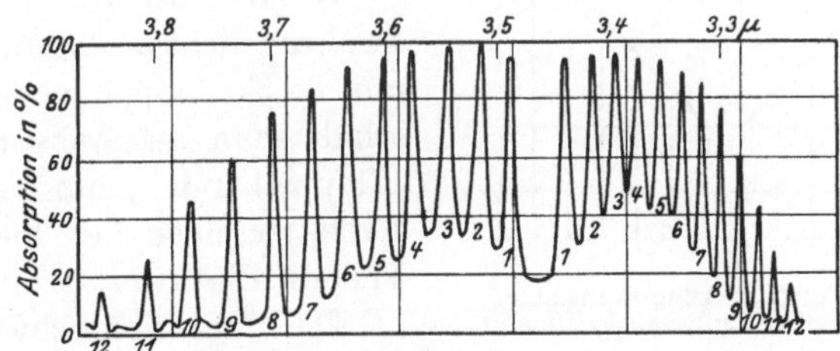

Abb. 13. Rotationsschwingungsspektrum von HCl nach IMES.

verboten) besteht jede Schwingungsbande aus einer Doppelbande mit zwei Zweigen von Rotationslinien. Die Formel für diese lautet in erster Näherung, wobei für ν_v der Ausdruck (28) einzusetzen ist:

$$\left.\begin{aligned} \nu &= \nu_v + B\,[J'(J'+1) - J''(J''+1)] \\ &= \nu_v \pm 2\,B\,(J''+1) \qquad J'' = 0, 1, 2, 3\ldots \end{aligned}\right\} \quad (29)$$

Um eine Kernschwingungsfrequenz ν_v gruppiert sich also nach rechts und links eine Folge äquidistanter Linien. Die Mitte, die sog. Nullinie, muß selbst ausfallen, da J'' höchstens gleich 0, nicht aber gleich -1 sein kann. Dem Übergang $J' = J'' - 1$ oder $\Delta J = J' - J'' = -1$ entspricht der langwellige Zweig, auch negativer oder P-Zweig genannt. Dem Übergang $J' = J'' + 1$ oder $\Delta J = J' - J'' = +1$ wird der kurzwellige Zweig, auch positiver oder R-Zweig genannt, zugeordnet. Berücksichtigt man die Wechselwirkung zwischen Schwingung und Rotation, so kommt im Energieterm noch ein Glied $\alpha_e \left(v + \frac{1}{2}\right) J\,(J+1)$ hinzu, das sich in einer Abweichung von der Äquidistanz der Rotationslinien äußert. Abb. 13 gibt diese Verhältnisse in der Absorptionsbande des HCl zwischen $3\,\mu$ und $4\,\mu$ gut wieder[1]. Als Ordinate ist dabei die in Prozenten angegebene Absorption, als Abzisse sind die zugehörigen Wellenlängen in μ aufgetragen. Das Fehlen der Nulllinie ist deutlich zu erkennen.

Die Struktur einer Bande kann man anschaulich in einem sog. FORTRAT[2]-Diagramm darstellen, in dem die Rotationsfrequenzen als Funktion der Quantenzahlen J (verabredungsgemäß nimmt man J'') aufgetragen werden (Abb. 14). Für den im Ultrarot nicht auftretenden Übergang $\Delta J = 0$ ist der Vollständigkeit halber der sog. Q-Zweig gestrichelt eingezeichnet.

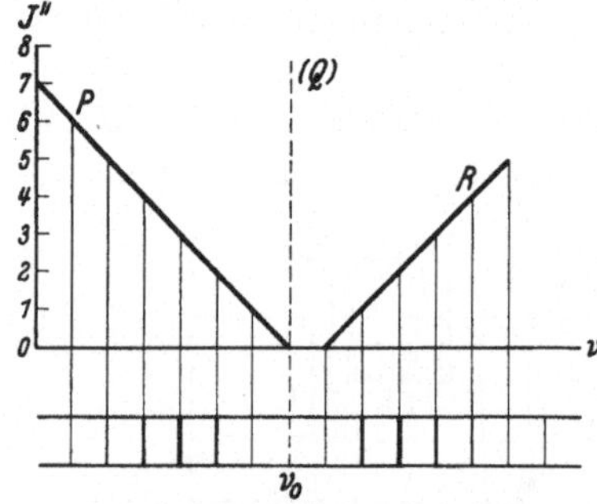

Abb. 14. FORTRAT-Diagramm eines Rotationsschwingungsspektrums.

Wenn man die Rotationsstruktur nicht auflösen, sondern nur die Enveloppe messen kann, erhält man das Aussehen einer „Doppelbande", die zuerst von BJERRUM nach der klassischen Theorie diskutiert wurde.

Die Rotationsschwingungsspektren liegen im nahen Ultrarot, da die Schwingungsterme eine größere Energie enthalten als die Rotationsterme entsprechend den schnelleren Perioden der Schwingung verglichen mit den Rotationsperioden. Rotationsspektren können nur beobachtet werden, wenn das Molekül ein Dipolmoment besitzt. Rotationsschwingungsspektren treten dann auf, wenn die Schwingung eine Änderung des Dipolmomentes hervorruft. Moleküle mit zwei gleichen Atomen (N_2, O_2, J_2 usw.) besitzen keine Rotations- und keine Rotationsschwingungsspektren.

c) RAMAN-Effekt[3].

Eine ausführlichere Besprechung der theoretischen Grundlagen des RAMAN-Effektes wird erst bei den mehratomigen Molekülen, für die er von besonderer Wichtigkeit ist, gegeben werden. Hier mögen einige kurze Hinweise genügen. Mit Hilfe des erst seit wenigen

[1] IMES, E. S.: Astroph. J. Bd. 50 (1919) S. 251.

[2] FORTRAT, R.: Thèse (Paris) 1914 S. 109.

[3] S. hierzu das Buch von K. W. F. KOHLRAUSCH: Der SMEKAL-RAMAN-Effekt, diese Sammlung Bd. 12 (1931) und G. PLACZEK: RAYLEIGH-Streuung und RAMAN-Effekt, Handbuch der Radiologie, Bd. 6, II (1934) S. 209.

Jahren bekannten RAMAN-Effektes kann man statt einer Untersuchung der experimentell schwer zugänglichen Rotations- und Rotationsschwingungsbanden Messungen im sichtbaren und ultravioletten Spektralgebiet vornehmen, aus denen man ähnliche Schlüsse wie aus den Ultrarotbanden ziehen kann. RAMAN[1] ließ das Licht einer starken monochromatischen Lichtquelle (Quecksilberlampe) an Gasmolekülen bzw. einer Flüssigkeit sich zerstreuen. In dem gestreuten Licht beobachtete er außer den Linien des einfallenden Lichtes Linien mit größerer und mit kleinerer Wellenlänge. Fast gleichzeitig und unabhängig veröffentlichten LANDSBERG und MANDELSTAM[2] entsprechende Untersuchungen an kristallinem Quarz und an Kalkspat. Die neuen Linien kommen folgendermaßen zustande: Die Moleküle können beim Streuakt dem Licht Energie entziehen, die sie als Schwingungsenergie (bzw. Rotationsenergie) behalten. Man beobachtet dann auf der langwelligen Seite der gestreuten Linien noch eine weitere Linie in einem Frequenzabstand, der der betreffenden Kernschwingung entspricht. Seltener wird auch der umgekehrte Prozeß stattfinden, daß nämlich das streuende Molekül dem gestreuten Licht diesen Energiebetrag mitgibt. Dann erscheint auf der kurzwelligen Seite eine RAMAN-Linie. Danach sind die „RAMAN-Linien" als Kombinationslinien aus den Frequenzen der einfallenden Strahlung und den Eigenfrequenzen der streuenden Moleküle aufzufassen. Das Auftreten solcher Kombinationslinien bei Streuprozessen war bereits nach der älteren Quantentheorie[3] vorausgesagt worden. Auch nach der neuen Quantenmechanik ist es zu erwarten[4] und experimentell hat sich diese Deutung durchaus bestätigt. Man findet also gewissermaßen das Rotations- oder Rotationsschwingungsspektrum zu beiden Seiten der gestreuten Linien ausgebreitet in einem photographisch angenehmen Spektralbereich.

Für gleichatomige Moleküle wie N_2, O_2, J_2 usw. ist der RAMAN-Effekt sogar das einzige Mittel zur Untersuchung ihrer Rotations- bzw. Rotationsschwingungsspektren. Wir hatten schon gesagt,

---

1 RAMAN, C. V.: Ind. J. Physics Bd. 2 (1928) S. 387. — RAMAN, C. V. u. K. G. KRISHNAN: Ind. J. Physics Bd. 2 (1928) S. 399.

2 LANDSBERG, G. u. G. MANDELSTAM: Naturwiss. Bd. 16 (1928) S. 557; C. R. Acad. Sci., Paris Bd. 187 (1928) S. 108; Z. Physik Bd. 58 (1929) S. 250.

3 SMEKAL, A.: Naturwiss. Bd. 11 (1923) S. 873.

4 KRAMERS, H. A. u. W. HEISENBERG: Z. Physik Bd. 31 (1925) S. 681. SMEKAL, A.: Naturwiss. Bd. 16 (1928) S. 612.

daß wegen der Symmetrieverhältnisse bei diesen Molekülen die ultraroten Absorptionsbanden fehlen. Im RAMAN-Effekt können sie erscheinen, da es hier auf das Streuvermögen des Moleküls ankommt[1], das sich — im Gegensatz zum Dipolmoment — in gleichatomigen Molekülen während der Schwingung (und Rotation) sehr wohl ändern kann. Es wird aus dem Gesagten verständlich, daß RASETTI[2] z. B. das Rotationsschwingungsspektrum des Wasserstoffs im RAMAN-Effekt studieren konnte. In entsprechender Weise konnte er Beobachtungen der Rotationslinien im RAMAN-Spektrum von H_2, N_2 und O_2 ausführen[2]. Übrigens sind selbst in verflüssigtem Wasserstoff die Molekülrotationen so scharf gequantelt, daß sie zu scharfen RAMAN-Linien Anlaß geben[3].

§ 3. Allgemeiner Aufbau der Elektronenbandenspektren.

a) Allgemeine Beschreibung eines Elektronenbandenspektrums.

Ebenso wie sich das reine Rotationsspektrum über eine Kernschwingungsfrequenz überlagern kann (Rotationsschwingungsspektrum), so können sich Rotationen und Schwingungen über eine Elektronenfrequenz superponieren. Dadurch entsteht ein sog. Bandensystem, das zu dem betreffenden Elektronenübergang gehört. Die Bandensysteme, die zu den verschiedenen Elektronensprüngen eines Moleküls gehören, bilden zusammen das gesamte Bandenspektrum dieses Moleküls. Da die Energieänderungen, die mit Übergängen zwischen Elektronenzuständen verknüpft sind, erheblich sein können, liegen die Elektronenbandenspektren fast stets im sichtbaren und ultravioletten Spektralbereich. Die Abbildungen 15 und 16 repräsentieren Teile von Bandensystemen.

Man sieht eine Reihe von sog. Bandkanten, an die sich feine einzelne Linien anschließen. Die feinen Einzellinien der Banden kommen durch Übergänge zwischen den verschiedenen Rotationszuständen zustande, die Mannigfaltigkeit der Banden (Bandkanten)

---

[1] PLACZEK, G.: Leipzig. Vortr. 1931 S. 71; RAYLEIGH-Streuung und RAMAN-Effekt, l. c.

[2] RASETTI, F.: Physic Rev. Bd. 34 (1929) S. 367; Nature, Lond. Bd. 124 (1929) S. 791; Z. Physik Bd. 61 (1930) S. 598. Weitere Literatur siehe bei K. W. F. KOHLRAUSCH, l. c.

[3] MCLENNAN, J. C. u. J. H. MCLEOD: Nature Lond. Bd. 123 (1929) S. 160; Trans. Roy. Soc. Can. III/3 Bd. 22 (1928) S. 413; Bd. 23 (1929) S. 19.

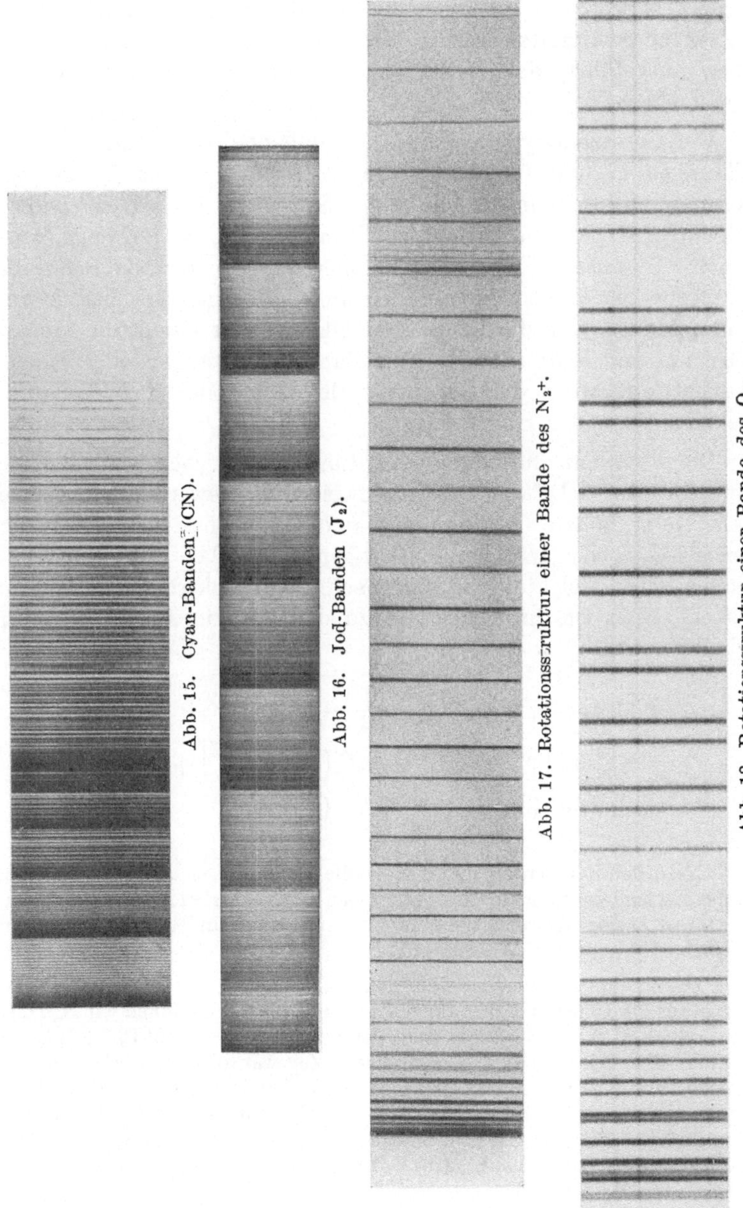

Abb. 15. Cyan-Banden (CN).

Abb. 16. Jod-Banden (J_2).

Abb. 17. Rotationsstruktur einer Bande des N_2^+.

Abb. 18. Rotationsstruktur einer Bande des O_2.

hingegen wird durch Übergänge zwischen Kernschwingungstermen hervorgerufen. Die ganze abgebildete Bandenserie gehört zu einem bestimmten Elektronensprung[1]. Dieser bestimmt, wie oben ausgeführt, das Wellenlängengebiet, in dem das Bandensystem liegt.

Die Gesetzmäßigkeiten einer Einzelbande treten in den Abbildungen 17 und 18 klar zutage. Von einer „Lücke", der sog. Nullinie, aus sieht man nach beiden Seiten wie bei den Rotationsschwingungsspektren regelmäßige Linienfolgen, sog. Zweige, ausgehen. In unseren Beispielen nehmen auf der rechten Seite die Abstände der Linien zu, auf der linken dagegen ab, bis sie zusammenfallen und die Bandkante bilden. Hier klappt die Linienfolge um und läuft zurück. Eine Bande ist nach Rot oder Violett abschattiert, wenn die Linien auf der lang- oder auf der kurzwelligen Seite der Kante liegen.

Die Frequenz für irgendeine Linie ergibt sich aus Gl. (24) und (24a) durch Differenzbildung zweier Energiewerte[2]. Wir wollen dabei jetzt höhere Glieder als v^2 und die Wechselwirkungsglieder vernachlässigen. Wir berücksichtigen aber, daß das Trägheitsmoment des Moleküls vor und nach dem Elektronensprung ein verschiedenes ist (im Gegensatz zu den Rotationsspektren). Wir erhalten somit

$$\left.\begin{aligned} \nu = \nu_{el} + \nu_v + \nu_r = \nu_e + \left[\omega_e'\left(v' + \frac{1}{2}\right) - \omega_e' x_e'\left(v' + \frac{1}{2}\right)^2\right] - \\ - \left[\omega_e''\left(v'' + \frac{1}{2}\right) - \omega_e'' x_e''\left(v'' + \frac{1}{2}\right)^2\right] + \\ + B' J' (J' + 1) - B'' J'' (J'' + 1) \end{aligned}\right\} \quad (30)$$

[1] Natürlich besitzen nicht alle Moleküle solche übersichtlichen Spektren. Manchmal sind die Banden diffus und lassen keine scharfen Kanten erkennen, manchmal liegen die einzelnen Linien weit auseinander, wie z. B. beim Viellinienspektrum des Wasserstoffs.

[2] Die ersten Gesetzmäßigkeiten in der Darstellung von Bandenspektren, sowohl für die Rotationen wie für die Schwingungen, verdanken wir H. Deslandres: s. z. B. C. R. Acad. Sci. Paris Bd. 101 (1885) S. 1256; Bd. 104 (1887) S. 972; Bd. 138 (1904) S. 322. Lange Zeit war folgende auf ihn zurückgehende Bezeichnung für die Banden eines Bandensystems üblich (Deslandressche Formel): $\nu = \nu_0 + (a' n' - b' n'^2) - (a'' n'' - b'' n''^2)$. In einer Einzelbande zählte Deslandres die Bandenlinien von der Kante aus, erst T. Heurlinger: Diss. Lund. 1918; Z. Physik. Bd. 1 (1920) S. 82, begann die Zählung bei der Nullinie.

Für experimentelle Zwecke wählt man gern die ganzzahlige Darstellung

$$\left.\begin{aligned}\nu = \nu_{0,0} &+ (\omega\ v' - \omega_0' x_0' v'^2) - (\omega_0'' v'' - \omega_0'' x_0'' v''^2) + \\ &+ B' J' (J' + 1) - B'' J'' (J'' + 1)\end{aligned}\right\} \quad (30\text{a})$$

wobei

$$\begin{aligned}\nu_{0,0} &= \nu_e + \frac{1}{2}(\omega_e' - \omega_e'') - \frac{1}{4}(\omega_e' x_e' - \omega_e'' x_e'') \\ \omega_0' &= \omega_e' (1 - x_e') \\ \omega_0'' &= \omega_e'' (1 - x_e'') \\ \omega_0' x_0' &= \omega_e' x_e' \\ \omega_0'' x_0'' &= \omega_e'' x_e''.\end{aligned}$$

$\nu_{0,0}$ entspricht genau der beobachteten 0,0-Bande, d. h. der Bande mit den Schwingungsquanten $v' = 0$ und $v'' = 0$ in den beiden Zuständen.

b) Rotationsstruktur.

α) ***P*-, *Q*- und *R*-Zweige.** Zuerst wenden wir uns dem Aufbau einer Einzelbande zu, d. h. wir beschäftigen uns zuerst mit dem letzten Teil der Formel, der von der Rotationsenergie herrührt:

$$\nu = \nu_{el} + \nu_v + B' J' (J' + 1) - B'' J'' (J'' + 1).$$

Den drei Übergängen

$$\begin{aligned}J' &= J'' + 1 \\ J' &= J'' - 1 \\ J' &= J''\end{aligned}$$

entsprechen innerhalb einer Bande drei sog. Bandenzweige, die zu drei Linienfolgen Anlaß geben. Den P- und den R-Zweig haben wir schon bei den Rotationsschwingungsspektren kennengelernt. Der R-Zweig oder positive Zweig, der sich von der Nullinie nach kürzeren Wellenlängen (größeren Wellenzahlen) erstreckt, entspricht $J' = J'' + 1$. Der P-Zweig oder negative Zweig entspricht $J' = J'' - 1$ und erstreckt sich nach längeren Wellenlängen. Der Q-Zweig endlich ist der Nullzweig, für ihn gilt $J'' = J'$. Er fehlt übrigens in vielen Banden, woraus man bestimmte Schlüsse auf die Terme ziehen kann (S. 78). Auch die Banden der Abb. 19 und 20 enthalten nur P- und R-Zweige. Den drei Übergängen entsprechend bekommt man für die drei Zweige folgende Formeln

R-Zweig $J' = J'' + 1$:

$$\nu = \nu_{el} + \nu_v + (B' + B'')(J'' + 1) + (B' - B'')(J'' + 1)^2 \quad (31\,\text{a})$$

Q-Zweig $J' = J''$:

$$\nu = \nu_{el} + \nu_v + (B' - B'')\ J'' \qquad + (B' - B'')\ J''^2 \quad (31\,\text{b})$$

P-Zweig[1] $J' = J'' - 1$:

$$\nu = \nu_{el} + \nu_v - (B' + B'')\ J'' \qquad + (B' - B'')\ J''^2\,. \qquad (31\,c)$$

Jeder der drei Zweige muß danach in erster Näherung durch eine Parabel von der Form $\nu = A \pm B\,J + C\,J^2$ darstellbar sein. Für $J = \pm \frac{B}{C}$ erhält man eine Umkehrstelle, d. h. eine Bandkante.

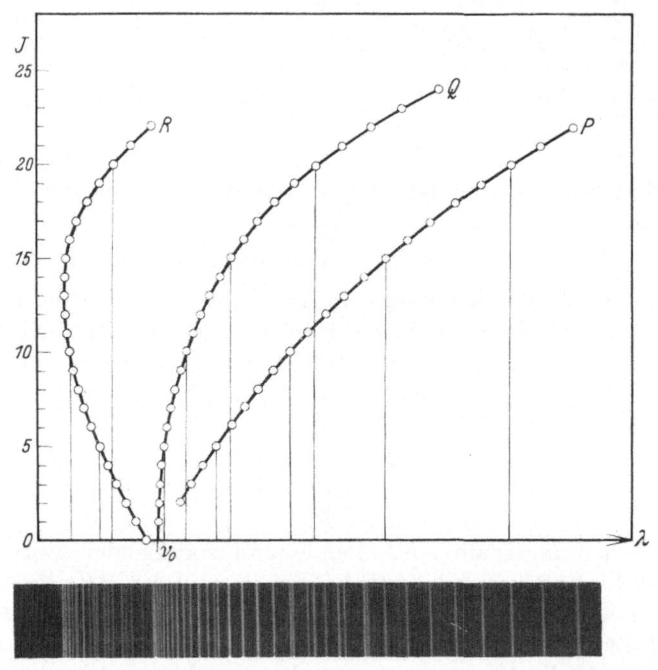

Abb. 19. FORTRAT-Diagramme der Bande 4241 Å des AlH nach BENGTSSON.

Im FORTRAT-Diagramm erhält man jetzt nicht mehr Geraden, sondern Parabeln (s. Abb. 19[2]). Bei kleinen Rotationen ist die Abweichung von Abb. 14 gering: der R-Zweig geht nach kurzen, der P-Zweig nach langen Wellen und der Q-Zweig senkrecht nach oben. Sobald aber das quadratische Glied in Gl. 31 neben dem

[1] Nimmt man in der Rotationsenergie noch das nächste Glied hinzu [s. Gl. (16)], so erhält man z. B. für den P-Zweig:

$$\nu = \nu_{el} + \nu_v -$$
$$(B' + B'')J'' + (B' - B'' + D' - D'')J''^2 - 2\,(D' + D'')J''^3 + (D' - D'')J''^4.$$

[2] Für die Überlassung von Abb. 19 habe ich Herrn Dr. BENGTSSON, Stockholm, herzlich zu danken.

linearen merklich wird, krümmen sich die drei Zweige. Ist das Trägheitsmoment des Anfangszustandes kleiner als das des Endzustandes, d. h. $B' > B''$, so kehrt der P-Zweig bei einer bestimmten Quantenzahl um und es kommt zur Ausbildung der oben erwähnten Bandkante, die im Spektrum durch die Häufung der Linien deutlich erkenntlich ist. Ist umgekehrt $B' < B''$, so liegt die Bandkante im R-Zweig. Wir erhalten danach für $B' > B''$ Violettabschattierung der Banden, für den Fall $B' < B''$ hingegen Rotabschattierung. Sind B' und B'' wenig voneinander verschieden, so kann in einem Bandensystem die Abschattierung wechseln, so daß die ersten Banden z. B. Violettabschattierung, die höheren hingegen Rotabschattierung zeigen. Ist $B' = B''$, so ist der Q-Zweig sehr eng und der P- und R-Zweig zeigen keine Kanten.

β) **Kombinationsbeziehungen.** Diese Darstellung einer Rotationstermfolge durch eine quadratische Formel gilt natürlich nur *näherungsweise.* Wir hatten ja bei ihrer Aufstellung alle Korrektionsglieder vernachlässigt. Da die Linien durch Differenzbildung zwischen Energietermen zustande kommen und außerdem für diese Übergänge die Quantensprungregeln gelten $\Delta J = 0, \pm 1$, so muß es möglich sein, *genaue* allgemeingültige Beziehungen für die Quanten*übergänge* aufzustellen. Diese sind die sog. Kombinationsbeziehungen. $F'(J)$ bezeichne den exakten Ausdruck für den Rotationsterm im Anfangs- und $F''(J)$ im Endzustande. Elektronen- und Kernschwingungsfrequenz seien in exakter Weise zu ν_0 zusammengefaßt. ν_0 bezeichnet dann die Nullinie. Aus Bequemlichkeit und wegen der größeren Übersichtlichkeit ist hier überall J statt J'' gesetzt, da Mißverständnisse nicht möglich sind. Dann bekommt man für die drei Folgen die Ansätze

$$\nu_R = R(J) = \nu_0 + F'(J+1) - F''(J) \quad (32\text{ a})$$

$$\nu_Q = Q(J) = \nu_0 + F'(J) - F''(J) \quad (32\text{ b})$$

$$\nu_P = P(J) = \nu_0 + F'(J-1) - F''(J)\,. \quad (32\text{ c})$$

Hieraus folgen die Kombinationsbeziehungen durch weitere Differenzbildung

$$\left.\begin{aligned} &R(J) - Q(J) = Q(J+1) - P(J+1) = \\ &= F'(J+1) - F'(J) = \Delta_1 F'\left(J+\tfrac{1}{2}\right) \sim 2B'(J+1)^1 \end{aligned}\right\} \quad (33\text{ a})$$

[1] Bei Berücksichtigung des nächsten Gliedes in der Rotationsenergie [s. Gl. (16)] erhält man: $R(J) - Q(J) = \Delta_1 F'\left(J+\frac{1}{2}\right) = 2B'(J+1) + 4D'(J+1)(J^2+2J+1)$.

$$R(J) - Q(J+1) = Q(J) - P(J+1) = F''(J+1) - F''(J) = \Delta_1 F''\left(J+\frac{1}{2}\right) \sim 2B''(J+1) \quad (33\,\mathrm{b})$$

die die Isolierung des Anfangs- und des Endtermes (B' und B'') der Rotation erlauben. In den Banden, die keine Q-Zweige besitzen, werden folgende Gleichungen zur Termisolierung benutzt:

$$R(J) - P(J) = F'(J+1) - F'(J-1) = \Delta_2 F'(J) \sim 4B'\left(J+\frac{1}{2}\right)^{1} \quad (34\,\mathrm{a})$$

$$R(J-1) - P(J+1) = F''(J+1) - F''(J-1) = \Delta_2 F''(J) \sim 4B''\left(J+\frac{1}{2}\right) \quad (34\,\mathrm{b})$$

Bei der Analyse einer Bande geht man also so vor: Durch Differenzbildung der Wellenzahlen der verschiedenen Linien der Bande sucht man die Gl. (32) und (33) [bzw. (34)] aufzustellen. Damit hat man die Differenzen immer zweier aufeinanderfolgender Zustände [in Gl. (34) mit Überspringung eines Terms], in Gl. (33a) für den Anfangsterm, in Gl. (33b) für den Endterm. Aus diesen kann man die Rotationsterme selbst leicht erhalten. Die Zählung von J wird durch die Kombinationsbeziehungen geregelt, doch muß außerdem die Intensitätsverteilung in der Bande zu Hilfe genommen werden. Der Nullinie ($J = 0$) kommt die Intensität 0 zu, sie nimmt von ihr nach beiden Seiten erst zu, dann wieder ab. Obgleich die Intensität beiderseits zur Nullinie symmetrisch und für entsprechende Stellen im positiven und negativen Zweig (in J gerechnet) annähernd gleich ist, sieht das Spektrum doch unregelmäßig aus wegen der Umklappung der einen Linienfolge und des Durcheinanderlaufens der verschiedenen Zweige. Die Nullinie liegt meist in der Nähe der Bandkante und ist daher selten durch eine „Lücke“ im Linienverlauf zu erkennen. Man kann sie dann nur durch Ausprobieren der Kombinationsmöglichkeiten finden. Manchmal führt ein ganz anderes Kriterium rascher zu den richtigen Kombinationsbeziehungen, nämlich die Beobachtung von sog. Störungen. Es kann nämlich vorkommen, daß irgendwelche Unregelmäßigkeiten im Verlauf einer Linienfolge auftreten, die darauf beruhen, daß der Anfangs- oder Endterm der betreffenden Linie „gestört“ ist (s. S. 121). Derselbe Term kommt in den andern

[1] Hinzunahme des nächsten Gliedes in der Rotationsenergie [s. Gl. (16)] ergibt: $R(J) - P(J) = \Delta_2 F'(J) = 4B'\left(J+\frac{1}{2}\right) + 8D'\left(J+\frac{1}{2}\right)(J^2+J+1)$.

Zweigen auch einmal vor, so daß dieselbe Störung in jeder Bande in jedem Zweig einmal auftreten muß. Es ist klar, daß dadurch die Analyse bedeutend erleichtert wird, da die Störung die Stelle anzeigt, an der in den einzelnen Folgen derselbe gestörte Term an der Kombination teilnimmt.

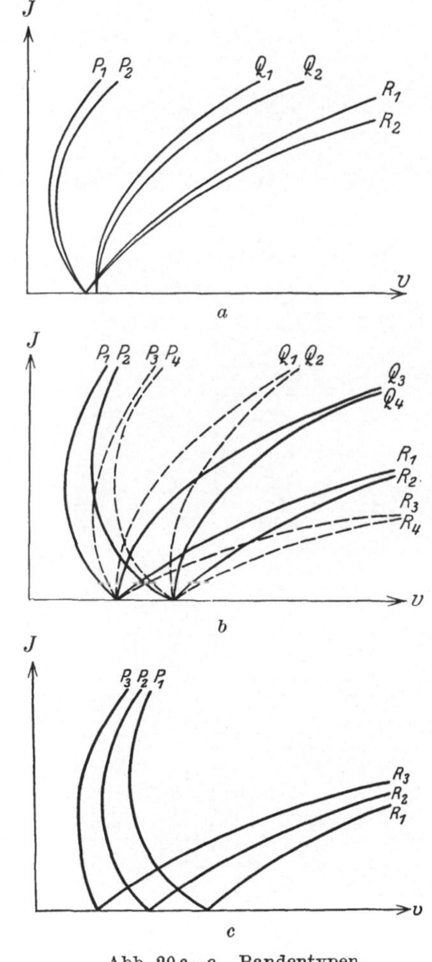

Abb. 20 a—c. Bandentypen.

Bei vielen Bandentypen sind die Kombinationsbeziehungen nicht streng erfüllt, sondern sie zeigen sog. Kombinationsdefekte. Auf ihre Ursache wird im nächsten Paragraphen eingegangen werden.

Die Kombinationsbeziehungen sind fernerhin eine wertvolle Stütze für die richtige Einordnung der einzelnen Banden in ein Bandensystem. Es müssen nämlich alle Banden, die den gleichen Anfangszustand der Kernschwingung v' bzw. den gleichen Endzustand v'' haben, dieselben Kombinationsbeziehungen besitzen.

γ) Multiplettstruktur der Rotationsfolgen. Bisher haben wir stillschweigend angenommen, daß jede Bande nur einen P-, Q- und R-Zweig besitzt (Singulettbanden). Es haben aber nur wenige Moleküle diese einfachen Eigenschaften, z. B. eine Reihe Hydride. Meistens besitzen die Moleküle mehrere P-, Q- und R-Serien, d. h. sie zeigen Banden mit komplizierterer Feinstruktur. Die Abb. 20 a—c geben typische Fälle wieder.

Beim ersten Beispiel ist jede Linie doppelt und die Entfernung der beiden Linien voneinander, d. h. die Aufspaltung, wächst mit der Quantenzahl J. Derartige Verhältnisse finden wir in den violetten Cyanbanden. Beim zweiten Beispiel handelt es sich wieder um Doppellinien, aber die Aufspaltung ist bei der Nullinie am größten und nimmt mit wachsendem J ab. Hierher gehören die OH-Banden. Solche Fälle werden als Dublettbanden bezeichnet. Im dritten Beispiel (wegen größerer Übersichtlichkeit ohne Q-Zweige gezeichnet) sind die Linien dreifach. Ihr Verlauf ist ähnlich wie im zweiten Beispiel. N_2 besitzt solche Banden (s. Abb. 21)[1]. Man bezeichnet sie als Triplettbanden. Diese Aufspaltungen können in Analogie gesetzt werden zu den Multipletts bei Atomspektren, nur daß bei diesen noch Quartetts, Quintetts usw. bekannt sind. Die Kompliziertheit der Rotationsstrukturen ist jedoch mit den eben behandelten Fällen nicht erschöpft. Es kann z. B. vorkommen, daß statt 3 Dublettfolgen deren 6 vorhanden sind. Diese wieder können so verlaufen, daß man eine Kombination der beiden ersten

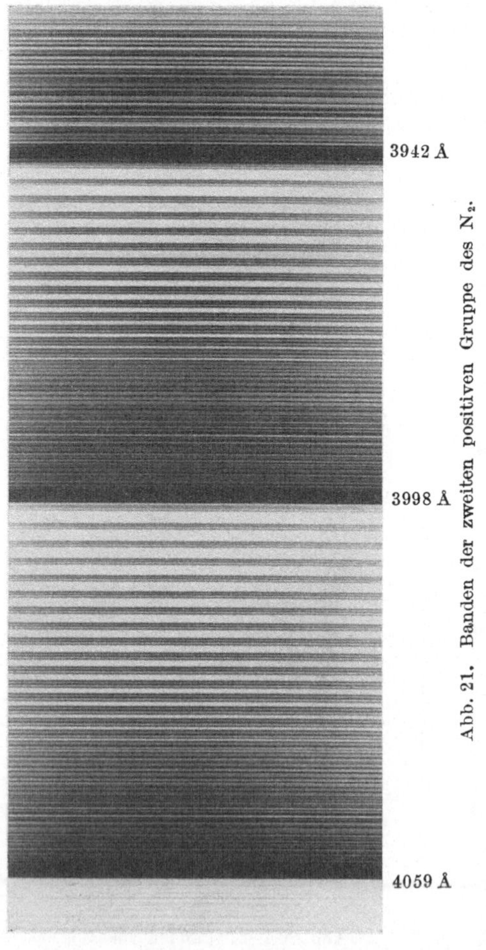

Abb. 21. Banden der zweiten positiven Gruppe des N_2.

[1] Die Abb. 21 verdanke ich Herrn J. Aars, Oslo, der diese Banden mit dem 6-m-Gitter des Göttinger II. Physik. Instituts aufgenommen hat.

Beispiele vor sich hat. Oder aber die Triplettfolgen zeigen jede wieder Feinstruktur. (In Wirklichkeit gehört auch das N_2-Spektrum von Abb. 21 hierher.) Jedenfalls ist in solchen Fällen die Bandenanalyse recht erschwert. Man kann nicht die gewöhnlichen Ansätze (33) und (34) benutzen, sondern muß dem doppelten bzw. dreifachen Charakter der Linien durch Einführung mehrerer Rotationsterme Rechnung tragen. Für solche Fälle sei auf Spezialdarstellungen der Bandenspektroskopie verwiesen[1].

Auf die eigentümliche Erscheinung des Intensitätswechsels in einer Reihe von Banden gleichatomiger Moleküle (z. B. N_2, H_2), wonach in den Zweigen auf eine starke Linie eine schwache, dann wieder eine starke folgt usw., wird später auf S. 80 und 98 eingegangen werden.

c) Schwingungsstruktur.

α) Nullinien- und Kantenschema. Im folgenden wollen wir von den Rotationszuständen ganz absehen und nur die Schwingungszustände betrachten, die zu einem Elektronensprung gehören. Nach unserer Definition auf S. 50 betrachten wir also ein Bandensystem unter Vernachlässigung der Rotationsstruktur der Banden. Zu dem Anfangs- und Endzustand gehört je eine Folge von Kernschwingungsfrequenzen. Die Bandenformel ergibt sich aus (30) unter Weglassung der Rotationsanteile

$$\left.\begin{aligned} \nu_{el} + \nu_v = \nu_e &+ \omega_e'\left(v' + \frac{1}{2}\right) - \omega_e' x_e'\left(v' + \frac{1}{2}\right)^2 - \\ &- \left[\omega_e''\left(v'' + \frac{1}{2}\right) - \omega_e'' x_e''\left(v'' + \frac{1}{2}\right)^2\right] \\ = \nu_{0,0} &+ (\omega_0' v' - \omega_0' x_0' v'^2) - (\omega_0'' v'' - \omega_0'' x_0'' v''^2) \end{aligned}\right\} \quad (35)$$

$\nu_{0,0}$ bedeutet die Frequenz der wirklich beobachteten 0,0-Bande, in der die Nullpunktsenergie der Schwingung enthalten ist, während ν_e den reinen Elektronensprung angibt, der nur eine rechnerische Größe ist.

Da das Bandensystem durch zwei Termfolgen, eine für den Anfangs- und eine für den Endzustand, darstellbar ist, muß es möglich sein, seine Frequenzen (Nullinien oder Bandkanten, wenn

[1] Vgl. z. B. W. Weizel: Bandenspektren. Handbuch der Experimentalphysik, 1. Ergänzungsband, 1931. — W. Jevons: Report on Band-Spectra of Diatomic Molecules, 1932. — Molecular Spectra in Gases, Rep. Nat. Res. Council, 1926.

Tabelle 2. Kantenschema der zweiten positiven Stickstoffgruppe (nach MECKE und LINDAU).

v' \ v''	0	1	2	3	4	5	6	7	8	9	10	11
0	29655	27950	26270	24630	23015	21425						
1	31645	29940	28270	26620	25005	23420	21855	20330				
2	33580	31880	30210	28560	26945	25360	23800	22265	20765			
3	35450	33750	32075	30430	28820	27230	25675	24140	22640	21655		
4		35530	33855	32215	30600	29010	27450	25920	24420	23125	21510	20095

die Nullinien nicht bekannt sind), in ein flächenhaftes Schema einzuordnen. Es ist allgemein eine Darstellung üblich, bei der alle Banden mit gleichem Anfangszustand v' in Horizontalreihen stehen, während alle Banden mit gleichem Endzustand v'' in Vertikalreihen angeordnet sind. Man spricht daher auch von Längs- und Querserien, die man gemeinsam als Bandenzüge bezeichnet (engl. progressions). Als Beispiel ist in Tabelle 2 das Kantenschema der zweiten positiven Gruppe des Stickstoffs wiedergegeben.

Um eine Anschauung von dem dazugehörigen Spektrum zu geben, sind in Abb. 22 die meisten Frequenzen der Tabelle als Übergänge in einem Termschema gezeichnet und die den einzelnen Übergängen entsprechenden Banden sind darunter abgebildet. Die Quantenzahlen für die Terme sind am Rand vermerkt.

Es geht aus der Anordnung der Tabelle ohne weiteres hervor, daß die Differenzen zwischen den Frequenzen zweier Längsserien oder denjenigen zweier Querserien konstant sein müssen. Das obige Schema gibt dafür einen Beweis. Allerdings gilt das streng nur für ein Nullinienschema, aber für praktische Zwecke gilt es auch genügend genau für ein Kantenschema. Die Aufstellung solcher Nullinien- oder Kantenschemata ist sehr nützlich und wichtig und ist bei einer Schwingungsanalyse immer das erste. Ein solches Schema liefert die Unterlagen für die Aufstellung der Bandengleichung (35) für das betreffende Bandensystem. Für das in Tabelle 2 dargestellte N_2-System (zweite positive Gruppe) gilt z. B. die Gleichung[1]

$$\nu = 29653{,}1 + [2018{,}65\, v' - 26{,}047\, v'^2] - [1718{,}404\, v'' - 14{,}437\, v''^2].$$

[1] Unter Vernachlässigung höherer Glieder.

In halbzahliger Darstellung lautet sie

$$\nu = 29505{,}9 + \left[2044{,}70\left(v' + \frac{1}{2}\right) - 26{,}047\left(v' + \frac{1}{2}\right)^2\right] - \left[1732{,}84\left(v'' + \frac{1}{2}\right) - 14{,}437\left(v'' + \frac{1}{2}\right)^2\right].$$

Für den Anfänger macht meistens der Vergleich experimenteller Daten mit den in Tabellen bzw. Formeln oder in Kantenschemata angegebenen

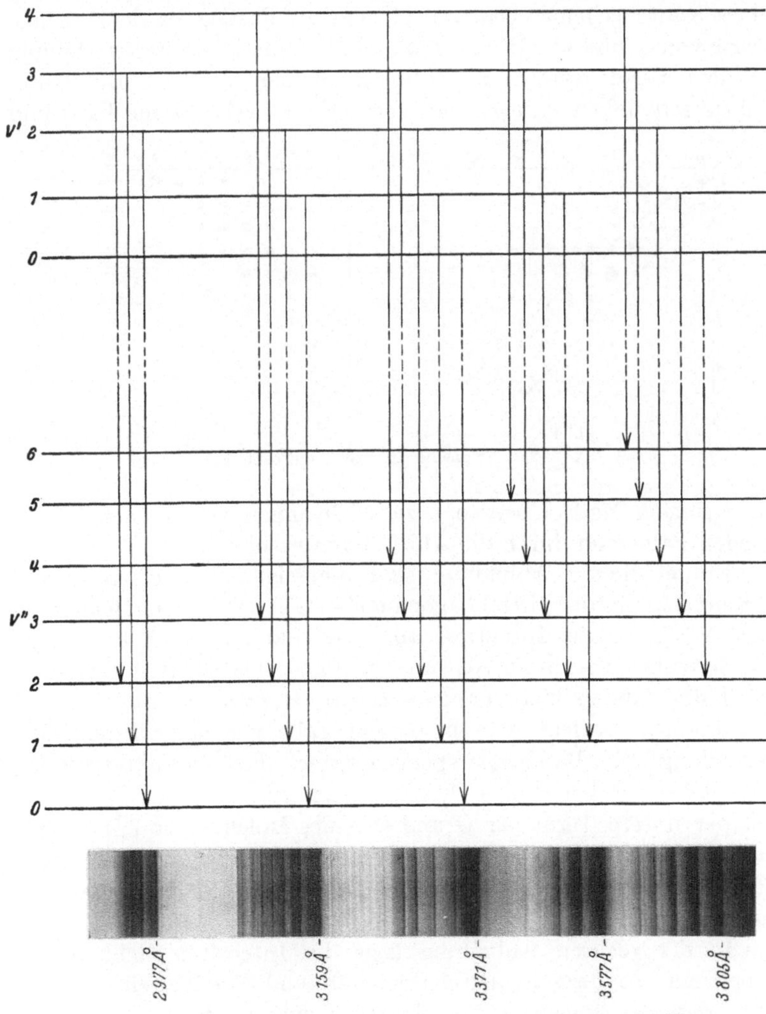

Abb. 22. Termschema und Banden der 2. pos. Gruppe des N_2.

Werten von Schwingungsquanten Schwierigkeiten. Die experimentellen Grundschwingungsquanten $\omega_{\text{beob.}}$ sind um $x_0\omega_0$ kleiner als die Werte der ganzzahligen Darstellung, also $\omega_{\text{beob.}} = \omega_0 - x_0\omega_0$. Die bei halbzahliger Numerierung benutzten Quanten ω_e stehen mit den ω_0 in Beziehung durch $\omega_0 = \omega_e - x_e\omega_e$ (s. S. 53), wobei $x_e\omega_e = x_0\omega_0$ ist. So ist in dem obigen Beispiele $2018{,}65 = 2044{,}70 - 26{,}05$ und $\omega_{\text{beob.}} = 2018{,}65 - 26{,}05 = 1992{,}60$ cm^{-1}.

β) **Intensitätsverteilung.** Eine Schwierigkeit bei der Aufstellung eines Kantenschemas bedeutet oftmals die Festlegung der Absolutwerte von v' und v''. Hierzu muß nämlich die Intensitätsverteilung in dem Bandensystem zu Hilfe genommen werden. Die Beobachtungen haben gezeigt, daß vorwiegend zwei extreme Fälle und

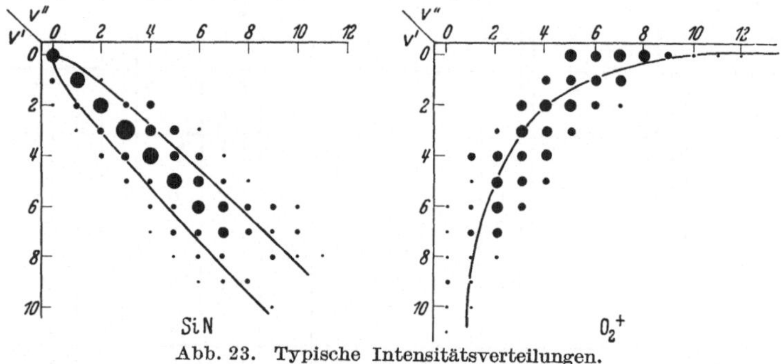

Abb. 23. Typische Intensitätsverteilungen.

in geringem Maße Übergänge zwischen ihnen vorkommen. Diese beiden Fälle sind durch die Abb. 23 veranschaulicht.

In der linken Abbildung sind diejenigen Banden besonders intensiv, die in der Mitteldiagonale $v' - v'' = 0$ liegen. Beiderseits davon nimmt die Intensität ab. Die Bande $v' = 0$, $v'' = 0$ ist bei derartiger Verteilung sehr intensiv und daher leicht zu erkennen. Weil die Banden hier vorzugsweise in Gruppen $v' - v'' = \text{const.}$ vorkommen, spricht man in diesem Falle von einer Intensitätsverteilung mit Bandengruppencharakter. Ein charakteristisches Beispiel dafür liefert das Cyanspektrum oder das SiN-Spektrum. Ist der untere Term der Grundterm des Moleküls, so erhält man bei einem solchen Spektrum in Absorption nur die linke obere Ecke des Schemas, darunter die 0,0-Bande. In Emission hat man längere Gruppen.

In der rechten Abbildung liegt die Intensität nicht in der Diagonale, sondern in den Horizontal- und Vertikalreihen. Charakteristische Beispiele für Spektren mit solchem Bandenzugcharakter bieten die Halogene. In Absorption erscheint im allgemeinen vor allem der v'-Bandenzug mit $v'' = 0$, schwächer und mit abnehmender Intensität diejenigen mit $v'' = 1$ und $v'' = 2$ usw. In Emission erscheinen vorwiegend v''-Bandenzüge mit $v' = 0$ und mit niedrigen v'-Werten.

In § 4 werden diese Verhältnisse näher erörtert werden, vor allem auch die Frage, unter welchen Bedingungen die eine oder die andere Intensitätsverteilung auftritt.

d) Bandensystemserien.

Wir hatten gesagt, daß ein Bandensystem zu *einem* Elektronensprung gehört. Die Nullinie oder Grundlinie des Systems kann wie in einem Atomspektrum durch $\nu_{el} = \frac{E'_{el} - E''_{el}}{hc}$ dargestellt werden. Unter Umständen kann man die Nullinien mehrerer Bandensysteme zu einer Bandensystemserie zusammenfassen, für die eine RYDBERG-Formel gilt. Im allgemeinen wird eine solche Darstellung selten möglich sein, da der Molekülrumpf, wenn wir das Molekül als aus Elektron und Rumpf bestehend betrachten, stärker von einer Punktladung abweicht als der Atomrumpf. Nur für hochgelegene Terme ist daher mit einer Darstellung durch RYDBERG-Formeln zu rechnen. Solche Termserien sind vor allem im Spektrum des He_2- und des H_2-Moleküls gefunden worden. Andeutungen von Bandensystemserien enthält das Spektrum des Na_2 und MgH[1]. Im N_2-Absorptionsspektrum[2] bildet eine Reihe hochangeregter Terme eine RYDBERG-Serie, die in der Grenze zu einem angeregten Stickstoffmolekülion führt. Der angeregte Zustand ist allem Anschein nach der obere Zustand der sog. negativen Stickstoffbanden[3].

e) Diffuse und kontinuierliche Bandenspektren.

Das Auftreten von kontinuierlichen Spektren ist in der Regel mit einem Prozeß verbunden, bei dem ein Übergang zwischen einem gequantelten und einem nichtgequantelten Zustand oder

[1] Für Literatur siehe Band I (Tabellen) dieses Buches, ferner W. WEIZEL: Bandenspektren, 1931, und W. JEVONS: Report of Band-Spectra of Diatomic Molecules, 1932.

[2] HOPFIELD, J. J.: Physic. Rev. Bd. 36 (1930) S. 789.

[3] MULLIKEN, R. S.: Physic. Rev. Bd. 46 (1934) S. 144.

zwischen zwei nichtgequantelten Zuständen stattfindet. Meist handelt es sich um Dissoziations-, seltener um Ionisationsprozesse.

Kontinua treten sowohl in Absorption wie in Emission auf. Sie können strukturlos sein, zeigen aber häufiger eine wellige Struktur, die das Aussehen diffuser Banden hat. Auf ihre Entstehungsart wird auf S. 122 eingegangen werden.

§ 4. Intensitätsfragen.

a) Experimentelle Anregungsbedingungen von Spektren.

Die Intensität der Spektren hängt im wesentlichen von zwei Faktoren ab: von der sog. Übergangswahrscheinlichkeit, die unter b) näher behandelt wird, und von der Zahl der Moleküle im Ausgangszustand. Die letztere hängt von den experimentellen Anregungsbedingungen ab. Über diese können im Rahmen dieses Buches nur einige Bemerkungen gebracht werden. Da das Hauptgewicht bei den Elektronenbandenspektren und ihrer Anwendung liegt, soll nur über die hier verwandte Methodik einiges gesagt und z. B. gar nicht auf diejenige der Ultrarotspektroskopie oder der RAMAN-Effekt-Untersuchungen eingegangen werden, für die auf die Bücher in dieser Sammlung von CL. SCHÄFER und F. MATOSSI, sowie von K. W. F. KOHLRAUSCH verwiesen wird.

α) Erzeugung von Absorptionsspektren. (Lichtquellen mit kontinuierlicher Energieverteilung.) Absorptionsspektren sind besonders wichtig zur Feststellung der Banden, die vom Grundzustand ausgehen. Sie geben ferner die Größe der Schwingungsquanten in dem betreffenden angeregten Zustand an. Da durch das absorbierte Licht der thermische Gleichgewichtszustand kaum geändert wird, ist als Verteilung der Moleküle in den Schwingungs- und Rotationstermen des Grundzustandes die thermische Verteilung zu nehmen. Bei den meisten Molekülen (z. B. N_2, CO, O_2) sind bei Zimmertemperatur Elektronenenergie und Schwingung im tiefsten Zustand. Schwach ist daneben der erste Schwingungszustand vertreten, bei Molekülen mit kleinen Schwingungsquanten wie bei J_2 auch noch der zweite und dritte und evtl. höhere. Trägt man sich die erhaltenen Banden in ein Kantenschema ein, so erhält man außer der Bandenvertikalreihe $v'' = 0$ noch solche mit $v'' = 1$, $v'' = 2$ usw., deren Intensität mit wachsendem v'' abnimmt. Arbeitet man bei erhöhter Temperatur, so können weitere Schwingungsquanten des Grundzustandes v'' hervortreten.

Die Molekülverteilung im Anfangszustand ist gegeben durch

$$N_E = \frac{N_0 g_E}{\Sigma g_E e^{-\frac{E}{kT}}} e^{-\frac{E}{kT}},$$ wo N_0 die Gesamtzahl der Moleküle ist. g_E ist das statistische Gewicht des Zustandes mit der Energie E. Meistens werden Absorptionsspektren erzeugt, indem man das zu untersuchende Gas (oder Dampf) mit dem Licht einer kontinuierlichen Lichtquelle durchstrahlt.

Für das sichtbare Gebiet bestehen keine Schwierigkeiten: Nernststift, Wolframglühlampen, Kohlebogen sind geeignet und leicht zu handhaben. Für das Ultraviolett, in dem die meisten Absorptionsspektren gelegen sind, kommen in Frage: Wolframglühlampen und sog. Wolframpunktlampen mit Quarzfenstern bis etwa 2500 Å, ferner der positive Krater einer Kohlebogenlampe, die bei 10—15 Amp. Belastung ein kräftiges Kontinuum bis etwa 2400 Å liefert, doch ist bei beiden die Intensität im langwelligen Teil ungleich viel größer, so daß man die Platte gegen Streulicht gut schützen muß. Auch eine überhitzte Quarz-Quecksilberlampe liefert ein brauchbares Kontinuum im nahen Ultraviolett. Verschiedentlich wird der Unterwasserfunke benutzt, dessen Kontinuum bis etwa 2000 Å reicht, aber ziemlich ungleichmäßig ist. Für das Gebiet vom Sichtbaren bis 1600 Å kommt als bequeme Lichtquelle das kontinuierliche Wasserstoffspektrum in Frage, das durch eine Entladung in Wasserstoff von 0,5—2 mm Hg erzeugt wird[1]. Das Entladungsrohr wird mit Hochspannung betrieben, wobei Gleichstrom oder Wechselstrom benutzt werden kann. Das Kontinuum ist gleichmäßig und kräftig. Seine Erregungsbedingungen sind von GEHRCKE und LAU[2] und später von BAY und STEINER[3] genauer untersucht worden. Diese geben auch die Konstruktion eines Rohres zur Erzeugung eines besonders intensiven Spektrums an[4]. Ist ein Arbeiten im noch kurzwelligeren Ultraviolett erforderlich, so ist nach LYMAN[5] die Entladung einer hohen Kapazität (etwa $^1/_4$ MF) durch ein mit Gasresten gefülltes Kapillarrohr geeignet. Unter diesen Bedingungen fand er ein kontinuierliches Spektrum von etwa 2000 Å bis etwa 900 Å. Die Erstreckung des LYMAN-Kontinuums ins Sichtbare wurde von ANDERSON[6] untersucht. Die Herstellungsbedingungen des Kontinuums wurden von ihm, wie besonders von RATHENAU[7], näher studiert, der eine wesentliche Ausdehnung des Kontinuums nach kurzen Wellenlängen erzielen konnte. Bis 300 Å ist es gut auf der photographischen Platte zu

---

[1] LEIFSON, S. W.: Astroph. J. Bd. 63 (1926) S. 73. — HOPFIELD, J. J.: Astroph. J. Bd. 72 (1930) S. 137.

[2] GEHRCKE, E. u. E. LAU: Ann. Physik Bd. 76 (1925) S. 673.

[3] BAY, Z. u. W. STEINER: Z. Physik Bd. 45 (1927) S. 337.

[4] UREY, H. C., G. M. MURPHY u. J. A. DUNCAN: Rev. Scient. Instr. Bd. 3 (1932) S. 497 beschreiben ebenfalls eine geeignete Konstruktion.

[5] LYMAN, TH.: Astroph. J. Bd. 60 (1924) S. 1; Science Bd. 64 (1926) S. 89.

[6] ANDERSON, J. A.: Astroph. J. Bd. 75 (1932) S. 394.

[7] RATHENAU, G.: Z. Physik Bd. 87 (1933) S. 32.

verfolgen und geht schwach bis fast ans direkte Bild des Spaltes (Gitterspektr.). Die Lichtstärke des Kontinuums ist sehr groß[1]. Leider ist es durch gleichzeitig erscheinende Emissions- und Absorptionslinien etwas gestört. Schließlich hat HOPFIELD[2] ein kontinuierliches Spektrum im He zwischen 1000 Å und 500 Å gefunden, das vollkommen dem Wasserstoffkontinuum entspricht und für Absorptionsuntersuchungen in diesem äußersten Ultraviolett ebenfalls geeignet ist. Seine experimentellen Erzeugungsbedingungen sind von

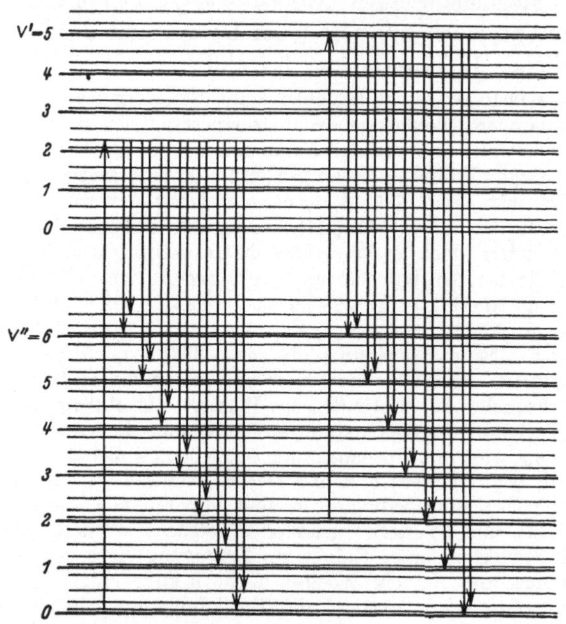

Abb. 24. Vereinfachtes Niveauschema für Fluoreszenz.

HENNING näher angegeben worden[3]. Das He-Kontinuum ist viel schwächer als das von RATHENAU erweiterte LYMAN-Kontinuum, dafür aber weniger gestört durch Emissions- und Absorptionslinien.

β) Fluoreszenzspektren. Ist das Molekül durch Absorption von Strahlung in einen angeregten Zustand versetzt, so kann es von diesem unter Lichtausstrahlung in den Grundzustand zurückkehren. Die sich ergebenden Fluoreszenzspektren enthalten nur

[1] Ein Kapillarrohr, das in Verbindung mit Instrumenten hoher Dispersion geeignet ist, wurde von G. COLLINS u. W. C. PRICE [Rev. Scient. Instr. Bd. 5 (1934) S. 423] beschrieben.

[2] HOPFIELD, J. J.: Physic. Rev. Bd. 35 (1930) S. 1133.

[3] HENNING, H. J.: Ann. Physik Bd. 13 (1932) S. 599.

Teile des vollständigen Bandenspektrums, sobald man nicht kontinuierlich, sondern monochromatisch einstrahlt. Man kann damit ganz bestimmte angeregte Zustände v' herausgreifen und erhält bei Darstellung im Kantenschema bevorzugt Horizontalreihen. In Abb. 24 sind zwei beliebige Beispiele der Anregung aufgezeichnet. Der untere Zustand sei der Grundzustand des Moleküls. Im linken Beispiel sind im oberen Zustand 2 Schwingungsquanten und 2 Rotationsquanten angeregt. Von diesem Zustand erfolgt die Emission der Fluoreszenzserie zu verschiedenen Schwingungszuständen des Grundniveaus, wobei sich die Rotationsenergie nur um Beträge ± 1 Quant ändern möge (Fehlen des Q-Zweiges), so daß stets nur das 1. oder das 3. Rotationsquant der einzelnen Schwingungszustände erreicht werden kann. Man erhält dann in Fluoreszenz einen Linienzug, der wie eine Dublettserie aussieht. Das gleiche Bild liefert die Anregung im rechten Beispiel, nur daß sie vom schwingenden Grundzustand ausgeht (entsprechend höherer Temperatur) und infolgedessen in Fluoreszenz zwei Banden auftreten können, die kurzwelliger sind als die anregende Linie. Man bezeichnet sie als antistokessche Glieder[1]. Ein solches einfaches Fluoreszenz-Dublettspektrum, wie eben beschrieben, hat z. B. WOOD[2] im Joddampf beobachtet, sobald er ihn mit monochromatischem Licht (Hg-Linie 5462 Å) bestrahlte. Er bezeichnete es in Analogie zu den Resonanzlinien der Atome als „Resonanzspektrum".

Fluoreszenzspektren können durch Anregung mit kontinuierlichem oder monochromatischem Lichte erzeugt werden. Naturgemäß erhält man intensivere und einfachere Spektren bei geeigneter kräftiger monochromatischer Anregung. Selbstverständlich ist, daß die anregenden Linien in das Absorptionsgebiet des betreffenden Stoffes fallen müssen. Sehr intensive Linien im Sichtbaren und Ultravioletten geben Glas- und Quarz-Quecksilberlampen, die in hohem Maße zur Anregung von Fluoreszenzspektren geeignet sind. Eventuelle Selbstumkehr der benutzten Linien, die bei Durchgang der Strahlung durch eine Schicht nicht leuchtenden Dampfes auftritt, kann durch gute Kühlung der Lampen und vor allem dadurch nahezu völlig beseitigt werden, daß der Bogen durch ein schwaches Magnetfeld an die Wand der Lampe gepreßt wird. Quarzlampen für Cd und andere mittelschwer flüchtige Metalle stellt z. B. W. C. HERÄUS her. Für das sichtbare Gebiet sind noch

[1] Nach der STOKESschen Regel hat das Fluoreszenzlicht die gleiche Wellenlänge oder ist langwelliger als das eingestrahlte Licht.

[2] WOOD, R. W.: Physik. Z. Bd. 11 (1910) S. 1195; Bd. 12 (1911) S. 1204: Bd. 14 (1913) S. 177, 1189; Philos. Mag. Bd. 35 (1918) S. 236, 252.

Na- und Cd-Lampen zu erwähnen[1]. Eine günstige Lampe zur Erzeugung der Na-Fluoreszenz geben Cario und Lochte-Holtgreven[2] an. Sie besitzt große Flächenhelligkeit infolge end-on-Beobachtung und ermöglicht einen selbstumkehrfreien Austritt der Strahlung aus der Lampe.

Außerdem kommen geeignete Funken in Frage. Für die Anregung von Fluoreszenzspektren im Schumann-Gebiet erzeugt man den Funken zweckmäßig in einer Edelgas- oder Stickstoffatmosphäre oder nimmt den von Millikan und seinen Mitarbeitern[3] viel benutzten Hochvakuumfunken (hot spark). Ferner kommt eine Xenonlampe in Frage, die von Harteck und Oppenheimer[4] beschrieben worden ist und intensiv die Linien 1295 Å und 1469 Å liefert.

γ) Anregung sonstiger Emissionspektren. Andere Anregungsarten von Emissionsspektren können wegen der Knappheit des Raumes hier nur aufgezählt werden. Die einfachste Art der Anregung eines Metalldampfspektrums besteht in der Erzeugung eines elektrischen Lichtbogens zwischen den Elektroden aus dem zu untersuchenden Metall. Zahlreiche Moleküle (auch chemisch instabile) treten im Lichtbogen auf, so das CN-Spektrum in einem in Luft brennenden Kohlebogen, AlO im Al-Bogen in Luft, SiO im Si-Bogen in Luft, CuO im Cu-Bogen in Luft, Hydridspektren (LiH, CaH, AlH, CuH, AgH, AuH, ...) in Metallbögen, die in Wasserstoff brennen usw. Für die Spektren von Alkalien und Erdalkalien und ihren Halogeniden benutzt man salzgefüllte oder salzgetränkte Kohleelektroden. Bogenspektren ergeben eine ganz andere, weniger selektive Intensitätsverteilung als Fluoreszenzspektren.

Molekülspektren mit hohen Anregungsenergien erhält man in elektrischen Funken oder elektrischen Entladungen, z. B. treten die Banden des neutralen und ionisierten Stickstoffs und Sauerstoffs im Funken und im Entladungsrohr auf, ferner sind in Geissler-Rohren die Spektren des Wasserstoffs, der Halogene, zahlreicher Halogenide, des Schwefels, von CO und CO^+, von CS usw. zu erhalten. Wegen der besonderen Beobachtungsformen bei Entladungen, wie Beobachtung im positiven und negativen Glimmlicht, Untersuchungen mit besonders konstruierten Kathoden (z. B. Paschensche[5] oder Schülersche[6] Hohlkathode), Anregung mit elektrodenlosem Ringstrom usw. sei auf besondere Darstellungen[7] verwiesen.

Zu den in Flammen auftretenden Molekülspektren gehören die Spektren von CH, OH, C_2, CN, Oxyde, Hydride und andere.

---

[1] Z. B. von der Osramgesellschaft zu beziehen.

[2] Cario, G. u. W. Lochte-Holtgreven: Z. Physik. Bd. 42 (1927) S. 22.

[3] Sawyer, R. A.: Astroph. J. Bd. 52 (1920) S. 286. — Millkan, R. A. u. R. A. Sawyer: Physic. Rev. Bd. 12 (1918) S. 167.

[4] Harteck, P. u. F. Oppenheimer: Z. physik. Chem. Abt. B Bd. 16 (1932) S. 77.

[5] Paschen, F.: Ann. Physik Bd. 50 (1916) S. 901.

[6] Schüler, H.: Physik. Z. Bd. 22 (1921) S. 264; Z. Physik Bd. 35 (1926) S. 323.

[7] Z. B. R. Seeliger: Gasentladungen und G. Joos: Handbuch der Experimentalphysik, Bd. 21.

b) Begriff der Übergangswahrscheinlichkeit und der Lebensdauer.

Nach der BOHRschen Frequenzbedingung wird ein Lichtquant ausgestrahlt beim Übergang von einem Zustand der Energie E' zu einem andern der Energie E''. Die Häufigkeit dieses Prozesses oder die Übergangswahrscheinlichkeit $A'^{\to''}$ ist gänzlich unabhängig davon, wie lange das Atom oder Molekül sich schon in seinem Anregungszustand befunden hat. Die pro Sekunde in den Raum ausgestrahlte Gesamtenergie von der Frequenz $\nu'^{\to''}$ oder die Intensität der Strahlung ist

$$I_e = N' A'^{\to''} h \nu'^{\to''},$$

wo N' die Anzahl der Atome oder Moleküle im Ausgangszustand E' bedeutet.

Ganz entsprechend wird die Intensität der absorbierten Strahlung proportional einer Übergangswahrscheinlichkeit $B''^{\to'}$ und der Energiedichte u der einfallenden Strahlung für die Frequenz $\nu'^{\to''}$

$$I_a = N'' B''^{\to'} h \nu'^{\to''} u,$$

wobei N'' die Teilchenzahl im Ausgangszustand E'' bedeutet. EINSTEIN[1] hat durch eine Betrachtung des Temperaturgleichgewichts zwischen den atomaren Systemen und der Strahlung des schwarzen Körpers gezeigt, daß zwischen A und B folgender Zusammenhang besteht:

$$B''^{\to'} = \frac{c^3}{8\pi h \nu^{3\,'\to''}} \frac{g'}{g''} A'^{\to''}. \tag{36}$$

g' und g'' sind die statistischen Gewichte der Zustände E' und E''. B ist also zu berechnen, sowie $A'^{\to''}$ bekannt ist.

Nach der Wellenmechanik ist $A'^{\to''}$ auszurechnen, sobald die Eigenfunktionen ψ' und ψ'' der Zustände mit den Energien E' und E'' bekannt sind. Es ist nämlich $A'^{\to''}$

$$A'^{\to''} = \frac{64\pi^4 \nu^{3\,'\to''}}{3 h c^3} \left| \int \psi' \overline{\psi}'' \sum_1^n \mathfrak{r}_k e Z_k \, d\tau \right|^2. \tag{37}$$

Hierbei sind $eZ_1 \ldots eZ_n$ die Ladungen der Teilchen und $\mathfrak{r}_1$ bis $\mathfrak{r}_n$ Vektoren, die die Lage der Partikel kennzeichnen, n ist die Teilchenzahl, $d\tau$ das Volumenelement. Die Bedeutung des Integrals können wir uns folgendermaßen klarmachen: Setzen wir für einen Augenblick $\psi' = \psi'' = \psi$, dann steht unter dem Integral

---

[1] EINSTEIN, A.: Physik. Z. Bd. 18 (1917) S. 121.

das Amplitudenquadrat $\psi \bar{\psi}$, das mit der Ladung $e Z$ multipliziert die Ladungsdichte ergibt. Durch Multiplikation mit den Ortsvektoren $\mathfrak{r}_k$ erhalten wir das mittlere elektrische Moment (Dipol)[1]. Uns interessiert aber das *Übergangsmoment* zwischen zwei Zuständen. Dieses erhalten wir, indem wir nun zwei verschiedene Eigenfunktionen ψ' und ψ'' für Anfangs- und Endzustand zulassen. Das Übergangsmoment und damit die Übergangswahrscheinlichkeit hängt also symmetrisch vom Anfangs- und Endzustand ab. Verschwindet das Integral, so wird die betreffende Übergangswahrscheinlichkeit verschwindend klein und der zugehörige Übergang findet nicht statt, er ist „verboten". Wenn für eine ganze Klasse von Übergängen ein Integral ausfällt, so spricht man von einer Auswahlregel. Von derartigen Auswahlregeln hatten wir schon häufig Gebrauch gemacht. In den meisten Fällen (d. h. abgesehen vom harmonischen Oszillator) beruhen solche Auswahlregeln auf Symmetrieeigenschaften der betreffenden Term-Eigenfunktionen. Betrachten wir z. B. den Übergang zwischen zwei geraden Termen (s. S. 35). Führt man eine Spiegelung am Symmetriezentrum aus, so ändern sich dabei nach Definition der geraden Terme die Eigenfunktionen nicht. Die Ortsvektoren $\mathfrak{r}_k$ hingegen ändern ihr Vorzeichen. Somit geht der Integrand und auch das Integral in sein Negatives über. Andererseits bedeutet die Ausführung der Symmetrieoperation nur eine Vertauschung der Raumelemente, über die integriert wird. Das Integral selbst bleibt dabei unverändert. Da es aber wie oben erwähnt, gleichzeitig in sein Negatives übergehen soll, muß es verschwinden. Man sieht auf diese Weise, daß gerade Terme nur mit ungeraden (und umgekehrt) kombinieren können. Früher oder später angegebene Auswahlregeln kann man auf Grund ähnlicher Überlegungen verstehen.

Statt der Übergangswahrscheinlichkeit benutzt man auch häufig den Begriff der mittleren Lebensdauer τ*. Gibt es nur eine

[1] Die Pulsation der Ladungsdichte kann auch wie ein Quadrupol wirken. Der Anteil der Quadrupolstrahlung ist aber bei den gewöhnlichen Spektren um etwa 10^{-6}—10^{-8}mal geringer als derjenige der Dipolstrahlung. Er kann daher bei unseren Betrachtungen vernachlässigt werden.

* Klassisch gerechnet ergibt sich die mittlere Lebensdauer aus dem exponentiellen Abklingen eines angeregten Oszillators ganz analog wie man die mittlere Lebensdauer radioaktiver Stoffe aus ihrem exponentiellen Verschwinden bekommt, das proportional der insgesamt vorhandenen Teilchenzahl erfolgt. Ist zur Zeit $t = 0$ die Energie des Oszillators gleich E_0, so ist

Möglichkeit, vom angeregten in einen tieferen Zustand überzugehen, so mißt $\frac{1}{A'^{\rightarrow''}} = \tau$ die mittlere Lebensdauer des angeregten Zustandes. Gibt es mehrere Übergangsmöglichkeiten nach verschiedenen Zuständen, so ist $\tau = \frac{1}{\Sigma A'^{\rightarrow''}}$. Die mittlere Lebensdauer ist verschieden groß je nach der Frequenz des ausgesandten Lichtes. Für sichtbares Licht, wo $\nu'^{\rightarrow''}$ etwa 10^{15} sec^{-1} ist, erhält man 10^{-8} — 10^{-9} sec für τ. Je größer die Frequenz ist, desto kleiner wird τ. So sind Schwingungszustände langlebiger (etwa 10^{-2} — 10^{-3} sec) als Elektronenzustände und Rotationszustände wieder langlebiger als Schwingungszustände.

Bei verschwindender Übergangswahrscheinlichkeit kann man Zustände sehr großer Lebensdauer bekommen. Nehmen wir einmal an, daß durch ein Übergangsverbot alle Übergänge von einem bestimmten Zustand in tiefere Niveaus fast vollständig verboten sind. Dieser Zustand besitzt dann eine sehr große Lebensdauer und wird als „metastabil" bezeichnet[1]. So ist z. B. der $2\,^3P_0$-Term des Quecksilberatoms metastabil, da er nur sehr schwach mit dem Grundzustand $^1S_0$, der ebenfalls den Index $J = 0$ hat, kombinieren kann. Der Grad der Metastabilität kann ein verschiedener sein, je nachdem ob nur ein oder evtl. auch zwei oder mehr Verbote für den betreffenden Übergang gelten.

Auf die Abkürzung der Lebensdauer durch Stöße kommen wir im Kapitel VI zu sprechen.

A und τ können in speziellen Fällen direkt experimentell ermittelt werden. Die ersten Werte für τ gewannen Stern und Volmer[2] aus der Durchrechnung experimenteller Angaben von Wood und Speas[3] über die Auslöschung der Jodfluoreszenz durch Stöße. Sie fanden für τ den Wert $2 \cdot 10^{-8}$ sec. Eine Messung

---

sie zur Zeit t gleich $E = E_0\, e^{-\frac{t}{\tau}}$, wo τ die Abklingungszeit ist: $\tau = \frac{3\,c^3\,m}{8\,\pi^2\,e^2\,\nu^2}$ (e Ladung, m Masse des Elektrons, c Lichtgeschwindigkeit.) Nach der Quantentheorie wird die mittlere Lebensdauer eines Oszillators im ersten Anregungszustand gleich der Abklingungszeit τ gesetzt. [O. Stern und M. Volmer: Physik. Z. Bd. 20 (1929) S. 183.]

[1] Einen durch Übergangsverbote langlebig gewordenen Zustand fanden zuerst Franck und Knipping [Z. Physik Bd. 1 (1920) S. 320] beim He und verwandten für diese Erscheinung das Wort metastabil.

[2] Stern, O. u. M. Volmer: Physik. Z. Bd. 20 (1919) S. 183.

[3] Wood, R. W. u. W. P. Speas: Physik. Z. Bd. 15 (1914) S. 317.

von τ hat WIEN[1] durch Bestimmung der Leuchtdauer von H-Kanalstrahlen durchgeführt. Ein Gasentladungsrohr ist durch eine Kathode mit einer feinen Durchbohrung in einen Entladungsraum und einen Beobachtungsraum getrennt. Durch mehrere Pumpen wird dieser dauernd stark evakuiert, während im Entladungsraum ein solcher Wasserstoffdruck herrscht, daß eine selbständige Entladung durchgeht. Die leuchtenden Kanalstrahlen treten in den evakuierten Beobachtungsraum ein, in dem die Atome keine neuen Anregungen mehr erfahren. Ihr Leuchten in diesem Raum ist daher durch die Leuchtdauer der einzelnen angeregten Atome bestimmt. Die Geschwindigkeit der Atome ist groß genug, um über eine Strecke von mehreren Zentimetern ein beobachtbares Leuchten zu erzeugen, das längs des Strahles exponentiell abnimmt.

Andere Bestimmungsmöglichkeiten von τ, bzw. der Übergangswahrscheinlichkeit A, seien nur aufgezählt. Man kann A aus Dispersionsmessungen[2] entnehmen (anomale Dispersion an den Absorptionslinien, Magnetorotation), aus Messungen von Absorptionsstärken[3], aus Messungen des Polarisationsgrades des Streulichtes bei schwacher Richtungsquantelung der zerstreuenden Atome[4] (Untersuchung bei Resonanzfluoreszenz durchgeführt, gilt nur für Atome).

c) Intensitätsverteilung der Banden in Bandensystemen.

Auf S. 62 war gesagt worden, daß vorwiegend zwei Intensitätsverteilungen in den Bandensystemen auftreten, die als Verteilungen mit Bandengruppencharakter und Bandenzugcharakter bezeichnet wurden. Welcher Typus auftritt, hängt von der Übergangswahrscheinlichkeit ab. Er ist zu verstehen auf Grund einer einfachen Theorie von FRANCK[5]. Seine Überlegungen seien an Abb. 25 erläutert. Sie stellt die Abhängigkeit der potentiellen Energie der

[1] WIEN, M.: Ann. Physik Bd. 60 (1919) S. 597; Bd. 66 (1921) S. 229; Bd. 73 (1924) S. 483; Bd. 76 (1925) S. 109.

[2] Vgl. z. B. LADENBURG, R.: Z. Physik Bd. 4 (1921) S. 451. — LADENBURG, R. u. R. MINKOWSKI: Z. Physik. Bd. 6 (1921) S. 153.

[3] Vgl. z. B. FÜCHTBAUER, CHR: Physik. Z. Bd. 21 (1920) S. 322. — HARRISON, G. R.: Physic. Rev. Bd. 24 (1924) S. 466. — SLATER, J. C.: Physic. Rev. Bd. 25 (1925) S. 783. — HARRISON, G. R. u. J. C. SLATER: Physic. Rev. Bd. 26 (1925) S. 176. — TRUMPY, B.: Z. Physik. Bd. 34 (1925) S. 715.

[4] Lit. s. HANLE, W.: Erg. exakt. Naturwiss. Bd. 4 (1925) S. 214.

[5] FRANCK, J.: Trans. Faraday Soc. Bd. 21 Teil 3 (1925).

Kerne von dem Kernabstand dar für den normalen und einen angeregten Zustand.

In der Nähe der Gleichgewichtslage, in der die Molekülschwingungen als elastische anzusehen sind, ist die Kurve parabelähnlich. Die Abweichung von der harmonischen Schwingung wird durch den Faktor x in der Schwingungsgleichung gegeben. Die potentielle Energie ist im Minimum, wenn das Molekül nicht schwingt. Schwingt es, so ist seine Gesamtenergie in den Umkehrpunkten rein potentieller Natur. In jeder anderen Schwingungslage besteht sie aus einem kinetischen und einem potentiellen Anteil, z. B. im Punkte C aus dem kinetischen Anteil E_k und dem potentiellen Anteil E_p. Auf dem Kurvenast, der der Annäherung der beiden Atome entspricht, kann die potentielle Energie größere Beträge erreichen, als der Dissoziationsarbeit entspricht. Trennen sich die beiden Atome infolge Auseinanderschwingens, dann ist die potentielle Energie bis auf den Betrag der Dissoziationsarbeit gewachsen (s. auch S. 99).

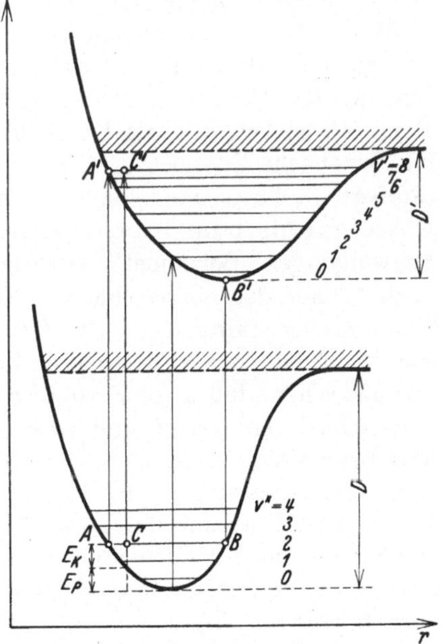

Abb. 25. Das Francksche Prinzip.

Erfolgt nun durch Lichtabsorption ein Übergang von der unteren nach der oberen Kurve, so besagt das von Franck eingeführte Prinzip, daß der Quantenübergang des Elektronensystems praktisch so rasch erfolgt, daß während der Übergangszeit die schweren Atommassen ihre relative Lage zueinander nur unmerklich ändern. Sie erhalten während dieser Zeit nur potentielle Energie, die sich nach dem Absorptionsakt in kinetische Energie umsetzen kann. Was also im ersten Augenblick der Absorption geschieht, ist der Übergang des Moleküls aus einem Zustand auf der unteren Potentialkurve in einen senkrecht darüber gelegenen Zustand auf der oberen Potentialkurve. Solche Übergänge sind in der Abbildung durch vertikale Linien angedeutet. Die Übergänge werden hauptsächlich von den Umkehrpunkten aus erfolgen entsprechend der Vorstellung, daß die Geschwindigkeit der Kernbewegung dort am kleinsten und daher die Wahrscheinlichkeit am größten ist, daß die Absorption das Molekül gerade in einem von diesen Punkten trifft. Von den Punkten A und B z. B. geht das Molekül nach A' und B' über und hat zunächst auch nach dem Übergang keine kinetische Energie. Da aber z. B. A' nicht der Gleichgewichtslage der Atomkerne entspricht, so muß das angeregte Molekül jetzt anfangen, Schwingungen auszuführen. Erfolgt der Übergang in irgendeiner andern Phase, etwa im Punkt C, so behalten die Kerne ihren gegenseitigen Abstand *und* ihre kinetische Energie E_k. Diese und die Lage der oberen Kurve (größere Steilheit oder Flachheit als die untere Kurve, anderer Gleichgewichtsabstand) bestimmen die Größe der auszuführenden Schwingungen. Bei einem Übergang von C aus gelangt das Molekül nach C' auf der oberen Kurve. Der Übergang kann nach dem Franckschen Prinzip nur stattfinden, wenn in der Höhe von C' sich ein Energieniveau des oberen Zustandes befindet. Wir werden nachher sehen, daß diese Formulierung nur in erster Näherung der Wirklichkeit entspricht und einer Erweiterung bedarf. Sie gibt aber bereits die wesentlichen Gründe, die die verschiedene Struktur der Molekülspektren bedingen.

In Abb. 26a sind die Potentialkurven eines Moleküls dargestellt, das im Grundzustand und im angeregten Zustand fast gleichen Kernabstand und gleiche Bindungsfestigkeit besitzt. In dem Spektrum dieses Moleküls werden vor allem Banden auftreten, bei denen der Schwingungszustand unverändert bleibt (0—0, 1—1, . . .), d. h. die Diagonalglieder in den quadratischen Schwingungsschemata. Beispiele sind die Moleküle CN, SiN. Abb. 26b entspricht einem Molekül, das im Grundzustand fest und im angeregten Zustand locker gebunden ist (Halogene, Sauerstoff). Im Spektrum müssen vorzugsweise Banden mit großer Änderung der Schwingungsquantenzahl auftreten. Da der Anstieg der Kurve des oberen Zustandes schon steil verläuft an einer Stelle, wo die untere Kurve noch relativ flach ist, können lange Folgen von Banden erwartet werden, die von einem gemeinsamen wenig schwingenden unteren Zustand zu einer Reihe von stark schwingenden Zuständen im oberen Zustand evtl. bis zu ihrer Konvergenzgrenze oder sogar ins Kontinuum führen. Wir sehen also, daß

Gruppenverteilung vorliegt, wenn sich die Kernschwingung beim Elektronensprung nur wenig ändert. Bandenzugverteilung tritt auf bei starker Änderung der Kernschwingung. Da CONDON zuerst die parabelähnliche Form der Intensitätsverteilung bei vorliegendem Bandenzugcharakter des Spektrums (s. Abb. 23) theoretisch begründet hat, spricht man oft auch ganz kurz von einer „CONDON-Parabel". Liegen die Potentialkurven wie in c), so führt der senkrechte Übergang aus dem Grundzustand auf eine Stelle der oberen Kurve, die bereits oberhalb der Dissoziationsgrenze liegt. Bei der Absorption tritt daher ein Zerfall des Moleküls ein, was sich spektroskopisch in einem rein kontinuierlichen Absorptionsgebiete äußert.

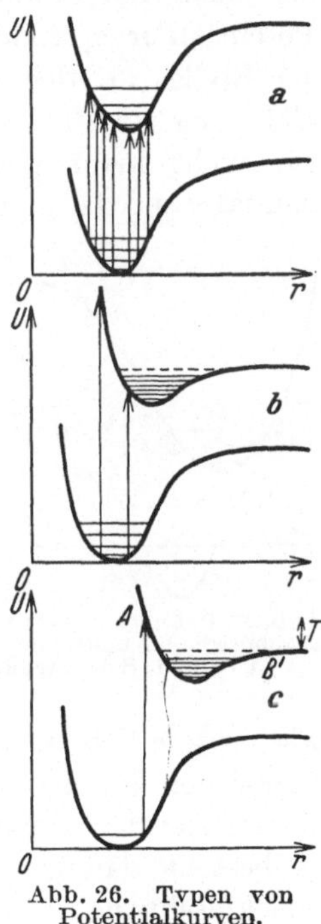

Abb. 26. Typen von Potentialkurven.

Es sei an dieser Stelle noch hinzugefügt, daß außer dem eben erwähnten Fall immer dann Kontinua auftreten, wenn der Übergang in eine Abstoßungskurve erfolgt. Die Existenz solcher Potentialkurven, die einer Abstoßung der Atome bei allen Kernabständen entsprechen, ist aus theoretischen Gründen zuerst von HEITLER und LONDON[1] gefordert und inzwischen auch beobachtet worden. Auf Potentialkurven, die zu sog. Prädissoziationserscheinungen Anlaß geben, soll in einem besonderen Abschnitt ausführlich eingegangen werden.

Das FRANCKsche Prinzip ist von CONDON[2] quantenmechanisch begründet worden. Nach der Quantenmechanik gibt es keinen nichtschwingenden Zustand eines Moleküls, sondern jedes Molekül besitzt eine Nullpunktsschwingung. Der Kernabstand ist daher durch keine genaue Zahl angebbar, er muß vielmehr durch eine Wahrscheinlichkeitsfunktion beschrieben werden. Im Zustande der Nullpunktsenergie wird vorzugsweise vom Minimum der Potentialkurve aus absorbiert, denn die Eigenfunktion des linearen Oszillators

[1] HEITLER, W. u. F. LONDON: Z. Physik. Bd. 44 (1927) S. 455.

[2] CONDON, E. U.: Physic. Rev. Bd. 28 (1926) S. 1182; Bd. 32 (1928) S. 858.

für $v'' = 0$ bzw. $v'' = \frac{1}{2}$ hat an dieser Stelle ihr Maximum. Nach rechts und links fällt die Wahrscheinlichkeit, die Kerne in dem betreffenden Abstande zu finden, nach einer e-Funktion ab. Wir bekommen deshalb nicht nur Übergänge von einem einzigen Punkt der einen Potentialkurve zu einem einzigen Punkt der anderen Potentialkurve, sondern breitere Gebiete mit dem Maximum an der Stelle, an der nach der gewöhnlichen Mechanik allein ein Übergang stattfinden darf. Im ersten Schwingungszustand haben wir nicht mehr eine einfache GAUSSsche Fehlerkurve für den Kernabstand (s. gestrichelte Kurve in Abb. 27), sondern, da die ψ-Funktion für diesen Zustand einen Knoten besitzt, eine Kurve von der Form der ausgezogenen (vgl. die Eigenfunktionen des linearen harmonischen Oszillators, s. S. 27). Die Maxima der Schwingungseigenfunktion liegen sehr nahezu an den Umkehrpunkten, z. B. A und B in der Abbildung. Von dort aus werden wir hauptsächlich Übergänge zu erwarten haben. Machen wir Absorptionsexperimente bei höheren Temperaturen, d. h. regen wir weitere Schwingungen des Moleküls an, so tritt in den Eigenfunktionen jeweils ein Knoten mehr hinzu. Immer sind Absorptionen von den Umkehrpunkten aus am wahrscheinlichsten, aber es besteht daneben auch eine endliche Wahrscheinlichkeit, die Molekülschwingung in einer anderen Phase anzutreffen. Für hohe v''-Werte haben die Eigenfunktionen hohe und breite Maxima für r-Werte, die ungefähr den klassischen Umkehrpunkten der Schwingung entsprechen, während sie beim Potentialminimum rasch alternierende Funktionen mit kleiner Amplitude sind. Da auch der angeregte Zustand für die verschiedenen Schwingungen Eigenfunktionen mit einer Reihe von Minima und Maxima besitzt, so kann es beim Übergang vorkommen, daß mal ein Minimum oder Maximum im unteren Zustand auf denselben Kernabstand fällt, wie ein Minimum oder Maximum im oberen Zustand. Dadurch steigert sich ihre Wirkung auf die Intensitätsverteilung; es entstehen dann Intensitätsschwankungen in einer Bandenserie, wie sie R. W. WOOD zuerst in der Resonanzdublettserie des Jods

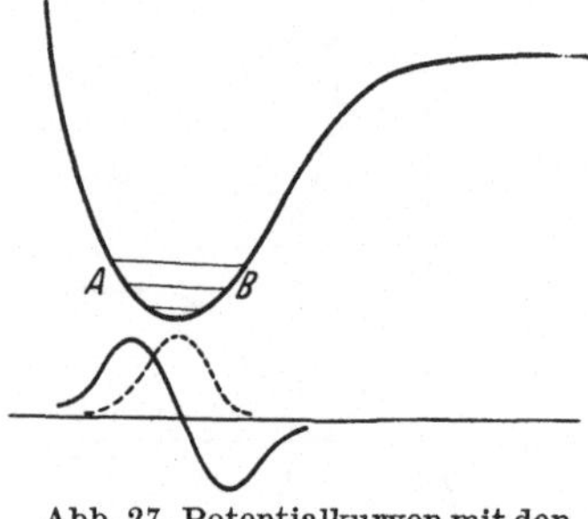

Abb. 27. Potentialkurven mit den zugehörigen ψ-Funktionen für die 0. und 1. Schwingung.

fand. LENZ[1] hatte diesen Wechsel mit Hilfe korrespondenzmäßiger Betrachtungen zu erklären versucht. Daß etwa die Rotation hierfür eine Rolle spielt, hat schon PRINGSHEIM[2] als unwahrscheinlich angesehen und BROWN[3] hat (unter Benutzung der Formeln von HUTCHISSON[4]) die quantenmechanische Erklärung derartiger Intensitätsschwankungen für einige Fluoreszenzserien des Na_2 bestätigt. CARIO hat entsprechende Untersuchungen (nicht veröffentlicht) am Fluoreszenzspektrum des J_2 angestellt.

d) Intensitätsverteilung in einer Bande.

Der Intensitätsverlauf in einer Bande ist bestimmt durch die Verteilung der Moleküle auf die Rotationszustände und durch die Übergangswahrscheinlichkeit. Der erste Faktor ist $N_E = \frac{N_0 g_E e^{-\frac{E}{kT}}}{\Sigma g_E e^{-\frac{E}{kT}}}$.

Hier ist für E die Rotationsenergie $hcB_v J(J+1)$ einzusetzen. Der statistische Faktor g_E ist entsprechend den Einstellmöglichkeiten des Gesamtdrehimpulses für die Rotationszustände $2J+1$*. Wegen der Dichtheit der Rotationszustände kann die Summe im Nenner durch ein Integral ersetzt werden:

$$\Sigma g_E e^{-\frac{E}{kT}} \sim \int (2J+1) e^{-\frac{hcB_v(J+1)J}{kT}} dJ = \frac{kT}{hcB_v},$$

folglich

$$N_E = \frac{N_0}{kT} hc B_v g_E e^{-\frac{E}{kT}} = \frac{N_0{}^2 hc B_v}{RT} (2J+1) e^{-\frac{hcB_v J(J+1)}{kT}}. \quad (38)$$

Dieser Ausdruck ist noch mit einem Proportionalitätsfaktor zu versehen, der die Übergangswahrscheinlichkeit für Schwingung und Elektronenbewegung berücksichtigt und innerhalb einer Bande praktisch konstant ist. Die so erhaltene Formel gibt bereits die Summe der Intensitäten der zu einem bestimmten Anfangszustand gehörenden Linien an. Die Verteilung der Intensität auf die

---

[1] LENZ, W.: Z. Physik Bd. 25 (1924) S. 299.

[2] PRINGSHEIM, P.: Fluoreszenz und Phosphoreszenz. 3. Aufl., S. 53.

[3] BROWN, W. G.: Z. Physik. Bd. 82 (1933) S. 768.

[4] HUTCHISSON, E.: Physic. Rev. Bd. 36 (1930) S. 410; Bd. 37 (1931) S. 45.

* Ohne äußeres Feld sind nämlich die Rotationszustände $2J+1$ fach entartet, vgl. dazu S. 16.

einzelnen Übergänge hängt von der Natur der kombinierenden Zustände ab und läuft auf eine Aufteilung des Faktors $(2J+1)$ in Gleichung (38) hinaus. Die Formeln für diese Übergangswahrscheinlichkeiten sind von HÖNL und LONDON[1] berechnet worden[2].

Hier wollen wir nur noch kurz plausibel machen, in welcher Weise das Zustandekommen der verschiedenen Bandenzweige mit dem Übergangsmoment im Molekül zusammenhängt. Nehmen wir als Beispiel wieder den Rotator, der um eine Achse OC (s. Abb. 28) rotieren möge. Wenn das Moment des Überganges in Richtung OA oder OB senkrecht zur Rotationsachse steht, so wird es gewissermaßen von der Rotation mitgenommen und übt auf die Rotationsbewegung einen Einfluß aus. Dieser äußert sich in dem Sprung der Rotationsquantenzahl um ± 1 (P- und R-Zweige). Steht das Moment aber in Richtung OC, fällt also in die Rotationsachse, so kann es keinen Einfluß auf die Rotationsbewegung ausüben und die Rotationsquantenzahl bleibt ungeändert während des Überganges (Q-Zweige). Fällt bei einem Molekül also die Richtung des Übergangmoments mit der der Molekülachse (Kernverbindungslinie, d. h. OA) zusammen, so beobachten wir nur P- und R-Zweige. Dieser Fall tritt ein bei Übergängen, bei denen der Elektronenbahndrehimpuls um die Kernverbindungslinie sich nicht ändert. Steht das Moment senkrecht zur Molekülachse, so beobachten wir P-, Q- und R-Zweige, denn das Moment kann sowohl in OB wie in OC liegen. Das ist der Fall, wenn sich der Elektronenbahndrehimpuls um die Kernverbindungslinie um ± 1 ändert.

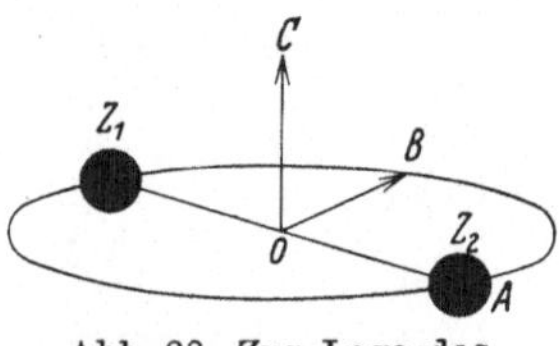

Abb. 28. Zur Lage des Übergangsmoments.

Die folgende Abb. 29 gibt einige berechnete Intensitätsverteilungen wieder. Die Intensitätsverteilung in Bandenserien ist besonders von ORNSTEIN und seinen Mitarbeitern untersucht worden.

[1] HÖNL, H. u. F. LONDON: Z. Physik Bd. 33 (1925) S. 803. — HÖNL, H.: Ann. Physik Bd. 79 (1926) S. 273; siehe auch H. RADEMACHER u. F. REICHE: Z. Physik Bd. 41 (1927) S. 453. — Für Intensitätsformeln in Interkombinationsbanden siehe R. SCHLAPP: Physic. Rev. Bd. 39 (1932) S. 806; für solche in ${}^3\Sigma^+ - {}^3\Sigma^-$-Übergängen siehe R. D. PRESENT u. J. H. VAN VLECK: Physic. Rev. Bd. 47 (1935) S. 788; R. D. PRETENT: Physic. Rev. Bd. 48 (1935) S. 140.

[2] Die Formeln finden sich z. B. in den schon zitierten Büchern von W. WEIZEL und W. JEVONS angegeben.

Quantitative Messungen liegen z. B. vor an der zweiten positiven Gruppe des N_2-Moleküls, den negativen Stickstoffbanden (N_2^+)[1], den CN-Banden[2, 3], den C_2- und CH-Banden bei Entladungen in verschiedenen Kohlenwasserstoffen[4]. Man kann die Intensitätsverteilung benutzen zu einer Schätzung der Temperatur in dem Bogen oder in dem Entladungsrohr, in dem die Banden erzeugt waren. Es ist für den Lichtbogen nach WITTE[5] als sehr wahrscheinlich anzusehen, daß es sich um wahre Gastemperaturen bei diesen Angaben handelt (s. auch S. 378). Die Messungen im Gleichstrombogen[3] ergaben Werte zwischen 5000° und 7000°.

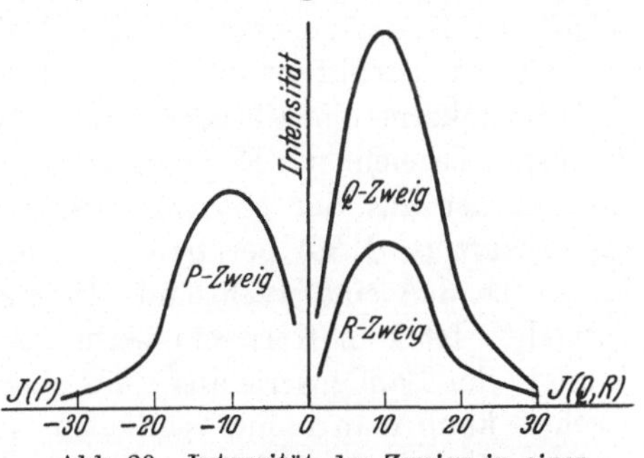

Abb. 29. Intensität der Zweige in einer Σ-Π-Bande.

Bei den Intensitätsmessungen in Entladungsrohren liegen die Verhältnisse oft komplizierter. So zeigen die von LOCHTE untersuchten C_2- und CH-Banden abnorme Intensitätsverteilungen, die viel zu hohe (und außerdem zwei verschiedene) wahre Gastemperaturen ergeben würden. Eine entsprechende Beobachtung liegt von OLDENBERG[6] an den OH-Banden vor, die in einer elektrischen Entladung durch Wasserdampf erzeugt wurden. Der Grund für diese abnormen Intensitätsverteilungen liegt hier in der Entstehungsart der angeregten Moleküle. Sie werden nämlich in einem Dissoziationsprozeß eines mehratomigen Moleküls erzeugt und können dabei Beträge an Translations-, Schwingungs- und Rotationsenergie mitbekommen, die nichts mit der Temperatur des Gases zu tun haben. OLDENBERG hat auch andere Gründe für

---

[1] ORNSTEIN, L. S. u. W. R. v. WIJK: Z. Physik Bd. 49 (1928) S. 325. — WIJK, W. R. v.: Z. Physik Bd. 59 (1930) S. 315. — Siehe auch SEWIG, R.: Z. Physik Bd. 35 (1926) S. 511.

[2] ORNSTEIN, L. S., H. BRINKMAN u. D. VERMEULEN: Proc. Acad. Amsterdam Bd. 34 (1931) S. 498.

[3] ORNSTEIN, L. S u. W. R. v. WIJK: Proc. Acad. Amsterd. Bd. 33 (1930) S. 44.

[4] LOCHTE-HOLTGREVEN, W.: Z. Physik Bd. 64 (1930) S. 443; Bd. 67 (1931) S. 590.

[5] WITTE, H.: Z. Physik Bd. 88 (1934) S. 415.

[6] OLDENBERG, O.: Physic. Rev. Bd. 46 (1934) S. 210.

das Auftreten von anomalen Intensitätsverteilungen diskutiert[1] und kurz zusammengestellt, unter welchen experimentellen Bedingungen man aus der Intensitätsverteilung in einer Bande eine zuverlässige Temperaturbestimmung vornehmen kann[1].

Auf Kombinationsverbote bei Rotationstermen, die auf besonderen Symmetrieeigenschaften beruhen, soll erst im nächsten Paragraphen eingegangen werden. Ein paar Worte seien nur dem bereits erwähnten Intensitätswechsel[2] gewidmet, der bei Molekülen mit gleichen Kernen auftritt. Er hängt mit einer besonderen Eigenschaft der Kerne zusammen. Eine Reihe von Erscheinungen, wie die Hyperfeinstruktur[3] in Linienspektren, haben dazu geführt, für viele Atomkerne einen Eigendrehimpuls anzunehmen, den man mit Kernspin bezeichnet. Er bewirkt es, daß die beiden Termklassen, die auf der aus der Kernvertauschung abgeleiteten Symmetrieeigenschaft (s. S. 35) beruhen, verschiedene statistische Gewichte haben, so daß eine wechselnde Intensitätsfolge der Bandenserien entsteht. Ist kein Kernspin vorhanden, so fällt sogar jede zweite Linie in der Bandenserie aus. Aus einem beobachteten Intensitätswechsel kann man immer schließen, daß es sich um Moleküle mit gleichen Kernen handelt. Das ist für den Zweck dieses Buches das wichtigste Ergebnis des Intensitätswechsels. Außerdem kann man aus dem Intensitätswechsel Schlüsse auf die statistischen Gewichte der beiden genannten Termklassen und auf die Größe des Kernspins ziehen. Bei Auswertung der Experimente empfiehlt sich dabei große Vorsicht. Es hat sich nämlich gezeigt, daß keines-

---

[1] Siehe auch die bei O. OLDENBERG zitierten experimentellen Arbeiten; ferner DUFFENDACK, O. S., R. W. REVANS u. A. S. ROY: Physic. Rev. Bd. 45 (1934) S. 807. — VEGARD, L.: Norske Vid. Akad. Oslo Avh. I (1934) Nr. 12 u. 13. — THOMPSON, N.: Proc. Phys. Soc. Bd. 47 (1935) S. 413.

[2] Zuerst hat H. DESLANDRES [C. R. Acad. Sci. Paris Bd. 137 (1903) S. 457; Bd. 138 (1904) S. 317; H. DESLANDRES u. L. D'AZAMBUJA: C. R. Acad. Sci. Paris Bd. 157 (1913) S. 671] bei den negativen (N_2^+) und den zweiten positiven (N_2) Stickstoffbanden bemerkt, daß aufeinanderfolgende Linien in einem Bandenzweig in der Intensität abwechseln. T. HEURLINGER (Diss. Lund 1918) hat (wegen gewisser Analogien zu den zweiten positiven N_2-Banden) als erster bei den SWAN-Banden (C_2) angenommen, daß jede zweite Linie wegen zu geringer Intensität ausfällt, und R. MECKE [Physik. Z. Bd. 25 (1924) S. 597] hat denselben Schluß für das He_2-Molekül gezogen; außerdem hat er bemerkt [Z. Physik Bd. 31 (1925) S. 709], daß der Intensitätswechsel für Moleküle aus zwei gleichen Atomen typisch ist.

[3] Aufspaltung einer einzelnen Linie in eine Reihe außerordentlich eng benachbarter Linien. Es wurde im 1. Kapitel darauf nicht eingegangen.

wegs immer ein bestimmtes Intensitätsverhältnis zweier aufeinanderfolgender Linien in einer Bandenserie herrscht, sondern daß mehr oder weniger periodische Abweichungen vorkommen können, die noch nicht völlig geklärt sind. So etwas liegt z. B. beim F_2 vor. Gale und Monk[1], sowie Aars[2] haben regelmäßige Intensitätsschwankungen in den Emissionsbanden des Fluors beobachtet. Auch Brown[3] fand erhebliche Intensitätsschwankungen in den sichtbaren Brombanden.

§ 5. Theorie der Molekülterme.

a) Das Vektorgerüst und die Termbezeichnung des Zweizentrensystems.

Eine nähere Betrachtung der Molekülzustände wollen wir vom Standpunkt des Vektormodells vornehmen in Analogie zu den in Kapitel I angegebenen Regeln für das Atom. Diese Methode ist anschaulicher als die quantenmechanische Behandlungsweise und erfordert geringere mathematische Kenntnisse. Wir werden sie an einigen Stellen durch quantenmechanische Überlegungen ergänzen, um alle beobachteten Erscheinungen besprechen zu können.

Da die in einem Molekül herrschenden Kräfte so abgestuft sind, daß der Einfluß der Rotation klein gegen den der Schwingung, dieser wieder klein gegen den der Elektronenbewegung ist, so ist für die Charakterisierung eines Molekülzustandes in erster Linie die Elektronenenergie von Bedeutung. Wir betrachten daher zuerst ein Molekül mit festgehaltenen Kernen, das sog. Zweizentrensystem. Es möge aus einem Molekülrumpf und einem Leuchtelektron bestehen.

Im wesentlichen kann die bei den Atomen entwickelte Systematik auf die Moleküle übertragen werden, nur sind einige Erweiterungen nötig. Die Kernverbindungsachse (Zentrenachse) und auch die darauf senkrecht stehende Rotationsachse bedeuten nämlich ausgezeichnete Richtungen im Molekül. Die beiden Atome üben aufeinander elektrische Kräfte aus und es herrschen ähnliche Verhältnisse, wie bei einem Atom, das man in ein elektrisches Feld bringt (s. S. 17). Die Achse des elektrischen Feldes ist hier die Kernverbindungslinie. Wir denken uns nun zuerst die beiden

---

[1] Gale, H. G. u. G. S. Monk: Astroph. J. Bd. 69 (1929) S. 77.
[2] Aars, J.: Z. Physik Bd. 79 (1932) S. 122.
[3] Brown, W. G.: Physic. Rev. Bd. 39 (1932) S. 777.

Kerne in einem Punkte vereinigt, so daß das Molekül in ein Atom übergeht, dessen Elektronenzahl gleich der Gesamtzahl der Molekülelektronen ist. Dann untersuchen wir die Veränderungen, die bei Entfernung der Kerne voneinander stattfinden. Bei sehr wenig auseinandergerückten Kernen behalten die Quantenzahlen eines Elektrons n und l des „vereinigten Atoms" noch ihre Bedeutung. Sie verlieren sie in dem Maße, wie beim stärkeren Auseinandergehen der Kerne das System an Kugelsymmetrie verliert. Bei diesem Prozeß erfolgt eine immer schnellere Präzession des Bahndrehimpulsvektors $\mathfrak{l}$ um die Kernverbindungslinie, was schließlich dazu führt, daß nur noch seine Komponente in Richtung der Kernverbindungslinie gequantelt ist. Eine Quantenzahl λ mißt diese Komponente des Elektronenbahndrehimpulses $\mathfrak{l}$ in Richtung der Zentrenachse. (Es ist dasselbe λ, das wir bei der quantenmechanischen Behandlung des Ein- und Mehrelektronensystems der Winkelkoordinate φ zugeordnet hatten.) λ entspricht der Quantenzahl $|m_l|$ bei Atomen. Während aber bei den Atomen auch noch der Elektronenbahndrehimpuls selbst gequantelt ist, also für *diesen und seine Komponente* m_l ein Erhaltungssatz gilt wegen des zentralsymmetrischen Atomfeldes [1], ist, wie eben erwähnt, bei den Molekülen wegen der dort herrschenden axialsymmetrischen Felder nur die Komponente λ gequantelt.

Der Molekülrumpf enthält Kerne und Elektronen. Wird mit Λ_R^* der Bahndrehimpuls [2] aller Rumpfelektronen um die Molekülachse bezeichnet, so setzen sich Λ_R^* und $\mathfrak{l}$ zu einer Resultierenden Λ^* zusammen. Man kann aber auch jedem einzelnen Elektron einen Bahndrehimpuls $\mathfrak{l}_i$ zuordnen. Die Komponenten dieser Bahndrehimpulse in Richtung der Zentrenachse sind dann $\pm\lambda_1^*, \pm\lambda_2^*, \ldots$ usw. und Λ^* ist definiert als $\Sigma\lambda^*$. Diese Darstellung wird man für die Grundterme wählen, während die Zerlegung in Rumpfelektronen und Leuchtelektron hauptsächlich für angeregte Zustände in Frage kommt.

Für den Elektronenspin gilt, daß er sich unbekümmert um das axialsymmetrische Feld frei drehbar einstellen kann. Wie beim Atom wirkt das elektrische Feld nicht direkt auf ihn ein. Die

[1] In *starken* elektrischen Feldern wird l allerdings auch bei Atomen verwaschen.

[2] Vektoren werden, falls sie nicht durch deutsche Buchstaben gekennzeichnet werden können, mit einem Stern versehen. Der Betrag von Λ_R^* ist $\Lambda_R \frac{h}{2\pi}$.

einzelnen $\mathfrak{s}_i$ orientieren sich zu einer zeitlich konstanten gequantelten Resultante $\mathfrak{S} = \Sigma \mathfrak{s}_i$. $|\mathfrak{S}|$ ist ein ganzzahliges oder halbzahliges Vielfaches von $\frac{h}{2\pi}$, je nachdem ob eine gerade oder ungerade Anzahl von Elektronen vorhanden ist.

Zwischen dem resultierenden Spinvektor $\mathfrak{S}$ und dem Vektor Λ^* besteht eine Wechselwirkung. Sie beruht auf den Kräften zwischen dem Magnetfeld, das mit Λ^* verbunden ist und der Summe der magnetischen Momente der Elektronen, die sie infolge ihrer Eigendrehimpulse besitzen. Infolge dieser Wechselwirkung präzessiert der Spinvektor um Λ^* und somit um die Zentrenachse; für die dadurch entstehende zeitlich konstante Komponente wird die Quantenzahl Σ eingeführt $\left(\cos\Theta = \frac{\Sigma}{S}\right)$. Sie entspricht der Quantenzahl M_S beim Atom. Σ kann die Werte S, $S-1, \ldots -S$ annehmen, der damit verbundene Vektor kann also $2S+1$ verschiedene Einstellungen haben. Die jeweils positiven oder negativen Werte rühren her von seiner Einstellung parallel oder antiparallel zum Vektor Λ^*. Die Vektoren Σ^* und Λ^* setzen sich zum Drehimpuls Ω^* zusammen. Die Quantenzahl Ω ist gleich $|\Lambda + \Sigma|$ und entspricht $|M|$ bei Atomen. Sie gibt den Gesamtdrehimpuls in Richtung der elektrischen Achse (Kernverbindungslinie) an. Ω kann die Werte $\Lambda + S$, $\Lambda + S - 1, \ldots |\Lambda - S|$ annehmen.

Bei den Atomen wird der Termtypus durch die Quantenzahl l bzw. L bestimmt. Ihre Stelle nimmt bei den Molekülen λ bzw. Λ ein. Für $\Lambda = 0, 1, 2, 3, \ldots$ erhält man Σ-, Π-, Δ-Terme[1]. Die Einzelelektronen mit den verschiedenen Komponenten $\lambda = 0, 1, 2, 3, \ldots$ werden als σ-, π-, δ-, ... -Elektronen bezeichnet (entsprechend den s-, p-, d-, ... -Elektronen beim Atom). Die Multiplizität der Terme wird wie bei den Atomen durch die resultierende Spinquantenzahl S bestimmt. Sie ist auch beim Molekül $2S+1$, denn so viele verschiedene Werte kann Σ haben. (Σ ist ganz- oder halbzahlig, je nachdem S ganz- oder halbzahlig ist.) Auch angezeigt wird die Multiplizität wie beim Atom, $^2\Pi$, $^3\Delta$ usw. Die Σ-Terme, bei denen $\Lambda = 0$ ist, sind in erster Näherung immer einfach. Hier hat nämlich der Spinvektor keine Möglichkeit, sich zur Achse einzustellen, infolgedessen verlieren hier Σ und Ω ihren Sinn als Quantenzahlen. Σ-Terme sind also bei $2S+1$ facher Multiplizität

[1] Eine Verwechslung mit der Quantenzahl Σ ist hoffentlich ausgeschlossen.

$2S+1$fach entartet, d. h. die $2S+1$ möglichen Terme fallen in einen zusammen.

Zur Unterscheidung der einzelnen Glieder eines Multipletterms wird der Wert $\Lambda+\Sigma$ unten rechts angehängt, ${}^2\Pi_{\frac{1}{2}}$, ${}^3\Delta_3$. Für $\Lambda+\Sigma \geqq 0$ ist das identisch mit Ω, doch wenn $S>\Lambda$, dann hat $\Lambda+\Sigma$ einen oder mehrere negative Werte, z. B. ${}^4\Pi_{\frac{1}{2}}$, ${}^4\Pi_{-\frac{1}{2}}$. Wenn der Term mit dem größten Ω die größte Energie hat, so spricht man von einem regulären Multiplett, andernfalls von einem verkehrten.

Bei Molekülen, die aus gleichen Atomen bestehen, können die Terme noch in bezug auf ihre Symmetrieeigenschaft, die aus der Spiegelung der Elektronen am Mittelpunkt der Kernverbindungslinie resultiert, unterschieden werden. Sie sind gerade oder ungerade, je nachdem ob ihre Eigenfunktion bei dieser Spiegelung das Vorzeichen behält oder wechselt (s. S. 35), z. B. ${}^2\Pi_u$, ${}^1\Sigma_g$ usw. Bisher sind folgende Elektronentermtypen bei Molekülen gefunden worden: ${}^1\Sigma$, ${}^2\Sigma$, ${}^3\Sigma$, ${}^1\Pi$, ${}^2\Pi$, ${}^3\Pi$, ${}^1\Delta$, ${}^2\Delta$, ${}^3\Delta$. Die Aufspaltungen der einzelnen Multipletterme hängen von der besprochenen Wechselwirkungsenergie zwischen Λ^* und $\mathfrak{S}$ ab. Sie sind in erster Näherung gleich $A\Lambda\Sigma$, wobei A die sog. Koppelungskonstante ist. Da innerhalb eines Multipletts der Unterschied der Σ-Werte benachbarter Terme 1 ist, ist die Aufspaltung zwischen benachbarten Multiplettkomponenten gleich $A\Lambda$. Die Terme eines Multipletts sind beim Zweizentrensystem also äquidistant. Die Größe von A hängt von der Kernladung und der Termenergie, also der Hauptquantenzahl, ab. Terme mit hohen Hauptquantenzahlen haben kleine Multiplettaufspaltungen. A wächst mit der Kernladung. Die Wechselwirkung zwischen Λ^* und $\mathfrak{S}$, die auf der gegenseitigen Beeinflussung der mit diesen Vektoren verbundenen Magnetfelder beruht, wächst nämlich mit zunehmendem Magnetfeld des Vektors Λ^*, welches wiederum mit steigender Kernladung stärker wird. Die Abnahme der Multiplettaufspaltung mit zunehmender Hauptquantenzahl n beruht auf der größeren Entfernung des Leuchtelektrons vom Rumpf, wodurch das von λ^* und auch von Λ^* herrührende Magnetfeld klein und die Koppelung zwischen Λ^* und $\mathfrak{S}$ gering wird.

Tabelle 3.

Molekül	Z_1+Z_2	Dublett-aufspaltung
BeH	5	2 cm^{-1}
MgH	13	35
CaH	21	80
ZnH	31	323
CdH	49	1001
HgH	81	3684

Die Tabelle 3 gibt die Dublettaufspaltungen der tiefen $^2\Pi$-Terme bei den Hydriden der zweiten Gruppe des periodischen Systems.

Die Aufspaltungen der Multipletterme sind bei leichten Molekülen sehr klein. Bei mittelschweren Molekülen fallen sie in die Größenordnung der Abstände der Rotationsniveaus. Z. B. ist der Normalzustand des NO ein Π-Dublett ($^2\Pi_{\frac{1}{2}}$, $^2\Pi_{\frac{3}{2}}$) mit einem Abstand von 121 cm^{-1}, während das erste Schwingungsquant $\omega_0 = 1892\ \mathrm{cm}^{-1}$ beträgt. Die bisher größte Multiplettaufspaltung ist im HgH bekannt, sie ist 3684 cm^{-1}. Das erste Schwingungsquant ist 1980 cm^{-1}. In der Regel ist die Multiplettaufspaltung von der gleichen Größenordnung wie in einem Atom mit gleicher Elektronenzahl.

Übergänge kommen im allgemeinen nur zwischen Termen gleicher Multiplizität vor, $^1\Sigma - {^1\Pi}$, $^2\Pi - {^2\Pi}$ usw. Bei großer Multiplettaufspaltung gilt die Regel nicht mehr. Ferner kombinieren nur Terme, für die sich Λ um 0 oder ± 1 unterscheidet, also $\Sigma - \Pi$, $\Pi - \Delta$.

Während die Multiplettaufspaltung auf der magnetischen Wechselwirkung zwischen Λ^* und $\mathfrak{S}$ beruht, rühren die Energieunterschiede zwischen Termen verschiedener Multiplizität (z. B. der Energieunterschied zwischen Singulett- und Triplettermen) von elektrostatischen Kraftwirkungen her. Wie bei atomaren Systemen — als Beispiel hatten wir das He-Atom betrachtet, S. 35 — entsteht die Aufspaltung in Teilsysteme durch eine Resonanzwirkung zwischen Zuständen gleicher Energie.

b) Zusammenwirken von Elektronenbewegung und Rotation, Hunds Koppelungsfälle.

Um den Zustand eines Moleküls vollständig zu beschreiben, müssen wir zu der Elektronenenergie des Zweizentrensystems die Energie der Schwingung und der Rotation hinzufügen. Zuerst sei der Einfluß der Rotation auf die Elektronenbewegung betrachtet. Je nachdem, ob dieser Einfluß größer oder kleiner als der des Elektronenspins ist, unterscheiden wir zwei Haupttypen der Koppelung[1].

α) **Hunds Fall a.** Der Spineinfluß ist größer als der Einfluß der Rotation. Dann herrschen die bereits besprochenen Verhältnisse, nämlich eine relativ starke Koppelung zwischen $\mathfrak{S}$ und Λ^*. Es

[1] Hund, F.: Z. Physik Bd. 36 (1926) S. 657.

präzessiert der Vektor $\mathfrak{S}$ um die elektrische Achse (Zentrenachse) unter Ausbildung der Komponente Σ^*. Die Zusammensetzung der Vektoren Σ^* und Λ^* gibt den Gesamtelektronendrehimpuls Ω^* an. Diese Koppelungsverhältnisse sind nur möglich, wenn $\Lambda > 0$ und $S > 0$ ist.

Zu den besprochenen Wechselwirkungen kommt jetzt noch ein geringer Einfluß der Rotation hinzu. Er besteht in einer Wechselwirkung zwischen der Kernrotation, die wir hier mit $\mathfrak{m}$ bezeichnen wollen und die nicht gequantelt ist[1] und dem Impulsvektor Ω^*, deren vektorielle Zusammensetzung zu einem resultierenden Gesamtdrehimpuls des Moleküls mit der Rotationsquantenzahl J führt. Sie kann die Werte $J = \Omega$, $\Omega + 1$, $\Omega + 2 \ldots$ annehmen. J ist ganz- oder halbzahlig, je nachdem S (und daher Σ und Ω) ganz- oder halbzahlig ist. Als Auswahlregeln gelten: $\Delta\Sigma = 0, \Delta\Lambda = 0, \pm 1, \Delta\Omega = 0, \pm 1$.

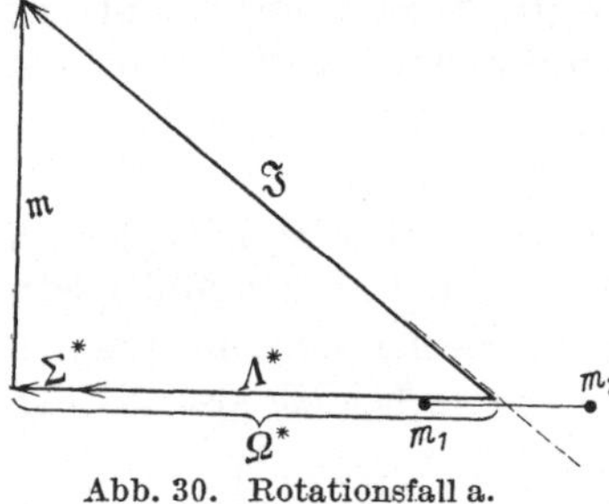

Abb. 30. Rotationsfall a.

Aus der Abb. 30 ergibt sich $\mathfrak{m}^2 + \Omega^{*2} = \mathfrak{J}^2$, oder mit eingesetzten Quantenzahlen $\mathfrak{m}^2 = \frac{h^2}{4\pi^2}\left(J(J+1) - \Omega^2\right)$. Die Rotationsenergie wird also, da $E_r = \frac{1}{2I}\mathfrak{m}^2$ ist, in erster Näherung statt $B\,J(J+1)$ dargestellt (in cm^{-1}) durch

$$E_r = B_v\,[J(J+1) - \Omega^2]. \tag{39}$$

Die zu jeder Multiplettkomponente eines Elektronenterms gehörende Rotationstermfolge ist nun in Wirklichkeit nicht einfach. Wir hatten schon auf S. 32 gesagt, daß die mathematische Behandlung ergibt, daß zu jedem λ bzw. Λ zwei Eigenfunktionen gehören, daß wir es also mit einem zweifach entarteten Problem zu tun haben. Die zweifache Entartung rührt davon her, daß der Umlauf des Elektrons (Präzession des $\mathfrak{l}$-Vektors um die Kernverbindungslinie) sowohl rechts- wie linksläufig sein kann. Die rechts und links zirkulare Bewegung entspricht zwei aufeinander senkrechten und zur Molekülachse senkrecht stehenden linearen Bewegungen von gleicher Frequenz. Fügen wir jetzt zu unserm

[1] Die Elektronenbewegung ist zwar schnell gegenüber der Präzession — daher bleibt Ω^* gequantelt —, die Rotation ist es aber nicht und darf daher nicht unabhängig gequantelt werden.

Modell die Kernrotation als Störung hinzu, so wird dadurch im Molekül die Rotationsachse als Vorzugsrichtung (ohne Rotation hatten wir als solche nur die Zentrenachse) ausgezeichnet und die Entartung aufgehoben. Von den beiden linearen Bewegungen hat die in der Rotationsachse liegende eine andere Frequenz als die dazu senkrechte, so daß eine, wenn auch geringfügige Aufspaltung jedes Rotationszustandes eintritt. Wir beobachten doppelte P-, Q- und R-Zweige[1]. Da die Erscheinung nur für Terme mit $\Lambda > 0$ möglich ist, bezeichnet man sie als Λ-Verdopplung. Es ist verständlich, daß diese mit zunehmender Störung, d. h. mit zunehmender Rotation, wächst. Durch Hinzufügen eines kleinen Korrektionsgliedes Φ (Σ, J) wird dieser Aufspaltung im Energieausdruck in zweiter Näherung Rechnung getragen.

Die Gesamtenergie eines Terms schreibt man dann

$$E = E_{el} + E_v + A\Lambda\Sigma + B_v\,[J\,(J+1) - \Omega^2] \pm \Phi(\Sigma, J) + D_v J^2\,(J+1)^2 + \ldots,$$

wo $A\Lambda\Sigma$ das Wechselwirkungsglied von Spin und Elektronenbahndrehimpuls Λ ist.

Wenn $\Omega > 0$ ist, so beginnt die Zählung der Rotationsquantenzahlen nicht mit $J = 0$, sondern mit $J > 0$. Beispielsweise möge $S = 1/2$, $\Lambda = 1$, $\Sigma = \pm 1/2$ sein. Für die zugehörigen Dubletterme ist $\Omega = 1/2$ und $3/2$. Der kleinste Wert von J $(J = \Omega, \Omega + 1, \ldots)$ ist für die eine Dublettkomponente $1/2$, für die andere $3/2$. Daher fallen zwischen den P- und R-Zweigen einige Linien aus. Eine derartig verbreiterte „Lücke“ läßt einen Rückschluß auf den vorliegenden Elektronenterm zu[2].

[1] Bei Π—Σ-Übergängen tritt eine solche Verdopplung nicht ein, s. S. 92.

[2] Ist $\Lambda = 1$, $S = 1$, so kann $\Sigma = 1, 0, -1$ sein und Ω ist entsprechend 2, 1, 0. Die sich ergebenden Terme sind $^3\Pi_2$, $^3\Pi_1$ und $^3\Pi_0$. Die durch die Λ-Verdopplung entstehenden Teilniveaus werden häufig mit a und b bezeichnet, in unserem Beispiel wären es $^3\Pi_{2\,\mathrm{a}}$ und $^3\Pi_{2\,\mathrm{b}}$, sowie $^3\Pi_{1\,\mathrm{a}}$ und $^3\Pi_{1\,\mathrm{b}}$. Eine Besonderheit liegt vor für alle Terme mit $\Omega = 0$. Sie sind infolge einer besonderen Symmetrieeigenschaft schon ohne Rotation doppelt. Ist nämlich der Gesamtdrehimpuls 0 (d. h. $\Omega = 0$), so entstehen bei einer Spiegelung der Lage- *und* Spinkoordinaten (bei Σ-Termen wurden nur die Lagekoordinaten gespiegelt) an einer Ebene durch die Kernverbindungslinie zwei Terme, nämlich 0^+ und 0^-, je nachdem ob die Eigenfunktion bei dieser Operation das Vorzeichen behält oder es vertauscht. Die $^3\Pi_0$-Terme besitzen also von vornherein die beiden Komponenten $^3\Pi_0^+$ und $^3\Pi_0^-$, d. h. eine Art Λ-Dublett, das von der Wechselwirkung zwischen Bahnimpuls und Spin und nicht erst von der Rotation herrührt. Durch die hinzukommende Rotation geht diese Unterscheidung allmählich verloren und eine wirkliche Λ-Verdopplung bildet sich aus.

β) **Hunds Fall b.** Der Spineinfluß ist kleiner als der Einfluß der Rotation. In diesem Fall wird durch die Kernrotation die Koppelung zwischen Λ^* und $\mathfrak{S}$ derart gelöst, daß der Spin $\mathfrak{S}$ mehr oder weniger in die Richtung der Rotationsachse gezogen wird und die Quantenzahl Σ verschwindet; statt dessen tritt zwischen dem Bahndrehimpuls Λ^* und dem Rotationsimpuls $\mathfrak{m}$ eine Wechselwirkung ein, die zu einem Vektor $\mathfrak{K}$ mit der Quantenzahl K Veranlassung gibt. Diese kann die Werte Λ, $\Lambda + 1$, ... annehmen. Die Rotationsenergie wird in erster Näherung

$$E_r = B\,[K\,(K + 1) - \Lambda^2]\,. \tag{40}$$

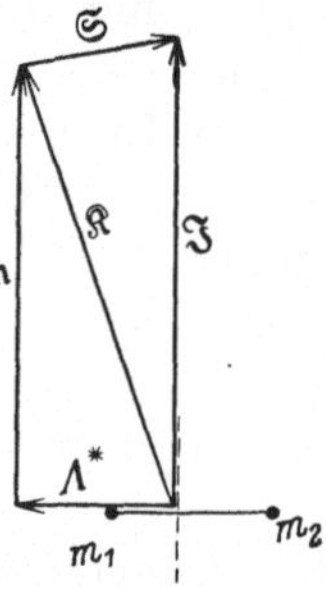

Abb. 31. Rotationsfall b.

Als Auswahlregeln gelten: $\Delta\Lambda = 0, \pm 1$; $\Delta K = 0, \pm 1$. Zu diesen Wechselwirkungen tritt als kleiner Effekt der Elektronenspin hinzu. Die vektorielle Zusammensetzung von $\mathfrak{K}$ und $\mathfrak{S}$ führt zu einer zeitlich konstanten gequantelten Resultierenden $\mathfrak{J}$, die der Gesamtdrehimpuls ist (Abb. 31). Ihm entspricht die Quantenzahl $J = K + S, K + S - 1, \ldots |K - S|$. In zweiter Näherung wird der geringen Wechselwirkung zwischen $\mathfrak{S}$ und dem Kernrotationsimpuls durch ein Glied $f\,(K,\ J - K)$ im Energieausdruck Rechnung getragen; es ist proportional $J - K$ und K. Zu jedem Wert von K gehören $2\,S + 1$-Werte von J, die das Multiplett bedingen.

γ) **Σ-Terme und Singuletterme.** Wir hatten auf S. 83 gesagt, daß Σ-Terme $(2\,S + 1)$fach entartet sind, weil es für den Spinvektor keine Ursache für eine Einstellung zur elektrischen Achse gibt. Das galt für den Fall des Zweizentrensystems mit festen Kernen. Jetzt lassen wir eine Rotation der Kerne zu und wir werden erwarten, daß die Rotationsachse für den Spinvektor eine Orientierungsmöglichkeit schafft und damit die Entartung der Terme aufhebt[1]. In der Tat tritt nun eine Aufspaltung der Terme ein; diese ist aber nur eine durch die Rotation hervorgerufene Feinstruktur der Rotationsterme.

Es sind nämlich die für den Fall b charakteristischen Koppelungsverhältnisse in der Regel automatisch erfüllt, sobald $\Lambda = 0$ ist. Der Elektronenspin stellt sich zur Richtung der Rotationsachse ein, d. h. er präzessiert um diese und bildet eine Komponente in

[1] In Wirklichkeit ist schon ohne Rotation eine äußerst geringe Aufspaltung vorhanden (z. B. Grundzustand des O_2).

Richtung der Rotationsachse aus. Zu der Quantenzahl des Kerndrehimpulses, die wir hier mit K bezeichnen wollen (da die Rotation für sich gequantelt ist, sobald $\Lambda = 0$ ist), tritt die Spinquantenzahl hinzu, um die Quantenzahl J des Gesamtdrehimpulses zu ergeben. Es ist $J = K + S$, $K + S - 1, \ldots |K - S|$. Die Rotation bewirkt demnach für $K > S$ eine $(2S + 1)$fache sehr feine Aufspaltung, indem zu jedem K-Wert $(2S + 1)$ Werte der Quantenzahl J möglich werden. Der Ausdruck für die Rotationsenergie muß also durch ein entsprechendes Zusatzglied erweitert werden: $E_r = BK(K+1) + f(K, J-K)$.

Mit wachsender Rotation nimmt die sehr feine Aufspaltung der Terme zu. Das entspricht genau dem Typus von Abb. 20a, S. 57. Er gilt für ${}^2\Sigma$- und ${}^3\Sigma$-Zustände.

Ist schließlich außerdem $S = 0$, so fällt natürlich jede Aufspaltung weg. ${}^1\Sigma$-Terme sind streng einfach.

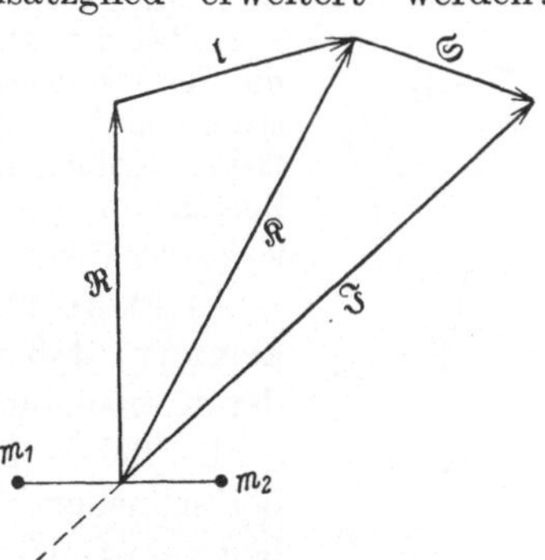

Abb. 32. Rotationsfall d.

Ist $S = 0$, aber $\Lambda > 0$, so bekommen wir die übrigen Singulettterme: ${}^1\Pi$, ${}^1\Delta$. In diesen Fällen ist stets $\Sigma = 0$ und $\Lambda = \Omega$. Die Quantenzahl K nimmt die Werte an $\Lambda, \Lambda + 1, \Lambda + 2, \ldots$ Die Quantenzahlen J und K sind für Singuletterme identisch. Die Rotationsenergie ist

$$E_r = B[K(K+1) - \Lambda^2] \pm \Phi(K).$$

$\Phi(K)$ entspricht der vorhin besprochenen Λ-Verdopplung.

δ) Hunds Fall d. Weniger allgemein, aber ebenfalls wichtig ist Fall d, von dem wir nur einen Spezialfall besprechen. Er kommt bei Molekülen wie H_2, He_2, LiH vor. Es sei der Elektronenbahndrehimpuls stärker an die Molekülrotation als an die Molekülachse gekoppelt. Die Wechselwirkung mit dem Spin sei am schwächsten.

Unter den gemachten Voraussetzungen ist der Rotationsdrehimpuls selbst gequantelt, ihm wird die Quantenzahl R zugeordnet. $\mathfrak{R}$ und $\mathfrak{l}$ ergeben den resultierenden Impulsvektor $\mathfrak{K}$ mit der Quantenzahl K, der sich mit $\mathfrak{S}$ zum Gesamtdrehimpuls $\mathfrak{J}$ zusammensetzt (Abb. 32). (Die Differenz von K und R wird häufig mit L bezeichnet. Bei großen Rotationen kann man $\mathfrak{L}$ als Komponente von $\mathfrak{l}$ nach der Rotation auffassen.) J ist gleich $K + S$, $K + S - 1 \ldots |K - S|$. Die Rotationsenergie wird dargestellt durch

$$E_r = BR(R+1) + f(R, K-R) + f(R, J-K).$$

ε) **Hunds Fall c.** Er kommt für schwere Moleküle in Frage, für die die Modellvorstellung vom Rumpf und Leuchtelektron sich nicht mehr so recht eignet. Die Bahnimpulse $\mathfrak{l}$ der Einzelelektronen setzen sich zu $\mathfrak{L}$ zusammen. Dieses soll in erster Näherung nicht an die Achse gekoppelt sein, sondern in Wechselwirkung mit dem Spinvektor treten und den Vektor $\mathfrak{J}_a$ ergeben. Es soll also keine Komponente Λ von $\mathfrak{L}$ nach der Zentrenachse direkt entstehen, sondern erst $\mathfrak{J}_a$ soll eine solche Komponente Ω^* ausbilden. Mit diesem Vektor Ω^* tritt der Rotationsimpuls in Wechselwirkung, woraus das Gesamtimpulsmoment $\mathfrak{J}$ entsteht (Abb. 33). Da bei diesen besonderen Koppelungsverhältnissen eine Quantenzahl Λ nicht definiert ist, ist auch eine Termbezeichnung Σ, Π, Δ nicht möglich. Mulliken[1] benutzt in diesen Fällen, z. B. bei den Halogenen, die Quantenzahl Ω an Stelle des Termsymbols, z. B. 0_g, 1_u^+ usw. Die Rotationszustände spalten im Falle c für $\Omega > 0$ auf; man kann die Erscheinung Ω-Verdopplung in Analogie zur Λ-Verdopplung nennen. Die Zustände $\Omega = 0$ zerfallen schon ohne Rotation in 0^+- und 0^--Terme entsprechend den Σ-Termen.

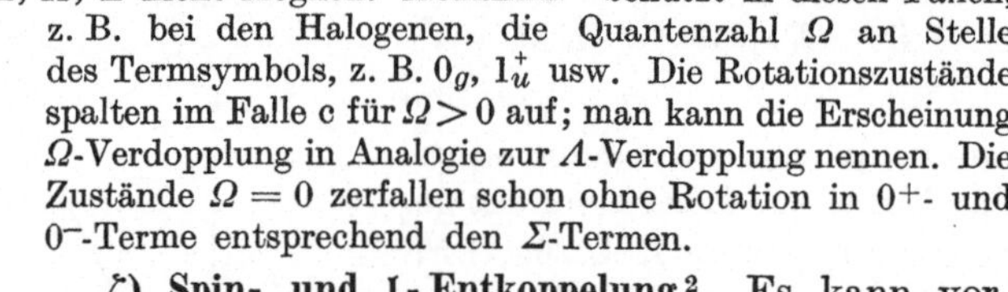

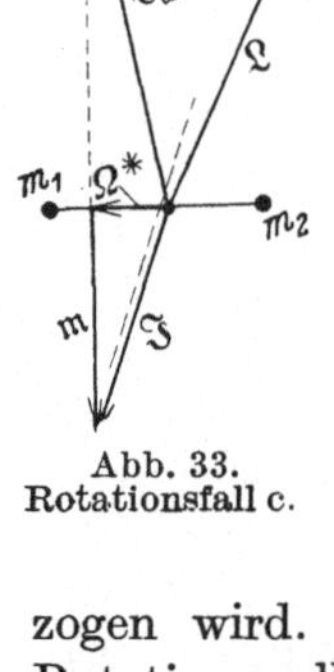

Abb. 33. Rotationsfall c.

ζ) **Spin- und $\mathfrak{l}$-Entkoppelung**[2]. Es kann vorkommen, daß die beiden besprochenen Haupttypen der Koppelung bei dem gleichen Molekül vorhanden sind. Bei langsamer Rotation kann Fall a gelten, bei schneller Rotation jedoch Fall b. Dazwischen liegt ein Gebiet, in dem allmählich der Spinvektor aus seiner Koppelung mit den Impulsvektor Λ^* gelöst und in die Richtung der Rotationsachse gezogen wird. Dieser Übergang, der sich im Gebiete mittlerer Rotation vollzieht, wird Spinentkoppelung genannt. Er macht sich natürlich in den Spektren bemerkbar, da die Rotationsenergien für beide Grenzfälle eine verschiedene Darstellung erfahren. Nehmen wir als Beispiel die Dubletterme $^2\Pi_{\frac{1}{2}}$ und $^2\Pi_{\frac{3}{2}}$ und betrachten den Übergang von Fall a nach b. Wir werden erwarten, daß bei einem Übergang von diesen Termen nach etwa einem $^2\Sigma$-Term die P-, Q- und R-Zweige der beiden Komponenten mit wachsender Rotation näher aneinanderrücken. Das sind aber genau die Verhältnisse in Abb. 20b, S. 57, so daß uns das dort schon mit Dublettbanden bezeichnete Beispiel die beiden eben besprochenen Koppelungstypen gut veranschaulicht. Nur die Feinstruktur der Rotationsterme infolge Λ-Verdoppelung, die sowohl im Fall a wie im Fall b auftritt, ist nicht mit eingezeichnet.

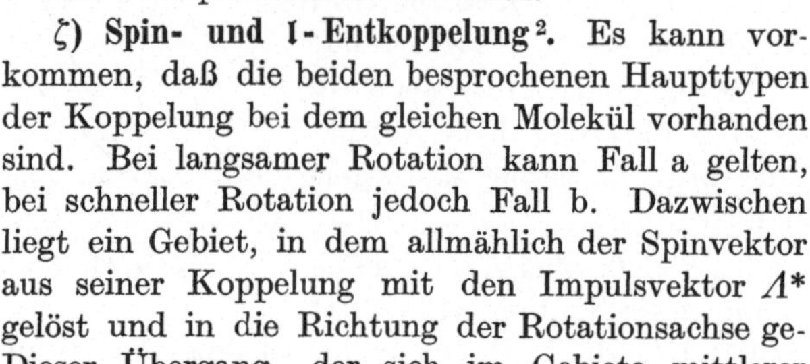

[1] Mulliken, R. S.: Physic. Rev. Bd. 36 (1930) S. 699, 1440.

[2] Näheres zu diesem Abschnitt siehe z. B. W. Weizel, Bandenspektren.

Die Triplettbanden in Abb. 20c kommen auf entsprechende Weise zustande. Eine Formel ist von HILL und VAN VLECK[1] für Dubletterme aufgestellt worden und läßt sich für alle vorkommenden Fälle spezialisieren sowohl für normale wie für verkehrte Terme. Für Tripletterme haben sie entsprechende Reihenentwicklungen angegeben[2]. Es ist nicht möglich, im Rahmen dieses Buches hierauf näher einzugehen.

Es kann auch vorkommen, daß in dem Spektrum eines Moleküls sowohl HUNDs Fall b als auch HUNDs Fall d zum Ausdruck kommen. Nehmen wir der Einfachheit halber ein Modell mit einem Leuchtelektron (Drehimpuls $\mathfrak{l}$) an. Dann wird allmählich $\mathfrak{l}$ aus seiner Koppelung mit der Achse des Moleküls gelöst und die Rotationsenergie ist nicht mehr durch die Quantenzahl K, sondern durch R darzustellen. Bei diesem Übergang verdoppeln sich die Rotationszustände. Denn im Fall b ist $\lambda = l, l-1, l-2, \ldots 0$ [das sind $(l+1)$ Zustände des Elektrons] und im Fall d ist $K-R = L = l,\ l-1,\ l-2, \ldots 0, \ldots -l+2,\ -l+1,\ -l$ [das sind $(2\,l+1)$ Zustände des Elektrons]. Bei sehr großen Rotationen kann man dieses $\mathfrak{L}$ nämlich als Komponente von $\mathfrak{l}$ nach der Rotation auffassen. Diese sog. $\mathfrak{l}$-Entkoppelung tritt vorwiegend auf bei Molekülen mit lockeren, angeregten Elektronen. Für s-Elektronen ist wegen $l = 0$ natürlich keine $\mathfrak{l}$-Entkoppelung möglich. Für p-Elektronen ist wieder von HILL und VAN VLECK[1] unter einfachen Voraussetzungen eine Formel für den Termverlauf angegeben worden, die das ganze Gebiet umfaßt. Auch hier muß auf eine nähere Darstellung verzichtet werden.

η) **Vergleich mit dem Experiment.** Im allgemeinen erhält man mit dem Vektormodell stets dann gute Resultate, wenn es sich um qualitative Aussagen und um systematische Einordnung der Terme handelt. Vorsicht ist am Platze, sowie man quantitative Schlüsse ziehen will, wie es bei der Grobheit des Modells auch zu erwarten ist. Folgende allgemeine Aussagen kann man über die Anwendung des Vektormodells machen:

Die leichten Moleküle H_2, He_2, die Hydride LiH bis FH sind mit guter Näherung durch den Koppelungsfall b darzustellen. Sie zeigen in ihren hochgelegenen Elektronentermen und bei rascher Rotation eine zunehmende $\mathfrak{l}$-Entkoppelung, die mit höher werdenden Termen dem Falle d zustrebt.

[1] HILL, E. L. u. J. H. VAN VLECK: Physic. Rev. Bd. 32 (1928) S. 250.
[2] Siehe auch BUDÓ, H.: Z. Physik Bd. 96 (1935) S. 219.

Mittelschwere Moleküle (Molekulargewicht 20—50) zeigen Übergangsfälle zwischen a und b, also Spinentkoppelung. Die höheren Elektronenterme sind bereits mehr oder weniger durch Koppelungsfall b wiederzugeben. In einigen Fällen, z. B. bei MgH, zeigen die hochangeregten Terme beginnende $\mathfrak{l}$-Entkoppelung.

Bei schwereren Molekülen wird man den reinen Fall a oder c (z. B. J_2) zu erwarten haben, sowie Übergangsfälle zwischen beiden.

Nun gelten die Kombinationsbeziehungen in der auf S. 55 gegebenen einfachen Form streng nur, wenn keine $\mathfrak{l}$-Entkoppelung und keine Λ-Verdoppelung vorhanden ist. Bei Π—Π-, Π—Δ-, Δ—Δ-Übergängen macht sich die Λ-Verdopplung in einer Vermehrung der Zweige bemerkbar. Zwischen der nun vorhandenen größeren Anzahl von Linien gelten wieder streng erfüllte, aber etwas verwickeltere Kombinationsbeziehungen. Bei Π—Σ-Übergängen wirkt sich die Λ-Verdopplung infolge der unter d) zu besprechenden Symmetrieeigenschaften und Kombinationsverbote nicht in einer Vermehrung der Rotationszweige aus. Die Kombinationsbeziehungen sind aber hier nur noch angenähert erfüllt. Man sagt, sie zeigen Kombinationsdefekte. Diese können häufig direkt als Anzeichen einer $\mathfrak{l}$-Entkoppelung betrachtet werden.

ϑ) Zusammenstellung verschiedener Bandentypen. Die Struktur der Einzelbanden der verschiedenen Bandensysteme eines Moleküls und natürlich erst recht der verschiedenen Moleküle ist eine sehr mannigfaltige. Trotzdem hat man einige Typen feststellen können, die im folgenden kurz zusammengestellt sind. Sie sind z. B. in dem schon erwähnten Handbuchband von WEIZEL, im Buche von JEVONS und vor allem von MULLIKEN in den Reviews of Modern Physics, Bd. 3, ausführlich behandelt.

1. Singulettbanden. Die Zählung der Rotationsterme beginnt mit $J = \Lambda$. Sind Λ' und Λ'' beide Null, ... Σ — Σ-Übergänge ..., so beginnt der R-Zweig mit $J' \to J'' = 1 \to 0$, was mit $R\,(0)$ bezeichnet wird. Der P-Zweig fängt mit $J' \to J'' = 0 \to 1$ an und das ist $P\,(1)$. Die Q-Zweige fallen bei Σ — Σ-Übergängen aus.

Ist z. B. $\Lambda' = 0$, $\Lambda'' = 1$, so beginnt der R-Zweig mit $J' \to J'' = 2 \to 1$, also $R\,(1)$, der P-Zweig mit $J' \to J'' = 0 \to 1$, also $P\,(1)$ und der Q-Zweig mit $J' \to J'' = 1 \to 1$, d. h. $Q\,(1)$. Aus der Laufzahl der ersten Rotationslinien sind danach Λ' und Λ'' und somit die Natur der Terme bestimmbar. Aus Tabelle 4, die dem Handbuchband von WEIZEL entnommen ist, ist die Zahl der am Beginn ausfallenden Linien zu entnehmen. Noch anschaulicher ist vielleicht die folgende Abb. 34, die aus dem genannten Artikel von MULLIKEN stammt. Tabelle und Abbildung gelten für Moleküle mit ungleichen Kernen. Für solche mit gleichen Kernen kommen weitere Kombinationsverbote hinzu, die im nächsten Abschnitt erläutert werden.

Tabelle 4. Erste Linien der Zweige bei verschiedenen Elektronenübergängen.

Kombination	$\Sigma\to\Sigma$	$\Sigma\to\Pi$	$\Sigma\to\Delta$	$\Pi\to\Sigma$	$\Pi\to\Pi$	$\Pi\to\Delta$	$\Delta\to\Sigma$	$\Delta\to\Pi$	$\Delta\to\Delta$
Λ'	0	0	0	1	1	1	2	2	2
Λ''	0	1	2	0	1	2	0	1	2
P	$P(1)$	$P(1)$	—	$P(2)$	$P(2)$	$P(2)$	—	$P(3)$	$P(3)$
Q	—	$Q(1)$	—	$Q(1)$	$Q(1)$	$Q(2)$	—	$Q(2)$	$Q(2)$
R	$R(0)$	$R(1)$	—	$R(0)$	$R(1)$	$R(2)$	—	$R(1)$	$R(2)$
	Q verboten		verboten		Q schwach		verboten		Q schwach

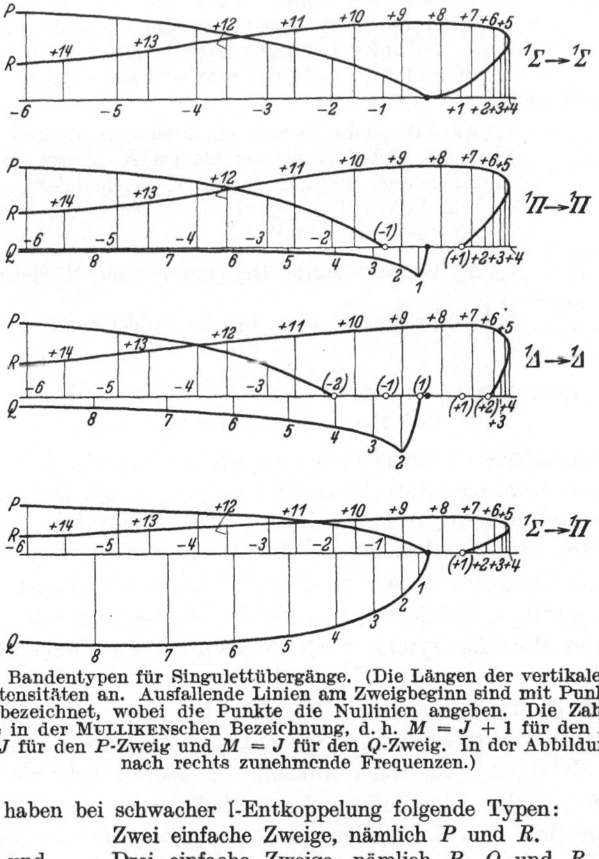

Abb. 34. Bandentypen für Singulettübergänge. (Die Längen der vertikalen Linien geben Intensitäten an. Ausfallende Linien am Zweigbeginn sind mit Punkten und Kreisen bezeichnet, wobei die Punkte die Nullinien angeben. Die Zahlen sind M-Werte in der MULLIKENschen Bezeichnung, d. h. $M = J + 1$ für den R-Zweig, $M = -J$ für den P-Zweig und $M = J$ für den Q-Zweig. In der Abbildung liegen nach rechts zunehmende Frequenzen.)

Wir haben bei schwacher l-Entkoppelung folgende Typen:

$^1\Sigma - {}^1\Sigma$ Zwei einfache Zweige, nämlich P und R.

$\Sigma - {}^1\Pi$ und $^1\Pi - {}^1\Sigma$ Drei einfache Zweige, nämlich P, Q und R, geringe Λ-Verdopplung. Die doppelten Π-Niveaus werden mit Π_a und Π_b bezeichnet.

$^1\Pi - {}^1\Pi$, $^1\Pi - {}^1\Delta$, $^1\Delta - {}^1\Pi$, $^1\Delta - {}^1\Delta$	Sechs einfache Zweige, 2 P, 2 Q und 2 R, da in beiden Niveaus Λ-Verdopplung eintritt.

2. Dublettbanden.

$^2\Sigma - {}^2\Sigma$	Zwei doppelte Zweige, je ein doppelter P- und R-Zweig, die jeder für kleine K-Werte fast zusammenfallen und mit wachsendem K auseinandergehen. Bei sehr kleiner Dublettaufspaltung ähneln die Banden Singulettbanden.
$^2\Sigma - {}^2\Pi$ und $^2\Pi - {}^2\Sigma$	Zwölf einfache Zweige, 4 P, 4 Q und 4 R. Sechs Zweige sind stärker und sechs sind schwächer. Der Π-Term kann durch HUNDs Fall a oder b oder für verschiedene Teile seines Verlaufs durch beide Fälle dargestellt werden.
$^2\Pi - {}^2\Pi$, $^2\Pi - {}^2\Delta$, $^2\Delta - {}^2\Pi$, $^2\Delta - {}^2\Delta$	Die meisten beobachteten Banden entsprechen Koppelungsfall b. Außer zahlreichen Nebenzweigen zwölf Hauptzweige, je vier P-, Q- und R-Zweige. Je zwei P-, Q- und R-Zweige liegen nahe beisammen. Bei $^2\Pi - {}^2\Pi$ und $^2\Delta - {}^2\Delta$ Q-Zweige sehr schwach.

3. Triplettbanden.

$^3\Sigma - {}^3\Sigma$	Zwei dreifache Zweige, ein dreifacher P- und ein dreifacher R-Zweig, die bei kleinen K nahezu zusammenfallen und mit wachsendem K auseinanderrücken. Bei sehr kleiner Triplettaufspaltung sehen die Banden wie Singulettbanden aus.
$^3\Sigma - {}^3\Pi$, $^3\Pi - {}^3\Sigma$	27 Zweige, 9 starke Hauptzweige und 18 Nebenzweige.
$^3\Pi - {}^3\Pi$, $^3\Pi - {}^3\Delta$, $^3\Delta - {}^3\Pi$, $^3\Delta - {}^3\Delta$	Es gilt Analoges wie für die Dublettbanden.

c) Symmetrieeigenschaften und Kombinationsverbote bei Rotationstermen.

α) Symmetrieeigenschaften bei ungleichen Kernen. Die in § 4, d angegebenen Intensitätsverhältnisse bedürfen einiger Ergänzungen, um auftretende Besonderheiten im Intensitätsverlauf zu verstehen. Wir hatten in Kapitel II gesagt, daß die SCHRÖDINGERsche Differentialgleichung durch zwei Arten von Eigenfunktionen befriedigt werden kann, nämlich solche, die bei Spiegelung am Schwerpunkt des Moleküls symmetrisch und solche, die dabei antisymmetrisch sind. Besteht das Molekül aus verschiedenen Atomen, so sind die Symmetrieeigenschaften nur für eine Spiegelung des Gesamtsystems (gleichzeitige Spiegelung von Kernen und Elektronen) definiert. Die Eigenfunktion der Rotationsterme ist das Produkt aus der Eigenfunktion des Elektronensystems und der Eigenfunktion der Molekülrotation. Ein *Rotationsterm* wird als *positiv* bezeichnet, wenn seine Eigenfunktion bei Spiegelung aller Teilchen (Kerne und Elektronen) am Schwerpunkt des Systems

(Koordinatenanfang) das Vorzeichen behält, er heißt *negativ*, wenn sie das Vorzeichen bei dieser Operation wechselt[1]. Diese Symmetrieeigenschaft gilt allgemein, d. h. für Moleküle mit gleichen und ungleichen Kernen. Es gelten nun folgende Regeln: Die Rotationszustände eines Σ-Terms sind abwechselnd positiv und negativ. Haben wir es mit einem Σ^+-Term zu tun, so sind die Zustände mit geradzahligem J positiv, mit ungeradzahligem J negativ. Bei einem Σ^--Term ist es umgekehrt. Bei Π- und Δ-Termen übersieht man die Verhältnisse am besten, wenn man die Λ-Verdopplung betrachtet. Diese Terme spalten durch die Rotation in je zwei Terme auf, von denen der eine positiv, der andere negativ ist. Bei verschwindender Λ-Verdopplung verschwindet natürlich der Energieunterschied zwischen dem positiven und dem negativen Zustand.

Um ein Beispiel für etwas kompliziertere in der Theorie der zweiatomigen Moleküle gebräuchliche Symmetrieüberlegungen zu geben, sei kurz der Weg angedeutet, auf dem man zu den oben genannten Regeln gelangt. Hierbei werden wir von früher angegebenen Betrachtungen Gebrauch machen. Wie schon auf S. 34 gesagt wurde, ist eine Spiegelung an einem Punkte äquivalent der Ausführung folgender zwei Operationen: 1. Drehung um eine durch den betreffenden Punkt gehende Achse um 180^0 und 2. Spiegelung an einer Ebene, die ebenfalls durch den erwähnten Punkt geht und senkrecht zur genannten Achse liegt. Anstatt eine Spiegelung am Schwerpunkt auszuführen, können wir demnach das Molekül um seine Rotationsachse um 180^0 drehen und hierauf eine Spiegelung an einer zur Drehachse senkrechten, die Kernverbindungslinie enthaltenden Ebene vornehmen. Wie hier nicht näher begründet werden kann, ändert oder behält die Moleküleigenfunktion bei der Drehung um 180^0 ihr Vorzeichen, je nachdem ob die Quantenzahl J ungeradzahlig oder geradzahlig ist. Die darauffolgende Spiegelung an einer die Kernverbindungslinie enthaltenden Ebene sei zuerst für Σ-Terme betrachtet. Hier findet für Σ^--Terme ein Vorzeichenwechsel der Eigenfunktion statt, während Σ^+-Terme ungeändert bleiben. Beide Symmetrieoperationen zusammen und damit die Spiegelung am Schwerpunkt bringen also eine Vorzeichenänderung der Eigenfunktion bei einem Σ-Term nur hervor, wenn J ungeradzahlig und der Term ein Σ^+ ist oder wenn J geradzahlig und der Term Σ^- ist. Das ist aber die oben angegebene Regel.

Für Π- und Δ-Terme ergibt die Drehung um 180^0 um die Rotationsachse das Gleiche wie für Σ-Terme. Bei der Spiegelung an einer die Kernverbindungslinie enthaltenden Ebene behält jedoch einer der beiden infolge

---

[1] Manchmal wird nach Kronig auch hierfür die Bezeichnung gerade und ungerade gewählt, doch soll das hier vermieden werden, um Verwechslungen mit der Eigenschaft gerade-ungerade bei Elektronentermen zu verhindern. Eine Verwechslung der Bezeichnung positiv und negativ mit Σ^+ und Σ^- ist wohl nicht zu befürchten.

der Λ-Verdopplung entstandenen Terme das Vorzeichen, während der andere es ändert. Das bedeutet aber, daß die genannte Spiegelungsoperation einen Vorzeichenwechsel *und* eine Vorzeichenerhaltung für die beiden Teilniveaus ergibt, die aus dem Π-Term oder Δ-Term durch Λ-Verdopplung entstanden sind. Somit haben wir hier einen positiven *und* einen negativen Zustand für jeden J-Wert zu erwarten, wie vorhin behauptet wurde.

Zum Schluß wollen wir noch die Regel plausibel zu machen suchen, daß bei der zweiten Spiegelungsoperation die Eigenfunktion des einen aus der Λ-Verdopplung entstandenen Terms das Vorzeichen ändert, während die andere es behält. Als Beispiel wählen wir einen Π-Term mit einem einzigen π-Elektron. Die Winkelabhängigkeit der Eigenfunktion läßt sich nach S. 32 in der Form $\cos\varphi$ oder $\sin\varphi$ darstellen. Diese Eigenfunktionen korrespondieren linearen Schwingungen (S. 32) parallel bzw. senkrecht zur Ebene $\varphi = 0$. ($\cos\varphi$ ändert sein Vorzeichen bei einer Spiegelung an der Ebene $\varphi = 0$ nicht, $\sin\varphi$ wechselt das Vorzeichen dabei. Entsprechend wird bei der genannten Spiegelung die Phase einer zu dieser Ebene parallelen Schwingung nicht geändert, während bei der senkrechten Schwingung die Phase umgekehrt wird.) Ursprünglich ist die Ebene $\varphi = 0$ (von der die Zählung der φ beginnt) willkürlich und auch die korrespondierenden Schwingungen können in einer beliebigen Richtung stattfinden. Durch die Rotation wird aber die Ebene ausgezeichnet, in der die Rotationsachse liegt. Die beiden Zustände, in die der Π-Term aufspaltet, entsprechen demnach Schwingungen parallel und senkrecht zur Rotationsachse; die zugehörigen Eigenfunktionen sind $\cos\varphi$ und $\sin\varphi$, wobei die Zählung der φ an der die Rotationsachse enthaltenden Ebene beginnt. Nun wechselt in der Tat $\cos\varphi$ das Vorzeichen, wenn man an einer zur Rotationsachse senkrechten Ebene spiegelt, während $\sin\varphi$ dabei ungeändert bleibt. Das ist aber der Satz, den wir oben für Π- und Δ-Terme allgemein ausgesprochen haben.

Die beiden Termklassen positiv und negativ sind zunächst nicht voneinander zu unterscheiden, da sie gleiche statistische Gewichte, die Linien demnach gleiche Intensität haben. Sie sind aber nachweisbar durch die Art ihrer Kombination mit anderen analogen Termen, indem hier gewisse Übergangsverbote gelten. Es kombinieren nämlich positive Terme nur mit negativen und negative nur mit positiven. Diese Auswahlregel wurde zuerst von Kronig[1] aufgestellt und ist besonders von Bengtsson und Hulthén[2] am AlH geprüft worden.

β) Symmetrieeigenschaften bei gleichen Kernen. Für die Rotationsterme der Moleküle mit zwei gleichen Kernen macht sich ferner die auf S. 35 aus der Kernvertauschung abgeleitete Symmetrieeigenschaft bemerkbar. Neben der Unterscheidung „positiv-negativ“ haben wir also „gerade-ungerade“ und „symmetrisch-

[1] Kronig, R. de L.: Z. Physik Bd. 46 (1927) S. 814, Bd. 50 (1928) S. 347.

[2] Bengtsson, E. u. E. Hulthén: Z. Physik Bd. 52 (1928) S. 275.

antisymmetrisch in den Kernkoordinaten". Die Eigenschaft gerade-ungerade bezog sich auf die Elektronenterme ohne Berücksichtigung der Rotation. Kommt diese hinzu, so ist ein *Rotationsterm* in den Kernkoordinaten *symmetrisch,* wenn seine Eigenfunktion bei Vertauschung der Kerne das Vorzeichen behält, *antisymmetrisch,* wenn sie es wechselt. In den Rotationstermfolgen wechseln symmetrische und antisymmetrische Terme miteinander ab. Bei geraden Elektronentermen sind die positiven Rotationsterme symmetrisch und die negativen antisymmetrisch, bei ungeraden Elektronentermen ist es umgekehrt.

Nach HEISENBERG[1] sind Übergänge zwischen symmetrischen und antisymmetrischen Termen verboten. Dieses Verbot hat sich auch bei Übergängen durch Stöße bewährt, wie aus Versuchen von WOOD und LOOMIS[2] hervorgeht. Sie regten Joddampf mit einem Hg-Bogen so an, daß sie das Rotationsniveau $J = 34$ eines bestimmten Schwingungsquants des ersten angeregten Zustandes herausgriffen. Man erhält dann die auf S. 67 beschriebenen Resonanzlinienzüge. Setzt man dem Joddampf Edelgas zu, so verändert sich das Spektrum, da bei den Zusammenstößen mit den Edelgasen größere oder kleinere Beträge von Rotationsenergie abgegeben werden[3]. Die genaue Analyse zeigt, daß nur Linien auftreten, die von den benachbarten geraden Rotationsniveaus ausgehen, dagegen keine, die von ungeraden J-Werten herrühren. Offenbar sind durch Stöße diese geraden J-Niveaus, die alle gleiche Symmetrie haben, erreicht worden, bevor Ausstrahlung eintrat. Überführung in ungerade J-Niveaus, die entgegengesetzte Symmetrie haben, fand nicht statt. Die Rotationszustände von Molekülen mit gleichen Kernen zerfallen also in zwei vollkommen voneinander getrennte Klassen.

Beim Jodmolekül sind beide Klassen vorhanden. Die symmetrischen Terme sind, wie schon erwähnt, gerade und positiv oder ungerade und negativ; die antisymmetrischen hingegen ungerade und positiv oder gerade und negativ. Die beiden Klassen sind weder durch Lichtabsorption oder -emission noch durch Stöße ineinander überführbar. Das kann nur auf dem Umwege über eine Dissoziation des Moleküls geschehen. Nun kennen wir aber auch Fälle, wie z. B. das auf S. 80 erwähnte He_2 oder das O_2, bei denen

[1] HEISENBERG, W.: Z. Physik Bd. 41 (1927) S. 239.
[2] WOOD, R. W. u. F. L. LOOMIS: Philos. Mag. Bd. 6 (1928) S. 231.
[3] WOOD, R. W. u. J. FRANCK: Physik. Z. Bd. 12 (1911) S. 81.

entweder nur symmetrische oder nur antisymmetrische Terme vorhanden sind. Das heißt, daß entweder die geradzahligen oder die ungeradzahligen Rotationsterme ausfallen müssen, und das bedeutet wiederum das Verschwinden jeder zweiten Linie in den Bandenzweigen. Schließlich gibt es die Möglichkeit, daß in den Termfolgen sowohl geradzahlige wie ungeradzahlige Rotationsniveaus vorhanden sind, daß sie aber verschiedenes statistisches Gewicht haben[1], in den Bandenzweigen somit starke und schwache Linien miteinander abwechseln. Wir werden gleich sehen, daß in allen diesen Fällen die *Gesamt*eigenfunktion des Moleküls entweder nur symmetrisch oder nur antisymmetrisch ist.

Auf S. 80 war bereits kurz erwähnt worden, daß der Intensitätswechsel durch den Eigendrehimpuls der Kerne um ihre eigene Achse bedingt ist. Für einen gegebenen Kern hat die Kernquantenzahl t einen bestimmten Wert, der halb- oder ganzzahlig ist. Der Kernspin ist mit den übrigen Drehimpulsen des Moleküls so gut wie gar nicht gekoppelt, da das mit ihm verbundene magnetische Moment sehr viel kleiner als das der Elektronen ist. Nur bei Molekülen mit *gleichen* Kernen spielt der Kernspin eine wichtige Rolle[2]. Die beiden Kernspins setzen sich zu einem Gesamtspin mit der Quantenzahl T zusammen. Die zu T gehörenden Quantenzustände sind abwechselnd symmetrisch und antisymmetrisch in den Kernspins. Für die symmetrischen Terme gilt $T = 2t,\ 2t - 2,\ 2t - 4, \ldots$ und für die antisymmetrischen $T = 2t - 1,\ 2t - 3, \ldots$ Infolgedessen ist das Gesamtgewicht $\Sigma(2T + 1)$ aller symmetrischen stets größer als das aller antisymmetrischen Zustände. Das Verhältnis der Gewichte $\frac{g_s}{g_a} = \frac{t+1}{t}$ ist am größten für $t = 0$, nämlich ∞ und sinkt mit wachsendem t auf 1 herab. Entsprechend ist der Intensitätswechsel für $t = 0$ am stärksten (die eine Hälfte der Linien fällt aus) und wird mit wachsendem t immer schwächer.

[1] HEISENBERG, W.: Z. Physik Bd. 41 (1927) S. 239. — HUND, F.: Z. Physik Bd. 42 (1927) S. 93.

[2] Auch Moleküle mit ungleichen Kernen besitzen einen Kernspin, doch ist wegen der geringen Koppelung der atomaren Kernspins miteinander und mit den übrigen Drehimpulsen davon nicht viel zu merken. Es ist höchstens eine Hyperfeinstruktur ähnlich wie bei den Atomen zu erwarten. Eine solche scheint von HULTHÉN und HEIMER [Nature, Lond. Bd. 129 (1932) S. 399; HEIMER, A.: Z. Physik Bd. 95 (1935) S. 328] in einem $^1\Sigma - {}^1\Pi$-Übergang des BiH gefunden worden zu sein. Sie würde dem hohen Kernspin des Bi zuzuschreiben sein.

Tabelle 9 in Band I enthält die aus dem Intensitätswechsel bisher gefundenen atomaren Kernspinwerte.

Wir sehen jetzt, wieso es möglich ist, daß bei Molekülen mit gleichen Kernen sowohl geradzahlige wie ungeradzahlige Rotationsniveaus vorhanden sind und daß trotzdem die Gesamteigenfunktion entweder in den Kernen stets symmetrisch oder stets antisymmetrisch ist[1]. Die bisherige Moleküleigenfunktion muß nämlich noch mit der Kernspineigenfunktion ψ_K multipliziert werden[2]. Ist z. B. die so entstehende Gesamteigenfunktion in den Kernen symmetrisch, so werden die symmetrischen Rotationsterme mit symmetrischen Kernspineigenfunktionen kombiniert und die antisymmetrischen Rotationsterme mit antisymmetrischen Kernspineigenfunktionen. Beide Fälle ergeben symmetrische Gesamteigenfunktionen. Da die symmetrischen Kernspinzustände das größere statistische Gewicht haben, haben es in diesem Falle auch die symmetrischen Rotationsterme, die positiv und gerade oder negativ und ungerade sind. Die antisymmetrischen Terme (positive, ungerade oder negative, gerade Terme) haben das kleinere statistische Gewicht. Bei antisymmetrischer Gesamteigenfunktion ist es genau umgekehrt. Die Terme mit dem größeren Gewicht nennt man Orthoterme, die mit dem kleineren Gewicht Paraterme. Ist der Kernspin Null, so existieren hingegen nur die symmetrischen oder nur die antisymmetrischen Zustände und jede zweite Rotationslinie fällt aus.

d) Zusammenwirken von Elektronenbewegung und Schwingung.

α) Schwingung und Dissoziation, Potentialkurven. Wenn wir die Schwingungsenergie eines zweiatomigen Moleküls im Grundzustande dauernd verstärken, so sollte es schließlich möglich sein, das Molekül in seine beiden Atome zu zerlegen. Dieser Prozeß

[1] Je nachdem ob die Gesamteigenfunktion in den Kernen symmetrisch oder antisymmetrisch ist, sagt man, daß die Kerne der Bose-Einstein-Statistik oder der Fermi-Dirac-Statistik gehorchen. Statistisch entsprechen symmetrische Eigenfunktionen einer beliebigen Anhäufung von Teilchen gleicher Energie, antisymmetrische einer Verteilung der Teilchen auf verschiedene Energiezustände. Wir wissen aus dem Pauli-Prinzip, daß z. B. der zweite Fall für die Elektronen gilt.

[2] Die Überlegung entspricht ganz derjenigen auf S. 37, wo wir durch die Hinzufügung der Elektronenspinkoordinate zu den räumlichen Koordinaten den Unterschied zwischen Ortho- und Parhelium erklärt haben.

spielt eine große Rolle, wenn der Chemiker durch Temperatursteigerung eine Dissoziation des Molekülgases herbeiführt (thermische Dissoziation). Durch Lichtabsorption kann ein gleichatomiges Molekül im Grundzustand seine Schwingungsenergie überhaupt nicht verstärken, da es kein elektrisches Moment besitzt und auch keins durch die Schwingung hervorgerufen wird (S. 48). Ein ungleichatomiges Molekül, das als anharmonischer Oszillator aufgefaßt werden kann, kann zwar theoretisch mehr als ein Schwingungsquant absorbieren, doch nimmt die Intensität mit wachsender Änderung der Schwingungsquantenzahl so rasch ab, daß praktisch nur die ersten Oberschwingungen absorbiert werden. Eine stufenweise Absorption bis zur Dissoziation ist zwar denkbar, kann aber praktisch nicht verwirklicht werden.

Nur bei gleichzeitiger Übertragung von Elektronen- und Schwingungsenergie kann durch Lichtabsorption eine Dissoziation in einem Elementarakt hervorgerufen werden. In § 4, c war bei der Betrachtung der Intensitätsverteilung in Bandensystemen auseinandergesetzt worden, wie man diesen Prozeß direkt aus dem Bandenspektrum ablesen kann und unter welchen speziellen Bindungsverhältnissen im Molekül er stattfindet. Die Bindungsverhältnisse kamen in anschaulicher Weise in den Potentialkurven $U(r)$ zum Ausdruck. An dieser Stelle möge etwas über die Konstruktion derartiger Potentialkurven gesagt werden, weil sich ihre Betrachtung für viele Zwecke als nützlich erweist, wie noch aus dem Folgenden hervorgehen wird.

Zu ihrer Konstruktion ist erforderlich die Kenntnis der Schwingungsniveaus und der Umkehrpunkte der Schwingung, d. h. der Kernabstände. Aus dem Nullinien- oder Kantenschema oder der zugehörigen Bandengleichung sind die Schwingungsniveaus zu entnehmen und aus der Feinstruktur einer Bande die Kernabstände. In der Bestimmung dieser zweiten Größen liegt eine Schwierigkeit. Die Kernabstände, die wir aus dem Trägheitsmoment berechnen, sind gemittelte Größen über die betreffende Schwingung, und was wir brauchen, sind die Umkehrpunkte der Schwingung, wobei der äußere Umkehrpunkt stärker von der Gleichgewichtslage abweicht als der innere. (Der rechte Ast der Potentialkurve soll sich für große r-Werte ja asymptotisch der Dissoziationsarbeit nähern.) In der Nachbarschaft der Gleichgewichtslage kann die Kurve recht genau gezeichnet werden. Sie ist dort parabelähnlich, was einer nahezu elastischen Schwingung in unmittelbarer Nähe des

Potentialminimums entspricht. Insbesondere eignet sich der KRATZERsche Ansatz (20) auf S. 41 gut zur Darstellung der Kurve für kleine Schwingungen. Für große Schwingungen stellt er wegen mangelnder Konvergenz keine genügende Näherung dar; er ist auch nicht für homöopolare Moleküle abgeleitet worden und er liefert nicht die richtige Dissoziationswärme D.

Für die Konstruktion einer Potentialkurve aus empirischen Daten hat zuerst OLDENBERG[1] ein graphisches Verfahren angegeben. Er trägt die beobachteten Energiestufen der Schwingung als horizontale Geraden auf und prüft bei jedem einzelnen Schwingungsniveau nach, ob die bis dahin gezeichnete Kurve, die in der Nähe des Minimums parabelähnlich ist, auch mit der BOHRschen Quantenbedingung des nichtharmonischen Oszillators (unter Benutzung halber Quantenzahlen) $\oint \mu\, u\, d\, r = h\left(v+\frac{1}{2}\right)$ übereinstimmt (μ = reduzierte Masse und u = Geschwindigkeit). u erhält er aus der Beziehung $\frac{\mu}{2} u^2$ = Gesamtenergie $U(r)$ — potentielle Energie E_v, die für eine Reihe von r-Werten aus einer annähernd richtigen Potentialkurve abgelesen werden kann. Das Integral kann dann geschrieben werden $\oint \sqrt{2\mu\,(U(r) - E_v)}\, d\, r = h\left(v + \frac{1}{2}\right)$. Sein Wert wird durch Ausplanimetrieren der betreffenden Fläche bestimmt, wobei darauf zu achten ist, daß die Fläche zweimal genommen werden muß, da das Integral über eine geschlossene Kurve gilt, also den Hin- und Hergang der Schwingung umfaßt. Die $U(r)$-Kurve wird dann verändert, bis die genannte Bedingung erfüllt ist. Die Konstruktion wird dabei sukzessive von kleineren zu größeren Schwingungsquanten vorgenommen. Eine nicht unerhebliche Unbestimmtheit des Verfahrens liegt darin, daß die Verteilung der Fläche auf der linken und rechten Seite etwas willkürlich ist trotz der Forderung, daß der rechte Kurvenzweig sich asymptotisch der Dissoziationsarbeit nähern soll. Darum hat RYDBERG auf Vorschlag von HULTHÉN[2] zur Festlegung der Kurve eine zweite Bedingung hinzugenommen, die aus der Betrachtung des Trägheitsmomentes in seiner Abhängigkeit von der Schwingungsquantenzahl v gewonnen wird. Die zu den Kernschwingungen gehörige Schwingungsdauer ist $\tau = \oint \frac{d\,r}{u} = \sqrt{\frac{\mu}{2}} \oint \frac{d\,r}{\sqrt{U(r) - E_v}}$. Multiplizieren wir den Integranden mit $\frac{1}{r^2}$ gemittelt über eine Periode für einen bestimmten v-Wert und setzen wir ω_v für $\frac{1}{\tau}$ ein, wobei $\omega_v = \frac{E_{v+1} - E_{v-1}}{2}$ gerechnet wird, so ergibt sich $\left(\frac{1}{r^2}\right)_v = \omega_v \sqrt{\frac{\mu}{2}} \int \frac{d\,r}{r^2 \sqrt{U(r) - E_v}}$. Trägt man sich jetzt für jeden r-Wert als Ordinate $\frac{1}{r^2\sqrt{U(r) - E_v}}$ auf, so kann das Integral mit Hilfe

[1] OLDENBERG, O.: Z. Physik Bd. 56 (1929) S. 563.

[2] RYDBERG, R.: Z. Physik Bd. 73 (1931) S. 376.

der planimetrierten Kurven berechnet werden. (Da diese gegen ∞ gehen, so ist eine vollständige Planimetrierung der Fläche nicht möglich; die Randteile können rechnerisch berücksichtigt werden.) Die Fläche ist aus den gleichen Gründen wie oben zweimal zu nehmen. $\left(\overline{\frac{1}{r^2}}\right)_v$ wird aus dem B_v-Wert, d. h. aus dem Trägheitsmoment genommen. Die $U(r)$-Kurve wird jetzt so lange verändert, bis die beiden Quantenbedingungen erfüllt sind. Bei dieser Konstruktion wird das Trägheitsmoment für die Rotationsquantenzahl $J = 0$ benutzt. Man erhält noch genauere Kurven, wenn man es auch für höhere Rotationen verwendet. Die Konstruktion solcher Kurven ist von RYDBERG[1] angegeben worden. Die Abb. 35 enthält als Beispiel die Potentialkurven des HgH.

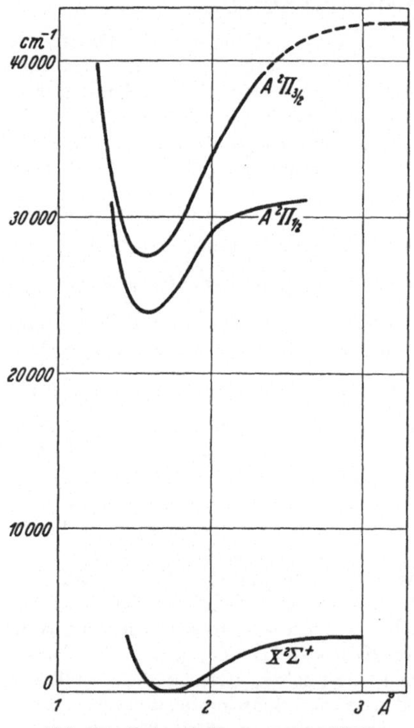

Abb. 35. Potentialkurven des HgH nach RYDBERG.

Die analytische Behandung dieser Betrachtungsweise ist von KLEIN[2] gegeben worden. Die aufgestellten Formeln können manchmal die numerische Berechnung erleichtern.

Nach dem angegebenen Verfahren (doch ohne Berücksichtigung höherer Rotationen) sind von RYDBERG die Potentialkurven für H_2 ($^1\Sigma$), CdH ($^2\Sigma$) und O_2 ($^3\Sigma_u^-$) berechnet worden. Es handelt sich überall um Kurven, für deren Konstruktion ausreichende empirische Daten zur Verfügung stehen. Meistens ist das aber nicht der Fall. Manchmal sind wenige Schwingungsquanten, dafür aber die zugehörigen mittleren Kernabstände gut bekannt, manchmal kennt man zwar eine Reihe von Schwingungsquanten, dafür aber so gut wie keine Kernabstände. Die Dissoziationsarbeiten für die verschiedenen Zustände sind auch nur in wenigen Fällen genau bekannt. Es ist also wichtig, die Möglichkeit einer annähernd richtigen Konstruktion von Potentialkurven zu besitzen, die mit möglichst geringen empirischen Hilfsmitteln auskommt.

Dieses leistet der schon erwähnte Ansatz von MORSE. MORSE hat seinen Ansatz für die potentielle Energie homöopolarer Moleküle so eingerichtet,

[1] RYDBERG, R.: Z. Physik Bd. 80 (1933) S. 514.

[2] KLEIN, O.: Z. Physik Bd. 76 (1932) S. 226.

daß er, in die SCHRÖDINGER-Gleichung eingesetzt, als Eigenwerte die zweikonstantige Formel (19) $E_v = \omega_e\left(v + \frac{1}{2}\right) - \omega_e x_e\left(v + \frac{1}{2}\right)^2$ ergibt. Die Berechtigung dazu entnahm er Überlegungen von BIRGE und SPONER[1] über die Berechnung der Dissoziationsenergie eines Elektronenzustandes (s. auch IV. Kapitel). Lassen sich nämlich die *beobachteten* Schwingungsquanten durch die obige zweikonstantige Formel mit guter Genauigkeit darstellen, so schlossen BIRGE und SPONER auf ihre angenäherte Gültigkeit für *alle* Schwingungsquanten des betreffenden Zustandes und konnten damit die Dissoziationsenergie berechnen. Es kommt dabei darauf an, ob die Zahl der Quanten als endlich oder unendlich anzunehmen ist. Aus dem KRATZERschen Potentialansatz folgt nun allgemein, daß, wenn für große Kernabstände das erste Glied in der Potenzreihe des Potentialgesetzes mit $\frac{1}{r}$ oder $\frac{1}{r^2}$ beginnt, der Maximalbetrag der aufzunehmenden Schwingungsenergie zwar endlich, aber die zugehörige Schwingungsquantenzahl unendlich ist. Das ist bei Ionenmolekülen der Fall, für die der KRATZERsche Ansatz aufgestellt wurde. Beginnt jedoch das Potentialgesetz mit $\frac{1}{r^3}$ oder höheren Potenzen, so werden maximale Schwingungsenergie und Schwingungsquantenzahl endlich. Das Potenzgesetz für Atommoleküle beginnt aber sicher mit einer höheren Potenz als $\frac{1}{r^3}$, so daß eine bestimmte letzte Schwingungszahl zu dem Maximalwert der Schwingungsenergie $E_{v\,\max}$ gehört. Dieses $v_{\max}$ bestimmen wir aus (19), indem wir $\frac{dE}{dv} = \omega_e - 2\,x_e\,\omega_e\left(v_{\max} + \frac{1}{2}\right) = 0$ setzen. Das so ermittelte $v_{\max} = \frac{1}{2\,x_e} - \frac{1}{2}$ wird in (19) eingesetzt, um D_e (in cm^{-1}) zu erhalten[2]:

$$D_e = \omega_e \frac{1}{2\,x_e} - x_e\,\omega_e \frac{1}{(2\,x_e)^2} = \frac{\omega_e^2}{4\,x_e\,\omega_e}. \tag{41}$$

Dieser Wert ist um die Nullpunktsenergie größer als die gewöhnliche gemessene Dissoziationswärme D. Im letzteren Falle ist $D = \frac{\omega_0^2}{4\,x_0\,\omega_0}$, und das ist auch die von BIRGE und SPONER angegebene Formel.

Es hat sich nun gezeigt (s. S. 247), daß die so berechneten Dissoziationsarbeiten zwar in der Regel nur obere Grenzwerte darstellen, weil die Formel (19) offenbar nicht mehr für große v-Werte gilt, daß letztere aber immerhin für einen großen Bereich der Schwingungsquanten eine genäherte Gültigkeit besitzt. Die MORSEsche Funktion sei hier noch einmal angegeben:

$$U(r) = D_e\left(1 - e^{-a(r - r_e)}\right)^2, \text{ wo}$$

$$a = \sqrt{2\,\pi^2\,\mu\,c\,\omega_e^2/h\,D_e} = \sqrt{8\,\pi^2\,\mu\,c\,x_e\,\omega_e/h} = 0{,}2454\,\sqrt{(\omega_e\,x_e\,\mu)}$$

und $D_e = \frac{\omega_e^2}{4\,x_e\,\omega_e}$ ist. (μ = reduzierte Masse.)

[1] BIRGE, R. T. u. H. SPONER: Physic. Rev. Bd. 28 (1926) S. 259.

[2] Die hier verwandte Bezeichnung D_e für die Dissoz.-Wärme ist wohl nicht mit dem Koeffizienten D_e der Term-Potenzreihen (S. 43) zu verwechseln.

Mit Hilfe dieser Formel können wir in der Tat eine vollständige $U(r)$-Kurve zeichnen, sowie ω_e, $x_e\,\omega_e$ oder D_e, sowie r_e empirisch bekannt sind. Es ist aber nötig, sich über die Genauigkeit dieser Darstellung klar zu sein. Die Kurve *kann* nur qualitativ richtig sein, selbst wenn sie nur auf Moleküle angewandt wird, deren *beobachtete* Schwingungsterme sich durch (19) darstellen lassen. Sie ist ziemlich korrekt in der Nachbarschaft der Gleichgewichtslage, wenn zuverlässige Werte von r_e und ω_e benutzt werden. Sie ist fernerhin korrekt für $r = \infty$, wenn D_e genau bekannt ist und möglichst nicht aus $x_e\omega_e$ berechnet wird. Für die zwischen der Gleichgewichtslage und $r = \infty$ liegenden r-Werte hingegen stellt die Kurve nur eine plausible Interpolation dar, und zwar wird im allgemeinen die Anharmonizität nicht richtig wiedergegeben, da sie in die Rechnung nur durch $D_e = \frac{\omega_e^2}{4\,x_e\,\omega_e}$ eingeht. Dieser Ansatz ist aber, wie schon bemerkt, nur näherungsweise richtig. Benutzt man die tatsächliche Dissoziationswärme, die etwa anderweitig genau bestimmt sein möge, so wird $x_e\omega_e$ etwas falsch. Für Werte $< r_e$ (Abstoßungsast) ist die MORSEsche Darstellung eine plausible Extrapolation. Für $r = 0$ ist sie nicht brauchbar, doch ist das praktisch nicht wichtig.

Trotz der approximativen Gültigkeit hat sich diese Darstellung als außerordentlich nützlich erwiesen. Ihr großer Vorteil ist, daß man mit der Benutzung weniger Daten (r_e, ω_e, D_e) auskommt. Zur Verbesserung der Genauigkeit der Kurven kann man sie, falls genügend empirische Werte für Schwingungsquanten und mittlere Kernabstände vorliegen, nach dem beschriebenen graphischen Verfahren von OLDENBERG und RYDBERG korrigieren.

RYDBERG hat statt der MORSE-Funktion einen etwas anderen Potentialansatz benutzt, nämlich $U(r) = D_e\left\{1 + (a\,x + 1)\,e^{-a\,x}\right\}$, der für die schon erwähnten drei Moleküle H_2, CdH und O_2 bessere Übereinstimmung mit seinen graphisch konstruierten Kurven gab als die MORSE-Funktion[1]. Allerdings gibt sein Ansatz, in die SCHRÖDINGER-Gleichung eingesetzt, keinen geschlossenen Ausdruck für die Energiewerte des Oszillators.

Eine bessere Annäherung als die MORSE-Funktion sie geben kann, erreicht LOTMAR[2] dadurch, daß er statt der zweikonstantigen Formel von MORSE (D_e und a) einen Ansatz mit 3 Konstanten benutzt. Dadurch ist es nämlich möglich, auch die Abhängigkeit des Trägheitsmomentes von der Schwingungsquantenzahl zu berücksichtigen, wie dies HULTHÉN und RYDBERG für ihr graphisches Näherungsverfahren getan haben. Diese Abhängigkeit geht allgemein derart in den Potentialansatz ein, daß die dritte Ableitung im Minimum $U'''(r_e)$ so bestimmt wird, daß sie dort die richtige Asymmetrie der Kurve gibt. (Die dritte Ableitung ist ja maßgebend für die Abweichung von der symmetrischen Gestalt.) Die Asymmetrie wird nun wesentlich durch die Abhängigkeit des mittleren Kernabstandes und damit des Trägheitsmomentes von der Schwingungsquantenzahl bestimmt.

---

[1] Von H. BEUTLER und K. MIE [Naturwiss. Bd. 22 (1934) S. 419] wird die zweikonstantige Funktion $U(r) = D_e\left(1 - e^{\varepsilon(r - r_e)}\right)$ vorgeschlagen, die auch rein empirisch ist und bisher an wenig Material geprüft wurde.

[2] LOTMAR, W.: Z. Physik Bd. 93 (1935) S. 528.

Geeignete Ansätze mit drei Konstanten sind schon früher angegeben worden, z. B. derjenige von ROSEN und MORSE[1]

$$U(r) = A\,\mathfrak{Tg}\left(\frac{r-r_e}{d}\right) - C\,\frac{1}{\mathfrak{Cos}^2\left(\frac{r-r_e}{d}\right)}$$

und derjenige von PÖSCHL und TELLER[2]:

$$U(r) = \left[\frac{M}{\mathfrak{Sin}^2\left(\frac{r-r_e}{d}\right)} - \frac{N}{\mathfrak{Cos}^2\left(\frac{r-r_e}{d}\right)}\right].$$

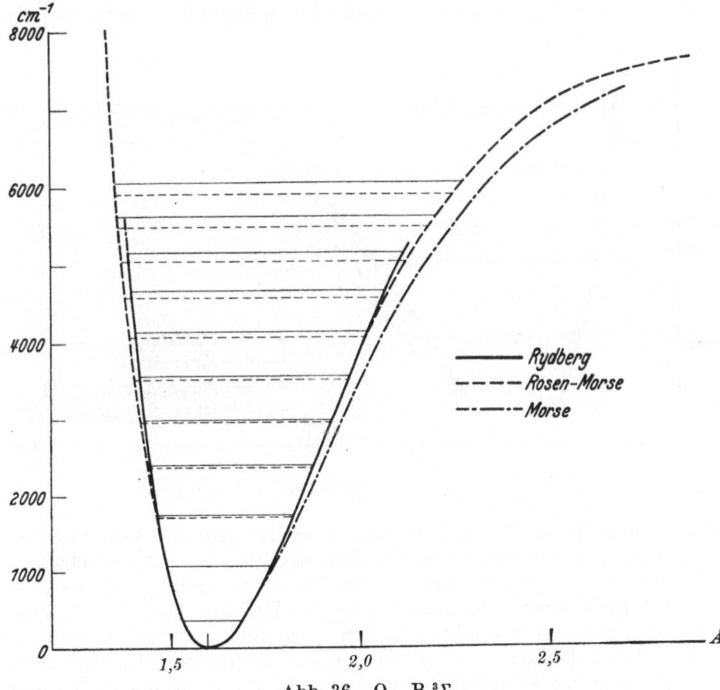

Abb. 36. O_2, B $^3\Sigma$.

Die Beziehung, aus welcher $U'''(r_e)$ bestimmt wird, ist von DAVIDSON[3, 2] angegeben worden und lautet

$$\frac{\alpha}{B_e} + \frac{6\,B_e}{\omega_e} = \sqrt{2\,B_e}\cdot\frac{U'''(r_e)}{[U''(r_e)]^{3/2}}\,.$$

[1] ROSEN, N. u. P. M. MORSE: Physic. Rev. Bd. 42 (1932) S. 210; siehe auch einen weiteren Potentialsatz bei M. F. MANNING und N. ROSEN: Physic. Rev. Bd. 44 (1933) S. 953.

[2] PÖSCHL, G. u. E. TELLER: Z. Physik Bd. 83 (1933) S. 143; Berichtigung dazu P. M. DAVIDSON: Z. Physik Bd. 87 (1934) S. 364.

[3] DAVIDSON, P. M.: Proc. Roy. Soc., Lond. A Bd. 135 (1932) S. 459.

Darin ist α gegeben durch: $B_v = B_e - \alpha\left(v + \frac{1}{2}\right)$. α ist bei vielen Molekülen merklich konstant und kann aus der Analyse des Bandenspektrums entnommen werden.

Die beiden Ansätze von ROSEN-MORSE und PÖSCHL-TELLER ergänzen sich insofern, als beim ersten die Asymmetrie der Kurve stets kleiner, beim zweiten stets größer ist als bei der einfachen MORSEschen Kurve. Da die Asymmetrie der MORSEschen Kurve erfahrungsgemäß bei den meisten Molekülen zu groß ausfällt, eignet sich danach besonders der erste Ansatz zur besseren Darstellung der Potentialkurven. LOTMAR hat nach diesem Ansatz dieselben Beispiele gezeichnet, welche auch von RYDBERG graphisch ermittelt

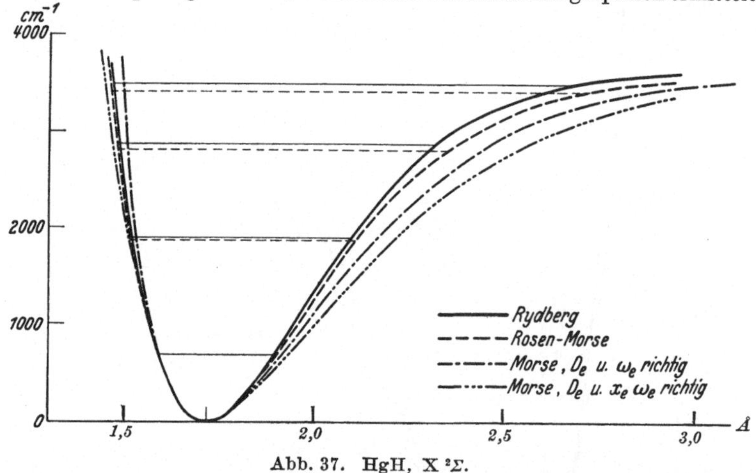

Abb. 37. HgH, $X\,^2\Sigma$.

wurden. Abb. 36 und 37 zeigen, daß die neuen Kurven wesentlich besser mit den RYDBERGschen übereinstimmen als die alten MORSEschen.

Dieser neue Ansatz ist zwar offenbar viel leistungsfähiger als der MORSEsche; er fordert aber andererseits außer der Kenntnis von D_e, ω_e und B_e noch diejenige von α und gibt außerdem wesentlich mehr zu rechnen als die einfache MORSE-Funktion. Wenn es sich also darum handelt, einen raschen Überblick über die Verhältnisse zu gewinnen, wird man die letztere immer vorziehen. Die Überlegenheit des RYDBERGschen Verfahrens beruht andererseits darauf, daß es auch noch berücksichtigt, daß α bei größeren v-Werten keine Konstante mehr ist. Ferner kann es Moleküle mit beliebigem Verlauf der Schwingungsquanten darstellen. Dieses Verfahren kann aber jeweils nur soweit angewendet werden, als die Schwingungsquanten bekannt sind, während der Ansatz von ROSEN-MORSE ebenso wie der alte MORSEsche zur Darstellung der Kurve nur Daten benötigt, die sich auf die niedrigsten Schwingungszustände beziehen[1].

[1] Anmerkung bei der Korrektur: Über einen sehr anwendungsfähigen allgemeinen Ansatz für eine Potentialfunktion s. E. A. HYLLERAAS: Z. Physik Bd. 96 (1935) S. 643, 661.

β) **Prädissoziation**[1]. 1. Erscheinung der Prädissoziation und ihre Deutung. HENRI[2] fand bei vielen von ihm und seinen Mitarbeitern untersuchten Molekülspektren eine Reihe von Absorptionsbanden, die zunächst, von langen Wellen kommend, eine normale Bandenstruktur aufweisen. Von einer gewissen Stelle an beginnen diese diskreten Banden diffus zu werden, ihre Feinstruktur verschwindet nahezu oder ganz und die einzelnen Banden bekommen das Aussehen von schmalen kontinuierlichen Spektren. HENRI nahm an, daß die diffusen Banden einem bereits aufgelockerten Zustand vor der Dissoziation angehören. Daher nannte er die Erscheinung Prädissoziation.

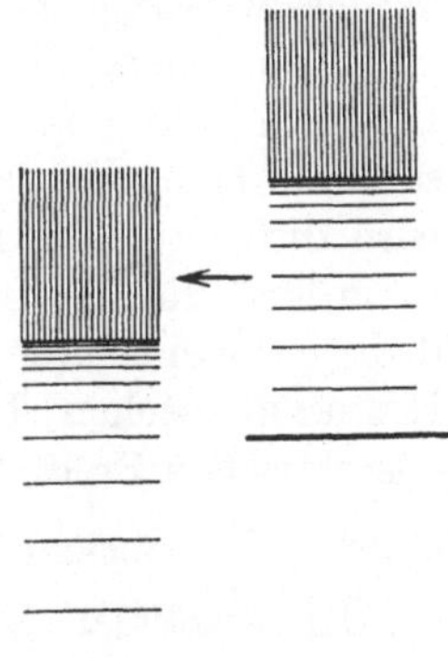
Abb. 38. Zur Entstehung der Prädissoziation.

Die Prädissoziation wird heute allgemein aufgefaßt als ein quantenmechanischer Effekt und ist als solcher zuerst von BONHOEFFER und FARKAS[3] einerseits und von DE KRONIG[4] andererseits erkannt worden. Sie ist eine Art AUGER-Effekt. Unter einem AUGER-Effekt versteht man folgendes: Liegen, wie in Abb. 38, diskrete Energiezustände eines atomaren Systems energetisch gleich hoch mit einem Kontinuum, so besteht eine Resonanz zwischen einem diskreten und einem kontinuierlichen Zustand. Sie bewirkt ein Pendeln des Systems zwischen den zwei energetisch gleichen Zuständen, wobei ein Übergang in das Kontinuum einem Zerfall gleichkommt. Beim Atom bedeutet das die Abionisierung eines Elektrons, d. h. eine Art Photoeffekt. Während aber beim gewöhnlichen Photoeffekt das Elektron in einem Elementarakt vom Atom entfernt wird und nicht wieder unter Fluoreszenzstrahlung in den Grundzustand zurückkehren kann, wird bei dem betrachteten Prozeß das Elektron zuerst in einen diskreten Zustand gebracht. Von diesem kann das Atom unter Strahlung in den Normalzustand oder einen anderen tieferen Zustand zurückkehren *oder* strahlungslos in den kontinuierlichen

[1] Siehe hierzu auch den zusammenfassenden Bericht von G. HERZBERG: Erg. exakt. Naturwiss. Bd. 10 (1931) S. 207.

[2] HENRI, V. u. M. C. TEVES: Nature Lond. Bd. 114 (1924) S. 894; C. R. Acad. Sci., Paris Bd. 179 (1924) S. 1156. — HENRI, V.: Structure des Molécules, 1925.

[3] BONHOEFFER, K. F. u. L. FARKAS: Z. physik. Chem. Bd. 134 (1927) S. 337.

[4] KRONIG, R. DE L.: Z. Physik Bd. 50 (1928) S. 347.

Zustand übergehen. Der strahlungslose Zerfall erfolgt in den von AUGER[1] untersuchten Atomen hoher Ordnungszahl, die mit Röntgenstrahlen angeregt wurden, so, daß das angeregte Elektron seine Energie einem anderen schwächer gebundenen übergibt und dieses letztere dann abionisiert wird.

Beim He führt die Resonanzwirkung zwischen zwei diskreten Zuständen gleicher Energie zu einer Aufspaltung der Terme (s. S. 35). Beim AUGER-Effekt handelt es sich nicht um eine Wechselwirkung zwischen zwei diskreten Zuständen, sondern zwischen einem diskreten und einem kontinuierlichen Zustand. Infolgedessen findet keine Aufspaltung des diskreten Terms, sondern eine Verbreiterung statt, d. h. das betreffende Niveau wird diffus[2,3]. Die Breite des diffusen Niveaus ist um so größer, je größer die Wahrscheinlichkeit eines strahlungslosen Zerfalls, d. h. je kleiner die Lebensdauer des Zustandes ist. Nach der HEISENBERGschen Ungenauigkeitsrelation besteht zwischen der energetischen Breite b eines Zustandes und seiner mittleren Lebensdauer τ die Beziehung $b\,\tau = \frac{h}{2\pi}$.

Bei Molekülen ist nun sehr häufig ein diskretes Termsystem von einem kontinuierlichen überlagert; liegen doch z. B. meistens alle oder viele Schwingungsniveaus der angeregten Elektronenzustände höher als die Dissoziationswärme des Grundzustandes, d. h. sie sind von dem kontinuierlichen Spektrum überlagert, das sich an die Folge der Grundschwingungsquanten anschließt. Die Möglichkeit, aus einem diskreten Zustand in einen dissoziierten strahlungslos überzugehen, sehen BONHOEFFER und FARKAS, sowie KRONIG als Ursache für die Erscheinung der Prädissoziation an.

KRONIG hat dabei gezeigt, daß bei Erfüllung gewisser Bedingungen, auf die unter 2. eingegangen werden wird, die mittlere Lebensdauer tatsächlich kleiner sein kann als die Rotationsperiode des Moleküls. Dann verwischen sich die einzelnen Rotations-

---

[1] AUGER, P.: L'effet photoélectrique composé. Thèse Paris, 1926.

[2] FUES, E.: Z. Physik Bd. 43 (1927) S. 726. — WENTZEL, G.: Physik. Z. Bd. 29 (1928) S. 321. — Die genaue quantenmechanische Theorie des Vorganges wurde entwickelt von O. K. RICE: Physic. Rev. Bd. 33 (1929) S. 748; Bd. 34 (1929) S. 1451; Bd. 35 (1930) S. 1538 und 1551; J. Chem. Physics Bd. 1 (1933) S. 375 und LANCZOS, C.: Z. Physik Bd. 68 (1931) S. 204.

[3] Auch wenn zwischen dem diskreten und dem kontinuierlichen Zustand ein Potentialberg liegt, erlischt die Resonanzwirkung nicht völlig, sondern es bleibt eine gewisse Wahrscheinlichkeit für den Übergang bestehen (s. S. 113).

linien und die Banden sehen diffus aus[1]. Die Erscheinung sollte an der Stelle einsetzen, wo die *Absorptions*banden das Kontinuum des andern Zustandes zu überlagern beginnen. In *Emission* sollte man dann von dieser Stelle an eine Schwächung bzw. ein Aufhören der Fluoreszenzstrahlung beobachten, denn außer Ausstrahlung ist ja ein strahlungsloser Zerfall möglich. Die Abnahme der Fluoreszenzintensität ist in Wirklichkeit schon bemerkbar, bevor am Absorptionsspektrum eine Diffusität der Banden zu erkennen ist. Die verminderte Fluoreszenzhelligkeit ist nämlich schon nachweisbar, wenn die Zerfallswahrscheinlichkeit von der gleichen Größenordnung ist wie die der Strahlung, die Diffusität der Absorptionsbanden aber erst, wenn sie viel größer ist[2]. Bei beobachteter starker Diffusität fehlen die entsprechenden Emissionsbanden praktisch ganz, denn das Molekül ist in der Regel zerfallen, bevor es zur Ausstrahlung kommt. Das war auch die Schlußfolgerung von BONHOEFFER und FARKAS, die die diffusen Absorptionsbanden von NH_3 nicht in Emission erhalten konnten. Sie wiesen außerdem auch bei sehr kleinen Drucken (0,001 mm) photochemische Zersetzung des NH_3 bei Bestrahlung mit Wellenlängen aus den Absorptionsbanden nach.

2. Häufigkeit der Prädissoziation. Nach den bisherigen Ausführungen würde man Prädissoziation als häufig auftretenden Prozeß erwarten, während sie in Wirklichkeit relativ selten beobachtet wird. Das liegt daran, daß für ihr Zustandekommen eine Reihe von Bedingungen erfüllt sein müssen. Erstens gelten dafür gewisse Auswahlregeln, und zweitens müssen auch strahlungslose Übergänge dem FRANCK-CONDONschen Prinzip genügen, nach dem während des Überganges merkliche Kernabstandsänderungen und merkliche Änderungen der Relativgeschwindigkeit der Kerne nicht vorkommen.

Die für die Prädissoziation geltenden Auswahlregeln, die KRONIG[3] aufgestellt hat, sind folgende:

---

[1] Schon M. BORN und J. FRANCK [Z. Physik Bd. 31 (1925) S. 411] hatten das Verschwinden der Rotationsquantelung mit einer geringen Lebensdauer im angeregten Zustand und nachfolgendem strahlungslosen Zerfall in Zusammenhang gebracht, ohne damals den Grund für den Zerfall angeben zu können.

[2] Die Dopplerverbreiterung beträgt allein das 10—100fache der natürlichen Linienbreite. Die Wahrscheinlichkeit des strahlungslosen Zerfalls muß also mindestens 10—100mal größer sein als die Ausstrahlwahrscheinlichkeit, um Verbreiterung infolge Prädissoziation zu ergeben.

[3] KRONIG, R. DE L.: Z. Physik Bd. 50 (1928) S. 347; Bd. 62 (1930) S. 300.

1. Beim strahlungslosen Übergang tritt keine Änderung des Gesamtdrehimpulses ein.

2. Strahlungslose Übergänge finden wie strahlende Übergänge zwischen Zuständen gleicher Multiplizität statt (gilt nicht mehr bei großer Multiplettaufspaltung).

3. Bei einem strahlungslosen Übergang ändert sich Λ um 0 oder ± 1.

4. Strahlungslose Übergänge treten nur zwischen zwei positiven oder zwischen zwei negativen Termen auf.

5. Bei gleichen Kernen sind beide Terme entweder symmetrisch oder antisymmetrisch in den Kernen.

Aus einer näheren Betrachtung dieser Kombinationsregeln hat HERZBERG[1] gesehen, daß bei Molekülen mit gleichen Kernen keine

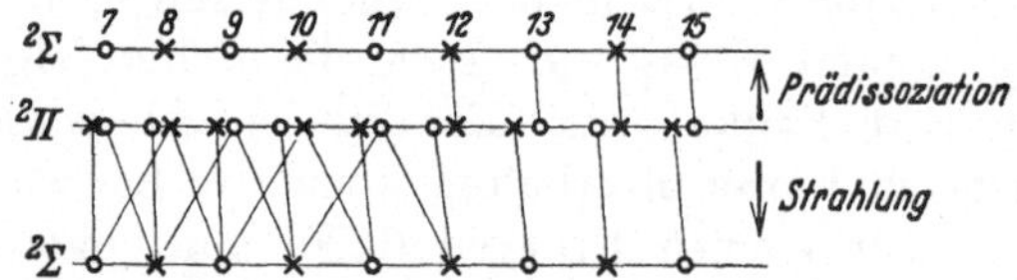

Abb. 39. Prädissoziation in der MgH-Bande bei 2430 Å. (Die Zahlen bedeuten K-Werte, d. h. den Gesamtdrehimpuls J, abgesehen vom Spin.)

Terme ineinander strahlungslos übergehen können, die unter Emission oder Absorption von Strahlung miteinander kombinieren.

Als Beispiel für die Richtigkeit der KRONIGschen Auswahlregeln sei die von PEARSE[2] untersuchte MgH-Bande bei 2430 Å erwähnt, die einen $^2\Pi$—$^2\Sigma$-Übergang darstellt. Die P- und R-Zweige brechen bei der Rotationsquantenzahl $J = 11$ plötzlich ab, während der Q-Zweig mit normaler Intensität weiterläuft. Nach KRONIG prädissoziiert der obere $^2\Pi$-Term in einen instabilen $^2\Sigma$-Term, dessen Konvergenzgrenze bei $J = 11$ des $^2\Pi$-Terms liegt. In dem $^2\Pi$-Term ist jedes Rotationsniveau infolge Λ-Verdopplung zweifach. Die P- und R-Linien gehen stets von dem einen der Teilniveaus, die Q-Linien von dem andern Teilniveau aus. Die positiven und negativen Terme sind in der Abb. 39 durch Kreise und Kreuze unterschieden. Wegen der Auswahlregeln 1 und 4 kann immer nur das eine Teilniveau prädissoziieren (auch in dem störenden $^2\Sigma$-Zustand sind die Rotationsterme abwechselnd positiv und negativ, obwohl die Schwingungsenergie schon kontinuierlich ist), und

[1] HERZBERG, G.: Erg. exakt. Naturwiss. Bd. 10 (1931) S. 207.

[2] PEARSE, R. W. B.: Proc. Roy. Soc., Lond. Bd. 122 (1929) S. 442.

das ist immer der obere Term im P- und R-Zweig. Für den Q-Zweig besteht hingegen kein Anlaß zur Prädissoziation.

Trotz Erfüllung der KRONIGschen Auswahlregeln bleiben eine Reihe von Beispielen übrig, in denen Prädissoziation auftreten sollte, aber nicht beobachtet ist. Diese Fälle werden verständlich,

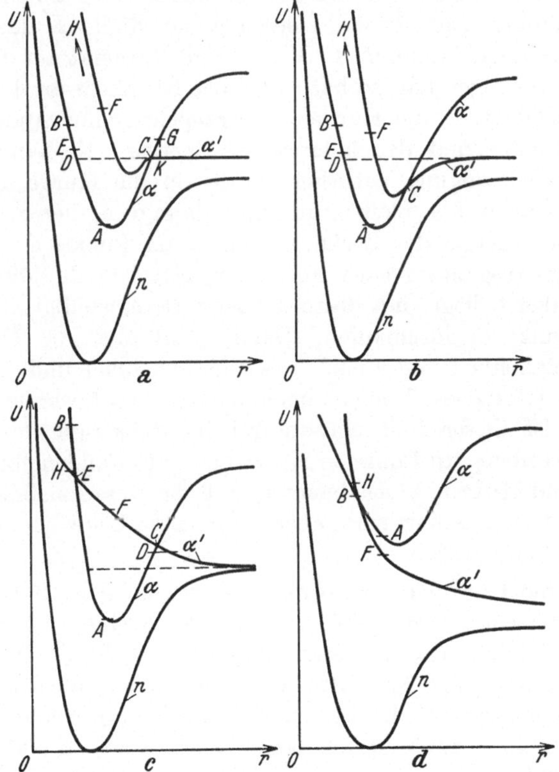

Abb. 40. Verschiedene Lagen von Potentialkurven, für die Prädissoziation möglich ist. (Nach HERZBERG.)

wenn man noch das FRANCKsche Prinzip zu Hilfe nimmt[1]. An Hand der Abb. 40 mögen die Verhältnisse näher erläutert werden. Betrachten wir zuerst Abb. 40a.

n sei die Potentialkurve des Grundzustandes, α und α' diejenigen zweier angeregter Zustände. In Absorption finden vom schwin-

[1] FRANCK, J. u. H. SPONER: Gött. Nachr. 1928 S. 241. — HERZBERG, G.: Z. Physik Bd. 61 (1930) S. 604.

gungslosen Grundzustand Übergänge ins Gebiet von etwa A bis B der Kurve α und von etwa F bis H der Kurve α' statt. Dem letzten Übergang entspricht kontinuierliche Absorption, dem ersten ein Absorptionsbandenspektrum, dessen Feinstruktur wir beobachten werden, so lange das obere Niveau unterhalb von D liegt. Von hier ab werden die Übergänge unscharfe Banden ergeben. Wenn nämlich nach einem Übergang zur Stelle E das Molekül von E durch das Minimum z. B. zum Umkehrpunkt auf der andern Seite geschwungen hat, so hat es bei der Rückkehr an der Stelle C die Möglichkeit, in die Kurve α' überzugehen ohne Änderung des Kernabstandes und der kinetischen Energie. Es kann bei der nächsten Schwingung natürlich wieder in die Kurve α geraten, kann aber auch in α' bleiben und muß dann dissoziieren, wobei die kinetische Energie der Zerfallsprodukte am Punkte C durch die Höhe des Ausgangsniveaus auf α gegeben ist. Je höher dieses Niveau über C liegt, mit desto größerer Geschwindigkeit wird der Schnittpunkt C durchlaufen. Damit muß aber die Übergangswahrscheinlichkeit von α nach α' wieder abnehmen und die Banden sollten bei kürzeren Wellenlängen wieder scharf werden. In Absorption ist dieser Fall einwandfrei im Spektrum des S_2 festgestellt worden[1]. In Emission ist bei den CaH-Banden von GRUNDSTRÖM und HULTHÉN[2] beobachtet, daß die Rotationslinien an der Abbruchstelle unscharf sind, aber bei höheren Schwingungsniveaus wieder scharf werden.

Für eine Lage der Potentialkurven wie in Abb. 40 b gilt, daß das Wiederscharfwerden der Banden um so eher eintreten muß, je tiefer C unterhalb der Horizontalen von α' liegt. Die Schwingungsniveaus in der Nähe des Schnittpunktes können infolge der nahen Nachbarschaft der beiden Potentialkurven α und α' gestört sein, d. h. eine etwas verschobene Lage haben. Prädissoziation setzt in Abb. 40 a und b erst genau an der Stelle ein, die der energetischen Höhe der Asymptote von α' entspricht. Es ist daher leicht einzusehen, daß aus einem derartigen jähen Einsetzen genaue Werte für die Dissoziationswärmen entnommen werden können,

[1] Daß er nicht öfters beobachtet wurde, liegt wahrscheinlich daran [s. HERZBERG, G.: Z. Physik Bd. 61 (1930) S. 604], daß bei kürzeren Wellen sich das dem direkten Übergang $n \to \alpha'$ entsprechende Kontinuum überlagert und außerdem nach dem FRANCKschen Prinzip auch die Absorptionswahrscheinlichkeit $n \to \alpha$ nach dem Punkte B hin abnimmt.

[2] GRUNDSTRÖM, B. u. E. HULTHÉN: Nature, Lond. Bd. 125 (1930) S. 634.

falls die Anregungsenergien der entstehenden Atome bekannt sind[1].

Hat die Kurve α' kein Potentialminimum, d. h. ist sie eine Abstoßungskurve (Abb. 40c), dann erfolgt an der Stelle des Diffuswerdens, die hier oberhalb der Asymptote von α' liegt, eine Dissoziation, bei der sich die Atome mit mehr oder weniger kinetischer Energie trennen. Aus solchen Prädissoziationsstellen berechnete Dissoziationswärmen stellen daher, wie HERZBERG[2] zuerst betont hat, nur obere Grenzen dar. Aus dem Spektrum ist dieser Fall direkt abzulesen, da hier das Einsetzen der Diffusität kein jähes sein wird, worauf TURNER[3] aufmerksam gemacht hat. Es können nämlich schon etwas unterhalb des Schnittpunktes C Übergänge von α nach α' stattfinden. Nach den KRONIGschen Auswahlregeln sind sie erlaubt, sollten jedoch nach dem FRANCKschen Prinzip verboten sein. Dieses gilt aber nicht vollkommen streng (S. 75), sondern nach der Quantenmechanik besteht immer eine endliche Wahrscheinlichkeit dafür, den Potentialhügel zu durchschreiten, der z. B. den Zustand D der Kurve α von einem gleicher Energie auf der Kurve α' trennt. Diese Wahrscheinlichkeit wächst, je näher wir an den Schnittpunkt C kommen. Das Diffuswerden der Banden setzt dementsprechend allmählich ein[4]. Der Übergang nimmt bei zweiatomigen Molekülen in der Regel nicht mehr als die Breite von einer oder zwei Banden in Anspruch. Bei mehratomigen Molekülen erstreckt er sich häufig über mehr als 100 Å. Darauf wird im Abschnitt B besonders eingegangen werden.

Wird die Potentialkurve α von der Kurve α' zweimal geschnitten, so müssen wir in der gleichen Bandenserie zwei Prädissoziationsstellen beobachten können. Wahrscheinlich liegt ein solcher Fall im S_2 vor[5].

---

[1] Allerdings muß dabei noch folgendes berücksichtigt werden. Selbst wenn der untere Zustand der schwingungslose Grundzustand ist, entspricht die letzte beobachtete Feinstrukturlinie nur einem Übergang $\Delta J = 0$ oder ± 1. Es ist also zu der Abbruchstelle unter Umständen noch die entsprechende Zahl von Rotationsquanten zu addieren.

[2] HERZBERG, G.: Z. Physik Bd. 61 (1930) S. 604. — Z. physik. Chem. Abt. B Bd. 10 (1930) S. 189.

[3] TURNER, L. A.: Z. Physik Bd. 68 (1931) S. 178.

[4] Siehe hierzu auch HERZBERG G.: Ann. Physik Bd. 15 (1932) S. 701.

[5] CHRISTY, A. u. S. M. NAUDÉ: Physic. Rev. Bd. 37 (1931) S. 903.

Eine Lage der Potentialkurven wie in Abb. 40d, bei der α' die Kurve α auf der linken Seite ihres Minimums schneidet, ist bei zweiatomigen Molekülen noch nicht beobachtet worden. In diesem Fall muß das Kontinuum, das dem direkten Übergang $n \rightarrow \alpha'$ entspricht, langwelliger sein als die diskreten Absorptionsbanden des Überganges $n \rightarrow \alpha$.

3. Beispiele. Ein sehr gutes Beispiel für ein Prädissoziationsspektrum finden wir beim Schwefel. Im Schwefeldampf sind Banden zwischen 8000 Å und 2300 Å gemessen worden[1]. Von diesen gehören die kurzwelligeren sicher dem S_2 an. Zuerst beobachteten HENRI und TEVES[2] zwischen 3700 Å und 2794 Å Banden mit Rotationsstruktur, zwischen 2794 Å und etwa 2600 Å Banden mit verwischter Rotationsstruktur, und zwischen 2600 Å und 2475 Å breite kontinuierliche Absorptionsbänder. CHRISTY und NAUDÉ[3] nehmen an, daß die diskreten Banden zwischen 3300 Å und 2400 Å zwei Elektronensystemen angehören. Über die oberhalb 3300 Å liegenden Banden kann noch nichts Sicheres gesagt werden[4]. Das Hauptsystem gehört nach CHRISTY und NAUDÉ, wie die ultravioletten Absorptionsbanden des Sauerstoffs, einem ${}^3\Sigma_u^- - {}^3\Sigma_g^-$-Übergang an. Die Banden mit $v' < 10$ sind scharf, bei $v' = 10$ (2799,1 Å ist die letzte scharfe Bande) setzt plötzliche Unschärfe ein. Mit höheren Schwingungsquanten werden die Banden allmählich wieder schärfer, wie es nach den Überlegungen von FRANCK und SPONER zu erwarten ist. Eine zweite Prädissoziationsstelle im gleichen Bandensystem ist bei 2615 Å beobachtet; die hierdurch bedingte Unschärfe ist viel ausgeprägter als im ersten Falle. Außerdem ist an dieser Stelle ein kontinuierliches Spektrum überlagert. HERZBERG[5] vermutete als Ursache der beiden Prädissoziationsstellen ein zweimaliges Schneiden einer Abstoßungskurve wie in Abb. 40c. Damit erklärt sich das kontinuierliche Spektrum als herrührend von dem direkten Übergang in die Kurve α'. CHRISTY und NAUDÉ schließen sich der HERZBERGschen Erklärung

[1] Lit. bei CHRISTY, A. u. S. M. NAUDÉ: Physic. Rev. Bd. 37 (1931) S. 903.

[2] HENRI, V. u. M. C. TEVES: Nature, Lond. Bd. 114 (1924) S. 894. — C. R. Acad. Sci., Paris Bd. 179 (1924) S. 1156. — HENRI, V.: Leipzig. Vortr. 1931 S. 148.

[3] CHRISTY, A. u. S. M. NAUDÉ: Physic. Rev. Bd. 37 (1931) S. 490, 903.

[4] ROSEN, B.: Z. Physik Bd. 43 (1927) S. 106; Bd. 48 (1928) S. 545. — HENRI, V.: Leipzig. Vortr. 1931 S. 150.

[5] HERZBERG, G.: Z. Physik Bd. 61 (1930) S. 604.

an, nachdem sie festgestellt haben, daß nach den KRONIGschen Auswahlregeln der obere $^3\Sigma_u^-$-Term der S_2-Banden nur in den sich aus normalen Atomen ergebenden $^3\Pi_u$-Term strahlungslos übergehen kann[1]. Die größere Diffusität beim zweiten Schnittpunkt (linker Schnittpunkt der Kurven α und α') ist nach den Ausführungen des vorigen Abschnitts verständlich, da hier zum Übergang von α nach α' kleine Kernabstandsänderungen in dem ganzen Bereich um den Schnittpunkt herum nötig sind.

In Emission haben VAN IDDEKINGE[2], NAUDÉ und CHRISTY und HUBER[3] diejenigen Übergänge nicht erhalten, die von den in Absorption diffusen Niveaus ausgehen sollten, wie es theoretisch nach dem Gesagten verständlich ist.

Im übrigen sind in den Schwefelbanden zahlreiche Störungen beobachtet, die auf starken Unregelmäßigkeiten der Schwingungsquantenfolge des oberen Terms beruhen.

Auch im SO-Molekül ist das entsprechende Spektrum als $^3\Sigma$ — $^3\Sigma$-Übergang gedeutet worden. Es sind die ultravioletten Emissionsbanden des SO, die zuerst von LOWATER 1906 beobachtet und später genauer von JOHNSON, CAMERON und vor allem von HENRI und WOLFF[4] untersucht wurden. Ihre Feinstruktur haben MARTIN und JENKINS[5] analysiert. Die Rotationslinien brechen in der Bande $v' = 0$ bei $K' = 66$ plötzlich ab, in der Bande $v' = 1$ bei $K' = 52$; die Bandenserie $v' = 3$ ist bereits ganz kurz und Übergänge mit $v' > 3$ sind überhaupt nicht beobachtet[6]. Die Kurve des störenden Terms ist in Abb. 41a nach MARTIN eingezeichnet. Danach entspricht der linke Schnittpunkt der

[1] HERZBERG [Erg. exakt. Naturwiss. Bd. 10 (1931) S. 207] hat allerdings später darauf aufmerksam gemacht, daß bei S_2 eine erhebliche Multiplettaufspaltung vorliegen könnte, die eine Durchbrechung der Auswahlregel 2 (S. 110) gestatten würde. Dann könnte die erste schwächere Prädissoziationsstelle durch einen anderen als den $^3\Pi_u$-Term veranlaßt sein und die zweite stärkere durch den mit den Auswahlregeln in Übereinstimmung stehenden $^3\Pi_u$-Term.

[2] IDDEKINGE, H. H. VAN: Nature, Lond. Bd. 125 (1930) S. 858.

[3] HUBER, P.: Physic. Rev. Bd. 37 (1931) S. 471.

[4] HENRI, V. u. F. WOLFF: J. Physique et le Rad. Bd. 10 (1931) S. 81.

[5] MARTIN, E. V. u. F. A. JENKINS: Physic. Rev. Bd. 39 (1932) S. 549. — MARTIN, E. V.: Physic. Rev. Bd. 41 (1932) S. 167.

[6] Auf die Erscheinung, daß das Abbrechen in den einzelnen Schwingungsfolgen bei energetisch verschieden hoch liegenden Rotationszuständen erfolgt, kommen wir unter ε) noch zu sprechen.

beobachteten Prädissoziation (im S_2-Spektrum entspricht ihm die zweite Prädissoziationsstelle bei 2615 Å).

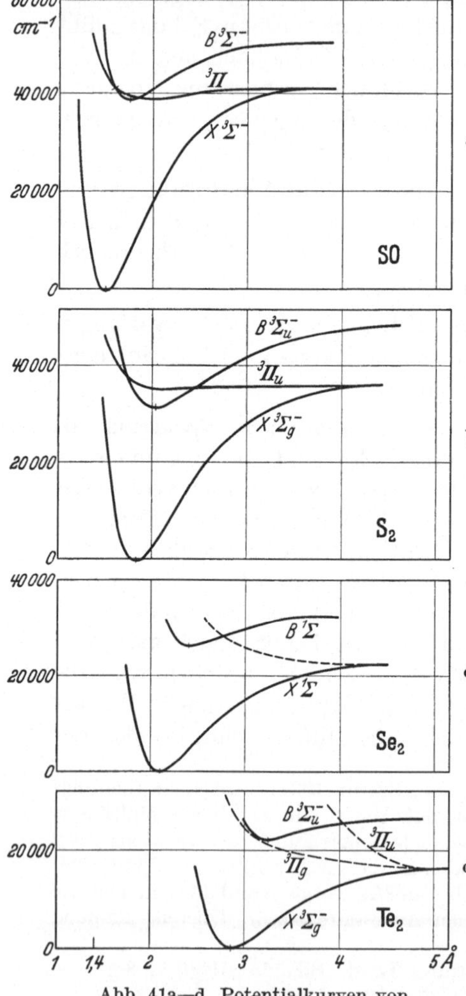

Abb. 41a—d. Potentialkurven von SO, S_2, Se_2, Te_2.

Im Spektrum des Te_2 ist von HIRSCHLAFF[1] Prädissoziation gefunden worden. Sie setzt bei höheren Schwingungsquanten als bei S_2 ein (bei $v' = 24$ nach der neuen Numerierung von OLSSON)[2]. Falls es sich um einen $^3\Sigma$—$^3\Sigma$-Übergang handelt[3], käme wie beim Schwefel als störender Zustand der aus normalen Atomen sich ergebende $^3\Pi_u$-Term in Frage. Auf die in Abb. 41 d eingezeichnete Kurve für den $^3\Pi_g$-Term kommen wir auf S. 120 zu sprechen. Beim Se_2 ist ebenfalls Prädissoziation in den entsprechenden Banden (3240—4900 Å) beobachtet worden[4]. Sie tritt bei $v' = 10$ ein. In der Abb. 41 sind die Potentialkurven der 4 Moleküle zum Vergleich in demselben Maßstab aufgetragen.

Interessante Erscheinungen treten bei der Prädissoziation des Phosphormoleküls auf[5]. In den als $^1\Sigma_u^+$ — $^1\Sigma_g^+$-Übergang erkannten Banden

[1] HIRSCHLAFF, E.: Z. Physik Bd. 75 (1932) S. 315.

[2] OLSSON, E.: Z. Physik Bd. 95 (1935) S. 215.

[3] Diese bisherige Annahme, die auch in der Abb. 41 d eingetragen ist, ist keineswegs gesichert. Z. B. ist das entsprechende System im Se_2-Spektrum offenbar ein $^1\Sigma$—$^1\Sigma$-Übergang.

[4] OLSSON, E.: Z. Physik Bd. 90 (1934) S. 138.

[5] HERZBERG, G.: Ann. Physik Bd. 15 (1932) S. 677.

(3300—2000 Å) bricht die Rotationsstruktur in den Schwingungszuständen $v' = 10$ und $v' = 11$ bei den Rotationsquantenzahlen $J = 58$ bzw. $J = 34$ jäh ab trotz des großen Trägheitsmomentes von P_2. Außerdem erfolgt hier die Prädissoziation unter Verletzung der KRONIGschen Auswahlregeln, indem der strahlungslose Übergang eine Interkombination darstellt. Es scheint dies der erste sichere Fall dieser Art zu sein[1]. Vermutlich hängt die

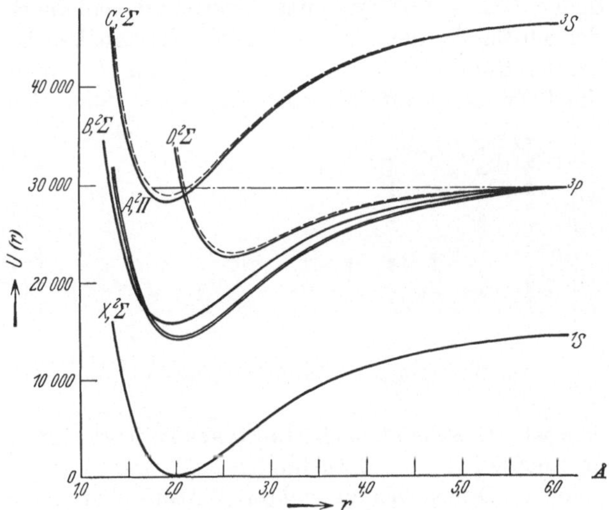

Abb. 42. Potentialkurven des CaH nach GRUNDSTRÖM[2].

Durchbrechung der Auswahlregeln damit zusammen, daß auch im Phosphoratomspektrum Interkombinationen auftreten[3].

Auch das Stickstoffmolekül zeigt interessante Prädissoziationserscheinungen sowohl in der zweiten[4] als auch in der ersten positiven

[1] Inzwischen ist ein ähnlicher Fall in den Ångström-CO-Banden aufgefunden worden, COSTER, D. u. F. BRONS: Nature, Lond. Bd. 133 (1934) S. 140; Physica Bd. 1 (1934) S. 634.

[2] Die gestrichelt eingezeichneten Kurven sind unter Berücksichtigung der Rotationsenergie für $K = 11$ berechnet. Das im C-Zustand horizontal eingetragene Niveau gibt den Termwert und die Amplitude des Moleküls für den Schwingungszustand $v = 0$ an.

[3] KIESS, C. C.: Bur. Stand. J. Res. Bd. 8 (1932) S. 393.

[4] HERZBERG, G.: Z. physik. Chem. Bd. 9 (1930) S. 43. — COSTER, D., F. BRONS u. A. VAN DER ZIEL: Z. Physik Bd. 84 (1933) S. 304. — BÜTTENBENDER, G. u. G. HERZBERG: Ann. Physik Bd. 21 (1934) S. 577. — COSTER, D., E. W. VAN DIJK u. A. J. LAMERIS: Physica Bd. 2 (1935) S. 267.

Gruppe[1]. Doch muß aus Raummangel auf ein näheres Eingehen verzichtet werden.

Schließlich seien als Beispiele noch die Prädissoziationserscheinungen einiger Hydride aufgeführt. In den Emissionsbanden des CaH und des MgH ist ein jähes Abbrechen der Rotationslinien beobachtet worden. Das CaH besitzt 4 analysierte Bandensysteme[2], deren Potentialkurven in Abb. 42 nach GRUNDSTRÖM aufgetragen sind. In dem $C^2\Sigma - X^2\Sigma$-System ist beobachtet, daß die Rotationslinien der 0,0-Bande, die allein bei kleinen H_2-Drucken beobachtet wird, bei der Rotationsquantenzahl $K = 11$ im P-Zweig und bei $K = 9$ im R-Zweig schroff abbrechen, wie aus der folgenden Abb. 43

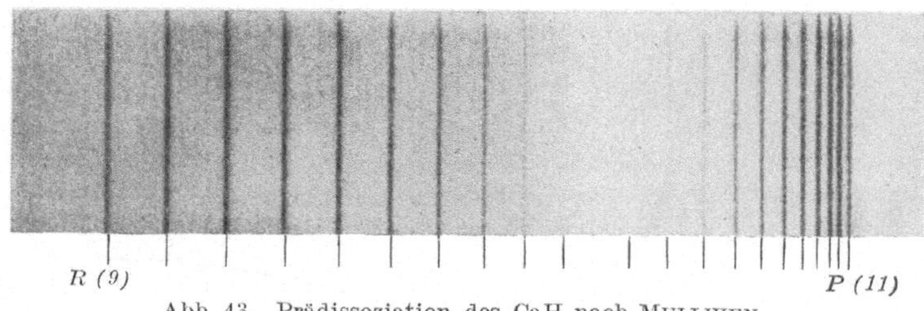

Abb. 43. Prädissoziation des CaH nach MULLIKEN.

ersichtlich ist. Es scheint nach GRUNDSTRÖM jetzt sicher, daß der störende Zustand der $D\,^2\Sigma$-Zustand ist.

Bei hohem Druck (bis zu mehreren Atmosphären untersucht) treten weitere Rotationslinien hervor und diejenigen an der Abbruchstelle werden unscharf. Außerdem werden weitere Bandenzüge mit $v' > 0$ beobachtet. Auf diesen Druckeffekt wird im folgenden noch eingegangen.

Die Prädissoziation in der MgH-Bande bei 2430 Å war schon auf S. 110 erwähnt worden; diejenige in den AlH-Banden wird in anderem Zusammenhange im Abschnitt ε) besprochen werden.

In Band I ist in Tabelle 7 eine Zusammenstellung der Spektren zweiatomiger Moleküle gegeben worden, in denen bisher Prädissoziationserscheinungen beobachtet sind.

---

[1] KAPLAN, J.: Physic. Rev. Bd. 41 (1932) S. 114. — VAN DER ZIEL, A., Physica Bd. 1 (1934) S. 353.

[2] MULLIKEN, R. S.: Physic. Rev. Bd. 25 (1925) S. 509. — HULTHÉN, E.: Physic. Rev. Bd. 29 (1927) S. 97; Arkiv f. Mat., Astr. och Fys. Bd. 21 Nr. 5 (1929). — GRUNDSTRÖM, B. u. E. HULTHÉN: Nature, Lond. Bd. 125 (1930) S. 634; Bd. 132 (1933) S. 241. — GRUNDSTRÖM, B.: Z. Physik Bd. 69 (1931) S. 235; Bd. 75 (1932) S. 302; Bd. 95 (1935) S. 574.

4. Beeinflussung der Prädissoziation durch Magnetfelder und Druck. TURNER[1] hat die Auslöschung der Resonanzfluoreszenz von Jod im Magnetfelde durch die Annahme erklärt, daß für den Anfangszustand der Emissionslinien die Möglichkeit eines spontanen Zerfalles durch das Feld geschaffen wird. Handelt es sich wirklich um eine durch das Magnetfeld induzierte Prädissoziation, dann muß durch das Feld eine ohne Feld gültige Auswahlregel durchbrochen werden. KRONIG[2] vermutete, daß es sich um die Auswahlregel 1 handelt, nach der sich beim strahlungslosen Zerfall der Gesamtdrehimpuls J des Moleküls nicht ändern darf. Es könnte nämlich das Magnetfeld die Erhaltung von J dadurch aufheben, daß es die Koppelung zwischen Elektronenspin und der Kernverbindungslinie etwas lockert. In der Tat ergeben quantenmechanische Überlegungen von VAN VLECK[3], daß es sich um die Durchbrechung dieser Auswahlregel handelt. Es scheint, daß der beschriebene Effekt auch bei Te_2 beobachtet worden ist[4]. Doch liegen hier wie bei der ebenfalls untersuchten magnetischen Auslöschung der S_2-Fluoreszenz[5] die Verhältnisse anscheinend nicht so einfach, so daß noch nicht für alle beobachteten Erscheinungen eine befriedigende Erklärung gegeben werden konnte[6].

Auch durch Druck kann eine Prädissoziation induziert werden. Nach TURNER[7] hängt nämlich die Dissoziation eines angeregten Jodmoleküls infolge von Zusammenstößen mit Fremdmolekülen wahrscheinlich ebenfalls mit der Durchbrechung der Auswahlregel $\Delta J = 0$ zusammen. Die Möglichkeit, in einen instabilen Zustand überzugehen, verringert die mittlere Lebensdauer im angeregten Zustand und führt zur Verbreiterung der entsprechenden Energieniveaus. Der Effekt kann leicht in Absorption beobachtet werden. Die Verbreiterung bewirkt nämlich eine größere Gesamtabsorption, da in den Linienzentren mit und ohne Gaszusatz alles Licht absorbiert wird und die Verbreiterung die Absorption in den Linienzentren ansteigen läßt. Eine durch Druck induzierte

---

[1] TURNER, L. A.: Z. Physik Bd. 65 (1930) S. 464.

[2] KRONIG, R. DE L.: Leipzig. Vortr. 1931 S. 155.

[3] VLECK, J. H. VAN: Physic. Rev. Bd. 40 (1932) S. 544.

[4] SMOLUCHOWSKI, R.: Z. Physik Bd. 85 (1933) S. 191.

[5] GENARD, J.: C. R. Acad. Sci. Paris Bd. 197 (1933) S. 1402; Bd. 198 (1934) S. 816.

[6] AGARBICEANU, I. I.: C. R. Acad. Sci. Paris Bd. 200 (1935) S. 385.

[7] TURNER, L. A.: Physic. Rev. Bd. 41 (1932) S. 627.

Prädissoziation ist bisher an den Molekülen J_2 [1], Br_2 [2], N_2 [3], NO [4] und Te_2 [5] nachgewiesen worden. Im Tellur fällt die Grenze der induzierten Prädissoziation nicht mit der der gewöhnlichen zusammen, so daß für beide Fälle verschiedene störende Terme in Frage kommen müssen. KONDRATJEW und LAURIS vermuten, daß der aus normalen Atomen sich ergebende $^3\Pi_g$-Term [6] die induzierte Prädissoziation verursacht (unter der Annahme, daß die beobachteten Banden ein $^3\Sigma - {}^3\Sigma$-Übergang sind). Seine Lage ist in Abb. 41d eingezeichnet.

Wir hatten erwähnt, daß bei niedrigem Wasserstoffdruck ein schroffes Abbrechen der CaH-Emissionsbanden infolge Prädissoziation beobachtet wird, daß aber bei höheren Drucken die von prädissoziierenden Niveaus ausgehenden Linien doch auftreten. Die Intensitätsverteilung in der Bandenserie nähert sich immer mehr der gewöhnlichen thermischen. Das Gleiche ist beim AlH [7] beobachtet worden. Im CaH treten außerdem Banden mit höheren Schwingungsquanten als das des prädissoziierenden Schwingungsniveaus hinzu. Für den beschriebenen Druckeffekt der Prädissoziation sind verschiedene Erklärungsversuche gegeben worden [8]. Nach den neueren Untersuchungen von RYDBERG [9] im Aluminium-Wasserstoff-Bogen kommt er dadurch zustande, daß bei hohem H_2-Druck die Neubildung der AlH-Moleküle groß genug wird, um auch Übergänge von den jenseits der Grenze liegenden Niveaus zu bekommen.

γ) **Störungen.** Wir haben bereits erwähnt, daß häufig in der Nähe der Prädissoziationsstellen Störungen im glatten Verlauf der

---

[1] KONDRATJEW, V. u. L. POLAK: Physik. Z. Sowjetunion Bd. 4 (1933) S. 764.

[2] KONDRATJEW, V. u. L. POLAK: Z. Physik Bd. 75 (1932) S. 386.

[3] KAPLAN, J.: Physic. Rev. Bd. 38 (1931) S. 373.

[4] WULF, O. R.: Physic. Rev. Bd. 46 (1934) S. 316.

[5] KONDRATJEW, V. u. A. LAURIS: Z. Physik Bd. 92 (1934) S. 741.

[6] Es handelt sich wahrscheinlich um den gleichen Term, welcher die Auslöschung der Te_2-Fluoreszenz bewirkt. [O. HEIL: Z. Physik Bd. 74 (1932) S. 18.]

[7] BENGTSSON, E.: Z. Physik Bd. 51 (1928) S. 889. — BENGTSSON, E. u. R. RYDBERG: Z. Physik Bd. 59 (1930) S. 540. — BENGTSSON, E.: Nova Acta Reg. Soc. Sci. Uppsala, Bd. 8 (1932) Nr. 4. — WURM, K.: Z. Physik Bd. 76 (1932) S. 309.

[8] STENVINKEL, G.: Z. Physik Bd. 62 (1930) S. 201. — LANCZOS, C.: Z. Physik Bd. 68 (1931) S. 204. — FARKAS, L.: Z. Physik Bd. 70 (1931) S. 733.

[9] RYDBERG, R.: Z. Physik Bd. 92 (1934) S. 693; Diss. Stockholm 1934.

Banden beobachtet sind. Diese können in einzelnen Bandenzweigen vorliegen und beruhen dann auf einer Störung in der Folge der Rotationsniveaus des oberen oder unteren Zustandes. Sie können aber auch im Verlauf des Bandensystems auftreten und sind dann auf eine gestörte Lage einzelner Schwingungsniveaus des oberen oder unteren Zustandes zurückzuführen. Störungen können nicht nur auftreten, wenn Prädissoziation vorliegt, sondern sind immer vorhanden, wenn zwei annähernd gleich hoch liegende verschiedene diskrete Zustände des Moleküls sich beeinflussen. Wie bei der Prädissoziation können sich nicht beliebige energetisch gleiche oder nahezu gleiche Terme stören, sondern es müssen die dort geltenden Auswahlregeln erfüllt sein[1]. Sonst könnten sich ja z. B. die Rotationszustände verschiedener Schwingungsniveaus des gleichen Elektronenterms stören, wenn sie zufällig nahekommen. Eine solche Störung tritt aber nicht ein. Gehören sie dagegen verschiedenen Elektronentermen an, so ist das unter Umständen möglich. Die Störungen werden naturgemäß um so größer sein, je besser außerdem das FRANCKsche Prinzip erfüllt ist[2]. Das ist dann der Fall, wenn zwei Potentialkurven sich nahekommen oder schneiden.

Derartige Störungen sind von DIEKE[3] beim He_2 gefunden worden. Dann hat ITTMAN[4] die von ROSENTHAL und JENKINS[5] in den roten CN-Banden beobachteten Anomalien einiger Rotationsniveaus als Störung des $^2\Sigma$-Grundterms durch den verkehrten $^2\Pi$-Term gedeutet. Entsprechende Störungen sind von COSTER und BRONS[6], CHILDS[7], PARKER[8], BRONS[9] und CRAWFORD und TSAI[10] an den negativen Stickstoffbanden (N_2^+) beobachtet worden. Über-

---

[1] KRONIG, R. DE L.: Z. Physik Bd. 50 (1928) S. 347; siehe auch die theoretische Behandlung der Störungen von J. H. VAN VLECK: Physic. Rev. Bd. 33 (1929) S. 467 und von G. H. DIEKE: Physic. Rev. Bd. 47 (1935) S. 870.

[2] HULTHÉN, E.: Nature, Lond. Bd. 126 (1930) S. 56.

[3] DIEKE, G. H.: Nature, Lond. Bd. 123 (1929) S. 446.

[4] ITTMAN, G. P.: Z. Physik Bd. 71 (1931) S. 616.

[5] ROSENTHAL, J. u. F. A. JENKINS: Proc. Nat. Acad. Sci U.S.A. Bd. 15 (1929) S. 381.

[6] COSTER, D. u. H. H. BRONS: Z. Physik Bd. 73 (1932) S. 747.

[7] CHILDS, W. H. J.: Proc. Roy. Soc., Lond. Bd. 137 (1932) S. 641.

[8] PARKER, A. E.: Physic. Rev. Bd. 44 (1933) S. 90 u. 914.

[9] BRONS, H. H.: Physica Bd. 1 (1934) S. 739; K. Akad. Amst. Proc. Bd. 38 (1935) S. 271.

[10] CRAWFORD, F. H. u. P. M. TSAI: Proc. Amer. Acad. Arts a. Sci. Bd. 69 (1935) S. 407.

haupt wurden vielfach Störungen an Dublettbanden behandelt[1]. Eingehend untersucht wurden neuerdings die Störungen in den Ångström-CO-Banden ($B\,^1\Sigma \rightarrow A\,^1\Pi$) von COSTER und BRONS[2], sowie von SCHMID und GERÖ[3].

Interessante Störungen zeigen einige Hydridspektren. Von LiH und NaH sind je ein $^1\Sigma$—$^1\Sigma$-Bandensystem bekannt, dessen oberer Term Anomalien der Rotations- und Schwingungsstruktur zeigt. Die B-Werte wachsen zunächst mit v' an, durchlaufen ein Maximum und nehmen erst dann in gewöhnlicher Weise ab. Diese Beobachtung scheint mit der l-Entkoppelung nichts unmittelbar zu tun zu haben, wie WEIZEL[4] bei LiH annahm.

Eine entsprechende Anomalie zeigen die Schwingungsterme, worauf bereits auf S. 40 Anm. aufmerksam gemacht wurde.

δ) Deutung sonstiger diffuser Spektren. Während diffuse Prädissoziationsspektren immer im Zusammenhang mit einem echten Bandenspektrum auftreten, gibt es diffuse Spektren, die für sich auftreten und wellige Struktur besitzen. Alle derartigen bisher untersuchten Fälle konnten gedeutet werden als Übergänge zwischen einem Zustand fester Bindung und einem solchen sehr lockerer Bindung unter konsequenter Anwendung des FRANCK-CONDON-Prinzips. Die Deutung ist gegeben worden von WINANS[5], SOMMERMEYER[6] und vor allem von KUHN[7].

1. Stabiler unterer und lockerer oberer Zustand. Dieser Fall liegt vor in den Banden der Alkalihalogenide, des TlJ und TlCl. Sie zeigen Kontinua mit regelmäßigen Intensitätsschwankungen, deren Abstand nach *langen* Wellen hin abnimmt. Das Zustandekommen dieser wie diffuse Banden aussehenden Fluktuationen kann man sich an Hand der Potentialkurven klarmachen. Die Potentialkurven der angeregten Zustände mögen mit geringer

---

[1] Siehe z. B. JENKINS, F. A.: Physic. Rev. Bd. 31 (1928) S. 539. — JENKINS, F. A. u. H. DE LASZLO: Proc. Roy. Soc., Lond. A Bd. 122 (1929) S. 103. — FASSBENDER, M.: Z. Physik Bd. 30 (1924) S. 73. — COSTER, D., H. H. BRONS u. H. BULTHUIS: Z. Physik Bd. 79 (1932) S. 787.

[2] COSTER, D. u. F. BRONS: Physica Bd. 1 (1934) S. 634.

[3] SCHMID, R. u. L. GERÖ: Z. Physik Bd. 93 (1935) S. 656. — GERÖ, L.: Z. Physik. Bd. 93 (1935) S. 669.

[4] WEIZEL, W.: Z. Physik Bd. 60 (1930) S. 599.

[5] WINANS, J. G.: Philos. Mag. Bd. 7 (1929) S. 555, 565. — Physic. Rev. Bd. 37 (1931) S. 897, 902.

[6] SOMMERMEYER, K.: Z. Physik Bd. 56 (1929) S. 548.

[7] KUHN, H.: Z. Physik Bd. 63 (1930) S. 458.

Neigung gegen die Horizontale verlaufen, wie Abb. 44 wiedergibt. Da diese Absorptionsspektren bei hohen Temperaturen beobachtet werden, sind im Grundzustande eine ganze Reihe von Schwingungsquanten angeregt. Die Übergänge auf der linken Seite liefern ein ausgedehntes Kontinuum, da die obere Kurve hier steil ansteigt. Die Übergänge auf der rechten Seite, bei denen die obere Potentialkurve sehr flach verläuft, geben hingegen ganz schmale Absorptionskontinua. Diese sind als Intensitätsfluktuationen im

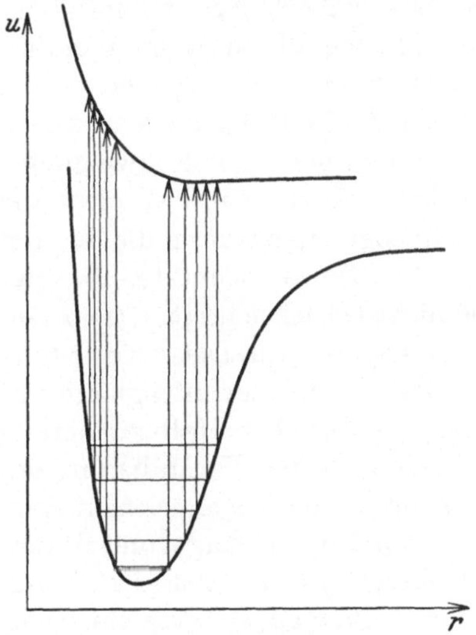

Abb. 44. Zur Entstehung von Intensitätsfluktuationen.

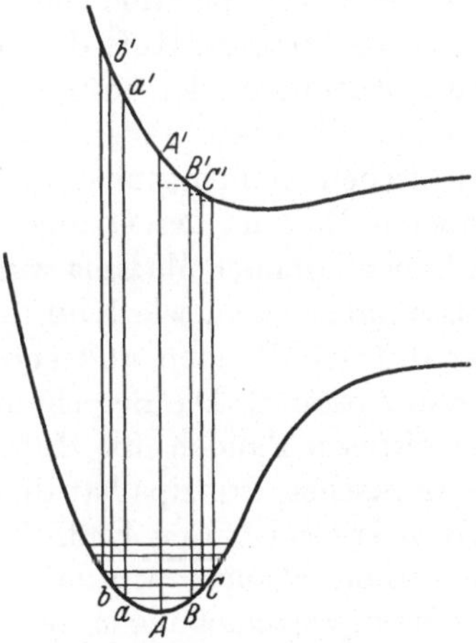

Abb. 45. Zur Entstehung von Intensitätsfluktuationen.

Kontinuum wahrnehmbar. Verläuft die obere Kurve nahezu horizontal, so kann man ihre geringe Neigung ganz vernachlässigen und erhält dann aus den Abständen der Intensitätsfluktuationen direkt die Schwingungsquanten des Grundzustandes. Ihr Abstand nimmt nach langen Wellen hin ab. Die von SOMMERMEYER nach dieser Methode bei einer Reihe von Alkalihalogeniden gemessenen Grundschwingungsquanten stimmen mit den von BORN und HEISENBERG[1] und von VAN LEEUWEN[2] berechneten Werten innerhalb der experimentellen und theoretischen Fehlergrenzen überein[3].

[1] BORN, M. u. W. HEISENBERG: Z. Physik Bd. 23 (1924) S. 388.

[2] LEEUWEN, H. J. VAN: Z. Physik Bd. 66 (1930) S. 241.

[3] Siehe auch H. LEVI: Über die Spektren der Alkalihalogen-Dämpfe. Diss. Berlin 1934. Es wurden auch diffuse Banden der Alkalihalogenide in Emission beobachtet, siehe H. BEUTLER u. H. LEVI: Z. Elektrochem. Bd. 38 (1932) S. 589.

Verläuft die obere Potentialkurve nicht nahezu horizontal, sondern etwas geneigt wie in Abb. 45, dann sind die Übergangsgebiete, die zu den Umkehrpunkten der Schwingung B, C, ... gehören, immer noch voneinander getrennt, sind aber breiter. Außerdem sind die Abstände der Maxima erst viel größer als die der Grundschwingungsquanten und nehmen auch erst rascher als diese ab. Dieser Fall liegt offenbar bei TlJ[1,2] und TlCl[3] vor. Solche „Pseudokonvergenzen", die den Eindruck verwaschener Banden machen, können leicht zu Fehlschlüssen führen, wenn man daraus durch Extrapolation die Dissoziationswärme bestimmen wollte.

Kuhn[2] hat mit Hilfe der besprochenen Deutung aus den gemessenen Abständen der diffusen Banden und den Grundschwingungsquanten die obere Potentialkurve konstruiert, wobei er nicht die klassischen Umkehrpunkte der Schwingung, sondern die breiten äußeren Maxima der Oszillatoreigenfunktionen benutzte. Die dazwischenliegenden Maxima wurden nicht berücksichtigt. Sie beeinflussen aber auch, wie Kuhn gezeigt hat, die Intensitätsverteilung der diffusen Banden und geben Anlaß zu Unregelmäßigkeiten in ihrem Abstand. Die Berechnung der theoretischen Halbwertsbreite der diffusen Banden mit Hilfe der Condonschen Formulierung des Franckschen Prinzips hat die Größenordnung der experimentellen Werte ergeben. Der Einfluß der Rotation auf Lage und Breite der Fluktuationen wurde abgeschätzt. Er ist zur Erklärung gewisser Verschiebungen der diffusen Banden bei verschiedener Anregung herangezogen worden[4].

Die angegebenen Überlegungen gelten nicht nur, wenn die obere Potentialkurve ganz oder nahezu eine Abstoßungskurve ist, sondern auch dann, wenn sie ein flaches Minimum hat, wie schon in Abb. 45 gezeichnet ist. In diesem Falle gehen die Intensitätsfluktuationen eines echten Kontinuums in solche eines diskreten Spektrums über. Wenn nur die Schwingungsquanten des oberen Zustandes klein sind und dicht liegen, was bei einer flachen Potentialkurve immer der Fall ist, wird sich der gewöhnlichen Kantenstruktur die besprochene Intensitätsschwankung überlagern und das grobe Aussehen des Spektrums bestimmen. Gerade beim TlJ ist auch beobachtet, daß den Intensitätsfluktuationen sich eine feine Struktur überlagert.

[1] Butkow, K.: Z. Physik Bd. 58 (1929) S. 232.

[2] Kuhn, H.: Z. Physik Bd. 63 (1930) S. 458.

[3] Neujmin, H.: Physik. Z. Sowjetunion Bd. 5 (1934) S. 580.

[4] Mrozowski, S.: Z. Physik Bd. 87 (1934) S. 340.

2. Lockerer unterer und stabiler oberer Zustand. Hierher gehören die zuerst von WINANS diskutierten diffusen Hg_2-, Cd_2- und Zn_2-Banden. Besonders zahlreiche Untersuchungen liegen über Hg_2-Banden vor[1]. Die Dissoziationswärmen der genannten Metallmoleküle sind so klein, daß ihre Dämpfe für gewöhnlich als einatomig angesehen werden können. Nur bei hohem Druck wird ein merklicher Bruchteil nichtdissoziierter Moleküle vorhanden sein.

Ein angeregter Molekülzustand, der aus einem normalen und einem angeregten Atom entsteht, kann jedoch eine erhebliche Bindungsfestigkeit besitzen.

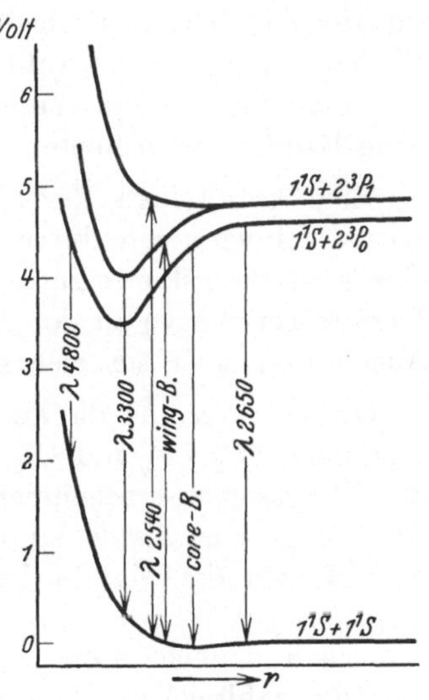

Abb. 46. Potentialkurven des Hg_2.

Als Beispiel sei Hg genommen. Bei tiefen Drucken zeigt Hg-Dampf nur die Atomlinien in Absorption. Bei höherem Druck entstehen breite Absorptionsbänder, die sich an die Atomlinien anschließen und in denen man unter gewissen Bedingungen in Emission oder Absorption Struktur feststellen konnte. Die Banden gehen nach kurzen Wellen hin in anscheinend kontinuierliche Intensitätsfluktuationen über, deren Bandenabstände und Bandenbreiten nach *kurzen* Wellen hin abnehmen. Das Prinzip der Betrachtungsweise, das zuerst WINANS angegeben hat, ist aus der Abb. 46 ersichtlich. Der Abstand der horizontalen Stücke der untersten und der dritten Kurve entspricht dem $h\nu$ der Atomlinie 2537 Å. Übergänge aus dem flachen Minimum des lockeren Grundzustandes zur dritten Potentialkurve, sowie von den Gebieten etwas kleineren Kernabstandes und denen etwas größeren Kernabstandes werden eine Verbreiterung der Linie auf der

---

[1] Literatur siehe in dem zusammenfassenden Bericht von W. FINKELNBURG: Physik. Z. Bd. 34 (1933) S. 529. — Ferner FRANK J. M.: Physik. Z. Sowjetunion Bd. 4 (1933) S. 637. — MROZOWSKI, S.: Z. Physik Bd. 87 (1934) S. 340; Acta Physica Pol. Bd. 3 (1934) S. 215. — Für Cd_2 siehe S. W. CRAM: Physic. Rev. Bd. 46 (1934) S. 205. — SWIETOSLAWSKA, J.: Acta Physica Pol. Bd. 3 (1934) S. 261. — KAPUSCINSKI, W.: Acta Physica Pol. Bd. 3 (1934) S. 537. — FINKELNBURG, W.: Z. Physik Bd. 96 (1935) S. 714.

langwelligen Seite bewirken. Die Verbreiterung wird mit steigendem Druck rasch zunehmen, da dann die Atome häufiger im Stoßzustand sein werden. (Von „Molekülen" können wir in den Gebieten kleiner Kernabstände nicht mehr sprechen, da wir uns energetisch bereits oberhalb der Dissoziationswärme des Moleküls befinden). Wegen der Flachheit der unteren Kurve werden aus den vorher erwähnten Gründen einzelne schmale kontinuierliche Absorptionsbereiche zu beobachten sein, deren Abstände nach langen Wellen hin zunehmen, während sie im Falle 1 nach langen Wellen hin abnehmen. Dieses Verhalten zeigen die von RAYLEIGH[1] mit wing-Banden bezeichneten diffusen Banden.

Eine kurzwellige Verbreiterung der Atomlinie kann, worauf KUHN[2] hinwies, nur durch einen Übergang vom Grundzustand in eine Abstoßungskurve zustande kommen. Je nach der relativen Lage dieser Kurve zu der des Grundzustandes kann es dabei zur Ausbildung einer scharfen kurzwelligen Kante kommen[3].

Ordnet man nun die angeregten Zustände des Hg_2 den Atomzuständen $^3P_0$, $^3P_1$ und $^3P_2$ getrennt zu und nimmt man an, daß die Übergangswahrscheinlichkeit zu dem $^3P_0$ zugeordneten Zustand kleiner ist als die zu dem $^3P_1$ zugeordneten Term, dann sind nach KUHN die verschiedenen gefundenen Emissions- und Absorptionsspektren des Hg_2 im wesentlichen zu erklären, obwohl Einzelheiten noch unsicher sind[4]. Es würde jedoch zu weit führen, die zahlreichen im Hg-Dampf beobachteten Erscheinungen hier zu besprechen. Dazu muß auf die Originalarbeiten verwiesen werden. Es sei nur erwähnt, daß das starke Kontinuum bei λ 4800 dem Übergang zum $^3P_0$ zugeordneten Term und das violette Kontinuum bei λ 3300 dem Übergang zum $^3P_1$ zugeordneten Zustand

[1] LORD RAYLEIGH: Proc. Roy. Soc., Lond. A Bd. 116 (1927) S. 702; Bd. 132 (1931) S. 650.

[2] KUHN, H.: Z. Physik Bd. 72 (1931) S. 462.

[3] WINANS hatte die Entstehung der Kante darauf zurückgeführt, daß die obere Potentialkurve über dem Minimum bereits horizontal verläuft, so daß zu diesem Übergang eine größere Energie gehören würde, als dem Abstand der Horizontalen beider Kurven entspricht. Aus der Differenz kurzwellige Kante-Atomlinie glaubte er daher die Dissoziationsarbeiten von Hg_2, Cd_2, Zn_2 ausrechnen zu können. KUHN hat auf diesen Irrtum aufmerksam gemacht.

[4] LORD RAYLEIGH: l. c.; Proc. Roy. Soc., Lond. A Bd. 135 (1932) S. 617; Bd. 137 (1932) S. 101. — MROZOWSKI, S.: l. c. — FINKELNBURG, W.: Physik. Z. Bd. 34 (1933) S. 529.

angehört. Ferner haben KUHN und FREUDENBERG[1] bestätigt, daß der Grundzustand des Hg_2-Moleküls ein außerordentlich lockerer ist und experimentell bewiesen, daß die Banden auf dem linken Ast der Kurve zustande kommen durch im Stoß befindliche Atome. Sie konnten dieses zeigen durch eine Untersuchung der Temperaturabhängigkeit der Absorption. Sowohl die Temperaturabhängigkeit wie der Verlauf der Absorption mit der Wellenlänge ließen sich durch die BOLTZMANN-Verteilung der Anfangszustände positiver Energie (Stoßzustände) wiedergeben.

ε) Zusammenwirken von Schwingung und Rotation. (Dissoziation durch Rotation.) Ein Molekül kann mehr Energie als Rotationsenergie aufnehmen, als der Dissoziationsenergie seines Zustandes entspricht. Der schließliche Zerfall kann infolge einer mechanischen Instabilität durch die Rotation oder infolge Prädissoziation eintreten. Über letztere war bereits gesprochen worden.

OLDENBERG[2] hat für das mechanische Instabilwerden bei großer Rotation und kleiner Dissoziationsarbeit eine strenge Begründung gegeben und sie auf das HgH angewandt. Die Banden, die den Übergängen von höheren Elektronenzuständen zu dem Grundzustande entsprechen, brechen alle bei einem bestimmten Rotationsquant (das verschieden ist für die verschiedenen Schwingungen) des unteren Zustandes ab. Diese Rotationsniveaus liegen alle viel höher als die Dissoziationsarbeit dieses Zustandes. Die OLDENBERGsche Überlegung ist kurz folgende: Für das rotierende Molekül (Vernachlässigung der Schwingung) ergibt sich der Gleichgewichtsabstand aus der Bedingung Zentrifugalkraft = Anziehungskraft, also $\frac{p^2}{\mu r^3} = U_0'(r)$, wo p der Drehimpuls, μ die reduzierte Masse, r der Kernabstand und $U_0'(r)$ die Ableitung der potentiellen Energie für die Rotation 0 ist. Fügen wir zu diesem Gleichgewicht eine Schwingung hinzu, so ist die rücktreibende Kraft $\frac{p^2}{\mu r^3} - U_0'(r)$. Diese Kraft läßt sich als Differentialquotient der Kurve $-\frac{p^2}{2\mu r^2} - U_0(r)$ darstellen. Diese Kurve (als Funktion von r) hat für den rotierenden Zustand dieselbe Bedeutung wie die Potentialkurve $U_0(r)$ für den rotationslosen Zustand. $\frac{p^2}{2\mu r^2}$ ist einfach die kinetische Energie der Rotation, also $BJ(J+1)$.

---

[1] KUHN, H. u. K. FREUDENBERG: Z. Physik Bd. 26 (1932) S. 38.

[2] OLDENBERG, O.: Z. Physik Bd. 56 (1929) S. 563.

Abb. 47 gibt die von OLDENBERG für verschiedene p so gewonnene Kurvenschar $U(r)$ in willkürlichem Maßstab. Alle Kurven nähern sich für große r asymptotisch demselben Wert, der Dissoziationsgrenze des Zustandes. (Bei großem Kernabstande dürfen sich ja Zustände mit verschiedenem Drehimpuls nicht wesentlich unterscheiden.) Von großen r-Werten kommend durchlaufen die $U(r)$-Kurven für $p > 0$ ein Maximum[1] und dann erst das Minimum, das der Gleichgewichtslage entspricht, während die

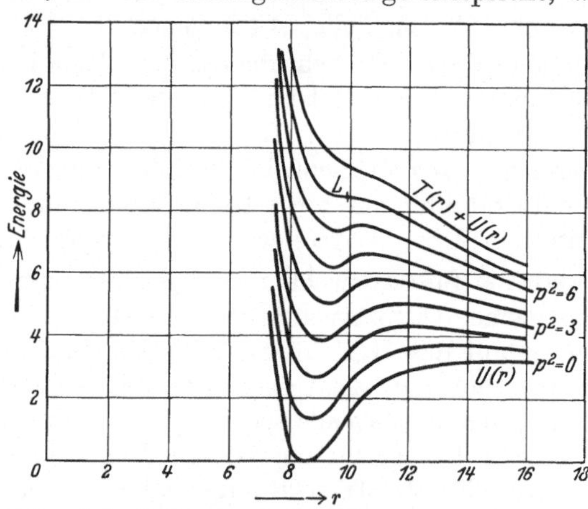

Abb. 47. Effektive Potentialkurven (Schwingung und Rotation) für verschiedene Rotationen nach OLDENBERG.

Kurven $U_0(r)$ ein solches Maximum nicht besitzen. Mit wachsendem p wird das Minimum immer flacher und fällt schließlich mit dem Maximum zu dem Wendepunkt L zusammen. Für noch höher gelegene Rotationszustände wird das Molekül mechanisch instabil. Dies tritt bei Rotationsenergien ein, die wesentlich größer als die Dissoziationsenergie sind. Daß die Rotationszustände unterhalb dieser Grenze mechanisch stabil sind, auch wenn sie höher als die Dissoziationsgrenze liegen, liegt daran, daß sie durch ein Potentialmaximum vom dissoziierten Zustand getrennt sind. Wesentlich bei der OLDENBERGschen Erklärung ist also, daß das Molekül nicht

---

[1] Wenn die potentielle Energie $U_0(r)$ keine höheren Potenzen von $\frac{1}{r}$ enthält als $\frac{1}{r^2}$, tritt ein solches Maximum nicht auf. Das ist aber nur der Fall bei Ionenmolekülen, bei denen die Rotationsenergie auch beim Zerfallen nicht den Betrag der Dissoziationsenergie übersteigt. Die praktisch beobachteten Fälle beziehen sich nur auf Atommoleküle.

beim Übergang aus einem stabilen Rotationszustand in einen kontinuierlichen Zustand strahlungslos zerfällt, sondern daß die Rotationszustände oberhalb einer Grenzkurve selbst mechanisch instabil sind.

Da r bei dem Übergang in die instabilen Rotationsniveaus nur wenig größer geworden ist, setzt sich die Energie des Moleküls aus einem kleinen Betrage an reiner potentieller Energie $U_0(r)$ und einem großen Betrage an Rotationsenergie $\frac{p^2}{2\mu r^2}$ zusammen. Der Zerfall geht unter Erhaltung des Impulsmomentes, also auf der Kurve $T(r) + U_0(r) = U(r)$, vor sich. Dabei geht für große r schließlich $U(r)$ in $U_0(r)$ über. Die Energie wird bei dem Zerfall umgesetzt in Dissoziationsenergie und kinetische Energie der Translation. OLDENBERG hat die $U(r)$-Kurven für den Grundzustand des HgH quantitativ berechnet und gefunden, daß das Rotationsquant $J = 31$ wenig unterhalb des labilen Punktes liegt. Tatsächlich wird das Abbrechen der Banden bei diesem Rotationszustand beobachtet. Da zu der Rotation noch die Nullpunktsschwingung von 0,085 Volt tritt, ist die Übereinstimmung gut. Treten höhere Schwingungsquanten hinzu, so wird man, da die Minima der letzten Kurven vor dem labilen Punkt recht flach sind, ein Abbrechen schon bei niedrigeren Rotationszuständen erwarten, wie es auch beobachtet ist. Aus den Kurven sieht man auch, daß sich der Kernabstand der Gleichgewichtslage mit zunehmender Rotation nur wenig (11% für HgH) ändert in Übereinstimmung mit dem Experiment (9%).

Die letzten Rotationszustände vor der Grenzkurve sind verbreitert. Das beruht wieder auf der quantenmechanischen Wahrscheinlichkeit für einen Übergang zwischen zwei Zuständen gleicher Energie, die durch einen Potentialberg getrennt sind. Hierbei müssen die KRONIGschen Auswahlregeln und das FRANCKsche Prinzip erfüllt sein. Es war nun versucht worden[1], das Instabilwerden der Rotation bei HgH und AlH allein auf einen solchen quantenmechanischen Durchbruchseffekt unter Wahrung des FRANCK-CONDON-Prinzips zurückzuführen. Es wurde, wie eben ausgeführt, dann durch OLDENBERG sichergestellt, daß das plötzliche Abbrechen der Banden mindestens bei HgH durch mechanische Instabilität bereits seine Erklärung findet. Nur das Unscharfwerden der letzten Rotationszustände, das von KAPUSCINSKI und

[1] FRANCK, J. u. H. SPONER: Gött. Nachr. 1928 S. 241.

EYMERS[1] bei HgH genauer untersucht wurde, beruht auf dem quantenmechanischen Durchbruchseffekt. Die theoretisch quantenmechanische Darstellung der Überlegungen von FRANCK und SPONER und von OLDENBERG durch eine Reihe von Autoren[2] hat eine quantitative Berechnung der Diffusität ergeben.

Die OLDENBERGsche Erklärung ist ferner anwendbar auf CdH und ZnH und, wie wohl jetzt sicher ist, auf den $B\,{}^1\Pi$-Term von AlH. Das plötzliche Abbrechen seiner Rotationsniveaus hatten wir schon erwähnt. Es tritt auf bei allen Banden, die den $B\,{}^1\Pi$-Term enthalten[3]. Ferner ist bei den ${}^1\Pi - {}^1\Sigma$-Banden beobachtet, daß bei kleinem H_2-Druck die Bandenserien bei relativ niedrigen J-Werten schroff abbrechen, während sie bei hohen Drucken weiterlaufen, wobei die letzten Rotationslinien immer mehr diffus werden (bei Absorption auch schon bei niedrigem Druck[4]). Den Druckeffekt hatten wir schon auf S. 120 besprochen. Die Diffusität findet durch Berücksichtigung des quantenmechanischen Durchgangs durch den Potentialberg ihre Erklärung. KRONIG[5] hatte angenommen, daß die Rotationsniveaus von ${}^1\Pi$ darum diffus werden, weil dieser Term durch einen anderen Elektronenzustand mit einer Abstoßungskurve gestört wird. Daß jedoch fast sicher ein Zerfall durch Rotation stattfindet, geht auch aus einer Betrachtung der möglichen Dissoziationsprodukte des $B\,{}^1\Pi$-Terms hervor. Liegt Dissoziation durch Rotation vor, so muß der angeregte ${}^1\Pi$-Zustand bei Steigerung der Schwingungsenergie in normale Atome zerfallen. Liegt Prädissoziation vor, so muß er in der Grenze ein normales H- und ein angeregtes Al-Atom liefern, weil nämlich nach den Auswahlregeln der störende Zustand nur ein ${}^1\Pi$-Zustand sein könnte. Dieser ist dann selbst schon der einzige ${}^1\Pi$-Term, der sich aus zwei normalen Atomen ergibt. Folglich wäre die Dissoziationsarbeit des $B\,{}^1\Pi$-Terms größer als die des unteren $A\,{}^1\Sigma$-Terms, was besonders

---

[1] KAPUSCINSKI, W. u. J. G. EYMERS: Z. Physik. Bd. 54 (1929) S. 246.

[2] KRONIG, R. DE L.: Z. Physik Bd. 62 (1930) S. 300. — VILLARS, D. S. u. E. U. CONDON: Physic. Rev. Bd. 35 (1930) S. 1028. — RICE: O. K.: Physic. Rev. Bd. 35 (1930) S. 1538, 1551. — MÜLLER, G.: Z. Physik Bd. 79 (1932) S. 595.

[3] BENGTSSON, E. u. R. RYDBERG: Z. Physik Bd. 59 (1930) S. 540. RYDBERG, R.: Z. Physik Bd. 92 (1934) S. 693. — HOLST, W.: Z. Physik Bd. 90 (1934) S. 728, 735.

[4] FARKAS, L.: Z. Physik Bd. 70 (1931) S. 733.

[5] KRONIG, R. DE L.: Z. Physik Bd. 62 (1930) S. 300.

beim Vergleich der beiden Schwingungsfrequenzen ($\omega'' = 1624$, $\omega' = 1083$) äußerst unwahrscheinlich ist[1].

Beim CaH und MgH hingegen liegt sicher Prädissoziation vor. Beim CaH sind höhere Schwingungsquanten des prädissoziierenden $C\,^2\Sigma$-Terms bekannt, und außerdem kann nur so das Abbrechen im P- und R-Zweig und das Weiterlaufen des Q-Zweiges beim MgH erklärt werden.

Am Schluß dieses Abschnitts sei im Zusammenhang mit den hier besprochenen Verhältnissen noch einmal auf die Prädissoziation im SO-Molekül zurückgekommen. Wir hatten erwähnt, daß das Abbrechen der Rotationsstruktur in den einzelnen Schwingungsfolgen bei verschieden hohen Rotationsquantenzahlen erfolgt. Wir verstehen das jetzt sofort, wenn wir nicht die gewöhnlichen Potentialkurven, $U_0(r)$ ohne Rotation, sondern die effektiven Potentialkurven $U_0(r) + T(r)$ für diesen Fall verwenden[2] unter Berücksichtigung des Franck-Condon-Prinzips und der Kronigschen Auswahlregel $\Delta J = 0$. Wenn für einen Schwingungszustand der $^3\Sigma^-$-Kurve die Dissoziationsgrenze des störenden $^3\Pi$-Terms z. B. bei $J = 10$ liegt, so kann dieser Zustand in ebenfalls $J = 10$ der $^3\Pi$-Kurve übergehen. Ist aber der Potentialhügel des $^3\Pi$-Zustands hier noch relativ groß oder der Übergang mit einer zu starken Kernabstandsänderung verbunden, so wird er erst bei höheren J-Werten erfolgen. Bei niedrigeren Schwingungsquanten liegen die J-Werte der Abbruchstelle entsprechend noch höher. Die genaue Berücksichtigung dieser Verhältnisse hat Martin zu einer recht genauen Festlegung der Dissoziationsarbeit des SO-Moleküls geführt (und Herzberg entsprechend für das P_2-Molekül), worauf im Kapitel IV noch einmal eingegangen werden wird.

§ 6. Zuordnung der Molekülterme zu getrennten Atomtermen, ihre Reihenfolge und Stabilität.

Da die Grenze der Schwingungszustände eines Elektronenterms zwei Atomen entspricht, sind jedem Molekülterm zwei Terme der getrennten Atome zuzuordnen. Kann man über diese Zuordnung theoretisch etwas aussagen? Damit schneiden wir zugleich die bisher nicht behandelte Frage der Bestimmung der Termmannigfaltigkeit eines Moleküls an.

Drei Fragen sind es vor allem, die eine Theorie der Elektronenterme der Moleküle zu beantworten hat:

1. Welche Molekülterme entstehen überhaupt aus zwei bestimmten Termen der getrennten Atome?

[1] Herzberg, G.: Erg. exakt. Naturwiss. Bd. 10 (1931) S. 207.

[2] Herzberg, G.: Erg. exakt. Naturwiss. Bd. 10 (1931) S. 251. — Martin, E. V.: Physic. Rev. Bd. 41 (1932) S. 167.

Aus $\Lambda = 0$ können Σ^+- und Σ^--Terme entstehen. Ist die Zahl der Σ-Terme gerade, so sind die Hälfte davon Σ^+- und die andere Hälfte Σ^--Terme. Ist die Anzahl der Σ-Terme eine ungerade, so kann der überzählige Term ein Σ^+-Term oder ein Σ^--Term sein. Er ist ein Σ^+-Term, wenn $L_1 + L_2$ gerade ist und wenn außerdem beide Atomterme gerade oder ungerade sind ($\Sigma\, l_1$ und $\Sigma\, l_2$ gerade oder ungerade), oder aber wenn $L_1 + L_2$ ungerade und ein Atomterm ungerade und der andere gerade ist. Ein Σ^--Term entsteht, wenn $L_1 + L_2$ gerade und außerdem ein Atomterm gerade und der andere ungerade ist, oder wenn $L_1 + L_2$ ungerade und beide Atomterme gerade oder ungerade sind.

Alle sich aus M_{L_1} und M_{L_2} ergebenden Λ-Werte kommen mit sämtlichen Multiplizitäten vor, die sich aus den verschiedenen S-Werten ergeben.

In unserm obigen Beispiel hatten wir ein P-Atom und ein D-Atom zusammengeführt. Es möge sich speziell um einen ^3P- und einen ^2D-Term handeln. Der ^3P-Term hat $S = 1$ und der ^2D-Term hat $S = 1/2$. Folglich gilt für das entstehende Molekül: $S = 3/2$, $1/2$. Die vorkommenden Multiplizitäten sind Quartetts und Dubletts. Die Zahl der entstehenden Terme berechnen wir jetzt folgendermaßen: Aus der Tabelle 5 ergeben sich drei Σ-Terme ($\Lambda = 0$), die jeweils als Dubletts und Quartetts vorkommen können. Es ergeben sich ferner drei Π-Terme ($\Lambda = 1$), zwei Δ-Terme ($\Lambda = 2$) und ein Φ-Term ($\Lambda = 3$). Alle diese Terme können wieder als Dubletts und Quartetts vorkommen, so daß im ganzen 18 Molekülterme aus einem ^3P- und einem ^2D-Term gruppentheoretisch möglich sind. Nun wollen wir noch die Einteilung der Σ-Terme überlegen. Zu diesem Zwecke nehmen wir jetzt an, daß das ^3P-Atom ein Sauerstoffatom im Grundzustand und das ^2D-Atom ein angeregtes Stickstoffatom ist. Der ^3P-Term des O-Atoms hat vier p-Elektronen mit $\Sigma\, l = 4$, der ^2D-Term des N-Atoms hat drei p-Elektronen mit $\Sigma\, l = 3$. Der eine Atomterm ist also gerade und der andere ungerade. Da außerdem $L_1 + L_2 = 3$ ist, sind von den drei Σ-Termen zwei Σ^+-Terme und der dritte ein Σ^--Term.

Folgende Tabelle 6, die der Zusammenstellung von MULLIKEN[1] entnommen ist, gibt ganz allgemein an, welche Molekülzustände aus bestimmten Atomzuständen entstehen können.

[1] MULLIKEN, R. S.: Rev. Mod. Physics Bd. 4 (1932) S. 1.

(kleine Multiplettaufspaltung), die für leichte und mittelschwere Moleküle erfüllt sind[1]. Es möge in den getrennten Atomen die Wechselwirkung zwischen den Vektoren $\mathfrak{S}$ und $\mathfrak{L}$ gering sein (normale Multipletts in Atomen). Zur besseren Übersicht unterscheiden wir drei Fälle:

1. Die beiden Atome sind verschieden. Dann sind, sobald wir sie einander nähern, ihre $\mathfrak{S}$-Vektoren vektoriell zu addieren, um den resultierenden Spinvektor $\mathfrak{S}$ des Zweizentrensystems zu bekommen. Für die zugehörige Quantenzahl sind folgende Werte möglich: $S = S_1 + S_2,\ S_1 + S_2 - 1,\ \ldots\ |S_1 - S_2|$. Hieraus ist sofort die Multiplizität $2S+1$ der entstehenden Terme anzugeben. Die Bahnimpulse $\mathfrak{L}_1$ und $\mathfrak{L}_2$ der Einzelatome orientieren sich bei Annäherung (wegen des entstehenden axialsymmetrischen Feldes) nach einer Richtung, nämlich nach der Kernverbindungslinie. Die dabei entstehenden Komponenten mit den Quantenzahlen M_{L_1} und M_{L_2} werden dann, da $\Lambda = |M_L|$ ist, zum Λ-Wert des Zweizentrensystems zusammengesetzt. Da die Komponenten je nach der Richtung der $\mathfrak{L}$-Vektoren der getrennten Atome verschiedene Werte haben können, ergeben sich auch verschiedene M_L-Werte, d. h. verschiedene Molekülzustände aus den gleichen Atomzuständen. Man erhält bei der Zusammensetzung der Komponenten auch negative Werte von M_L und hat dann immer zwei gleiche, nur durch das Vorzeichen unterschiedene Terme zusammenzufassen. In der Tabelle 5 berechnen wir als Beispiel Λ-Werte, die bei Zusammenführung eines P-Atoms ($L = 1$) und eines D-Atoms ($L = 2$) aus den Komponenten M_{L_1} und M_{L_2} entstehen.

Tabelle 5.

M_{L_1} \ M_{L_2}	-2	-1	0	$+1$	$+2$
-1	-3	-2	-1	0	$+1$
0	-2	-1	0	$+1$	$+2$
$+1$	-1	0	$+1$	$+2$	$+3$

Ganz allgemein ergeben sich aus zwei getrennten Atomen mit $L_1 \geqq L_2$ folgende Λ-Werte:

$$\begin{array}{llllll}
L_1 + L_2 & L_1 + L_2 - 1 & L_1 + L_2 - 2 & \ldots & L_1 - L_2 & \ldots 1 \quad 0 \\
 & L_1 + L_2 - 1 & L_1 + L_2 - 2 & \ldots & L_1 - L_2 & \ldots 1 \quad 0 \\
 & & L_1 + L_2 - 2 & \ldots & L_1 - L_2 & \ldots 1 \quad 0 \\
 & & & \ldots & \ldots\ldots & \ldots\ldots \\
 & & & & L_1 - L_2 & \ldots 1 \quad 0
\end{array}$$

[1] Interessiert man sich für die Rotationsterme der entstehenden Molekülzustände, so werden sie durch die Hundschen Fälle a und b beschrieben.

2. Welche von den erhaltenen Molekültermen ergeben stabile Molekülzustände?

3. Welches ist die energetische Reihenfolge der Terme, insbesondere welches sind die tiefsten Terme (Normalzustände) der Moleküle?

Wir werden eine Beantwortung dieser Fragen von verschiedenen Standpunkten aus versuchen. Wir werden erstens von den getrennten Atomen ausgehen und diese zu einem Molekül zusammenführen. Wir werden zweitens von dem sog. vereinigten Atom (s. S. 82) ausgehen und dieses aufspalten. Drittens werden wir die Methode der Elektronenkonfiguration anwenden, indem wir zu den freien Kernen nacheinander die einzelnen Elektronen hinzufügen. Alle Verfahren geben nur mehr oder weniger näherungsweise die Verhältnisse beim wirklichen Molekül wieder, so daß man mit ihrer Anwendung etwas vorsichtig sein muß.

Es ist im Rahmen dieses Buches nicht möglich, eine Ableitung der im folgenden angegebenen Regeln zu bringen. Sie sind hier nur als Rüstzeug für den praktischen Gebrauch angegeben.

a) Bestimmung der Molekülterme, die aus zwei bestimmten Termen der getrennten Atome entstehen.

α) Bestimmung der gruppentheoretisch möglichen Terme nach Wigner und Witmer. Die Regeln für das Zusammenführen zweier Atomterme zu einem Molekülterm sind von Wigner und Witmer[1] auf streng quantenmechanischer Grundlage mit Hilfe gruppentheoretischer Überlegungen gegeben worden, und zwar für verschiedene Koppelungsverhältnisse: 1. Multiplettaufspaltung groß gegen Rotationsaufspaltung, chemische Bindungsenergie groß gegen beide, 2. Rotationsaufspaltung groß gegen Multiplettaufspaltung, chemische Bindungsenergie groß gegen beide, 3. Multiplettaufspaltung groß gegen chemische Bindungsenergie, diese groß gegen die Rotationsaufspaltung. Die von ihnen erhaltenen Resultate sind identisch mit denjenigen von Hund[2] oder ergänzen diese, die er auf Grund von Überlegungen teilweise nach der alten, teilweise nach der neuen Quantentheorie gewonnen hatte.

Die Zusammensetzungsregeln wollen wir hier an Hand des Vektormodells besprechen. Wir nehmen zuerst die Fälle 1 und 2

---

[1] Wigner, E. u. E. E. Witmer: Z. Physik Bd. 51 (1928) S. 859.
[2] Hund, F.: Z. Physik Bd. 42 (1927) S. 93; Bd. 63 (1930) S. 719.

Tabelle 6[1].

Atomterme	Molekülterme
$S_g + S_g$	Σ^+
$S_g + P_u$	Σ^+, Π
$S_g + D_g$	Σ^+, Π, Δ
$P_u + P_u$	Σ^+ (2), Σ^-, Π (2), Δ
$P_u + D_g$	Σ^+ (2), Σ^-, Π (3), Δ (2), Φ
$D_g + D_g$	Σ^+ (3), Σ^- (2), Π (4), Δ (3, Φ (2), Γ

2. Die beiden Atome sind gleich, befinden sich aber in verschiedenen Zuständen. In diesem Falle ergeben sich doppelt so viele Zustände wie vorhin, denn wegen der Resonanzentartung kommt jeder Term einmal gerade und einmal ungerade vor.

3. Die beiden Atome sind gleich und befinden sich in gleichen Zuständen. Die entstehenden Zweizentrensysteme haben die Spinquantenzahlen $S = 2\,S_1,\ 2\,S_1 - 1,\ 2\,S_1 - 2, \ldots 0$. Es treten danach nur Terme mit ungeradzahliger Multiplizität auf (Singuletts, Tripletts usw., keine Dubletts oder Quartetts). Zu jeder Spinquantenzahl gehören folgende Λ-Werte:

$$\begin{array}{cccccc} 2L & 2L-1 & 2L-2 & \ldots & 1 & 0 \\ & 2L-1 & 2L-2 & \ldots & 1 & 0 \\ & & 2L-2 & \ldots & 1 & 0 \\ & & & \ldots & \ldots & \ldots \\ & & & & 1 & 0 \\ & & & & & 0 \end{array}$$

Von den ungeradzahligen Λ-Werten (1, 3, 5 . . .) ist eine gerade Anzahl vorhanden, von denen die eine Hälfte gerade und die andere Hälfte ungerade Elektronenterme sind. Von den geradzahligen Λ-Werten (0, 2, 4 . . .) ist eine ungerade Anzahl vorhanden, so daß man bei einer Teilung einen geraden oder einen ungeraden Term mehr haben muß. Der überzählige Term ist gerade bei gerader Spinquantenzahl S (Singuletts, Quintetts), er ist ungerade bei ungeradem S (Tripletts, Septetts). Außerdem sind $L + 1$-Terme Σ^+ und L-Terme Σ^-.

Als Beispiel berechnen wir die Terme, die aus zwei Atomen im ^3P-Zustand entstehen (z. B. $O + O = O_2$). Es ist $S = 2 \cdot 1$,

[1] Die eingeklammerten Zahlen geben die Anzahl der betreffenden Terme an.

$2 \cdot 1 - 1$, $2 \cdot 1 - 2$; daraus ergeben sich als Multiplizitäten $(2S+1)$ 5, 3, 1. Die zugehörigen Λ-Werte sind, da $L = 1$ ist:

$$\begin{matrix} 2 & 1 & 0 \\ & 1 & 0 \\ & & 0 \end{matrix}$$

Es entstehen daher unter Beachtung der gegebenen Regeln folgende Terme:

$$\begin{matrix} {}^5\Delta_g & {}^5\Pi_g & {}^5\Sigma_g^+ & {}^3\Delta_u & {}^3\Pi_u & {}^3\Sigma_u^+ & {}^1\Delta_g & {}^1\Pi_g & {}^1\Sigma_g^+ \\ & {}^5\Pi_u & {}^5\Sigma_u^- & & {}^3\Pi_g & {}^3\Sigma_g^- & & {}^1\Pi_u & {}^1\Sigma_u^- \\ & & {}^5\Sigma_g^+ & & & {}^3\Sigma_u^+ & & & {}^1\Sigma_g^+ \end{matrix}$$

Wir betrachten jetzt den Koppelungsfall 3 von WIGNER und WITMER, bei dem zwischen den Vektoren $\mathfrak{L}$ und $\mathfrak{S}$ eine kräftige Wechselwirkung herrscht, so daß zwischen Atomzuständen mit verschiedenem J beträchtliche Energieunterschiede (große Multiplettaufspaltung) bestehen. Die daraus entstehenden Molekülzustände besitzen häufig kleine Dissoziationsarbeiten und große Werte des Kernabstandes. Betrachten wir außerdem die Rotationsfeinstruktur, so werden wir HUNDs Koppelungsfall c erwarten. (Bei nicht zu großer atomarer Multiplettaufspaltung ist aber auch noch Fall a und b möglich.)

In HUNDs Fall c haben die Quantenzahlen Λ und S keine Bedeutung, sondern nur Ω ist als Quantenzahl definiert. Ω wird in ganz ähnlicher Weise bestimmt, wie Λ für den Fall kleiner Multiplettaufspaltung. Die Regeln finden sich bei WIGNER und WITMER angedeutet und sind von MULLIKEN[1] ausführlich angegeben worden. Wir wollen auch hier die gleichen Fälle wie vorhin unterscheiden:

1. Die beiden Atome sind verschieden. Die möglichen Ω-Werte ergeben sich aus den Projektionen der Komponenten von $\mathfrak{J}_1$ und $\mathfrak{J}_2$ auf die Zentrenachse. Es orientieren sich nämlich $\mathfrak{J}_1$ und $\mathfrak{J}_2$ hier genau so nach der Zentrenachse wie vorher $\mathfrak{L}_1$ und $\mathfrak{L}_2$. Ist $J_1 \geqq J_2$, so entstehen die Ω-Werte:

$$\begin{matrix} J_1+J_2 & J_1+J_2-1 & J_1+J_2-2 & \ldots & J_1-J_2 & \ldots & 1/2 \text{ oder } 0 \\ & J_1+J_2-1 & \ldots\ldots\ldots & & & \ldots & 1/2 \text{ oder } 0 \\ & & \ldots\ldots\ldots\ldots\ldots & \ldots\ldots\ldots & \ldots\ldots\ldots & \ldots & \ldots\ldots \\ & & & & J_1-J_2 & \ldots & 1/2 \text{ oder } 0 \end{matrix}$$

Ist $J_1 + J_2$ halbzahlig, dann ist der kleinste Ω-Wert 1/2. Ist $J_1 + J_2$ ganzzahlig, dann ist 0 der kleinste Ω-Wert. Ebenso wie für $\Lambda = 0$ die

[1] MULLIKEN, R. S.: Physic. Rev. Bd. 36 (1930) S. 1440.

Terme Σ^+ und Σ^- entstehen konnten, gehen aus $\Omega = 0$ die Terme 0^+ und 0^- hervor. Sind J_1 und J_2 jedes für sich halbzahlig, dann gibt es ebenso viele 0^+- wie 0^--Terme. Sind J_1 und J_2 einzeln ganzzahlig, dann ist eine ungerade Anzahl von 0-Termen vorhanden und der überzählige ungerade, der in der letzten Zeile des obigen Schemas steht, ist 0^+ oder 0^-, je nachdem ob die Summe $J_1 + J_2 + \Sigma l_1 + \Sigma l_2$ gerade oder ungerade ist.

2. Die Atome sind gleich, befinden sich aber in verschiedenen Zuständen. In diesem Fall verdoppelt sich einfach die Zahl der Zustände, indem jeder Term einmal als gerader und einmal als ungerader Term vorkommt.

3. Die beiden Atome sind gleich und befinden sich in gleichen Zuständen. Ist J (statt J_1 und J_2 schreiben wir hier einfach J) ganzzahlig, d. h. besitzt jedes Atom eine gerade Anzahl von Elektronen, so entstehen die Zustände:

$$\begin{array}{lll} (2\,J)_g & (2\,J-1)_g & \ldots\ 0_g^+ \\ & (2\,J-1)_u & \ldots\ 0_u^- \\ & & \ldots\ldots \\ & & 0_g^+ \end{array}$$

Ist J dagegen halbzahlig, d. h. besitzt jedes Atom eine ungerade Anzahl von Elektronen, so ergeben sich folgende Molekülzustände:

$$\begin{array}{lll} (2\,J)_u & (2\,J-1)_u & \ldots\ 0_u^- \\ & (2\,J-1)_g & \ldots\ 0_g^+ \\ & & \ldots\ldots \\ & & 0_g^+ \end{array}$$

Hiermit sind der Zahl nach alle möglichen vorkommenden Terme für die eingangs erwähnten Koppelungsverhältnisse bestimmt. Nichts ist bisher ausgesagt über die energetische Reihenfolge der Terme und über ihre Stabilität. Diese Lücken werden teilweise ausgefüllt durch die folgenden Betrachtungen.

β) Die Methode von HEITLER und LONDON[1]**. (Störungsrechnung in erster Näherung.)** Den Ausgangspunkt der ganzen Theorie bildet das Beispiel der Bildung des Wasserstoffmoleküls. Hier treten wie beim He (S. 35) zwei gleiche wellenmechanische Systeme in Wechselwirkung — die beiden H-Atome — und daher werden wir auch hier für das Gesamtsystem H_2 zwei Eigenfunktionen mit zwei verschiedenen Energiewerten erwarten. Denkt man sich die beiden Atome so weit voneinander entfernt, daß praktisch keine Wechselwirkung

[1] HEITLER, W. u. F. LONDON: Z. Physik Bd. 44 (1927) S. 455.

eintritt, so ist die Eigenfunktion des Gesamtsystems $\psi = \psi_1 \psi_2$ und die Gesamtenergie ist die Summe $E = E_1 + E_2$. Da man die beiden Elektronen auf zweierlei verschiedene Weise auf die beiden Kerne verteilen kann, erhält man wieder zwei Eigenfunktionen ψ, nämlich $\psi_1(1)\,\psi_2(2)$ und $\psi_1(2)\,\psi_2(1)$[1], die aber wegen der völligen Gleichheit der Elektronen gleiche Frequenzen und gleiche Energien haben. Berücksichtigt man jetzt die Koppelung der beiden H-Atome, was durch eine Störungsrechnung ähnlich wie beim He geschieht, so treten „Resonanzschwebungen" ein, die sich als Superposition von zwei einfachen Hauptschwingungen etwas verschiedener Frequenz darstellen lassen. Wir haben hier ein sehr ähnliches, aber doch nicht das gleiche Phänomen, wie die von HEISENBERG beim He aufgefundene Resonanz. Während dort die Elektronen verschiedener Bewegungstufen, aber der gleichen Eigenfunktionenreihe ihre Energie austauschen, treten hier Elektronen gleicher Energie (gleicher Anregungsstufe), aber zu verschiedenen Eigenfunktionensystemen gehörig, in Austausch. Wir wollen daher hier von einer Austauschentartung sprechen. Die Zusammensetzung der Hauptschwingungen liefert zwei Gesamtschwingungen, von denen die eine symmetrisch $[\psi_1(1)\,\psi_2(2) + \psi_1(2)\,\psi_2(1)]$, die andere antisymmetrisch $[\psi_1(1)\,\psi_2(2) - \psi_1(2)\,\psi_2(1)]$ in den Elektronen ist. Dabei ist die Energie des symmetrischen Zustandes für das System H + H *kleiner* als die Energie des antisymmetrischen Zustandes, während beim He-Atom (bei sonst gleichen Quantenzahlen) der antisymmetrische Zustand (Orthohelium) der stabilere ist.

Die zu $E = E_1 + E_2$ hinzutretende, die Aufspaltung bewirkende Störungsenergie enthält zwei Integrale. Das eine bedeutet einfach die COULOMBsche Wechselwirkung der Ladungen. Die Ladungswolken werden dabei in der benutzten Näherung als steif angesehen. Das zweite Integral beruht wieder auf dem quantenmechanischen Austauschphänomen und hat sich als wesentlich für die Bindung erwiesen. Es ergibt Bindung, sowie es mit negativem und Abstoßung, sowie es mit positivem Vorzeichen auftritt. Diese Verhältnisse sind aus der folgenden Abb. 48 ersichtlich, in der die beiden sich ergebenden Energien als Funktion des Kernabstandes aufgetragen sind. Als Nullpunkt ist die Summe $E_1 + E_2$, also die Energie der weit entfernten Atome genommen worden. Die zur

[1] Die Indizes 1 und 2 beziehen sich auf die beiden Kerne, die eingeklammerten Zahlen auf die Elektronen.

symmetrischen Eigenfunktion gehörende Energiekurve besitzt ein ausgeprägtes Minimum, dessen Tiefe (3,2 Volt) und Lage (0,80 Å) mit der gemessenen Dissoziationsenergie von 4,5 Volt und dem Kernabstand von 0,74 Å ziemlich übereinstimmt (s. aber S. 141 Anm.). Bei größeren Kernabständen erfolgt Energieabnahme, also Anziehung, erst bei großer Annäherung resultiert Abstoßung. Dabei nimmt die Wechselwirkungsenergie wegen der abnehmenden Überlappung der Eigenfunktionen der Atome mit großen Kernabständen exponentiell ab. Der antisymmetrische Zustand hingegen liefert beständig Abstoßung.

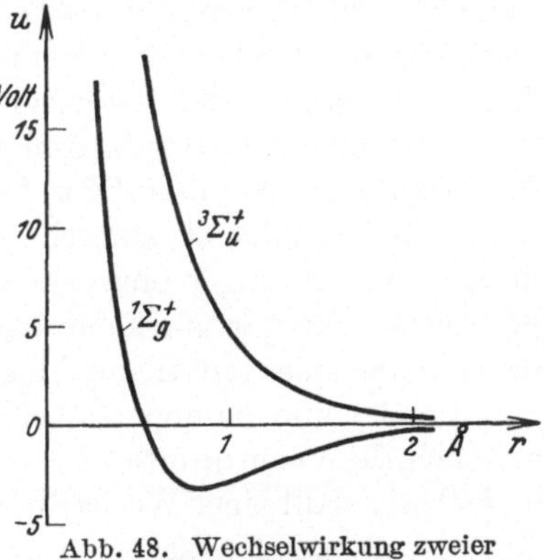

Abb. 48. Wechselwirkung zweier Wasserstoffatome.

Nähert man also zwei H-Atome im Grundzustand einander, so können sie auf zweierlei verschiedene Weise miteinander reagieren, wobei das eine Mal ihre Eigenfunktionen symmetrisch, das andere Mal antisymmetrisch verknüpft sind. Da nach der wellenmechanisch formulierten PAULI-Regel jedes System in bezug auf Vertauschung eines Elektronenpaares antisymmetrisch sein soll, müssen in dem symmetrischen Zustand (Bindung) die Drallvektoren der Elektronen antiparallel gerichtet sein und im antisymmetrischen Zustand (Abstoßung) müssen sie parallel stehen.

Auch nach WIGNER und WITMER entstehen aus zwei ^2S-Atomen nur die Zustände $^1\Sigma_g^+$ und $^3\Sigma_u^+$. Die HEITLER-LONDONsche Rechnung sagt aber außerdem, daß der $^1\Sigma$-Zustand der Grundzustand des H_2-Moleküls ist und eine feste Bindung hat, während der $^3\Sigma$-Zustand höher liegt und ein Abstoßungszustand, also kein stabiler Molekülzustand ist.

Die für H_2 entwickelten Überlegungen sind von LONDON[1] und HEITLER[2] allgemein auf Atome in S-Zuständen angewandt worden. Es hat sich für diese Fälle ergeben, daß jede symmetrische Verknüpfung zweier vorher nicht äquivalent gebundener Elektronen zu einem Energiegewinn und einer möglichen Molekülbildung führt

[1] LONDON, F.: Z. Physik Bd. 46 (1927) S. 455.

[2] HEITLER, W.: Z. Physik Bd. 47 (1928) S. 835. — Gött. Nachr. 1927 S. 368.

und daß die entstehende Bindung um so fester ist, je mehr neue symmetrisch verknüpfte Elektronenpaare bei der Molekülbildung entstanden sind[1]. Das heißt aber, von den entstehenden Molekültermen liegen die mit kleinster Multiplizität am tiefsten, die mit größter Multiplizität am höchsten. Tritt zu der Austauschentartung noch eine Resonanzentartung (s. folgenden Absatz), so können auch tiefliegende Terme mit hoher Multiplizität entstehen. Man kann also für eine Reihe von Molekültermen, die aus zwei Atomen in S-Zuständen sich bilden, sagen, ob sie hoch oder tief liegen und ob sie stabil sind oder nicht, aber im allgemeinen ist die energetische Reihenfolge der Terme nicht festgelegt, da die Theorie ja nur für großen Kernabstand abgeleitet ist. Außerdem ist sie wegen der Kompliziertheit der Rechnung vorläufig auf Atome in S-Zuständen beschränkt.

γ) **Gleichzeitige Austausch- und Resonanzentartung.** Die bisherigen Ausführungen erstreckten sich nur auf den Fall, daß außer der Austauschentartung keine andere Entartung vorliegt. Läßt man nun eine Resonanzentartung hinzutreten, d. h. ist das eine Elektron im normalen und das andere in einem angeregten Zustande, so betätigen sich die Valenzkräfte in etwas anderer Weise. Nehmen wir den einfachsten Fall einer Wechselwirkung zwischen einem H-Atom im Grundzustande (1 s-Elektron) und einem angeregten H-Atom mit $l = 0$ (2 s-Elektron)[2]. Man erhält dann angeregte Zustände des H_2-Moleküls. Dabei gilt die Regel nicht mehr, daß bei den so erhaltenen Termen diejenigen mit kleinster Multiplizität am tiefsten liegen.

Derartige gleichzeitige Resonanz- und Austauschbindungen kommen im allgemeinen für angeregte Zustände in Frage. Besonders wichtig sind sie im Fall des He_2, wo der Grundzustand des Moleküls ein Abstoßungszustand ist und man nur für angeregte Zustände ein stabiles Molekül erhält.

δ) **Andere Rechenmethoden.** Die unter γ) erwähnten Rechnungen sind nicht mit dem einfachen Störungsverfahren von HEITLER und LONDON, sondern mit anderen quantenmechanischen Rechenmethoden durchgeführt worden. Solche Verfahren sind auch zum Teil für die Berechnung des Grundzustandes des H_2-Moleküls verwandt worden[3].

---

[1] Das gilt wieder nur unter der Voraussetzung, daß das Austauschintegral negativ ist, was von Fall zu Fall nachgewiesen werden muß.

[2] HYLLERAAS, E. A.: Z. Physik Bd. 51 (1928) S. 150; Bd. 71 (1931) S. 739. — KEMBLE, E. C. u. C. ZENER: Physic. Rev. Bd. 33 (1929) S. 512.

[3] SUGIURA, Y.: Z. Physik Bd. 45 (1927) S. 484. — WANG, S. C.: Physik. Z. Bd. 28 (1927) S. 663.; Physic. Rev. Bd. 31 (1928) S. 579. — HYLLERAAS, E. A.: l. c. — CONDON, E. U.: Proc. Nat. Acad. Sci., Bd. 13 (1927) S. 466. — ROSEN, N.: Physic. Rev. Bd. 38 (1931) S. 2099.

Folgende Tabelle 7 gibt einen Begriff von der Güte solcher Rechnungen**. Dabei hat SUGIURA nach der einfachen HEITLER-LONDON-Methode gerechnet.

Tabelle 7. Molekülkonstanten des H_2.

	SUGIURA	WANG	CONDON	ROSEN	HYLLERAAS	Spektroskopischer Wert	
Kernschwingung	4,8	4,9	5,3	4,26	4,28	4,39	$10^3\,cm^{-1}$
Kernabstand	0,80	0,74	0,71	0,75	0,72	0,74	10^{-8} cm
Trägheitsmoment	5,2	4,59	4,26	4,66	4,35	4,54	$10^{-41}gcm^2$
Dissoziationsarbeit*	3,0	3,5	4,2	3,8	4,37	4,45	Volt

Die Bildung angeregter Wasserstoffzustände, die aus einem $1\,s$- und $2\,p$-Elektron gebildet werden, haben GUILLEMIN und ZENER[1] und HYLLERAAS[2] nach einem Variationsverfahren untersucht. Die Übereinstimmung ist qualitativ stets gut, teilweise ist auch die quantitative nicht schlecht. Insbesondere gibt eine Berechnung weiterer angeregter Zustände des H_2 durch HYLLERAAS zum Teil recht gute Übereinstimmung mit den experimentellen Werten. Das Gleiche kann man für das H_2^+ sagen[3].

ε) Fortsetzung der HEITLER-LONDONschen Störungsrechnung. Man kann nun versuchen, die Vernachlässigung, die Ladungswolken als steif und undeformierbar anzusehen, aufzugeben. Die Rechnung, die von EISENSCHITZ und LONDON durchgeführt wurde[4], hat ergeben, daß in der zweiten Näherung im Ausdruck für die Wechselwirkungsenergie ein Glied auftritt, das stets Anziehungskräfte enthält, proportional $\frac{1}{r^6}$ abnimmt und zur Wechselwirkung unangeregter Moleküle hinzutritt. In großer Entfernung überwiegen diese Anziehungskräfte sogar die exponentiell

* Die in den Arbeiten von SUGIURA, WANG, CONDON und ROSEN angegebenen Dissoziationsarbeiten von 3,2 Volt, 3,76 Volt, 4,4 Volt und 4,02 Volt müssen um die Nullpunktsenergie verkleinert werden, um mit dem experimentellen Wert verglichen zu werden. Alle übrigen Daten beziehen sich auf die Gleichgewichtslage.

** Zusatz b. d. Korr.: Die neueste Berechnung ergibt $D_{H_2} = 4{,}454 \pm 0{,}013$ e-Volt. [H. M. JAMES u. A. S. COOLIDGE: J. Chem. Physics Bd. 1 (1933) S. 825; Bd. 3 (1935) S. 129].

[1] GUILLEMIN, V. u. C. ZENER: Physic. Rev. Bd. 34 (1929) S. 999.

[2] HYLLERAAS, E. A.: Z. Physik Bd. 51 (1928) S. 150; Bd. 71 (1931) S. 739.

[3] BURRAU, O.: Kgl. Danske Vid. Selsk. Math.-Fys. Medd. Bd. 7 (1927) Nr 14. — TELLER, E.: Z. Physik Bd. 61 (1930) S. 458; s. dort weitere Literatur. — PODOLANSKI, J.: Ann. Physik Bd. 10 (1931) S. 695. — HYLLERAAS, E. A.: l. c.

[4] EISENSCHITZ, R. u. F. LONDON: Z. Physik Bd. 60 (1930) S. 491.

abklingenden Austauschkräfte. Wir werden später sehen, daß sie die VAN DER WAALSsche Anziehung zu erklären vermögen (S. 363). Z. B. zeigt die Rechnung, daß sich für den Abstoßungszustand $^3\Sigma$ des H_2 in Wirklichkeit eine ganz schwache Anziehung von einigen Tausendstel Volt im Abstand von etwa 5 Å ergibt, also von der Größenordnung der VAN DER WAALSschen Anziehung. Im Maßstab der Abb. 48 ist sie nicht zum Ausdruck zu bringen.

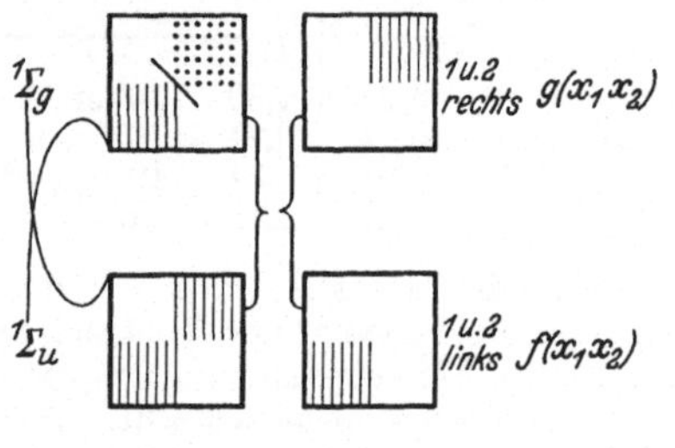

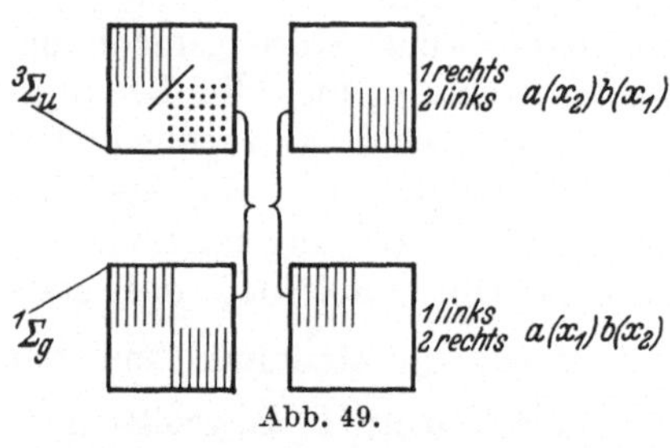

Abb. 49.

Auch für kleine Kernabstände wird man durch die Berücksichtigung der zweiten Näherung eine Beeinflussung sowohl für die absolute wie für die relative Lage der Terme erwarten. Es werden dabei nicht mehr Linearkombinationen aus den unveränderten Eigenfunktionen der Einzelatome für die Eigenfunktionen des Moleküls benutzt, sondern es wird die Störung der Atomeigenfunktionen, die durch die Molekülbildung entsteht, durch eine Entwicklung nach den ungestörten Eigenfunktionen der Atome dargestellt. Je größer diese Störung ist, um so mehr müssen wir erwarten, daß die Termordnung gegenüber der Methode der einfachen Austauschenergien geändert wird. Es können vorher tiefliegende Terme höherrücken und umgekehrt. Die Störungsglieder enthalten dabei Eigenschaften von anderen Termen, die wie man sagt „gleiche Rasse“ wie der betrachtete Term besitzen. Unter Termen gleicher Rasse versteht man solche, die gleiche Symmetrieeigenschaften und gleiche Multiplizität haben. Das folgende Beispiel läßt die Verhältnisse ganz gut übersehen[1].

Es sollen sich zwei Elektronen in gleich großen Potentialmulden befinden. Der Einfachheit halber mögen sie sich nur auf einer geraden Linie bewegen können, Koordinaten x_1 und x_2. Die potentielle Energie des Systems ist $U(x_1) + U(x_2) + \lambda V(|x_1 - x_2|)$, wo λV die Wechselwirkungsenergie ist. Sie möge mit wachsendem $|x_1 - x_2|$ kleiner werden, also Abstoßung

[1] HUND, F.: Z. Physik Bd. 73 (1931) S. 1.

bedeuten. Wenn die Mulden mit je einem Elektron weit voneinander entfernt sind, ist $V = 0$. Dieser Lage entsprechen „Atomterme". Sind beide Elektronen in der gleichen Mulde, so entsprechen diesem Zustand „Ionenterme". HUND nimmt der Einfachheit halber an, daß für großen Abstand der Minima schon die erste Energiestufe über dem Grundzustand (in dem beide Elektronen in verschiedenen Mulden sind) einen Ionenterm darstellt. Sind $a(x)$ und $b(x)$ die Eigenfunktionen der getrennten Mulden mit je einem Elektron, so werden zuerst nach LONDON und HEITLER die Linearkombinationen $a(x_1)b(x_2) \pm a(x_2)b(x_1)$ als Näherungen der wirklichen Moleküleigenfunktionen für große Muldenabstände benutzt. Dabei gibt die Summe den tieferen Eigenwert als die Differenz (negatives Austauschintegral, knotenlose Eigenfunktion). In ähnlicher Weise wird der Übergang zu den Ionentermen vorgenommen, die entsprechenden Linearkombinationen sind $f(x_1 x_2) \pm g(x_1 x_2)$. Das Austauschphänomen spielt hier keine Rolle. HUND macht die Verhältnisse an vorstehender Abb. 49 klar. Rechts sind die Eigenfunktionen der einzelnen Mulden eingezeichnet, die beiden obersten Quadrate sind die Ionenterme, die beiden unteren die Atomterme. Die linke Reihe gibt die Linearkombinationen an, und zwar in der Reihenfolge von oben nach unten: $f(x_1 x_2) - g(x_1 x_2)$, $f(x_1 x_2) + g(x_1 x_2)$, $a(x_1)b(x_2) - a(x_2)b(x_1)$, $a(x_1)b(x_2) + a(x_2)b(x_1)$. Die Eigenfunktionen der mit dem Index g bezeichneten Terme ändern sich nicht bei halber Drehung um den Mittelpunkt des Quadrats, die der u-Terme werden dabei mit -1 multipliziert. Der kurze Diagonalstrich in einigen Quadraten bedeutet Antisymmetrie zur Diagonale $x_1 = x_2$ oder zur Diagonale $x_1 = -x_2$. In zweiter Näherung wird die Änderung der Eigenfunktion nach LONDON und EISENSCHITZ betrachtet. Die Störungsfunktion ist in den Mulden und in den Elektronen symmetrisch. Daraus ergibt sich, daß nur Terme gleicher Rasse sich beeinflussen, im Beispiel also die beiden $^1\Sigma_g$. Das bewirkt, daß die beiden Terme auseinanderrücken. Der aus den „Ionentermen" entstehende $^1\Sigma_g$-Term[1] wird durch die Beeinflussung des aus den „Atomtermen" entstehenden $^1\Sigma_g$-Terms nach oben gedrückt und dieser wird entsprechend umgekehrt nach unten gedrückt. Es findet also in zweiter Näherung eine Überschneidung der Terme $^1\Sigma_g$ und $^1\Sigma_u$ statt.

Wenn man die Rechnungen quantitativ durchführt, so werden sie sehr kompliziert, sowie man sich nicht auf die allereinfachsten Fälle beschränkt. Für eine Erweiterung der Termsystematik ist daher von dieser Seite nicht viel zu hoffen. Die wirklich wertvollen Ergebnisse, die die Fortsetzung des Störungsverfahrens erzielt hat, liegen auf dem Gebiet der zwischenmolekularen Kräfte (S. 363).

Im folgenden wollen wir nun an das Problem der Bestimmung der Mannigfaltigkeit der Molekülterme von der entgegengesetzten Seite herangehen, indem wir das vereinigte Atom zum Ausgangspunkt wählen und dieses aufspalten.

---

[1] Σ bedeutet in diesem vereinfachten Modellbeispiel natürlich nicht das gleiche wie ein Σ-Term bei den Molekülen.

b) Bestimmung der Molekülterme, die aus der Aufspaltung des vereinigten Atoms entstehen[1].

Wir gehen aus von den Termen des „vereinigten" Atoms mit bestimmten L-, S- und J-Werten. Teilt man jetzt den Kern und zieht die Bestandteile etwas auseinander[2], so wird das ursprünglich zentralsymmetrische Feld gestört, indem sich ihm ein axiales Feld in Richtung der Kernverbindungslinie überlagert. Durch diese Störung werden die Terme des vereinigten Atoms aufgespalten (wie im Starkeffekt). Das mathematische Verfahren wird also wieder das einer Störungsrechnung sein, nur daß man vom entgegengesetzten Grenzfall wie unter a) ausgeht.

Zieht man die Kerne nur sehr wenig auseinander, so entsteht eine geringe Störung und die Quantenzahlen L, S und J haben auch im entstehenden Molekül Bedeutung (weak field case von Mulliken). Würde man die Rotation dieses Moleküls betrachten, so würde sie unter den Hundschen Koppelungsfall c fallen. In diesem ist nur Ω als Quantenzahl definiert. Jeder Term mit gegebenem J eines vereinigten Atoms mit ungleichen Kernen spaltet in eine Reihe von Termen des Zweizentrensystems auf, für die Ω die Werte annimmt: J, $J-1$, $J-2$, ... 1/2 oder 0. Zustände mit $\Omega = 0$ können wieder 0^+- oder 0^--Terme sein. 0^+-Terme gehen aus dem Atomterm hervor, wenn $J + \Sigma l$ gerade ist; es entstehen 0^--Terme, wenn $J + \Sigma l$ ungerade ist.

Geschieht die adiabatische[3] Auseinanderführung so, daß das entstehende Zweizentrensystem gleiche Kerne hat, so sind wieder gerade und ungerade Elektronenzustände zu unterscheiden. Dabei geben gerade Terme des vereinigten Atoms gerade Molekülterme; das Entsprechende gilt für ungerade Terme. Das liegt daran, daß bei Auseinanderführung des Kerns in zwei Teile das Symmetriezentrum erhalten bleibt.

Werden die bei der Teilung des Kerns erhaltenen Teile etwas mehr auseinandergezogen, so daß die Störung des ursprünglich zentralsymmetrischen Atomfeldes stärker ist, dann wird das entstehende axiale Feld die Koppelung zwischen L und S lösen

[1] Hund, F.: Z. Physik Bd. 63 (1930) S. 719. — Mulliken, R. S.: Rev. Mod. Physics. Bd. 4 (1932) S. 1. — Hund, F.: Handbuch der Physik Bd. 24, 1 (1933) S. 561; daselbst weitere Literatur.

[2] Es handelt sich selbstverständlich wieder um einen gedachten Vorgang.

[3] Eine „adiabatische" Auseinanderführung geschieht so langsam, daß der Zustand der Elektronen in jedem Stadium der gleiche ist, als seien die Kerne in diesem Stadium festgehalten.

derart, daß beide keine gequantelte Komponente J mehr geben (strong field case von MULLIKEN). Die in diesem Falle sich ergebenden Molekülterme sind daher durch Λ und S charakterisiert. Die Λ-Werte sind dabei die Komponenten von L in dem entstehenden elektrischen Feld: $L, L-1, L-2, \ldots 0$. Für $\Lambda = 0$ entstehen Σ^+- und Σ^--Terme. Es gibt Σ^+-Terme, wenn $L + \Sigma l$ gerade ist und Σ^--Terme, wenn $L + \Sigma l$ ungerade ist. Hat das gebildete Molekül gleiche Kerne, so sind wie oben gerade und ungerade Terme zu unterscheiden.

Interessieren wir uns für die Feinstruktur der entstehenden Molekülterme, so ist sie mit Hilfe der HUNDschen Koppelungsfälle a und b zu erklären.

Wir wollen als Beispiel sehen, welche Molekülterme aus einem ^2D-Term des vereinigten Atoms entstehen. Dabei wollen wir erst eine geringe und dann eine starke Aufspaltung des Kerns vornehmen. Für einen D-Term ist $L = 2$. Die beiden Komponenten haben $J = 3/2$ und $J = 5/2$. Aus $^2D_{\frac{3}{2}}$ entstehen Molekülterme mit $\Omega = 3/2$ und $1/2$, aus $^2D_{\frac{5}{2}}$ solche mit $\Omega = 5/2, 3/2, 1/2$. Bei stärkerer Auseinanderrückung der Kerne wird die Koppelung zwischen L und S gelöst, so daß statt Ω die Quantenzahl Λ betrachtet werden muß. Aus $L = 2$ entstehen die Λ-Werte 2, 1 und 0 entsprechend einem Δ-, einem Π- und einem Σ-Term. Da die Multiplizität erhalten bleibt, handelt es sich um Dubletterme.

Die Regeln, nach denen Molekülterme aus den Termen des vereinigten Atoms entstehen, sind also ziemlich einfach, einfacher als die des entgegengesetzten Grenzfalls. Fragen wir nun nach der energetischen Reihenfolge der Terme, in die ein Atomterm aufspaltet, so können wir folgendes sagen: die aus einem tiefen Atomterm entstehenden Molekülterme liegen im allgemeinen tiefer als die aus einem höheren Atomterm gebildeten. Über die Stabilität der Molekülterme können wir garnichts aussagen.

Wir könnten aber versuchen, zwischen den beiden betrachteten Grenzfällen zu interpolieren, um das Termschema eines Moleküls zu erhalten. Wir würden also vom Zentrenabstand 0 ausgehen (vereinigtes Atom), diesen adiabatisch ändern und schließlich zum Grenzfall der getrennten Atome kommen.

Um eine geeignete Interpolation zwischen Zentrenabstand 0 und ∞ zu bekommen, ist ein Verfahren eingeschlagen worden, das dem Aufbauprinzip bei den Atomen nachgebildet und zuerst von MULLIKEN und HUND angewandt worden ist.

c) Bestimmung der Molekülterme aus der Elektronenkonfiguration.

α) Schalenbau und Aufbauprinzip bei Molekülen. Bohr war bei der Anwendung seines Aufbauprinzips bei den Atomen so vorgegangen, daß er zu dem vollständig ionisierten Atom nach und nach die Elektronen hinzufügte, wobei jedes Elektron möglichst fest gebunden wurde. Dabei wurden allmählich gewisse Elektronenschalen aufgefüllt, in denen die Elektronen, die gleiche Hauptquantenzahl besitzen, angeordnet wurden. Kennt man die relative Bindungsfestigkeit der einzelnen Schalen, so kann man (mit Hilfe gewisser Zusatzbetrachtungen) die Elektronenkonfiguration und die L- und S-Werte für ein beliebiges Atom in seinem Normalzustand bestimmen. Für leichtere Atome ergibt sich so die Reihenfolge $1s$, $2s$, $2p$, $3s$, $3p$, $4s$, $3d$, $4p$ . . ., für schwerere ist sie ein wenig geändert $1s$, $2s$, $2p$, $3s$, $3p$, $3d$, $4s$, $4p$, $5s$, . . . Aus Lage und Bindung der Elektronen wird dann weiter auf den Atomterm geschlossen.

Man kann nun versuchen, ein ähnliches Aufbauprinzip für die Moleküle auszuarbeiten. Hier liegen die Verhältnisse naturgemäß viel komplizierter, da eine größere Mannigfaltigkeit an Schalentypen herrscht und die Bindungsfestigkeit der einzelnen Schalen nicht nur mit der Atomnummer der Atome, sondern auch mit dem Gleichgewichtsabstand der Kerne und mit der Verschiedenheit ihrer Ladungen variiert. Trotzdem ist es gelungen, zu einer Reihe brauchbarer allgemeiner Aussagen und für gewisse Gruppen von Molekülen (s. Beispiele) auch zu spezielleren Aussagen zu gelangen[1].

Man benutzt wieder das Zweizentrensystem mit festgehaltenen Kernen und fügt nach und nach die einzelnen Elektronen hinzu. Unter Zweizentrensystem ist dabei ein System mit gleichen oder nahezu gleichen Kernen verstanden worden, doch sind die Überlegungen auch auf Moleküle mit ungleichen Kernen erweitert worden. In gleicher Weise gebundene Elektronen kommen wie beim Atom in eine gemeinsame Schale. Bei dieser Betrachtungsweise werden die Terme des Zweizentrensystems durch Terme einzelner Elektronen angenähert. Man untersucht das Verhalten der einzelnen hinzukommenden Elektronen im festen rotationssymmetri-

[1] Mulliken, R. S.: Physic. Rev. Bd. 32 (1928) S. 186, 761; Bd. 33 (1929) S. 730. — Hund, F.: Z. Physik Bd. 51 (1928) S. 759; Bd. 63 (1930) S. 719.

schen Felde des Rumpfes. Für gleiche oder nahezu gleiche Kerne verläuft dieses Kraftfeld symmetrisch zur Mittelebene zwischen den Zentren[1]. Wir betrachten (Abb. 50) mit HUND das Zweizentrensystem mit einem Elektron, für das er ein Termschema für die Fälle sehr großer und sehr kleiner Zentrenabstände angegeben hat.

Zuerst diskutieren wir die linke Seite. Wir hatten schon auf S. 82 gesagt, daß bei geringer Aufspaltung des Kerns in zwei Teile die einzelnen Elektronen ihre Quantenzahlen n und l behalten. Damit ist aber auch die Reihenfolge der einzelnen Elektronenschalen noch praktisch die gleiche wie im vereinigten Atom, nur muß die Quantelung im elektrischen Feld der Kerne berücksichtigt werden. Das geschieht, indem jedes einzelne Elektron eine neue Quantenzahl λ erhält (Komponente des Bahnimpulses in Richtung der Kernverbindungslinie, s. S. 82). Ein Elektron mit $n = 1$, $l = 0$ und $\lambda = 0$ kommt in die Schale $1s\sigma$. Allgemein werden s-Elektronen zu σ-Elektronen ($1s\sigma$, $2s\sigma$ usw.). p-Elektronen hingegen können σ- oder π-Elektronen werden. Diejenigen p-Elektronen, zu denen $m_l = 0$ gehört (λ entspricht ja der Quantenzahl $|m_l|$ bei Atomen), kommen in σ-Schalen ($2p\sigma, \ldots$), diejenigen mit $m_l = \pm 1$ kommen in π-Schalen ($2p\pi$, $3p\pi$). In Analogie zum Atom bedeutet z. B. $(3p\sigma)^2$ eine Schale mit zwei Elektronen mit der Hauptquantenzahl $n = 3$, der Nebenquantenzahl $l = 1$ und der Molekülquantenzahl $\lambda = 0$. Sind die Kerne des entstehenden

[1] Dieses Feld hat qualitativ die Eigenschaften eines HARTREEschen Feldes. D. R. HARTREE [Proc. Cambridge Philos. Soc. Bd. 24 (1928) S. 89, 111] nimmt nämlich zur Berechnung der Elektronenverteilung in Atomen mit vielen Elektronen an, daß jedes Elektron in einem Zentralfeld läuft, welches durch Ausschmieren der übrigen Elektronen entsteht. Unter dieser Annahme stellt er die Potentiale der Einzelelektronen auf, löst für sie die SCHRÖDINGER-Gleichung und bekommt die Ladungsverteilungen, aus denen er ein neues Feld für das ganze Atom aufbaut. Stimmt es mit dem Ausgangspotential überein, so bezeichnet er es als „selfconsistent field". Die genaue Durchrechnung nach der HARTREEschen Methode ist für Moleküle sehr umständlich. Außerdem ist für große Kernabstände die HARTREEsche Methode nicht mehr verwendbar. [HUND, F.: Z. Physik Bd. 63 (1930) S. 719.] Dagegen hat HUND [Z. Physik Bd. 77 (1932) S. 12) für zwei Sonderfälle eine Berechnung eines Kraftfeldes der Elektronenverteilung in Molekülen vorgenommen, indem er die der statistischen Methode von THOMAS und FERMI [THOMAS, L. H.: Proc. Cambridge Philos. Soc. Bd. 23 (1927) S. 542. — FERMI, E.: Z. Physik Bd. 48 (1928) S. 73; Leipzig. Vortr. 1928 S. 95] zugrunde liegende Differentialgleichung genähert löste. Für eine Erläuterung der Methode und Rechnung muß auf die Originalliteratur verwiesen werden.

Moleküls gleich, so werden die geraden Elektronen (gerades l) des vereinigten Atoms zu geraden Elektronen im Molekül. Das Entsprechende gilt für ungerade Elektronen.

Die rechte Seite der Abb. 50, die für große Kernabstände gilt, geht von den Elektronenquantenzahlen der getrennten Atome aus. Ein s-Elektron bei weit getrennten Kernen wird im Molekül ein

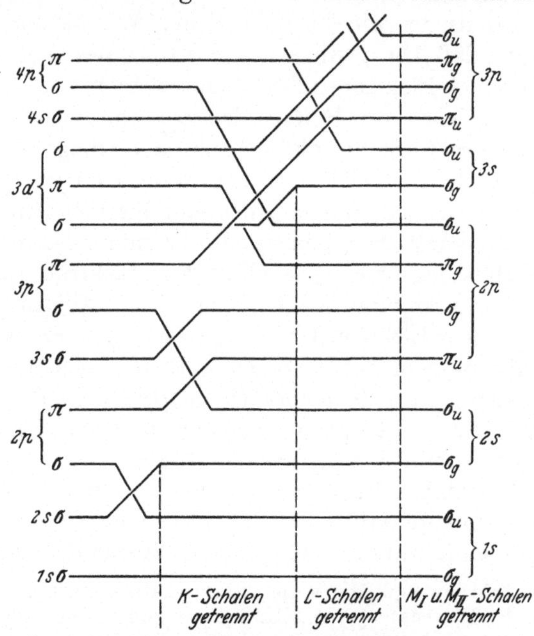

Abb. 50. Termschema des nichtseparierbaren Zweizentrensystems mit einem Elektron bei gleichen Kernen.

σ-Elektron; z. B. kommt ein Elektron mit $n = 1$, $l = 0$ und $\lambda = 0$ in die Schale σ ($1s$). Da es bei gleichen Kernen bei dem einen oder dem anderen Kern sein kann, ist die zugehörige Eigenfunktion gerade oder ungerade, das Elektron wird σ_g oder σ_u. Bei ungleichen Kernen deutet ein Index A oder B an s an, zu welchem Kern die betreffende $1s$-Schale gehört, also z. B. σ ($1s_A$). p-Elektronen können wieder entsprechend zu σ- oder π-Elektronen werden. Das Schema kann für d-Elektronen leicht fortgesetzt werden.

In dem Zwischengebiet mittlerer Kernabstände kann man nun die eine oder andere Schalenbezeichnung verwenden. Hund und Mulliken benutzten anfänglich zur Unterscheidung der einzelnen Molekülelektronen die Quantenzahlen im vereinigten Atom, während LENNARD-JONES[1] und DUNKEL[2] diejenigen in den getrennten Atomen hinzunahmen. Dabei wird man natürlich die Benutzung der Symbole $1s\sigma$, $2s\sigma$, ..., sowie $\sigma_u(1s)$, ... auf die Fälle beschränken, in denen die Quantenzahlen n und l einigermaßen sicher entnommen werden können, d. h. auf Gebiete in der Nähe der Grenzfälle (für die Symbole $2s\sigma$ ... kann man z. B. n aus der RYDBERG-Formel der Terme, l aus Entkoppelungserscheinungen entnehmen; für $\sigma_u(1s)$ ... z. B. n und l aus bekannten Dissoziationsprodukten des betreffenden Elektronenzustandes). Sonst wird man sich lieber mit den Angaben σ_u, σ_g, π_u usw. begnügen.

Nach dem PAULI-Prinzip kann jedes σ-Niveau nur zwei äquivalente Elektronen enthalten (mit entgegengesetzter Spinrichtung, da für abgeschlossene Schalen $S = 0$ sein muß). Jedes π- oder δ- usw. Niveau kann aber vier äquivalente Elektronen enthalten wegen der zwei möglichen Richtungen des Spinvektors *und* des Bahnimpulsvektors. Für beide Fälle erhält man jedesmal eine abgeschlossene Schale mit dem Bahnimpulsmoment 0 und dem Spinmoment 0. Elektronen in abgeschlossenen Schalen können zu inneren Elektronen des Moleküls werden. Für die Reihenfolge der inneren Elektronenschalen ist diejenige für großen Zentrenabstand maßgebend. Bei Molekülen mit vielen Elektronen ist es manchmal vorteilhaft, die innersten Elektronen nicht als zu Molekülschalen, sondern als zu Schalen der einzelnen Atome gehörig zu betrachten (K-Schalen und eventuell auch L-Schalen) und erst die übrigen Elektronen in Molekülschalen anzuordnen.

Die Zuordnung zwischen den Termen bei kleinen und großen Kernabständen erfolgt nach einer Regel von HUND[3] in der Weise, daß Überschneidungen von Termen nach Möglichkeit vermieden werden, d. h. die Zuordnung der energetischen Reihenfolge nach zu geschehen hat. Dabei müssen aber die Symmetrieeigenschaften des Elektronenterms (Drehimpuls um die Kernverbindungslinie Λ^*, Multiplizität, Verhalten bei Spiegelung) ungeändert bleiben. Somit muß man die Terme mit derselben Symmetrieeigenschaft der Reihe nach ohne Überschneidung zuordnen, während Terme mit verschiedenen Symmetrieeigenschaften sich sehr wohl schneiden können. Die nach dieser Vorschrift erhaltene Reihenfolge der

[1] LENNARD-JONES, J. E.: Trans. Faraday Soc. Bd. 25 (1929) S. 668.
[2] DUNKEL, M.: Z. physik. Chem. Abt. B Bd. 7 (1930) S. 81.
[3] HUND, F.: Z. Physik Bd. 52(1928) S. 601; Bd. 63 (1930) S. 719.

Molekülterme stimmt aber nicht völlig mit der experimentell bekannten überein. HERZBERG[1] zog daher außer den Symmetrieeigenschaften des Gesamtterms noch diejenigen der einzelnen Elektronen heran, indem er forderte, daß bei der Zuordnung ihre Quantenzahlen λ und ihre Eigenschaften gerade und ungerade erhalten bleiben. Die Elektronen erfahren höchstens eine energetische Umgruppierung. Damit müssen sich auch solche Terme schneiden, die zwar gleiche Symmetrieeigenschaften des Gesamtterms, nicht aber der Einzelelektronen besitzen. Da die letzteren Symmetrieeigenschaften nicht streng erfüllt sind (z. B. ist der Drehimpuls λ^* eines einzelnen Elektrons nicht streng konstant), werden in Wirklichkeit die zusätzlichen Überschneidungen nicht auftreten. Die Terme werden sich nur annähern und sich schließlich doch ausweichen (Abb. 51). Wenn man aber von der Umgebung dieser kritischen Stelle absieht, läßt sich der ganze Verlauf recht gut durch sich schneidende Terme darstellen. Man erhält als Zuordnungsregel: *Die Zuordnung der Terme hat so zu erfolgen, daß alle streng definierten Symmetrieeigenschaften erhalten bleiben. Bei näherungsweiser Definiertheit wird die Zuordnung mehrdeutig. Es werden dann die Überschneidungen um so mehr vermieden, je verwaschener die Quanteneigenschaften sind, zu deren Erhaltung sie stattfinden sollten.*

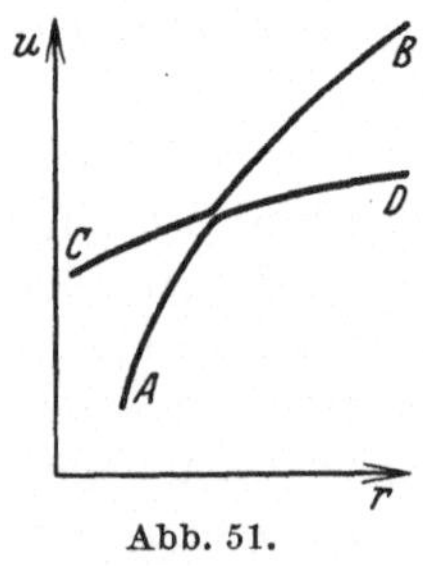

Abb. 51.

Das so erhaltene Schema für die Termanordnung hat sich als recht brauchbar gezeigt. Nach HUND ist beim Übergang zu ganz großen Kernabständen Vorsicht geboten, da man hier *kein* Elektron als zu *beiden* Atomen gehörig und sich im Felde des Zweizentrensystems bewegend auffassen darf.

Mit ein paar Worten sei noch auf die energetische Umgruppierung und die Stabilität der entstehenden Molekülterme eingegangen. Erhöht sich beim Übergang von den getrennten Kernen zum Molekül die Hauptquantenzahl eines Elektrons, so bedeutet das im allgemeinen eine Erhöhung der Energie relativ zu den Termen, bei denen die Hauptquantenzahl unverändert bleibt. Diesen Vorgang hat MULLIKEN als Promotion des Elektrons bezeichnet. Ob beim Annähern der Atome eine einzelne Elektronenschale höher oder tiefer rückt, hängt davon ab, ob die

[1] HERZBERG, G.: Z. Physik Bd. 57 (1929) S. 601.

abstoßende oder anziehende Wirkung überwiegt. Die abstoßende rührt zum Teil von der Abstoßung der gleichgeladenen Kerne her, die anziehende zum Teil davon, daß ein einzelnes Elektron im Felde zweier Kerne fester gebunden ist als im Felde nur eines Kerns. Wenn das Elektron gerade in der Mitte zwischen den Kernen ist, wird diese Wirkung am stärksten sein. Solche Elektronen, für die die ψ-Funktion da gerade verschwindet — weil eine Knotenfläche zwischen den Kernen vorhanden ist —, halten sich nicht in der Mitte zwischen den Kernen auf. Außerdem wird die kinetische Energie für diese Elektronen bei Annäherung der Kerne größer, denn die Knotenfläche in der Mitte bedeutet eine Verkürzung der Wellenlänge und damit nach der DE BROGLIE-Beziehung eine Vergrößerung des Impulses mv und damit der kinetischen Energie. Eine Vermehrung der kinetischen Energie des Elektrons setzt die Bindungsenergie des Moleküls herab. Ist jedoch in der Mitte zwischen den Kernen ein Maximum statt eines Knotens, so wird umgekehrt zum eben besprochenen Falle die elektrostatische Anziehung groß und die kinetische Energie klein sein. Die diese Effekte bewirkenden Elektronen werden entsprechend lockernde und bindende Elektronen genannt. Das Höher- oder Tieferrücken von Elektronenschalen wird danach bewirkt durch lockernde oder bindende Elektronen[1]. Bindende Elektronen geben einen positiven, lockernde einen negativen Beitrag zur Bindungsfestigkeit.

In quantenmechanischer Formulierung würden wir also sagen: Bindend sind die Elektronen, deren Eigenfunktion in der Mittelebene keine Knotenebene und damit keinen neuen Knoten erhält, lockernd sind die Elektronen, deren Eigenfunktion dort eine Knotenebene und damit einen neuen Knoten erhält. Sind ψ und φ die Eigenfunktionen der getrennten Atomterme und haben diese Eigenfunktionen in der Mitte zwischen den Kernen gleiche Vorzeichen, so werden im Molekül diejenigen Elektronen zu bindenden, deren Eigenfunktion angenähert durch $\psi + \varphi$ dargestellt werden kann; die Eigenfunktion lockernder Elektronen kann durch $\psi - \varphi$ angenähert werden.

Überwiegt die Zahl der bindenden Elektronen, so gibt es einen stabilen Zustand. Kompensieren sich bindende und lockernde Elektronen oder überwiegen die letzteren, so resultiert ein Abstoßungszustand. Besitzen die beiden getrennten Atome nur abgeschlossene Schalen, dann wird die Hälfte der Elektronen bindend, die andere Hälfte lockernd, so daß kein stabiler Molekülzustand möglich

[1] HERZBERG, G.: Z. Physik Bd. 57 (1929) S. 601. — HUND, F.: Z. Physik Bd. 63 (1930) S. 726.

wird, wie die Erfahrung auch lehrt. Nur für Atome, bei denen nicht alle Elektronen in abgeschlossenen Schalen sitzen, ist bei der Molekülbildung ein Überschuß der bindenden über die lockernden Elektronen möglich. Ein näheres Eingehen auf die Bindung wird später im Zusammenhang mit der Valenzzahl eines Atoms geschehen (S. 316).

Hat man einmal die Reihenfolge und Besetzung der Elektronenschalen, so ergibt sich daraus wie bei den Atomen das Schema der Terme. Abgeschlossene Schalen geben $^1\Sigma$-Terme. Beispiele sind die Grundzustände von N_2, H_2, Li_2. Ein einzelnes σ-Elektron außerhalb der abgeschlossenen Schale gibt einen $^2\Sigma^+$-Term, ein einzelnes π-Elektron einen $^2\Pi$-Term. Fügt man allgemein ein σ-Elektron zu einer schon bestehenden Konfiguration hinzu, so bekommt man alle entstehenden Zustände, indem man den Spin des σ-Elektrons mit den S-Werten dieser Konfiguration zusammensetzt (Rumpf- und Leuchtelektron). Zwei nichtäquivalente σ-Elektronen geben wegen der möglichen parallelen oder antiparallelen Spineinstellung einen $^1\Sigma^+$- und einen $^3\Sigma^+$-Term. Zwei äquivalente π-Elektronen können bereits drei Terme geben, wie man sich aus der Einstellung der Bahnimpulse λ und der Spinvektoren leicht selbst ableiten kann. Folgende nützliche Zusammenstellung[1] (Tab. 8 u. 9) enthält die so entstehenden Molekülterme. Tabelle 8 gibt die Terme bei nichtäquivalenten, Tabelle 9 bei äquivalenten Elektronen an.

β) **Beispiele.** Wir wollen zuerst ausführlich einen Vertreter der Hydridmoleküle, und zwar das CH-Molekül[2], betrachten. Das ihm entsprechende vereinigte Atom ist das N-Atom. Seine tiefgelegenen Zustände sind mit denjenigen des CH-Moleküls zu vergleichen. Es sind der Grundzustand ^4S_u und die beiden metastabilen Zustände ^2D_u und ^2P_u, 2,37 und 3,56 e-Volt über dem Grundzustande. Sie entstehen sämtlich aus der Elektronenkonfiguration $(1\,s)^2\,(2\,s)^2\,(2\,p)^3$. Zieht man die Kerne so weit auseinander, daß ein starkes elektrisches Feld entsteht, dann spalten die drei genannten Terme auf. Aus ^{4}S wird $^4\Sigma^-$, aus ^2D werden $^2\Sigma^-$, $^2\Pi$ und $^2\Delta$, und aus ^2P werden $^2\Sigma^+$ und $^2\Pi$, wie aus den auf S. 145 angegebenen Regeln leicht abzuleiten ist. Von diesen sechs Termen sind vier beobachtet, nämlich $^2\Sigma^-$, $^2\Pi$, $^2\Delta$ und $^2\Sigma^+$. Der fehlende $^2\Pi$ ist vielleicht instabil und der $^4\Sigma^-$ wohl darum nicht beobachtet, weil er wegen seiner anderen Multiplizität mit den bekannten Dublettermen nur sehr schwach kombinieren dürfte. Als Elektronenkonfigurationen der verschiedenen Molekülzustände sind folgende anzunehmen: die $1s$- und $2s$-Elektronen werden zu $1\,s\,\sigma$- und $2\,s\,\sigma$-Elektronen, die drei p-Elektronen können hingegen σ- oder π-Elektronen werden. Entweder werden wir $\sigma^2\pi$ oder $\pi^2\sigma$ oder π^3 erwarten. Die erste Möglichkeit, bei der ein einzelnes π-Elektron außerhalb der abgeschlossenen Schalen vorhanden ist, gibt einen $^2\Pi$-Term, so daß für diesen beobachteten Term (Grundterm) die Konfigurationsformel $\sigma^2\sigma^2\sigma^2\pi$, $^2\Pi$ oder $(1\,s\,\sigma)^2\,(2\,s\,\sigma)^2\,(2\,p\,\sigma)^2(2\,p\pi)$, $^2\Pi$ anzusetzen ist. Im zweiten Falle haben wir ein einzelnes σ-Elektron. Die π-Schale

[1] Hund, F.: Z. Physik. Bd. 63 (1930) S. 719. — Mulliken, R. S.: Rev. Mod. Physics Bd. 4 (1932) S. 1.

[2] Näheres s. bei R. S. Mulliken: Rev. Mod. Physics Bd. 4 (1932) S. 1.

ist aber mit zwei Elektronen noch nicht abgeschlossen. Wäre sie das, so hätten wir nur einen ${}^2\Sigma^+$-Term zu erwarten, so aber erhalten wir die Terme ${}^2\Sigma^+$, ${}^4\Sigma^-$, ${}^2\Sigma^-$ und ${}^2\Delta$, für welche die Besetzungsformel $(1s\sigma)^2(2s\sigma)^2(2p\sigma)(2p\pi)^2$ gilt. Die dritte Möglichkeit π^3 würde einen zweiten nicht beobachteten ${}^2\Pi$-Term ergeben: $(1\,s\,\sigma)^2\,(2\,s\,\sigma)^2\,(2\,p\,\pi)^3$, ${}^2\Pi$.

Wir wollen jetzt die Terme des CH-Moleküls abzuleiten versuchen, indem wir von den getrennten Atomen C und H ausgehen. Die drei tiefsten Zustände des C-Atoms, die alle der Elektronenkonfiguration $(1s)^2\,(2s)^2\,(2p)^2$ angehören, sind ${}^3P_g$, ${}^1D_g$ und ${}^1S_g$. Für den Wasserstoff kommt nur $1s$, ${}^2S_g$ in Frage, denn da alle angeregten Zustände des H-Atoms hoch liegen, werden die tiefen Zustände des CH-Moleküls bei der Dissoziation nie ein angeregtes H-Atom

Tabelle 8. Terme[1] bei nichtäquivalenten Elektronen.

Anordnung	Terme
$\sigma\sigma$	${}^{13}\Sigma^+$
$\sigma\pi$	${}^{13}\Pi$
$\sigma\delta$	${}^{13}\Delta$
$\pi\pi$	${}^{13}\Sigma^+$ ${}^{13}\Sigma^-$ ${}^{13}\Delta$
$\pi\delta$	${}^{13}\Pi$ ${}^{13}\Phi$
$\delta\delta$	${}^{13}\Sigma^+$ ${}^{13}\Sigma^-$ ${}^{13}\Gamma$
$\sigma\sigma\sigma$	${}^{224}\Sigma^+$
$\sigma\sigma\pi$	${}^{224}\Pi$
$\sigma\sigma\delta$	${}^{224}\Delta$
$\sigma\pi\pi$	${}^{224}\Sigma^+$ ${}^{224}\Sigma^-$ ${}^{224}\Delta$
$\sigma\pi\delta$	${}^{224}\Pi$ ${}^{224}\Phi$
$\pi\pi\pi$	${}^{224}\Pi$ ${}^{224}\Pi$ ${}^{224}\Pi$ ${}^{224}\Phi$
$\pi\pi\delta$	${}^{224}\Sigma^+$ ${}^{224}\Sigma^-$ ${}^{224}\Delta$ ${}^{224}\Delta$ ${}^{224}\Gamma$

Tabelle 9. Terme mit äquivalenten Elektronen.

Anordnung	Terme		
σ^2	${}^1\Sigma^+$		
π^2	${}^1\Sigma^+$ ${}^1\Delta$	${}^3\Sigma^-$	
$\pi^2\sigma$	${}^2\Sigma^+$ ${}^2\Sigma^-$ ${}^2\Delta$	${}^4\Sigma^-$	
$\pi^2\pi$	${}^2\Pi$ ${}^2\Pi$ ${}^2\Pi$ ${}^2\Phi$	${}^4\Pi$	
$\pi^2\delta$	${}^2\Sigma^+$ ${}^2\Sigma^-$ ${}^2\Delta$ ${}^2\Delta$ ${}^2\Gamma$	${}^4\Delta$	
π^3	${}^2\Pi$		
$\pi^2\sigma\sigma$	${}^1\Sigma^+$ ${}^1\Sigma^-$ ${}^1\Delta$	${}^3\Sigma^+$ ${}^3\Sigma^-$ ${}^3\Sigma^-$ ${}^3\Delta$	${}^5\Sigma^-$
$\pi^2\sigma\pi$	${}^1\Sigma$ ${}^1\Pi$ ${}^1\Pi$ ${}^1\Phi$	${}^3\Pi$ ${}^3\Pi$ ${}^3\Pi$ ${}^3\Pi$ ${}^3\Phi$	${}^5\Pi$
$\pi^2\sigma\delta$	${}^1\Sigma^+$ ${}^1\Sigma^-$ ${}^1\Delta$ ${}^1\Delta$ ${}^1\Gamma$	${}^3\Sigma^+$ ${}^3\Sigma^-$ ${}^3\Delta$ ${}^3\Delta$ ${}^3\Delta$ ${}^3\Gamma$	${}^5\Delta$
$\pi^2\pi\pi$	${}^1\Pi^+$ ${}^1\Sigma^+$ ${}^1\Sigma^+$ ${}^1\Sigma^-$ ${}^1\Sigma^-$ ${}^1\Sigma^-$ ${}^1\Delta$ ${}^1\Delta$ ${}^1\Delta$ ${}^1\Delta$ ${}^1\Gamma$	${}^3\Sigma^+$ ${}^3\Sigma^+$ ${}^3\Sigma^+$ ${}^3\Sigma^+$ ${}^3\Sigma^-$ ${}^3\Sigma^-$ ${}^3\Sigma^-$ ${}^3\Sigma^-$ ${}^3\Delta$ ${}^3\Delta$ ${}^3\Delta$ ${}^3\Delta$ ${}^3\Delta$ ${}^3\Gamma$	${}^5\Sigma^+$ ${}^5\Sigma^-$ ${}^5\Delta$
$\pi^2\pi^2$	${}^1\Sigma^+$ ${}^1\Sigma^+$ ${}^1\Sigma^+$ ${}^1\Sigma^-$ ${}^1\Delta$ ${}^1\Delta$ ${}^1\Gamma$	${}^3\Sigma^+$ ${}^3\Sigma^-$ ${}^3\Sigma^-$ ${}^3\Delta$ ${}^3\Delta$	${}^5\Sigma^+$
$\pi^3\sigma$	${}^1\Pi$	${}^3\Pi$	
$\pi^3\pi$	${}^1\Sigma^+$ ${}^1\Sigma^-$ ${}^1\Delta$	${}^3\Sigma^+$ ${}^3\Sigma^-$ ${}^3\Delta$	
$\pi^3\delta$	${}^1\Pi$ ${}^1\Phi$	${}^3\Pi$ ${}^3\Phi$	

[1] Die Zahlen links oben an den Termen geben die Multiplizität der entstehenden Terme an; z. B. bedeutet ${}^{224}\Sigma^+$ die drei Terme ${}^2\Sigma^+$, ${}^2\Sigma^+$ und ${}^4\Sigma^+$. Die den Werten $\Lambda = 3$ und $\Lambda = 4$ entsprechenden Φ- und Γ-Terme sind noch nicht beobachtet worden.

ergeben können. Wir haben also zusammenzufügen: (C) ^3P + (H) ^2S, (C) ^1D + (H) ^2S und (C) ^1S + (H) ^2S. Das ergibt nach S. 133 folgende möglichen Molekülzustände:

$$^3P + {}^2S : {}^2\Sigma^-,\ {}^2\Pi,\ {}^4\Sigma^-,\ {}^4\Pi$$
$$^1D + {}^2S : {}^2\Sigma^+,\ {}^2\Pi,\ {}^2\Delta$$
$$^1S + {}^2S : {}^2\Sigma^+.$$

Es ist sicher, daß der tiefere $^2\Pi$-Term, der aus ^3P entsteht, mit dem beobachteten Grundzustand $(1s\sigma)^2\,(2s\sigma)^2\,(2p\sigma)^2\,(2p\pi)$, $^2\Pi$ zu identifizieren ist. Die Terme $^4\Sigma^-$ und $^2\Sigma^-$ aus ^3P und die Terme $^2\Sigma^+$ und $^2\Delta$ aus ^1D werden mit den drei übrigen beobachteten Zuständen, die alle ziemlich nahe beieinander und etwa 3 Volt über dem Grundzustande liegen und mit dem vorhergesagten $^4\Sigma$ identifiziert. Alle vier Terme gehören der Konfiguration $(1s\sigma)^2\,(2s\sigma)^2\,(2p\sigma)\,(2p\pi)^2$ an. Der nicht beobachtete $(1s\sigma)^2\,(2s\sigma)^2\,(2p\pi)^3$, $^2\Pi$

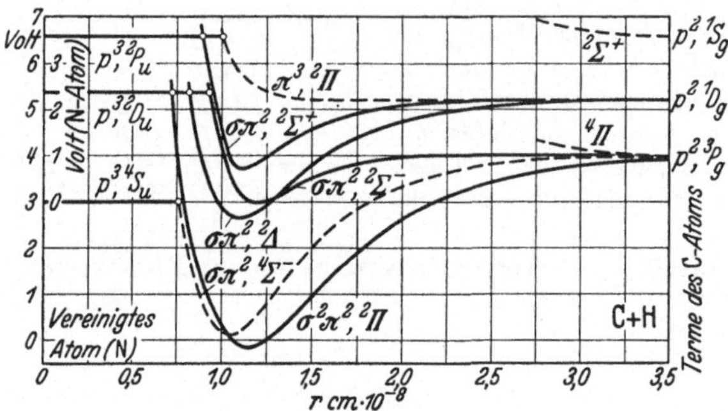

Abb. 52. Potentialkurven des CH. (Nach MULLIKEN.)

ist ziemlich sicher als der aus ^1D entstehende Term aufzufassen. Er ist wahrscheinlich ein Abstoßungszustand. Die fehlenden zwei Terme $^4\Pi$ aus ^3P und $^2\Sigma^+$ aus ^1S entsprechen vielleicht ebenfalls einer Abstoßung. MULLIKEN vermutet für $^4\Pi$ die Konfiguration $(1s\sigma)^2\,(2s\sigma)^2\,(2p\sigma)\,(2p\pi)\,(3s\sigma)$ und für $^2\Sigma^+$ die Konfiguration $(1s\sigma)^2\,(2s\sigma)^2\,(2p\pi)^2\,(3s\sigma)$. Für beide schätzt er eine hohe Anregungsenergie ab.

Vergleicht man die Elektronenkonfigurationen der stabilen Zustände und des instabilen $^2\Pi$ des CH mit der Ausgangskonfiguration $(1s)^2(2s)^2(2p)^2$ des C, so sieht man, daß die Molekülzustände ein p-Elektron mehr enthalten als die Atomkonfiguration. In den instabilen Zuständen $^4\Pi$ und $^2\Sigma^+$ ist dafür ein s-Elektron hinzugekommen. In MULLIKENs Bezeichnungsweise hat in beiden Fällen eine Promotion des $1s$ H-Elektrons stattgefunden. Das eine Mal ist die Hauptquantenzahl von 1 auf 2, das andere Mal von 1 auf 3 erhöht worden. Von lockernden und bindenden Elektronen zu sprechen, hat offenbar hier nicht viel Sinn. Diese Begriffe sind besser bei Molekülen mit gleichen oder annähernd gleichen Kernen zu verwenden. Ganz interessant ist, daß der $^2\Delta$ aus einem C-Atom im Singulettzustand gebildet wird (^1D). Letzterer sollte nach der verallgemeinerten HEITLER-LONDON-Theorie keine stabile Bindung mit einem H-Atom ergeben.

Die vorstehende Abb. 52 bringt die Potentialkurven des CH-Moleküls und die Beziehungen zu den beiden besprochenen Grenzfällen.

Ganz ähnliche Verhältnisse herrschen in den übrigen Hydriden. Allgemein läßt sich folgendes sagen: In der Regel kann man die Elektronenkonfiguration eines Terms in einem zweiatomigen Hydridspektrum dadurch beschreiben, daß die Elektronen des schwereren Atoms ihre Quantenzahlen n und l behalten und außerdem nur bestimmte λ-Werte annehmen, während das s-Elektron des H in die niedrigste σ-Schale kommt, die noch nicht vollbesetzt ist. So kommt das H-Elektron in den Grundzuständen der Hydride in verschiedene Schalen: $2s\sigma$ bei LiH, $3s\sigma$ bei NaH, $2p\sigma$ bei BeH, BH, CH, NH, OH, FH, $3p\sigma$ bei MgH, AlH, SiH usw., $3d\sigma$ bei CaH, $4p\sigma$ bei ZnH, $5p\sigma$ bei CdH und $6p\sigma$ bei HgH. Die Regel gilt praktisch, aber nicht streng.

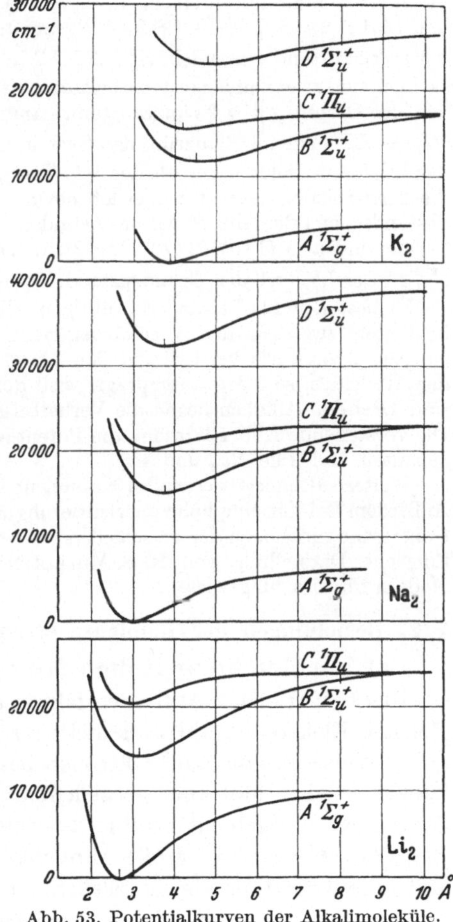

Abb. 53. Potentialkurven der Alkalimoleküle.

In den Hydriden hatten wir den Extremfall ungleicher Kerne. Jetzt wollen wir ein Molekül mit gleichen Kernen betrachten, und zwar das Li_2.

Das Li-Atom hat außerhalb seiner abgeschlossenen Schale $1s^2$ ein $2s$-Elektron, das lockerer als die beiden andern gebunden ist. Mit einem zweiten Li-Atom bildet es ein Li_2-Molekül, in dem zwei bindende und ein lockerndes Elektronenpaar vorhanden sind. Als Grundterm des Zweizentrensystems erhält man für alle Kernabstände $\sigma_g^2\sigma_u^2\sigma_g^2$, $^1\Sigma_g^+$ [oder $(1s\sigma)^2(2p\sigma)^2(2s\sigma)^2$], welcher auch tatsächlich der Grundterm des Li_2 ist. Außerdem ist aus zwei normalen Li-Atomen, ebenso wie aus zwei H-Atomen, ein $^3\Sigma_u^+$-Zustand zu erwarten, der vermutlich Abstoßungscharakter hat. Seine Konfiguration ist zweifellos $\sigma_g^2\sigma_u^2\sigma_g\sigma_u$ [oder $(1s\sigma)^2(2p\sigma)^2\,2s\sigma\,3p\sigma$]. Hier ist die lockernde Wirkung des $3p\sigma$-Elektrons stärker als die bindende des $2s\sigma$-Elektrons.

Um die angeregten Terme zu bekommen, kann man $\sigma_g^2\sigma_u^2\sigma_g$, $^2\Sigma_g$ für nicht zu kleine Kernabstände als Rest ansehen und das Leuchtelektron hinzufügen.

Auf Grund dieser Betrachtungsweise erhielt HUND[1] das theoretische Schema für das Li_2-Molekül.

Wir können aber auch nach den Regeln von WIGNER und WITMER die Molekülzustände aufschreiben, die z. B. aus Li $1s^2\,2s$, ${}^2S_g$ + Li $1s^2\,2p$, ${}^2P_u$ und Li $1s^2\,2s$, ${}^2S_g$ + Li $1s^2\,3s$, ${}^2S_g$ entstehen. Die beiden ersten liefern 8 Molekülzustände, nämlich ${}^1\Sigma_u^+$, ${}^3\Sigma_u^+$, ${}^1\Sigma_g^+$, ${}^3\Sigma_g^+$, ${}^1\Pi_u$, ${}^3\Pi_u$, ${}^1\Pi_g$, ${}^3\Pi_g$. Tatsächlich sind zwei Bandensysteme bekannt, die im gleichen Spektralgebiet liegen wie der Sprung $2p \rightarrow 2s$ im Li-Atom, nämlich im Sichtbaren. Das System ${}^1\Pi_u \rightarrow {}^1\Sigma_g^+$ liegt im Blaugrün, das System ${}^1\Sigma_u^+ \rightarrow {}^1\Sigma_g^+$ im Rot. Danach muß der ${}^1\Sigma_u$-Term tiefer liegen als der ${}^1\Pi_u$-Term, d. h. die $3p\sigma$-Schale tiefer als die $2p\pi$-Schale. Das gibt zugleich einen Anhalt dafür, in welchem Kernabstandsgebiet der Abb. 50 wir uns befinden. Die Konfigurationen der beiden Terme sind also $(1s\sigma)^2(2p\sigma)^2\,2s\sigma\,2p\pi$, ${}^1\Pi_u$ und $(1s\sigma)^2\,(2p\sigma)^2\,2s\sigma\,3p\sigma$, ${}^1\Sigma_u^+$. Der ${}^1\Sigma_g^+$ ist der Grundzustand.

Es bestehen für Li_2 und die übrigen Alkalimoleküle keine großen Ähnlichkeiten zwischen den Molekülzuständen und den Zuständen des vereinigten Atoms wie bei CH und den übrigen Hydriden. Sie sind nur bei den Hydriden so stark ausgeprägt, weil dort die Kernabstände sehr klein sind. Bei den Alkalien liegen die Verhältnisse näher dem andern Grenzfall. Die vorstehende Abb. 53 bringt die Potentialkurven für Li_2 und die analog gebauten Moleküle Na_2 und K_2,

Weitere Beispiele werden im Kapitel über chemische Bindung behandelt. Außerdem sei für eine nähere Orientierung über Molekülzustände und Elektronenkonfigurationen der verschiedenen zweiatomigen Moleküle auf die ausführliche Darstellung von R. S. MULLIKEN im 4. Bande der Reviews of Modern Physics hingewiesen.

§ 7. Beziehungen der Bandenspektren zum periodischen System.

a) Vergleiche zwischen Molekülen und Atomen.

Das beschriebene Aufbauverfahren erfordert, daß Moleküle mit gleicher Elektronenzahl und nicht zu ungleichen Kernen in ähnlicher Weise gebundene Elektronen besitzen, so daß die Potentialkurven solcher Moleküle vergleichbare Lagen haben. Diese Forderung ist weitgehend erfüllt. So zeigen die Spektren von BeF, BO, CO^+, CN und N_2^+ große Ähnlichkeit untereinander. Alle diese Moleküle weisen die gleiche Elektronenzahl auf. Ihr Grundzustand besitzt die gleiche Konfigurationsformel und ist ein ${}^2\Sigma^+$. Die übrigen Terme liegen energetisch entsprechend, wie der Vergleich ihrer Potentialkurven zeigt[2]. Ein weiterer Beweis für die An-

[1] HUND, F.: Z. Physik Bd. 63 (1930) S. 719.

[2] Man darf dieses Prinzip jedoch nicht soweit verwenden, daß man für negative Molekülionen ein ähnliches Spektrum erwartet wie für neutrale Moleküle mit gleicher Zahl äußerer Elektronen [wie R. MECKE: Z. Physik Bd. 72 (1931) S. 155 annimmt]. Für negative Ionen hat man vielmehr Elektronenaffinitätsspektren ähnlich wie bei Atomionen zu erwarten.

wendbarkeit des Aufbauprinzips bei Molekülen ist, daß die Grundzustände von NO, N_2 und CO erhalten werden, indem einfach in NO^+, N_2^+ und CO^+ ein Elektron angelagert wird, ohne daß sich an den Zuständen der übrigen Elektronen etwas ändert.

Bei den Hydriden, bei denen die Ungleichheit der Kerne extrem ist, herrschen andere Regelmäßigkeiten, indem ihre Spektren und Konfigurationen stets verglichen werden können mit denen des entsprechenden vereinigten Atoms. So ist CH ähnlich N, SiH ähnlich P, BeH ähnlich B, MgH ähnlich Al usw. Es stehen also BeH, MgH, ZnH, CdH, HgH in denselben Beziehungen zueinander wie B, Al, Ga, In, Tl. Wir dürfen aber diese Betrachtungsweise nicht anwenden auf Moleküle mit gleichen oder nahezu gleichen Kernen; z. B. sind die Molekülspektren und Konfigurationen von Na_2 und K_2 sich ähnlich, trotzdem die ihnen entsprechenden vereinigten Atome Ti und Sr ganz verschiedene Spektren und Besetzungsformeln besitzen und in verschiedenen Kolonnen des periodischen Systems stehen.

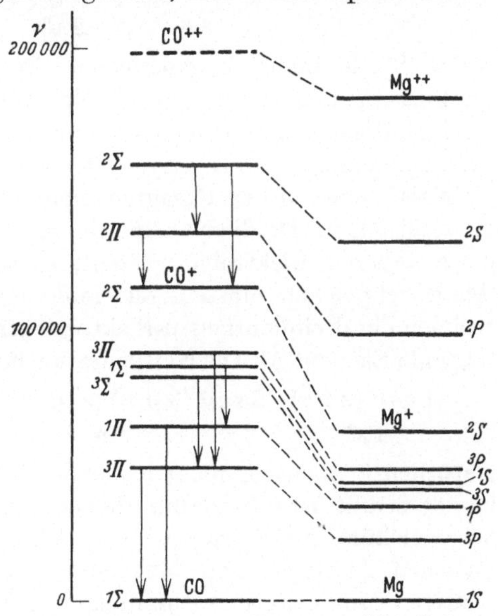

Abb. 54. Vergleich der Terme des CO mit denen des Mg.

Hingegen finden sich gewisse Eigenschaften bei den Molekülen Na_2, K_2, ... NaK, die denen der Atome Li, Na, K, Rb, Cs parallel laufen. Diese Moleküle haben alle kleine Dissoziationsenergien und große Kernabstände, so daß sie aufgefaßt werden können als Li + Li, Na + Na usw. Sie ähneln also stark den getrennten Atomen. Ferner sind Analogien zwischen den Energiediagrammen von Molekülen wie CO, CS, SiO usw. vorhanden, bei denen die beiden Atome in gleichen Kolonnen des periodischen Systems stehen.

Die ersten Vergleiche zwischen Molekülen und Atomen hatte man nicht angestellt, indem man das vereinigte Atom oder die getrennten Atome benutzte, sondern man nahm „entsprechende“ Atome. Das bedeutet, daß man die Moleküle mit solchen Atomen verglich, die die gleiche Zahl und Art der Valenzelektronen haben. So ist CO von diesem Standpunkt aus mit Mg zu vergleichen. Die Besetzungsformeln für den Grundzustand sind:

$$\begin{array}{lllllll} (1\,s\,\sigma)^2\,(2\,p\,\sigma)^2 & (2\,s\,\sigma)^2\,(3\,p\,\sigma)^2 & (2\,p\pi)^4 & (3\,s\,\sigma)^2, & & {}^1\Sigma^+ & \mathrm{CO} \\ 1\,s^2 & 2\,s^2 & 2\,p^6 & 3\,s^2, & & {}^1S & \mathrm{Mg.} \end{array}$$

Beide Stoffe bilden abgeschlossene Schalen, nur daß die sechs zweiquantigen p-Elektronen des Mg im CO aufgeteilt sind in vier zweiquantige $p\,\pi$-Elektronen und zwei zweiquantige $p\,\sigma$-Elektronen. Wie vollkommen die Analogie ist, zeigt die vorstehende Abb. 54.

Nach dem vorher Gesagten sind auch N_2 und NO^+ mit Mg zu vergleichen. Da die NO-Anordnung aus NO^+ durch Anlagerung eines äußeren Elektrons entsteht, so werden wir es mit einem Atom vergleichen müssen, das außerhalb seiner abgeschlossenen Schalen ein dreiquantiges p-Elektron enthält. Dieses ist das auf Mg folgende Element Al. Die Konfigurationsformeln von NO und Al sind

$$\begin{array}{lllllll} (1\,s\,\sigma)^2\,(2\,p\,\sigma)^2 & (2\,s\,\sigma)^2\,(3\,p\,\sigma)^2 & (2\,p\pi)^4 & (3\,s\,\sigma)^2 & (3\,p\pi), & {}^2\Pi_{\frac{1}{2}} & \mathrm{NO} \\ 1\,s^2 & 2\,s^2 & 2\,p^6 & 3\,s^2 & 3\,p, & {}^2P_{\frac{1}{2}} & \mathrm{Mg.} \end{array}$$

Natürlich können wir nicht erwarten, daß diese einfache Analogie immer erfüllt ist. Immerhin haben gerade derartige Vergleiche der Moleküle mit entsprechenden Atomen schon vor den theoretischen Ansätzen von MULLIKEN und HUND zu den ersten richtigen Molekültermbestimmungen geführt[1].

b) Periodischer Verlauf einiger Molekülgrößen.

Wie klar sich vielfach der BOHRsche Schalenaufbau der Atomelektronen in den Molekülen widerspiegelt, veranschaulichen uns besonders Daten über die Kernabstände. Vergleicht man diese innerhalb von bestimmten Verbindungsgruppen, so fällt besonders bei den Hydriden ein charakteristischer Verlauf der Kernabstände als Funktion der Ordnungszahl des betreffenden Elementes auf[2] (Abb. 55). Innerhalb jeder Periode des periodischen Systems sinkt mit wachsender Kernladungszahl und dadurch hervorgerufener Verkleinerung der Elektronenschalen der Kernabstand, um beim Beginn einer neuen Schale, also nach Passieren des Edelgases, jedesmal sprungartig in die Höhe zu gehen. Man kann aus dem

[1] Z. B. BIRGE, R. T.: Nature, Lond. Bd. 117 (1926) S. 300.
[2] MECKE, R.: Z. Physik Bd. 42 (1927) S. 390.

Kurvenverlauf mit einiger Vorsicht für noch unbekannte Hydride den Kernabstand und das Trägheitsmoment ziemlich gut abschätzen. Das H-Atom verhält sich bei der Bindung gewissermaßen wie ein Elektron. *Vor* Abschluß der Edelgasschale, also bei HCl, HBr usw. ist der H-Kern so nahe an den schwereren Kern herangerückt, daß sein Elektron mit zur äußeren Gruppe der Halogenelektronen gerechnet werden könnte. Bei Atomen unmittelbar *hinter* den Edelgasen muß dagegen das H-Elektron eine weiter außen gelegene Bahn einnehmen. Auf ähnliche Weise erklären

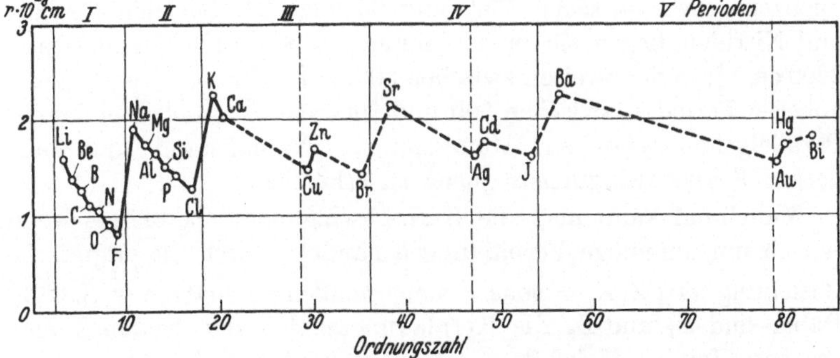

Abb. 55. Kernabstände in Hydriden.

sich die bei Zn, Cd und Hg auftretenden Zacken. Für den Chemiker mag der regelmäßige Gang von den Alkalihydriden bis zu den Halogenwasserstoffen darum verwunderlich erscheinen, weil in diesen Reihen chemisch recht verschiedene Stoffe (z. B. stabile und instabile, schwach und stark polare Produkte) stehen.

Bei den Oxyden und Nitriden (hier gibt es sehr wenige Bestimmungen) liegen die Kernabstände der ersten Reihe des periodischen Systems zwischen 1,0 und $1{,}3 \cdot 10^{-8}$ cm, um in der zweiten plötzlich auf $1{,}6 \cdot 10^{-8}$ anzusteigen. Aber ein Sinken des Wertes innerhalb einer Periode ist nicht ausgeprägt. Bei den Halogeniden liegen wenige Bestimmungen des Trägheitsmomentes vor, auch bei den Elementmolekülen sind sie nicht sehr zahlreich.

Auch die Größe der Kernschwingungen innerhalb einer Verbindungsgruppe läßt einen Gang mit den Perioden des periodischen Systems erkennen. Bei den Elementmolekülen erfolgt wegen des hier schnell ansteigenden Molekulargewichts der Abfall der Kernschwingungsfrequenzen innerhalb einer Kolonne sehr schnell. Z. B.:

O_2	1568 cm^{-1}	F_2	$\sim$ 1100 cm^{-1}
S_2	725 cm^{-1}	Cl_2	561 cm^{-1}
Se_2	387 cm^{-1}	Br_2	323 cm^{-1}
Te_2	250 cm^{-1}	J_2	214 cm^{-1}.

Die kleinsten Werte sind bei den Alkalien beobachtet worden. Das hängt wohl mit ihrem großen Atomvolumen zusammen, denn Atomvolumen, Kernabstand und reziproke Kernschwingungsfrequenz laufen ziemlich parallel miteinander.

Die Hydridmoleküle haben sehr große Kernschwingungsfrequenzen, etwa zwischen 1500 und 3000 cm^{-1}. Bei den Oxyden und Nitriden liegen sie in der ersten Periode zwischen 1400 und 2200 cm^{-1}, in der zweiten zwischen 800 und 1200 cm^{-1}, und in den höheren Perioden zwischen 500 und 1000 cm^{-1}. Auch hier ist ein Parallelgehen zwischen Atomvolumen, Kernabstand und reziproker Kernschwingungsfrequenz zu erkennen.

Manchmal kann man die Kernschwingungen, besonders wenn es sich um homologe Verbindungen handelt, durch die empirische Beziehung $\omega\sqrt{Z_1 Z_2} = \text{const.}$[1] einigermaßen abschätzen (s. S. 278). Dabei sind Z_1 und Z_2 die Kernladungszahlen der beiden Atome des betreffenden Moleküls.

Da sowohl die Kernabstände wie die Kernschwingungsfrequenzen einen Gang mit den Perioden des periodischen Systems zeigen, ist es nicht unplausibel, daß auch Beziehungen zwischen den beiden Größen gewisse periodische Gesetzmäßigkeiten aufweisen. Da aber diese Beziehungen besser in anderem Zusammenhang ausführlich besprochen werden (S. 276), sei hier nur darauf hingewiesen.

c) Multiplizität und periodisches System.

Im periodischen System der Elemente wechseln die Atomspektren mit gerader und ungerader Multiplizität miteinander ab (spektroskopischer Wechselsatz, S. 13), denn der Eigendrehimpuls S der Elektronen ist ganzzahlig oder halbzahlig, je nachdem ob die Zahl der Elektronen gerade oder ungerade ist, und die Multiplizität des betreffenden Spektrums ist gleich $2S + 1$. Atome mit einer geraden Anzahl von Elektronen haben daher ungerade, die mit ungerader Anzahl hingegen gerade Multiplizität ihrer Spektren. Das Gleiche gilt für Moleküle. Entsprechend zeigen die neutralen

[1] Rosen, B.: Naturwiss. Bd. 14 (1926) S. 978. — Mecke, R.: Z. Physik Bd. 42 (1927) S. 390.

Elementmoleküle stets ungerade Multiplizität (z. B. haben C_2, N_2 und O_2 Singuletts und Tripletts). Die Multiplizität der Terme von Hydridmolekülen ist immer entgegengesetzt derjenigen des mit dem Wasserstoff verbundenen Atoms.

Wird ein Atom ionisiert, so wechselt die Multiplizität, und das Spektrum des Ions ähnelt dem eines Elementes mit gleicher Elektronenzahl. Das heißt, das *Funken*spektrum eines Elementes ähnelt dem *Bogen*spektrum des *im periodischen System vorhergehenden* Elementes (spektroskopischer Verschiebungssatz, siehe S. 19). Auch die Moleküle wechseln bei jeder Ionisierungsstufe (einfache, doppelte usw. Ionisation) die Multiplizität ihrer Spektren und die Spektren der Ionen entsprechen denen von Molekülen mit gleicher Elektronenzahl[1], z. B.

N_2	Singletts und Tripletts;	N_2^+	Dubletts, ähnelt	CN
O_2	,, ,, ,, ;	O_2^+	,, , ,,	NO
CO	,, ,, ,, ;	CO^+	,, , ,,	BO.

Die Ähnlichkeit ist aber, abgesehen von der Multiplizität, viel geringer als bei den Atomspektren.

§ 8. Nachweis der Isotopie in Bandenspektren.

a) Allgemeines zum Isotopieeffekt in Bandenspektren.

Nachdem ASTON und DEMPSTER[2] durch besondere Entwicklung von Kanalstrahlenmethoden die allgemeine Isotopie der Elemente bewiesen hatten, versuchte man den Effekt auch spektroskopisch nachzuweisen. Bei den Atomspektren werden wir nur einen sehr kleinen Effekt der „Isotopenverschiebung" (Differenz zwischen den beiden Linien der Isotopen) erwarten können. Zwei Isotope unterscheiden sich nämlich in der Masse, nicht aber in der Kernladung und nicht in der Zahl der äußeren Elektronen. Das Atomspektrum kommt aber durch Bewegung der Elektronen zustande und sagt fast nichts über die Masse des Atoms aus. Diese spielt nur eine untergeordnete Rolle, indem die RYDBERG-Konstante das Verhältnis von Elektronenmasse zur Atommasse enthält und dieses Verhältnis für Isotope äußerst wenig variiert. Bei den leichten Isotopen Li^6 und Li^7 ist der Nachweis eines Isotopieeffekts geglückt.

[1] Negative Molekülionen sind von der Regel auszuschließen, siehe Anmerkung S. 156.

[2] Literatur siehe bei F. W. ASTON, Isotopen, und in den neuesten Darstellungen in den Handbüchern der Physik.

Ihre RYDBERG-Konstanten unterscheiden sich um 1,4 cm^{-1}. SCHÜLER und WURM[1] haben einen sehr schwachen Begleiter der roten Li-Linie 6708 Å gefunden, den sie als dem Isotop Li^6 zugehörig vermuten. Er ist von HUGHES[2] bestätigt worden, der außerdem den entsprechenden schwachen Begleiter bei der Linie 3232 Å nachweisen konnte. Die Deutung, daß es sich um das Isotop Li^6 handelt, ist wohl sicher[3]. In ein erfolgreicheres Stadium ist der Nachweis der Isotopen aus Atomspektren durch das Studium der Hyperfeinstrukturen getreten. So sind z. B. Isotopenverschiebungseffekte gefunden worden bei Cd, Tl, Pb, Hg*, Ga**.

Viel günstiger für den Nachweis der Isotopie liegen die Verhältnisse bei den Molekülspektren. Bei der Rotation der Atome um ihren gemeinsamen Schwerpunkt und bei der Schwingung der Kerne um ihre Ruhelage bewegen sich die Atommassen, und so haben wir zwei Isotopieeffekte zu erwarten: einen Rotationseffekt und einen Schwingungseffekt. Natürlich muß, entsprechend den Verhältnissen bei den Atomen, auch ein sehr geringfügiger Effekt da sein, der auf der Elektronenbewegung beruht. Der Schluß dürfte berechtigt sein, ihn von der gleichen Größenordnung wie dort anzunehmen, nämlich einige wenige Hundertstel eines cm^{-1}***. Wir erwarten also, daß für die Schwingung 0 und die Rotation 0 „der Ursprung" (origin, theoret. 0,0-Bande) der von den Isotopen

[1] SCHÜLER, H. u. K. WURM: Naturwiss. Bd. 15 (1927) S. 971.

[2] HUGHES, D. S.: Physic. Rev. Bd. 38 (1931) S. 857.

[3] Über den Nachweis der H-Isotopen im Atomspektrum s. S. 171.

* SCHÜLER, H. u. H. BRÜCK: Z. Physik Bd. 56 (1929) S. 291. — SCHÜLER, H. u. J. E. KEYSTON: Z. Physik Bd. 70 (1931) S. 1; Bd. 72 (1931) S. 423. — KOPFERMANN, H.: Naturwiss. Bd. 19 (1931) S. 400. — SCHÜLER, H. u. E. G. JONES: Z. Physik Bd. 75 (1932) S. 563.

** JACKSON, D. A.: Z. Physik Bd. 74 (1932) S. 291.

*** Nur in besonderen Fällen kommt er stärker zur Wirkung. So haben H. L. JOHNSTON und D. H. DAWSON [Naturwiss. Bd. 21 (1933) S. 495] und H. L. JOHNSTON [Physic. Rev. Bd. 45 (1934) S. 79] in den OH-Banden einen Einfluß des Elektronenisotopieeffektes auf die Elektronenspinkoppelung des $^2\Pi$-Terms entsprechend der Theorie von HILL und VAN VLECK [Physic. Rev. Bd. 32 (1928) S. 250] gefunden. Ebenso bemerkten sie einen erheblichen Effekt für die Λ-Verdopplung im Grundzustande. Die beiden Effekte beziehen sich auf das Isotop H^2.

Bei einer Reihe leichter Deuteride [s. z. B. W. HOLST u. E. HULTHÉN: Z. Physik Bd. 90 (1934) S. 712] und insbesondere beim Spektrum des schweren Wasserstoffmoleküls [G. H. DIEKE u. R. W. BLUE: Physic. Rev. Bd. 47

des Moleküls herrührenden Bandenzweige wegen des verschwindend kleinen Elektroneneffekts praktisch an derselben Stelle liegt. Das bietet gleichzeitig ein ausgezeichnetes Mittel, den Ursprung des Systems festzustellen. Nach der Wellenmechanik ist diese Stelle wegen des Vorhandenseins einer Nullpunktsenergie nur eine rechnerische Größe (s. S. 59). Die Richtigkeit dieser Behauptung *beweisen* die Erscheinungen beim Isotopieeffekt. Denn wenn die beobachtete empirische 0,0-Bande wirklich der Schwingungsenergie 0 im Anfangs- und Endzustand entsprechen würde, so müßte ihr Ursprung (Rotation 0) für beide Isotopen nach dem oben Gesagten zusammenfallen. In Wirklichkeit besteht hier immer noch eine geringe Isotopenverschiebung und erst für eine hypothetische Bande $-\frac{1}{2}$, $-\frac{1}{2}$ (in der Bezeichnungsweise der alten Quantentheorie) würde diese verschwinden (natürlich wieder abgesehen von dem Elektroneneffekt). Die empirische 0,0-Bande enthält eben stets die Nullpunktsenergie der Schwingung.

b) Isotopieschwingungseffekt[1].

Wir wollen der Einfachheit halber annehmen, daß nur eines der beiden Atome des Moleküls Isotopen, und zwar nur zwei, besitzt. Die beobachtete Isotopenverschiebung einer gegebenen Bande hängt in erster Linie von der Entfernung dieser Bande von der 0,0-Bande des Systems ab. Mit ϱ sei die Quadratwurzel aus dem Verhältnis der beiden reduzierten Massen bezeichnet, $\varrho = \sqrt{\frac{\mu_1}{\mu_2}}$. Der Index 1 bezieht sich auf das häufigere Isotop. Wenn das schwerere Isotop das seltenere ist, so ist $\varrho < 1$. Die Schwingungsenergie (in cm^{-1}) eines zweiatomigen Moleküls ist nach (19) $E_v = \omega_e\left(v + \frac{1}{2}\right) - x_e\omega_e\left(v + \frac{1}{2}\right)^2$, wenn wir die Potenzreihe beim zweiten Gliede abbrechen. Der Einfachheit halber wollen wir n statt $v + \frac{1}{2}$ schreiben und uns nur merken, daß n halbzahlig ist.

(1935) S. 261. — C. R. JEPPESEN: Physic. Rev. Bd. 45 (1934) S. 480. — K. MIE: Z. Physik Bd. 91 (1934) S. 475] sind erhebliche Elektronenisotopieeffekte bekannt geworden, im letzteren Falle bis 26 cm^{-1}. Eine theoretische Behandlung der Elektronenisotopieeffekte ist von verschiedenen Seiten in Angriff genommen worden. [W. HOLST u. E. HULTHÉN: Nature, Lond. Bd. 133 (1934) S. 496; Z. Physik Bd. 90 (1934) S. 712. — R. DE L. KRONIG: Physica Bd. 1 (1934) S. 617. — G. H. DIEKE, Physic. Rev. Bd. 47 (1935) S. 661.]

[1] Siehe z. B. BIRGE, R. T.: Trans. Faraday Soc. Bd. 25 (1929) Teil 12.

Es ist ω_e proportional $\sqrt{\frac{1}{\mu}}$ und x_e ist umgekehrt proportional $I\,\omega_e$ und damit $\mu \cdot \sqrt{\frac{1}{\mu}}$ (S. 42 und 43). Folglich ist der erste Term im Energieausdruck proportional $\mu^{-\frac{1}{2}}$ und der zweite kleinere quadratische Term proportional μ^{-1}. Für das Isotop 1 gilt die Gleichung (in cm^{-1})

$$\nu_1{}^n = [(\omega_e')_1\, n' - (\omega_e'')_1\, n''] - [(\omega_e'\, x_e')_1\, n'^2 - (\omega_e''\, x_e'')_1\, n''^2].$$

Für das Isotop 2 gilt

$$\nu_2{}^n = \varrho\, [(\omega_e')_1\, n' - (\omega_e'')_1\, n''] - \varrho^2\, [(\omega_e'\, x_e')_1\, n'^2 - (\omega_e''\, x_e'')_1\, n''^2].$$

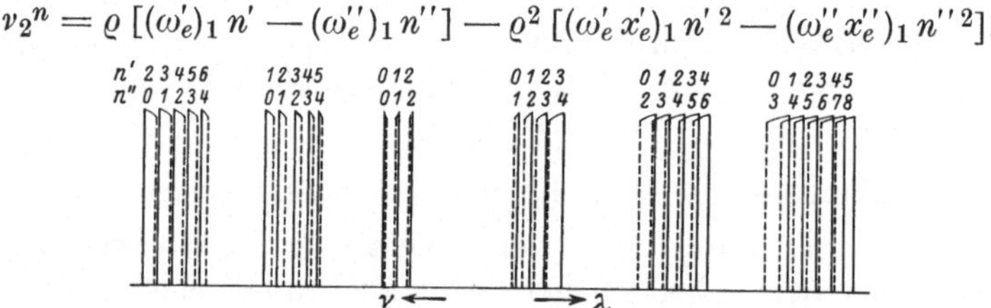

Abb. 56. Schwingungseffekt der Isotopie. (Die Zahlen beziehen sich auf die ganzzahlige Numerierung.)

Durch Differenzbildung folgt für den Schwingungseffekt

$$\left.\begin{aligned} \nu_2{}^n - \nu_1{}^n = (\varrho - 1)\, [(\omega_e')_1\, n' - (\omega_e'')_1\, n''] - \\ - (\varrho^2 - 1)\, [(\omega_e'\, x_e')_1\, n'^2 - (\omega_e''\, x_e'')_1\, n''^2]. \end{aligned}\right\} \quad (42)$$

In erster Näherung kann man setzen

$$\nu_2{}^n - \nu_1{}^n = (\varrho - 1)\, \nu_1{}^n. \quad (43)$$

Hier ist $\nu_1{}^n$ die Schwingungsenergie der Hauptbande, also ihr Abstand vom Ursprung des Systems (der theoret. 0,0-Bande). Jede Bande n', n'' spaltet also in eine Doppelbande auf, deren Abstand in erster Näherung der Entfernung vom Ursprung proportional ist. Die Isotopenverschiebung ist 0 im Ursprung des Systems, wo $\nu_1{}^n = 0$ ist[1]. Für genaue Rechnungen ist Formel (42) zu benutzen, die man durch Ersetzen von $\varrho^2 - 1$ durch $2\,(\varrho - 1)$ einfacher gestalten kann. Die Banden des schwereren Isotops liegen immer zur Nullstelle hin. Auf der kurzwelligen Seite sind sie also langwelliger als die Banden des leichteren Isotops, auf der langwelligen Seite sind sie kurzwelliger. Das bezeichnet man als

[1] Für die Benutzung der experimentellen Daten sei noch einmal darauf hingewiesen, daß in der Formel (43) mit der theoretischen 0,0-Bande gerechnet werden muß. Will man z. B. den Effekt für die empirische 0,0-Bande ausrechnen, so ist von dieser auf die theoretische umzurechnen (s. S. 53). In ultraroten Spektren hingegen, bei denen kein Elektronensprung vorhanden ist, ist diese Unterscheidung für den Isotopieeffekt praktisch unwichtig.

negative Verschiebung, wenn das schwerere Isotop das seltenere ist. Vorstehende Abb. 56 gibt ungefähr die Verhältnisse in den CuJ-Banden wieder, nur daß die Größe des Effektes übertrieben gezeichnet ist. Die ausgezogenen Linien bezeichnen das häufigere Isotop 1, die gestrichelten das seltenere Isotop 2.

c) Der Rotationseffekt.

Die Rotationsenergie (in cm^{-1}) eines zweiatomigen Moleküls wird ziemlich genau durch einen dreigliedrigen Ausdruck dargestellt (S. 43):

$$E_r = B_e\left(J+\frac{1}{2}\right)^2 - \alpha_e\left(v+\frac{1}{2}\right)\left(J+\frac{1}{2}\right)^2 + D_e\left(J+\frac{1}{2}\right)^4.$$

Der erste Term gibt die Energie an ohne Berücksichtigung der Änderung des Trägheitsmomentes durch Schwingung und Rotation. Der zweite Term rührt von der Wechselwirkung zwischen Schwingung und Rotation her, der dritte von der Vergrößerung des Moleküls durch die Zentrifugalkraft. Die Massen kommen wiederum durch das Trägheitsmoment I_e und ω_e hinein. Der erste Term ist proportional $\frac{1}{I_e}$, also μ^{-1} oder ϱ^2, der zweite $\frac{1}{\omega_e I_e^2}$, also $\mu^{-\frac{3}{2}}$ oder ϱ^3, der dritte nach Gl. (26), S. 43, $\frac{1}{\omega_e^2 I_e^3}$, also μ^{-2} oder ϱ^4.

Der Einfachheit halber setzen wir wieder $v+\frac{1}{2}=n$ und $J+\frac{1}{2}=m$. Nach Aufstellung der Frequenzgleichungen für die beiden Isotopen in gleicher Weise wie beim Schwingungseffekt erhält man für die Verschiebung einer Rotationslinie

$$\left.\begin{aligned} \nu_2{}^m - \nu_1{}^m = {} & (\varrho^2-1)\,[(B_e')_1\, m'^2 - (B_e'')_1\, m''^2] - \\ & - (\varrho^3-1)\,[\alpha_{e\,1}'\, n'\, m'^2 - \alpha_{e\,1}''\, n''\, m''^2] + \\ & + (\varrho^4-1)\,[D_{e\,1}'\, m'^4 - D_{e\,1}''\, m''^4]. \end{aligned}\right\} \quad (44)$$

Wenn wir in erster Näherung höhere Potenzen als ϱ^2 vernachlässigen, so ergibt sich

$$\nu_2{}^m - \nu_1{}^m = (\varrho^2-1)\,\nu_1{}^m. \quad (45)$$

Dabei bedeutet $\nu_1{}^m$ die Entfernung der betreffenden Rotationslinie von der Nullstelle des Bandenzweiges. Die Aufspaltung wächst auch hier proportional mit dieser Entfernung und daraus folgt, daß in dem zur Kante hinlaufenden und dann wieder umkehrenden Zweig die Isotopenverschiebung zweimal 0 werden muß, da die Nullstelle zweimal passiert wird. In der folgenden Abb. 57 kommen diese Verhältnisse zum Ausdruck.

Von der Nullstelle aus gerechnet ruft das schwerere Isotop auf der langwelligen Seite die kurzwelligere Komponente des Dubletts hervor, auf der kurzwelligen Seite die langwelligere.

Da $\varrho^2 - 1$ meist von der Größenordnung 0,01 ist und die Linien in einer Einzelbande sich häufig bis zu 100 Å verfolgen lassen, so kann der Rotationseffekt mehrere Å betragen. $\varrho - 1$ ist nur etwa halb so groß wie $\varrho^2 - 1$, doch erstrecken sich die Banden eines Bandensystems häufig über etwa 1000 Å, so daß der Schwingungseffekt doch viel größer als der Rotationseffekt werden kann. Meist sind natürlich beide Effekte anwesend, dann ist die Gesamtaufspaltung $|(\varrho - 1)\,\nu_1^n \pm (\varrho^2 - 1)\,\nu_1^m|$. Besonders günstig wird der Nachweis des Effektes bei leichten Isotopen sein und wenn ihre Massen möglichst verschieden sind. Für eine große Aufspaltung ist es bei Molekülen aus ungleichen Atomen auch günstig, wenn das zweite Element in dem zu betrachtenden Molekül eine möglichst schwere Masse hat.

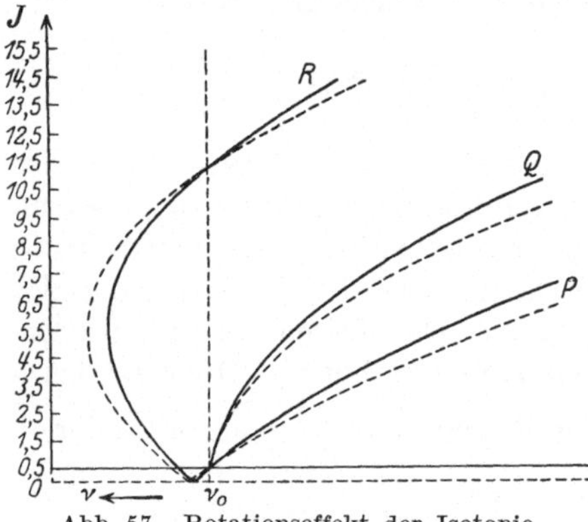

Abb. 57. Rotationseffekt der Isotopie.

d) Beispiele.

Es können nur wenige Beispiele ausführlicher behandelt werden. Eine Tabelle mit den spektroskopisch gefundenen Isotopen und den zugehörigen Spektren ist in Band I, S. 51 vorhanden.

Chlorwasserstoff und Chlor. Zuerst entdeckt wurde der Isotopieeffekt in Bandenspektren in dem von Imes[1] aufgenommenen Rotationsschwingungsspektrum des HCl, und zwar von Loomis[2] und Kratzer[3]. Während in der Grundbande (Abb. 13, S. 47) die Auflösung zu seiner Feststellung nicht ausreicht, ist er deutlich in der ersten Oberbande bei 1,76 μ beobachtet worden. Das Intensitätsverhältnis der beiden Linien entspricht ungefähr demjenigen,

[1] Imes, J.: Astroph. J. Bd. 50 (1919) S. 251.

[2] Loomis, F. W.: Nature, Lond. Bd. 106 (1920) S. 179. — Astroph. J. Bd. 52 (1920) S. 248.

[3] Kratzer, A.: Z. Physik Bd. 3 (1920) S. 460; Bd. 4 (1921) S. 476.

welches ASTON für die beiden Chlorisotope Cl^{35} und Cl^{37} fand, nämlich 3,18 : 1. Da das schwerere Isotop das seltenere ist, liegt die schwache Linie auf der langwelligen Seite der starken, ganz wie wir es nach der Theorie erwarten. Die berechnete Verschiebung beträgt $-4{,}26\ cm^{-1}$ und die gemessene $-4{,}5 \pm 0{,}3\ cm^{-1}$.

Die Existenz eines dritten Chlorisotops Cl^{39} ist fraglich. HETTNER mit seinen Mitarbeitern BECKER und BÖHME[1] haben zwar aus den Untersuchungen des Rotationsschwingungsspektrums des HCl sein Vorkommen vermutet, doch konnte ihr Schluß von HARDY und SUTHERLAND[2] nicht bestätigt werden. Ebensowenig fand sich eine Andeutung von Cl^{39} in den AgCl-Banden[3], wo sein Nachweis günstig sein müßte. KALLMANN und LASAREFF[4] meinen, dieses Isotop massenspektroskopisch nachgewiesen zu haben. Es ist danach äußerst selten. Als Mengenverhältnisse geben sie an $Cl^{39} : Cl^{37} : Cl^{35} = 1 : 1850 : 6000$. Doch wäre eine Bestätigung des Nachweises erwünscht.

Die Isotopen 35 und 37 des Chlors sind inzwischen in zahlreichen Spektren festgestellt worden, wie aus Tabelle 8 in Band I ersichtlich ist. ELLIOTT[5] hat sorgfältige Messungen im Chlorspektrum selbst an den Banden $Cl^{35}\,Cl^{35}$ und $Cl^{35}\,Cl^{37}$ angestellt. Die Intensitätsbestimmungen ergaben für das Verhältnis $Cl^{35}\,Cl^{35} : Cl^{35}Cl^{37}$ den Mittelwert 1,46 : 1, während das aus dem Atomgewicht folgende Verhältnis 1,59 : 1 ist. Die Untersuchungen von ELLIOTT und Berechnungen des Isotopieeffektes von BIRGE[6] und ELLIOTT haben auch die Zählung der Schwingungsquantenzahlen in den beiden betreffenden Zuständen festgelegt.

Boroxyd. Dieses Molekül sei näher erwähnt, weil auch hier die Untersuchung seines Bandenspektrums für die Theorie der Isotopieerscheinungen in Molekülspektren eine wichtige Rolle gespielt hat. Bor (Atomgewicht 10,82) besteht nach ASTON aus zwei

---

[1] BECKER, H.: Z. Physik Bd. 59 (1930) S. 601. — HETTNER, G. u. J. BÖHME: Z. Physik. Bd. 72 (1931) S. 95.

[2] HARDY, J. D. u. G. B. B. M. SUTHERLAND: Physic. Rev. Bd. 41 (1932) S. 471.

[3] ASHLEY, M. u. F. A. JENKINS: Physic. Rev. Bd. 37 (1931) S. 1712; Bd. 42 (1932) S. 438.

[4] KALLMANN, H. u. W. LASAREFF: Z. Physik Bd. 80 (1932) S. 237.

[5] ELLIOTT, A.: Proc. Roy. Soc., Lond. A Bd. 123 (1929) S. 629; Bd. 127 (1930) S. 638. — Z. Physik Bd. 67 (1931) S. 88.

[6] Siehe ELLIOTT, A.: Proc. Roy. Soc., Lond. A. Bd. 127 (1930) S. 638.

Isotopen B^{11} und B^{10} in einem Verhältnis 4,6 : 1. JEVONS[1] hatte 1915 das Spektrum einer Borverbindung photographiert, und zwar nahm er an, daß es sich um BN handelte. MULLIKEN[2] fand in diesen Banden Erscheinungen, die sich durch Isotopie erklären ließen, doch blieben einige Tatsachen ungeklärt. So nahm er das Spektrum noch einmal auf[3], und bei der Analyse gelangen ihm zwei wichtige Feststellungen. Erstens ergab sich, daß der Träger des Spektrums nicht BN, sondern BO ist; zweitens fand er, daß der Isotopieeffekt nicht für die Schwingung 0 verschwindet, sondern für einen hypothetischen Zustand $v = -1/2$, so daß MULLIKEN noch vor der Quantenmechanik zu halbzahliger Numerierung der Schwingungsquanten geführt wurde. Für ϱ erhielt er als Mittelwert $1{,}0291 \pm 0{,}0003$*. Der theoretische Wert für BO ist 1,0292 und für BN 1,0276. Aus diesen Zahlen geht hervor, daß das BO- und nicht das BN-Molekül der Träger des Spektrums ist.

Der Rotationseffekt wurde von JENKINS*[4] untersucht und ebenfalls in Übereinstimmung mit der Theorie gefunden.

Bei den bisher besprochenen Molekülen hat es sich in keinem Falle um Bestimmungen gehandelt, die über die Massenspektralanalyse von ASTON hinausgehen. Als isotopenfrei hatten sich nach seinen früheren Untersuchungen unter andern die Elemente C, N und O erwiesen. Um so interessanter ist es, daß zuerst spektroskopisch folgende Isotopen dieser Elemente bekanntgeworden sind: C^{13}, N^{15}, O^{17} und O^{18}, schließlich H^2. Ganz besonders wichtig ist die Isotopie von Sauerstoff, das ja als Bezugselement für die Berechnung der Atomgewichte gewählt worden ist und diejenige von Wasserstoff, die zu verschiedenartigen, außerordentlich interessanten Feststellungen geführt hat.

Sauerstoff. Die beiden Isotope O^{18} und O^{17} wurden von GIAUQUE und JOHNSTON[5] entdeckt, als sie in Verfolgung anderer Ziele Daten von BABCOCK über die atmosphärischen Sauerstoff-

[1] JEVONS, W.: Proc. Roy. Soc., Lond. A Bd. 91 (1915) S. 120.

[2] MULLIKEN, R. S.: Nature, Lond. Bd. 113 (1924) S. 489.

[3] MULLIKEN, R. S.: Physic. Rev. Bd. 25 (1925) S. 259.

* Als bester Wert ist jetzt der kürzlich von F. A. JENKINS u. A. MCKELLAR [Physic. Rev. Bd. 42 (1932) S. 464] angegebene anzusehen: $\varrho = 1{,}02908 \pm 0{,}00005$.

[4] JENKINS, F. A.: Proc. Nat. Acad. Sci. Bd. 13 (1927) S. 496.

[5] GIAUQUE, W. F. u. H. L. JOHNSTON: Nature, Lond. Bd. 123 (1929) S. 318, 831. — J. Amer. Chem. Soc. Bd. 51 (1929) S. 1436, 3528.

banden studierten. DIEKE und BABCOCK[1] hatten bei der Analyse der atmosphärischen Sauerstoffbanden ein System schwacher Bandenlinien gefunden, die sie A'-Linien nannten, da sie als Begleiter der gewöhnlichen A-Bande (0,0-Bande) auftraten. GIAUQUE und JOHNSTON fanden, daß diese Linien die 0,0-Bande des Moleküls $O^{16}O^{18}$ bilden. Entsprechende Linien wurden später in den 1,0- und 2,0-Banden gefunden[2]. Besonders interessant ist, daß, während bei $O^{16}O^{16}$ wegen des fehlenden Kernspins jede zweite Linie ausfällt (S. 80), die A'-Serie des $O^{16}O^{18}$, das kein völlig symmetrisches Molekül mehr ist, doppelt so viele, d. h. doppelt so engliegende Linien wie die gewöhnliche A-Serie der atmosphärischen Banden zeigt.

Die Linien, die dem Molekül $O^{16}O^{17}$ angehören, sind noch viel schwächer. Außerdem muß man wegen des geringeren Massenunterschiedes weiter von der Nullstelle entfernt beobachten, um einen genügend großen Effekt zu bekommen. BABCOCK fand eine B'-Folge in der atmosphärischen B-Bande (1,0). Der von ihm gefundene Schwingungseffekt beträgt $-36{,}82$ cm^{-1}, und BIRGE hat für $O^{16}O^{17}$ $-36{,}75$ berechnet.

Kohlenstoff. Das Isotop C^{13} des Kohlenstoffs wurde von KING und BIRGE[3] in der 1,0-Bande (bei 4737 Å) der sog. SWAN-Banden entdeckt. Es handelt sich um die Moleküle $C^{12}C^{12}$ und $C^{12}C^{13}$. Die Bande des $C^{12}C^{13}$ erscheint sehr schwach, 7,32 Å entfernt auf der langwelligen Seite der Hauptbande $C^{12}C^{12}$, wie die folgende Abb. 58 zeigt. Beide Banden sind nach Violett abschattiert. Trotz des geringen Abstandes von 7,3 Å kann man eine Reihe von Linien erkennen und sie mit entsprechenden Linien der Hauptbande vergleichen.

Ferner ist das neue Kohlenstoffisotop im CO-Spektrum[4] (vierte positive Gruppe) und in der 0,0-Bande (3883 Å) der CN-Banden festgestellt worden[3].

Stickstoff. Auf Anregung von MULLIKEN hat NAUDÉ[5] die sog. γ-Banden von NO auf eine eventuelle Isotopie geprüft. Er

[1] DIEKE, G. H. u. H. D. BABCOCK: Proc. Nat. Acad. Sci. Bd. 13 (1927) S. 670.

[2] BABCOCK, H. D.: Proc. Nat. Acad. Sci. Bd. 15 (1929) S. 471. — BABCOCK, H. D. u. W. P. HOGE: Physic. Rev. Bd. 37 (1931) S. 227.

[3] KING, A. S. u. R. T. BIRGE: Nature, Lond. Bd. 124 (1929) S. 127. — Astroph. J. Bd. 72 (1930) S. 19.

[4] BIRGE, R. T.: Nature, Lond. Bd. 124 (1929) S. 182.

[5] NAUDÉ, S. M.: Physic. Rev. Bd. 34 (1929) S. 1499; Bd. 36 (1930) S. 333.

arbeitete mit sehr großer Dispersion. Gesucht wurde der Effekt in Absorption in der 0,0-Bande bei 2269 Å, der 1,0-Bande bei 2154 Å und der 2,0 Bande bei 2052 Å. Es gelang ihm, mehrfache Bandenköpfe nachzuweisen, die er den Molekülen $N^{14}O^{16}$, $N^{14}O^{17}$, $N^{15}O^{16}$,

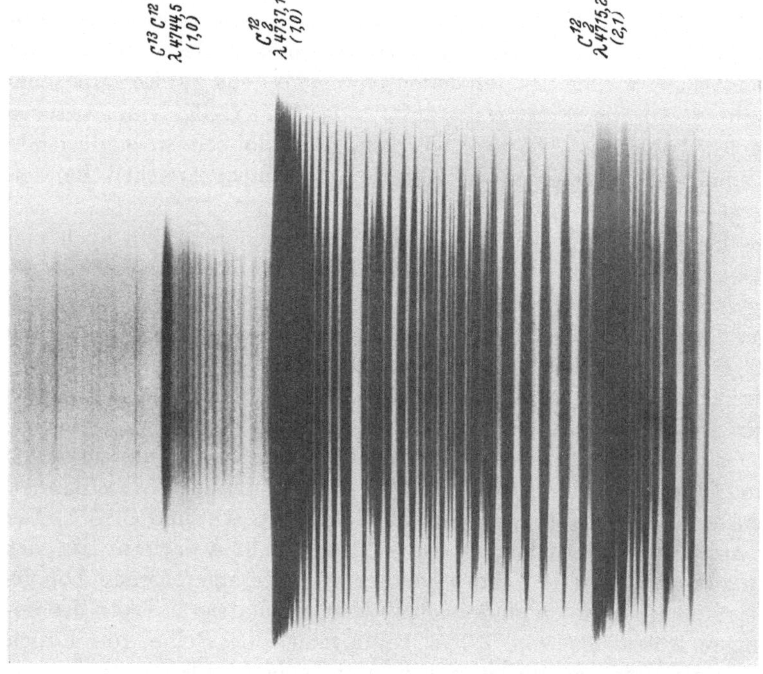

Abb. 58. Isotopie des C in der 1,0-Bande der SWAN-Banden. (Nach KING und BIRGE.)

$N^{14}O^{18}$ zuschreibt. Die Übereinstimmung zwischen berechneter und beobachteter Isotopenverschiebung ist gut. Bestätigt wurde das neue Isotop von HERZBERG[1] an den Stickstoffbanden der zweiten positiven Gruppe.

Wasserstoff. Von besonderer Wichtigkeit hat sich die Auffindung des Wasserstoffisotops der Masse 2 erwiesen. Seine Existenz wurde von BIRGE und MENZEL[2] vermutet, als sie nach Umrech-

---

[1] HERZBERG, G.: Z. physik. Chem. Abt. B Bd. 9 (1930) S. 43.

[2] BIRGE, R. T. u. D. H. MENZEL: Physic. Rev. Bd. 37 (1931) S. 1669.

nung des ASTONschen[1] Wertes (mit O = 16 gerechnet) auf den chemischen Wert (mit $O^{16} + \frac{1}{630} O^{18}$ gerechnet) für die Wasserstoffmasse 1,00756 erhielten, während 1,00778 experimentell gewonnen wird. Entdeckt wurde das Isotop dann von UREY, BRICKWEDDE und MURPHY[2] im Rückstand des beim Tripelpunkt abdestillierten Wasserstoffs, indem sie den Rückstand verdampften und sein BALMER-Spektrum photographierten. H_α, H_β, H_γ und H_δ zeigten auf der kurzwelligen Seite schwache Begleitlinien, deren Lage mit einem H-Isotop der Masse 2 übereinstimmte.

BLEAKNEY[3] hat kurz darauf eine Probe derartig angereicherten Wasserstoffs massenspektroskopisch untersucht und $(H^1H^2)^+$-Ionen nachgewiesen.

Als einfachste und sehr wirkungsvolle Methode der Anreicherung hat sich die Elektrolyse des Wassers[4] erwiesen[5]. Für die gleich zu besprechenden bandenspektroskopischen Versuche war derartiges „schweres Wasser" in der Regel das Ausgangsmaterial zur Herstellung der betreffenden Moleküle.

Die wirkungsvollste Methode, die Isotopen in Gasen rein darzustellen, ist die Diffusionsmethode von HERTZ[6]. Ihm ist die Herstellung spektralreinen Wasserstoffs der Masse 2 gelungen[7]. Die Darstellung der seltenen Isotopen des Kohlenstoffs, Stickstoffs

---

[1] Dieser Wert erweist sich neuerdings als nicht ganz richtig. M. L. E. OLIPHANT, A. E. KEMPTON u. LORD RUTHERFORD [Proc. Roy. Soc., Lond. A Bd. 150 (1935) S. 241; OLIPHANT: Science 1935, 22. März] und H. BETHE [Physic. Rev. Bd. 47 (1935) S. 633] haben bemerkt, daß die Unstimmigkeiten, die sich bei der Massenbestimmung aus Kernumwandlungs-Experimenten ergeben, wegfallen, sobald man annimmt, daß das Verhältnis der Massen von He : O einer kleinen Korrektur bedarf. Bei der Annahme von He = 4,00216 muß O^{16} = 15,9952 sein, d. h. die massenspektroskopischen Werte von ASTON sind um den entsprechenden Faktor zu korrigieren.

[2] UREY, H. C., F. G. BRICKWEDDE u. G. M. MURPHY: Physic. Rev. Bd. 39 S. 164, 864; Bd. 40 (1932) S. 1.

[3] BLEAKNEY, W.: Physic. Rev. Bd. 39 (1932) S. 536.

[4] WASHBURN, E. W. u. H. C. UREY: Proc. Nat. Acad. Sci. Bd. 18 (1932) S. 496. — LEWIS, G. N.: J. Amer. Chem. Soc. Bd. 55 (1933) S. 1297.

[5] Näheres darüber siehe in dem Buche von A. FARKAS: Orthohydrogen, Parahydrogen and Heavy Hydrogen. Cambridge, Univ. Press 1935; sowie bei H. C. UREY u. G. K. TEAL: Rev. Mod. Physics Bd. 7 (1935) S. 41.

[6] HERTZ, G.: Z. Physik Bd. 79 (1932) S. 108, 700.

[7] HERTZ, G.: Naturwiss. Bd. 21 (1933) S. 884.

und Sauerstoffs ist ebenfalls in Angriff genommen. Zur Orientierung über die Methode sei auf die Originalliteratur verwiesen.

Die erste bandenspektroskopische Untersuchung wurde von HARDY, BARKER und DENNISON [1] am Ultrarotspektrum des HCl ausgeführt. Es wurden beide Moleküle H^2Cl^{35} und H^2Cl^{37} nachgewiesen. Für das Verhältnis der reduzierten Massen ϱ^2 ergibt sich $\varrho^2 = 0{,}514430 \pm 0{,}000004$. Die Masse des H^2 wurde zu $2{,}01367 \pm 0{,}00010$ gefunden [2].

Weiterhin ist das schwere Wasserstoffisotop in den Spektren der zweiatomigen Moleküle H_2 und in zahlreichen Hydridspektren nachgewiesen worden [3].

Auf einige interessante Eigenschaften des schweren Wasserstoffs werden wir im letzten Kapitel zu sprechen kommen.

Wegen der Wichtigkeit des neuen Isotops hat UREY den besonderen Namen Deuterium (Symbol D) dafür vorgeschlagen und Deuton (neuerdings auch Deuteron) als Bezeichnung für seinen Kern.

Ein spektroskopischer Nachweis für ein Isotop H^3 konnte bisher nicht erbracht werden [4]. Hingegen ist es aus Kernzertrümmerungsprozessen [5], massenspektroskopischen Versuchen [6] und Untersuchungen der Ionisationswirkung von H-Strahlen [7] sichergestellt, wenn seine Häufigkeit auch eine verschwindend geringe ist.

e) Mischungsverhältnis der Isotopen und Atomgewichtsbestimmung.

Aus Intensitätsmessungen in Spektren von Molekülen, die Isotopengemische darstellen, kann das Mischungsverhältnis der Isotopen bestimmt werden. Dabei sind verschiedene Umstände zu

---

[1] HARDY, J. D., E. F. BARKER, D. M. DENNISON: Physic. Rev. Bd. 42 (1932) S. 279.

[2] Siehe jedoch S. 171, Anm. 1 und S. 176.

[3] Siehe Tabelle 8, Bd. I; für die Molekülkonstanten von H^2H^2 und den schweren Hydriden siehe Tabellen 25 und 26, Bd. I.

[4] LEWIS, G. N. u. F. H. SPEDDING: Physic. Rev. Bd. 43 (1933) S. 964.

[5] OLIPHANT, M. L. E., P. HARTECK u. E. RUTHERFORD: Proc. Roy. Soc., Lond. A Bd. 144 (1934) S. 692.

[6] LOZIER, W. W., P. T. SMITH u. W. BLEAKNEY: Physic. Rev. Bd. 45 (1934) S. 655.

[7] TUVE, M. A., L. R. HAFSTAD u. O. DAHL: Physic. Rev. Bd. 45 (1934) S. 840.

berücksichtigen. Handelt es sich um Absorptionsuntersuchungen, so ist die Feststellung wichtig, ob die Absorption vom Schwingungszustand $v'' = 0$ ausgeht oder ob auch Anfangszustände mit Schwingungsquanten $v'' > 0$ vorhanden sind. Dann sind die höheren Schwingungsquanten des schwereren Moleküls, das ein kleineres ω_e hat (s. S. 164), häufiger, als es dem Mischungsverhältnis der Isotopen entspricht. Ferner ist bei Absorptions- und Emissionsspektren zu untersuchen, ob evtl. eine etwas verschiedene Intensitätsverteilung der Isotopenbanden nach dem FRANCK-CONDON-Prinzip vorliegt. Da bei gleichen Kräften die Isotopen wegen ihrer verschiedenen Massen ein etwas verschiedenes ω haben, so müssen sich etwas verschiedene Schwingungsamplituden ergeben, die nach den auf S. 73 angestellten Überlegungen verschiedene Intensitätsverteilungen bzw. Übergangswahrscheinlichkeiten ergeben können[1]. Die besprochenen Korrektionen sind um so größer, je größer die Massenunterschiede sind. Am geeignetsten zur Bestimmung des Mischungsverhältnisses von Isotopen sollten Absorptionsmessungen sein, und zwar Vergleiche in der 0—0-Bande oder 0—1-Bande oder auch 0—2-Bande. Hier gibt das Intensitätsverhältnis der zu den verschiedenen Isotopen gehörenden Spektren direkt das Mengenverhältnis der Träger an, falls unter Bedingungen gearbeitet wird, bei denen das BEERsche Absorptionsgesetz erfüllt ist[2]. Außerdem müssen die benutzten Linien vollkommen überlagerungsfrei sein. Die Erzeugungsbedingungen der Banden sind auch noch in anderer Hinsicht wichtig. Werden die gleichen Banden z. B. einmal im Ofen und einmal im Bogen beobachtet, in dem kein Temperaturgleichgewicht herrscht, so werden bei gleichen Dampfdrucken im Bogen infolge der verschiedenen Verdampfungsgeschwindigkeit der Isotopen mehr leichte Moleküle (μ_1) als schwere Moleküle (μ_2) vorhanden sein, nämlich $\sqrt{\frac{\mu_2}{\mu_1}}$ mal so viele. Beide Experimente können also etwas verschiedene

[1] Siehe z. B. DUNHAM, J. L.: Physic. Rev. Bd. 36 (1930) S. 1553. — ELLIOTT, A.: Z. Physik Bd. 67 (1931) S. 75.

[2] Das BEERsche Gesetz besagt, daß für konstantes Produkt aus Druck des Gases p und Schichtdicke x die Absorption den gleichen Wert hat, d. h. die durchgelassene Intensität darf nur von der Zahl der absorbierenden Moleküle abhängen. Man schreibt das Gesetz $I = I_0\, e^{-k\,p\,x}$. Abweichungen vom BEERschen Gesetz werden z. B. beobachtet, wenn die Mitte der Linie völlig herausabsorbiert ist, während bei zunehmender Schichtdicke die Absorption der Ränder weiter zunimmt.

Intensitätsverhältnisse ergeben; das richtigere sollte im Ofen beobachtet werden.

Jedenfalls ist in jedem einzelnen Fall genau zu untersuchen, durch welche Effekte das Intensitätsverhältnis der Isotopenlinien beeinflußt sein kann.

Es ist nach dem Gesagten nicht so verwunderlich, daß die von verschiedenen Autoren angegebenen Intensitätsverhältnisse und die daraus berechneten Mischungsverhältnisse öfters etwas abweichen. Eine große Diskrepanz liegt für Bor vor. So berechnet ELLIOTT[1] aus den β-BO-Banden das mittlere Verhältnis $B^{11}:B^{10} = 3{,}63 \pm 0{,}02$, PATON und ALMY[2] aus der 0—0-Bande 4331 Å der BH-Banden (im Bogen) $4{,}86 \pm 0{,}15$. Diese Werte sind mit demjenigen zu vergleichen, der aus dem chemischen Verbindungsgewicht sich berechnen läßt. Dieses schwankt zwischen 10,806 und 10,847, anscheinend mit dem Ursprungsort des benutzten Materials. Das bedeutet eine große Unsicherheit im Isotopenverhältnis. 10,82 würde das Verhältnis 4,26 : 1 und 10,84 bereits 4,88 : 1 ergeben, so daß die Atomgewichtsbestimmungen im Falle des Bor nur einen oberen und unteren Grenzwert für das Mengenverhältnis der Isotopen festlegen. Sehr genau festzulegen ist hingegen das *Massen*verhältnis B^{11}/B^{10}. ASTON fand dafür $1{,}09962 \pm 0{,}00032$. JENKINS und McKELLAR[3] bestimmten aus den α-BO-Banden dafür den Wert 1,09961 mit einem wahrscheinlichen Fehler von $\pm 0{,}00006$, wenn sie ASTONs Absolutwert für B^{10} einsetzten[4].

Da man aus dem chemischen Atomgewicht des Elements (Mischungsgewicht) und den Atomgewichten der einzelnen Isotopen ihr Mengenverhältnis berechnen kann, kann man aus dem Mengenverhältnis natürlich umgekehrt Atomgewichte berechnen. Hier interessieren vor allem Sauerstoff, Kohlenstoff und Stickstoff, deren Mengenverhältnisse zuerst spektroskopisch aus den Intensitäten der Isotopenlinien bekannt wurden. Das Häufigkeitsverhältnis der Wasserstoffisotopen ist hingegen nur massenspektroskopisch bestimmt worden.

Für das Mengenverhältnis der Sauerstoffisotopen, das erstmalig von BABCOCK[5] abgeschätzt wurde, werden meist die

[1] ELLIOTT, A.: Z. Physik Bd. 67 (1931) S. 75.

[2] PATON, R. F. u. G. M. ALMY: Physic. Rev. Bd. 37 (1932) S. 1710.

[3] JENKINS, F. A. u. A. McKELLAR: Physic. Rev. Bd. 42 (1932) S. 464.

[4] Aus den von H. BETHE (l. c.) neu bestimmten Massen folgt $B^{11}/B^{10} = 1{,}09950 \pm 0{,}0001$.

[5] BABCOCK, H. D.: Proc. Nat. Acad. Bd. 15 (1929) S. 471.

von MECKE und CHILDS[1] angegebenen Zahlen benutzt, nämlich $O^{16} : O^{17} : O^{18} = 630 : 0,2 : 1$. Die neuen massenspektroskopischen Untersuchungen liefern alle niedrigere Werte[2, 3], als Mittelwert aus diesen wird $O^{16} : O^{18} = 517 \pm 10 : 1$ angegeben[3]. Da die Chemiker ihre Atomgewichtsbestimmungen auf das Sauerstoff*misch*element $O = 16,0000$ beziehen, liegen die massenspektroskopischen Werte etwas zu hoch. Der Umrechnungsfaktor ist $A_{\text{mass}} = A_{\text{chem}} \cdot 1,00022$, wenn man die Zahlen von MECKE-CHILDS zugrunde legt. Nach den neuen Ausführungen von OLIPHANT, KEMPTON, RUTHERFORD und BETHE (S. 171 Anm. 1) ist noch darauf zu achten, daß das bisher angenommene Verhältnis der Massen von $He^4 : O^{16}$ einer kleinen Korrektion bedarf.

Das Mengenverhältnis der Kohlenstoffisotopen ist von JENKINS und ORNSTEIN[4] festgestellt worden. Aus dem Intensitätsverhältnis der 1,0-Bande (der SWAN-Banden) von $C^{12}C^{12}$ zu derjenigen von $C^{12}C^{13}$ finden sie ein Häufigkeitsverhältnis $C^{12} : C^{13} = 106 : 1$. Hieraus berechnen sie für C^{12} das Atomgewicht 12,010, während aus ASTONs Messungen 12,0010 folgt[5]. Die massenspektroskopisch bestimmten Häufigkeitsverhältnisse liegen ziemlich auseinander. TATE und Mitarbeiter[6] geben 91,6 : 1 und ASTON[7] gibt 140 : 1 an.

Für die Häufigkeit der Stickstoffisotopen ist aus Intensitätsmessungen an den NO-Banden das Verhältnis $N_{14} : N_{15} = 350 : 1$ abgeleitet worden[8], während massenspektroskopisch 265 : 1 angegeben wird[6].

Das Häufigkeitsverhältnis der beiden Wasserstoffisotopen ist nur roh bekannt. Um dem Fehler, der durch die elektrolytische Gewinnung des Wasserstoffs entstehen könnte, zu entgehen, haben

---

[1] MECKE, R. u. W. J. H. CHILDS: Z. Physik Bd. 68 (1931) S. 362.

[2] ASTON, F. W.: Nature, Lond. Bd. 130 (1932) S. 21. — SMYTHE, W. R.: Physic. Rev. Bd. 45 (1934) S. 299.

[3] MANIAN, S. H., H. C. UREY u. W. BLEAKNEY: J. Amer. Chem. Soc. Bd. 56 (1934) S. 2601.

[4] JENKINS, F. A. u. L. S. ORNSTEIN: Proc. Akad. Amsterdam Bd. 35 (1932) S. 1212.

[5] BETHE (l. c.) gibt folgende Werte an: $C^{12} = 12,0037 \pm 0,0007$; $C^{13} = 13,0069 \pm 0,0007$.

[6] VAUGHAN, A. L., J. H. WILLIAMS u. J. T. TATE: Physic. Rev. Bd. 46 (1934) S. 327.

[7] ASTON, F. W.: Nature, Lond. Bd. 134 (1934) S. 178.

[8] UREY, H. C. u. G. M. MURPHY: Physic. Rev. Bd. 38 (1931) S. 575; Bd. 41 (1932) S. 141.

BLEAKNEY und GOULD[1] sich gewöhnlichen Wasserstoff auf nicht-elektrolytischem Wege aus Regenwasser hergestellt und an solchen Proben das Häufigkeitsverhältnis bestimmt und als Mittel 1 : 5000 gefunden. Es scheint der zur Zeit beste Wert zu sein. BIRGE und MENZEL hatten ein Verhältnis von 1 : 4500 vorausgesagt. Die Masse von H^2 ist massenspektroskopisch unter Benutzung einer Probe schweren Wassers zu $2{,}01363 \pm 0{,}00004$ von BAINBRIDGE[2] bestimmt worden, wobei er für H^1 den Wert 1,007775 zugrunde legte[3]. HOLST und HULTHÉN[4] haben aus dem Spektrum von AlH und AlD für die Masse von H^2 2,0118 errechnet. Andere Hydridspektren haben ähnliche Resultate ergeben[5]. Der wahrscheinliche Grund dieser Diskrepanz liegt in dem auf S. 162 erwähnten Elektronenisotopieeffekt.

B. Mehratomige Moleküle[6].

§ 1. Einleitende Bemerkungen.

Die Spektren mehratomiger Moleküle zeigen eine viel größere Kompliziertheit als diejenigen zweiatomiger und besonders über *Elektronenbandenspektren* ist bisher sehr wenig Endgültiges bekannt. Das liegt zunächst daran, daß ein mehratomiges Molekül viel mehr *Zerfallsmöglichkeiten* besitzt als ein zweiatomiges und daher viele seiner angeregten Zustände instabil sein werden. In ihren Spektren wird sich das in dem häufigen Auftreten diffuser Banden oder kontinuierlicher Absorptionsgebiete äußern, die für eine Analyse bedeutend weniger aufschlußreich sind als diskrete Banden. Selbst für die Feststellung der Zerfallsprodukte geben sie meistens nur geringe Anhaltspunkte. Diese Zerfallsprodukte können ihrerseits wieder zu Bandenspektren Anlaß geben, was eine weitere Komplikation verursacht.

---

[1] BLEAKNEY, W. u. A. J. GOULD: Physic. Rev. Bd. 44 (1933) S. 265.

[2] BAINBRIDGE, R. T.: Physic. Rev. Bd. 44 (1933) S. 57.

[3] BETHE (l. c.) berechnet $H^1 = 1{,}00807 \pm 0{,}00007$; $H^2 = 2{,}01423 \pm 0{,}00015$.

[4] HOLST, W. u. E. HULTHÉN: Z. Physik Bd. 90 (1934) S. 712.

[5] WATSON, W. W.: Physic. Rev. Bd. 46 (1934) S. 319; Bd. 47 (1935) S. 27.

[6] Für §§ 1—3 dieses Abschnitts sei auf die zusammenfassende Darstellung von D. M. DENNISON [Rev. Mod. Physics. Bd. 3 (1931) S. 280] verwiesen, ferner auf den Artikel von G. PLACZEK [Handbuch der Radiologie Bd. 6, II, 2. Aufl. (1934) S. 205] und auf diejenigen von E. TELLER u. R. MECKE [Hand- und Jahrbuch der chemischen Physik Bd. 9, II (1934)].

Auch die *Schwingungsstruktur* der Elektronenbanden ist verwickelter als bei den zweiatomigen Molekülen, da es hier sehr viel mehr Schwingungsmöglichkeiten gibt. Ferner hat hier die Anharmonizität nicht einfach eine Bandenkonvergenz zur Folge, sondern kann, besonders bei größeren Amplituden, die Schwingungsstruktur in schwer übersehbarer Weise verändern. Das ist besonders dann der Fall, wenn das Molekül mehr als eine Gleichgewichtslage besitzt. Das erschwert weiterhin die Analyse. Dazu kommt, daß bei mehratomigen Molekülen die Schwingung auch die Symmetrie des Moleküls verändert. Diese Veränderung kann soweit gehen, daß im Grundzustand oder in angeregten Zuständen frei drehbare Gruppen auftreten.

Die *Rotationsstruktur* mehratomiger *gestreckter* Moleküle ist nicht komplizierter als diejenige zweiatomiger. Für den symmetrischen und den Kugelkreisel[1] sind die Verhältnisse auch noch verhältnismäßig einfach. Hingegen ist die Rotationsstruktur beim asymmetrischen Kreisel[1] außerordentlich kompliziert. Wenn zudem noch Schwingungen mit großen Amplituden angeregt oder mehrere Gleichgewichtslagen oder frei drehbare Gruppen vorhanden sind, dann wird eine starke Änderung des Trägheitsmomentes durch die innermolekulare Bewegung stattfinden, so daß man im Spektrum nicht mehr recht die Grenze zwischen Schwingungs- und Rotationsstruktur ziehen kann. Aus allen diesen Gründen ist es ziemlich hoffnungslos, eine Analyse von Elektronenbanden mehratomiger Moleküle durchzuführen, solange man nicht wenigstens über die Schwingungen und Rotationen im Grundzustand orientiert ist.

Die genauere Untersuchung der Schwingungs-Rotationssysteme des Elektronengrundzustandes mehratomiger Moleküle ist natürlich ebenfalls komplizierter als bei zweiatomigen, zugleich aber auch interessanter. Sie ist jedoch durchaus durchführbar, denn erstens haben wir hier zwei Methoden zur Verfügung, die sich in sehr glücklicher Weise ergänzen, nämlich Untersuchungen des Ultrarotspektrums und des RAMAN-Effektes; zweitens sind hier die Moleküldaten (Trägheitsmomente, Schwingungsfrequenzen) nur *eines* Elektronenzustandes zu bestimmen; drittens sind die Amplituden der Kernbewegung im allgemeinen klein (abgesehen von gewissen Fällen der freien Drehbarkeit und mehrfachen Gleichgewichtslagen).

---

[1] Siehe S. 182 u. 183.

Darum wollen wir im folgenden ausführlicher auf Ultrarot- und RAMAN-Spektren eingehen und die Elektronenbanden nur kurz behandeln. Das entspricht auch dem Umfang des bisher gesicherten experimentellen und theoretischen Materials.

§ 2. Rotation eines mehratomigen Moleküls und seine Spektren.

Wir wollen in diesem Paragraphen die reine Rotation eines mehratomigen Moleküls behandeln und von dem Einfluß der Schwingungen und der Elektronenbewegung gänzlich absehen, d. h. das Molekül als ein starres Gebilde ohne weitere innere Freiheitsgrade auffassen.

a) Rotationsenergie eines mehratomigen Moleküls.

Wir beginnen mit dem von den zweiatomigen Molekülen her bekannten starren Rotator, der für lineare mehratomige Moleküle ebenfalls als Modell benutzt werden kann. Infolgedessen ist der Ausdruck für die Rotationsenergie derselbe wie bei den zweiatomigen Molekülen, nämlich $\frac{h}{8\pi^2 c I} J(J+1)$ (in Frequenzeinheiten), wobei I das Trägheitsmoment des Moleküls ist (um eine Achse $\perp$ zur Figurenachse). Beispiele für mehratomige lineare Moleküle bilden CO_2, CS_2, COS, N_2O, C_2H_2.

Der nächsteinfache Fall ist derjenige, in dem das Molekül eine so hohe Symmetrie besitzt, daß das Trägheitsmoment um beliebige körperfeste Achsen das gleiche ist. Man spricht dann von einem Kugelkreisel. Als Beispiele können gelten CH_4, CCl_4 und wahrscheinlich auch SF_6.

Die Rotationsbewegung eines beliebigen starren Körpers[1] wird in der klassischen und in der Quantenmechanik im allgemeinen beschrieben durch die Rotationsbewegung eines dreiachsigen Ellipsoides. Die Trägheitsmomente um die drei Hauptachsen des Ellipsoides nennt man Hauptträgheitsmomente. Bei dem Kugelkreisel artet das Ellipsoid in eine Kugel aus, bei dem weiter unten zu besprechenden symmetrischen Kreisel in ein Rotationsellipsoid.

---

[1] Daß man die Rotation eines mehratomigen Moleküls als diejenige eines starren Körpers behandeln kann, beruht auf der Kleinheit der Rotationsfrequenzen gegenüber den Schwingungs- und Elektronenfrequenzen, sowie auf den kleinen Amplituden der Molekülschwingungen. [J. H. VAN VLECK: Physic. Rev. Bd. 47 (1935) S. 487. — C. ECKART: Physic. Rev. Bd. 47 (1935) S. 552.]

Die Energie eines Kreisels in der klassischen Mechanik ist gleich $E_r = \frac{\mathfrak{P}^2}{2 I_A} + \frac{\mathfrak{Q}^2}{2 I_B} + \frac{\mathfrak{R}^2}{2 I_C}$, wobei I_A, I_B, I_C die drei Hauptträgheitsmomente und $\mathfrak{P}$, $\mathfrak{Q}$, $\mathfrak{R}$ die Drehimpulskomponenten um die drei (körperfesten) Hauptträgheitsachsen bedeuten. Bei dem Kugelkreisel ist $I_A = I_B = I_C$; die Energie wird also $E_r = \frac{\mathfrak{P}^2 + \mathfrak{Q}^2 + \mathfrak{R}^2}{2 I_A} = \frac{\mathfrak{J}^2}{2 I_A}$. In der Quantenmechanik kann das Quadrat des Drehimpulsvektors ähnlich wie beim starren Rotator nur die Werte $\frac{h^2}{4\pi^2} J (J + 1)$ annehmen. Die möglichen Energiewerte eines Kugelkreisels werden also ebenfalls durch die Formel $E_r = \frac{h}{8\pi^2 c I_A} J (J + 1)$ wiedergegeben (in Frequenzeinheiten). J ist wieder eine nicht negative ganze Zahl. Ein Unterschied gegenüber dem Rotator liegt aber in dem verschiedenen Entartungsgrad bei beiden Modellen. Während beim Rotator die Orientierungsmöglichkeiten des Drehimpulsvektors in bezug auf ein raumfestes Koordinatensystem eine $(2J + 1)$ fache Entartung verursachten, kann der Drehimpulsvektor beim Kugelkreisel außerdem noch verschiedene Lagen in bezug auf ein körperfestes Koordinatensystem einnehmen, was insgesamt eine $(2J + 1)^2$fache Entartung zur Folge hat.

Der symmetrische Kreisel besitzt zwei gleiche Hauptträgheitsmomente. Als Beispiele können angeführt werden NH_3, die Methylhalide[1], Chloroform. Die Energie wird $E_r = \frac{\mathfrak{P}^2 + \mathfrak{Q}^2}{2 I_A} + \frac{\mathfrak{R}^2}{2 I_C} = \frac{\mathfrak{J}^2}{2 I_A} + \frac{\mathfrak{R}^2}{2}\left(\frac{1}{I_C} - \frac{1}{I_A}\right)$. Nach der Quantenmechanik muß man für $\mathfrak{J}^2$ wieder $\frac{h^2}{4\pi^2} J (J + 1)$ setzen, während $\mathfrak{R}^2$ ebenso wie bei der Bewegung eines Punktes auf einer Kreisbahn durch $\frac{h^2}{4\pi^2} K^2$ ersetzt werden muß. (K ist eine ganze Zahl, die auch negativ sein kann.) Da $\mathfrak{R}$ eine Komponente von $\mathfrak{J}$ ist, gilt klassisch $|\mathfrak{R}| \leqq |\mathfrak{J}|$ und quantenmechanisch $|K| \leqq |J|$. Die räumlichen Einstellungsmöglichkeiten des Vektors $\mathfrak{J}$ haben wieder eine $(2J + 1)$ fache Entartung zur Folge, während für $\mathfrak{R} \neq 0$ wegen der Gleichberechtigung einer Rechts- und Linksdrehung um die Figurenachse ähnlich wie beim ebenen Rotator eine zweifache Entartung auftritt. An der

[1] In den Tabellen 12 und 14, Bd. I wurde das Trägheitsmoment um die Figurenachse mit I_B, nicht wie hier mit I_C bezeichnet.

Energieformel sieht man auch, daß zu $+K$ und $-K$ gleiche Energiewerte gehören. Also liegt für $K \neq 0$ eine $2(2J+1)$fache, für $K=0$ eine $(2J+1)$fache Entartung vor[1].

Der asymmetrische Kreisel besitzt drei verschiedene Hauptträgheitsmomente. Die Bestimmung seiner Energiewerte, d. h. der Eigenwerte des Ausdrucks $\frac{\mathfrak{P}^2}{2I_A} + \frac{\mathfrak{Q}^2}{2I_B} + \frac{\mathfrak{R}^2}{2I_C}$ führt auf die Auflösung von Gleichungen hohen Grades und ist recht kompliziert[2]. Man wird das auch erwarten, da auch die klassische Behandlung der Bewegung eines asymmetrischen Kreisels recht verwickelt ist. Die Entartung ist für $I_A \neq I_B \neq I_C$ immer $(2J+1)$fach.

Wenn zwei Hauptträgheitsmomente nahezu gleich sind, etwa $I_A \cong I_B$ (z. B. beim H_2CO), so kann man in erster Näherung für die Rechnung den symmetrischen Kreisel benutzen und dann für die Abweichungen von $I_A = I_B$ relativ einfache Formeln angeben. Oft ist das aber nicht möglich (z. B. beim H_2O); in solchen Fällen zeigt das Spektrum ein sehr kompliziertes Aussehen.

b) Auswahlregeln.

Für die Behandlung der Bewegung der schweren Kerne in einem Molekül ergeben klassische und quantentheoretische Rechnung keine so sehr verschiedenen Resultate, wie es z. B. bei der Elektronenbewegung der Fall ist. Man kann insbesondere das Aussehen des Rotationsspektrums auf klassischer Grundlage weitgehend verstehen. Der wesentlichste Unterschied ist der, daß nach der Quantentheorie das Rotationsspektrum aus einzelnen Linien besteht und nach der klassischen Theorie eine unaufgelöste Bande ist, die mit ziemlicher Genauigkeit die Enveloppe für das diskrete Spektrum darstellt.

---

[1] Für die quantenmechanische Behandlung des symmetrischen Kreisels siehe: F. Reiche u. H. Rademacher: Z. Physik Bd. 39 (1926) S. 444; Bd. 41 (1927) S. 453. — Dennison, D. M.: Physic. Rev. Bd. 28 (1926) S. 318. — Kronig, R. de L. u. J. J. Rabi: Physic. Rev. Bd. 29 (1927) S. 262. — Manneback, C.: Physik. Z. Bd. 28 (1927) S. 72.

[2] Für die quantenmechanische Untersuchung des asymmetrischen Kreisels siehe Kramers, H. A. u. G. P. Ittmann: Z. Physik Bd. 53 (1929) S. 553; Bd. 58 (1929) S. 217; Bd. 60 (1930) S. 663. — Klein, O.: Z. Physik. Bd. 58 (1929) S. 730. — Wang, S. C.: Physic. Rev. Bd. 34 (1929) S. 243. — Dennison, D. M.: Rev. Mod. Physics Bd. 3 (1931) S. 280. — Nielsen, H. H.: Physic. Rev. Bd. 38 (1931) S. 1432. — Casimir, H. B. G.: Diss. Leiden 1931. — Ray, B. Sankar: Z. Physik Bd. 78 (1932) S. 74. — van Vleck, J. H.: Physic. Rev. Bd. 47 (1935) S. 487. — Eckart, C.: Physic. Rev. Bd. 47 (1935) S. 552.

Nach der klassischen Theorie kommt ein Spektrum durch die Ausstrahlung eines zeitlich veränderlichen Dipols zustande. Das ultrarote Rotationsspektrum entsteht nun dadurch, daß das Dipolmoment des Moleküls während der Rotation seine räumliche Lage ändert, und zwar mit der Rotationsperiode. Im Ultrarotspektrum wird infolgedessen die einfache Rotationsfrequenz auftreten. Es besitzen wie bei zweiatomigen Molekülen nur solche mit Dipolmoment ein ultrarotes Rotationsspektrum.

Den RAMAN-Effekt kann man klassisch folgendermaßen verstehen[1]: Läßt man Licht auf Moleküle einfallen, so wird in diesen entsprechend ihrer Polarisierbarkeit ein Dipolmoment induziert. Dieses Dipolmoment schwingt zunächst mit der gleichen Frequenz wie das eingestrahlte Licht und seine Ausstrahlung gibt Anlaß zu der sog. RAYLEIGHschen Streuung. Ändert sich aber die Polarisierbarkeit mit der Zeit, wie z. B. bei der Schwingung, so überlagert sich die Schwingungsperiode der Lichtfrequenz im Streulicht und es treten verschobene Frequenzen, eben die RAMAN-Frequenzen, auf. Wenn nun die Polarisierbarkeit des Moleküls in den verschiedenen Richtungen ungleich groß ist, so wird das induzierte Dipolmoment auch von der räumlichen Lage des Moleküls abhängen und daher sich während der Rotation ändern. Es werden sich dann auch die Rotationsfrequenzen der Lichtfrequenz überlagern, was zur Entstehung des Rotations-RAMAN-Effektes führt. Er macht sich übrigens meistens nur durch eine schwer auflösbare Verbreiterung der RAYLEIGH-Linie bemerkbar. Da nun die Polarisierbarkeit im allgemeinen durch ein Ellipsoid dargestellt werden kann, kann sie schon nach einer halben Umdrehungsperiode in sich selbst übergehen. Folglich kann das induzierte Dipolmoment während einer Rotation zwei Maxima und zwei Minima durchlaufen und im Rotations-RAMAN-Spektrum wird die doppelte Umdrehungsfrequenz auftreten können. Ist die Polarisierbarkeit des Moleküls richtungsunabhängig, so wird kein Rotations-RAMAN-Effekt zu erwarten sein.

Wir werden im folgenden für die einzelnen Modelle die Auswahlregeln angeben, welche man sich nach dem Obigen leicht plausibel machen kann[2].

---

[1] Vgl. z. B. PLACZEK G.: Leipzig. Vortr. 1931.

[2] Es mußte hier auf eine strenge Begründung der Auswahlregeln, sowie eine nähere Beschreibung der Bewegung eines Kreisels verzichtet werden. Näheres siehe PLACZEK, G. u. E. TELLER: Z. Physik Bd. 85 (1933) S. 209.

Rotator. Wenn kein Symmetriezentrum vorhanden ist, gibt es im allgemeinen ein Dipolmoment. Da im Ultrarotspektrum die einfache Rotationsfrequenz auftritt, gilt die Auswahlregel $\Delta J = \pm 1$ *. Ein Rotations-RAMAN-Spektrum wird in jedem Fall zu erwarten sein. Das Polarisierbarkeitsellipsoid ist ein Rotationsellipsoid, dessen Achse die Figurenachse ist. Die Umdrehungsachse steht senkrecht darauf und das Polarisierbarkeitsellipsoid kehrt nach einer halben Periode genau in seine ursprüngliche Lage zurück. Daraus resultiert für das Rotations-RAMAN-Spektrum die Auswahlregel $\Delta J = \pm 2$.

Kugelkreisel. Sind die drei Hauptträgheitsmomente nicht zufällig, sondern aus Symmetriegründen gleich, so besitzt das Molekül kein Dipolmoment und seine Polarisierbarkeit ist richtungsunabhängig. Es tritt weder ein Ultrarotspektrum, noch ein Rotations-RAMAN-Spektrum auf.

Symmetrischer Kreisel. Beim symmetrischen Kreisel treten zwei Rotationsfrequenzen auf, und zwar eine, die dem Gesamtdrehimpuls $\mathfrak{J}$ zugeordnet ist und die Präzession der Figurenachse um die Achse des Gesamtdrehimpulses bedeutet und eine zweite Frequenz um die Figurenachse, die der Drehimpulskomponente $\mathfrak{K}$ um diese Achse entspricht. Da es sich hier im allgemeinen um Moleküle mit einer Symmetrieachse handelt, wird das Dipolmoment des Moleküls in der Figurenachse liegen und auch die Polarisierbarkeit ist von der Umdrehung um diese Achse unabhängig. Daher ändern sich permanentes und induziertes Dipolmoment bei Drehung um die Figurenachse nicht und die entsprechende Umdrehungsfrequenz tritt im Spektrum nicht auf. Diese Frequenz ist der Drehimpulskomponente $\mathfrak{K}$ zugeordnet, für die man so zur quantenmechanischen Auswahlregel $\Delta K = 0$ geführt wird[1].

Bei der Präzessionsbewegung ändert sich aber sowohl die Richtung des Dipolmomentes wie die Polarisierbarkeit. Der zugehörige Gesamtimpuls kann sich also ändern, und zwar gilt im Ultraroten wie beim Rotator $\Delta J = \pm 1$. Im RAMAN-Effekt liegen die Verhältnisse etwas komplizierter als bei dem Rotator. Die Polarisierbarkeit

* Hier wie auf S. 44 wird durch diese Regel erreicht, daß für hohe Rotationsquantenzahlen klassische Theorie und Quantentheorie übereinstimmen (Korrespondenzprinzip). Aus ähnlichen Gründen werden wir im folgenden die Auswahlregel $\Delta J = \pm 2$ annehmen müssen, wenn klassisch die doppelte Rotationsfrequenz auftritt.

[1] $\Delta K = 0$ entspricht dem Nichtauftreten der Frequenz in der klassischen Theorie.

ist zwar wieder ein Rotationsellipsoid, dessen Rotationsachse in die Molekülachse fällt, aber die Umdrehungsachse steht hier im allgemeinen nicht mehr senkrecht dazu; das Polarisierbarkeitsellipsoid nimmt nach einer halben Umdrehung seine ursprüngliche Lage nicht mehr ein und die genaue Diskussion dieses Falles ergibt, daß im Rotations-RAMAN-Spektrum neben $\Delta J = \pm 2$ immer $J = \pm 1$ auftreten kann.

Asymmetrischer Kreisel. Das Spektrum wird äußerst kompliziert. Zu einem jeden Drehimpuls $\mathfrak{J}$ gehören nämlich eine ganze Menge von Energieniveaus, deren Kombinationsmöglichkeiten untereinander viel weniger durch Auswahlregeln eingeschränkt werden als in den übrigen Fällen. Dem entspricht auch klassisch die viel kompliziertere Bewegung, zu deren Auflösung in periodische Bewegungen (Fourieranalyse) man viel mehr Frequenzen braucht. Von den Auswahlregeln wollen wir nur für das ultrarote Spektrum $\Delta J = \pm 1{,}0$, für den RAMAN-Effekt $\Delta J = \pm 2, \pm 1{,}0$ erwähnen. Daß $\Delta J = 0$ bei den übrigen Fällen unerwähnt blieb, hängt damit zusammen, daß nur beim asymmetrischen Kreisel die Möglichkeit für eine Änderung der Rotationsenergie bei $\Delta J = 0$ besteht, während in den übrigen Fällen aus $\Delta J = 0$ unter Berücksichtigung der Auswahlregeln folgt, daß sich die Rotationsenergie überhaupt nicht ändert.

c) Beispiele.

Es sind bisher sehr wenige Beispiele bekannt, denn die ultraroten Rotationsspektren liegen bei sehr langen Wellen und sind schwierig zu messen. Die Rotations-RAMAN-Linien sind meist schwer auflösbar. Außerdem sind sie von der RAYLEIGH-Linie überstrahlt. Man regt deshalb meist mit einer Linie an, etwa in der Hg-Lampe, die auch eine Absorptionslinie des Hg ist. Dann kann man die RAYLEIGH-Linie nach dem Streuakt wieder herausabsorbieren lassen, indem man das Streulicht noch durch kalten Hg-Dampf gehen läßt[1].

Eine andere Methode, die Überstrahlung zu vermeiden, besteht in der Anwendung polarisierten Lichtes zur Einstrahlung. Läßt man nämlich dann das Streulicht durch einen Nicol gehen, der senkrecht zur Polarisationsebene des einfallenden Lichtes steht, so wird die unverschobene Linie weit stärker geschwächt als die

[1] RASETTI, F.: Z. Physik Bd. 66 (1930) S. 646. — FERMI, E. u. F. RASETTI: Z. Physik Bd. 71 (1931) S. 689.

Rotations-RAMAN-Linien[1]. Wir diskutieren jetzt einige Beispiele an Hand der vorher besprochenen Modelle.

Rotator. Das ultrarote und das RAMAN-Spektrum des Rotators sind ganz analog demjenigen zweiatomiger Moleküle. Ein Beispiel für ein Ultrarotspektrum ist bisher nicht gemessen worden. Die Frequenzen für den Übergang $J' = J'' + 1$ sind

$$\nu_r = B\,[J'\,(J' + 1) - J''\,(J'' + 1)] = 2\,B\,(J'' + 1)$$

für $J'' = 0, 1, 2, 3, \ldots$, wobei $B = \frac{h}{8\,\pi^2\,c\,I}$ ist (Näheres s. S. 45).

Im RAMAN-Effekt ist das Rotationsspektrum von CO_2 aufgelöst worden[2]. Hier ist $J' = J'' + 2$ und der Unterschied zwischen gestreuter und Primärlinie wird

$$\nu_R = \pm\, B\,[J'(J' + 1) - J''(J'' + 1)] = \pm\, 2\,B\,(2\,J'' + 3).$$

Bei CO_2 kommen nur gerade Werte von J'' vor[3]. Der Linienabstand im RAMAN-Effekt wird demnach $8\,B$ und das Trägheitsmoment ergibt sich aus den Messungen zu $70{,}2 \cdot 10^{-40}$ gcm². Daraus berechnet sich für den O—O-Abstand $r = 2{,}30 \cdot 10^{-8}$ cm. Aus dem Rotationsschwingungsspektrum ist $I = 70{,}6 \cdot 10^{-40}$ gcm² abgeleitet worden[4], woraus $r = 2{,}32 \cdot 10^{-8}$ cm folgt. Es ist interessant, diese Werte für den Abstand mit demjenigen zu vergleichen, der sich aus Röntgen- und Elektroneninterferenzen ergibt. Aus den Röntgenbildern läßt sich ein beugender Abstand von $2{,}20 \pm 0{,}15$ Å berechnen[5] und aus Elektroneninterferenzaufnahmen entnahm ihn WIERL[6] zu $2{,}26 \pm 0{,}05$ Å. Die Übereinstimmung kann als eine recht gute bezeichnet werden.

Symmetrischer Kreisel. Als Beispiel nehmen wir das NH_3, dessen Modell eine gleichseitige Pyramide mit N an der Spitze ist. Sein Rotationsspektrum ist sowohl im Ultrarot[7] wie im RAMAN-

---

[1] BARKER, E. F.: Physic. Rev. Bd. 37 (1931) S. 330. — PLACZEK, G. u. E. TELLER: Z. Physik Bd. 85 (1933) S. 209.

[2] HOUSTON, W. V. u. C. M. LEWIS: Proc. Nat. Acad. Sci. Bd. 17 (1931) S. 229.

[3] Der Grund dafür ist, daß die O-Kerne der BOSE-Statistik genügen, d. h. die Eigenfunktion des Moleküls muß bei Vertauschung der O-Atome oder was dasselbe ist, bei Drehung um die Rotationsachse um 180°, das Vorzeichen beibehalten. Das ist aber nur für gerade J der Fall.

[4] BARKER, E. F. u. A. ADEL: Physic. Rev. Bd. 44 (1933) S. 185.

[5] GAJEWSKI, H.: Physik Z. Bd. 33 (1932) S. 122.

[6] WIERL, R.: Ann. Physik Bd. 8 (1931) S. 521.

[7] BADGER, R. M. u. C. H. CARTWRIGHT: Physic. Rev. Bd. 33 (1929) S. 692. — WRIGHT, N. u. H. M. RANDALL: Physic. Rev. Bd. 44 (1933) S. 391. — BOWLING BARNES, R.: Physic. Rev. Bd. 47 (1935) S. 658.

Effekt[1] untersucht worden. Nach den oben besprochenen Auswahlregeln ist im Ultrarot $K' = K''$ und $J' = J'' + 1$. Man hat also für die Frequenz wieder die obige Formel $\nu_r = 2\,B\,(J'' + 1)$, d. h. eine äquidistante Linienfolge. Tatsächlich fanden BADGER und CARTWRIGHT zwischen 55 und 130 μ eine Linienfolge, deren Darstellung von WRIGHT und RANDALL etwas modifiziert wurde. Es ist $\nu_r = 19{,}880\,J - 0{,}00178\,J^3$. Hieraus ergibt sich das Trägheitsmoment zu $I_A = 2{,}782 \cdot 10^{-40}$ gcm². Im RAMAN-Effekt ist ebenfalls $K' = K''$, hingegen treten außer den Übergängen $J' = J'' + 2$ auch solche mit $J' = J'' + 1$ auf. Folglich bekommt man für die Frequenzverschiebungen außer den Werten $\nu_R = \pm\,2\,B\,(2\,J'' + 3)$ auch solche mit $\pm\,2\,B\,(J'' + 1)$. Nun fällt aber jede zweite Linie der zweiten Serie mit einer Linie der ersten Serie zusammen, weswegen die erste Serie mit größerer Intensität erscheint, so daß das Spektrum abwechselnd aus schwächeren und stärkeren Linien besteht. Tatsächlich fanden nun DICKINSON, DILLON und RASETTI nur die Linien der ersten Serie im RAMAN-Spektrum des NH_3, während es AMALDI und PLACZEK gelang, auch die schwächeren Linien der zweiten Serie nachzuweisen[2]. Das Trägheitsmoment ist in Übereinstimmung mit den Ultrarotmessungen $2{,}79 \cdot 10^{-40}$.

Asymmetrischer Kreisel. Als Beispiel sei das Rotationsspektrum des H_2O genannt. Das Wassermolekül besitzt drei verschiedene Trägheitsmomente. Da das Molekül eben ist, gilt $I_A + I_B = I_C$. Die Rotationsbanden des H_2O erstrecken sich von 8 μ bis 266 μ und sind vor allem von RUBENS und Mitarbeitern, HETTNER und WITT[3] untersucht worden. EUCKEN[4] konnte das Spektrum durch drei Serien mit den Frequenzdifferenzen 17,3, 24,5 und 55,5 cm⁻¹ wiedergeben. Kürzlich wurde von MECKE[5] eine recht umfassende Analyse vom Ultrarotspektrum des H_2O

[1] DICKINSON, R. G., R. T. DILLON u. F. RASETTI: Physic. Rev. Bd. 34 (1929) S. 582. — AMALDI, E. u. G. PLACZEK: Naturwiss. Bd. 20 (1932) S. 521; Z. Physik Bd. 81 (1933) S. 259. — LEWIS, C. M. u. W. V. HOUSTON: Physic. Rev. Bd. 44 (1933) S. 903.

[2] Über eine Verdopplung der Rotationslinien s. S. 203.

[3] Z. B. RUBENS, H. u. G. HETTNER: Berl. Ber. 1916 S. 167. — HETTNER, G.: Ann. Physik Bd. 55 (1918) S. 476. — WITT, H.: Z. Physik Bd. 28 (1924) S. 236. — Siehe neuerdings KÜHNE, J.: Z. Physik Bd. 84 (1933) S. 722. WRIGHT, N. u. H. M. RANDALL: Physic. Rev. Bd. 44 (1933) S. 391. — BARNES, R. B., W. S. BENEDICT u. C. M. LEWIS: Physic. Rev. Bd. 47 (1935) S. 918.

[4] EUCKEN, A.: Jahrb. Rad. Bd. 16 (1920) S. 361. — Verh. Dtsch. Physik. Ges. Bd. 15 (1913) S. 1159.

[5] MECKE, R.: Z. Physik Bd. 81 (1933) S. 313.

veröffentlicht, in die auch die reinen Rotationsbanden mit einbezogen sind. Aus der Analyse ergeben sich die Trägheitsmomente $I_A = 0{,}995$, $I_B = 1{,}908$, $I_C = 2{,}980$ (in 10^{-40} gcm²). I_C ist das Trägheitsmoment um die Achse ⊥ zur Molekülebene, I_B das Trägheitsmoment um die Symmetrieachse (Winkelhalbierende) und I_A um eine Achse ⊥ zu den beiden genannten. Dabei wird, wie auch schon EUCKEN angenommen hatte, die Serie mit der Frequenzdifferenz 55 cm^{-1} dem kleinsten Trägheitsmoment zugeordnet. Daß die Beziehung $I_A + I_B = I_C$ nicht sehr gut erfüllt ist, liegt daran, daß die angegebenen Werte sich auf den tatsächlichen Grundzustand, nicht aber auf den schwingungslosen (nicht realisierbaren) Gleichgewichtszustand beziehen. Infolge der Nullpunktsschwingung besteht eine Wechselwirkung zwischen Schwingung und Rotation, die die strenge Anwendung der gewöhnlichen Formeln für den starren asymmetrischen Kreisel unzulässig macht.

Die MECKEschen Werte stehen in guter Übereinstimmung mit denjenigen, die BAILEY[1] früher mit Benutzung von Formeln für den asymmetrischen Kreisel[2] errechnet hat: $I_A = 0{,}97$, $I_B = 1{,}9$, $I_C = 2{,}9$. Für den O—H-Abstand findet MECKE 0,97 Å, während BAILEY 0,96 Å angibt. Der H—H-Abstand ist bei MECKE 1,52 Å und bei BAILEY 1,526 Å.

§ 3. Schwingungen eines mehratomigen Moleküls und damit zusammenhängende Spektren.

a) Normalschwingungen.

α) Allgemeines und Definition der Normalschwingungen. Da das mehratomige Molekül ein mechanisches System mit verschiedenen Schwingungsmöglichkeiten ist, ist es ohne weiteres einleuchtend, daß die Analyse seiner Schwingungen ein viel komplizierteres Problem ist als bei den zweiatomigen Molekülen. Man kann sich das leicht anschaulich klarmachen. Zieht man die Atome eines zweiatomigen Moleküls auseinander und läßt sie dann los, so vollführen sie Schwingungen in der Kernverbindungslinie. Macht man das gleiche Experiment bei einem mehratomigen Molekül, so werden die verschiedenen Atome nicht unbedingt auf die Gleichgewichtslage zuschwingen. Außerdem werden sich die einzelnen Atome mit sehr verschiedener Geschwindigkeit bewegen und das Ergebnis

---

[1] BAILEY, C. R.: Trans. Faraday Soc. Bd. 26 (1930) S. 203.

[2] LÜTGEMEIER, F.: Z. Physik Bd. 38 (1926) S. 521. — REICHE, F.: Physik. Z. Bd. 19 (1918) S. 394.

ist, daß sich das Schwingungsbild im allgemeinen nicht einfach periodisch ändert.

Um eine erste Anschauung von den Verhältnissen zu bekommen, betrachten wir einen zweidimensionalen Oszillator. Wir denken uns ein in der Ebene schwingendes Teilchen (s. Abb. 59), das in der x-Richtung durch eine schwache und in der y-Richtung durch eine starke Feder gehalten wird. (Wir nehmen elastische Federkräfte und Gültigkeit des HOOKEschen Gesetzes an.) Ziehen wir das Teilchen in der in der Abbildung durch einen Pfeil angegebenen Richtung aus der Ruhelage, so wird die y-Komponente der rücktreibenden Kraft stärker als die x-Komponente sein, so daß das Teilchen nicht nach der Ruhelage hin zurückschwingen wird; es führt eine kompliziertere Bewegung aus und beschreibt eine sog. LISSAJOUS-Kurve. Zieht man aber das Teilchen in der x- oder in der y-Richtung aus seiner Gleichgewichtslage heraus, so wird es einfache harmonische Schwingungen in den betreffenden Richtungen ausführen.

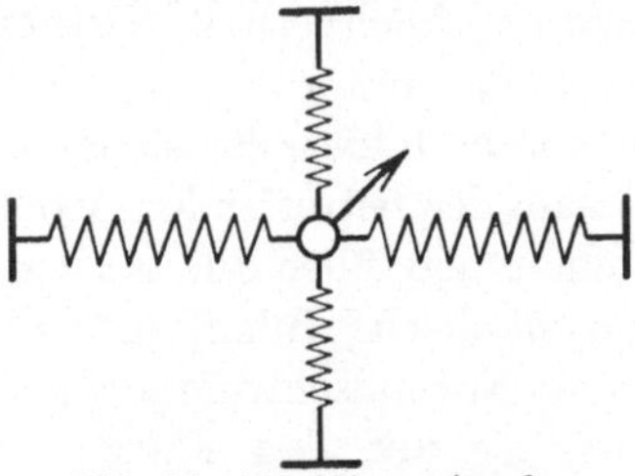

Abb. 59. Zweidimensionaler Oszillator.

Bekanntlich kann man die vorher erwähnte komplizierte Bewegung aus diesen beiden einfachen zusammensetzen, indem man sie mit geeigneten Amplituden und Phasen superponiert. Diese beiden einfachen zueinander senkrechten Schwingungen nennt man die *Normalschwingungen.* Es ist noch zu bemerken, daß, wenn man die beiden Federn, die das Teilchen festhalten, nicht zueinander senkrecht, sondern beliebig schiefwinklig gewählt hätte, man ebenfalls zwei zueinander senkrechte Richtungen gefunden hätte, in denen das Teilchen einfache Schwingungen ausführen könnte, nur würden ihre Richtungen nicht mit denen der Federn übereinstimmen. Dieser Begriff der Normalschwingungen kann auf ein mehratomiges Molekül übertragen werden. Bei einem harmonischen Kraftgesetz kann man nämlich stets Molekülschwingungen finden, bei denen die einzelnen Atome auf geraden Linien und alle zusammen im Takt schwingen, oder aber man findet Bewegungen, die sich aus mehreren solchen Schwingungen gleicher Frequenz zusammensetzen. (Fall der Entartung, s. S. 190.) Bei dem oben betrachteten Beispiel des zweidimensionalen Oszillators hatten wir zwei Normalschwingungen. Allgemein werden wir bei einem Molekül mit n Atomen soviel Normalschwingungen erwarten, wie innere Freiheitsgrade vorhanden sind, d. h. $3n-6$ (bei einem linearen Molekül $3n-5$), da man von der Gesamtzahl $3n$ drei Freiheitsgrade für die Translation des Molekülschwerpunktes und drei weitere für die Rotation des Gesamtmoleküls in Abzug bringen muß. Man kann aus diesen Normalschwingungen entsprechend dem obigen Beispiel jede beliebige Gesamtschwingungsbewegung zusammensetzen.

Der Tatsache, daß bei dem zweidimensionalen Oszillator die beiden Normalschwingungen aufeinander senkrecht stehen, entspricht bei dem allgemeinen Molekül der folgende, etwas kompliziertere Sachverhalt (Orthogonalitätssatz): Nimmt man die Verrückungsvektoren eines Atoms, die zu zwei Normalschwingungen gehören, bildet ihr skalares Produkt und multipliziert es mit der Masse des betreffenden Atoms, so muß die Summe dieser Produkte, genommen über alle Atome des Moleküls, gleich Null sein. Der physikalische Inhalt dieser Aussage ist, daß die Kräfte, die zu einer Normalschwingung gehören [Masse · Beschleunigungen oder, was bis auf den Faktor $(\text{Frequenz})^2$ dasselbe ist, Masse · Verrückungen], bei den Verrückungen, die zu einer anderen Normalschwingung gehören, keine Arbeit leisten.

Man kann die Translation als eine (uneigentliche) Normalschwingung auffassen, bei der sich alle Atome parallel (im Takt) mit der Frequenz 0 bewegen. Nach dem oben Gesagten muß diese Parallelverschiebung zu sämtlichen eigentlichen Normalschwingungen orthogonal sein, d. h. die Verrückungskomponenten einer eigentlichen Normalschwingung in einer bestimmten räumlichen Richtung multipliziert mit den betreffenden Massen müssen über alle Punkte summiert 0 ergeben. Das bedeutet, daß bei einer Normalschwingung der Schwerpunkt erhalten bleibt. Wenn man in dieser Überlegung die Translation durch die Rotation ersetzt, so ergibt sich in ähnlicher Weise, daß der gesamte Drehimpuls verschwindet[1].

β) **Symmetrieeigenschaften.** Die Auffindung von Normalschwingungen ist keineswegs immer einfach. Sie wird aber wesentlich erleichtert, wenn das Molekül eine hohe Symmetrie besitzt. Außerdem haben wir bei hochsymmetrischen Molekülen den Vorteil, eine Einteilung der Schwingungen nach Symmetrieeigen-

[1] Siehe aber Wechselwirkung zwischen Schwingung und Rotation S. 210.

schaften vornehmen zu können. Offenbar sind die einfachsten Normalschwingungen diejenigen, bei denen die Symmetrien der Moleküle erhalten bleiben. Betrachten wir als Beispiel das CO_2. Das Fehlen des Dipolmoments legt nahe, dafür eine lineare Anordnung O—C—O anzunehmen[1]. Hier ist die einzige Möglichkeit, die Atome aus ihrer Gleichgewichtslage zu entfernen, ohne die Symmetrie des Moleküls zu zerstören, die in Abb. 60a angegebene. Nun gilt der Satz: Wenn es nur *eine* Verrückung des Moleküls von bestimmtem Symmetriecharakter gibt, so entspricht sie einer Normalschwingung. Die in Abb. 60a gefundene Normalschwingung nennt man eine totalsymmetrische Schwingung.

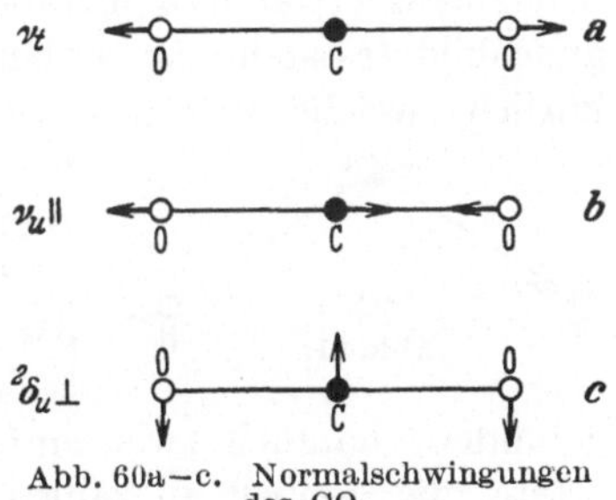

Abb. 60a—c. Normalschwingungen des CO_2.

Wir bezeichnen im folgenden derartige Schwingungen mit ν_t*. Bei Ausführung einer Symmetrieoperation (d. h. in diesem Falle einer Umdrehung um die Molekülachse oder einer Spiegelung am C-Atom) geht die Schwingung in sich selbst über. Das ist nicht mehr der Fall bei Schwingungen, die die Symmetrie des Moleküls ganz oder teilweise zerstören. Man kann diese in verschiedene Gruppen einteilen, je nachdem, wie sie sich Symmetrieoperationen gegenüber verhalten. Es gibt Schwingungen, die bei gewissen Symmetrieoperationen ihre Phasen ändern, d. h. ihr Vorzeichen umkehren (bei andern können sie hingegen ungeändert bleiben). Man bezeichnet solche Schwingungen als antisymmetrisch zu den betreffenden Operationen. Wir wollen das durch Indizes andeuten. So bedeuten im folgenden g und u gerade und ungerade zum Symmetriezentrum (d. h. symmetrisch oder antisymmetrisch bezüglich einer Spiegelung an diesem Zentrum in Analogie zu dieser Symmetrieeigenschaft bei zweiatomigen Molekülen). Beim CO_2 ist z. B. die Schwingung Abb. 60b antisymmetrisch zum Symmetriezentrum. Eine Schwingung kann bei einer Symmetrieoperation aber auch anders als nur in ihrer Phase verändert

[1] Zuerst wurde von A. EUCKEN für CO_2 ein lineares Modell aus dessen Ultrarotspektrum gefolgert [Z. physik. Chem. Bd. 100 (1921) S. 159; Z. Physik Bd. 37 (1926) S. 714]. In der Tat ist dieser Schluß bindender als der oben erwähnte, der z. B. für N_2O zu falschen Resultaten führt.

* Über die Bedeutung der Symbole, die für die verschiedenen Normalschwingungen gewählt wurden, s. S. 192 u. 193.

werden. Es entsteht dann aus der ursprünglichen Bewegung eine neue, so daß zur gleichen Frequenz mehrere Schwingungen gehören. Man nennt diese Klasse von Schwingungen entartete Schwingungen. Beim CO_2 ist es die Schwingung Abb. 60c. Sie geht bei einer beliebigen Umdrehung um die Molekülachse in Schwingungen mit neuen Bewegungsrichtungen über. Man kann aber aus diesen zwei zueinander senkrechte auswählen, aus denen man die andern zusammensetzen kann. Daher spricht man in diesem Falle von einer entarteten *Doppel*schwingung des CO_2. Während also bei den zuerst erwähnten nichtentarteten Schwingungen das Schwingungsbild feststeht, ist es bei den entarteten Schwingungen willkürlich, welche von den vielen möglichen Normalschwingungen man für die Darstellung der übrigen zugrunde legt.

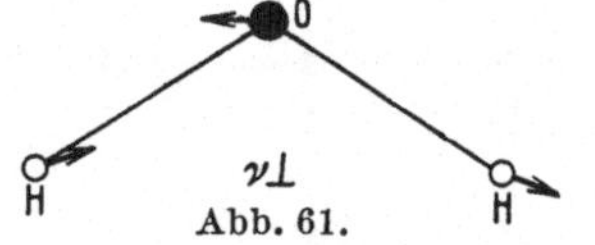

Abb. 61.

CO_2 soll nach dem früher Gesagten $3n-5$, d. h. 4 Normalschwingungen besitzen. In der Tat haben wir alle gefunden, nämlich zwei einfache Schwingungen und eine entartete, die doppelt zu zählen ist.

Versuchen wir jetzt die Symmetriebetrachtungen auf das H_2O-Molekül anzuwenden. Ein lineares Modell wie bei CO_2 fällt von vornherein wegen des Dipolmomentes des H_2O weg. Nimmt man an, daß die beiden H-Atome ganz gleich gebunden sind, so kommt man zum Modell des gleichschenkligen Dreiecks, welches sich bisher als mit allen Erfahrungen im Einklang erwiesen hat. Man sieht leicht ein, daß sich beliebig viele Verrückungen angeben lassen, bei denen die Symmetrie des Moleküls erhalten bleibt. Man kann etwa die H-Atome beide gleichzeitig dem O-Atom nähern oder den Winkel ändern unter Erhaltung des Abstandes O—H. Da es verschiedene Möglichkeiten der Verrückungen mit dem gleichen Symmetrietyp gibt, genügen hier Symmetriebetrachtungen allein nicht, um zu einer eindeutigen Aussage über die Normalschwingungen zu gelangen. Der Unterschied zwischen den Schwingungen von CO_2 und H_2O ist ähnlich demjenigen zwischen einem ebenen Oszillator mit zwei aufeinander senkrechten Federn und einem mit schiefen Federn. Im ersten Falle fiel die Richtung der Normalschwingungen mit der Richtung der Federn zusammen unabhängig von ihrer Stärke, im zweiten Falle konnte man über die Richtungen der Schwingungen aus der Richtung der Federn nichts aussagen.

Es gibt außerdem beim H_2O eine Schwingung, die antisymmetrisch ist bei Spiegelung an einer Ebene, die den Winkel zwischen den O—H-Richtungen halbiert (Abb. 61). Man kann zeigen, daß es nur *eine* derartige antisymmetrische Schwingung gibt, wenn man den Schwerpunkts- und den Drehimpulssatz zu Hilfe nimmt. Die Schwingungsform ist hier wie beim CO_2 aus einfachen Symmetriebetrachtungen angebbar und hängt nur von der Molekülform und den Kernmassen ab.

γ) **Kräfte.** Wir haben im vorigen Abschnitt gesehen, daß es beim H_2O nicht gelang, die totalsymmetrischen Schwingungen anzugeben. Selbst in den Fällen, in denen man aus reinen Symmetriebetrachtungen die Normalschwingungen finden kann, kann man nicht ohne weitere Zusatzannahmen über die Kräfte zu Aussagen über die Frequenzen gelangen. Hier kann man nun in verschiedener Weise vorgehen. Entweder kann man rückwärts aus den beobachteten Frequenzen die Kräfte zu berechnen versuchen, oder man kann — und das ist besonders bei geringerer Symmetrie erwünscht — zur vorläufigen Orientierung gewisse Annahmen über die Kräfte machen. Am naheliegendsten ist es, Zentralkräfte zwischen allen Massenpunkten anzunehmen; ein solches System wird als Zentralkraftsystem bezeichnet. Oder man macht die Annahme, daß nur in der Richtung der Valenzstriche Zentralkräfte vorhanden sind, außerdem aber auch (schwächere) rücktreibende Kräfte auftreten, wenn durch die Schwingung die Winkel zwischen den Valenzrichtungen geändert werden. Ein solches System wird Valenzkraftsystem genannt[1]. Das Zentralkraftsystem wird passend verwandt bei Molekülen wie CCl_4, bei denen die Atome sich wegen ihrer Größe praktisch alle berühren. In allen andern Fällen scheinen die Rechnungen des Valenzkraftsystems, das den Vorstellungen des Chemikers über die Kraftverhältnisse besonders entgegenkommt, besser die experimentellen Befunde wiederzugeben. Die Rechnungen sind nur für einfache Fälle (z. B. dreiatomige Moleküle oder Gruppen) genau durchgeführt[2]. Da sie für kompliziertere

---

[1] Als erster hat N. BJERRUM [Verh. dtsch. physik. Ges. Bd. 16 (1914) S. 737] das CO_2 nach dem Zentral- und dem Valenzkraftsystem durchgerechnet.

[2] Eine kurze Beschreibung der modellmäßigen Berechnung von Frequenzen und Schwingungsformen mehratomiger Moleküle findet sich in dem Buche von K. W. F. KOHLRAUSCH: Der SMEKAL-RAMAN-Effekt (Berlin: Julius Springer 1931); ferner in dem Buche von H. A. STUART: Molekülstruktur (Berlin: Julius Springer 1934). Daselbst auch nähere Literaturangaben.

Moleküle oft sehr umständlich sind, versucht MECKE[1] die Erfahrung zu benutzen, daß die Kräfte, die in Richtung der Valenzstriche herrschen, viel größer sind als die zwischen den Valenzrichtungen auftretenden Winkelkräfte. Er nimmt nun an, daß entweder eine Schwingung hauptsächlich in Richtung der Valenzstriche stattfindet, oder daß bei der Schwingung vor allem die Valenzwinkel, nicht aber die Abstände in Richtung der Valenzstriche geändert werden. Die ersten Schwingungen bezeichnet er als *Valenzschwingungen*, die zweiten als *Deformationsschwingungen*. Wir führen dafür die Symbole ν und δ ein. Oft gibt diese Betrachtung einen guten ersten Überblick. Sie ist aber im allgemeinen nur dann zulässig, wenn die Frequenzen der Valenz- und Deformationsschwingungen größenordnungsmäßig verschieden sind[2]. Im CO_2 sind die totalsymmetrische und die antisymmetrische Schwingung Valenzschwingungen, die entartete Doppelschwingung eine Deformationsschwingung, und zwar gilt hier die Einteilung streng, da sie aus Symmetriebetrachtungen hervorgeht.

Ein anderer Vorschlag, zu einer Schematisierung der Schwingungen zu gelangen, stammt von KOHLRAUSCH[3]. Oft kann nämlich eine Gruppe (z. B. CH_3, NH_2 usw.) als einheitliches Ganzes gegen seine Nachbarn oder den Molekülrest schwingen — *äußere* Schwingungen —, oder die einzelnen Atome der Gruppe können *innere* Schwingungen gegeneinander ausführen, die vom Rest des Moleküls weitgehend unabhängig sind. Innere und äußere Schwingungen können als Valenz- und Deformationsschwingungen auftreten.

Zum Schluß sei betont, daß alle diese Betrachtungen nur sehr genähert richtige Resultate geben können. Selbst eine strenge Durchrechnung nach dem Zentral- oder Valenzkraftsystem würde zwar die Werte verbessern, aber immer noch keine quantitativ richtigen Ergebnisse liefern[4].

---

[1] MECKE, R.: Z. Elektrochem. Bd. 36 (1930) S. 589.

[2] Es ist z. B. nicht berechtigt, die C-Valenzschwingungen von den H-Deformationsschwingungen zu trennen, es sei denn, daß diese Trennung schon durch Symmetriebetrachtungen gegeben ist, wie beim Acetylen.

[3] DADIEU, A. u. K. W. F. KOHLRAUSCH: Ber. Dtsch. Chem. Ges. Bd. 63, (1930) S. 251. — KOHLRAUSCH, K. W. F.: Naturwiss. Bd. 18 (1930) S. 527.

[4] Eine Diskussion der Gültigkeit der MECKEschen Annahmen findet sich in einer Arbeit von E. BARTHOLOMÉ und E. TELLER [Z. physik. Chem. Abt. B Bd. 19 (1932) S. 366].

b) Auswahlregeln.

α) Im Ultrarot. Es werden nur diejenigen Normalschwingungen ein ultrarotes Spektrum ergeben können, bei denen eine Änderung des elektrischen Momentes auftritt (s. S. 48). Solange die Kräfte streng harmonisch sind und die Änderung des elektrischen Momentes mit den Verrückungen linear geht, beobachtet man nur die einfachen Frequenzen dieser Normalschwingungen (Grundfrequenzen, Grundtöne). Diese Schwingungen werden *aktive* (genauer ultrarotaktive) genannt. Je nachdem, ob die Momentänderung parallel oder senkrecht zur Figurenachse (falls diese vorhanden ist) erfolgt, soll das durch $\parallel$ oder $\perp$ angedeutet werden, z. B. $\nu \parallel$ oder $\delta \perp$. Schwingungen ohne Änderung des Momentes heißen (ultrarot-) *inaktive* Schwingungen. In Molekülen ohne Symmetrie wird im allgemeinen jede Schwingung aktiv sein. Sind Symmetrien vorhanden, so kann bei gewissen Schwingungen das elektrische Moment ungeändert bleiben und auch bei den aktiven Schwingungen werden im allgemeinen wenigstens gewisse Komponenten des Moments ungeändert bleiben müssen. Schließt insbesondere die Symmetrie eines Moleküls ein permanentes Moment aus, so werden alle totalsymmetrischen Schwingungen ultrarot-inaktiv, da bei diesen die gesamte Molekülsymmetrie erhalten bleibt und folglich während der Schwingung kein Moment entstehen kann.

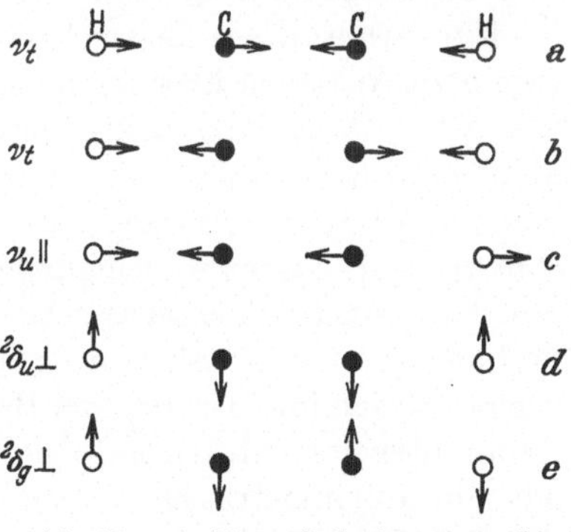

Abb. 62a—e. Normalschwingungen des Acetylen.

Als Beispiel betrachten wir das C_2H_2. Zur Beschreibung hat sich ein gestrecktes Modell mit symmetrisch angeordneten Atomen als richtig erwiesen. Dieses Modell besitzt zwei totalsymmetrische Normalschwingungen, deren genaue Schwingungsform aber nicht aus Symmetriebetrachtungen allein gefolgert werden kann. Es wird sich im wesentlichen um eine C—C- und eine C—H-Schwingung handeln, siehe Abb. 62a und b. Ferner gibt es eine zum Symmetriezentrum antisymmetrische Schwingung, bei der das Molekül linear bleibt (Abb. 62c). Schließlich sind noch zwei entartete Doppelschwingungen vorhanden, von denen die eine zum Symmetriezentrum antisymmetrisch und die andere symmetrisch ist (Abb. 62 d und e)[1]. Die Schwingungsformen von $\nu_u \parallel$, ${}^2\delta_g \perp$ und ${}^2\delta_u \perp$ folgen aus Symmetriebetrachtungen streng, da es bei diesen nur je eine einzige von der betreffenden Symmetrieeigenschaft gibt. Die totalsymmetrischen Schwingungen und die symmetrische entartete Doppelschwingung ${}^2\delta_g \perp$ sind inaktiv. Bei der Schwingung $\nu_u \parallel$ hingegen kann sich das Moment in der Molekülachse, bei ${}^2\delta_u \perp$ senkrecht dazu ändern, so daß diese beiden Schwingungen aktiv sind. In der Tat fand man bei 3,0 μ (3288 cm^{-1}) und 13,7 μ (729 cm^{-1}) starke Ultrarotbanden des Acetylens[2], die den Schwingungen $\nu_u \parallel$ und ${}^2\delta_u \perp$ zuzuordnen sind.

Ein interessantes Beispiel dafür, wie man durch die Auswahlregeln zu Aussagen über die Molekülstruktur gelangen kann, bildet das N_2O. Da es kein elektrisches Moment besitzt und im übrigen ähnliche Eigenschaften wie das CO_2 aufweist, lag die Annahme einer linearsymmetrischen Struktur N—O—N nahe. Danach sollten drei Normalschwingungen wie im CO_2 vorhanden sein, von denen die totalsymmetrische mit keiner Änderung des Momentes verbunden ist und daher nicht im Ultrarot auftreten sollte. Hingegen wurden im Ultrarot drei Banden beobachtet[3], die man wegen ihrer Intensität als Grundbanden erkannte. Infolgedessen trifft das linearsymmetrische Modell nicht zu. Aus der Betrachtung der Rotationsstruktur (äquidistante Linien) ergab sich aber, daß das Molekül linear sein muß. Dann bleibt nur die Annahme einer unsymmetrischen Anordnung N—O—N oder N—N—O übrig, von denen die letztere sich als zutreffend erwiesen hat.

β) Raman-Effekt[4]. Im Raman-Effekt werden diejenigen Schwingungen auftreten, bei denen sich das induzierte Moment, d. h. die Polarisierbarkeit des Moleküls, ändert. Eine solche Änderung ist bei totalsymmetrischen Schwingungen im allgemeinen vorhanden, so daß diese ramanaktiv sind und in der Regel mit beträchtlicher Intensität auftreten werden. Ebenso wie die Polarisierbarkeit selbst kann auch die Polarisierbarkeitsänderung durch

---

[1] Die Schwingungen ν_t und $\nu_u \parallel$ sind als Valenzschwingungen im Meckeschen Sinne aufzufassen, die beiden anderen als Deformationsschwingungen. Die Einteilung gilt hier streng, da sie aus Symmetriebetrachtungen folgt.

[2] Levin, A. u. Ch. F. Meyer: J. Amer. Opt. Soc. Bd. 16 (1928) S. 137.

[3] Plyler, E. K. u. E. F. Barker: Physic. Rev. Bd. 38 (1931) S. 1827. — Barker, E. F.: Physic. Rev. Bd. 41 (1932) S. 369.

[4] Für die beim Raman-Effekt geltenden Auswahlregeln siehe: Placzek, G.: Z. Physik Bd. 70 (1931) S. 84. — Leipz. Vortr. 1931 S. 71. — Handbuch der Radiologie Bd. 6, II. 2. Aufl. (1934) S. 205.

ein Ellipsoid dargestellt werden[1]. Ist die Polarisierbarkeitsänderung in allen Richtungen gleich[2], d. h. entspricht sie einer Kugel, so wird in der betreffenden RAMAN-Linie die Polarisation dieselbe sein wie bei RAYLEIGH-Streuung an kugelsymmetrischen Molekülen (Depolarisationsgrad[3] $\varrho = 0$). Im allgemeinen gibt es jedoch einen von 0 verschiedenen Depolarisationsgrad, und man kann sogar zeigen, daß bei sämtlichen *nicht* totalsymmetrischen ramanaktiven Schwingungen die Unterschiede der Polarisierbarkeitsänderungen in den verschiedenen Richtungen extrem hoch werden[4]. Eine kurze Rechnung ergibt, daß dabei der Depolarisationsgrad 3/4 beträgt.

Hängt die Polarisierbarkeitsänderung linear von den Verrückungen ab, so gilt bei harmonischem Kraftgesetz ebenso wie im Ultrarot die Auswahlregel $\Delta v = \pm 1$, d. h. nur die Grundtöne treten intensiv auf. Betrachten wir wieder das Beispiel des C_2H_2. Die Polarisierbarkeit kann in der Ruhelage durch ein Rotationsellipsoid beschrieben werden. Sie bleibt ein solches bei den totalsymmetrischen Schwingungen, doch ändern sich die Größen ihrer Achsen. Diesen Schwingungen entsprechen die RAMAN-Frequenzen 1975 cm^{-1} und 3370 cm^{-1}*. Auch bei der Schwingung $^2\delta_g \perp$ kann sich die Polarisierbarkeit ändern, und zwar bleiben hier die Größen der Achsen erhalten und nur ihre Richtung ändert sich. Es müßte hier der Depolarisationsgrad 3/4 auftreten. Diese Schwingung, die größenordnungsmäßig die gleiche Frequenz wie die ultrarote

---

[1] Es besteht allerdings ein wichtiger Unterschied zwischen der Polarisierbarkeit und der Polarisierbarkeitsänderung. Die Polarisierbarkeit ist nämlich in jeder Richtung im Molekül „positiv", d. h. das induzierte Moment schließt mit der induzierenden Kraft höchstens einen spitzen Winkel ein, während die Polarisierbarkeitsänderung auch negativ sein kann, da die Polarisierbarkeit während der Schwingung nicht nur zu-, sondern auch abnehmen kann. Aber auch in diesen Fällen hat die Polarisierbarkeitsänderung die Eigenschaften eines Tensors, und das Verhalten eines solchen kann man stets, wenigstens qualitativ, mit einem Ellipsoid in Analogie setzen.

[2] D. h. es ist $\Delta\alpha x x = \Delta\alpha y y = \Delta\alpha z z$ und außerdem $\Delta\alpha x y = \Delta\alpha y z = \Delta\alpha z x = 0$. ($\Delta\alpha$ = Änderung der Polarisierbarkeit bei der betreffenden Normalschwingung).

[3] Wird linear polarisiert eingestrahlt, dann wird im allgemeinen das Streulicht nicht mehr vollständig polarisiert sein. Das Verhältnis der Streuintensitäten des $\parallel$ und $\perp$ zum einfallenden Strahle schwingenden Streulichts heißt der Depolarisationsgrad.

[4] Man kann zeigen, daß in diesen Fällen $\Delta\alpha_{x\,x} + \Delta\alpha_{y\,y} + \Delta\alpha_{z\,z} = 0$ wird.

* SEGRÉ, E.: Rend. Linc. Bd. 12 (1930) S. 226. — BHAGAVANTAM, S.: Nature, Lond. Bd. 127 (1931) S. 817. — DAURE, P.: Ann. Physique Bd. 12 (1929) S. 375.

Frequenz $^2\delta_u \perp$ haben sollte, konnte jedoch bisher im RAMAN-Effekt nicht aufgefunden werden. Bei den Schwingungen $\nu_u \parallel$ und $^2\delta_u \perp$ ändert sich die Polarisierbarkeit in erster Näherung nicht. Der Grund hierfür liegt darin, daß in den beiden Umkehrpunkten der Schwingung die Polarisierbarkeit wegen der Molekülsymmetrie denselben Wert besitzt. In der Tat treten diese Frequenzen im RAMAN-Spektrum nicht auf.

c) Einfluß der Anharmonizität.

α) **Einfluß auf die Termlagen.** Bei harmonischen Kräften ist in der klassischen Theorie die Frequenz (bzw. bei mehratomigen Molekülen die Frequenzen) von der Amplitude unabhängig. Sind die Kräfte anharmonisch, so tritt eine solche Abhängigkeit auf. In der Quantentheorie entspricht dem, daß man bei harmonischen Kräften konstante Termdifferenzen, d. h. äquidistante Termfolgen hat, während bei anharmonischen Kräften die Termdifferenzen sich ändern (S. 40). Wenn dabei die potentielle Energie bei größer werdenden Amplituden schwächer als quadratisch zunimmt (das ist die Regel bei zweiatomigen Molekülen), so werden die Frequenzen mit wachsender Amplitude abnehmen und die Termdifferenzen werden mit zunehmender Energie kleiner. Bei mehratomigen Molekülen kann auch der entgegengesetzte Fall vorkommen.

Der Einfluß der Anharmonizität auf die Termlagen wird im allgemeinen nur gering sein und wenige Prozente betragen. Wenn aber zufällig zwischen den Frequenzen der Normalschwingungen genähert einfache ganzzahlige Beziehungen bestehen, so tritt Resonanz ein und die anharmonischen Kräfte können auf die Frequenzen einen wesentlichen Einfluß gewinnen. Ein Beispiel hierfür haben wir bei den Schwingungen des CO_2, bei dem zufällig die totalsymmetrische Schwingung mit großer Genauigkeit die doppelte Frequenz hat wie die entartete. Die Folge ist, daß statt der beiden „zusammenfallenden" Frequenzen zwei andere auftreten, die um etwa 50 cm^{-1} nach beiden Seiten gegen die ursprüngliche Lage verschoben sind (Bd. I S. 75). Die quantentheoretische Erklärung ist die folgende[1]: Der Term, der zur einfach angeregten totalsymmetrischen Schwingung gehört, würde bei harmonischen Kräften dieselbe Lage haben wie der Term, der der zweifach angeregten entarteten Schwingung entspricht. Die Anharmonizität bewirkt nun eine Aufspaltung in zwei Terme. Die so entstandenen Eigenfunktionen

[1] FERMI, E.: Z. Physik Bd. 71 (1931) S. 250.

enthalten Anteile aus den beiden ursprünglichen Eigenfunktionen (die für harmonische Kräfte gültig waren).

Je mehr Atome ein Molekül enthält, desto mehr Normalschwingungen besitzt es und desto häufiger werden derartige Koinzidenzen auftreten können, besonders dann, wenn man noch höher angeregte Zustände hinzunimmt.

β) Einfluß auf die Intensität (Obertöne). Sind die Kräfte streng harmonisch und ist außerdem der Zusammenhang zwischen Kernverrückungen und elektrischem Moment ein linearer, so wird das elektrische Moment durch eine reine Sinusfunktion der Zeit dargestellt und im Ultrarotspektrum tritt nur die Grundfrequenz auf. Dasselbe gilt für das RAMAN-Spektrum, wenn man das Dipolmoment durch die Polarisierbarkeit ersetzt[1]. Ist eine von den eben gemachten Voraussetzungen — harmonische Kräfte, linearer Zusammenhang zwischen Verrückungen und Moment bzw. Polarisierbarkeit — nicht erfüllt, so treten Obertöne und Kombinationstöne auf[2]. Es werden also nicht nur Terme, die sich um ein Quant einer Normalschwingung unterscheiden, miteinander kombinieren. Allerdings werden aus Symmetriegründen gewisse Ober- und Kombinationstöne ausfallen, d. h. Übergänge zwischen gewissen Termen streng verboten sein. So können z. B. bei der antisymmetrischen Schwingung des CO_2 nur der Grundton und die geraden Obertöne (nicht aber die ungeraden Obertöne für sich allein) im Ultrarotspektrum erscheinen, d. h. die Schwingungsquantenzahl darf sich nur um eine ungerade Zahl ändern[3].

Die unter α) besprochene Resonanz zwischen verschiedenen Normalschwingungen kann auch auf die Intensitäten einen wesentlichen Einfluß haben. So kombinieren z. B. die Terme, die beim

---

[1] Das gilt übrigens nur bei genügend großer Entfernung von Resonanzstellen. Wenn nämlich die eingestrahlte Frequenz einer Molekülelektronenfrequenz nahekommt, so wird die Polarisierbarkeitstheorie nicht mehr anwendbar und das Streuspektrum geht allmählich in das Fluoreszenzspektrum über mit seiner komplizierten Schwingungsstruktur.

[2] Oberfrequenzen sind Vielfache der Grundfrequenzen; Kombinationsfrequenzen sind Summen und Differenzen von zwei oder mehreren Grund oder Oberfrequenzen.

[3] Der Grund hierfür ist, daß bei dieser Schwingung das elektrische Moment nach einer Halbschwingung sein Vorzeichen ändert. Da diese Aussage auch bei Berücksichtigung der Anharmonizität bestehen bleibt, wird die Schwingung des elektrischen Moments aus den Frequenzen $\sin \omega t$, $\sin 3 \omega t \ldots$ zusammensetzbar sein, während etwa $\sin 2 \omega t, \ldots$ das ja nach einer halben Periode ungeändert bleibt, nicht vorkommen kann.

CO_2 durch Resonanzaufspaltung entstehen und die bei 1285,1 cm^{-1} und 1388,4 cm^{-1} liegen, beide ungefähr gleich stark mit dem Grundzustand im RAMAN-Effekt, während von den beiden Termen, aus denen sie durch Aufspaltung entstanden sind, bei harmonischem Kraftgesetz nur der eine Term mit dem Grundzustand kombinieren dürfte, nämlich der, in dem die totalsymmetrische Schwingung einfach angeregt ist. Die Resonanz bewirkt also eine Verdopplung der Linie.

d) Rotationsstruktur.

α) **Allgemeine Bemerkungen.** Bisher hatten wir das Rotations- und Schwingungsspektrum jedes für sich betrachtet. Bei dem Rotationsspektrum kam es darauf an, wie sich das Dipolmoment (Ultrarot) bzw. die Polarisierbarkeit (RAMAN-Effekt) des Moleküls in seiner *Ruhelage* bei einer Umdrehung verhielten. Bei dem Schwingungsspektrum handelte es sich darum, wie sich das Dipolmoment bzw. die Polarisierbarkeit eines Moleküls bei seiner *Schwingung* änderten. Es war also hier die Dipolmomentänderung bzw. die Polarisierbarkeitsänderung ausschlaggebend. Die Dipolmomentänderung wird durch einen Vektor, die Polarisierbarkeitsänderung durch einen Tensor (Ellipsoid)[1] dargestellt. Dieser Vektor bzw. dieses Ellipsoid haben im Molekül eine feste Lage, die im allgemeinen von der Normalschwingung, insbesondere von der Symmetrie der Normalschwingungen abhängt. Die Dipolmomentänderung und die Polarisierbarkeitsänderung haben im allgemeinen nicht die gleiche Lage wie das Dipolmoment oder die Polarisierbarkeit des ruhenden Moleküls.

Die Dipolmomentänderung bzw. die Polarisierbarkeitsänderung haben für die Schwingung die gleiche Bedeutung wie das Dipolmoment bzw. die Polarisierbarkeit für das nichtschwingende Molekül. Will man also die Rotationsstruktur in einem Schwingungsübergang untersuchen, so muß man den Einfluß der Rotation auf die Dipolmomentänderung (Polarisierbarkeitsänderung) betrachten. Da, wie wir eben gesagt haben, diese Änderungen andere Lagen im Molekül haben können wie das ursprüngliche Moment (Polarisierbarkeit), so wird die Struktur der Rotationsschwingungsbanden oft eine andere sein wie die der reinen Rotationsbanden. Nur wenn es sich um totalsymmetrische Schwingungen handelt,

[1] Siehe Anm. 1, S. 195.

haben die Momentänderungen (Polarisierbarkeitsänderungen) die gleichen Symmetrieeigenschaften wie das ursprüngliche Moment (Polarisierbarkeit). Folglich wird man die Rotationsstruktur bei diesen Schwingungen ähnlich wie in den reinen Rotationsspektren erwarten. Nur kann im Gegensatz zu jenen noch ein Q- und P-Zweig im Ultrarot auftreten, während im RAMAN-Effekt solche Zweige schon im reinen Rotationsspektrum vorhanden sein können. Über die Rotationsstruktur bei den andern Schwingungen kann man im allgemeinen keine so einfache Aussage machen; wir wollen sie an einigen Beispielen betrachten.

β) **Beispiele.** 1. Lineares Molekül: Acetylen. Ebenso wie das Acetylen in seiner Ruhelage kein Moment hat, gehört auch zu den totalsymmetrischen Schwingungen keine Dipolmomentänderung und sie treten im Ultrarot nicht auf. Hingegen ist die antisymmetrische Schwingung $\nu_u \|$, wie wir gesehen haben, aktiv; die zugehörige Dipolmomentänderung liegt in der Molekülachse genau wie das Dipolmoment bzw. seine Änderungen bei zweiatomigen Molekülen. Folglich wird auch die Rotationsstruktur eine ähnliche sein. Die Rotationsfrequenz überlagert sich der Schwingungsfrequenz und es müssen P- und R-Zweige auftreten, deren Linien durch $\nu_v \pm 2\,B\,(J'' + 1)$ dargestellt werden. Das Spektrum sollte wie die Banden des H_2 den Intensitätswechsel 1 : 3 zeigen, der hier ebenfalls auf den Kernspin des H-Atoms zurückzuführen ist[1]. Ein Q-Zweig tritt aus ähnlichen Gründen wie bei den Σ—Σ-Übergängen zweiatomiger Moleküle nicht auf, da wie bei diesen das Moment in Richtung der Figurenachse liegt. In der Tat haben LEVIN und MEYER[2] eine starke Ultrarotbande bei 3,0 μ gefunden, die keinen Q-Zweig besitzt. Sie zeigt den zu erwartenden Intensitätswechsel. Von den entarteten Schwingungen ist, wie schon erwähnt wurde, nur ${}^2\delta_u \perp$ aktiv; das Moment liegt $\perp$ zur Molekülachse und das Spektrum besteht ebenso wie etwa bei den Π—Σ-Übergängen zweiatomiger Moleküle aus einem P-, Q- und R-Zweig mit den Frequenzen $\nu_v + 2\,B\,(J'' + 1)$, ν_v, $\nu_v - 2\,B\,(J'' + 1)$. Es trat nun bei LEVIN und MEYER bei 13,7 μ eine Bande mit Q-Zweig auf, die ebenfalls Intensitätswechsel zeigte. Bessere Möglichkeiten zur Messung der Rotationsstruktur sind durch photographische Untersuchung des kurzwelligen Ultrarots

---

[1] Die C-Atome, die keinen Kernspin haben und der BOSE-Statistik genügen, spielen hierbei keine Rolle.

[2] LEVIN, A. u. CH. F. MEYER: J. Amer. Opt. Soc. Bd. 16 (1928) S. 137.

mit Hilfe der neuen rotempfindlichen Platten gegeben. Die hier auftretenden Banden sind Oberschwingungen. Es liegen Beobachtungen vor von MECKE mit HEDFELD und CHILDS, HEDFELD und LUEG, LOCHTE-HOLTGREVEN und EASTWOOD und von HERZBERG und SPINKS[1]. Auf die Fragen, welche Übergänge in den Oberbanden auftreten können, wollen wir hier nicht näher eingehen. Es sei dazu auf die Originalliteratur verwiesen[2].

Im RAMAN-Effekt sind bis jetzt keine Rotationsstrukturen beobachtet. Bei den Frequenzen ν_t müßten sie ähnlich sein wie bei dem reinen Rotations-RAMAN-Effekt zweiatomiger Moleküle. Die entartete Schwingung $^2\delta_g \perp$, die im RAMAN-Effekt auftreten sollte, aber bisher nicht gefunden wurde, müßte eine wesentlich andere Rotationsstruktur haben.

2. Pyramide (symmetrischer Kreisel): Ammoniak. Das NH_3-Molekül besitzt sechs innere Freiheitsgrade, d. h. sechs verschiedene Schwingungsmöglichkeiten[3]. Unter diesen gibt es zwei totalsymmetrische Schwingungen, bei denen die Momentänderungen $\parallel$ der Achse sind und die Polarisierbarkeitsänderungen durch Rotationsellipsoide um die Figurenachse dargestellt werden können. Zwei weitere Schwingungen sind entartete Doppelschwingungen, bei denen das Moment $\perp$ zur Figurenachse steht und die Polarisierbarkeitsänderung auch eine allgemeinere Lage im Molekül einnehmen kann.

Die beiden totalsymmetrischen Schwingungen sind im RAMAN-Effekt stärker als die andern zu erwarten und man wird die dort beobachteten Frequenzen von 3336 und 950 cm^{-1} * diesen Schwingungen zuordnen. Rotationsstruktur ist im RAMAN-Effekt des gasförmigen NH_3 nicht beobachtet[1]; sie ist dort auch nur mit

---

[1] HEDFELD, K. u. R. MECKE: Z. Physik Bd. 64 (1930) S. 151. — CHILDS, W. H. J. u. R. MECKE: Z. Physik Bd. 64 (1930) S. 162. — HEDFELD, K. u. P. LUEG: Z. Physik Bd. 77 (1932) S. 446. — LOCHTE-HOLTGREVEN, W. u. E. EASTWOOD: Z. Physik Bd. 79 (1932) S. 450. — HERZBERG, G. u. J. W. T. SPINKS: Z. Physik Bd. 91 (1934) S. 386.

[2] Siehe z. B. LOCHTE-HOLTGREVEN, W. u. E. EASTWOOD: l. c. — TISZA, L.: Z. Physik Bd. 82 (1933) S. 48. — SUTHERLAND, G. B. B. M.: Physic. Rev. Bd. 43 (1933) S. 883. — HERZBERG, G. u. J. W. T. SPINKS: l. c.

[3] Schwingungsbilder, wie sie vermutlich den wirklichen Verhältnissen ziemlich gut entsprechen, sind in der Tabelle 12, Band I, angeführt.

* DICKINSON, R. G., R. T. DILLON u. F. RASETTI: Physic. Rev. Bd. 34 (1929) S. 582. — BHAGAVANTAM, S.: Ind. J. Physics Bd. 5 (1930) S. 35. — AMALDI, E. u. G. PLACZEK: Z. Physik Bd. 81 (1933) S. 259.

geringerer Intensität zu erwarten, da bei totalsymmetrischen Schwingungen ein beträchtlicher Teil der Polarisierbarkeitsänderung kugelsymmetrisch sein wird, folglich bei der Rotation des Moleküls ungeändert bleibt und zur Intensität der Rotationsstruktur nichts beiträgt. Es wären ebenso wie im reinen Rotations-RAMAN-Effekt die Übergänge $\Delta J = 0, \pm 1, \pm 2$ zu erwarten.

Die den erwähnten Schwingungen entsprechenden Ultrarotbanden sind ebenfalls beobachtet, und zwar ist in diesem Falle auch die Rotationsstruktur untersucht[2]. Sie besteht, wie auch zu erwarten war, aus Q-, P-, und R-Zweigen ($\Delta J = 0, \pm 1$). Die Rotationsachse kann nämlich mit der Figurenachse, in der das elektrische Moment liegt, irgendeinen Winkel einschließen. Mithin kann, da eine Komponente des elektrischen Momentes $\perp$ zur Rotationsachse besteht, eine Überlagerung der Rotationsfrequenzen über die Schwingungsfrequenz stattfinden (P- und R-Zweige), aber es kann auch wegen der in der Rotationsachse liegenden Komponente die ungeänderte Schwingung auftreten (Q-Zweig). Eine Änderung des Drehimpulses um die Figurenachse tritt nicht auf und ist auch nicht zu erwarten, da die Momentänderung von einer Umdrehung um die Figurenachse unabhängig ist.

Bei NH_3 beobachtet man noch die Besonderheit, daß bei den totalsymmetrischen Schwingungen (Parallelbanden) alle Rotationslinien doppelt sind. Diese Linienverdopplung ist darauf zurückzuführen[3], daß das N-Atom zwei Gleichgewichtslagen zu beiden Seiten des H-Dreiecks besitzt, die durch einen Potentialberg voneinander getrennt sind. Nach der klassischen Theorie ist ein Übergang des N-Atoms durch den Potentialberg erst dann möglich, wenn die kinetische Energie dazu ausreicht. In der Quantenmechanik kommt ein solches Durchschlagen schon bei kleineren Energiewerten in Betracht, jedoch ist die entsprechende Frequenz der Oszillation zwischen beiden Lagen sehr niedrig. (Die Wahrscheinlichkeit

---

[1] Im RAMAN-Spektrum der wässerigen Lösung von NH_3 ist von A. LANGSETH [Z. Physik Bd. 77 (1932) S. 60] und von J. W. WILLIAMS u. A. HOLLAENDER [Physic. Rev. Bd. 42 (1932) S. 379]. Rotationsstruktur beobachtet worden.

[2] ROBERTSON, R. u. J. J. FOX: Proc. Roy. Soc., Lond. A Bd. 120 (1928) S. 161, 189. — STINCHCOMB, G. A. u. E. F. BARKER: Physic. Rev. Bd. 33 (1929) S. 305. — BARKER, E. F.: Physic. Rev. Bd. 33 (1929) S. 684.

[3] DENNISON, D. M. u. E. F. BARKER: Zitiert bei E. F. BARKER: Physic. Rev. Bd. 33 (1929) S. 684. — HUND, F.: Z. Physik Bd. 43 (1927) S. 805. — DENNISON, D. M. u. J. D. HARDY: Physic. Rev. Bd. 39 (1932) S. 938.

eines solchen Durchganges ist klein.) Diese niedrige Frequenz überlagert sich der Schwingungsfrequenz und bringt die erwähnte Verdopplung hervor. Besonders ausgeprägt ist der Effekt in der 10,5-μ-Bande (950 cm^{-1}) (Abb. 63); er beträgt dort 33 cm^{-1}, woraus zu schließen ist, daß bei der entsprechenden Schwingung

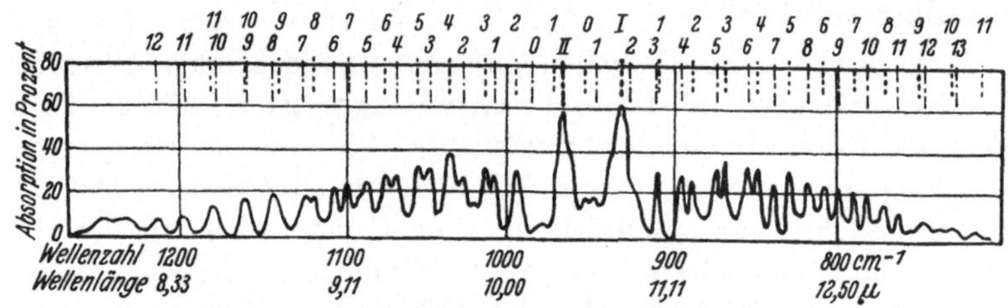

Abb. 63. Verdopplung in der 10,5-μ-Bande des NH_3.

das N-Atom sich im wesentlichen der Ebene des H-Dreiecks annähert. AMALDI und PLACZEK[1] haben im RAMAN-Spektrum des gasförmigen NH_3 bei derselben Frequenz eine ähnliche Aufspaltung gefunden. Sie beträgt 31 cm^{-1}. Den Unterschied der Zahlen im Ultrarot und RAMAN-Spektrum erklären sie dadurch, daß auch der schwingungslose Grundzustand eine kleine Aufspaltung zeigen muß. Die Größenverhältnisse sind in Abb. 64 eingezeichnet. Von den beiden durch Aufspaltung entstandenen Zuständen sind jeweils die unteren symmetrisch (α), die oberen antisymmetrisch (β) zur Ebene des H-Dreiecks. Im RAMAN-Effekt, für den die zu dieser Ebene symmetrische Polarisierbarkeitsänderung maßgebend ist, kombinieren nur die beiden symmetrischen bzw. die beiden antisymmetrischen Zustände miteinander. Im Ultrarotspektrum, bei dem es auf das zur Ebene antisymmetrische elektrische Moment ankommt, kombinieren nur symmetrische mit antisymmetrischen Termen. Daraus ergibt sich, daß die Aufspaltung im RAMAN-Effekt um das Doppelte derjenigen des Grundniveaus größer ist als die Aufspaltung im Ultrarotspektrum. Die Grundtermaufspaltung ist hiernach etwa 1 cm^{-1} in Übereinstimmung mit den Überlegungen von DENNISON und HARDY. Kürzlich haben nun RANDALL und WRIGHT[2] im reinen ultraroten Rotationsspektrum

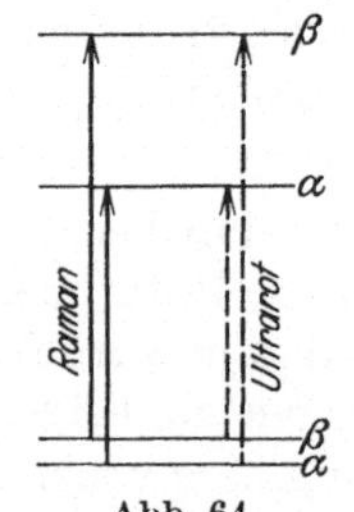

Abb. 64. Aufspaltung der NH_3-Schwingungsterme.

[1] AMALDI, E. u. G. PLACZEK: Z. Physik Bd. 81 (1933) S. 259.
[2] WRIGHT, N. u. H. M. RANDALL: Physic. Rev. Bd. 44 (1933) S. 391.

doppelte Rotationslinien mit einem Abstand von 1,33 cm^{-1} beobachtet. Diese Differenz muß das Doppelte der erwähnten Aufspaltung des Grundniveaus sein. Das Zustandekommen der Verdopplung wird aus Abb. 65 deutlich, wobei zu bemerken ist, daß wieder symmetrische und antisymmetrische Zustände miteinander kombinieren und daß die Aufspaltung im Grundniveau von der Rotationsquantenzahl praktisch unabhängig ist. Die vorausgesagte Aufspaltung des Grundniveaus von 0,67 cm^{-1} ist von CLEETON und WILLIAMS[1] jetzt direkt durch Absorption von elektromagnetischen Wellen der Länge $\lambda = 1{,}25$ cm nachgewiesen worden.

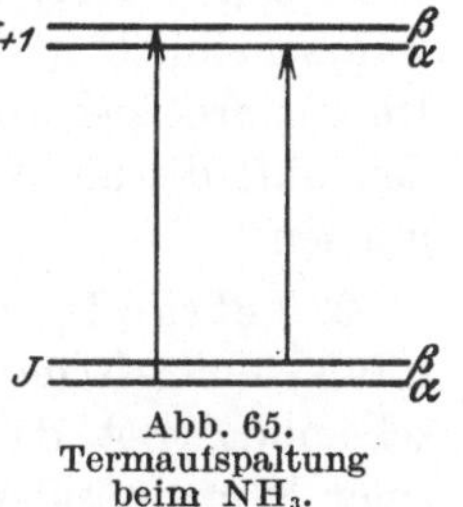

Abb. 65. Termaufspaltung beim NH_3.

Aus der Größe der Aufspaltung in der 10,5-μ-Bande konnten DENNISON und UHLENBECK[2] auf den Abstand des N-Atoms vom H-Dreieck schließen und mithin auf die Höhe der Pyramide[3]. Da außerdem das Trägheitsmoment um eine zur Figurenachse senkrechte Achse aus dem reinen Rotationsspektrum bekannt ist, sind damit sämtliche Abmessungen im Molekül berechenbar. Die Theorie von DENNISON und UHLENBECK zeigt weiter, daß die zweiquantige Schwingung (zweifache Anregung der 950-Schwingung) auch schon rein klassisch genügend Energie enthält, um den Potentialberg zu überwinden und durch die H-Ebene durchzuschlagen. Es ist somit für diese Oberschwingung eine extrem große Anharmonizität zu erwarten, da hier die Voraussetzungen, die man bei Einführung der Normalschwingungen machen muß — nämlich daß die Verrückungen klein gegen die Moleküldimensionen sind und die Energie harmonisch von ihnen abhängt —, nicht mehr erfüllt sind.

Viel größere Schwierigkeiten bereitet die Zuordnung der entarteten Normalschwingungen. Im Ultrarot sollten sie eine andere

---

[1] CLEETON, C. E. u. N. H. WILLIAMS: Physic. Rev. Bd. 45 (1934) S. 234.

[2] DENNISON, D. M. u. G. E. UHLENBECK: Physic. Rev. Bd. 41 (1932) S. 313; ROSEN, N. u. P. M. MORSE: Physic. Rev. Bd. 42 (1932) S. 210; MANNING, M. F.: J. Chem. Physics Bd. 3 (1935) S. 136.

[3] Das gelingt dadurch, daß man aus der beobachteten Frequenz von 950 cm^{-1} berechnen kann, wie starke Kräfte bei Annäherung des N-Atoms an das H-Dreieck auftreten. Folglich kann man aus dem Abstand der beiden Gleichgewichtslagen auf die Höhe der zwischen ihnen liegenden Potentialsschwelle näherungsweise schließen und die Größe der zu erwartenden Aufspaltung angeben. Umgekehrt läßt sich der erwähnte Abstand aus Aufspaltung und Schwingungsfrequenz berechnen.

Rotationsstruktur zeigen wie die totalsymmetrischen Schwingungen, insbesondere sollte eine Rotation um die Figurenachse sich bemerkbar machen. Sicher scheint die Deutung der im Ultrarot stark auftretenden Bande bei 6,1 μ (1630 cm^{-1}) als zu einer $\perp$-Schwingung gehörig[1]. Die zweite $\perp$-Schwingung ist offenbar im Ultrarot noch nicht beobachtet. PLACZEK[2] vermutet, daß ihre Größe nicht sehr verschieden von derjenigen der 3334 cm^{-1}-Schwingung ist. In der Tat haben HOUSTON und LEWIS[3] im RAMAN-Spektrum des gasförmigen NH_3 eine Frequenz von 3219 cm^{-1} beobachtet, die wahrscheinlich als die fehlende $\perp$-Schwingung anzusprechen ist. Im Ultrarotspektrum treten ferner eine Reihe sehr intensiver Banden auf, die als Kombinations- oder Oberbanden gedeutet werden müssen.

3. Tetraeder (Kugelkreisel): Methan. Methan besitzt eine totalsymmetrische Schwingung, die nur im RAMAN-Effekt in Erscheinung tritt, da sie mit einer Polarisierbarkeits-, nicht aber mit einer Momentänderung verknüpft ist. Die RAMAN-Linie hat entsprechend keine Rotationsstruktur. Sie liegt bei 2915 cm^{-1}*. Die nichttotalsymmetrischen Schwingungen haben, sofern sie im Ultrarot oder RAMAN-Effekt auftreten, alle eine Rotationsstruktur, da bei diesen das Molekül verzerrt wird. In dieser Struktur sollten äquidistante Linien mit dem Abstand $2\,B$ (im Ultrarot) und $2\,B$ bzw. $4\,B$ (im RAMAN-Effekt) vorhanden sein. COOLEY[4] beobachtete bei 7,7 μ und 3,3 μ Ultrarotbanden, die aus einem Q- und äquidistanten P- und R-Zweigen bestanden, und DICKINSON, DILLON und RASETTI* fanden bei $\Delta\,\nu = 3022$ cm^{-1} (entsprechend der 3,3-μ-Bande) ebenfalls eine äquidistante Rotationsstruktur. Es stimmen aber weder die Abstände im ultraroten Schwingungsrotationsspektrum, noch die im RAMAN-Spektrum mit der Formel überein und man ist folglich nicht imstande, nach der üblichen

[1] Die von P. DAURE [C. R. Acad. Sci., Paris Bd. 188 (1929) S. 61; Ann. Physique Bd. 12 (1929) S. 375] im flüssigen NH_3 beobachtete Frequenz von 1580 cm^{-1} entspricht möglicherweise dieser $\perp$-Schwingung.

[2] PLACZEK, G.: Handbuch der Radiologie Bd. 6, II, 2. Aufl. (1934) S. 205.

[3] LEWIS, C. M. u. W. V. HOUSTON: Physic. Rev. Bd. 44 (1933) S. 903.

* DICKINSON, R. G., R. T. DILLON u. F. RASETTI: Physic. Rev. Bd. 34 (1929) S. 582. Die bei 3072 cm^{-1} gefundene schwächere scharfe Linie ist wahrscheinlich ein Oberton, der durch die Nähe der totalsymmetrischen Schwingung verstärkt erscheint.

[4] COOLEY, J. P.: Astroph. J. Bd. 62 (1925) S. 73.

Methode das Trägheitsmoment des CH_4 zu bestimmen. Der Grund hierfür ist die Wechselwirkung zwischen Schwingung und Rotation. Die Erscheinung wird im nächsten Abschnitt diskutiert werden.

4. Asymmetrischer Kreisel: Wasser. Wie schon auf S. 190 erwähnt wurde, hat das Wassermolekül zwei Typen von Normalschwingungen, nämlich zwei totalsymmetrische Schwingungen und eine antisymmetrische Schwingung[1]. Bei den ersteren muß die Momentänderung in der Halbierenden des Valenzwinkels liegen, während sie bei der antisymmetrischen Schwingung in der Molekülebene senkrecht zur Winkelhalbierenden liegt. Dementsprechend müssen zweierlei Rotationsstrukturen auftreten. In der Tat sind bei 6,269 μ und 2,663 μ Banden beobachtet, deren Rotationsstruktur ein wesentlich verschiedenes Aussehen hat[2]. Vermutlich gehört die eine (langwelligere) einer symmetrischen, die andere (die kurzwelligere) einer antisymmetrischen Schwingung an. Die zweite symmetrische Schwingung liegt, wie wir gleich sehen werden, bei 2,8 μ, ist aber als Grundton nicht beobachtet, weil sie von der stärkeren antisymmetrischen Bande überdeckt wird.

Da es sich bei dem Wassermolekül um einen asymmetrischen Kreisel handelt, ist bei allen Schwingungen eine sehr komplizierte Rotationsstruktur zu erwarten. Aus den Grundbanden gelingt nur eine schätzungsweise Bestimmung der Trägheitsmomente bzw. der Molekülstruktur, da einmal wegen der großen Linienzahl eine Auflösung des Spektrums mit den gewöhnlichen Methoden der Ultrarotspektroskopie nicht möglich ist und zweitens wegen der Kompliziertheit des Spektrums aus der Enveloppe wenig sichere Schlüsse zu ziehen sind. In diesen und ähnlichen Fällen ist man daher auf eine Untersuchung im nahen Ultrarot angewiesen, wo man bereits photographisch arbeiten kann. Das bedeutet eine Analysierung der an sich viel schwächeren Oberbanden. So ist es Mecke und Mitarbeitern[3] gelungen, die Analyse von 15 Ober- und Kombinationsbanden des Wassermoleküls durchzuführen und mit ihrer Hilfe recht genaue Daten für die Trägheitsmomente und den Valenzwinkel zu gewinnen.

---

[1] Dazugehörige Schwingungsbilder siehe Bd. I, Tabelle 11.

[2] Plyler, E. K. u. W. W. Sleator: Physic. Rev. Bd. 37 (1931) S. 1493; daselbst weitere Literatur.

[3] Mecke, R.: Z. Physik Bd. 81 (1933) S. 313. — Mecke, R. u. W. Baumann: Physik. Z. Bd. 33 (1932) S. 833. — Z. Physik Bd. 81 (1933) S. 445. — Freudenberg, K. u. R. Mecke: Z. Physik Bd. 81 (1933) S. 465.

Speziell beim Wassermolekül sind wegen seiner geringen Symmetrie alle möglichen Kombinations- und Obertöne erlaubt. Wir wollen jetzt untersuchen, wie die zu den einzelnen Oberschwingungen gehörenden Momente stehen. Durch die drei Atome des Moleküls kann man in einem beliebig verzerrten Zustand stets eine Ebene legen, die eine Symmetrieebene des Moleküls ist. Folglich kann senkrecht zur Molekülebene durch keine Schwingung ein Moment hervorgerufen werden. Bei irgendeiner symmetrischen Verzerrung bleibt das Moment in Richtung der Winkelhalbierenden und daher muß bei Ober- und Kombinationstönen von symmetrischen Schwingungen die Momentänderung in der Winkelhalbierenden liegen.

Anders liegt der Fall bei antisymmetrischen Verzerrungen. An sich kann dabei zunächst das Moment eine beliebige Lage in der Molekülebene einnehmen. Spiegeln wir aber an einer Ebene durch die Winkelhalbierende (die $\perp$ zur ursprünglichen Molekülebene steht), so wird bei der gespiegelten Verzerrung die zur Winkelhalbierenden parallele Komponente des elektrischen Momentes ungeändert bleiben, während die dazu senkrechte Komponente ihr Vorzeichen ändert. Bei einer antisymmetrischen Schwingung nimmt das Molekül nun nach einer Halbschwingung die beschriebene gespiegelte Lage ein. Die zur Winkelhalbierenden parallele Komponente des elektrischen Momentes wird ihren ursprünglichen Wert also bereits nach einer halben Schwingungsperiode wieder annehmen, während die senkrechte Komponente nach einer Halbperiode ihr Vorzeichen ändert. Beschreiben wir jetzt die ursprünglich nicht harmonisch verlaufende Momentänderung als Superposition von harmonischen Schwingungen (Fourierentwicklung), so werden bei der Darstellung der Parallelkomponente nur die Glieder vorkommen, die bereits nach einer halben Periode ihren ursprünglichen Wert wieder erhalten haben. Das sind $\frac{\sin}{\cos} 2\,(\nu\perp)t$, $\frac{\sin}{\cos} 4\,(\nu\perp)\,t, \ldots$ ($\nu\perp$ ist die Grundfrequenz der antisymmetrischen Schwingung), d. h. bei geradzahligen Vielfachen der Grundfrequenz ist die Momentänderung $\parallel$ zur Winkelhalbierenden. Die Entwicklung für die Senkrechtkomponente enthält $\frac{\sin}{\cos}(\nu\perp)\,t$, $\frac{\sin}{\cos} 3\,(\nu\perp)\,t, \ldots$, d. h. im Grundton und bei seinen ungeraden Vielfachen liegt die Momentänderung $\perp$ zur Winkelhalbierenden. Ähnlich kann man allgemeiner zeigen, daß auch bei den Kombinationstönen das Moment $\parallel$ oder $\perp$ zur Winkelhalbierenden liegt, je nachdem, ob die antisymmetrischen Frequenzen geradzahlig oder ungeradzahlig angeregt sind. In dem folgenden Schema sind die von MECKE und Mitarbeitern beobachteten Banden eingetragen. Dabei bezeichnet $\nu\perp$ die $\perp$-Schwingung, $\delta_t \parallel$ die parallele Deformationsschwingung und $\nu_t \parallel$ die parallele Valenzschwingung[1]. Geradzahlige ν ($\perp$)-Frequenzen gehören zu Parallelbanden π

Tabelle 10. Schwingungsbanden des H_2O (in cm^{-1}).

$\nu\perp$	0			1			2	3	
$\delta_t \parallel$	0	+1	+2	0	+1	+2	—	0	+1
$0\nu_t \parallel$	0	1595,5	3152	3756,5	5332,0	(6850)		11032,37	12565,01
1	(3600)			7253	8807,05			14318,77	15832,47
2				10613,12	12151,14			17495,48	
3				13830,92	15347,91	16821,61			
4				16899,01					
	π			σ			π	σ	

(Moment $\parallel$ zur Winkelhalbierenden), ungeradzahlige ν ($\perp$) geben Senkrechtbanden σ (Moment $\perp$ zur Winkelhalbierenden). Mit Ausnahme der Banden 1595,5 und 3152 cm^{-1} sind alle Banden σ-Übergänge. Der Grund dafür, daß die Parallelbanden mit so geringer Intensität auftreten, ist nicht aus Symmetriebetrachtungen ersichtlich, sondern muß in speziellen Eigenschaften des Wassermoleküls begründet sein. Die Ergebnisse der eben gebrachten Tabelle 10 lassen sich formelmäßig durch folgenden Ausdruck darstellen:

$$\nu_0 = v_{\nu\perp} \cdot 3795 + v_{\nu\parallel} \cdot 3670 + v_\delta \cdot 1615 - v_{\nu\perp}^2 \cdot 39 - v_{\nu\perp} v_{\nu\parallel} \cdot \\ \cdot 109 - v_{\nu\parallel}^2 \cdot 70 - v_{\nu\parallel} v_\delta \cdot 20 - v_{\nu\perp} v_\delta \cdot 20 - v_\delta^2 \cdot 20.$$

Man sieht, daß die zweite totalsymmetrische Schwingung, die im Grundton nicht beobachtet werden konnte, in Kombinationstönen auftritt und ihre Lage dadurch bestimmt werden kann.

Alle drei Grundschwingungen sind ramanaktiv, doch sind bisher im RAMAN-Spektrum des Wasserdampfes nur zwei Linien mit den Frequenzen 1648 und 3655 cm^{-1} beobachtet worden. Man ordnet sie den Schwingungen $\delta_t \parallel$ und $\nu_t \parallel$ zu. Die starke Verschiebung ist noch nicht befriedigend erklärt[2].

[1] Statt der MECKEschen Bezeichnungen sind die in diesem Buche üblichen benutzt worden.

[2] Siehe z. B. BENDER, D.: Physic. Rev. Bd. 47 (1935) S. 252.

Aus der Feinstrukturanalyse des Rotationsschwingungsspektrums ergeben sich die drei Trägheitsmomente[1] für den Gleichgewichtszustand: $I_A = 1{,}009$, $I_B = 1{,}901$, $I_C = 2{,}908$ (in $10^{-40}\,\mathrm{gr\,cm}^2$). Dabei ist I_C das Trägheitsmoment um die Achse $\perp$ zur Molekülebene, I_B das Trägheitsmoment um die Winkelhalbierende (Symmetrieachse) und I_A um eine Gerade $\perp$ zu den beiden genannten Achsen. Wir werden für das ebene Dreiecksmodell des Wassers die Beziehung erwarten $I_A + I_B = I_C$, die tatsächlich genügend genau erfüllt ist[2]. Der Valenzwinkel für die Gleichgewichtslage ist $\alpha = 104^0\,40'$.

5. Kompliziertere Moleküle. Bei den hier behandelten Beispielen gelingt nicht immer eine eindeutige Zuordnung der beobachteten Frequenzen zu bestimmten Schwingungstypen, um so mehr als manchmal noch durch die freie Drehbarkeit nicht ganz übersehbare Komplikationen hinzutreten. Man ist deswegen hier besonders oft auf Analogieschlüsse angewiesen.

Wir bringen hier im Gegensatz zu den vorigen Beispielen nur solche, die nicht in den Tabellen 10—15 (Band I) angegeben sind. Es scheinen uns nämlich die für diese Moleküle vorliegenden Ergebnisse nicht gesichert genug[3], um sie in die Tabelle aufzunehmen; andererseits sollten sie nicht ganz unerwähnt bleiben. Auch wird im Gegensatz zu vorher in diesen Beispielen nur die Schwingungsstruktur besprochen.

Äthan. In der Nähe von 3000 cm^{-1} zeigt Äthan ebenso wie Methan ultrarote Absorption[4] und ein Raman-Spektrum[5], nämlich erstere bei $3{,}4\,\mu$ (2950 cm^{-1}), letzteres bei 2890 und 2950 cm^{-1}. Die Frequenzen sind H-Schwingungen, die hauptsächlich in der Valenz-

---

[1] Die Theorie des asymmetrischen Kreisels, die zur Bestimmung der Trägheitsmomente aus der Rotationsstruktur herangezogen werden muß, findet sich z. B. bei Dennison, D. M.: Rev. Mod. Physics Bd. 3 (1932) S. 280. Beim H_2O ist noch zu berücksichtigen, daß die Rotationslinien wegen des Kernspins vom H-Atom einen Intensitätswechsel zeigen.

[2] Daß diese Beziehung hier im Gegensatz zu den Ausführungen auf S. 186 stimmt, liegt daran, daß wir hier die für die Gleichgewichtslage *extrapolierten* Trägheitsmomente und nicht die Mittelwerte für die Nullpunktsschwingung benutzt haben.

[3] Siehe S. 210, Anm. b. d. Korr.

[4] Levin, A. u. Ch. F. Meyer: J. Amer. Opt. Soc. Bd. 16 (1928) S. 137.

[5] Daure, P.: Ann. Physique Bd. 12 (1929) S. 375. — Bhagavantam, S.: Ind. J. Physics Bd. 6 (1930) S. 545. — Lewis, C. M. u. W. V. Houston: Physic. Rev. Bd. 44 (1933) S. 903.

richtung erfolgen, zuzuordnen[1]. Sie treten immer bei C—H-Bindungen auf. Die in der Gegend von 1400 cm^{-1} (Raman und Ultrarot) gelegenen Schwingungen sind für die CH_3-Gruppe charakteristisch. Man findet sie, wie Tabelle 14, Band I zeigt, bei den Methylhaliden wieder. Die im

Tabelle 11. Schwingungsbanden der Äthylhalide.

Molekül	F_1	F_2	F_3	F_4	F_5	F_6	F_7	F_8
C_2H_5Cl	2940; *U* 3,40μ	1455; *U* 6,87μ *R*	1400; *U* 7,14μ	1290; *U* 7,75μ *R*	975; *U* 10,26μ *R*	790; *U* 12,65μ	655; *R* (*U*)	335; *R* (*U*)
C_2H_5Br	2935; *U* 3,41μ	1450; *U* 6,90μ *R*	1385; *U* 7,22μ	1255; *U* 7,96μ *R*	965; *U* 10,36μ *R*	770; *U* 13,00μ	560; *R* (*U*)	290; *R* (*U*)
C_2H_5J	2930; *U* 3,42μ	1445; *U* 6,92μ *R*	1380; *U* 7,25μ	1210; *U* 8,26μ *R*	955; *U* 10,47μ *R*	740; *U* 13,5μ	500; *R* (*U*)	260; *R* (*U*)

F_7 und F_8 liegen jenseits des untersuchten Spektralbereichs.

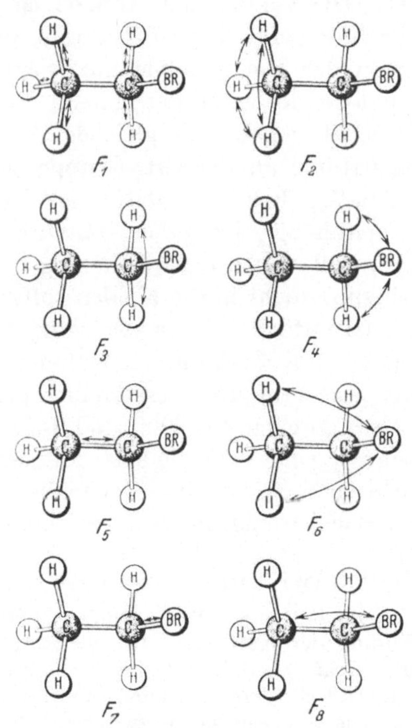

Abb. 66. Schwingungsbilder der Äthylhalide.

Raman-Effekt stark vorhandene und im Ultrarot fehlende Frequenz von 990 cm^{-1} gehört zu einer totalsymmetrischen Schwingung, in der vor allem die beiden CH_3-Gruppen gegeneinander schwingen. Die noch langsamere Ultrarotfrequenz bei 12,1 μ (830 cm^{-1}) ist

[1] Siehe zu diesem Absatz auch Sutherland, G. B. B. M. u. D. M. Dennison: Proc. Roy. Soc., Lond. A Bd. 148 (1935) S. 250.

im RAMAN-Effekt nicht gefunden. Hier schwingen hauptsächlich die H-Atome senkrecht zur C—H-Verbindungslinie[1].

Äthylhalide. Die Äthylhalide sind kürzlich im Ultraroten von 1,5 bis 15 μ untersucht worden[2]. Wir geben die vorgeschlagenen qualitativen Schwingungsbilder und die Zuordnung der Frequenzen, die nach den bisherigen Resultaten plausibel erscheint, unverändert wieder. Die vorstehende Abb. 66 ist aus der Arbeit entnommen.

Die hier gefundenen C-Halogenfrequenzen treten auch in den Spektren der Methylhalide nur wenig verschoben auf. In den Monohalogenderivaten der höheren Kohlenwasserstoffe besitzen sie sogar recht genau den gleichen Wert, wenigstens solange die Halogenatome an der CH_3-Gruppe substituiert sind[3]. Eine rohe modellmäßige Erklärung dafür, daß diese Frequenz von der Kettenlänge unabhängig ist, gaben BARTHOLOMÉ und TELLER[4], indem sie zeigten, daß wegen der Winkelung der Kette sich die C-Halogen-Schwingung nicht in die Kohlenstoffkette fortpflanzt, sondern daß an der betreffenden Normalschwingung praktisch nur die benachbarten C- und Cl-Atome teilnehmen.

Ebenso wurde dort verständlich gemacht, daß gewisse Wasserstoffschwingungen ($\sim$ 3000 und 1450 cm^{-1}) von der Kettenlänge unabhängig sind. Für die 3000-Frequenz ist diese Tatsache sowieso einleuchtend, da bei dieser schnellen Schwingung die schwereren Massen sich wenig mitbewegen können.

e) Wechselwirkung zwischen Schwingung und Rotation.

Bis jetzt hatten wir Schwingung und Rotation für sich betrachtet, d. h. den Einfluß der Kräfte, die bei der Rotation auftreten (Zentrifugal- und CORIOLIS-Kräfte), auf die Schwingung vernachlässigt und ferner nicht berücksichtigt, daß die Trägheitsmomente während der Schwingung verändert werden. Die Wechselwirkung zwischen Schwingung und Rotation kann zum Teil genau so behandelt werden wie bei den zweiatomigen Molekülen, d. h. man kann in erster Näherung in den verschiedenen Schwingungszuständen mit über die ganze Schwingung gemittelten Trägheitsmomenten rechnen. So hängen nach MECKE beim Wasser die Trägheitsmomente vom Schwingungszustand in folgender Weise ab: $I_A = 0{,}996 + 0{,}045\, v_{\nu\perp} + 0{,}026\, v_{\nu\parallel} - 0{,}098\, v_\delta$; $I_B = 1{,}908 + 0{,}014\, v_{\nu\perp} + 0{,}033\, v_{\nu\parallel} - 0{,}034\, v_\delta$; $I_C = 2{,}981 +$

[1] Anm. b. d. Korr.: Inzwischen ist die Zuordnung der Normalschwingungen des Äthans weitgehend geklärt worden, s. TELLER, E. u. B. TOPLEY: J. Chem. Soc. Lond. 1935, S. 885. — BARTHOLOMÉ, E. u. H. SACHSSE: Z. physik. Chem. Abt. B Bd. 30 (1935) S. 40.

[2] CROSS, P. C. u. F. DANIELS: J. Chem. Physics Bd. 1 (1933) S. 48.

[3] KOHLRAUSCH, K. W. F.: Z. physik. Chem. Abt. B Bd. 18 (1932) S. 61.

[4] BARTHOLOMÉ, E. u. E. TELLER: Z. physik. Chem. Abt. B Bd. 19 (1932) S. 366.

$0{,}047\, v_{\nu\perp} + 0{,}062\, v_{\nu\parallel} + 0{,}062\, v_\delta$. Wenn man $v_{\nu\perp} = v_{\nu\parallel} = v_\delta = 0$ setzt, erhält man nicht die Trägheitsmomente für den Gleichgewichtszustand, die im vorigen Abschnitt angegeben wurden, sondern die über die Nullpunktsschwingung gemittelten. Die Werte für die Gleichgewichtslage erhält man, wenn man in der obigen Formel für die Trägheitsmomente $v_{\nu\perp} = v_{\nu\parallel} = v_\delta = -1/2$ setzt.

In einigen Fällen treten neue Verhältnisse ein, die eine gewisse Analogie zu den Entkopplungserscheinungen bei den zweiatomigen Molekülen zeigen[1]. Betrachten wir z. B. das Molekülion CO_3^{--}*. Seine vier Atome liegen in einer Ebene. Die drei O-Atome bilden nämlich ein gleichseitiges Dreieck, in dessen Mittelpunkt sich das C-Atom befindet. In Abb. 67a sind Verrückungen eingezeichnet, die wir als Normalschwingung ansprechen wollen. Allerdings trifft dies nur für einen speziellen Kraftansatz zu, der

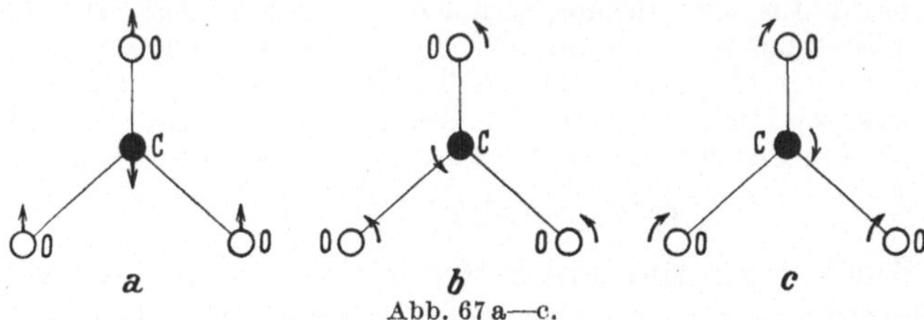

Abb. 67a—c.

vermutlich nicht der Wirklichkeit entspricht. Er soll nur zur Veranschaulichung der folgenden Überlegungen dienen. Die eingezeichnete Schwingung ist entartet, ähnlich wie die Schwingung eines zweidimensionalen Pendels, da bei Drehung der Verrückungen um 120° wieder eine Normalschwingung mit derselben Frequenz entstehen muß. Dreht sich nun das Molekül um seine Figurenachse (⊥ zur Molekülebene), so treten Coriolis-Kräfte auf, deren Wirkung ganz ähnlich ist wie die eines zur Ebene senkrechten Magnetfeldes. Da hierdurch seitlich wirkende Kräfte auftreten, bleibt die eingezeichnete Schwingung keine Normalschwingung mehr. Die nunmehr richtigen Normalschwingungen *b* und *c* werden einer Kreispendelbewegung entsprechen. Dabei haben die beiden entgegengesetzten Drehrichtungen verschiedene Frequenzen, weil der Drehsinn der einen der Molekülrotation gleich und der der andern ihr entgegengesetzt gerichtet ist. Die Entartung ist hiermit aufgehoben.

Die betrachteten Coriolis-Kräfte haben natürlich auch in andern Fällen eine Wirkung. Sie ist aber nur dann groß, wenn es sich um entartete Schwingungen handelt, die wie im eben betrachteten Falle einen Drehimpuls besitzen. Dieser kann sich nämlich, wie angedeutet wurde, mit der Molekülrotation koppeln[2]. In dem einfachsten Falle (Grundschwingung im ultraroten Spektrum)

[1] Teller, E. u. L. Tisza: Z. Physik Bd. 73 (1931) S. 791.

* Die Rotationsstruktur des entsprechenden Spektrums ist zwar nicht beobachtet und es ist möglich, daß sie wegen der starken Hydratation des Ions bzw. wegen der Gitterkräfte in einigermaßen ungestörter Form nicht zu erhalten ist.

[2] Sofern er nicht, wie bei linearen Molekülen, senkrecht zur Molekülrotation steht.

macht sich die Wirkung der CORIOLIS-Kräfte nur darin bemerkbar, daß die Linienabstände in den P- und R-Zweigen enger oder weiter werden, aber äquidistant bleiben. Bei derartigen Spektren muß man mit der Bestimmung der Trägheitsmomente sehr vorsichtig sein. Dabei handelt es sich nicht um Korrektionen (wie etwa im nichtentarteten Falle des Wassers), sondern die „scheinbaren" Trägheitsmomente können auf diese Weise von den wirklichen wesentlich verschieden sein. Beispiele sind die Senkrechtbanden [Moment ⊥ zur Figuren-(Symmetrie-)Achse] von Molekülen mit einer dreizähligen Symmetrieachse wie die Methylhalide[1], das Ammoniak[2] und die ultrarotaktiven Banden der Tetraedermoleküle, wie des Methans[3]. In diesen Fällen gelingt die Bestimmung der Trägheitsmomente erst dadurch, daß man die Wirkung der CORIOLIS-Kräfte durch Vergleich der Rotationsstruktur im Ultrarot und im RAMAN-Effekt oder durch Heranziehen der Rotationsstruktur aller Senkrechtbanden eliminiert[4]. Auf diese komplizierteren Bestimmungsmethoden wollen wir aber hier nicht eingehen. Als Ergebnis sei nur angegeben, daß das Trägheitsmoment des CH_4 auf diese Weise praktisch (bis auf 10%) gleich den Trägheitsmomenten der Methylhalide um ihre Figurenachse wird, nämlich etwa $5{,}4 \cdot 10^{-40}$ grcm^2.

f) Freie Drehbarkeit.

In dem vorigen Abschnitt hatten wir gesehen, daß Schwingung und Rotation sich gegenseitig stören können. Es gibt nun Fälle, in denen diese beiden Bewegungsarten nicht mehr scharf voneinander unterschieden werden können. Das sind die aus der organischen Chemie bekannten Beispiele der freien oder fast freien Drehbarkeit. In diesen Fällen kann zu verschiedenen Relativlagen der Atome innerhalb des Moleküls die gleiche oder nahezu gleiche potentielle Energie gehören, so daß schon die Temperaturbewegung oder die Nullpunktsenergie ausreicht, um diese Relativlagen weitgehend zu verändern. Natürlich kommt man in diesen Fällen mit der Beschreibung der innermolekularen Bewegung durch Normalschwingungen nicht mehr ganz aus. Es ist zu erwarten, daß die hochfrequenten Schwingungen, namentlich die CH-Valenzschwingungen, durch die freie Drehbarkeit nur wenig beeinflußt werden. Frequenzen, die etwa den Valenzschwingungen einer Kohlenstoffkette entsprechen, werden zwar wahrscheinlich nicht wesent-

---

[1] BENNETT, W. H. u. CH. H. MEYER: Physic. Rev. Bd. 32 (1928) S. 888.

[2] STINCHCOMB, G. A. u. E. F. BARKER: Physic. Rev. Bd. 33 (1929) S. 305. S. 684. — BARKER, E. F.: Physic. Rev. Bd. 33 (1929) S. 684.

[3] COOLEY, J. P.: Astroph. J. Bd. 62 (1925) S. 73.

[4] PLACZEK, G. u. E. TELLER: Z. Physik Bd. 81 (1933) S. 209. — TELLER, E.: Hand- und Jahrbuch der chemischen Physik Bd. 9, II (1934) S. 125. — DENNISON, D. M. u. M. JOHNSTON: Physic. Rev. Bd. 47 (1935) S. 93, Berichtigung s. bei PENNEY, W. G.: Trans. Far. Soc. Bd. 31 (1935) S. 745 Anm. 18.

lich verschoben, unter Umständen aber verbreitert werden, während schließlich die Deformationsschwingungen der Kette ganz erheblich beeinflußt werden können[1].

Auf die hier berührten Fragen kommen wir noch in dem Abschnitt über spezifische Wärme und über chemische Bindung zurück.

g) Isotopie[2].

Daß wir im Gegensatz zu dem Vorgehen bei den zweiatomigen Molekülen den Isotopieeffekt der mehratomigen Moleküle bereits besprechen, bevor wir uns mit den Elektronenbanden beschäftigt haben, hat seinen Grund darin, daß schon hier etwas Neues hinzukommt, weil die verschiedenen Schwingungen in einem mehratomigen Molekül durch die Isotopieerscheinung in verschiedener Weise beeinflußt werden. Die Schwingungsfrequenzen zeigen nämlich eine mehr oder minder starke Isotopieverschiebung, je nachdem, ob das Atom, um dessen Isotopie es sich handelt, an der betreffenden Schwingung mehr oder minder stark beteiligt ist. Auf diese Weise kann man Rückschlüsse auf die betreffende Schwingungsform ziehen[3]. Am einfachsten sind die Verhältnisse,

[1] K. W. F. Kohlrausch: [Z. physik. Chem. Abt. B Bd. 18 (1932) S. 61; Naturwiss. Bd. 22 (1934) S. 161] sucht das Ergebnis, daß bei Substitution eines H-Atoms in gewissen Kohlenwasserstoffketten durch ein Halogen zwei benachbarte starke Raman-Linien statt einer auftreten, dadurch zu erklären, daß er diese als C—Cl-Frequenzen für verschiedene Lagen des Moleküls deutet. Kohlrausch hebt als Stütze seiner Auffassung hervor, „daß diese Erscheinung gerade in den Fällen auftritt, in denen die Molekülform durch Betätigung der freien Drehbarkeit geändert werden kann". Es scheint aber nicht sehr wahrscheinlich, daß *zwei* räumliche Lagen eines Moleküls wie etwa des Propylchlorid energetisch tief liegen. Eine freie Drehbarkeit hingegen hätte keine Aufspaltung der C—Cl-Frequenz zur Folge, denn bei einer Verdrehung innerhalb des Moleküls müßte die Frequenz sich kontinuierlich ändern und nicht nur zwei bevorzugte Werte annehmen können. Man würde daher höchstens eine Verbreiterung erwarten. Selbst diese würde aber wahrscheinlich nicht beträchtlich sein, da der Einfluß des übernächsten C-Atoms, um dessen Drehung es sich hier handelt, auf die C—Cl-Schwingung im allgemeinen gering ist [vgl. z. B. Bartholomé, E. u. E. Teller: Z. physik. Chem. Abt. B Bd. 19 (1932) S. 366].

[2] Näheres zu diesem Abschnitt siehe Teller, E.: Hand- und Jahrbuch der chemischen Physik Bd. 9, II (1934) S. 141. — Hier wurde nur auf den Fall eingegangen, in dem der Massenunterschied der Isotopen prozentuell klein ist. Der sehr wichtige Fall der H—D-Substitution konnte hier nicht mehr behandelt werden; es sei dafür auf folgende Literatur verwiesen: Redlich, O.: Z. physik. Chem. Abt. B Bd. 28 (1935) S. 371, sowie auf die in Tabelle 27, Bd. I und Tabelle 22, Bd. II genannten Arbeiten.

[3] Salant, E. O. u. J. E. Rosenthal: Physic. Rev. Bd. 42 (1932) S. 812.

wenn es sich um geringe prozentuelle Massenänderungen handelt; hierher gehören praktisch alle Atome mit Ausnahme von Wasserstoff. In diesen Fällen ist die Formel für die Isotopieverschiebung:

$$\frac{\Delta\nu}{\nu} = -\frac{\Delta m}{2m}\frac{E_m}{E_k}. \tag{46}$$

Dabei ist m die Masse des Atoms, dessen Isotopie wir betrachten, Δm die Massendifferenz der beiden Isotopen, E_k die mittlere kinetische Energie des ganzen Moleküls und E_m die des betreffenden Atoms während der Normalschwingung. Wenn das betrachtete Atom ruht, ist $E_m = 0$ und die Isotopieverschiebung verschwindet.

Man kann nun mit Hilfe der experimentell bestimmten Isotopieverschiebungen E_m ausrechnen. Hingegen läßt sich umgekehrt theoretisch $\frac{\Delta\nu}{\nu}$ nicht angeben, da im allgemeinen E_m unbekannt ist. Aber es ist möglich, etwas über die *Summe* der Isotopieverschiebungen der verschiedenen Schwingungen gleicher Symmetrie auszusagen, sowie das Molekülmodell bekannt ist. Summiert man nämlich $\frac{E_m}{E_k}$ über sämtliche Bewegungen von *gleicher* Symmetrieeigenschaft, so erhält man eine Zahl, die nur von den Symmetrieeigenschaften der Lage des betreffenden Atoms und des Moleküls im allgemeinen abhängt. Diese Zahl ist die Anzahl der Bewegungsmöglichkeiten (Freiheitsgrade) des betreffenden Atoms, die mit der betrachteten Schwingungssymmetrie verträglich sind. Summiert man über sämtliche Bewegungen *beliebiger* Symmetrieeigenschaften, so bekommt man die Zahl der Freiheitsgrade gleich 3. Die Summation ist im allgemeinen über Schwingungs-, Rotations- und Translationsfreiheitsgrade zu erstrecken, wobei die Translation wie eine dreifach entartete und die Rotation wie eine zwei- oder dreifach entartete Schwingung zu behandeln ist, je nachdem, ob das Molekül linear oder nichtlinear ist. Als Beispiel betrachten wir die Parallelschwingung des Methylchlorids. Die Summe $\frac{E_m}{E_k}$ ist in diesem Falle 1, denn das Cl-Atom kann nur in einer Richtung bewegt werden, ohne daß die Symmetrie des Moleküls zerstört wird. Von der Translation trägt zur Summe nur die parallel zur Figurenachse gerichtete Komponente bei. Der Beitrag ist $\frac{E_m}{E_k} = \frac{35}{35+12+3} = \frac{7}{10}$, nämlich das Verhältnis der Chlormasse zur Molekülmasse. Die Rotation hat bei Parallelbanden keinen

Anteil an der Summe, der Rest $\frac{3}{10}$ rührt von der Schwingung her. Man hat also für $\Sigma \frac{\Delta \nu}{\nu}$ für die Parallelbanden: $-\frac{2}{2 \cdot 35} \cdot \frac{3}{10} = -\frac{3}{350} = -0{,}0086$. Nun gibt es tatsächlich im Spektrum vom Methylchlorid eine Parallelbande mit doppeltem Q-Zweig (die 13,6-μ-Bande)[1]. Diese Verdopplung ist auf den Isotopieeffekt zurückzuführen. Der Abstand der beiden Q-Zweige dividiert durch die Schwingungsfrequenz ist gleich 0,008, also wenig kleiner als der theoretische Summenwert. Es ist daher für die übrigen Parallelschwingungen kein merklicher Isotopieeffekt zu erwarten. Experimentell ist hier auch keine Aufspaltung beobachtet. Damit ist bewiesen, daß bei den Parallelbanden des CH_3Cl nur in der 13,6-μ-Bande das Cl-Atom sich wesentlich mitbewegt. Diese Schwingung ist daher eine C—Cl-Valenzschwingung, während die übrigen Parallelschwingungen innere Schwingungen der CH_3-Gruppe sind. Zu dem gleichen Schluß kam man durch die Beobachtung, daß bei Substitution des Cl durch ein anderes Halogen die langwelligste Bande (13,6 μ) verschoben wird, während sich gleichzeitig die Frequenzen der übrigen Parallelbanden kaum ändern. Durch den Isotopieeffekt kann man nun dieses und ähnliche Erscheinungen quantitativ erfassen.

Ferner kann man daraus ähnlich wie auf die Schwingungsform auch Schlüsse auf das Molekülmodell ziehen. Während nämlich der $\frac{E_m}{E_k}$-Wert für die Translation nur von den Massen abhängt, ist er für die Rotation vom Molekülmodell abhängig. Nehmen wir z. B. ein gestrecktes symmetrisches dreiatomiges Molekül, so bewegt sich bei seiner Rotation das Zentralatom nie mit und E_m ist daher 0. Ist das Molekül aber gewinkelt, so wird sich etwa bei der Umdrehung um eine zur Molekülebene senkrechte Achse das mittlere Atom auch mitbewegen, und zwar hängt $\frac{E_m}{E_k}$ außer von den Massen noch von dem Winkel ab. Die Rotationsbewegung um diese Achse hat nun dieselbe Symmetrie wie die Senkrechtschwingung. Man kann mithin aus dem prozentuellen Isotopieeffekt bei der Senkrechtschwingung Schlüsse auf die Winkelung des Moleküls ziehen.

Zum Schluß sei noch bemerkt, daß sich das in diesem Abschnitt Gesagte auf Grundschwingungsbanden bezieht.

---

[1] BENNETT, W. H. u. C. F. MEYER: Physic. Rev. Bd. 32 (1928) S. 888.

§ 4. Elektronenbandenspektren.

a) Theoretische Gesichtspunkte zur Deutung von Elektronenbandenspektren.

α) Elektronenauswahlregeln. Bei den zweiatomigen Molekülen gelingt es, wie wir früher gesehen hatten, aus dem Aussehen der Elektronenbandenspektren Schlüsse auf die Natur der Elektronenterme zu ziehen. Auf diese Weise kamen wir zu einer Einteilung nach der Multiplizität der Terme, nach der Größe des Drehimpulses um die Kernverbindungslinie (Σ-, Π-, Δ-Terme) und in gewissen Fällen nach dem Verhalten der Elektroneneigenfunktionen bei Spiegelungen (Σ^+ und Σ^-, gerade und ungerade Terme). Bei mehratomigen Molekülen wird man eine entsprechende Einteilung vorzunehmen versuchen. Das experimentelle Material ist aber noch so dürftig und andererseits so kompliziert, daß daraus eine derartige Klassifizierung bisher nicht in eindeutiger Weise entnommen werden konnte. Sie sei hier dem Prinzip nach vom theoretischen Standpunkt aus doch kurz behandelt, da man hoffen kann, daß sie zur Einordnung und Deutung experimenteller Ergebnisse beitragen wird.

Die Elektronenterme mehratomiger Moleküle werden genau wie bei Atomen und zweiatomigen Molekülen zunächst ihrer Multiplizität nach in Singlett-, Dublett- und Tripletterme (usw.) eingeteilt. In derselben Näherung wie bei Atomen gilt die Auswahlregel, daß nur Terme gleicher Multiplizität miteinander kombinieren können. Interkombinationen dürfen nur dann mit merklicher Intensität auftreten, wenn im Molekül schwerere Atome vorhanden sind. Die meisten chemisch stabilen Moleküle besitzen in ihrem Grundzustand Singletterme (vgl. S. 311). In Absorption und Fluoreszenz werden daher meistens auch nur Singletterme auftreten[1].

Die Einteilung der Elektronenterme in bezug auf die übrigen Eigenschaften ist für die einzelnen Molekülmodelle verschieden. Bei *linearen* mehratomigen Molekülen (CO_2, N_2O) ist die gleiche Einteilung am Platze wie bei zweiatomigen. Auch die Auswahlregeln sind dieselben.

---

[1] Der Elektronenspin kann ähnlich wie bei zweiatomigen Molekülen sich mit der Elektronen- und Kernbewegung koppeln. Die dadurch hervorgerufene kompliziertere Struktur ist aber bis jetzt weder beobachtet noch theoretisch behandelt worden.

Bei den *nichtlinearen* Molekülen ist die weitere Einteilung in exakter Weise nur möglich, wenn das Molekül in seiner Ruhelage gewisse Symmetrie aufweist, d. h. bei gewissen Spiegelungen und Drehungen in sich selbst übergeht. Man kann dann die Elektroneneigenfunktionen danach unterscheiden, wie sie sich gegenüber diesen Symmetrieoperationen verhalten und kann dabei versuchen, eine Separation der Eigenfunktionen in diejenigen der einzelnen Elektronen vorzunehmen, ähnlich wie bei zweiatomigen Molekülen. Es ist dann möglich, von den Symmetrieeigenschaften der einzelnen Elektronen zu sprechen. Eine Klassifizierung von diesem Standpunkt aus hat vor allem MULLIKEN[1] durchgeführt. Wir kommen darauf später zurück. Diese Einteilungsmethode entspricht bei zweiatomigen Molekülen derjenigen, die mit einzelnen σ-, π-, δ-Elektronen arbeitet. Ähnlich wie dort ist die Einteilung aber strenger, wenn man auf die Zerlegung der Gesamteigenfunktion in Eigenfunktionen der Einzelelektronen verzichtet und nur auf die Eigenschaften der Gesamteigenfunktion eingeht (bei zweiatomigen Molekülen Σ-, Π-, Δ-Terme).

Es ist nun möglich, daß bei Ausübung einer jeden Symmetrieoperation die Elektroneneigenfunktion in sich selbst übergeht. Wir nennen sie dann totalsymmetrisch (bei zweiatomigen Molekülen Σ_g^+). Es ist aber auch möglich, daß sie nur bei gewissen Symmetrieoperationen sich symmetrisch verhält, bei andern hingegen ihr Vorzeichen wechselt, d.h. antisymmetrisch ist[2]. Besitzt ein Molekül nur zweizählige Symmetrieelemente, wie Symmetriezentrum, Spiegelebene und Symmetrieachsen, die erst bei Umdrehung um 180° das Molekül in sich selbst überführen, so haben wir mit den genannten Unterscheidungen alle Fälle erschöpft. Als Beispiel betrachten wir das ebene Modell des Äthylens

H   H
 \ C=C /
 /   \
H   H

.

Es besitzt drei zueinander senkrechte Spiegelebenen. Die Schnittlinien von je zwei dieser Ebenen sind zweizählige Symmetrieachsen und der Schnittpunkt aller drei Ebenen ist ein Symmetriezentrum. Für die Einteilung der Terme und die Auswahlregeln genügt es aber, nur die Symmetrieebenen zu betrachten, da alle übrigen

[1] MULLIKEN, R. S.: Physic. Rev. Bd. 40 S. 55; Bd. 41 (1932) S. 49, 751; Bd. 43 (1933) S. 279.

[2] Für den Fall, daß bei Ausführung einer Symmetrieoperation neue Eigenfunktionen entstehen (Entartung), siehe S. 219.

Symmetrieelemente aus ihnen folgen[1]. Die eine Symmetrieebene ist die Molekülebene, die wir mit M bezeichnen wollen. Die zweite geht durch die C—C-Achse und steht senkrecht auf der ersten; wir bezeichnen sie mit A. Die dritte halbiert den C—C-Abstand und steht senkrecht auf den beiden ersten; sie sei mit S bezeichnet. Gibt man jetzt für jede der drei Symmetrieebenen an, ob ein Term sich dazu symmetrisch oder antisymmetrisch verhält, so findet man acht verschiedene Termsorten. Z. B. kann der Term zu M symmetrisch, zu A antisymmetrisch und zu S wieder symmetrisch sein. Dann bezeichnen wir ihn zunächst mit $(+ - +)$. Diese Bezeichnungsweise ist darum besonders bequem, weil man aus ihr die Auswahlregeln sofort ablesen kann. Es können nämlich nur solche Terme kombinieren, die sich in ihrem Verhalten gegenüber einer und nur einer Symmetrieebene unterscheiden[2]. Das Moment des Überganges zwischen diesen beiden Termen steht dann senkrecht zu dieser Spiegelebene. So kann z. B. der eben beschriebene $(+ - +)$-Term mit dem Term $(- - +)$ kombinieren; das Moment steht dabei senkrecht zur Molekülebene[3]. Ein anderes Einteilungsprinzip verwendet MULLIKEN[4]. Die Einteilung nach den Symmetrie-

[1] Z. B. ist die aufeinanderfolgende Spiegelung an zwei Symmetrieebenen gleichbedeutend mit der Umdrehung um die Schnittlinie um 180°.

[2] Dieses Verhalten ist anders als z. B. bei H_2O oder H_2CO, bei denen auch Übergänge möglich sind, die mit keiner Änderung der Symmetrieeigenschaften des Elektronenzustandes verbunden sind. Dieses wird immer möglich sein, wenn ein permanentes Moment mit der Symmetrie des Moleküls verträglich ist.

[3] Zum Beweis dieser Auswahlregel zerlegen wir das Übergangsmoment (S. 69) $\int \psi' \bar{\psi}'' \sum_1^n r_k e Z_k \, d\tau$ in drei Komponenten parallel den Schnittlinien von je zwei Symmetrieebenen: $\int \psi' \bar{\psi}'' \sum_1^n x_k e Z_k \, d\tau + \int \psi' \bar{\psi}'' \sum_1^n y_k e Z_k \, d\tau + \int \psi' \bar{\psi}'' z_k e Z_k \, d\tau$. Man muß dann jedes dieser drei Integrale getrennt behandeln, indem man untersucht, wie der Integrand sich bei Ausübung einer Symmetrieoperation verhält. Ähnlich wie auf S. 70 ergibt sich, daß nur solche Integrale von 0 verschieden sind, deren Integrand bei allen Spiegelungen ungeändert bleibt. Da die Momentkomponenten x, y, z bei je zwei Spiegelungen sich nicht verändern, bei der dritten aber ihr Vorzeichen wechseln, folgt daraus, daß sich ψ' und $\bar{\psi}''$ bei zwei Spiegelungen gleich und bei der dritten verschieden verhalten müssen. Das ist gerade die Spiegelung, bei der die entsprechende Momentkomponente sich ändert. Daraus folgt die im Text angegebene Auswahlregel.

[4] Das Prinzip der Termklassifizierung für mehratomige Moleküle, wie sie von MULLIKEN für C_2H_4 benutzt wurde, stammt im wesentlichen von G. PLACZEK.

ebenen ist nämlich zwar besonders einfach, erweist sich aber als wenig zweckmäßig für die Zuordnung der Terme zu Zuständen bei anderer Symmetrie der Kernlagen. Die MULLIKENsche Bezeichnungsweise beruht auf dem Verhalten der Zustände bei Spiegelung am Symmetriezentrum und bei Umdrehung um die drei Symmetrieachsen. Ist ein Term symmetrisch bei Umdrehung um alle drei Achsen, so wird er mit A bezeichnet. Ist er nur zu einer Achse symmetrisch[1] und zu den beiden andern antisymmetrisch, so heißt er B. Welche diese ausgezeichnete Achse ist, wird durch Indizes 1, 2, 3 angedeutet, und zwar bezeichnet 1 die C—C-Achse, 3 die zur Molekülebene senkrechte Achse und 2 die zu den beiden genannten senkrechte Achse. Ein angehängtes g oder u gibt an, ob sich der Term symmetrisch oder antisymmetrisch zum Symmetriezentrum verhält. Die nebenstehende Tabelle 12 gibt an, wie sich die MULLIKENsche Bezeichnungsweise an die hier benutzte anschließt. Sie zeigt auch, wie aus den Symmetrien bezüglich der Spiegelebenen die Symmetrien zu den Drehachsen und zum Symmetriezentrum folgen. Aus der Tabelle können auch die Auswahlregeln abgelesen werden. Das hier angeführte Beispiel ist das verwickeltste unter den Fällen, bei denen man mit den Begriffen symmetrisch und antisymmetrisch auskommt, d. h. bei denen keine Entartungen vorliegen.

Tabelle 12.

MULLIKEN	M	A	S
A_g	+	+	+
A_u	—	—	—
B_{1g}	—	—	+
B_{1u}	+	+	—
B_{2g}	—	+	—
B_{2u}	+	—	+
B_{3g}	+	—	—
B_{3u}	—	+	+

Besitzt das Molekül Symmetrieachsen von höherer Zähligkeit als 2, d. h. um die man das Molekül um weniger als 180° drehen muß, damit es in sich selbst übergeht, so gibt es Eigenfunktionen, die bei Ausführung einer Symmetrieoperation nicht in sich selbst oder in ihr Negatives, sondern in eine ganz neue Eigenfunktion übergehen. Da sich dabei die Energie nicht ändern kann, so gehören zum gleichen Energiewert mehrere verschiedene Eigenfunktionen, d. h. verschiedene Bewegungsmöglichkeiten. Es liegt dann eine Entartung vor. Die Einteilung der Terme geschieht in diesen Fällen für Molekülmodelle verschiedener Symmetrie gesondert.

[1] Da die aufeinanderfolgende Umdrehung um 180° um zwei zueinander senkrechte Achsen einer Umdrehung um die dritte Achse gleichkommt, kann ein Term nicht zu einer Achse oder allen drei Achsen antisymmetrisch sein.

Auch die Auswahlregeln müssen für jede Symmetrie des Molekülmodells getrennt behandelt werden[1].

Wir wollen das Wesentliche der Einteilungsprinzipien und der Auswahlregeln kurz und ohne Beweise zusammenstellen. Ist im Molekül eine ausgezeichnete Achse vorhanden (am häufigsten ist eine dreizählige Achse), so kann man für die Terme eine Einteilung angeben, die den Σ-, Π- und Δ-Termen bei zweiatomigen Molekülen entspricht. Die Quantenzahl Λ, die bei letzteren den Drehimpuls um die Kernverbindungslinie mißt, hat hier eine etwas andere Bedeutung und ist überhaupt nur bis auf ein Vielfaches der Zähligkeit der Symmetrieachse definiert. Wir bezeichnen sie hier mit (Λ). Ebenso wie bei den zweiatomigen Molekülen sind je zwei Zustände miteinander entartet. Die Entartung fällt nur dann weg, bzw. es erfolgt eine Aufspaltung, wenn die Quantenzahl $(\Lambda) = 0$ ist (Σ-Terme) bzw. der Unterschied der beiden im Vorzeichen sich unterscheidenden Quantenzahlen ein Vielfaches der Zähligkeit der Achse beträgt (bei vierzähliger Achse ± 2). Bei dreizähliger Achse (NH_3, CH_3J) kann man von dem Analogon der Σ-Terme (Drehimpuls $= 0$) und der Π-Terme (Drehimpuls $= \pm 1$) sprechen. Das Analogon der Δ-Terme ergibt hingegen nichts Neues, da sich die entsprechenden Quantenzahlen $+2$ und -2 von -1 und $+1$ um 3 unterscheiden.

Die Auswahlregeln entsprechen auch denen der zweiatomigen Moleküle. Die Quantenzahl (Λ) kann nur um ± 1 oder um 0 springen, wobei bei ± 1 das Übergangsmoment $\perp$ und bei 0 $\parallel$ zur Figurenachse liegt. Man spricht dann von Senkrecht- bzw. Parallelbanden. Man kann sie an der Rotationsstruktur in ähnlicher Weise wie Σ—Π- oder Σ—Σ-, Π—Π-Übergänge unterscheiden.

Während bei einer ausgezeichneten Achse nur unentartete oder zweifach entartete Terme vorkamen, gibt es bei höherer Symmetrie (Tetraeder), d. h. mehreren dreizähligen Achsen, unentartete, zweifach und dreifach entartete Terme. Die unentarteten Terme zeigen dann eine gewisse Ähnlichkeit mit den S-Termen der Atome, während die dreifach entarteten eine Verwandtschaft mit den P-Termen besitzen. Ein D-Term der Atome spaltet im tetraedersymmetrischen Feld in einen dreifach und einen zweifach entarteten

---

[1] Die Ableitung dieser Auswahlregeln erfolgt wieder nach dem Prinzip, daß man das Verhalten des Integrals $\int \psi' \bar{\psi}'' \sum_{1}^{n} r_k e Z_k \, d\tau$ bei Ausübung von Symmetrieoperationen betrachtet. In den Fällen der Entartung kann man nicht wie bei den unentarteten Fällen fordern, daß ein einzelnes dieser Integrale ungeändert bleibt. Das Kriterium dafür, daß ein Übergang möglich ist, ist vielmehr, daß man aus solchen Integralen einen Ausdruck linear zusammensetzen kann, in dem nur miteinander entartete Eigenfunktionen verwandt werden und der bei Symmetrieoperationen invariant bleibt. Dabei ist besonders zu beachten, daß hier auch die Momentkomponenten $\Sigma x_k \, e \, Z_k$, $\Sigma y_k \, e \, Z_k$ und $\Sigma z_k \, e \, Z_k$ bei Ausführung einer Symmetrieoperation sich untereinander transformieren. Eine Zusammenstellung der Symmetrieeigenschaften und eine Ableitung der Auswahlregeln findet sich am vollständigsten in den erwähnten Arbeiten von MULLIKEN.

Term auf. Für Tetraedermoleküle lautet die Auswahlregel: Eine Kombination ist dann und nur dann möglich, wenn mindestens einer der kombinierenden Terme dreifach entartet ist.

Gibt es im Molekül ein Symmetriezentrum, so lassen sich bei Spiegelung an diesem alle Terme in gerade und ungerade einteilen. Auch hier kombiniert wieder gerade mit ungerade und umgekehrt.

Von weiteren Einzelheiten, die auf dem Vorhandensein von Symmetrieebenen beruhen, sehen wir hier ab.

β) Schwingungsauswahlregeln[1]. Ähnlich wie bei zweiatomigen Molekülen wird die Übergangswahrscheinlichkeit zwischen Schwingungszuständen mit gleichzeitigem Elektronensprung durch das FRANCK-CONDON-Prinzip geregelt. Bei dem Elektronenübergang können sich zunächst Kernlagen und -geschwindigkeiten nicht ändern. Eine verhältnismäßig einfache Schwingungsstruktur wird ähnlich wie bei zweiatomigen Molekülen dann auftreten, wenn Kernabstände und elastische Kräfte in beiden Zuständen nahezu übereinstimmen. Wenn hingegen die Energie als Funktion der Kernlagen in den beiden Zuständen wesentlich verschieden ist, dann wird das Molekül nach dem Elektronenübergang eine ganz andere Schwingung ausführen als vorher und die Schwingungsstruktur wird komplizierter aussehen. Werden die Bindungskräfte nur innerhalb einer Atomgruppe wesentlich geändert, dann werden im Spektrum vor allem die inneren Schwingungen dieser Gruppe auftreten, wenn man diese von den übrigen Molekülschwingungen genügend trennen kann. Sind im Anfangszustand keine Schwingungen angeregt, wie es häufig in Absorption der Fall ist, und haben Anfangs- und Endzustand dieselbe Symmetrie, so wird im Endzustand eine Schwingung angeregt, bei der sich die Symmetrie des Moleküls nicht ändert. Es treten also nur totalsymmetrische Schwingungen auf. Allgemeiner kann man sogar sagen, daß dies auch gilt, wenn das Molekül im Anfangszustand nicht ruht, sondern totalsymmetrische Schwingungen ausführt. Haben die Moleküle im Anfangs- und Endzustand verschiedene Symmetrien, so werden unter den obigen Voraussetzungen nur Schwingungen angeregt, bei denen die den beiden Zuständen gemeinsamen Symmetrien erhalten bleiben.

Entsprechend der CONDONschen Erweiterung des ursprünglichen FRANCKschen Prinzipes können nichttotalsymmetrische Schwingungen selbst bei Gültigkeit der obigen Voraussetzungen

[1] HERZBERG, G. u. E. TELLER: Z. physik. Chem. Abt. B Bd. 21 (1933) S. 410.

schwach angeregt werden. Wenn nichttotalsymmetrische Schwingungen schon am Anfang stark angeregt waren, so werden sich ihre Quantenzahlen sogar *im allgemeinen* beim Übergang ändern. Für diese Änderungen der nichttotalsymmetrischen Schwingungen aber gilt eine weitere Auswahlregel, die aus der Symmetrie folgt. Diese lautet, daß nur Schwingungseigenfunktionen gleicher Symmetrie miteinander kombinieren dürfen. Dabei ist die Symmetrie einer Normalschwingung von den Symmetrieeigenschaften der Schwingungseigenfunktion verschieden. Sind nur totalsymmetrische Schwingungen angeregt, so ist auch die zugehörige Schwingungseigenfunktion totalsymmetrisch. Ist nur eine nichttotalsymmetrische Schwingung einfach angeregt, so hat die Eigenfunktion dieselbe Symmetrieeigenschaft wie diese Schwingung. Da sich nun, wie eben gesagt, die Symmetrieeigenschaften der Schwingungseigenfunktion während eines Elektronensprunges nicht ändern dürfen, kann kein Übergang stattfinden zwischen zwei Zuständen, von denen in dem einen nur totalsymmetrische Schwingungen angeregt sind (oder die Kerne ruhen), im andern nur eine nichttotalsymmetrische Schwingung einfach angeregt ist.

Sind schließlich mehrere nichttotalsymmetrische Schwingungen angeregt, so liegen die Verhältnisse komplizierter. Eine nähere Untersuchung der nichtentarteten Fälle zeigt[1], daß sich die Summe der Quantenzahlen von Schwingungen, die zu einem bestimmten Symmetrieelement antisymmetrisch sind, nur um eine gerade Zahl ändern darf. Diese Auswahlregel gilt wieder nur für den Fall, daß die Symmetrieeigenschaften des ruhenden Moleküls in beiden Zuständen die gleichen sind, andernfalls darf man wieder nur die gemeinsamen Symmetrieelemente in Betracht ziehen.

Aus dem FRANCK-CONDON-Prinzip folgt noch eine gewisse Verschärfung der Elektronenauswahlregeln. Man könnte nämlich denken, daß auch bei diesen nur die den beiden Zuständen gemeinsamen Symmetrieelemente berücksichtigt werden müssen. Das ist für schwingende Moleküle auch im allgemeinen der Fall. Ruht hingegen das Molekül im Anfangszustand oder führt es nur totalsymmetrische Schwingungen aus, so werden für die Elektronenauswahlregeln praktisch alle Symmetrieeigenschaften des Anfangszustandes wirksam. Das Molekül geht ja durch die Lichtabsorption zunächst in einen Zustand mit gleicher Kernlage über und die Symmetrie wird erst später durch die Schwingung im angeregten

[1] Beweis s. bei G. HERZBERG und E. TELLER, l. c.

Zustand geändert, was mit dem Elektronenübergang nichts mehr direkt zu tun hat.

γ) **Durchbrechung der Auswahlregeln.** Wir beginnen wieder mit den Auswahlregeln für die Elektronenübergänge. Die Auswahlregeln, die auf der Molekülsymmetrie beruhen, können im gleichen Maße durchbrochen werden, wie die Molekülsymmetrie durch die Schwingungen zerstört wird. Betrachten wir z. B. das lineare Molekül CO_2. Hier gelten, wie schon gesagt, dieselbe Termeinteilung und dieselben Auswahlregeln wie bei zweiatomigen Molekülen. Es ist also etwa die Kombination $\Sigma-\Delta$ verboten. Führt aber das Molekül eine entartete Schwingung aus, bei der sich das C-Atom $\perp$ zur O—O-Verbindungslinie bewegt, so wird die Zylindersymmetrie aufgehoben und die $\Sigma-\Delta$-Kombination kann schwach auftreten. Wird ein Symmetrieelement durch keine Molekülschwingung zerstört, so bleiben die entsprechenden Auswahlregeln streng bestehen. Beispielsweise bleibt die Molekülebene von H_2O bei allen Schwingungen Symmetrieebene. Daraus folgt, daß bei einem Elektronenübergang im H_2O das elektrische Moment in aller Strenge entweder $\perp$ oder $\parallel$ zur Molekülebene, aber nie schief dazu liegen kann.

Ähnlich wie die Elektronenauswahlregeln können auch die Schwingungsauswahlregeln durchbrochen werden. Man kann sogar zeigen, daß sie stets gleichzeitig und in bezug auf dieselben Symmetrieelemente verletzt werden. Der Grund hierfür ist, daß die Schwingungsauswahlregel (Übereinstimmung der Symmetrieeigenschaften der Schwingungseigenfunktion im Anfangs- und Endzustand) nur gilt, wenn man die Abhängigkeit der Elektronenübergangswahrscheinlichkeit von der Kernlage vernachlässigt. Die jedoch häufig beträchtliche Änderung der Elektronenübergangswahrscheinlichkeit mit der Kernverrückung war der Grund für die Durchbrechung der Elektronenauswahlregel.

Eine genauere Betrachtung zeigt, daß mit einem verbotenen Elektronenübergang nur verbotene Schwingungsübergänge gekoppelt sein können. Umgekehrt kann man diese Erkenntnis dazu benutzen, um erlaubte und verbotene Elektronenübergänge zu unterscheiden, wenn dies nicht schon aus der Intensität eindeutig folgt.

Zum Schluß sei noch kurz darauf hingewiesen, daß es manchmal nicht möglich ist, die Schwingungsstruktur durch annähernd harmonische Schwingungen im Anfangs- und Endzustand zu beschreiben. Das kann entweder dann der Fall sein, wenn in dem einen der kombinierenden Zustände sehr leicht bewegliche Kerne, etwa frei drehbare Gruppen, vorkommen, oder aber dann, wenn ein Elektronenzustand infolge der Schwingung aufspaltet. Ist nämlich letzteres der Fall, so wird die Aufspaltung im allgemeinen die gleiche Größenordnung haben wie die Energieänderungen bei den durch die Schwingungen bewirkten Kernverrückungen, d. h. wie die Schwingungsquanten. Es wird dann unmöglich, die Aufspaltungen der Elektronenzustände von der Schwingungsstruktur zu trennen[1].

b) Anwendung auf experimentelle Ergebnisse.

α) **Lineare Moleküle: CO_2.** Wie wir schon früher gesagt hatten, ist das CO_2 im Grundzustand ein symmetrisches gestrecktes Molekül. Man wird an die Analyse des Spektrums zunächst mit der einfachsten Annahme herangehen, daß das Molekül im angeregten Zustand die gleiche Symmetrie hat. Betrachten wir Übergänge von dem schwingungslosen Grundzustand aus, so werden wir nach dem FRANCK-CONDON-Prinzip eine einfache Folge von totalsymmetrischen Schwingungen im angeregten Zustand erwarten. Es sollten aber noch weitere Banden auftreten, die von der entarteten Schwingung (650 cm^{-1}), welche bei Zimmertemperatur im Verhältnis 1 : 10 angeregt ist, ausgehen. Im Endzustand der Absorption muß dann die entartete Schwingung mindestens einfach angeregt sein. Ist außerdem die Elektroneneigenfunktion im Endzustand entartet, so tritt eine Beeinflussung der Elektronenbewegung durch die entartete Schwingung ein. Aus dem diamagnetischen Verhalten des CO_2 folgt jedenfalls, daß der Grundzustand unentartet bzw. ein $^1\Sigma$-Zustand ist.

Das Absorptionsspektrum des CO_2 ist von HENNING[2] im Gebiet von 600—900 Å und von RATHENAU[3] bis 1200 Å untersucht worden. HENNING beobachtete eine Schwingungsserie von etwa 8 Gliedern mit einem konstanten Abstand von rund 1120 cm^{-1}. Man kann diese als Folge symmetrischer Schwingungen im angeregten Zustand auffassen, deren Frequenz etwas langsamer ist als die entsprechende Frequenz des Grundzustandes. Eine zweite schwächere Schwingungsserie mit etwa gleichem Abstande ist gegen die erste um 350 cm^{-1}

---

[1] RENNER, R.: Z. Physik Bd. 92 (1935) S. 172.
[2] HENNING, H. J.: Ann. Physik Bd. 13 (1932) S. 599.
[3] RATHENAU, G.: Z. Physik Bd. 87 (1934) S. 32.

verschoben. Man kann vermuten, daß diese von der 650-cm^{-1}-Schwingung im Grundzustand ausgeht. Die Frequenz der entarteten Schwingung im oberen Zustand ist nach dieser Deutung erheblich verschieden von derjenigen des Grundzustandes. Vielleicht könnte das durch die Koppelung zwischen Elektronen- und Kernbewegung im oberen Zustand bewirkt sein, falls der obere Term ein Π-Term ist. RATHENAU beobachtete zwischen 1100 Å und 1000 Å ebenfalls zwei Schwingungsfolgen, von denen die eine stark und die andere schwach ist. Die gleiche Deutung wie für die HENNINGschen Serien stößt hier auf Schwierigkeiten, da die RATHENAUschen Serien im Falle dieser Deutung gegeneinander um einen größeren Betrag als 650 cm^{-1} verschoben sein würden, während die Verschiebung höchstens diesen oder einen kleineren Wert haben dürfte. Vielleicht ist die Erklärung, die bei RATHENAU auch angedeutet ist, am Platze, daß beide Folgen vom schwingungslosen Grundzustand ausgehen, wobei die starke zu einem Elektronenzustand führt, in dem eine Folge totalsymmetrischer Schwingungen angeregt ist und die schwache außer einer gleichen Folge noch eine zweifache Anregung der entarteten Schwingung im oberen Zustand enthält. Der Intensitätsunterschied erklärt sich dann aus dem FRANCK-CONDON-Prinzip. Allerdings ergibt diese Deutung eine sehr kleine Frequenz für die entartete Schwingung im oberen Zustand, doch könnte dies durch besondere Verhältnisse bei der Wechselwirkung zwischen Elektronen- und Schwingungsbewegung verursacht sein[1], falls auch hier für den oberen Zustand ein Π-Term anzunehmen ist. Merkwürdig, aber nicht unmöglich ist noch, daß nach dieser Deutung die Frequenz der entarteten Schwingung mit der Anzahl der angeregten totalsymmetrischen Schwingungen wachsen würde (die beiden Folgen divergieren).

Im Emissionsspektrum der Kohlensäure ist von SMYTH[2] eine Folge von Schwingungsquanten der Größe 1135 cm^{-1} gefunden worden. SMYTH und HENNING vermuteten, daß die von ihnen gefundenen entsprechenden Zustände identisch sind. Doch ist das nicht absolut sicher, da auch bei RATHENAU Schwingungsfolgen mit innerhalb seiner Genauigkeit nahe gleicher Frequenz auftreten. Bei der Deutung des SMYTHschen Schwingungsspektrums wird die

---

[1] RENNER, R.: Z. Physik Bd. 92 (1935) S. 172.

[2] FOX, G. W., O. S. DUFFENDACK u. E. F. BARKER: Proc. Nat. Acad. Sci. Bd. 13 (1927) S. 302. — SMYTH, H. D.: Physic. Rev. Bd. 38 (1931) S. 2000; Bd. 39 (1932) S. 380.

Wechselwirkung zwischen Schwingung und Elektronenbewegung wesentlich berücksichtigt werden müssen. Dieses ist jedoch ohne langwierige Rechnung nicht möglich.

Die Rotationsanalyse der genannten Emissionsbanden wurde von SCHMID[1] durchgeführt. Danach bestehen die Banden aus mehreren Teilsystemen. Näher untersucht wurden die Systeme bei 4000—2900 Å*, bei 3000 Å und die Doppelbande bei 3660 Å. Sämtliche Banden zeigen Dublettcharakter. Bei dem erstgenannten System gelang der Nachweis erst durch Beobachtung in hohen Gitterordnungen. Eine befriedigende Deutung der einzelnen Elektronenterme steht noch aus.

Von HENNING sind noch kurzwelligere Banden beobachtet worden, die sich in eine RYDBERG-Serie einordnen lassen[2].

LEIFSON[3] hat von 1700 Å an abwärts einen Elektronenübergang mit offensichtlich stark konvergierender Schwingungsfolge gefunden. Über die Symmetrieeigenschaften in diesen, ferner in den kurzwelligen Banden von HENNING und einigen nicht diskutierten Banden von RATHENAU läßt sich zur Zeit nichts Sicheres sagen.

β) Dreiecksmoleküle: ClO_2, SO_2, O_3. Als Beispiele für gewinkelte dreiatomige Moleküle betrachten wir die Spektren von ClO_2, SO_2 und O_3.

ClO_2 absorbiert zwischen 5225 und 2600 Å und zeigt ein ausgedehntes Schwingungsspektrum[4]. Eine Analyse ist von UREY und JOHNSTON versucht[5] und später von KU[6] verbessert worden. Es gelang eine Darstellung der meisten Banden mit Hilfe der drei Frequenzen des Grundzustandes 945, 1105 und 529,0 cm^{-1} und dreier Frequenzen im angeregten Zustande 271, 721,7 und 302,9 cm^{-1}. Die Frequenz von 529 cm^{-1} tritt im Spektrum so häufig auf, daß

---

[1] SCHMID, R. F.: Physic. Rev. Bd. 41 (1932) S. 732. — Z. Physik Bd. 83 (1933) S. 711; Bd. 84 (1933) S. 732; Bd. 85 (1933) S. 384.

* Siehe auch MULLIKEN, R. S.: Physic. Rev. Bd. 42 (1932) S. 364.

[2] Seither sind in verschiedenen mehratomigen Molekülen RYDBERG-Serien gefunden worden, z. B. bei dem ebenfalls linearen C_2H_2. [PRICE, W. C.: Physic. Rev. Bd. 47 (1935) S. 444.] Siehe auch S. 235.

[3] LEIFSON, S. W.: Astroph. J. Bd. 63 (1926) S. 73.

[4] GOODEVE, C. F. u. C. P. STEIN: Trans. Faraday Soc. Bd. 25 (1929) S. 738. — FINKELNBURG, W. u. H. J. SCHUMACHER: Z. physik. Chem. BODENSTEIN-Festband (1931) S. 704.

[5] UREY, H. C. u. H. JOHNSTON: Physic. Rev. Bd. 38 (1931) S. 2131.

[6] KU, Z. W.: Physic. Rev. Bd. 44 (1933) S. 376.

man diese mit Sicherheit dem Grundzustand zuordnen kann, obwohl sie im Ultrarotspektrum nicht beobachtet ist. Die beiden andern Frequenzen sind von BAILEY und CASSIE[1] gefunden worden und ihre Verwendung zur Analyse ist aus diesem Grunde gerechtfertigt. Im angeregten Zustand ist die 722-Frequenz durch lange Serien gut gesichert. Die 303-Frequenz tritt nur mit wenigen Quanten auf, aber in systematischer Weise, so daß auch sie als reell angesprochen werden kann. (Allerdings könnte man das Spektrum fast ebensogut mit einer Frequenz 722 — 303 = 419 cm^{-1} im angeregten Zustand deuten.)

Die Frequenz 529 cm^{-1} ist schon ihrer Kleinheit wegen als $\delta_t \parallel$ anzusehen. Wenn wir annehmen, daß das Molekül in beiden kombinierenden Zuständen des Spektrums symmetrisch ist, so muß diese Schwingung schon darum eine symmetrische sein, weil sie mit den gleichen Schwingungstermen des angeregten Zustandes kombiniert wie der schwingungslose Grundzustand.

Eine Schwierigkeit für die Deutung von KU besteht darin, daß hierbei praktisch Übergänge zwischen allen Schwingungstermen beider Zustände zugelassen werden. Dadurch gerät KU in Widerspruch mit den Auswahlregeln von HERZBERG und TELLER, die gültig sein sollten, falls man für das Molekül in beiden Zuständen eine symmetrische Anordnung zuläßt. Die Annahme, daß das Molekül im Grundzustand symmetrisch, im angeregten jedoch unsymmetrisch ist, ist nach dem FRANCK-CONDON-Prinzip unwahrscheinlich, da sonst mehrere längere Schwingungsserien auftreten sollten. Es könnte sich höchstens um kleinere Abweichungen von der symmetrischen Anordnung handeln. In diesem Falle müßte das Molekül zwei nahe benachbarte Gleichgewichtslagen (die durch Spiegelung auseinander hervorgehen) besitzen und man müßte starke Abweichungen von dem harmonischen Kraftgesetz annehmen.

Ein lineares Modell für beide Zustände scheint schon wegen der Schwingungsstruktur des Absorptionsspektrums ausgeschlossen, denn sonst dürfte die 529-Schwingung, die doch wohl senkrecht zur Molekülachse erfolgt, als nunmehr nichttotalsymmetrische Schwingung nicht mit den gleichen Schwingungstermen des angeregten Zustandes kombinieren wie der schwingungslose Grundzustand.

[1] BAILEY, C. R. u. A. B. D. CASSIE: Proc. Roy. Soc., Lond. A Bd. 137 (1932) S. 622.

In einer zweiten Arbeit diskutiert KU[1] das FRANCK-CONDON-Prinzip für dreiatomige Moleküle, führt aber eine genauere Anwendung auf das ClO_2 nicht durch. Nach dem Bisherigen ist die Analyse kaum als ganz endgültig zu betrachten.

UREY und JOHNSTON, sowie KU haben auch den Isotopieeffekt untersucht und SALANT und ROSENTHAL[2] konnten schon aus den Ergebnissen der ersten schließen, daß das ClO_2 weder im Grundzustand noch im angeregten Zustand linear ist, da die Isotopieverschiebungen der Schwingungsfrequenzen nirgends so groß sind, wie sie für lineare Moleküle zu erwarten sind.

Das SO_2 besitzt drei Absorptionsgebiete, das erste zwischen 3950 und 3400 Å, das zweite zwischen 3500 und 2380 Å, und ein drittes von 2300 Å ab nach kurzen Wellen. Die Absorption ist vor allem von HENRI[3] und WIELAND[4] untersucht worden. Für das zweite Gebiet wurde zuerst von WATSON und PARKER[5] eine Einordnung vorgeschlagen, doch kann diese nicht ganz zutreffend sein, da die Autoren für die jetzt bekannten Schwingungen des Grundzustands nicht die richtigen Werte benutzten. Diese verwandte JONESCU[6] zur Darstellung des gleichen Systems, wobei er für den angeregten Zustand ebenfalls drei Frequenzen benutzte. Eine ausführliche Analyse der Absorptionsbanden bei 3900—2600 Å wurde kürzlich von CLEMENTS gegeben[7]. Danach gehören die hier liegenden Banden zum gleichen Elektronensprung. Aus einer Untersuchung der Temperaturabhängigkeit der Banden wird die Nullbande des Systems bei 31950 cm^{-1} angenommen. Bei der Analyse werden für den Grundzustand die Frequenzen 1150 und 520 cm^{-1} der beiden totalsymmetrischen Schwingungen verwandt. Die dritte Frequenz 1360 cm^{-1} der nichttotalsymmetrischen Schwingung $\nu\perp$ tritt nicht auf. Das wird dahingehend diskutiert, daß die entsprechenden Banden durch Überlagerung verdeckt sein können. Das ist z. B. möglich, wenn die Differenz der beiden Werte von $\nu\perp$ in beiden Zuständen ungefähre Vielfache von 225 cm^{-1} wären. Das ist nämlich die Frequenz des oberen Zu-

---

[1] KU, Z. W.: Physic. Rev. Bd. 44 (1933) S. 383.
[2] SALANT, E. O. u. J. E. ROSENTHAL: Physic. Rev. Bd. 39 (1932) S. 161.
[3] HENRI, V.: Leipzig. Vortr. 1931 S. 145.
[4] WIELAND, K.: Nature, Lond. Bd. 130 (1932) S. 847.
[5] WATSON, W. W. u. A. E. PARKER: Physic. Rev. Bd. 37 (1931) S. 1484.
[6] JONESCU, A.: C. R. Acad. Sci., Paris Bd. 197 (1933) S. 35.
[7] CLEMENTS, J. H.: Physic. Rev. Bd. 47 (1935) S. 224.

standes, die der Schwingung $\delta_t \parallel = 520\ \text{cm}^{-1}$ im Grundzustand entspricht. In diesem Fall würden Schwingungsfolgen, die von symmetrischen und unsymmetrischen Schwingungen herrühren, sich überlagern. Im angeregten Zustand wird versuchsweise eine zweite Frequenz $1375\ \text{cm}^{-1}$ angenommen, die $\nu_t \parallel$ entsprechen würde. Dieser Schwingungsterm kombiniert nur mit dem schwingungslosen Grundzustande. Auch im oberen Zustand kommt die nichttotalsymmetrische Frequenz in der Analyse nicht vor. Als eine andere Möglichkeit wird die Vermutung ausgesprochen, daß die Frequenzen von $\nu \perp$ in beiden Elektronenzuständen nahezu gleich sind und sich dadurch im Spektrum nicht bemerkbar machen. Die Analyse ist also mit einigen Unsicherheiten behaftet[1]. Aus den bisherigen Ergebnissen würde man schließen, daß das Molekül in beiden Zuständen symmetrisch ist.

Das kurzwelligste System ist noch nicht eingeordnet worden. In diesem Gebiet ist von LOTMAR[2] Fluoreszenz angeregt worden. Die Analyse des Fluoreszenzspektrums ist darum einfacher, weil als Schwingungsfrequenzdifferenzen nur die aus dem Ultraroten und RAMAN-Messungen bekannten Grundfrequenzen eingehen, wenigstens solange monochromatisch eingestrahlt und Überführung[3] vermieden wird. Bei der Analyse mußten alle drei Frequenzen verwandt werden, woraus folgt, daß der gleiche Schwingungsterm des angeregten Zustandes mit allen Schwingungen des Grundzustandes kombiniert. Das kann nach den vorher besprochenen theoretischen Überlegungen nicht der Fall sein, wenn das Molekül in beiden Zuständen eine symmetrische Anordnung besitzt. Folglich wird man zu der Annahme geführt, daß das SO_2 mindestens in einem der beiden Zustände asymmetrisch sein muß. Es ist naheliegend, dieses für den angeregten Zustand anzunehmen[4]. Man sieht also, wie man hier durch Anwendung von FRANCK-CONDON-Prinzip und

---

[1] Anm. b. d. Korr.: Eine andere auch mit Schwierigkeiten verknüpfte Analyse wurde von R. K. ASUNDI u. R. SAMUEL vorgeschlagen. [Proc. Ind. Acad. Sci. Bd. 2 (1935) S. 30.]

[2] LOTMAR, W.: Z. Physik Bd. 83 (1933) S. 765.

[3] Unter Überführung verstehen wir den durch Zusammenstöße bewirkten Übergang von dem angeregten Zustand, der durch monochromatische Lichteinstrahlung erreicht wurde, in niedrigere (oder auch höhere) Schwingungs- und Rotationszustände.

[4] Die Symmetrie des SO_2 im Grundzustand ist durch Depolarisationsmessungen im RAMAN-Effekt sichergestellt. [CABANNES, J. u. A. ROUSSET: C. R. Acad. Sci., Paris Bd. 194 (1932) S. 79, 707. — PLACZEK, G.: Handbuch der Radiologie, Bd. 6, 2. Aufl. (1934) S. 313.]

Auswahlregeln auf das Fluoreszenzspektrum zu Aussagen über die Molekülstruktur geführt wird.

Auch CHOW[1] hat in Absorption und Emission das SO_2 zwischen 2600 und 2000 Å untersucht und dabei mehr als eine lange Serie gefunden. Nach dem FRANCK-CONDON-Prinzip spricht das ebenfalls für eine abweichende Struktur in den beiden Zuständen.

Beim O_3 scheinen die Ultrarotmessungen mit einem linearen Modell oder einem gleichseitigen Dreieck nicht vereinbar. Es bleiben also nur die beiden Möglichkeiten eines gleichschenkeligen oder eines ungleichseitigen Dreiecks. Die Rotationsstruktur im Ultrarot spricht eher für den ersten Fall. Auch die Schwingungsstruktur der Elektronenbanden im sichtbaren und ultravioletten Spektrum[2] ist mit der Annahme eines gleichschenkeligen Dreiecks in beiden Zuständen verträglich. Sie ist nämlich relativ einfach und mit zwei Frequenzen im angeregten Zustand, die den symmetrischen Schwingungen zugeordnet werden können, darstellbar.

γ) **Pyramidenmoleküle: Ammoniak.** Ammoniak absorbiert bei kleinen Drucken zwischen 2260 und 1515 Å in einer Reihe diffuser Banden, die auf Prädissoziation schließen lassen[3,4]. Bei höheren Drucken schließt sich an einige Banden kontinuierliche Absorption an. Die Banden wurden von DIXON[5] im Gebiet von 2400 bis 1900 Å mit größerer Dispersion untersucht. Sie zeigten, wie schon BATES und TAYLOR gefunden hatten[6], Doppelköpfe mit einem ungefähren Abstand von 70 cm^{-1}. Mit wachsendem Druck nahm die Absorption der langwelligen Komponente nach langen Wellen erheblich zu, die der kurzwelligen bedeutend weniger nach kurzen Wellen. DIXON schlägt als Erklärung vor, die beiden Komponenten als P- und R-Zweige aufzufassen, wobei der R-Zweig zurücklaufen soll und daher zu einer verschiedenen Abschattierung der beiden Zweige Anlaß gibt[7]. Aus der Temperaturabhängigkeit der Banden werden der Ursprung

[1] TUNG-CHING CHOW: Physic. Rev. Bd. 44 (1933) S. 638; s. auch SMYTH, H. D.: Physic. Rev. Bd. 44 (1933) S. 690.

[2] WULF, O. R.: Proc. Nat. Acad. Sc. Bd. 16 (1930) S. 507. — WULF, O. R. u. E. M. MELVIN: Physic. Rev. Bd. 38 (1931) S. 330. — JAKOWLEWA, A. u. V. KONDRATJEW: Z. Sowjetunion Bd. 1 (1932) S. 471.

[3] LEIFSON, S. W.: Astroph. J. Bd. 63 (1926) S. 73.

[4] BONHOEFFER, K. F. u. L. FARKAS: Z. physik. Chem. Bd. 134 (1927) S. 337.

[5] DIXON, J. K.: Physic. Rev. Bd. 43 (1933) S. 711.

[6] BATES, J. R. u. H. S. TAYLOR: J. Amer. Chem. Soc. Bd. 49 (1927) S. 2438.

[7] A. B. F. DUNCAN [Physic. Rev. Bd. 47 (1935) S. 822] findet jedoch in einer soeben erschienenen Arbeit Rotabschattierung für beide Zweige.

des Systems und die vom schwingungslosen und schwingenden Grundzustand ausgehenden Banden festgestellt. Die vom schwingenden Grundzustand erfolgenden Übergänge erscheinen als schwächere der Nullbande 46140 cm^{-1} auf der roten Seite „vorgelagerte" Banden. Folgende Tabelle 13 gibt eine Einordnung der meisten Banden. Es sind dabei die Bezeichnungen von DIXON meistens benutzt. $0''$ bedeutet den schwingungslosen Grundzustand, $0'$ den schwingungslosen oberen Elektronenzustand. Die übrigen Bezeichnungen sind unseren in Tabellen 12 und 19, Band I angegebenen folgendermaßen zuzuordnen: $\nu_1'' = \delta_t \|$;

Tabelle 13. Banden des NH_3.

cm^{-1}	Übergang	cm^{-1}	Übergang	cm^{-1}	Übergang
41140 41220	$\nu_4'' \to 0'$	44540 44610	$\nu_2'' \to 0'$	47030 47090	$0'' \to \nu_1'$
41825 41890	$\nu_1'' + 2\nu_2'' \to 0'$	45220 45280	$\nu_1'' \to 0'$	47925 47975	$0'' \to 2\nu_1'$
42680 42760	$\nu_1'' + 2\nu_2'' \to \nu_1'$	46040 46120	$\nu_1'' \to \nu_1'$	48890	$0'' \to \nu_3'$
				49790	$0'' \to \nu_1' + \nu_3'$
42810 42890	$\nu_3'' \to 0'$	46140	Ursprung	50675	$0'' \to 2\nu_1' + \nu_3'$
		46200	$0'' \to 0'$	51600	$0'' \to 2\nu_3'$
43760 43830	$\nu_1'' + \nu_2'' \to 0'$	46980 47060	$\nu_1'' \to 2\nu_1'$	52470	$0'' \to \nu_1' + 2\nu_3'$

$\nu_2'' = {}^2\delta \perp$; $\nu_3'' = \nu_t \|$. $\nu_4'' = 5050\ cm^{-1}$ fassen wir als einen Kombinationston im Ultrarotspektrum auf. Wir wollen aber für die folgenden Betrachtungen die Bezeichnung ν_4'' beibehalten. Die Frequenzen im angeregten Zustand sind $\nu_1' = 890\ cm^{-1}$ $(\delta_t \|)$ und $\nu_3' = 2720\ cm^{-1}$ $(\nu_t \|)$. DIXON gibt als Grund dafür, daß im Endzustand (der Absorption) ν_2' und ν_4' nicht auftreten, an, daß dabei, besonders bei ν_2', das Molekül instabil wird. Nach unsern Auswahlregeln könnten wir das Fehlen dieser Frequenzen durch die Annahme verstehen, daß das Molekül im oberen und unteren Zustand die gleiche Symmetrie hat und daher die nichttotalsymmetrischen Frequenzen nicht auftreten dürfen. Dadurch scheint die Einordnung von DIXON gestützt werden zu können[1].

[1] A. B. F. DUNCAN (l. c.) macht darauf aufmerksam, daß die Frequenz 2720 cm^{-1} fast genau das Dreifache der niedrigeren Frequenz 890 cm^{-1} ist. Er hat die Absorptionsbanden weiter ins Vakuumultraviolett verfolgt und sie mit Benutzung der einen Frequenz 890 cm^{-1} wiedergeben können:

$$\nu = 46157 + 878\left(v' + \frac{1}{2}\right) + 4\left(v' + \frac{1}{2}\right)^2 - 475,$$

wobei 475 als Abkürzung für $\omega_e''\left(v'' + \frac{1}{2}\right) + \omega_e'' x_e''\left(v'' + \frac{1}{2}\right)^2$ steht (mit

Andererseits müssen wir auf folgende Schwierigkeiten aufmerksam machen: Unter den vorgelagerten Frequenzen treten auch die ν_2'' und ν_4''-Schwingungen auf, sowie $\nu_1'' + \nu_2''$. Dies ist mit unsern Auswahlregeln nicht vereinbar, denn mit dem schwingungslosen oberen Elektronenterm dürften nur totalsymmetrische Schwingungsterme des Grundzustandes kombinieren, während die angeführten Terme zweifach entartet sind[1]. Würde es sich nur um die vorgelagerte Bande mit der Frequenz 1630 cm^{-1} handeln, so könnte man vielleicht an folgende Erklärung denken: der zweiquantige Zustand der ν_1''-Schwingung muß, wie wir schon auf S. 203 gesagt haben, sehr anharmonisch sein und könnte sehr wohl die Energie 1630 cm^{-1} haben. Dies wäre in guter Übereinstimmung mit dem Befund im Ultrarotspektrum, daß man den ersten Oberton der ν_1''-Schwingung trotz der zu erwartenden großen Anharmonizität nicht mit merklicher Intensität bekommt. Diese Schwingung würde dann der Beobachtung im Ultrarotspektrum wegen ihrer Koinzidenz mit ν_2'' entgangen sein.

Besonders auffallend ist das Auftreten der 5050-cm^{-1}-Frequenz als Vorbande. Ihre Ultrarotstruktur deutet nämlich auf einen ⊤-Übergang hin und der entsprechende Zustand muß ein zwei-

$v'' = 0$. ωx ist negativ, wie häufig bei mehratomigen Molekülen). Es scheint danach die Annahme der Frequenz 2720 cm^{-1} sehr zweifelhaft.

Duncan beobachtet weiterhin zwischen 1675—1150 Å Absorptionsbanden, die im Gegensatz zu den erstgenannten scharf sind. Er ordnet sie in 3 Bandenzüge:

$$\nu = 60135 + 936{,}28\left(v' + \frac{1}{2}\right) + 7{,}22\left(v' + \frac{1}{2}\right)^2 - 475$$

$$\nu = 69769 + 902{,}56\left(v' + \frac{1}{2}\right) + 9{,}04\left(v' + \frac{1}{2}\right)^2 - 475$$

$$\nu = 82851 + 954{,}2\left(v' + \frac{1}{2}\right) + 17{,}2\left(v' + \frac{1}{2}\right)^2 - 475.$$

Sie gehen alle vom schwingungslosen Grundzustand aus. Der erste Bandenzug zeigt Rotabschattierung, die beiden anderen haben das Aussehen mehrfacher Köpfe. Interessant ist die Feststellung, daß in diesen Banden (bei dem dritten Bandenzug handelt es sich um eine Schätzung) und auch bei dem diffusen System das Maximum der Intensität bei $v' = 7$—9 liegt.

Die gegebene Einordnung ist durch vorläufige Untersuchungen am Spektrum des ND_3 gestützt. [Duncan, A. B. F.: Physic. Rev. Bd. 47 (1935) S. 886.]

[1] Es scheint unwahrscheinlich, daß es sich um einen Durchbruch der Auswahlregeln handelt, wie auf S. 223 besprochen wurde, denn dann müßten die erwähnten Banden viel schwächer und mit anderer Rotationsstruktur auftreten. Darüber ist aber aus der Arbeit nichts zu entnehmen.

fach entarteter sein, ob er nun einer Grund- oder Oberbande angehört. Man könnte sich allerdings noch dadurch helfen, daß man eine Frequenz von ungefähr 5050 cm^{-1} sowohl der Kombination $^2\delta\perp + \nu_t \parallel$ als auch $^2\delta\perp + {}^2\nu\perp$ zuschreibt, was wegen $\nu_t \parallel \cong {}^2\nu\perp$ möglich ist. Die erste Kombination würde zur Senkrechtbande im Ultrarotspektrum Anlaß geben, die zweite neben andern auch einen totalsymmetrischen Schwingungszustand liefern, der sehr wohl mit dem schwingungslosen oberen Elektronenzustand kombinieren kann.

Eine weitere Schwierigkeit bedeutet die zweifache Anregung der ν_1'-Bande, in der ziemlich genau die doppelte Energie der einfachen Anregung steckt. In Analogie zum Grundzustand würde man nämlich erwarten, daß der zweite Schwingungszustand des oberen Terms ebenfalls „durchschlägt“ (S. 201) und recht unharmonisch ist. Man könnte dieser Schwierigkeit aus dem Wege gehen durch die Annahme, daß im oberen Zustand die Pyramide etwas spitzer geworden ist. Allerdings darf das Trägheitsmoment in beiden Zuständen nicht sehr verschieden sein, sonst müßte die Rotationsstruktur stärker auflösbar sein. Nimmt man nun naheliegenderweise an, daß es sich um eine $\parallel$-Bande handelt, so kommt es in erster Linie auf das Trägheitsmoment um eine zur Figurenachse senkrechte Achse an. Nun kann aber das Trägheitsmoment um eine solche Achse tatsächlich ungeändert bleiben, wenn die Pyramide spitzer wird.

Man sieht aus diesen Ausführungen, wie schwierig und unsicher eine Deutung der Spektren von mehratomigen Molekülen noch ist.

δ). Kompliziertere Moleküle: Methyljodid. Relativ viel kann man über das Spektrum des CH_3J aussagen[1]. Da dieses Beispiel aber besonders ausführlich bereits von Herzberg und Teller[2] behandelt worden ist, soll es nur kurz gebracht werden. Die Untersuchungen haben gezeigt, daß das von 2100 bis etwa 1500 Å sich erstreckende Bandenspektrum vor allem $\parallel$-Übergänge und in den schwächeren Banden einige $\perp$-Übergänge enthält. Die intensive Serie schmaler langwelligerer Banden mit einem Abstand von 1090 cm^{-1} deuten Herzberg und Teller als Elektronen-

[1] Herzberg, G. u. G. Scheibe: Z. physik. Chem., Abt. B Bd. 7 (1930) S. 390. — Henrici, A.: Z. Physik Bd. 77 (1932) S. 35. — Scheibe, G., F. Povenz u. C. F. Lindström: Z. physik. Chem., Abt. B Bd. 20 (1933) S. 283.

[2] Herzberg, G. u. E. Teller: Z. physik. Chem., Abt. B Bd. 21 (1933) S. 409.

anregung, die hauptsächlich in der CH_3-Gruppe erfolgt. Im Grundzustand entspricht der 1090-cm^{-1}-Frequenz die CH_3-Deformationsschwingung 1250 cm^{-1}. Die Schmalheit der Banden liegt an den in beiden Zuständen nahezu gleich großen Trägheitsmomenten um die Symmetrieachse. Es ist naheliegend, beide Zustände als unentartet anzusehen (||-Banden, starke Absorption, Diamagnetismus des Grundzustandes).

Der Nullbande 49720 cm^{-1} vorgelagert erscheinen zwei Banden mit den Abständen 525 und 1250 cm^{-1}, die den Frequenzen des Grundzustandes $\nu_t^{(1)}$ und $\delta_t\,\|$ der Tabellen 14 und 20 (Band I) entsprechen. Außerordentlich viel schwächer erscheint ${}^2\delta\perp^{(1)} = 885\,cm^{-1}$ als Vorbande[1]. Von den beiden, totalsymmetrischen Schwingungen entsprechenden Vorbanden ist die 1250-Bande intensiver als die 525-Bande, trotzdem letztere nach dem Boltzmannschen Verteilungsgesetz die stärkere sein müßte. Als Grund wird angenommen, daß bei dem Elektronensprung sich der C—J-Abstand nicht wesentlich ändert, d. h. der Elektronensprung nicht in der C—J-Bindung, sondern hauptsächlich in der CH_3-Gruppe erfolgt[2].

In dem eben besprochenen Bandensystem finden sich aber auch $\perp$-Banden vor, und zwar ist z. B. die Bande bei 1981 Å wohl mit ziemlicher Sicherheit als solche zu deuten. Die Bande zeigt Intensitätswechsel, indem jede dritte Linie stark ist, wie es für dieses Molekül mit dreizähliger Symmetrieachse verständlich ist. Die einzelnen Linien in der Bande sind nahezu äquidistant. Es sind Q-Zweige der Rotation um eine Achse $\perp$ zur Symmetrieachse (großes Trägheitsmoment). Der Abstand der einzelnen Q-Zweige entspricht der Rotation um die Symmetrieachse. Wegen der nahezu genauen Äquidistanz kann das entsprechende Trägheitsmoment in den beiden Zuständen nicht sehr verschieden sein und wegen der Schmalheit der einzelnen Q-Zweige kann auch das Trägheitsmoment um die Achse $\perp$ zu C—J sich nur sehr wenig beim Übergang ändern. Das ist in Übereinstimmung mit der vorher gezogenen Folgerung über die Gleichheit des C—J-Abstandes in beiden Elektronenzuständen.

---

[1] Nach neueren Untersuchungen von Scheibe, mitgeteilt bei Herzberg und Teller, l. c. S. 445 Anm.

[2] Siehe jedoch Mulliken, R. S.: Physic. Rev. Bd. 47 (1935) S. 413. Anm. b. d. Korr.: In einer soeben erschienenen Arbeit nehmen A. Henrici und H. Grieneisen [Z. physik. Chem. Abt. B. Bd. 30 (1935) S. 1] ebenso wie Mulliken den Elektronensprung in der C—J-Bindung an. Siehe auch Tabelle 23.

Die Bande 1981 Å geht sehr wahrscheinlich vom schwingungslosen Grundzustand aus; das im oberen Zustand angeregte Schwingsquantum ist 800 cm^{-1}.

Im ganzen besteht das Spektrum in seinem langwelligeren Teil aus einer Reihe intensiver schmaler Banden und aus einigen breiteren Banden mit anderer Feinstruktur.

An sich möchten wir den ganzen Elektronenübergang als einen $\parallel$-Übergang auffassen, da die meisten und stärksten Banden sich als $\parallel$-Banden erwiesen haben. Die $\perp$-Banden entsprechen einem Durchbruch der Auswahlregeln. Daher sollten bei diesen auch gleichzeitig die Schwingungsauswahlregeln verletzt werden. Es steht in der Tat nichts im Wege, ihre Frequenzen im oberen Zustand als zu $\perp$-Schwingungen gehörig anzusehen. Für die 1981-Å-Bande hat das bereits HENRICI vorgeschlagen.

Für die *vorgelagerte* $\perp$-Bande ist der Schluß, daß auch die Schwingungsauswahlregeln durchbrochen werden, viel sicherer, da die Frequenz 885 cm^{-1} als $^2\delta\perp^{(1)}$ aus dem Ultrarotspektrum bekannt ist.

Im äußersten Ultraviolett sind von PRICE[1] Absorptionsbanden gefunden worden, die sich in zwei doppelte Elektronenbandenfolgen ordnen lassen, die RYDBERG-Serien bilden. Die Grenzen der beiden Serien entsprechen 9,49 und 10,11 Volt; die durch Elektronenstoß bestimmte Ionisierungsspannung beträgt 9,1 Volt[2]. Die beiden optisch abgeleiteten Ionisierungsspannungen entsprechen gut den von MULLIKEN vorhergesagten Werten von 10,85 und 11,47 Volt, die er aus der Betrachtung der Eigenfunktionen der Einzelelektronen des CH_3J und aus dem Vergleich mit den Verhältnissen beim ClJ abgeschätzt hatte[3].

§ 5. Prädissoziation mehratomiger Moleküle.

Das Wesen der Prädissoziation ist bei zweiatomigen und mehratomigen Molekülen das gleiche und war auf S. 106f. ausführlich besprochen worden. Prädissoziationserscheinungen sind bei mehratomigen Molekülen besonders häufig beobachtet worden. Ein Grund hierfür ist, daß die Mannigfaltigkeit der Molekülzustände eine größere ist als bei zweiatomigen Molekülen und daher noch öfter Überschneidungen auftreten als bei diesen. Ein weiterer

[1] PRICE, W. C.: Physic. Rev. Bd. 47 (1935) S. 419.
[2] JEWITT, T. N.: Physic. Rev. Bd. 46 (1934) S. 616.
[3] MULLIKEN, R. S.: l. c.

Grund wird aus dem folgenden hervorgehen: Prädissoziation tritt allgemein dann auf, wenn zwei Zustände sich *schwach* stören. Stören sie sich nämlich stark, so weichen sie einander so weit aus, daß keine Übergänge möglich sind. Beeinflussen sie sich *zu* schwach, dann sind sie unabhängig voneinander und es treten ebenfalls keine Übergänge auf. Bei zweiatomigen Molekülen ist bei Termen gleicher Rasse meistens eine zu starke, bei Termen verschiedener Rasse oft eine zu schwache (nur durch die Rotation bedingte) Beeinflussung da. Bei mehratomigen Molekülen kann für Terme, die für symmetrische Lagen des Moleküls ungleiche Rasse haben und sich folglich nicht beeinflussen, eine Beeinflussung durch unsymmetrische Schwingungen hervorgerufen werden. Die in diesem Falle vorhandene Übergangswahrscheinlichkeit ist größer als die bei zweiatomigen Molekülen durch Rotation veranlaßte. Während aber bei zweiatomigen Molekülen die Unschärfe mehr oder weniger jäh einsetzt — die Breite der Unschärfe beträgt dort in der Regel höchstens 10—30 Å, indem sie sich auf 1 bis 2 Banden erstreckt (S. 113) —, kann bei mehratomigen Molekülen der Einsatz der Prädissoziation sich auf mehrere 100 Å erstrecken. Dieses von den zweiatomigen Molekülen abweichende Verhalten der mehratomigen Moleküle müssen wir besonders diskutieren.

Auch bei mehratomigen Molekülen gelten für die strahlungslosen Übergänge Auswahlregeln, die den Kronigschen analog sind, und das Franck-Condonsche Prinzip. Dieses verdient aber hier eine besondere Betrachtung, da wegen der komplizierteren Verhältnisse schon die Anwendung dieses Prinzips einige nicht ganz triviale Schlüsse zu ziehen erlaubt. Insbesondere kann man eine Erklärung dafür finden, warum bei den verschiedenen mehratomigen Molekülen die Prädissoziation so verschieden schnell einsetzt. Worauf beruhte das jähe Einsetzen der Prädissoziation bei den zweiatomigen Molekülen? Sobald die Schwingungsenergie den Schnittpunkt der Kurven α und α' in Abb. 40 erreicht hat, wird das Molekül den zugehörigen Kernabstand innerhalb einer Schwingungsperiode annehmen müssen. Folglich zerfällt es mit einer beträchtlichen Wahrscheinlichkeit innerhalb einer Zeit, die kürzer ist als die Schwingungsdauer und vollkommene Verwaschenheit der Banden setzt ein, sobald der Schnittpunkt energetisch erreicht wird. Bei einem mehratomigen Molekül hingegen mit seinem komplizierten Schwingungsmechanismus kann selbst bei genügender Oszillationsenergie erhebliche Zeit vergehen, bis die

Kerne eine für die Prädissoziation günstige Lage erreicht haben. Auch mit wachsender Schwingungsenergie wird diese Zeit nur langsam kleiner werden, was eine langsam zunehmende Verwaschenheit der Banden zur Folge hat. Dieses Verhalten ist von FRANCK, SPONER und TELLER[1] an einem einfachen Modell studiert worden. Bei diesem soll die relative Lage der Kerne schon durch zwei Parameter bestimmt werden. (Tatsächlich braucht man bei dreiatomigen Molekülen schon drei Parameter. Für die Betrachtung der prinzipiellen Punkte genügt aber das 2-Parameter-Modell.) Die Kurven α und α' der Abb. 40 müssen dann durch Flächen A und A' ersetzt werden. Dem Schnitt*punkt* von α und α', in dem die Prädissoziation stattfinden konnte, entspricht nun eine Schnitt*kurve*. Die Bewegung des Moleküls kann durch die Bewegung eines Bildpunktes auf der Fläche ersetzt werden. Prädissoziation erfolgt, wenn der Punkt die Schnittkurve erreicht.

FRANCK, SPONER und TELLER diskutieren nun vier verschiedene Fälle. In drei von diesen führt der Punkt eine eindimensionale Bewegung aus (entspricht der Anregung *einer* Normalschwingung). Je nachdem nun, ob er bei dieser Bewegung die Schnittkurve überhaupt erreicht, und wenn ja, ob im energetisch tiefsten Punkt derselben, wird die Erscheinung der Prädissoziation verschieden scharf einsetzen. Daß sie sogar dann, wenn auch unter Umständen äußerst langsam einsetzt, wenn die Bewegung die Schnittkurve nicht erreicht, liegt daran, daß im mehratomigen Molekül die auf die Kerne einwirkenden Kräfte nicht ganz harmonisch sind, so daß die Normalschwingungen nicht mehr ungekoppelt sind. Dann geht die eindimensionale Bewegung schließlich in eine LISSAJOUS-Figur über und erreicht doch einmal die Schnittkurve.

Der Erreichung der Schnittkurve in ihrem energetisch tiefsten Punkt entspricht entweder scharf einsetzende Prädissoziation oder aber die Unschärfe des Einsatzes wird durch quantenmechanischen Durchgang durch einen Potentialhügel entstehen und wird sich, falls der Potentialhügel nicht extrem schmal ist, nur auf enge Spektralgebiete erstrecken. Dieser Fall entspricht also genau dem Verhalten zweiatomiger Moleküle. Erreicht die Bewegung die Schnittkurve nicht im energetisch tiefsten Punkt, dann setzt die Prädissoziation allmählich ein, wird aber plötzlich ganz ausgeprägt.

---

[1] FRANCK, J., H. SPONER u. E. TELLER: Z. physik. Chem. Bd. 18 (1932) S. 88.

Führt der Bildpunkt keine eindimensionale, sondern eine komplizierte Bewegung aus (gleichzeitige Anregung mehrerer Normalschwingungen), d. h. beschreibt er eine LISSAJOUS-Figur, so ist das Verhalten anders wie bei zweiatomigen Molekülen. Wenn die Energie gerade ausreicht, um eine tiefliegende Stelle der Schnittkurve zu erreichen, muß der Punkt im allgemeinen ziemlich lange sich auf der LISSAJOUS-Figur bewegen, bis er die zur Prädissoziation günstige Stelle erreicht[1]. Die Banden sind also nicht sehr unscharf. Wenn aber die Oszillationsenergie größer wird, so wird schon ein größeres Stück der Schnittkurve durch die Oszillation erreichbar und die Zeit, die der Punkt braucht, um die Schnittkurve zu erreichen, nimmt ab. Man bekommt ein allmähliches Anklingen der Prädissoziation.

Es sei noch bemerkt, daß die Bahn, in der sich der Bildpunkt in der Fläche bewegt, dadurch vorgeschrieben ist, daß bei dem optischen Übergang vom Grundzustand aus die Kernkoordinaten und Kerngeschwindigkeiten sich nicht wesentlich ändern dürfen. Folglich wird sich die Bahn im angeregten Zustand mit der Kernbewegung im Grundzustand ändern und mithin kann es von der Temperatur abhängen, welcher der vier besprochenen Fälle oder welcher Übergangsfall vorliegt. So ist es z. B. möglich, daß bei tiefen Temperaturen, wo die Kerne im Grundzustand ruhen, der Punkt eine einfache Figur beschreibt, während bei höherer Temperatur die Kerne sich schon im Grundzustand bewegen und folglich nach der Lichtabsorption eine kompliziertere LISSAJOUS-Figur beschreiben. Mithin werden die Banden durch die Temperatur verbreitert, da ja nun auch Oszillationszustände angeregt sind, die die Schnittkurve leichter erreichen können und folglich eine kürzere Lebensdauer haben. Hierin ist offenbar der Grund gelegen für die von HENRI und seinen Mitarbeitern[2] bei mehratomigen Molekülen oft beobachtete Abhängigkeit der Prädissoziationsgrenze von der Temperatur. Sie tritt, wie zu erwarten, nur dann auf, wenn die Prädissoziation langsam einsetzt.

Auch HERZBERG[3] hatte darauf hingewiesen, daß die Verschiebung der Prädissoziationsgrenze mit der Temperatur durch eine Überlagerung neuer von höheren Schwingungszuständen des Grund-

[1] Wenn man anstatt der hier verwendeten zwei Parameter der Wirklichkeit entsprechend drei Parameter nimmt, so wird diese Zeit noch länger

[2] Siehe z. B. HENRI, V.: Leipzig. Vortr. 1931.

[3] HERZBERG, G.: Z. Physik Bd. 61 (1930) S. 612.

niveaus ausgehender Übergänge vorgetäuscht sein könne. Die obige Deutung macht außerdem verständlich, daß die neu hinzukommenden Linien verwaschen sind und daß eine relativ kleine Temperatursteigerung eine starke Verschiebung der Prädissoziationsgrenze ergeben kann.

Als Beispiele mögen die Prädissoziationsspektren von NO_2, SO_2 und ClO_2 betrachtet werden.

Bei NO_2 treten zwei Prädissoziationsgebiete auf[1]. Das langwelligere Prädissoziationsspektrum, das sich von etwa 6500 Å bis 2600 Å erstreckt, ist äußerst kompliziert. Der Einsatz der Unschärfe ist ein sehr allmählicher. Bei großer Dispersion ist er bei $\lambda = 4000$ Å erkennbar. Die Prädissoziationsgrenze entspricht der Abtrennung eines O-Atoms im Grundzustand; zu einer Bestimmung der Dissoziationsarbeit eignet sie sich wegen ihrer geringen Definiertheit nicht. Die Unschärfe nimmt anscheinend dauernd zu bis $\sim$ 3000 Å. Ein Wiederscharfwerden der Banden bei den kürzeren Wellen tritt nicht ein. Es kann sich hier sehr wohl um den Fall der Ausführung einer LISSAJOUS-Figur handeln. Dafür spricht die sehr unübersichtliche Struktur des Absorptionsspektrums. Vielleicht handelt es sich aber um eine eindimensionale Bewegung, die die Schnittkurve nicht im energetisch tiefsten Punkt erreicht oder die allmählich in eine LISSAJOUS-Figur übergeht. Man kann sich etwa vorstellen, daß in dem angeregten Elektronenzustand die Gleichgewichtslage der Kerne ein gleichschenkliges Dreieck ist (wie im Grundzustand). Dann wird die antisymmetrische Schwingung nur wenig angeregt. Die günstigsten Lagen für die Prädissoziation (d. h. die Lagen des Moleküls, die den Schnittkurven entsprechen) sollten gerade die sein, bei denen das eine O-Atom sich dem N-Atom genähert, das andere sich gleichzeitig entfernt hat. Diese Lagen werden aber durch symmetrische Schwingungen nie erreicht. Folglich kommt die Prädissoziation nur dadurch zustande, daß durch die Anharmonizität an die antisymmetrische Schwingung doch mehr Energie übertragen wird.

Das zweite Prädissoziationsspektrum erstreckt sich von 2600 Å bis weit ins Ultraviolett. Der Einsatz der Unschärfe erfolgt bei 2450 Å und ist relativ jäh. Zum mindesten setzt die Verwaschenheit von einer bis zur nächsten Bande in großer Stärke ein.

[1] HARRIS, L.: Proc. Nat. Acad. Sci. Bd. 14 (1928) S. 690. — HENRI, V.: Leipzig. Vortr. 1931 S. 131. — MECKE, R.: Naturwiss. Bd. 17 (1929) S. 996. — LAMBREY, M.: C. R. Acad. Sci., Paris Bd. 188 (1929) S. 251.

Hieraus und aus der Tatsache, daß aus dieser Grenze sich Werte für die Dissoziationsarbeit in NO und O (^1D) ergeben, die mit der anderweitig berechneten auf etwa 1 kcal genau übereinstimmen, hat man sie bisher als ein Beispiel betrachtet, das durch die Potentialkurven der Klasse *a* oder *b* von Abb. 40 wiedergegeben wird. Das hat auch tatsächlich seine Berechtigung, da hier wahrscheinlich die Kernbewegung eine sehr einfache LISSAJOUS-Figur ergeben wird, indem hauptsächlich eine der drei Normalschwingungen stärker angeregt ist. Trotzdem muß dann nicht immer wie in unserm Beispiel ein Zerfall ohne Überschußenergie stattfinden. Daß er in unserm Beispiel vorliegt, läßt vermuten, daß vornehmlich eine antisymmetrische Normalschwingung angeregt ist, in der ein O-Atom sich entfernt, während das andere O-Atom auf das N zuschwingt, daß ferner der Kernabstand im nichtschwingenden NO-Molekül wenig verschieden ist von dem Kernabstand eines O-Atoms vom N in einem Umkehrpunkt der betreffenden Normalschwingung, bei der das Einsetzen der Prädissoziation erfolgt. Soweit wäre also eine weitgehende Analogie zu den zweiatomigen Molekülen vorhanden. Daß aber trotzdem nicht ganz der Verlauf der Potentialkurven von Abb. 40 a und b vorliegt, geht daraus hervor, daß die Unschärfe der Banden jenseits der Grenze noch ausgesprochener wird und ein Wiederscharfwerden der Banden auch in größerem Abstand von der Grenze nicht wieder eintritt, während nach Abb. 40 a und b das Maximum der Wahrscheinlichkeit für einen strahlungslosen Übergang mit der Prädissoziationsgrenze zusammenfällt. Es ist eben nicht nur eine einzige Normalschwingung angeregt, d. h. die Kernbewegung stellt in Wahrheit einen Übergangsfall dar.

Daß nicht jede Verwaschenheit, die in den Spektren mehratomiger Moleküle auftritt, eine Prädissoziation bedeutet, sieht man am Beispiel des SO_2. FRANCK, SPONER und TELLER haben gezeigt, daß das erste Unscharfwerden des Spektrums[1] zwischen 2800 und 2600 Å eine Prädissoziation nur vortäuscht und veranlaßt wird durch eine abnorm starke Druckverbreiterung, die oberhalb 2,5 mm Druck einsetzt. (Näheres s. in der Originalarbeit.) Die zweite wirkliche Prädissoziationsgrenze bei 1950 Å entspricht der Trennung des SO_2 in SO und O. Da 147 kcal dabei zur Verfügung stehen, während für die thermische Dissoziation in SO und O nur 134 kcal benötigt werden, erfolgt die Trennung mit 13 kcal Über-

[1] HENRI, V.: Leipzig. Vortr. 1931, S. 131.

schußenergie. Man hat es wohl mit einem Übergang zwischen einer eindimensionalen Bewegung (in Analogie zu den zweiatomigen Molekülen) und einer komplizierten LISSAJOUS-Kurve zu tun. Die Überschußenergie kann nicht als Elektronenanregung der Dissoziationsprodukte Verwendung finden, da keine Anregungsstufen passender Energie, die gleichzeitig nach den Auswahlregeln für Prädissoziation entstehen können, vorhanden sind. Man wird daher schließen, daß die 13 kcal Überschußenergie sich zwischen Translations- und Schwingungsenergie aufteilen. Bei der Prädissoziationsgrenze entsteht also keine Kernkonstellation, bei der der Abstand des S-Atoms von einem O-Atom an einem Schwingungsumkehrpunkt gerade gleich demjenigen des nichtschwingenden SO ist. Selbst ein relativ scharfer Einsatz der Verwaschenheit ist also bei dreiatomigen Molekülen (und erst recht bei noch komplizierteren) *kein* genügendes Kriterium dafür, daß eine Dissoziation ohne Überschußenergie stattfindet.

Als letztes Beispiel betrachten wir das ClO_2. Wir haben sein Absorptionsspektrum bereits früher besprochen (S. 226). Das Spektrum zeigt eine Prädissoziationsstelle, die je nach der benutzten Dispersion bei längeren oder kürzeren Wellen beobachtet wird. So finden GOODEVE und STEIN, deren Optik die kleinste Dispersion hatte, diese bei 3293 Å, UREY und JOHNSTON bei 3595 Å (Quarzoptik größerer Dispersion), während FINKELNBURG und SCHUMACHER, die ein 2-m-Gitter in dritter Ordnung benutzten, den Beginn der Prädissoziation bereits bei 3753 Å feststellten.

Die Prädissoziation erstreckt sich auf ein Gebiet von mehr als 1000 Å. Vielleicht liegt hier ein Fall vor, in dem die eindimensionale Bewegung durch anharmonische Kraftwirkungen in eine kompliziertere übergeht. Die stark angeregten symmetrischen Schwingungen können nicht zur Dissoziation in $ClO + O$ führen und es ist eine ziemlich lange Zeit erforderlich, bis durch Wirkung der Anharmonizität eine antisymmetrische Schwingungsbewegung entsteht. Der Prädissoziationsstelle von 3753 Å entspricht eine Energie von 76 kcal. Sie ist als obere Grenze für die Trennungsarbeit in ClO und O von den verschiedenen Autoren angenommen worden.

Es sei daran erinnert, daß die hier gezogenen Schlüsse auf bestimmten Vorstellungen über das Molekülmodell beruhen, welches aber nicht als völlig gesichert angesprochen werden kann.

§ 6. Isotopieeffekt in Elektronenbandenspektren.

Das Rüstzeug für eine Behandlung des Isotopieeffektes in Elektronenbandenspektren haben wir bereits in dem betreffenden Absatz bei den Ultrarotspektren kennengelernt. Bezeichnen wir mit den Indizes *I* und *II* die Schwingungsfrequenzen von Molekülen, in denen die eine Atomart zwei Isotope besitzt, so werden diese Frequenzen dargestellt durch

$$\left.\begin{aligned}\omega_I = \left(v_1' + \frac{1}{2}\right)\omega_{I1}' + \left(v_2' + \frac{1}{2}\right)\omega_{I2}' + \ldots - \\ - \left[\left(v_1'' + \frac{1}{2}\right)\omega_{I1}'' + \left(v_2'' + \frac{1}{2}\right)\omega_{I2}'' + \ldots\right]\end{aligned}\right\} \tag{47a}$$

$$\left.\begin{aligned}\omega_{II} = \left(v_1' + \frac{1}{2}\right)\omega_{II1}' + \left(v_2' + \frac{1}{2}\right)\omega_{II2}' + \ldots - \\ - \left[\left(v_1'' + \frac{1}{2}\right)\omega_{II1}'' + \left(v_2'' + \frac{1}{2}\right)\omega_{II2}'' + \ldots\right]\end{aligned}\right\} \tag{47b}$$

Der Isotopieeffekt ist bekannt, sobald die Differenz $(\omega_{Ii}' - \omega_{IIi}')$ bzw. $(\omega_{Ii}'' - \omega_{IIi}'')$ gegeben ist. Wie man diese Differenzen bestimmt, haben wir aber schon bei den ultraroten Spektren besprochen. Der einzig erwähnenswerte Unterschied zwischen den Isotopieeffekten in den Elektronenbandenspektren und denen im Ultraroten ist der, daß bei den ersteren die Nullpunktsschwingung eine Rolle spielt, während bei den letzteren genau wie bei zweiatomigen Molekülen der Einfluß der Nullpunktsschwingung unwesentlich ist.

Gelingt es auf Grund der angegebenen Formeln 47 die Isotopieverschiebungen von ω_i' bzw. ω_i'' zu bestimmen, so kann man aus diesen, wie auf S. 213 besprochen wurde, Rückschlüsse auf Kräfte und Molekülform in den kombinierenden Zuständen ziehen.

Mit Hilfe des Isotopieeffektes hat kürzlich PRICE[1] das Absorptionsspektrum des C_2H_2 zwischen 1520 und 1050 Å teilweise analysieren können.

Selbst aus kontinuierlichen Spektren von Isotopen kann man unter Umständen Schlüsse ziehen. So haben FRANCK und WOOD[2] eine Verschiebung der langwelligen Grenze des kontinuierlichen Spektrums von H_2O-Dampf feststellen können, wenn sie leichtes und schweres Wasser miteinander verglichen. Die Verschiebung entspricht der Differenz der Nullpunktsenergien von H_2O und D_2O.

[1] PRICE, W. C.: Physic. Rev. Bd. 45 (1934) S. 843; Bd. 47 (1935) S. 444. Für andere Beispiele s. Tabelle 23 ds. Bd.

[2] FRANCK, J. u. R. W. WOOD: Physic. Rev. Bd. 45 (1934) S. 667.

IV. Bestimmung chemisch wichtiger Größen aus Bandenspektren.

§ 1. Bestimmung von Dissoziationsarbeiten.

a) Allgemeine Bemerkungen.

Unter der Dissoziationswärme von gasförmigen Verbindungen verstehen wir hier allgemein die Arbeit, die aufgewandt werden muß, um ein Molekül bei der Temperatur 0^0 abs. in normale Atome bzw. einfachere normale Moleküle zu zerspalten. Handelt es sich um ein zweiatomiges Molekül, so erfolgt eine Trennung in zwei Atome. Handelt es sich um ein mehratomiges Molekül, so kann dieses in verschiedene Produkte dissoziiert werden, z. B. in ein oder mehrere Atome + Restmolekül, in einfachere Moleküle, in Atome. Der Chemiker definiert die Dissoziationswärme als eine temperaturabhängige Größe, die mit dem Dissoziationsgleichgewicht durch die Gleichung $D_{\text{mol}} = R T^2 \frac{d \ln k}{d T}$ verknüpft ist. Hier ist $k = \frac{C_1 C_2}{C}$, wobei C_1 und C_2 die Konzentrationen der Atome und C diejenige der Moleküle sind; D bezieht sich auf ein Mol. Die chemische Dissoziationswärme ist ein statistischer Mittelwert, in den außer der Dissoziationswärme in unserem Sinn noch die Wärmeenergien des Moleküls und der Dissoziationsprodukte eingehen. Beim absoluten Nullpunkt fallen beide Begriffe zusammen. Die spektroskopisch bestimmte Dissoziationswärme betrifft nur den Einzelprozeß. Geschieht die Spaltung im Grundzustande nach der anfangs gegebenen Definition, so erhalten wir die chemische Dissoziationswärme beim absoluten Nullpunkt, die wir mit D bezeichnen. Betrachtet man Trennung des Moleküls in irgendeinem angeregten Zustande, so erhalten wir die Dissoziationswärme D_v des betreffenden Zustandes. Für diese interessieren wir uns jedoch in diesem Paragraphen nicht.

Betrachtet man die Spaltungsprodukte eines Dissoziationsvorganges, so können diese normale Atome bzw. normale Moleküle sein, oder auch angeregte oder ionisierte Gebilde. Wenn der zweite Fall vorliegt, so müssen die betreffenden Anregungs- oder Ionisierungsenergien von dem zum Eintritt der Dissoziation nötigen Energiebetrag abgezogen werden, um die wahre Dissoziationswärme zu erhalten.

Zur Bestimmung von Dissoziationsarbeiten kennen wir eine Anzahl von Methoden. Auf diejenigen Verfahren, bei denen von der

Spektroskopie keinerlei Gebrauch gemacht wird, sei hier nicht eingegangen. Hierzu gehören z. B. die kalorimetrischen Methoden und diejenigen, in denen Gasgleichgewichte studiert werden, sowie Schätzungen aus Elektronenstoßmessungen. Um die chemisch bestimmten Trennungsarbeiten in Einklang mit der obigen Definition zu bringen, müssen sie auf den absoluten Nullpunkt reduziert werden, da die bei höheren Temperaturen ermittelten Werte noch die Wärmeenergie[1] der Atome bzw. Moleküle enthalten.

b) Rein spektroskopische Methoden.

α) **Bestimmung von Dissoziationswärmen aus direkt beobachteten Bandenkonvergenzen.** Auf S. 75 war bei der Betrachtung der Intensitätsverhältnisse in Bandensystemen auseinandergesetzt worden, wie man den Prozeß der Dissoziation eines zweiatomigen Moleküls durch Lichtabsorption direkt aus dem Bandenspektrum erkennen kann und unter welchen speziellen Bindungsverhältnissen im Molekül er stattfindet. Das Ergebnis war, daß die Lichtabsorption dann die Trennung des Moleküls in zwei Atome bewirkt, wenn der Übergang des Systems vom Normalzustand in das Kontinuum des angeregten Zustandes möglich ist. Das ist z. B. der Fall, wenn man im Spektrum eine Reihe von Banden sieht, die, da die Schwingungszustände eines Moleküls mit wachsender Quantenzahl näher aneinanderrücken, zu einer Grenze konvergieren, an die sich eine kontinuierliche Absorption anschließt.

Zu einer Bestimmung der Dissoziationsarbeit aus einer Bandenkonvergenz mit anschließendem Kontinuum ist die Kenntnis der Spaltprodukte nötig, in die der betreffende Zustand an der Schwingungsgrenze übergeht. Es ist nämlich, wenn

E = Energie der Konvergenzstelle (Absorption),

D = Dissoziationsarbeit in zwei unangeregte (normale) Atome,

A = Anregungsenergie eines oder beider Atome, die an der Konvergenzstelle entstehen, ist,

$$E = D + A.$$

Ist A genau bekannt, so kann auch D genau ermittelt werden. An zwei Beispielen soll ausführlich gezeigt werden, wie man bei einer Festlegung von A vorgeht.

---

[1] Mit Wärmeenergie ist in diesem besonderen Falle nicht nur Translations-, sondern auch Anregungsenergie gemeint.

Das eine Beispiel sei das Jodmolekül, an dem die ersten derartigen Überlegungen von FRANCK[1] angestellt wurden, die sich in ihrem weiteren Ausbau sehr fruchtbar erwiesen haben. Die Konvergenzstelle der bekannten und häufig untersuchten sichtbaren Jodabsorptionsbanden[2] liegt bei 4990 Å, was einer Energie von 2,47 e-Volt entspricht. Die thermisch bestimmte Dissoziationsarbeit des Jodmoleküls ist 35 kcal* oder 1,5 e-Volt. FRANCK nahm an, daß die Überschußenergievon etwa 1 Volt zur Anregung eines Jodatoms verwandt wird. Während der Normalzustand des Jods dem $2\,^2P_{\frac{3}{2}}$-Term entspricht, kommt für das angeregte Atom nur der metastabile $2\,^2P_{\frac{1}{2}}$ in Frage, da der Grundterm jedes Halogenatomspektrums ein (verkehrtes) P-Dublett ist und der nächsthöhere Term zu hoch liegt (6,9 e-Volt, Resonanzlinie). FRANCK hatte die Differenz $2\,^2P_{\frac{3}{2}} - 2\,^2P_{\frac{1}{2}}$ zu 0,9 e-Volt abgeschätzt. Kurz darauf wurde sie von TURNER[3] für die Halogene bestimmt und für Jod der Wert 0,937 e-Volt gefunden. Damit war die Deutung der Konvergenzstelle sichergestellt und eine sehr genaue Bestimmung der Dissoziationsarbeit des Jodmoleküls möglich (35,38 kcal). Da das Jod das erste derartige Beispiel war, schienen weitere Beweise für den Zusammenhang zwischen Dissoziation und Konvergenzgrenze erwünscht. So hat DYMOND[4] zeigen können, daß bei Bestrahlung mit entsprechenden Wellenlängen bis zur Konvergenzstelle Molekülfluoreszenz auftritt, dahinter aber verschwindet. BONHOEFFER und FARKAS[5] wiesen eine Dissoziation durch Bestrahlung mit Licht jenseits der Konvergenzstelle durch das Auftreten des sog. cleaning-up-Effektes[6] nach, TURNER[7] durch den Nachweis atomarer Jodabsorption und SENFTLEBEN[8] durch Änderung der molekularen Leitfähigkeit des Jods. Übrigens ist nach dem in § 4 Gesagten nicht notwendigerweise die Dissoziation an der Konvergenzstelle, also am Beginn des Kontinuums, am häufigsten. Es hängt von der gegenseitigen Lage der Potentialkurven ab, in welchem Bereich die

[1] FRANCK, J.: Trans. Faraday Soc. Bd. 21 Teil 3 (1925).

[2] Z. B. PRINGSHEIM, P.: Z. Physik Bd. 5 (1921) S. 130. — MECKE, R.: Ann. Physik Bd. 71 (1924) S. 104.

* Für die Umrechnung von Volt auf kcal s. S. 5.

[3] TURNER, L. A.: Physic. Rev. Bd. 27 (1926) S. 397.

[4] DYMOND, E. G.: Z. Physik Bd. 34 (1925) S. 553.

[5] BONHOEFFER, K. F. u. L. FARKAS: Z. physik. Chem. Bd. 132 (1928) S. 255.

[6] Der Effekt besteht in einer Druckabnahme infolge Adsorption freier Jodatome an den Gefäßwänden.

[7] TURNER, L. A.: Physic. Rev. Bd. 31 (1928) S. 983.

[8] SENFTLEBEN, H. u. E. GERMER: Ann. Physik (5) Bd. 2 (1929) S. 847

Dissoziation am wahrscheinlichsten ist. Beim Jod liegt das Maximum der Absorption 400 Å von der Konvergenzstelle entfernt, beim Brom bereits 900 Å und beim Chlor gar 1400 Å.

Als zweites Beispiel sei der Sauerstoff betrachtet. Seine Dissoziationsarbeit ist chemisch nicht bekannt. Birge und Sponer[1] hatten sie aus spektroskopischen Daten von Leifson[2] zu 7,05 e-Volt angegeben. Es handelt sich um ein Absorptionsbandensystem ($^3\Sigma_u^- - {}^3\Sigma_g^-$), das sich von λ 2026 Å bis λ 1757 Å erstreckt. Die Konvergenzstelle und der Beginn des Kontinuums liegen bei 1751 Å. Birge und Sponer hatten damals in Analogie zum Jod als Dissoziationsprodukte ein normales $^3P_2$- und ein im metastabilen $^3P_1$- oder $^3P_0$-Zustand befindliches Sauerstoffatom angenommen. Herzberg[3] hat dann gezeigt, daß auf Grund der inzwischen entwickelten quantenmechanischen Theorie von Wigner und Witmer[4] (S. 132) diese Zuordnung der Atomterme nicht möglich ist. Nach Wigner und Witmer entstehen aus zwei ^3P-Atomen (s. S. 136) drei Triplett-Σ-Zustände, nämlich $^3\Sigma_u^+$, $^3\Sigma_u^+$, $^3\Sigma_g^-$. Der Grundzustand des O_2-Moleküls ist $^3\Sigma_g^-$. Da Σ^--Terme nicht mit Σ^+-Termen kombinieren, kann der obere Zustand der fraglichen Absorptionsbanden nicht ein $^3\Sigma_u^+$-Zustand, sondern muß ein $^3\Sigma_u^-$-Term sein. Dieser Term kann aber nicht aus zwei ^3P-Atomen entstehen, vielmehr muß er sich aus einem normalen und einem angeregten Atom ergeben. Als Anregungszustand kommt nur der metastabile Singulettzustand ^1D des Sauerstoffatoms in Frage. Herzberg konnte seine Energie damals nur als zwischen 1—2 e-Volt liegend abschätzen. Erst seitdem Frerichs[5] aus dem Sauerstoffatomspektrum die Anregungsenergie des ^1D-Terms zu 1,96 e-Volt bestimmt hat, läßt sich aus der Konvergenzstelle der $^3\Sigma_u^-$-$^3\Sigma_g^-$-(Schumann-Runge-Füchtbauer-) Banden die Dissoziationswärme des O_2-Moleküls zu 5,09 e-Volt angeben. Eine Bestätigung ergab sich später aus der Konvergenzstelle der von Herzberg[6] bei 2500 Å gefundenen Absorptionsbanden (die einen verbotenen Übergang darstellen); sie entspricht einem Zerfall in normale Atome und liegt bei 5,09 e-Volt.

Bandenkonvergenzstellen und Kontinua treten in reiner Umkehrung der eben beschriebenen Prozesse naturgemäß auch in

[1] Birge, R. T. u. H. Sponer: Physic. Rev. Bd. 28 (1926) S. 259.
[2] Leifson, S. W.: Astroph. J. Bd. 63 (1926) S. 73.
[3] Herzberg, G.: Z. physik. Chem. Abt. B Bd. 4 (1929) S. 223.
[4] Wigner, E. u. E. E. Witmer: Z. Physik Bd. 51 (1928) S. 859.
[5] Frerichs, R.: Physic. Rev. Bd. 36 (1930) S. 398.
[6] Herzberg, G.: Naturwiss. Bd. 20 (1932) S. 577.

Emission auf, sind jedoch sehr selten, da die Anfangsbedingungen hierfür (Zusammenstoß zwischen normalen und angeregten Atomen mit kinetischer Energie) nur bei hoher Temperatur erfüllt sind. Dagegen treten Konvergenzstellen und Kontinua in Emission häufiger auf bei Nichtgleichgewichten, wenn der Ausgangszustand ein angeregter Molekülzustand ist.

Bandenkonvergenzen mit anschließenden Kontinua sind bei folgenden Molekülen, und zwar in Absorption, beobachtet worden: Cl_2, Br_2, J_2, JCl, O_2, TlCl. In allen diesen Fällen konnte die Reihe der Schwingungsquanten bis nahe an die Konvergenzgrenze verfolgt werden, so daß diese durch eine ganz geringfügige Extrapolation genau zu bestimmen ist. Bei mehratomigen Molekülen sind Bandenkonvergenzen noch nicht beobachtet worden.

β) Bestimmung von Dissoziationswärmen durch Extrapolation der Konvergenzstelle. 1. Verfahren von Birge und Sponer. Leider sind Bandenkonvergenzstellen mit anschließendem Kontinuum nur in den wenigen genannten Fällen bekannt, was daran liegt, daß die früher erwähnten Bedingungen (entsprechende gegenseitige Lage der Potentialkurven) bei vielen Molekülen nicht erfüllt sind. Hingegen erhält man oft einen mehr oder weniger langen Bandenzug. Aus diesem kann man häufig die Konvergenzstelle extrapolieren [1]. Das Verfahren gibt meist nur einen oberen Grenzwert, doch da die gewöhnlichen Methoden bei vielen und oft wichtigen Molekülen versagen, ist auch eine ungefähre Bestimmung ihrer Dissoziationsarbeit von großem Wert. Die Extrapolationsmethode von Birge und Sponer war auf S. 103 bereits erwähnt worden. Ihre Anwendbarkeit ist für alle Molekülzustände gegeben, deren Schwingungszustände mit genügender Genauigkeit schon durch eine zweikonstantige Formel $\frac{E_v}{h\,c} = \omega_0 v - \omega_0 x_0 v^2$ dargestellt werden. Dann ist $D_v = \frac{\omega_0^2}{4\,\omega_0\,x_0}$ die Dissoziationswärme des betreffenden Zustandes. Für den Grundzustand ergibt sich hieraus direkt D. Hat man nur Daten für einen angeregten Zustand zur Verfügung, so daß man nur für diesen D_v berechnen kann, so läßt sich nach dem Kreisprozeß [2] (s. Abb. 68) $D_0 + E_A = E_M + D_v$ doch D* berechnen, sobald die Molekülanregungsenergie E_M, von der ab

[1] Birge, R. T. u. H. Sponer: Physic. Rev. Bd. 28 (1926) S. 260.

[2] Diese Kreisprozesse wurden zuerst von H. Sponer [Naturwiss. Bd. 14 (1926) S. 275] und von R. T. Birge u. H. Sponer (l. c.) benutzt.

* In der Abbildung ist D mit D_0 bezeichnet.

die Berechnung vorgenommen wird, und die Energie E_A der entsprechenden Dissoziationsprodukte bekannt sind. Die zur Dissoziation durch Lichtabsorption nötige Energie setzt sich also zusammen einerseits aus dem Elektronensprung und der Schwingungsenergie des betreffenden Zustandes, die gleich D_v ist und andererseits aus der gewöhnlichen Dissoziationswärme D plus der Anregungsenergie eines oder evtl. beider Atome. Diese Beziehungen gelten auch, wenn es sich nicht um einen angeregten, sondern um einen ionisierten Molekülzustand handelt. Der Kreisprozeß lautet dann $D + J_a = D_i + J_m$, wo J_a = Ionisierungsarbeit des neutralen Atoms, J_m = Ionisierungsarbeit des neutralen Moleküls, D = Dissoziationsarbeit des neutralen Moleküls (wie oben), D_i = Dissoziationsarbeit des ionisierten Moleküls bedeutet.

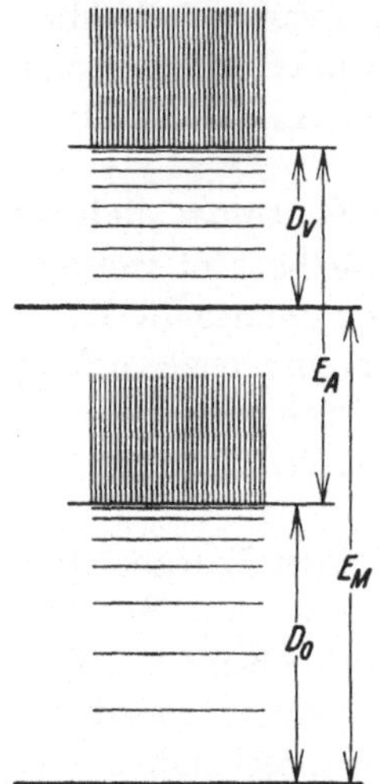

Abb. 68. Kreisprozeß zur Berechnung der Dissoziationsarbeit.

Statt der numerischen Berechnung kann man natürlich ebensogut eine graphische benutzen[1], indem man die beobachteten Schwingungsfrequenz*differenzen* (etwa als Abszissen ω_v) in Abhängigkeit von der Schwingungsquantenzahl (Ordinaten) aufträgt. Das ergibt eine Gerade, deren extrapolierter Schnittpunkt mit der Ordinate die maximale Schwingungsquantenzahl ergibt. Der Flächeninhalt des entstandenen Dreiecks gibt direkt die Größe der Dissoziationsarbeit an. Enthält die Bandenformel noch ein kubisches Glied oder ist die Darstellung durch eine zweikonstantige Formel nur eine genäherte, so gibt die graphische Darstellung keine Gerade mehr, sondern eine gekrümmte Kurve, wie b in Abb. 69 anzeigt. Man spricht in diesem Falle von einer negativen Krümmung. Ist das bekannte Stück dieser Kurve nicht zu klein, so ist es möglich, sie sinngemäß zu extrapolieren und damit einen Grenzwert für D zu erhalten.

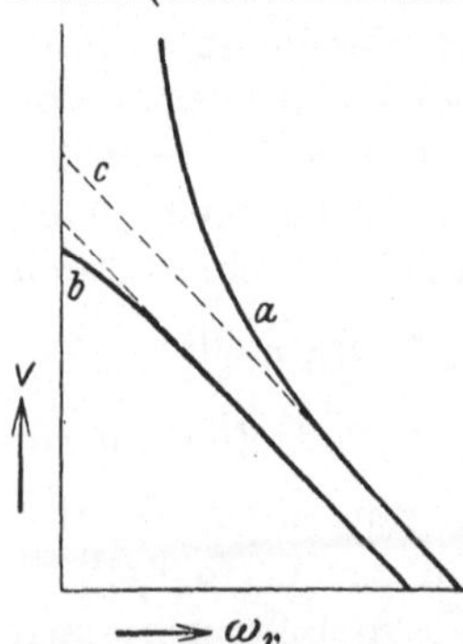

Abb. 69. Zur Extrapolation der Schwingungsquanten nach BIRGE-SPONER.

[1] BIRGE, R. T. u. H. SPONER, l. c.

Hat eine Kurve den in Abb. 69 mit *a* bezeichneten Verlauf, so spricht man von einer positiven Krümmung. Sie ist typisch für Ionenmoleküle; für sie läßt sich auf diese Weise weder numerisch noch graphisch ein Wert für die Dissoziationsarbeit festlegen.

2. Verfahren von BIRGE[1]. Trägt man sich in der eben besprochenen Weise die Kurve $\omega_v = f(v)$ * derjenigen Moleküle auf, für die der Verlauf der Schwingungsquanten bis fast an die Konvergenzstelle bekannt ist — das sind die unter α) aufgezählten Moleküle —,

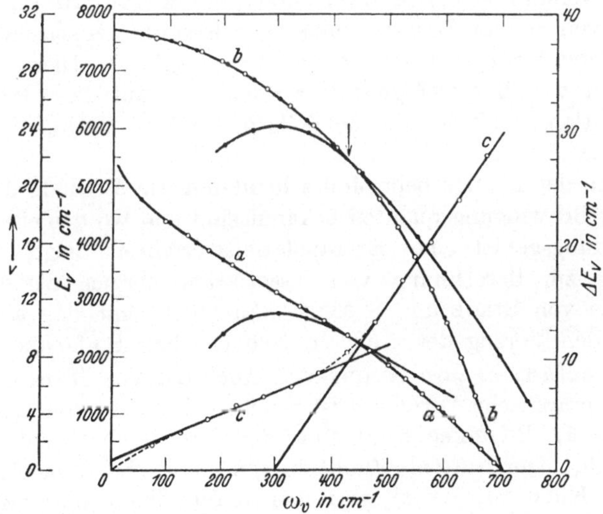

Abb. 70. Zur Extrapolation der Schwingungsquanten nach BIRGE.

so zeigt sich für alle diese die in der folgenden Abb. 70 mit *a* angegebene Kurvenform. Die Abbildung bezieht sich speziell auf den ${}^3\Sigma_u^-$-Term von O_2. Nach einer anfänglich negativen Krümmung geht diese für höhere Schwingungsquantenzahlen in eine positive über. BIRGE versuchte, für diese Kurven, die in ihrem ganzen Verlaufe bekannt sind, einen analytischen Ausdruck zu finden. Das gelang nicht. Trägt man nun die Schwingungsfrequenzdifferenzen nicht gegen v, sondern gegen die jeweilige gesamte Schwingungsenergie E_v auf, so erhält man für den ${}^3\Sigma_u^-$-Term von O_2 statt *a* Kurve *b*, die einer Parabel sehr ähnlich sieht. Der Grenzwert für $\omega_v = 0$ gibt direkt die Dissoziationswärme. Ist die Kurve genau

[1] BIRGE, R. T.: Trans. Faraday Soc. Bd. 25 (1929) S. 707.

* Die ω_v bedeuten hier wieder Schwingungsfrequenzdifferenzen.

eine Parabel, so muß sie durch $E_v(\omega_v) = a + b\omega_v + c\omega_v^2$ darstellbar und die ersten Differenzen ΔE_v müssen linear in ω_v sein. Die Ausrechnung ergab jedoch nicht die erwartete eine Gerade, sondern *zwei* Geraden, die sich schneiden (s. Abb. 70). Daraus schloß BIRGE auf das Vorhandensein zweier Parabeln, von denen die eine den positiv gekrümmten und die andere den negativ gekrümmten Teil der Kurve $\omega_v = f(v)$ umfaßt. Damit wird das vergebliche Bemühen, die ganze Kurve durch eine Funktion darzustellen, verständlich. BIRGE vermutete, daß Kurve c für sehr kleine Werte von ω_v im Anfangspunkte der Koordinatenachsen enden müsse, um für $\omega_v = 0$ ein endliches v zu geben[1]. Diese Schlußweise ist von BROWN[2] geprüft worden, der auf diese Weise die Dissoziationsarbeit des Jodmoleküls zu $1{,}535 \pm 0{,}001$ e-Volt festgelegt hat.

Trotz der Erfolge beim Jod scheint mir die Methode dort, wo weniger Schwingungsquanten bekannt sind und wo das eigentliche Anwendungsgebiet eines Extrapolationsverfahrens liegt, weniger geeignet zur Berechnung von Dissoziationsenergien als die alte Methode von BIRGE und SPONER. Außerdem hat das alte Verfahren den Vorzug der größeren rechnerischen Einfachheit.

3. Verfahren von RYDBERG[3]. Auch das von RYDBERG mitgeteilte graphische Verfahren ist weniger allgemein anwendbar als Methode 1. RYDBERG trägt statt der Schwingungsfrequenzdifferenzen ihre Quadrate als Funktion von v auf. Bei Molekülen mit linearer Kurve $\omega_v = f(v)$ wird man dafür eine Kurve mit positiver Krümmung erwarten. Hingegen geben Moleküle mit negativ gekrümmter Kurve $\omega_v = f(v)$ (z. B. Hydride) eine Gerade und nur in der Nähe der Konvergenzgrenze wird eine positive Abweichung erhalten. Sie ist für die Hydride klein und steigt mit der Größe der reduzierten Masse. In welchem Maße das geschieht, kann man ganz gut aus den folgenden Abb. 71a und b ersehen. Der Flächeninhalt der sich ergebenden Dreiecke ist $\frac{\omega_v^2 \cdot v_{max}}{2}$, woraus die Dissoziationsarbeit durch Division mit ω_v erhalten wird. In einigen Molekülen wie N_2, O_2, NO ist die Kurve $\omega_v = f(v)$ soweit bekannt linear, folglich verläuft die Kurve $\omega_v^2 = f(v)$ gekrümmt und geht

[1] Würde sie das nicht tun, so würde das eine unendliche Schwingungsquantenzahl v für $\omega_v = 0$ bedeuten im Gegensatz zu KRATZERS Schlüssen.

[2] BROWN, W. G.: Physic. Rev. Bd. 38 (1931) S. 709.

[3] RYDBERG, R.: Z. Physik Bd. 73 (1931) S. 376.

wohl erst für große Quantenzahlen in eine Gerade über. Die Methode ist also besser geeignet für Moleküle mit nichtlinearer Kurve $\omega_v = f(v)$.

Ist man darauf angewiesen, eine Dissoziationsarbeit durch Extrapolation zu berechnen, so wird man bei Molekülen, deren Schwingungsfrequenzen durch eine zweikonstantige Formel gut wiedergegeben werden, Verfahren 1 und 2 benutzen; bei Formeln mit kubischen Gliedern Verfahren 1, 2 und 3. Aus einer Bestimmung

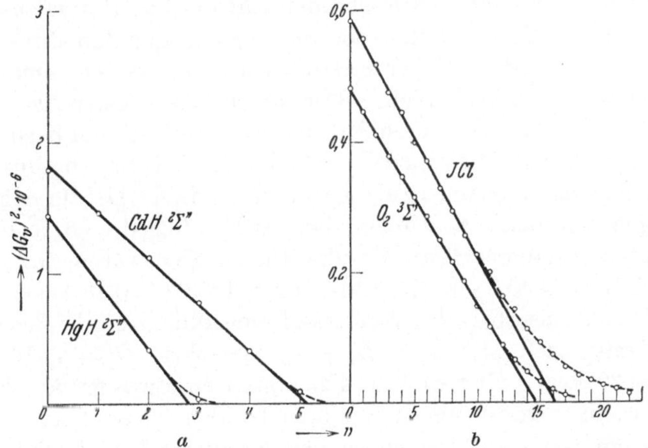

Abb. 71a und b. Zur Extrapolation der Schwingungsquanten nach Rydberg.

nach den verschiedenen Methoden wird man ziemlich zuverlässig den richtigen Wert innerhalb verhältnismäßig kleiner Grenzen angeben können.

4. Beispiele. *Wasserstoff.* Die Dissoziationswärme des Wasserstoffs ist nach den verschiedensten Methoden bestimmt worden. Der letzte direkt thermochemisch bestimmte Wert ist 105 kcal[1]. Da diese Größe sehr häufig benutzt wird zur Berechnung weiterer Wärmetönungen, in physikalischen und chemischen Kreisprozessen usw., ist ihre genaue Festlegung durch ein optisches Verfahren wichtig.

Witmer[2] hat einen Bandenzug des Wasserstoffviellinienspektrums analysiert, den Lyman im Vakuumultraviolett zwischen 1650 und 1050 Å in einem Gemisch von viel Argon und wenig

[1] Bichowski, F. R. u. L. C. Copeland: J. Amer. Chem. Soc. Bd. 50 (1928) S. 1315. Von K. Wohl [Z. Elektrochem. Bd. 30 (1924) S. 49] war nach der Explosionsmethode 95 kcal angegeben worden.

[2] Witmer, E. E.: Physic. Rev. Bd. 28 (1926) S. 1223.

Wasserstoff in Emission erhalten hat. Hierbei werden die H_2-Moleküle durch Zusammenstöße mit den A-Atomen zu einem bestimmten Anfangsniveau angeregt. Infolgedessen zeichnet sich der Bandenzug durch besondere Einfachheit aus, so daß der Gang der Schwingungsquanten mit der Quantenzahl direkt daraus abgelesen werden kann. WITMER erhielt aus der Extrapolation der ziemlich stark abnehmenden Schwingungsfrequenzdifferenzen auf den Wert $\omega_v = 0$ für diese Stelle 4,34 e-Volt Energie. Da der Endzustand der Emissionsbanden der schwingende Normalzustand ist, liefert die Extrapolation der Schwingungsquanten direkt die Dissoziationsarbeit des Wasserstoffmoleküls, die er somit zu 4,34 e-Volt = 100 kcal fand. Der geschätzte Fehler ist etwa $\pm$ 0,1 Volt = 2,3 kcal. Durch Auffindung eines weiteren Resonanzlinienzuges konnte BEUTLER[1] die Reihe der Schwingungsquanten des Grundzustandes um zwei weitere vermehren. Da die Schwingungsquanten rasch abnehmen, läßt sich infolgedessen jetzt ein wesentlich genauerer Wert für die Dissoziationswärme festlegen, nämlich $D = 4{,}454 \pm 0{,}005$ e-Volt oder $102{,}67 \pm 0{,}13$ kcal[2]. Für die Dissoziationsarbeit des Wasserstoffmolekülions ergibt sich nach dem Kreisprozeß $D + J_a = D_i + J_m$ der Wert $D_i = 2{,}616$ Volt oder 60,30 kcal. Hier sind die Fehlergrenzen etwas größer, da J_m etwas weniger genau als die anderen Größen bekannt ist.

Als ein weiteres Beispiel sei das Alkalimolekül *Natrium* betrachtet. Sein im Grünen gelegenes Bandensystem $^1\Pi_u \rightleftharpoons {}^1\Sigma_g$, das 2,50 e-Volt über dem Grundniveau liegt, zeigt im oberen Zustand praktisch eine Bandenkonvergenz[3], da die Schwingungsquanten bis 0,02 Volt von der Grenze verfolgt werden können. Sie enthalten 0,35 Volt Energie. Die Dissoziationsprodukte sind Na ^2P + Na ^2S, wovon das angeregte ^2P-Atom 2,09 e-Volt Energie enthält, so daß für die Dissoziationsarbeit $2{,}50 + 0{,}35 - 2{,}09 = 0{,}76$ e-Volt bleiben.

---

[1] BEUTLER, H.: Z. physik. Chem. Abt. B Bd. 27 (1934) S. 287.

[2] Man kann D auch aus dem Kreisprozeß $J_m + J_m' = D + 2\,J_a$ berechnen, wo $J_m = 15{,}37$ Volt, J_m' (Ionisierungsarbeit des Molekülions) = 16,17 Volt und $J_a = 13{,}53$ Volt ist. Es ergibt sich $D = 4{,}48$ Volt. J_m' ist quantenmechanisch berechnet [s. BURRAU, O.: Kgl. Danske Videnske Selsk. Math. phys. VII, 1927, HYLLERAAS, E. A.: Z. Physik Bd. 71 (1931) S. 739]. — Zusatz b. d. Korr.: Aus d. Rotat. Struktur an d. langw. Grenze des Absorpt. Kontinuums bei 850 Å wird von H. BEUTLER $D_{H_2} = 4.4555 \pm 0{,}0008$ e-Volt oder $102{,}72 \pm 0{,}02$ kcal errechnet. [Z. physik. Chem. Abt. B Bd. 29 (1935) S. 315.]

[3] LOOMIS, F. W. u. R. E. NUSBAUM: Physic. Rev. Bd. 40 (1932) S. 380.

Brom und *Jod* sind nach dem BIRGEschen Verfahren von BROWN[1] untersucht worden, während für die schweren Hydride (HgH, CdH usw.) sich die RYDBERGsche Darstellung gut eignet.

Bei den genannten Beispielen war eine große Anzahl von Schwingungsquanten bekannt, so daß die Extrapolation zuverlässige Werte lieferte. Vor einer Überspannung der Methode muß jedoch gewarnt werden, wenn verhältnismäßig wenige Quanten bekannt sind. Besonders bei zwei sich nahekommenden Potentialkurven ist auf Grund der Extrapolation allein eine Entscheidung darüber, zu welchen Dissoziationsprodukten die Kurven führen (Kreuzen oder Ausweichen der Kurven, S. 150), häufig nicht möglich (Beispiele sind CN, N_2^+).

Kürzlich haben LESSHEIM und SAMUEL[2] das Extrapolationsverfahren auf eine Reihe von Molekülen angewendet (BO, BeF, CaF usw.), wobei sie für die angeregten Atome auch sog. verschobene[3] Terme mit heranzogen. Dieser Hinweis ist wichtig, wie aus ihren Betrachtungen hervorgeht. Ob aber alle Schlüsse trotz der erstaunlich guten Übereinstimmung zwischen extrapolierten und berechneten Werten schon eindeutig sind, muß sich noch weiter zeigen.

Für mehratomige Moleküle ist wegen der mehrfachen Schwingungen die Anwendung von Extrapolationsverfahren zur Bestimmung von Dissoziationsarbeiten noch sehr problematisch. Für ClO_2 ist ein derartiger Versuch gemacht worden[4]; hier läßt sich die Frequenzdifferenzabnahme für die eine Schwingung verhältnismäßig weit verfolgen. Interessant ist ferner, daß ELLIS[5] in den ultraroten Spektren von flüssigen Kohlenwasserstoffen eine Reihe von Banden beobachten konnte, die sich wie bei zweiatomigen Molekülen extrapolieren lassen und Werte für die Bindungsenergien C—H und N—H in organischen Molekülen ergeben.

---

[1] BROWN, W. G.: Physic. Rev. Bd. 38 (1931) S. 709, 1179.

[2] LESSHEIM, A. u. R. SAMUEL: Z. Physik Bd. 84 (1933) S. 637.

[3] In „verschobenen" Termen, die zuerst beim Ca gefunden wurden, sind beide Valenzelektronen in angeregten Zuständen.

[4] GOODEVE, C. F. u. C. P. STEIN: Trans. Faraday Soc. Bd. 25 (1929) S. 738. — GOODEVE, C. F. u. J. I. WALLACE: Trans. Faraday Soc. Bd. 26 (1931) S. 254. — FINKELNBURG, W. u. H. J. SCHUMACHER: Z. physik. Chem. BODENSTEIN-Festband 1931 S. 704. — UREY, H. C. u. H. JOHNSTON: Physic. Rev. Bd. 38 (1931) S. 2131.

[5] ELLIS, J. W.: Physic. Rev. Bd. 33 (1929) S. 27.

γ) Bestimmung von Dissoziationswärmen aus kontinuierlichen Absorptionsspektren. 1. Methode. Ist die Lage zweier Potentialkurven so, wie wir sie in Abb. 26c besprochen hatten, d. h. liegt das Minimum des angeregten Zustandes bei bedeutend größeren Kernabständen als das des Grundzustandes und ist außerdem der angeregte Zustand erheblich lockerer gebunden als der Grundzustand, dann bewirkt die Lichtabsorption eine Dissoziation des Moleküls und das dabei entstehende Spektrum ist kontinuierlich. Aus der Lage derartiger Kontinua kann man mit einer gewissen Annäherung die Größe der Zerfallsenergie abschätzen. Die langwellige Grenze des Kontinuums liegt schon jenseits der Konvergenzgrenze des Zustandes und ergibt daher eine obere Grenze für die Dissoziationsenergie[1].

In den Fällen, in denen das Molekül in ein normales und ein angeregtes (nicht metastabiles) Atom zerfällt, verfährt man manchmal auch so, daß man statt der langwelligen Absorptionsgrenze die Atomfluoreszenz beobachtet, die bei der Rückkehr des angeregten Atoms in den Grundzustand ausgestrahlt wird[2]. Die längste eingestrahlte Wellenlänge, die noch Atomfluoreszenz ergibt, entspricht dann der langwelligen Grenze des Absorptionskontinuums und stellt einen oberen Grenzwert für die Dissoziationswärme dar.

Eine weitere Möglichkeit der Abschätzung von D aus kontinuierlichen Spektren ergibt sich aus den auf S. 123 diskutierten Intensitätsfluktuationen. Hat der obere Zustand, d. h. der Endzustand der Absorption, eine außerordentlich kleine Dissoziationsarbeit, so hat das Spektrum das Aussehen diffuser Banden, deren Abstände die Schwingungsquanten des Normalzustandes darstellen, wenn man die Neigung der oberen Potentialkurve vernachlässigen kann. Diese Schlüsse gingen unmittelbar aus Abb. 44 hervor. Aus der kurzwelligsten Bande ergibt sich dann ein ungefährer Wert für die Dissoziationsarbeit[3].

Man kann sich leicht überlegen, wann die mit Hilfe kontinuierlicher Absorptionsspektren abgeschätzten Dissoziationsarbeiten zu große oder zu kleine Werte ergeben. Prinzipiell liegen für die Bestimmung aus der langwelligen Grenze eines Absorptions-

[1] Franck, J., H. Kuhn u. G. Rollefson: Z. Physik Bd. 43 (1927) S. 155.

[2] Terenin, A.: Z. Physik Bd. 37 (1926) S. 98.

[3] Sommermeyer, K.: Z. Physik Bd. 56 (1929) S. 548.

kontinuums und aus der auftretenden Linienfluoreszenz die gleichen Fehlermöglichkeiten vor. Erfolgt die zur Dissoziation führende Lichtabsorption nicht vom schwingungslosen, sondern von einem mehr oder weniger stark schwingenden Zustand aus, so wird die aus der Grenzwellenlänge berechnete Dissoziationsarbeit dadurch zu klein erscheinen. Der Fehler kann durch Beobachtungen bei möglichst tiefen Temperaturen klein gemacht werden. Jedenfalls darf man nicht aus einer äußerst schwachen langwelligen Verlängerung der Absorptionskurve Schlüsse auf Dissoziationswärme und Bindungsart ziehen. Näheres s. S. 303.

Während der eben besprochene Fehler übersehbar ist, ist das für den andern zu erwähnenden nicht zu sagen. Es ist nämlich ohne genaue Kenntnis der Potentialkurven nicht anzugeben, mit welcher kinetischen Relativenergie die beiden Atome sich trennen, d. h. wie weit die langwellige Grenze von der zugehörigen Bandenkonvergenzstelle entfernt liegt. Bei der Fluoreszenzmethode könnte diese Relativenergie mit Hilfe des DOPPLER-Effektes bestimmt werden. Bisher ist nur qualitativ von HOGNESS und FRANCK[1] gezeigt worden, daß mit abnehmender Wellenlänge des eingestrahlten Lichtes ein zunehmender DOPPLER-Effekt des ausgesandten Fluoreszenzlichtes zu beobachten ist. Unabhängig von den genannten der Methode an sich anhaftenden Fehlern ist zu sagen, daß rein experimentell das Fluoreszenzverfahren größere Genauigkeit zu besitzen scheint, da es leichter ist, das erste Auftreten einer Fluoreszenz nachzuweisen, als den langwelligen Beginn eines kontinuierlichen Spektrums sicherzustellen.

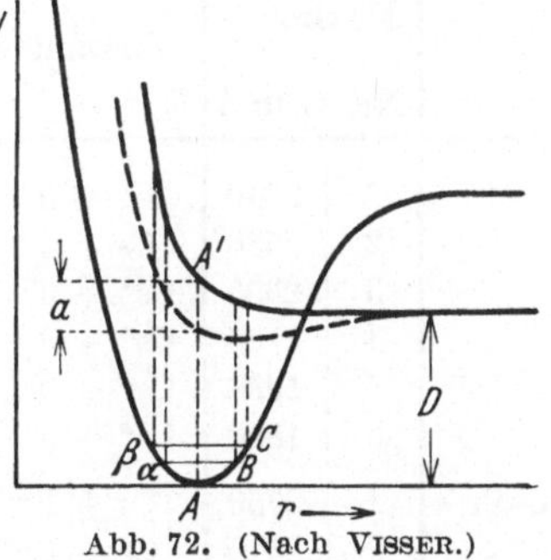

Abb. 72. (Nach VISSER.)

Die Methode von SOMMERMEYER, nach der D aus der kurzwelligen Grenze diffuser Absorptionsbanden bestimmt wird, kann prinzipiell zu kleine oder zu große Werte liefern. Zu *kleine* Werte werden wir erwarten, wenn die Absorption von einem mehr oder weniger stark schwingenden Zustand aus erfolgt. Das ist meistens der Fall. Dafür gilt das oben Gesagte. Zu *große* Werte für D können wir erwarten, wenn die Potentialkurve des oberen Zustandes den in Abb. 72 gezeichneten Verlauf hat (der bisher angenommene

[1] HOGNESS, T. R. u. J. FRANCK: Z. Physik Bd. 44 (1927) S. 26.

Verlauf ist gestrichelt gezeichnet). Gibt der Übergang AA' noch eine diffuse Bande, so würde der aus der entsprechenden kurzwelligen Grenze berechnete Wert von D zu groß sein[1]. Anscheinend ist dieser Fall bisher noch nicht beobachtet worden.

2. Beispiele. *Alkalihalogenide.* Die Verwendbarkeit der betrachteten Methoden ist vor allem durch zahlreiche Beispiele

Tabelle 14. Optisch beobachtete Dissoziationsprozesse in den Alkalihalogeniden[2].

	Maximum		Zuordnung	Abstände der Maxima		Atomtermdifferenz	
	Nr.	λ in Å		Nr.	cm^{-1}	cm^{-1}	Deutung
CsJ	1	3240	Cs + J	1—2	7900	7600	J $^2P_{\frac{1}{2}} - {}^2P_{\frac{3}{2}}$
	2	2580	Cs + J*	1—3	10900	11450	Cs 2 ^2P — 1 ^2S
	3	2395	Cs* + J	1—4	16200	14550	Cs 3 ^2D — 1 ^2S
	4	2125	Cs* + J	1—5	19400	18550	Cs 2 ^2S — 1 ^2S
	5	1990	Cs* + J	1—6	23200	21850	Cs 3 ^2P — 1 ^2S
	6	1850	Cs* + J				
CsBr	1	2750	Cs + Br	1—2	3000	3700	Br $^2P_{\frac{1}{2}} - {}^2P_{\frac{3}{2}}$
	2	2540	Cs + Br*				
CsCl	1, 2	2470	Cs + Cl(Cl*)	1—3	11000	11450	Cs 2 ^2P — 1 ^2S
	3, 4	1940	Cs* + Cl				
RbJ	1	3240	Rb + J	1—2	8000	7600	J $^2P_{\frac{1}{2}} - {}^2P_{\frac{3}{2}}$
	2	2580	Rb + J*	1—3	11200	12700	Rb 2 ^2P — 1 ^2S
	3	2380	Rb* + J				
RbBr	1	2800	Rb + Br	1—2	3000	3700	Br $^2P_{\frac{1}{2}} - {}^2P_{\frac{3}{2}}$
	2	2580	Rb + Br*				
NaJ	1	3240	Na + J	1—2	8000	7600	J $^2P_{\frac{1}{2}} - {}^2P_{\frac{3}{2}}$
	2	2580	Na + J*	1—3	16300	16950	Na 2 ^2P — 1 ^2S
	3	2120	Na* + J				
NaBr	1	2750	Na + Br	1—2	3600	3700	Br $^2P_{\frac{1}{2}} - {}^2P_{\frac{3}{2}}$
	2	2500	Na + Br*				

unter den Alkalihalogenidmolekülen belegt. Es besitzen alle untersuchten Alkalihalogenide kontinuierliche Absorptionsspektren,

[1] Eine Diskussion der verschiedenen Fehlermöglichkeiten siehe z. B. auch bei G. H. VISSER: Dissertation Delft 1932.

[2] Die Werte für RbBr und NaBr sind dem zusammenfassenden Bericht von W. FINKELNBURG entnommen [Physik. Z. Bd. 34 (1933) S. 541].

von denen das langwelligste dem Zerfall in normale Atome entspricht, während die kurzwelligeren angeregte Dissoziationsprodukte ergeben. Die Dissoziationsarbeit D läßt sich dann aus der langwelligen Grenze des langwelligsten Kontinuums abschätzen, sowie aus der Deutung der Dissoziationsprozesse, die die kurzwelligeren Kontinua veranlassen. Die Abstände der Kontinuumsmaxima entsprechen nämlich sehr nahe den verschiedenen Anregungsstufen der Atome. So ist es z. B. SCHMIDT-OTT[1] gelungen, aus den Abständen der Maxima der einzelnen kontinuierlichen Absorptionen der dampfförmigen Alkalihalogenide jedem Kontinuum einen bestimmten Dissoziationsprozeß zuzuordnen, wie aus der vorstehenden Tabelle 14 hervorgeht. Kennt man also die Dissoziationsprodukte der verschiedenen Kontinua, so ist von der Energie ihrer langwelligen Grenze jeweils nur die betreffende atomare Anregungsenergie abzuziehen, um D zu bekommen. Allerdings sind die langwelligen Grenzen der höheren Molekülzustände meist noch ungenauer definiert als die des ersten Absorptionsgebietes. Hier wie dort ist offenbar das Fluoreszenzverfahren aus den vorher erwähnten Gründen genauer. So haben BUTKOW und TERENIN[2] bei Bestrahlung von CsJ-Dampf mit den Wellenlängen 2085 ± 60 Å entsprechend 136 ± 4 kcal die Cs-Linien 4555/93 Å entsprechend 62 kcal beobachten können. Die Differenz $136 \pm 4 - 62 = 74 \pm 4$ kcal gibt die gesuchte Dissoziationsarbeit. Ebenso hat VISSER[3] bei Bestrahlung von LiBr-Dampf mit $\lambda \leqq 2040 \pm 20$ Å die rote Lithium-Linie 6706 Å in Fluoreszenz erhalten. Daraus berechnet sich die Dissoziationswärme zu $D = 139{,}3 \pm 1{,}4 - 42{,}4 = 96{,}9 \pm 1{,}4$ kcal[4].

Als Beispiel für eine nach der SOMMERMEYER-Methode berechnete Trennungsarbeit sei D von CsJ genannt. Hier hat SOMMERMEYER 32 Schwingungsquanten des Grundzustandes ausmessen können. Die kurzwellige Grenze liegt bei 27166 cm^{-1}, woraus sich D zu $77{,}3 \pm 2{,}3$ kcal berechnet.

Bei *mehratomigen* Molekülen treten kontinuierliche Absorptionsspektren häufig auf. Die Energie ihrer langwelligen Grenzen

[1] SCHMIDT-OTT, H. D.: Z. Physik Bd. 69 (1931) S. 724.

[2] BUTKOW, K. u. A. TERENIN: Z. Physik Bd. 49 (1928) S. 865.

[3] VISSER, G. H.: Physica Bd. 9 (1929) S. 115. — Dissertation Delft 1932.

[4] Die angegebenen Fehlergrenzen beziehen sich auf die Genauigkeit der experimentellen Bestimmung, nicht auf die der Methode an sich anhaftenden Fehlermöglichkeiten, die naturgemäß schwer abzuschätzen sind.

kann wieder nur einen oberen Grenzwert für die betreffende Dissoziationswärme liefern. Es können jetzt die Dissoziationsprodukte nicht nur kinetische Energie erhalten, sondern auch innere Energie in Form von Schwingungen und Rotationen, so daß man noch weniger als bei zweiatomigen Molekülen erwarten wird, daß die aus den Absorptionsgrenzen berechneten Dissoziationsenergien den wirklichen Werten sehr nahekommen. Die Abstände der Maxima werden mit der Elektronenanregungsenergie der Dissoziationsprodukte nur übereinstimmen, wenn es sich um angeregte Atome handelt. Wenn man nicht gleichzeitig eine Schätzung aus andern, z. B. thermochemischen Daten hat, wird man auf die besprochene optische Schätzung nicht allzuviel Wert legen dürfen. Es ist eben eigentlich so, daß man vielmehr die thermochemisch oder anderweitig bestimmte Dissoziationsarbeit zur Deutung des Prozesses benutzt, der der kontinuierlichen Absorption zugrunde liegt. So darf man z. B. nicht, wie A. K. DATTA[1] getan hat, den aus einer langwelligen Grenze des Absorptionskontinuums von SO_3 bei 3300 Å berechneten Wert von 128 kcal für die Dissoziationsarbeit des Sauerstoffs für sehr genau halten. Der Wert kann nur eine obere Grenze sein, da die beobachtete langwellige Grenze für den Dissoziationsprozeß $SO_3 = SO_2 + O$ nur einen oberen Grenzwert darstellt, mit dessen Hilfe D_{O_2} ausgerechnet wurde. Man wird umgekehrt vorgehen und die Wärmetönung für den Prozeß $SO_3 = SO_2 + O$ mit Hilfe der genau bekannten Dissoziationsarbeit des Sauerstoffs und thermochemischen Daten berechnen und den gefundenen Wert mit der beobachteten Grenzwellenlänge des Kontinuums vergleichen. Die Berechnungsweise ist folgende:

$$\begin{array}{rcll} SO_2 & = & [S] + O_2 & -\,69{,}3\ \text{kcal} \\ [S] + {}^3/_2\,O_2 & = & SO_3 & +\,91{,}9\ \text{kcal} \\ \hline SO_2 + {}^1/_2\,O_2 & = & SO_3 & +\,22{,}6\ \text{kcal} \\ O & = & {}^1/_2\,O_2 & +\,58{,}7\ \text{kcal} \\ \hline SO_2 + O & = & SO_3 & +\,81{,}3\ \text{kcal.} \end{array}$$

Dieser Wert ist zu vergleichen mit der Energie, die der Grenzwellenlänge von 3300 Å entspricht, nämlich 86,7 kcal. Der Rest von 5,4 kcal bleibt als Translations- und Schwingungsenergie in den Zerfallsprodukten.

[1] DATTA, A. K.: Nature Lond. Bd. 129 (1932) S. 317. — Proc. Roy. Soc., Lond. A Bd. 139 (1933) S. 397.

Etwas anders liegt der Fall, wenn man mit der Untersuchung eine Fluoreszenzbeobachtung verbindet. Damit stellt man wenigstens die entstehenden Dissoziationsprodukte sicher, so daß auch ohne anderweitig bekannte Wärmetönungen der betreffende Dissoziationsprozeß erkannt werden kann. Näheres siehe in dem Abschnitt über Photochemie.

d) Bestimmung von Dissoziationswärmen aus Prädissoziationsspektren. 1. Zweiatomige Moleküle. Die Erscheinung der Prädissoziation, daß von einer bestimmten Kante eines Bandensystems an die durch die Rotation verursachte Feinstruktur verwischt ist, wurde ausführlich in einem besonderen Abschnitt besprochen (S. 107f.). Die Erklärung war kurz gesagt die, daß von dieser Stelle an der Anregungszustand unstabil wird, indem ein Übergang nach einem dissoziierten Zustand möglich wird. Aus der Energie dieser Stelle ist die Dissoziationswärme berechenbar, sowie die Natur der entstehenden Dissoziationsprodukte bekannt ist. Wir hatten schon erwähnt (S. 115 und 131), daß nicht immer das Abbrechen der Banden in Emission genau an *der* Stelle der Rotationsstruktur zu erwarten ist, die der Dissoziationsgrenze entspricht. Benutzt man nämlich, um den wirklichen Verhältnissen besser gerecht zu werden, die Potentialkurven für das schwingende *und* rotierende Molekül, d. h. die effektiven Kurven $U_0(r) + T(r)$ von S. 128, so könnte die Abbruchstelle auch etwas oberhalb der Trennungsarbeit liegen, wenn die Kurven α und α' einen Verlauf haben, wie in Abb. 73 gezeichnet ist.

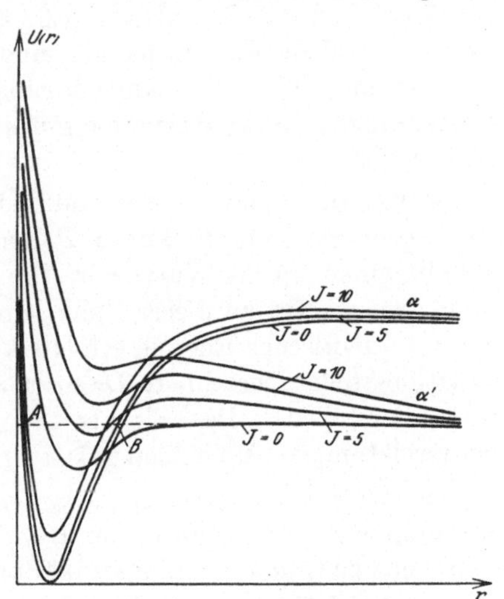

Abb. 73. Effektive Potentialkurven für Prädissoziation. (Nach HERZBERG.)

Ein Beispiel, für das sicher eine Lage der Potentialkurven wie in Abb. 40 a und b zutrifft, bildet das schon erwähnte CaH, dessen Potentialkurven auf S. 117 wiedergegeben sind. Die Abbruchstelle der Bande $v' = 0$ (2534 Å) des $C\,^2\Sigma \rightarrow X\,^2\Sigma$-Systems liegt bei 28467,5 cm^{-1} ($K = 9$ im R-Zweig). Dazu kommen 8 Rotationsquanten des Grundzustandes (380,0 cm^{-1}), um die energetische Höhe über dem rotationslosen Normalzustande zu geben. Die Summe 28847 cm^{-1} entspricht dann der Konvergenzgrenze des störenden Zustandes $^2\Sigma$. Dieser gibt in der Grenze ein normales H-Atom und ein Ca-Atom im $^3P_1$-Zustand (15210 cm^{-1}). Daraus errechnet sich die Dissoziationsarbeit zu $28847 - 15210 = 13637$ cm^{-1} oder 38,7 kcal bzw. 1,68 e-Volt[1]. Dieser Wert ist aber trotz des jähen Einsetzens als eine obere Grenze zu betrachten, wenn auch, wie GRUNDSTRÖM gezeigt hat, die Berücksichtigung der Rotationsenergie nur eine sehr geringfügige Korrektion ergibt.

Besitzt der störende Zustand kein Potentialminimum, so ist die zugehörige Potentialkurve α' eine Abstoßungskurve und der Schnittpunkt mit der Kurve α in Abb. 40c liegt oberhalb der Asymptote von α'. Da an dieser Stelle eine Disoziation mit mehr oder weniger kinetischer Energie erfolgt, können aus derartigen Prädissoziationsstellen berechnete Dissoziationswärmen nur obere Grenzwerte darstellen[2]. Der Einsatz der Prädissoziation ist trotzdem bei zweiatomigen Molekülen relativ jäh (S. 113).

Ein solcher Fall liegt beim S_2 vor. Da aber hier der zweite Schnittpunkt fast genau in der Höhe der Asymptote von α' liegt, sollte die von CHRISTY und NAUDÉ[3] daraus berechnete Dissoziationsarbeit von 4,45 e-Volt doch recht genau sein. Eine sehr zuverlässige Bestimmung liegt für P_2 vor[4]. Hier wurde das Abbrechen in zwei aufeinanderfolgenden Schwingungsniveaus bei energetisch verschieden hoch liegenden Rotationsquanten beobachtet. Aus einer Berücksichtigung der effektiven Potentialkurven und ihrer Diskussion wurden eine obere und untere Grenze für die Trennungsarbeit abgeleitet, die zu $D = 5{,}008 \pm 0{,}002$ Volt festgelegt wurde. Mit der gleichen Genauigkeit hatte MARTIN[5] die Dissoziationsarbeit des SO zu 5,053 e-Volt oder 116,47 kcal bestimmt, wobei er ebenfalls die effektiven Potentialkurven benutzte (S. 131).

---

[1] GRUNDSTRÖM, B.: Z. Physik Bd. 69 (1931) S. 235.

[2] HERZBERG, G.: Z. Physik Bd. 61 (1930) S. 604. — Z. physik. Chem., Abt. B Bd. 10 (1930) S. 189.

[3] CHRISTY, A. u. S. M. NAUDÉ: Physic. Rev. Bd. 37 (1931) S. 490, 903.

[4] HERZBERG, G.: Ann. Physik Bd. 15 (1932) S. 677.

[5] MARTIN, E. V.: Physic. Rev. Bd. 41 (1932) S. 167.

2. Mehratomige Moleküle. Der Einsatz der Prädissoziation ist bei mehratomigen Molekülen nicht so scharf wie bei zweiatomigen, selbst wenn es sich um ein „jähes“ Einsetzen handelt. Und das unscharfe Einsetzen kann sich bei ihnen sogar auf viele 100 Å erstrecken. Die Gründe für dieses Verhalten waren im Kapitel III, Abschnitt B, § 5 auseinandergesetzt worden. Fernerhin war vermutet worden, daß in den meisten Fällen die Dissoziationsprodukte kinetische und Schwingungsenergie mitbekommen werden und daß eine Dissoziation des Moleküls ohne Überschußenergie mehr oder weniger ein Spezialfall sein wird. Für die Gesichtspunkte dieses Kapitels bedeutet das eine erhebliche Unsicherheit in der Bestimmung von Trennungsarbeiten aus Prädissoziationsspektren mehratomiger Moleküle. Wir sind nicht sehr viel besser daran als mit der Bestimmung aus kontinuierlichen Absorptionsspektren. Die Prädissoziationsgrenzen geben nur sehr ungefähre obere Grenzwerte für D. Meist wird man auch hier ein anderes Ziel verfolgen, nämlich die Deutung des photochemischen Dissoziationsprozesses, der durch die Prädissoziation hervorgerufen wird, mit Hilfe der nach andern Methoden bestimmten Wärmetönung.

Wir wollen als Beispiele die Moleküle NO_2 und SO_2 betrachten, deren Prädissoziationsspektren auf S. 239 und 240 ausführlich diskutiert wurde.

Die scharfe Prädissoziationsgrenze im Spektrum des NO_2 liegt bei 2450 Å und entspricht dem Prozeß $NO_2 = NO + O\,(^1D) -$ 116,2 kcal. Daß das NO im schwingungslosen $^2\Pi$-Grundzustand ist und beide Partner keine wesentliche kinetische Energie erhalten, geht daraus hervor, daß aus der thermochemischen Gleichung $NO_2 = NO + {}^1/_2\, O_2 - 13{,}5$ kcal mit Hilfe von $D_{O_2} = 117{,}3$ kcal und der Anregung des Sauerstoff-^1D-Terms von 45,4 kcal für die Wärmetönung des obigen Prozesses 117,6 kcal erhalten wird. Ursprünglich ist, als man die Dissoziationsarbeit des Sauerstoffs noch nicht genau kannte, die obige Gleichung zu seiner Bestimmung benutzt worden[1]. Es war eine zeitlang die genaueste Bestimmung dieser Größe.

Die Prädissoziationsgrenze des SO_2 bei 1950 Å, die ziemlich scharf ist, entspricht 147 kcal und dem Prozeß $SO_2 = SO + O$.

[1] KONDRATJEW, V.: Z. physik. Chem., Abt. B Bd. 7 (1930) S. 70. — Siehe auch MECKE, R.: Naturwiss. Bd. 17 (1929) S. 996. — HENRI, V.: Nature, Lond. Bd. 125 (1930) S. 202.

Seine Wärmetönung läßt sich unabhängig von der Prädissoziation folgendermaßen bestimmen:

$^1/_2\,S_2 + O_2 = SO_2$	$+\ 83$	kcal	(thermoch. von FERGUSON angegeben)
$S = {^1/_2}\,S_2$	$+\ 51{,}3$	kcal	(Prädiss. von S_2)
$S + O_2 = SO_2$	$+\ 134{,}3$	kcal	
$2\,O = O_2$	$+\ 117{,}3$	kcal	(Bandenkonv. des O_2)
$S + 2\,O = SO_2$	$+\ 251{,}6$	kcal	
$SO = S + O$	$-\ 117{,}6$	kcal	(Prädiss. des SO)
$SO + O = SO_2$	$+\ 134{,}0$	kcal	

Der Vergleich der beiden Zahlen (147 und 134 kcal) ergibt, daß die Prädissoziation mit 13 kcal Überschußenergie erfolgt, die als Schwingungs- und Translationsenergie der Dissoziationsprodukte Verwendung finden. Wir sehen daran, daß man trotz des verhältnismäßig scharfen Einsatzes der Verwaschenheit der Banden eigentlich nicht davon sprechen kann, hier eine Bestimmungsmöglichkeit für D in der Hand zu haben. Es ergibt sich nur ein oberer Grenzwert.

c) Methoden unter Zuhilfenahme spektroskopischer Verfahren.

α) **Kreisprozesse und chemische Gleichungen unter Verwendung spektroskopisch bestimmter Größen.** Schon bei Besprechung der Extrapolationsmethoden war erwähnt worden, daß D berechnet werden kann, wenn die Dissoziationsarbeit D_i des Molekülions und die Ionisierungsarbeiten J_a des neutralen Atoms und J_m des neutralen Moleküls bekannt sind[1]:

$$D + J_a = D_i + J_m.$$

Sind die einzelnen Größen rein spektroskopisch bestimmt worden, dann müssen wir diese Bestimmungsart zu den rein spektroskopischen Methoden zählen — in diesem Sinne wurde sie auf S. 248 benutzt —, sie können aber auch teilweise oder ganz durch Elek-

[1] Über einen anderen Kreisprozeß zur Bestimmung der Dissoziationsarbeit siehe J. SAVARD: J. Physique Radium Série VII Bd. 4 (1933) S. 650; Helv. chim. Acta Bd. 17 (1934) S. 1466. SAVARD postuliert aus einer Diskussion der Potentialkurven, daß D aus den Ionisierungsarbeiten des Moleküls und der Einzelatome berechnet werden kann. Seine Überlegungen können jedoch nur genäherte Werte ergeben.

tronenstoßmessungen mit elektrischer oder optischer Beobachtung festgelegt werden. Zu diesen gehören auch die experimentellen Verfahren, die durch $\frac{e}{m}$-Bestimmungen die Natur der bei einer bestimmten Ionisierungsstufe gebildeten Ionen feststellen. Auf diese Weise läßt sich z. B. aus Elektronenstoßmessungen von HOGNESS und LUNN[1] die Dissoziationsarbeit des N_2^+ zu 6,8 Volt abschätzen[2].

Häufig wird man in chemischen Kreisprozessen spektroskopisch bestimmte Trennungsarbeiten zu verwenden trachten, um weitere Werte zu berechnen. Als Beispiel nehmen wir das NO, dessen Dissoziationsarbeit jetzt seit der endgültigen Festlegung derjenigen von Stickstoff[3] aus folgendem Kreisprozeß gewonnen werden kann:

$$\begin{aligned} NO &= {}^1/_2\, O_2 + {}^1/_2\, N_2 + 21{,}57 \text{ kcal}^4 \\ {}^1/_2\, O_2 &= O \qquad - 58{,}7 \text{ kcal} \\ {}^1/_2\, N_2 &= N \qquad - 84{,}7 \text{ kcal} \\ \hline NO &= O + N \qquad - 121{,}8 \text{ kcal} = 5{,}3 \text{ e-Volt.} \end{aligned}$$

Als weiteres Beispiel sei die Berechnung der Energie für die Anlagerung des zweiten Halogenatoms in den dreiatomigen Quecksilber-, Cadmium- und Zinkhalogeniden erwähnt. Sie folgt aus den atomaren Bildungswärmen dieser Moleküle unter Zuhilfenahme der spektroskopisch geschätzten Dissoziationsarbeiten der Radikale HgCl usw. und ergibt, daß die Anlagerung des zweiten Halogens an ein Hg (Cd, Zn) mehr Energie liefert als die des ersten[5]. Dem Chemiker wird das plausibel erscheinen, da er weiß, daß Merkurochlorid, das in der Form Hg_2Cl_2 vorkommt, im Dampfzustand leicht in Hg und $HgCl_2$ zerfällt, entsprechend

$$2\,HgCl = Hg_2Cl_2$$
$$Hg_2Cl_2 = Hg + HgCl_2.$$

Das gleiche gilt für Hg_2Br_2*. Nach den für $HgCl_2$ gefundenen Zahlen[6] ist die Wärmetönung für den Prozeß

$$HgCl_2 + Hg = 2\,HgCl - 40 \text{ kcal},$$

[1] HOGNESS, T. R. u. E. G. LUNN: Physic. Rev. Bd. 26 (1925) S. 786.
[2] SPONER, H.: Naturwiss. Bd. 14 (1926) S. 275.
[3] HERZBERG, G. u. H. SPONER: Z. physik. Chem., Abt. B (Bd. 26 1934) S. 1.
[4] LANDOLT-BÖRNSTEIN: 1923 S. 1495.
[5] SPONER, H.: Z. physik. Chem., Abt. B Bd. 11 (1931) S. 425.
* JUNG, G. u. W. ZIEGLER: Z. physik. Chem., Abt. A Bd. 150 (1930) S. 139.
[6] $HgCl + Cl = HgCl_2 + 72$ kcal; $Hg + Cl = HgCl + 32$ kcal; $Hg + 2\,Cl = HgCl_2 + 104{,}2$ kcal.

während sich für den festen Zustand aus bekannten Wärmetönungen ergibt:

$$[HgCl_2] + Hg_{fl} = 2\,[HgCl] + 11\ \text{kcal}.$$

Es ist danach verständlich, daß beim Verdampfen $Hg + HgCl_2$ entsteht, während sich beim Erkalten Kalomel zurückbildet. Die beiden Gleichungen erläutern also das unterschiedliche Verhalten des Kalomels im festen und gasförmigen Zustand.

Aus den beiden letzten Gleichungen kann mit Hilfe der bekannten Verdampfungswärmen von Hg (14,7 kcal) und von $[HgCl_2]$ (20 kcal) diejenige von [HgCl] ausgerechnet werden. Es ergibt sich hierfür 43 kcal. In derselben Weise findet man die Verdampfungswärmen von [HgBr] und [HgJ] zu 41 kcal, während die von $[HgBr_2]$ und $[HgJ_2]$ rund 20 kcal betragen. Die Verdampfungswärmen der einwertigen Hg-Verbindungen sind also etwa doppelt so groß wie die der zweiwertigen. Diesem Umstand ist es zu verdanken, daß die einwertigen Salze trotz der sehr viel geringeren Bindungsfestigkeit, verglichen mit den zweiwertigen, neben diesen vorkommen. Die hohen Verdampfungswärmen stabilisieren also gewissermaßen die sonst unbeständigen Verbindungen.

β) Bestimmung von Dissoziationswärmen aus Chemilumineszenzen. Die Chemilumineszenz-Erscheinungen werden im letzten Kapitel in einem besonderen Abschnitt besprochen. Daher soll hier der Gedankengang nur mit wenigen Worten angegeben werden. Läßt man Atome sich zu Molekülen vereinigen und verwendet die dabei freiwerdende Energie (Verbindungswärme) zur Anregung von Atomen und Molekülen des gleichen oder eines zugesetzten Gases, so ergibt die höchste Anregungsstufe eine obere Grenze für die Dissoziationsarbeit, sobald keine sekundären Prozesse auftreten. Die Unsicherheit der Methode liegt darin, daß die letzteren häufig nicht einwandfrei erkannt werden können.

Besonders untersucht ist die Chemilumineszenz der „hochverdünnten Flammen“ (s. S. 451). In der einen Gruppe von Untersuchungen wurde Na-Dampf z. B. mit den Halogenen Cl_2, Br_2 und J_2 derart zusammengebracht, daß eine hochverdünnte Flamme entstand. Dabei traten die *D*-Linien in Chemilumineszenz auf. POLANYI und Mitarbeiter[1] haben ein Reaktionsschema für die primären und die sekundären Prozesse aufgestellt und untersucht, ob das Licht seinen Ursprung den Primär- oder den Sekundärreaktionen verdankt. Man kann auf diese Weise Schlüsse auf die Bindungsenergien der einzelnen Verbindungsstufen ziehen. Außerdem wurden die Dissoziationsarbeiten der Moleküle Na_2 und

---

[1] POLANYI, M. u. Mitarbeiter: Z. physik. Chem., Abt. B Bd. 1 u. f.

K_2 ermittelt, indem eine Messung der Lichtintensität bei verschieden starker Überhitzung der Flammenzone erfolgte (S. 454 Anm.). Die Werte sind $D_{Na_2} = 18{,}5 \pm 1$ kcal und $D_{K_2} = 12{,}5 \pm 2$ kcal.

γ) Bestimmung von Dissoziationswärmen aus sensibilisierten Photoreaktionen. Auch die eigentliche Besprechung der sensibilisierten Photoreaktionen soll erst im letzten Kapitel und ihre kurze Erwähnung hier nur erfolgen, weil sie sachlich auch an dieser Stelle genannt werden müssen. An Bedeutung für die Bestimmung von Dissoziationsarbeiten stehen sie ebenso wie die Methode der Chemilumineszenzen stark hinter den schon genannten Verfahren zurück. Als Beispiel sei die durch angeregten Hg-Dampf sensibilisierte Wasserdampfzersetzung in OH + H von SENFTLEBEN und Mitarbeitern[1] genannt, die für diese Wärmetönung einen Wert von $5{,}11 \pm 0{,}04$ e-Volt oder $117{,}8 \pm 0{,}9$ kcal angeben.

δ) Berechnung von Dissoziationswärmen aus optisch bestimmten Dissoziationsgleichgewichten. Die Beispiele für die aus optisch bestimmten Dissoziationsgleichgewichten ermittelten Trennungsarbeiten sind wieder zahlreicher. Das Prinzip des Verfahrens läßt sich mit wenigen Worten erklären.

1. Es werden Absorptionsbanden bei verschiedenen Drucken und Temperaturen aufgenommen. Aus ihrer Stärke, die durch Photometrieren festgestellt wird, läßt sich die Konzentration der jeweils vorhandenen Moleküle bestimmen, woraus dann weiterhin in Verbindung mit thermochemischen Gleichungen die Dissoziationsarbeit berechnet werden kann. So ermittelten zuerst FRANCK und GROTRIAN[2] die außerordentlich kleine Dissoziationsarbeit des Quecksilbermoleküls, die dann von KOERNICKE[3] nach dem gleichen Verfahren genauer zu 0,06 e-Volt oder 1,4 kcal festgelegt wurde. Später haben KUHN und FREUDENBERG[4] die Messung unter besseren experimentellen Bedingungen wiederholt und dafür 1,6 kcal gefunden.

Im Prinzip nach dem gleichen Verfahren ist von BONHOEFFER und REICHARDT[5] die Wärmetönung für den Prozeß $H_2O \rightarrow OH + H$

[1] RIECHEMEIER, O., H. SENFTLEBEN u. H. PASTORFF: Ann. Physik Bd. 19 (1934) S. 202.

[2] FRANCK, J. u. W. GROTRIAN: Z. techn. Physik Bd. 3 (1922) S. 194.

[3] KOERNICKE, E.: Z. Physik Bd. 33 (1925) S. 219.

[4] KUHN, H. u. K. FREUDENBERG: Z. Physik Bd. 76 (1932) S. 38.

[5] BONHOEFFER, K. F. u. H. REICHARDT: Z. physik. Chem., Abt. A Bd. 139 (1929) S. 75.

ermittelt worden. Sie ist 115 ± 2,5 kcal. Der Wert stimmt innerhalb der Fehlergrenzen mit dem von SENFTLEBEN und Mitarbeitern gewonnenen überein.

2. Statt Absorptionsbanden kann man auch Fluoreszenzbanden untersuchen. Aus ihrer Stärke (Photometrieren) bei verschiedenen Temperaturen läßt sich die Dampfdruckkurve des betreffenden Moleküls entnehmen, daraus seine Verdampfungswärme berechnen und durch Kombination mit der atomaren Verdampfungswärme seine Bildungswärme $Q = D$ bestimmen.

Man kann aber auch aus der Stärke der Bandenfluoreszenz (Photometrieren) die Abnahme der Molekülkonzentration bei konstantem Dampfdruck und wachsender Temperatur bestimmen und daraus die Dissoziationswärme D berechnen.

So haben CARRELLI und PRINGSHEIM[1] aus der Fluoreszenz der roten Kaliumbanden die Dissoziationswärme des K_2-Moleküls zu 13,4 ± 3 kcal bestimmt. In diesen Abschnitt gehört auch eigentlich die Ermittlung der schon auf S. 265 erwähnten Trennungsarbeiten von Na_2 und K_2 aus Chemilumineszenz-Erscheinungen. Es handelt sich nämlich dabei um nichts anderes als ein optisch bestimmtes Dissoziationsgleichgewicht, denn aus der Stärke der Chemilumineszenz bei variabler Erhitzung wird die Dampfdruckkurve gewonnen[2].

ε) Schlußbemerkungen. Es ist klar, daß sich die Dissoziationsarbeiten der Elementmoleküle und der Verbindungen im periodischen System gesetzmäßig ändern. Z. B. weisen Oxyde, Dioxyde, Sulfide usw. innerhalb einer Periode einen regelmäßigen Gang auf, wie BAILEY[3] bemerkt hat. Derartige graphische Darstellungen können nützlich für die Abschätzung einer unbekannten oder einer nur ungefähr bestimmten Bildungswärme sein, deren Wert sie interpolatorisch unter Umständen besser festzulegen gestatten. Wir kommen auf solche Gesetzmäßigkeiten noch im Kapitel über chemische Bindung zurück.

Auf bestimmten Gesetzmäßigkeiten beruht schließlich auch ein Abschätzungsverfahren, das auf einen Vorschlag von EUCKEN[4]

---

[1] CARRELLI, A. u. P. PRINGSHEIM: Z. Physik Bd. 44 (1927) S. 643.

[2] Auf eine sehr hübsche Weise sind die Dissoziationsarbeiten der Alkalimoleküle von L. C. LEWIS [Z. Physik Bd. 69 (1931) S. 786] bestimmt worden. Er untersuchte das Gleichgewicht zwischen Atomen und Molekülen nach einer Molekularstrahlmethode. Die gefundenen Werte sind Li_2: 23,4 ± 1,0 kcal; Na_2: 16,8 ± 0,3 kcal; K_2: 14,5 ± 1,0 kcal.

[3] BAILEY, C. R.: Nature, Lond. Bd. 130 (1932) S. 239.

[4] EUCKEN, A.: Liebigs Ann. Bd. 440 (1926) S. 111.

zurückgeht. Es ist öfters zur Abschätzung unbekannter RAMAN-Frequenzen benutzt worden[1]. Man setzt die rücktreibende Kraft der Kerne (die für die Grundschwingungsfrequenz maßgebend ist) proportional D und führt eine unbekannte Schwingungsfrequenz auf eine bekannte in einem Molekül mit gleichartiger Bindung durch folgende Beziehung zurück $\frac{\omega_x}{\omega} = \sqrt{\frac{D_x}{D} \frac{\mu}{\mu_x}}$. Hier ist μ wieder die reduzierte Masse.

Umgekehrt kann man bei bekannten Schwingungsfrequenzen unbekannte Trennungsarbeiten D_x abschätzen. So ergeben sich z. B. für die Energien der C—H-Bindung in verschiedenen organischen Verbindungen variable Werte[2]. Zwar operiert die organische Chemie in der Regel nur mit zwei Werten, 92 kcal für die aliphatische und 101 kcal für die aromatische Bindung, doch ist eine konstitutive Beeinflussung dieser Bindung zu erwarten. Auch ELLIS hat aus Beobachtungen der Ultrarotspektren von flüssigen Kohlenwasserstoffen (Extrapolation der Konvergenz) auf eine veränderliche C—H-Bindung geschlossen (s. S. 253).

§ 2. Bestimmung der Molekülstruktur (Trägheitsmomente, Kernabstände, Winkel, Grundfrequenzen) aus den Spektren.

Obgleich wir naturgemäß bei der Besprechung der Spektren schon darauf hingewiesen haben, daß aus diesen Trägheitsmomente, Kernabstände, Valenzwinkel und Grundfrequenzen berechnet werden können, mögen hier die einzelnen Bestimmungsmöglichkeiten noch einmal zusammengestellt werden, um auch für diejenigen übersichtlich zu sein, die sich nicht sehr eingehend mit Bandenspektroskopie beschäftigt haben.

a) Bestimmung aus Ultrarotspektren.

α) Zweiatomige Moleküle. Aus den reinen Rotationsspektren sind das Trägheitsmoment und damit der Kernabstand berechenbar. Die Rotationsfrequenz wird hier gegeben durch $\nu_r = 2\,B_0(J + 1)$, wo $J = 0, 1, 2, \ldots$ und $B_0 = \frac{h}{8\,\pi^2 c\, I_0}$ ist. I_0 ist das Trägheitsmoment: $I_0 = \frac{m_1 m_2}{m_1 + m_2}\, r_0^2$. Der Index 0 bezieht sich auf die Nume-

[1] DADIEU, A. u. K. W. F. KOHLRAUSCH: Wien. Ber. Bd. 138 (1929) S. 335. — Mh. Chem. Bd. 52 (1929) S. 379. — BRAUNE, H. u. E. ENGELBRECHT: Z. physik. Chem., Abt. B Bd. 10 (1930) S. 1.

[2] Siehe K. W. F. KOHLRAUSCH: Der SMEKAL-RAMAN-Effekt, S. 168.

rierung der Schwingungsquanten und bedeutet wieder, daß die Zählung $v = 0, 1, 2, \ldots$ benutzt wird und nicht die halbzahlige Numerierung. Somit gelten I_0 und r_0 für den Zustand mit der Nullpunktsschwingung. Als Beispiel sei das HCl betrachtet. Der Abstand zweier Rotationslinien[1] voneinander beträgt 20,8 cm^{-1}, also $20{,}8 = \frac{h}{4\pi^2 c I_0}$. Der Quotient $\frac{h}{4\pi^2 c}$ hat den Zahlenwert $55{,}32 \cdot 10^{-40}$. Somit wird $I_0 = 2{,}66 \cdot 10^{-40}$. Daraus folgt für den Kernabstand mit $m_{\mathrm{H}} = 1$ und $m_{\mathrm{Cl}} = 35$ und $N = 6{,}06 \cdot 10^{23}$ der Wert $r_0 = \sqrt{\left(\frac{m_1 + m_2}{m_1 m_2}\right) \cdot I_0 N} = \sqrt{\frac{36 \cdot 1{,}6 \cdot 10^{-16}}{35}} = 1{,}3 \cdot 10^{-8}$ cm.

Auch aus dem Rotationsschwingungsspektrum sind Trägheitsmoment und Kernabstand zu entnehmen. Z. B. ist eine Linienfolge mit etwa der gleichen Frequenzdifferenz (21,5 cm^{-1}) auch im Rotationsschwingungsspektrum des HCl beobachtet worden[2]. Sie zeigt, daß die Trägheitsmomente im schwingungslosen (bzw. im Zustand der Nullpunktsschwingung) und im ersten schwingenden Zustand nahezu gleich sind, daß also die mittleren Kernabstände sich bei einer geringen Schwingung noch kaum geändert haben.

Manchmal ist eine Auflösung der ultraroten Banden nicht möglich. Dann kann man aber häufig aus der Lage des Intensitätsmaximums bei bestimmter Temperatur eine rohe Schätzung des Trägheitsmomentes vornehmen. Das Intensitätsmaximum in einem einzelnen P-, Q- und R-Zweig einer Bande liegt nahe bei $J + \frac{1}{2} = \sqrt{\frac{kT}{2hcB}}$ (s. auch S. 77). Die Stellen $J + \frac{1}{2} = \sqrt{\frac{kT}{2hcB}}$ im P- und R-Zweig liegen um die Frequenzdifferenz $\pm 2B\left(J + \frac{1}{2}\right)$ gegenüber dem Q-Zweig verschoben. Ist nun $\Delta \nu_{\max}$ der Abstand der Intensitätsmaxima im P- und R-Zweig einer Doppelbande, so gilt daher $\Delta \nu_{\max} = \frac{1}{\pi}\sqrt{\frac{kT}{I}}$ (in cm^{-1}). Hieraus ist das Trägheitsmoment auszurechnen.

Aus dem Rotationsschwingungsspektrum kann man eine wichtige Molekülgröße mehr entnehmen als aus dem Rotationsspektrum:

---

[1] Czerny, M.: Z. Physik Bd. 34 (1925) S. 227; Bd. 44 (1927) S. 235. In den Messungen ist natürlich der Abstand nicht vollkommen konstant infolge der Veränderlichkeit des Trägheitsmomentes. Doch soll hier das Beispiel möglichst vereinfacht werden.

[2] Imes, E. S.: Astroph. J. Bd. 50 (1919) S. 251. — Meyer, Ch. F. u. A. Levin: Physic. Rev. Bd. 34 (1929) S. 44.

das ist die Kernschwingung. Sie ist direkt abzulesen aus dem Abstand der ersten von der nullten Schwingungsbande. Über Kernfrequenzen ist in den vorhergehenden Abschnitten ausführlich gesprochen worden.

Mit Hilfe der Kernschwingung ist eine größenordnungsmäßige Abschätzung des Trägheitsmomentes möglich, die man ebenfalls benutzen kann, sobald eine Auflösung der ultraroten Banden nicht möglich ist. Es handelt sich um Abschätzungen aus empirischen Regeln, die auf S. 275 besprochen werden.

Kennt man die reduzierten Massen μ und die Schwingungsfrequenzen ω, so kann man weiterhin Zahlenwerte für die Bindekraft zwischen den beiden Atomen und die Schwingungsamplitude errechnen. Nach einfachen Gesetzen der Mechanik ist ja für harmonische Schwingungen die Frequenz, mit der zwei Massen m_1 und m_2 gegeneinander schwingen, zwischen denen eine Federkraft f herrscht, gegeben durch $\omega = \frac{1}{2\pi}\sqrt{\frac{f}{\mu}}$ (wobei $\mu = \frac{m_1 m_2}{m_1 + m_2}$ ist). Da die rücktreibende Kraft P der Entfernung aus der Ruhelage proportional sein soll (HOOKEsches Gesetz), ist f seinem Zahlenwerte nach gleich der rücktreibenden Kraft P für die Federverlängerung $x = 1$ cm, hat demnach die Dimension Dyn/cm. Bei der Berechnung aus dem beobachteten ω muß berücksichtigt werden, daß dieses in cm^{-1}, die klassische Frequenz ω in sec^{-1} und die Massen in Atomgewichtseinheiten gegeben sind. Daher $f = \frac{4\pi^2 c^2}{N}\mu\omega^2 = 5{,}863 \cdot 10^{-2}\mu\cdot\omega^2$. Die Amplitude a (in cm) berechnet sich aus $\frac{\mu}{2}(2\pi\omega a)^2 = h\omega$ zu $a = \sqrt{\frac{h\cdot N}{\mu\,\omega\, 2\pi^2 c}}$. In vielen Tabellen (s. z. B. das Buch von KOHLRAUSCH, Der SMEKAL-RAMAN-Effekt, S. 154) wird die mittlere rücktreibende Kraft $\overline{P}$ angegeben. Sie ist, da P linear mit x vom Werte $x = 0$ bis $x = a$ ansteigt, $\overline{P} = f\cdot\frac{a}{2}$ oder $24{,}0 \cdot 10^{-8}\sqrt{\mu\,\omega^3}$ (in Dyn).

MECKE[1] benutzt ein anderes Maß für die Bindekraft, nämlich die unter Annahme eines streng erfüllten HOOKEschen Gesetzes aufzuwendende Arbeit k, um den Kernabstand des Moleküls zu verdoppeln: $k = 2\pi^2\mu\,\omega^2 r^2$. Er findet, daß diese „Bindungskonstante“ k weitgehend konstant für Verbindungen ist, in denen der eine Partner gleich ist und der andere aus chemisch ähnlichen

[1] MECKE, R.: Leipz. Vortr. 1931, S. 23.

Elementen (etwa gleiche Kolonne des periodischen Systems) besteht. Die Bindungskonstanten k, wie auch die Konstanten $\overline{P}$ bewegen sich für einen bestimmten Bindungstypus in ziemlich engen Grenzen. Die genannten Gesetzmäßigkeiten gelten für zwei- und mehratomige Moleküle.

β) Mehratomige Moleküle. Die Berechnung von Trägheitsmomenten aus dem reinen Rotationsspektrum ist ebenso einfach wie bei zweiatomigen Molekülen. Als Beispiel bringen wir das NH_3, dessen Rotationslinien zuerst von BADGER und CARTWRIGHT[1] gemessen und formelmäßig dargestellt wurden (S. 185). Wir bringen die neuere Formel von WRIGHT und RANDALL[2] $\nu_r = 19{,}880\,J - 0{,}00178\,J^3$. Dann wird $I_0 = \frac{h}{4\pi^2 c}\frac{1}{\nu_r} = 55{,}32 \cdot 10^{-40} \cdot 1/19{,}88 = 2{,}782 \cdot 10^{-40}$. Es ist das Trägheitsmoment um eine Achse senkrecht zur Figurenachse. Im Gegensatz zu den zweiatomigen Molekülen kann man aber im allgemeinen nicht aus dem Trägheitsmoment sofort einen Kernabstand ausrechnen, da an dem Trägheitsmoment um eine Achse alle Kernabstände beteiligt sind.

Als Beispiel für die Berechnung von Molekülkonstanten aus einem Rotationsschwingungsspektrum sei das CH_3F betrachtet, und zwar insbesondere seine $\parallel$-Bande bei 9,52 μ. Für die Darstellung der betreffenden Rotationslinien geben BENNETT und MEYER[3] an $\nu = 1048{,}52 + 1{,}688\,J - 0{,}01125\,J^2$. Daraus berechnet sich wieder $I_0 = 55{,}32 \cdot 10^{-40} \cdot 1/1{,}688 = 32{,}8 \cdot 10^{-40}$*. Das ist das Trägheitsmoment um eine Achse senkrecht zur Figurenachse.

Wir wollen jetzt noch den C—F-Abstand berechnen. Dazu müssen wir zuerst den Abstand zwischen F und der CH_3-Gruppe abschätzen. Das gewonnene Trägheitsmoment setzt sich additiv aus zwei Anteilen zusammen: einmal aus dem Trägheitsmoment, das vorhanden ist, wenn man in dem CH_3F sich das CH_3 in seinem Schwerpunkt als ein Atom vereinigt denkt, und dem Trägheitsmoment der CH_3-Gruppe um ihren Schwerpunkt. Nimmt man an, daß die CH_3-Gruppe dieselben Abmessungen hat wie im CH_4, so ergibt sich dafür ein Trägheitsmoment von 5/8 desjenigen von

[1] BADGER, R. M. u. C. H. CARTWRIGHT: Physic. Rev. Bd. 33 (1929) S. 692.

[2] WRIGHT, N. u. H. M. RANDALL: Physic. Rev. Bd. 44 (1933) S. 391.

[3] BENNETT, W. H. u. CH. F. MEYER: Physic. Rev. Bd. 32 (1928) S. 888.

* S. L. GERHARD u. D. M. DENNISON [Physic. Rev. Bd. 43 (1933) S. 197] rechnen aus den gleichen Daten $39{,}5 \cdot 10^{-40}$ aus. Dieser Wert wurde auch in Tabelle 14, Band I angegeben. Eine eigene Nachrechnung ergibt jedoch den oben benutzten Wert.

CH_4, nämlich $3{,}4 \cdot 10^{-40}$. Dabei ist aber die Achse nicht durch den Schwerpunkt, sondern durch das C-Atom gelegt worden. Infolgedessen ist der Wert noch etwas zu groß und die Anbringung einer kleinen Korrektur ergibt $3{,}3 \cdot 10^{-40}$. Den zweiten Anteil erhält man als Differenz zwischen dem gemessenen und dem eben angegebenen Trägheitsmoment. Er ist $29{,}5 \cdot 10^{-40}$. Daraus berechnet sich der CH_3—F-Abstand in der üblichen Weise:

$$r_0 = \sqrt{\frac{1}{\mu} I_0 N} = \sqrt{\frac{1}{8{,}38} \cdot 29{,}5 \cdot 10^{-40} \cdot 6{,}06 \cdot 10^{23}} = 1{,}46 \cdot 10^{-8} \text{ cm}.$$

Davon ist noch der Abstand zwischen C und dem Schwerpunkt von CH_3 abzuziehen. Die Berechnung dieses Abstandes geschieht wieder unter der Annahme, daß das CH_3 dieselben Größenverhältnisse hat wie im CH_4. Der C—H-Abstand im CH_4 ergibt sich aus seinem Trägheitsmoment zu $1{,}1 \cdot 10^{-8}$ cm und die Entfernung der H-Atome von der Ebene, die man durch das C-Atom des CH_3F senkrecht zur Figurenachse legen kann, ist $1/3 \cdot 1{,}1 \cdot 10^{-8}$ cm. Man kann also den Schwerpunkt im CH_3 so berechnen, als ob statt der drei H-Atome unterhalb des C-Atoms in Richtung der Molekülachse ein Atom der Masse 3 im Abstand $0{,}37 \cdot 10^{-8}$ cm sich befände. Der Schwerpunkt des CH_3 unterteilt diese Strecke im Verhältnis $12 : 3 = 4 : 1$. Daher ist sein Abstand vom C-Atom $1/5 \cdot 0{,}37 \cdot 10^{-8} = 0{,}07 \cdot 10^{-8}$. Der Abstand des C—F im CH_3F ist daher $1{,}46 - 0{,}07 = 1{,}39 \cdot 10^{-8}$ cm.

Die Berechnung des zweiten Trägheitsmomentes beim symmetrischen Kreisel aus der Rotationsstruktur ist nur unter Berücksichtigung der Wechselwirkung zwischen Schwingung und Rotation möglich. Sie ergibt für CH_3F den Wert $5{,}62 \cdot 10^{-40}$ gcm^2 *.

Auch bei mehratomigen Molekülen kann man aus der Enveloppe eine Schätzung des Trägheitsmomentes vornehmen. Die Rechnung wird hier aber komplizierter als bei zweiatomigen Molekülen, da man die BOLTZMANNsche Energieverteilung über zwei Quantenzahlen durchzuführen hat, nämlich derjenigen der Gesamtrotation und der der Rotation um die betreffende Achse. Durchgeführt worden ist eine derartige Rechnung z. B. von GERHARD und DENNISON[1] für die vier Methylhalide. Die sich ergebenden Trägheitsmomente um eine Achse senkrecht zur Figurenachse sind

* Die Methode der Berechnung wurde von E. TELLER [Hand- und Jahrbuch der chemischen Physik Bd. 9, II (1934) S. 125] angegeben und von D. M. DENNISON und M. JOHNSTON [Physic. Rev. Bd. 47 (1935) S. 93] vereinfacht. Der oben erwähnte Wert stammt von diesen, s. S. 212 Anm. 4.

[1] GERHARD, S. L. u. D. M. DENNISON: Physic. Rev. Bd. 43 (1933) S. 197.

außer für CH_3F, für das die direktere Bestimmung aus der Feinstruktur genommen wurde, in Tabelle 14 (Band I) angegeben.

Die Berechnung von Kraftkonstanten f für die einzelnen Bindungen kann man analog wie bei zweiatomigen Molekülen durchführen, wenn man stark vereinfachende Annahmen macht. Z. B. im Falle der Methylhalide empfiehlt es sich, für die Berechnung der C-Halogen-Bindekraft die CH_3-Gruppe als starr schwingend gegen das Halogen anzunehmen. Man kann dann aus $f = \frac{4\pi^2 c}{N} \mu \omega^2 = 5{,}863 \cdot 10^{-2} \mu \omega^2$ dyn/cm die Bindekraft berechnen, wobei die reduzierte Masse aus Halogen und CH_3-Gruppe eingesetzt wird. In der folgenden Tabelle 15 sind die Konstanten verzeichnet.

Tabelle 15.

	μ	ω	$f \cdot 10^{-5}$
CH_3F	8,38	1048	5,40
CH_3Cl	10,50	732	3,30
CH_3Br	12,63	610	2,76
CH_3J	13,40	532	2,22

Auf Grund der Kernschwingungsfrequenzen ist eine Abschätzung der Trägheitsmomente mehratomiger Moleküle nicht möglich.

Auf das Beispiel der Berechnung eines Valenzwinkels muß hier verzichtet werden. Die Gründe sind folgende: Zwar ist es durchaus möglich, nach dem Valenzkraftsystem oder dem Zentralkraftsystem eine solche Berechnung vorzunehmen, doch liefert sie wegen der darin steckenden speziellen Voraussetzungen keine unbedingt zuverlässigen Werte. Für derartige Rechnungen sei z. B. auf das Buch „Der SMEKAL-RAMAN-Effekt" von K. W. F. KOHLRAUSCH hingewiesen.

Auf voraussetzungsfreiem Wege, d. h. unmittelbar aus der Kenntnis der Spektren[1] ist für zwei Moleküle der Valenzwinkel berechnet worden. Das eine ist das NH_3, bei dem die Eigenschaft des „Durchschlagens" (S. 201) vom N-Atom sich im Spektrum durch eine feine Aufspaltung äußert. Aus dieser Aufspaltung ist der Abstand des N-Atoms von der H_3-Ebene zu berechnen[2]. Da z. B. aus dem reinen Rotationsspektrum das Trägheitsmoment um eine Achse $\perp$ zur Figurenachse bekannt ist, kann man aus diesen beiden Angaben das zweite Trägheitsmoment und den Valenzwinkel berechnen. Er beträgt 109^0. Diese Berechnungsart ist aber nur speziell für das

[1] D. h. abgesehen von den Fällen, in denen bereits aus Symmetriebetrachtungen der Valenzwinkel folgt, wie z. B. bei Tetraedermolekülen.

[2] Lit. siehe S. 203.

NH_3 (evtl. auch für AsH_3, PH_3, SbH_3) geeignet. Für das H_2O hat MECKE[1] eine Berechnung durchgeführt, die zwar allgemein für den asymmetrischen Kreisel gilt, aber wegen ihrer Mühseligkeit hier nicht wiedergegeben werden kann. Es sei darum nur auf die entsprechende Arbeit verwiesen. Auf die Auffindung der Grundfrequenzen sei hier nicht noch einmal eingegangen.

Es gibt noch zwei weitere Methoden, die ebenfalls keine besonderen Voraussetzungen benötigen. Die eine benutzt den Isotopieeffekt zum Bestimmen der Molekülkonstanten[2], die andere die Wechselwirkung zwischen Schwingung und Rotation[3]. Für die Anwendung der ersten, die wegen ihrer Einfachheit ein wichtiges bequemes Hilfsmittel zur Bestimmung der Molekülstruktur zu werden verspricht, beginnt gerade das erste experimentelle Material zu erscheinen, während es für die zweite noch fehlt.

b) Bestimmung aus RAMAN-Spektren[4].

α) **Zweiatomige Moleküle.** Das unter a) α) Gesagte gilt mit geringen Abänderungen auch hier. Nur wird die betreffende Schwingungs- oder Rotationsfrequenz aus dem Abstand der „RAMAN-Linien" von der eingestrahlten Linie entnommen. Daraus erfolgen dann die Berechnungen von Trägheitsmoment, Kernabstand, Bindekraft usw. wie vorher angegeben. Es war schon auf S. 49 erwähnt worden, daß für homöopolare symmetrische Moleküle wie N_2, O_2 usw. der RAMAN-Effekt das einzige Mittel zur Beobachtung ihrer Rotations- und Rotationsschwingungsspektren ist.

β) **Mehratomige Moleküle.** Besonders wichtige und auf andere Weise nicht erhältliche Aussagen über Molekülstruktur liefert der RAMAN-Effekt für mehratomige Moleküle. Die Erfahrung hat ergeben, daß ähnlich gebaute Moleküle auch ähnliche RAMAN-Spektren aufweisen. Hierbei zeigt sich, daß gewisse Radikale und Atomgruppen in verschiedenen Molekülen sehr ähnliche

[1] MECKE, R.: Z. Physik Bd. 81 (1933) S. 813.

[2] SALANT, E. O. u. J. ROSENTHAL: Physic. Rev. Bd. 42 (1932) S. 812. — TELLER, E.: Hand- und Jahrbuch der chemischen Physik Bd. 9, II (1934) S. 141. — REDLICH, O.: Z. physik. Chem. Abt. B Bd. 28 (1935) S. 371. — Siehe auch S. 242.

[3] TELLER, E. u. L. TISZA: Z. Physik. Bd. 73 (1932) S. 791.

[4] Näheres siehe hierzu in dem Buche von K. W. F. KOHLRAUSCH: Der SMEKAL-RAMAN-Effekt (Berlin): Julius Springer 1931 und die neuen Referate SMEKAL-RAMAN-Effekt und Molekülstruktur. Naturwiss. Bd. 22 (1934). S. 161, 181 und 196.

Schwingungsfrequenzen besitzen, so daß man z. B. Schwingungen der CO-Gruppe, der CH-Gruppe, der CH_3-Gruppe usw. verhältnismäßig leicht erkennen kann. Und das ist das Wichtige: daß man im RAMAN-Effekt in relativ bequemer Weise ganze Reihen von Derivaten einer Gruppe, chemisch homologe Reihen oder chemisch irgendwie verwandte oder zusammengehörige Reihen in bezug auf Schwingungen eines bestimmten Radikals oder einer Gruppe untersuchen kann, wobei man nicht auf die gasförmige Phase beschränkt ist, sondern auch Lösungen oder feste Körper benutzen kann. Ohne sich auf empirische Regeln zu stützen, sind aus Intensitäts- und Polarisationsverhältnissen der RAMAN-Linien mit Hilfe von Symmetriebetrachtungen und Auswahlregeln die Grundfrequenzen häufig angebbar, worauf wir früher genügend hingewiesen haben. Für sehr viele mehr oder weniger komplizierte Moleküle kennen wir die Grundfrequenzen nur aus dem RAMAN-Effekt (in den Tabellen 12, 13 und 14, Band I z. B. PCl_3, $AsCl_3$, PBr_3, $SiCl_4$, $SnBr_4$, $POCl_3$). Kommt man ohne Voraussetzungen nicht zum Ziel, so muß man wie bei den Ultrarotspektren Modellvorstellungen (Valenz-, Zentralkraftsystem) zu Hilfe nehmen. Die Zahl der Moleküle, von denen wir Schwingungen aus dem RAMAN-Spektrum kennengelernt haben, ist eine sehr große, wie das Buch von KOHLRAUSCH in eindrucksvoller Weise vor Augen führt.

Für die Bestimmung von Trägheitsmomenten ist das RAMAN-Spektrum bisher weniger wichtig geworden als das Ultrarotspektrum, da die Rotationsstruktur der RAMAN-Banden nur in wenigen Fällen aufgelöst worden ist. Als Beispiel sei das NH_3 genannt[1]. Man erhält aus dem Linienabstand $\nu_R = 2\,B\,(2\,J + 3)$ für $J = 1$ die Gleichung $99{,}2 = 2\,B\,(2 + 3)$. Mit $2\,B = \frac{h}{4\pi^2 c I_0}$ und $\frac{h}{4\pi^2 c} = 55{,}32 \cdot 10^{-40}$ ergibt sich $\frac{99{,}2}{5} = 55{,}32 \cdot 10^{-40}\, 1/I_0$ und $I_0 = 2{,}79 \cdot 10^{-40}\,\mathrm{gcm}^2$ (s. S. 185).

Das aus dem Rotations-RAMAN-Spektrum des CO_2 errechnete Trägheitsmoment $I_0 = 70{,}2 \cdot 10^{-40}$ war ebenfalls auf S. 184 angegeben worden, ebenso der daraus ermittelte O—O-Abstand $r_0 = 2{,}3 \cdot 10^{-8}$ cm.

---

[1] DICKINSON, R. G., R. T. DILLON u. F. RASETTI: Physic. Rev. Bd. 34 (1929) S. 582. — AMALDI, E. u. G. PLACZEK: Z. Physik Bd. 81 (1933) S. 259.

Folgen die Valenzwinkel nicht aus Symmetriebetrachtungen, so ist man meist auf Rechnungen nach dem Valenz- oder Zentralkraftsystem angewiesen, wie vorhin auf S. 272 erwähnt. Der schon dort als Hilfsmittel zur Auffindung der Molekülstruktur genannte Isotopieeffekt dürfte für den gleichen Zweck bei RAMAN-Untersuchungen von Wichtigkeit werden.

c) Bestimmung aus Elektronenbandenspektren.

***α*) Zweiatomige Moleküle.** Aus jeder Feinstrukturanalyse einer Bande kann das Trägheitsmoment und damit auch der Kernabstand[1] für die betreffenden Zustände entnommen werden, da die Darstellung der Rotationsfrequenzen wiederum die Größe $B_0 = \frac{h}{8\pi^2 c I_0}$ (bzw. $B_e = \frac{h}{8\pi^2 c I_e}$, die sich auf den theoretischen Ursprung des Systems bezieht) enthält. Näheres über die Rotationsstruktur der Banden und ihre Analyse siehe S. 53.

Die Feinstrukturanalyse ist zwar die beste, aber nicht die einzige Methode, Trägheitsmomente und Kernabstände aus Spektren zu bestimmen. Es gibt einige Abschätzungsverfahren auf Grund rein empirischer Beziehungen. BIRGE und MECKE[2] bemerkten zuerst, daß für irgend zwei Elektronenzustände eines gegebenen Moleküls derjenige mit dem größeren ω auch den größeren B-Wert, d. h. den kleineren Kernabstand hat. Diese Regel ist bis auf wenige Ausnahmen erfüllt. MECKE nahm Proportionalität zwischen ω und B an: $\frac{B}{\omega} = \text{const}$ oder $\omega r^2 = \text{const}$. Diese Relation ist also zu verwenden, wenn die Konstante für das gegebene Molekül aus gemessenen ω- und r-Werten anderer Zustände desselben Moleküls berechnet wird. Eine allgemeinere Beziehung hat MORSE gefunden: $\omega r^3 \sim 3000 \,.\, 10^{-24}$ *. Sie gilt für Moleküle, die aus zwei Atomen von annähernd gleichem Atomgewicht bestehen, denn die Zahl $3000 \cdot 10^{-24}$ ist ein Durchschnittswert, der aus empirischen Daten zahlreicher derartiger Moleküle gewonnen wurde. Ist man auf diese Beziehung angewiesen bei Molekülen mit ziemlich verschiedenen

---

[1] Es sei daran erinnert, daß man stets nur *mittlere* Kernabstände bekommen kann. Daß diese sich mit der Schwingung überhaupt ändern, liegt an der Asymmetrie der Kraftverhältnisse, wie in den Potentialkurven anschaulich zum Ausdruck kommt.

[2] BIRGE, R. T.: Physic. Rev. Bd. 25 (1925) S. 240. — MECKE, R.: Z. Physik Bd. 32 (1925) S. 823.

* MORSE, P. M.: Physic. Rev. Bd. 34 (1929) S. 57. Die 10^{-24} rührt von der Zehnerpotenz des Kernabstandes her, $(10^{-8})^3$.

Atomen, dann ist es am besten, ωr^3 für ein möglichst ähnlich gebautes anderes Molekül zu bestimmen und mit dieser Konstanten dann den fehlenden Wert (r oder ω) für das fragliche Molekül auszurechnen.

CLARK[1] hat gesehen, daß die MORSEsche Regel gewisse periodische Gesetzmäßigkeiten zeigt. Er schlägt daher die modifizierte Form $\omega r^3 \sqrt{n} = K$ vor, in der n die Gesamtzahl der Valenzelektronen der beiden Atome des Moleküls ist. K ist eine Konstante, die für die vorliegende „Molekülperiode" charakteristisch ist. Diese Periode ist definiert durch die Anzahl der abgeschlossenen Schalen in den beiden Atomen. So hat in einem KK-Molekül jedes Atom eine abgeschlossene K-Schale, in einem KL-Molekül hat das eine Atom eine abgeschlossene K-, das andere eine abgeschlossene L-Schale. Die von CLARK mitgeteilten Beispiele zeigen, daß die CLARKsche Beziehung bessere Resultate als die MORSEsche ergibt.

Um auch die Unterscheidung zwischen Isotopen mit einzubeziehen, schlagen ALLEN und LONGAIR[2] eine etwas andere Abänderung der MORSEschen Beziehung vor, nämlich $\omega r^3 \sqrt{\mu} = \text{const}$, wo μ die reduzierte Masse in Gramm ist. Diese Konstante variiert ebenfalls mit den „Molekülperioden" und erweist sich im allgemeinen als proportional zu den abgeschlossenen Schalen. Für die niederen Perioden gibt die CLARKsche Beziehung, für die höheren diejenige von ALLEN-LONGAIR die besseren Resultate.

Schließlich hat BADGER[3] zwischen den Kraftkonstanten f und dem Kernabstand r die empirische Beziehung $f(r-d)^3 = 1{,}86 \cdot 10^5$ gut erfüllt gefunden. Hier ist d eine Konstante, die für zweiatomige Moleküle charakteristisch ist, deren Atome aus bestimmten Kolonnen des periodischen Systems stammen. Drückt man f durch ω aus, so lautet die BADGERsche Formel $\omega (r-d)^{3/2} \sqrt{\mu} = \text{const}$. Alle diese Abänderungen[4] der MORSEschen Beziehung geben gute Abschätzungen für Kernabstände (bzw. Schwingungsfrequenzen).

Die Kernschwingung ω_0 oder ω_e wird man natürlich in erster Linie aus der Bandengleichung für das Bandensystem oder aus

[1] CLARK, C. H. DOUGLAS: Philos. Mag. Bd. 18 (1934) S. 459. — Physic. Rev. Bd. 47 (1935) S. 238. — Philos. Mag. Bd. 19 (1935) S. 476.

[2] ALLEN, H. S. u. A. K. LONGAIR: Philos. Mag. Bd. 19 (1935) S. 1032.

[3] BADGER, R. M.: J. Chem. Physics Bd. 2 (1934) S. 128; siehe auch Physic. Rev. Bd. 48 (1935) S. 284.

[4] Zu dem Versuch einer theoretischen Begründung siehe R. A. NEWING: Philos. Mag. Bd. 19 (1935) S. 759.

den direkt beobachteten Banden zu entnehmen suchen. Darauf braucht hier wohl nicht mehr eingegangen zu werden. Manchmal ist aber die Ausdehnung des Bandensystems so gering, daß ω recht ungenau oder gar nicht anzugeben ist. Dann kommt eine Abschätzung mit Hilfe der eben besprochenen empirischen Regeln in Frage, falls der zugehörige Kernabstand bekannt ist. Eine andere Abschätzung, ebenfalls mit Hilfe des Kernabstandes bzw. des Trägheitsmomentes ergibt sich, falls der Koeffizient D_e (bzw. D_0) im Ausdruck für die Rotationsenergie aus einer Feinstrukturanalyse bestimmt worden ist. Bei Annahme der Gültigkeit des KRATZERschen Potentialansatzes ist $D_e = -\frac{4\,B_e^3}{\omega_e^2}$ und daraus eine Schätzung von ω_e (bzw. ω_0) möglich.

In den Fällen, in denen es sich um Kombinationen zwischen angeregten Zuständen handelt und die Spektren nichts über den Grundzustand aussagen, kann man zur Bestimmung der Schwingungsfrequenz des Grundzustandes noch zu anderen Abschätzungsverfahren greifen. Als solche sind hier noch zwei ergänzungsweise zu nennen. Das eine ist das auf S. 267 erwähnte grobe Abschätzungsverfahren, nach dem unbekannte Schwingungsfrequenzen in Beziehung gesetzt werden zu bekannten in Molekülen mit gleichartiger Bindung. Gleichartige Bindung haben z. B. O_2 und S_2. Nehmen wir einmal an, daß wir die Grundschwingung im S_2 nicht kennen, seine Dissoziationsarbeit aber aus thermochemischen Daten. Dann ist sie folgendermaßen abzuschätzen:

$\frac{\omega_{S_2}}{\omega_{O_2}} = \sqrt{\frac{D_{S_2}}{D_{O_2}} \frac{\mu_{O_2}}{\mu_{S_2}}}$. Mit $D_{S_2} = 4{,}45$ Volt, $D_{O_2} = 5{,}09$ Volt, $\mu_{O_2} = 8$, $\mu_{S_2} = 16{,}03$ wird $\omega_{S_2} = \omega_{O_2} \sqrt{\frac{4{,}45 \cdot 8}{5{,}09 \cdot 16{,}03}} = \omega_{O_2} \cdot 0{,}66 = 1568 \cdot 0{,}66 =$ 1035 cm^{-1}, während in Wirklichkeit 725 cm^{-1} beobachtet ist. Man sieht daran recht gut, wie grob das Verfahren ist.

Schließlich kann man bei homologen Verbindungen noch mit Hilfe der Beziehung $\omega \sqrt{Z_1 Z_2} = \text{const}$ eine größenordnungsmäßige Festlegung der Kernschwingungsfrequenzen vornehmen. Z_1 und Z_2 sind die Kernladungszahlen der beiden Atome des betreffenden Moleküls (s. S. 160).

β) **Mehratomige Moleküle.** Hier werden wir uns mit wenigen kurzen Bemerkungen begnügen, da die Molekülstrukturbestimmung aus Elektronenbandenspektren mehratomiger Moleküle noch in den ersten Anfängen steckt. Sie gestaltet sich sehr viel schwieriger als bei zweiatomigen Molekülen, da sowohl die Rotations- wie die Schwingungsanalyse hier so viel verwickelter ist. Nur für zwei Moleküle, nämlich das CO_2* und das H_2CO** ist bisher eine Feinstrukturanalyse einiger Banden durchgeführt und daraus Trägheitsmomente und Abstände berechnet worden. Im Falle des H_2CO erhält man daraus die Trägheitsmomente für den Grundzustand; sie sind in den Tabellen 15 und 22 (Band I) angegeben. Wegen der Rechnung muß auf die Originalarbeit verwiesen werden.

Etwas mehr haben wir bisher über Grundschwingungsfrequenzen aus Elektronenbandenspektren erfahren, trotzdem auch für diese Ultrarot- und RAMAN-Spektren die Hauptquelle bilden. Wie schwierig es oft ist, eindeutige Schlüsse zu ziehen, haben wir im Kap. III, B, § 4 bei der Besprechung von Beispielen gesehen. Mehr oder weniger rohe Abschätzungen aus empirischen Regeln kommen naturgemäß bei mehratomigen Molekülen viel weniger in Frage, da eben solche Regeln aus einem größeren Erfahrungsmaterial entstehen und ein solches hier noch nicht vorliegt. Höchstens kann man mit Vorsicht die eben genannte Relation $\frac{\omega_x}{\omega_y} = \sqrt{\frac{D_x \mu_y}{D_y \mu_x}}$ heranziehen, wenn man unter x und y bestimmte Radikale oder Gruppen mit gleichartiger Bindung versteht. [Wir hätten die Beziehung natürlich auch unter a) β) und b) β) bringen können.] Die Beziehung ist, wie schon erwähnt, z. B. von DADIEU und KOHLRAUSCH[1] und BRAUNE und ENGELBRECHT[2] benutzt worden. Nimmt man als Beispiele SO_2 und NO_2 und berechnet etwa die Grundfrequenzen des NO_2, die zu den verschiedenen Dissoziationsmöglichkeiten gehören, mit Hilfe der genannten Relation, so bekommt man keine gute Übereinstimmung mit den experimentellen Werten. Das ist auch

* SCHMID, R. F.: Physic. Rev. Bd. 41 (1932) S. 732. — Z. Physik Bd. 83 (1933) S. 711; Bd. 84 (1933) S. 732; Bd. 85 (1933) S. 387. — MULLIKEN, R. S.: Physic. Rev. Bd. 42 (1932) S. 364.

** DIEKE, G. H. u. G. B. KISTIAKOWSKY: Proc. Nat. Acad. Sci. Bd. 18 (1932) S. 367. — Physic. Rev. Bd. 45 (1934) S. 4.

1 DADIEU, A. u. K. W. F. KOHLRAUSCH: Wien. Ber. Bd. 138 (1929) S. 336. — Mh. Chem. Bd. 52 (1929) S. 379.

2 BRAUNE, H. u. G. ENGELBRECHT: Z. physik. Chem. Abt. B Bd. 10 (1930) S. 1; Bd. 11 (1931) S. 409.

nicht zu erwarten. Erstens ist der Gebrauch der genannten Beziehung natürlich gerechtfertigter und die erzielten Resultate besser, wenn die Atome aus gleichen Kolonnen des periodischen Systems stammen, d. h. wenn man etwa SO_2 und SeO_2 miteinander vergleichen könnte. Zweitens ist die Anwendung auf lineare Moleküle viel zuverlässiger und berechtigter. So sind von BRAUNE und ENGELBRECHT $HgCl_2$ und $HgBr_2$ miteinander verglichen und recht gute Übereinstimmung gefunden worden.

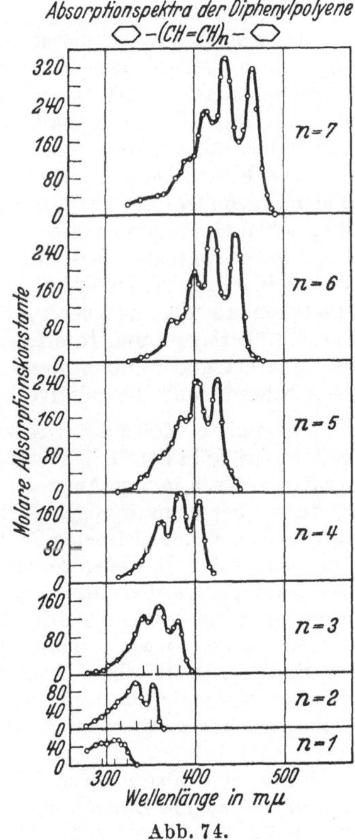

Abb. 74.

Wenn man hingegen erst einmal mit etwas gröberen Schlüssen zufrieden ist, so kann man Elektronenanregungsspektren auch komplizierterer Moleküle zu Aussagen über die Molekülstruktur verwenden. Diese Aussagen ähneln in gewissem Sinne den aus den RAMAN-Spektren abgeleiteten. Dabei ist es gleich, ob die Untersuchung in gasförmiger, flüssiger, oder fester Phase stattfindet. Daß den einzelnen Gruppen im Molekül Absorptionen in bestimmten Spektralgebieten eigen sind, ist schon länger bekannt. Die Lage dieser Absorptionen wird natürlich nicht nur durch die absorbierende Gruppe, sondern auch durch die Nachbarschaft der anderen Gruppen und durch das Lösungsmittel beeinflußt, besonders wenn es sich um polare Gruppen handelt (S. 403). Dagegen zeigte es sich, daß die *absolute Intensität* der Absorptionen in erster Näherung nur abhängig ist von der Zahl der absorbierenden Gruppen. Obige Abb. 74 zeigt dieses Verhalten an den Diphenylpolyenen, bei denen die Anzahl der Äthylengruppen mit $n = 1$ bis

[1] K. W. HAUSSER, R. KUHN u. A. SMAKULA: Z. physik. Chem. Abt. B Bd. 29 (1935) S. 384; K. W. HAUSSER, R. KUHN u. G. SEITZ: Bd. 29 (1935) S. 391. Für die Überlassung der Abb. 74 bin ich Herrn Dr. SMAKULA zu Dank verpflichtet.

$n = 7$ bezeichnet ist. Es wird angenommen, daß die Struktur der Absorptionsspektren von Schwingungen im angeregten Elektronenzustand herrührt, deren Mittelwerte 1230 und 1570 cm^{-1} betragen. So kann man aus den Absorptionsbanden nun umgekehrt auf Anzahl und Art der an der Absorption beteiligten Molekülgruppen schließen.

Auf nichtspektroskopische Methoden, aus denen man auf die Molekülstruktur schließen kann, kann im Rahmen dieses Buches nicht näher eingegangen werden. Es seien hier nur Interferenzversuche mit Röntgenstrahlen und Elektronenstrahlen genannt[1], da in den Tabellen 10—15, Bd. I und Tabelle 22 Bd. II verschiedentlich Kernabstände angegeben worden sind, die aus Elektronenbeugungsversuchen entnommen sind. Diese Versuche bilden, besonders für mehratomige Moleküle, eine Ergänzung der spektroskopischen Methoden zur Ermittlung von Kernabständen. Sowohl die Beugung von Röntgen-, wie die von Elektronenstrahlen beruht auf einer Wechselwirkung dieser Strahlen mit der Materie. Beim Auftreffen auf diese entstehen an den einzelnen Atomen eines Gasmoleküls Sekundärwellen, die sich überlagern und Interferenzen ergeben. Aus der Winkelabhängigkeit der Maxima und Minima dieser innermolekularen Interferenzen lassen sich die Abstände und die relative Lage der Streuzentren ermitteln.

Für polare Moleküle tritt zu den genannten Molekülkonstanten eine weitere Größe in dem Dipolmoment hinzu. Sein Vorhandensein äußerte sich spektroskopisch in dem Auftreten von Rotations- und Rotationsschwingungsspektren (bei mehratomigen Molekülen ist es für letztere nicht unbedingt notwendig), wenngleich seine Größe nicht so leicht aus ihnen entnommen werden kann, wie z. B. diejenige des Trägheitsmomentes. Es sind dazu Intensitätsmessungen in den ultraroten Banden nötig, die noch größtenteils fehlen. Wenn man die Größe des Dipolmomentes als Funktion des Kernabstandes kennen würde, so würde man daraus Aussagen über den polaren Charakter der Bindung in dem betreffenden Molekül bekommen können[2]. Im übrigen sei diese Molekularkonstante hier nicht näher besprochen, um so mehr, als es ausgezeichnete Darstellungen der polaren Eigenschaften der Moleküle gibt[3].

---

[1] Für eine ausführliche Darstellung dieses Gebietes sei auf folgende zusammenfassende Darstellungen und Bücher verwiesen: Wierl, R.: Ann. Physik Bd. 8 (1931) S. 531; Bd. 13 (1932) S. 453. — Kirchner, F.: Erg. exakt. Naturwiss. Bd. 11 (1932) S. 64. — Pauling, L. u. L. O. Brockway: J. Chem. Physics Bd. 2 (1934) S. 867. — Debye, P.: Struktur der Materie. Leipzig: S. Hirzel 1933. — Stuart, H. A.: Molekülstruktur. Berlin: Julius Springer 1934.

[2] Bartholomé, E.: Z. physik. Chem. Abt. B Bd. 23 (1933) S. 131. — Mulliken, R. S.: J. Chem. Physics Bd. 2 (1934) S. 400, 712.

[3] Debye, P.: Polare Molekeln, Leipzig: S. Hirzel. — Stuart, H. A.: Molekülstruktur. Berlin: Julius Springer 1934. — Siehe ferner die zusammenfassenden Berichte von J. Estermann und von H. Sachs: Erg. exakt. Naturwiss. Bd. 8 (1929) S. 307 u. 21.

§ 3. Spezifische Wärme, Entropie, chemische Konstante und Bandenspektren[1].

a) Spezifische Wärme.

α) **Allgemeines.** Die spezifische Wärme pro Mol eines Gases bei konstantem Volumen ist gegeben durch $c_v = \left(\frac{\partial u}{\partial T}\right)_v$, wobei u die Energie eines Mols und T die absolute Temperatur ist. u ist dabei die Summe der Translationsenergie und der inneren Energie[2] der Moleküle bzw. Atome des Gases. Die Translationsenergie und ein Teil der inneren Energie, nämlich die Rotationsenergie, sind kinetischer Natur, während die Schwingungsbewegung, die ebenfalls innere Energie darstellt, potentielle und kinetische Anteile besitzt (S. 73). Einatomige Gase besitzen nur kinetische Energie der Translation; ihre Energie u pro Mol ist klassisch gerechnet $3/2\, R\, T$ (3 translatorische Freiheitsgrade) und ihre Molwärme $c_v = 3/2\, R = 2{,}98$ cal*. Für zweiatomige Moleküle, bei denen zur translatorischen Bewegung 2 rotatorische Freiheitsgrade hinzukommen, ist die Molekularwärme klassisch $c^v = 3/2\, R + 2/2\, R = 4{,}96$ cal. Drei- bis mehratomige nichtlineare Moleküle besitzen eine Molwärme von $c_v = 3/2\, R + 3/2\, R = 5{,}96$ cal, da für sie wegen des Vorhandenseins eines dritten Trägheitsmoments ein weiterer Freiheitsgrad der Rotation zu berücksichtigen ist. Diese klassischen Werte stellen, insbesondere für mehratomige Moleküle, nur untere Grenzen dar, was sich in dem Auftreten eines Temperaturkoeffizienten äußert. Wir werden das auch erwarten, da bei der Berechnung keinerlei Anregung von Schwingungsenergie berücksichtigt wurde. Wegen des quantenmäßigen Charakters der Energieanteile können die Freiheitsgrade der Schwingung mit wachsender Temperatur allmählich herauskommen, während diejenigen der Rotation mit sinkender Temperatur allmählich verschwinden.

---

[1] Für diesen Paragraphen sei auch auf das ausführliche Sammelreferat von H. Zeise verwiesen: Spektralphysik und Thermodynamik. Z. Elektrochem. Bd. 39 (1933) S. 758, 895; Bd. 40 (1934) S. 662; ferner R. de L. Kronig: Band Spectra and Molecular Structure, S. 132. Cambridge 1930.

[2] In der Thermodynamik wird die gesamte Energie u eines Mols als innere Energie bezeichnet. Hier soll von diesem Gebrauch abgegangen werden, um den Anschluß an die in der Molekülphysik übliche Ausdrucksweise zu haben.

* Hierbei ist R bekanntlich als allgemeine Gaskonstante bezeichnet, $k\,N = 8{,}314 \cdot 10^7$ erg/grad. k ist die Boltzmannsche Konstante und $N = 6{,}064 \cdot 10^{23}$ (s. S. 5).

Wir schreiben allgemein für die Energie eines Mols

$$u = \frac{3}{2} R T + \sum_{1}^{n} Z_n E_n , \tag{48}$$

wobei Z_n die Anzahl der Moleküle pro Mol im Zustande n und E_n die innere Energie des einzelnen Moleküls in diesem Zustande ist. Um die nähere Betrachtung des Summengliedes handelt es sich jetzt. Da die Molwärme als makroskopische Größe gemessen wird, müssen wir von der Energie des Einzelmoleküls E zu dem Mittelwert $\overline{E}$ für sämtliche Moleküle eines Mols übergehen, der mit der Loschmidtschen Zahl N multipliziert die innere Energie eines Mols ergibt. Das geschieht nach klassisch-statistischen Methoden. Nach dem schon im Abschnitt über Intensitäten benutzten Boltzmannschen Verteilungsgesetz ist die Anzahl der Moleküle im $n$ten Quantenzustand $Z_n = \frac{N}{Z} g_n e^{-\frac{E_n}{k T}}$, wo g_n das statistische Gewicht des Zustandes n und $Z = \sum_n g_n e^{-\frac{E_n}{k T}}$ ist (sog. Zustandssumme). Setzt man diese Werte in (48) ein, so erhält man nichts anderes als $u = \frac{3}{2} R T + R T^2 \frac{d \ln Z}{d T}$, so daß wir für $c_v = \left(\frac{\partial u}{\partial T}\right)_v$ schreiben können

$$c_v = \frac{3}{2} R + R \frac{d}{d T} \left(T^2 \frac{d}{d T} \ln Z\right). \tag{49}$$

Danach ist c_v sofort zu berechnen, wenn Z als Funktion von T bekannt ist. Zu Z tragen nur diejenigen Molekülzustände bei, die bei der Temperatur T in merklicher Menge vorhanden sind. In der Regel werden es Rotationszustände, bei genügend kleinen Schwingungsquanten auch Schwingungszustände, und bei Dubletttermen evtl. auch Elektronenmultipletts sein. Angeregte Elektronenzustände liegen fast stets zu hoch. Wir wollen im folgenden den von der inneren Energie herrührenden Anteil der spezifischen Wärme näher betrachten, und zwar die Rotations- und Schwingungsanteile gesondert.

β) **Die Rotationswärme.** Den von der Rotation herrührenden Anteil der spezifischen Wärme bezeichnen wir mit c_r. Für die Energie des Einzelmoleküls benutzen wir den früher abgeleiteten Ausdruck $E_r = h c B_0 \left(J + \frac{1}{2}\right)^2 = \frac{h^2}{8 \pi^2 I} \left(J + \frac{1}{2}\right)^2$ *. Für das

* Bzw. $E_r = h c B_0 J (J + 1)$.

statistische Gewicht der verschiedenen Rotationszustände des Elektronengrundterms hatten wir früher $2J+1$ angegeben. Offenbar haben wir damit alles, was wir für die Berechnung von Z brauchen. Wir müssen uns nur noch überlegen, was für einen Term der Grundzustand der untersuchten Moleküle darstellt. Wir werden erwarten, daß beim $^3\Sigma$ eine vom Spin herrührende Feinstruktur der Rotationsniveaus zu gering ist, um zu Z etwas beizutragen, aber die Aufspaltung von $^2\Pi$-Termen kann Beachtung verlangen[1]. Ebenso hat sich für zweiatomige Moleküle im $^1\Sigma$-Zustand die Feststellung als wichtig erwiesen, ob die Moleküle gleiche oder ungleiche Kerne besitzen. Wir werden daher die verschiedenen Fälle getrennt besprechen.

1. Zweiatomige Moleküle mit ungleichen Kernen in $^1\Sigma$-Zuständen. Alle hinsichtlich ihrer spezifischen Wärme untersuchten zweiatomigen Moleküle mit ungleichen Kernen besitzen als Grundterm einen $^1\Sigma$-Term (Ausnahme ist das NO). Hier ist das statistische Gewicht der Rotationsniveaus $2J+1$, so daß

$$Z=\sum_{J=1}^{\infty}(2J+1)\,e^{-\frac{hcB_0}{kT}\left(J+\frac{1}{2}\right)^2} \tag{50}$$

ist. Für $hcB_0 < kT$, was für die gemessenen Fälle in der Regel zutrifft, hat MULHOLLAND[2] für Z folgende Reihenentwicklung angegeben:

$$Z=\frac{kT}{hcB_0}+\frac{1}{12}+\frac{7}{480}\,\frac{hcB_0}{kT}+\dots \tag{51}$$

Wenn nur der erste Term benutzt und in die Gleichung für c_v eingesetzt wird, so ergibt sich für diese erste Näherung das klassische Resultat $c_v=\frac{5}{2}R$.

2. Zweiatomige Moleküle mit gleichen Kernen in $^1\Sigma$-Zuständen und die Rotationswärme des Wasserstoffs. Zu dieser Gruppe gehören mit Ausnahme von O_2 alle untersuchten Elementmoleküle. Als Beispiel wollen wir den Wasserstoff betrachten. Berechnet man mit der eben ermittelten Formel für Z seine Rotationswärme, so ist der sich ergebende Kurvenverlauf ein derartiger, daß mit abnehmender Temperatur die Rotations-

[1] Außer der Multiplettstruktur ist von C. GREGORY [Z. Physik Bd. 78 (1932) S. 791] auch die Wechselwirkung von Schwingung und Rotation berücksichtigt worden. Erwartungsgemäß ist die Korrektion zu klein, um in Betracht zu kommen.

[2] MULHOLLAND: Proc. Cambr. Philos. Soc. Bd. 24 (1928) S. 280.

wärme erst sinkt, dann wieder ansteigt und bei 50° abs. ein Maximum durchläuft. Die experimentelle Temperaturabhängigkeit ist jedoch eine ganz andere.

Die Erklärung für diese Nichtübereinstimmung hat die Quantenmechanik geliefert durch die Erkenntnis, daß auch den Atomkernen ein Eigendrehimpuls zuzuschreiben ist[1]. Infolgedessen gibt es, wie auf S. 98 näher besprochen wurde, für jedes zweiatomige Molekül mit gleichen Kernen zwei Reihen von Zuständen, in denen es existieren kann und die ohne Dissoziation nicht ineinander übergeführt werden können. Die eine Klasse hat symmetrische, die andere antisymmetrische Kernspineigenfunktionen, wobei die symmetrischen Kernspinzustände das größere statistische Gewicht haben. Die resultierenden Terme des Gesamtmoleküls mit dem größeren Gewicht nennt man Orthoterme, die mit dem kleineren Gewicht Paraterme. Jedes zweiatomige Gas mit Molekülen gleicher Kerne stellt also eine Mischung aus zwei Modifikationen dar. Aus dem Intensitätswechsel in den H_2-Banden resultiert für das Mengenverhältnis Ortho : Para = 3 : 1. Gewöhnlicher Wasserstoff besteht also bei Zimmertemperatur aus einer Mischung beider Modifikationen im Verhältnis 3 : 1. Für jede Modifikation ist Gleichung (49) anwendbar, doch sind in dem einen Falle nur ungerade und im andern nur gerade Rotationsquantenzahlen einzusetzen. Die sich ergebenden Kurven sehen recht verschieden aus. Die Rotationswärme des gewöhnlichen Wasserstoffs ergibt sich nach der Mischungsregel zu $c_r = \frac{c_{r_P} + 3c_{r_O}}{4}$ und die zugehörige Kurve gibt nun tatsächlich die experimentellen Beobachtungen recht gut wieder[2]. Aus den Messungen folgt für das Trägheitsmoment des H_2-Moleküls $I = 4{,}64 \cdot 10^{-41}$, ein Wert, der mit dem von Hori aus der Bandenanalyse ermittelten von $4{,}6 \cdot 10^{-41}$ ausgezeichnet übereinstimmt.

Wir hatten gesagt, daß die beiden Molekülmodifikationen unter normalen Bedingungen nicht in einander überführbar sind. Auf Grund dieser Eigenschaft gelingt die Herstellung von praktisch

[1] Anwendung auf die Theorie der spezifischen Wärme: Hund, F.: Z. Physik Bd. 42 (1927) S. 93. — Dennison, D. M.: Proc. Roy. Soc., Lond. Bd. 115 (1927) S. 483.

[2] Siehe z. B. Eucken, A. u. K. Hiller: Z. physik. Chem. Abt. B Bd. 4 (1929) S. 154. (Messungen von Clusius und Hiller.)

reinem Parawasserstoff, wie BONHOEFFER und HARTECK[1] sowie EUCKEN und HILLER[2] gezeigt haben. Kühlt man nämlich gewöhnlichen Wasserstoff stark ab unter Erhaltung des thermischen Gleichgewichts zwischen beiden Arten durch Katalyse, so gelingt es, schließlich praktisch reinen Parawasserstoff zu erhalten. Wird dieser nun rasch erwärmt, so bleibt er, da er sich nicht ohne weiteres umwandeln kann, auch bei Zimmertemperatur noch Parawasserstoff. Vermeidet man die Umwandlung bewirkende Katalysatoren, so können spektrale und thermische Eigenschaften dieses Gases studiert werden. Es zeigt nur halb so viele Spektrallinien wie gewöhnlicher H_2, hat einen etwas anderen Schmelz- und Siedepunkt wie dieser usw.

Prinzipiell ähnliche Verhältnisse sind bei allen Molekülen vom Typ M_2 zu erwarten, die sich hinsichtlich des Kernspins gleich oder ähnlich wie Wasserstoff verhalten. Doch setzt der charakteristische Abfall der Rotationswärme wegen der bei diesen Molekülen viel größeren Trägheitsmomente erst bei so tiefen Temperaturen ein, daß eine Messung der spezifischen Wärme wegen der kleinen Dampfdrucke unmöglich wird. Auch eine Trennung in die entsprechenden beiden Modifikationen wird wegen der Kleinheit der Rotationsquanten praktisch kaum möglich. Theoretisch sollten sich ähnlich wie Wasserstoff z. B. die Moleküle Li_2, N_2 und die Halogene verhalten. Interessant ist ein Vergleich der Rotationswärme von H_2 mit denjenigen der isotopen Moleküle HD und D_2, die von CLUSIUS und BARTHOLOMÉ[3] aus Messungen der spezifischen Wärme entnommen worden sind. Während HD nur eine Molekülsorte enthält, ist für D_2 bei Zimmertemperatur das Mengenverhältnis Ortho : Para = 2 : 1. Der Kernspin von D ist 1 und der Grundterm von D_2 ein Orthoterm.

O_2 besitzt als Grundterm einen $^3\Sigma$-Term. Die vom Spin herrührende Aufspaltung der Rotationsniveaus (S. 88) ist so gering, daß sie die spezifische Wärme nicht beeinflußt. Diese ist daher in dem untersuchten Temperaturbereich gleich $\frac{5}{2} R$.

3. Zweiatomige Moleküle in $^2\Pi$-Zuständen. Das einzige gemessene Beispiel ist das NO. Sein Grundterm ist ein $^2\Pi$-Term

[1] BONHOEFFER, K. F. u. P. HARTECK: Berl. Ber. 1929 S. 103. — Z. physik. Chem. Abt. B Bd. 4 (1929) S. 113.

[2] EUCKEN, A. u. K. HILLER: Naturwiss. Bd. 17 (1929) S. 182. — Z. physik. Chem. Abt. B Bd. 4 (1929) S. 142.

[3] CLUSIUS, K. u. E. BARTHOLOMÉ: Naturwiss. Bd. 22 (1934) S. 297: Z. Elektroch. Bd. 40 (1934) S. 524.

mit den Komponenten $^2\Pi_{\frac{1}{2}}$ und $^2\Pi_{\frac{3}{2}}$ und einer Differenz von 120,0 cm^{-1}*. Infolge der Elektronenanregung zum $^2\Pi_{\frac{3}{2}}$-Term bekommt die spezifische Wärme schon bei kleinen Temperaturen einen Beitrag, für den bei etwa 75⁰ abs.[1] ein Maximum zu erwarten ist. Die Rotationsquantenzahlen der ersten Komponente haben die Werte 1/2, 3/2, 5/2, . . ., die der zweiten 3/2, 5/2, . . . Bezeichnet man die Energiedifferenz $^2\Pi_{\frac{3}{2}} - {}^2\Pi_{\frac{1}{2}}$ mit ΔE, so bekommt man für Z folgenden Ausdruck:

$$\left.\begin{aligned} Z = &\sum_{J=\frac{1}{2},\frac{3}{2},\ldots} (2J+1)\, e^{-\frac{h c B_0}{k T}\left(J+\frac{1}{2}\right)^2} + \\ &+ \sum_{J=\frac{3}{2},\frac{5}{2},\ldots} (2J+1)\, e^{-\frac{h c}{k T}\left[\Delta E + B_0\left(J+\frac{1}{2}\right)^2\right]}. \end{aligned}\right\} \tag{52}$$

Betrachtet man wieder Bereiche $h c B_0 \ll k T$, dann gibt eine Reihenentwicklung nach MULHOLLAND mit Abbrechen beim ersten Gliede

$$Z = \frac{k T}{h c B_0}\left(1 + e^{-\frac{h c \Delta E}{k T}}\right) \text{ und daraus:}$$

$$c_v = \frac{5}{2} R + R \left(\frac{h c \Delta E}{k T}\right)^2 \frac{e^{-\frac{h c \Delta E}{k T}}}{\left(1 + e^{-\frac{h c \Delta E}{k T}}\right)^2}\text{**}. \tag{53}$$

Das zweite Glied wird bei den gewöhnlichen Versuchstemperaturen kaum experimentell nachweisbar sein. Die bis zu tiefen Temperaturen gemessene Molwärme des NO folgt gut dem theoretischen Kurvenverlauf[2], doch konnte das Maximum nicht erreicht werden.

γ) **Die Schwingungswärme.** 1. Berechnung der Schwingungswärme. Der auf die Schwingung entfallende Anteil der Molwärme wird gegenüber dem Gesamtbetrage häufig relativ klein sein und müßte bei Annahme einer „klassischen“ Rotationswärme für achsensymmetrische Moleküle durch Abzug von $5/2\,R$, für beliebige Moleküle durch Abzug von $6/2\,R$ von der Molwärme c_v

---

* In Tabelle 5, Band I wurde 120,9 cm^{-1} angegeben, doch scheint 120,0 etwas besser. [Siehe R. SCHMID, TH. KÖNIG u. D. v. FARKAS: Z. Physik Bd. 64 (1930) S. 84.]

[1] E. E. WITMER, der eine genaue Berechnung der spezifischen Wärme (und der Entropie und freien Energie) des NO aus spektroskopischen Daten vorgenommen hat, gibt 73,55⁰ abs. an. [J. Amer. Chem. Soc. Bd. 56 (1934) S. 2229.]

** Zuerst von W. SCHOTTKY [Physik. Z. Bd. 23 (1923) S. 448] angegeben.

[2] EUCKEN, A. u. L. D'OR: Gött. Nachr. 1932 S. 107.

zu erhalten sein. Wir betrachten zuerst zweiatomige Moleküle. Eine theoretische Darstellung wird die Tatsache der quantenhaften Schwingungsenergie $E_v = h\nu\left(v + \frac{1}{2}\right)^*$ zu benutzen haben[1]. Da die Molwärme eine makroskopische Größe ist, ist wieder von der Schwingungsenergie des Einzelmoleküls überzugehen zum Energieinhalt, den im Mittel die Moleküle eines Mols besitzen. Dieser Mittelwert (PLANCK-EINSTEIN) $\overline{E}_s = \frac{h\nu}{e^{\frac{h\nu}{kT}}-1}$ ist eine stetige Funktion der Temperatur. Die Schwingungsenergie eines Mols ist wieder $N \cdot \overline{E}_s$ und die Schwingungsmolwärme (bei konstantem Volumen)

$$c_s = R\left(\frac{h\nu}{kT}\right)^2 \frac{e^{-\frac{h\nu}{kT}}}{\left(1 - e^{-\frac{h\nu}{kT}}\right)^2}. \tag{54}$$

Da bei Anregung von Schwingungsquanten die Temperaturen sicher so hoch sind, daß $h\,c\,B_0 \ll kT$ ist, so kommt von der MULHOLLANDschen Entwicklung der Funktion Z für Rotationen nur das erste Glied in Frage, so daß die gesamte Molwärme sich ergibt zu

$$c_v = \frac{5}{2}R + R\left(\frac{h\nu}{kT}\right)^2 \frac{e^{-\frac{h\nu}{kT}}}{\left(1 - e^{-\frac{h\nu}{kT}}\right)^2}. \tag{55}$$

Bei mehratomigen Molekülen erlauben die Messungen auch interessante Rückschlüsse auf die Frequenzen. Letztere sind hier oft relativ niedrig, so daß ihr Beitrag zur spezifischen Wärme schon bei tiefer Temperatur merklich wird. Man kann auf diese Weise durch Messungen der spezifischen Wärme Frequenzen festlegen. Häufig liegt der Fall vor, daß man aus dem Ultrarot- und RAMAN-Spektrum nicht alle Frequenzen leicht erhalten kann, da das Auftreten gewisser Schwingungen für beide Spektren verboten ist. Wenn insbesondere nur *eine* solche Schwingung vorliegt und man den Beitrag der übrigen Schwingungen zur spezifischen Wärme aus den optisch bekannten Daten berechnen kann, so wird man diese letzte Frequenz aus Messungen der spezifischen Wärme entnehmen können. So konnten z. B. EUCKEN und PARTS[2] beim

* Es ist $\nu = c\,\omega$, siehe S. 39.

[1] Die Berücksichtigung der Anharmonizität der Schwingung gibt eine unwesentliche Korrektion, s. C. GREGORY: Z. Physik Bd. 78 (1932) S. 791.

[2] EUCKEN, A. u. A. PARTS: Gött. Nachr. 1932 S. 274. — Z. physik. Chem. Abt. B Bd. 20 (1933) S. 184.

Äthylen die Torsionsschwingung der beiden CH_2-Gruppen, die als Grundschwingung weder im Ultrarot noch im RAMAN-Effekt auftreten darf, mit Hilfe von Messungen der spezifischen Wärme auffinden. Für die Frequenz berechneten sie 750—800 cm^{-1} *.

Treten anharmonische Kräfte auf, so ist Formel (54) zu modifizieren. In den Fällen, in denen die Atome nicht durch starke Kräfte in der Gleichgewichtslage festgehalten werden (freie Drehbarkeit), wird sie erheblich abgeändert werden müssen. Auf diese Weise bietet sich die Möglichkeit, die Frage der freien Drehbarkeit, etwa des Äthans, mit Hilfe der spezifischen Wärme zu entscheiden. Bereits ohne ausführliche Rechnung wird man sich sagen müssen, daß bei tiefer Temperatur, bei der die Schwingung nicht mehr zur spezifischen Wärme beiträgt, c_v den Wert $6/2\,R$ annehmen muß, wenn keine freie Drehbarkeit besteht, hingegen $7/2\,R$, wenn die beiden CH_3-Gruppen gegeneinander frei drehbar sind, da dann die Relativdrehung der beiden Gruppen noch $R/2$ zur spezifischen Wärme beiträgt. Messungen von EUCKEN und PARTS sprechen für den zweiten Wert. Eine genauere Durchrechnung des Beitrages zur spezifischen Wärme durch die Relativdrehung der beiden CH_3-Gruppen wurde von TELLER und WEIGERT[1] gegeben. Es zeigte sich dabei, daß die berechneten spezifischen Wärmen mit den Messungen[2] verträglich sind, wenn man annimmt, daß die Verdrehung der CH_3-Gruppen gegeneinander weniger als 0,02 Volt erfordert.

2. Abweichungen vom theoretischen Kurvenverlauf. Die nach kalorimetrischen Methoden bestimmten spezifischen Wärmen einer Reihe von Gasen, wie Chlorwasserstoff, Wasserstoff und Chlor, zeigen mit den berechneten Werten eine gute Übereinstimmung. Auch mehratomige Moleküle wie H_2O und NH_3, bestätigen die Theorie[3]. Abweichungen, die außerhalb der Fehlergrenzen liegen, fanden sich jedoch beispielsweise bei CO_2, N_2 und O_2. Diese Messungen geschahen nach der Schallgeschwindigkeitsmethode (Messung von $\varkappa = c_p : c_v$ mit Hilfe der Schallgeschwindigkeit, die nach PIERCE aus Frequenz und Wellenlänge bestimmt wird, daraus Umrechnung auf c_v). PIERCE[4] fand als erster eine Frequenzabhängigkeit der Schallgeschwindig-

* TELLER und TOPLEY nehmen hierfür 1110 cm^{-1} an, s. S. 210 Anm.

[1] TELLER, E. u. K. WEIGERT: Gött. Nachr. 1933 S. 218.

[2] EUCKEN, A. u. K. WEIGERT: Z. physik. Chem. Abt. B Bd. 23 (1933) S. 265.

[3] Näheres s. A. EUCKEN: Handbuch der Experimentalphysik Bd. VIII, 1 (1929) S. 448.

[4] PIERCE, G. W.: Proc. Am. Acad. Sci. Bd. 60 (1925) S. 271.

keit in Kohlensäure, was HERZFELD und RICE[1] so deuteten, daß bei höheren Frequenzen die Schwingung sich nicht mehr schnell genug ins Gleichgewicht setzt. Der Effekt wurde dann von KNESER[2] näher experimentell und theoretisch untersucht. Er ermittelte die Schallgeschwindigkeit von CO_2 und N_2O relativ zu derjenigen in Argon und kam ebenfalls zu dem Schluß, daß die Zahl der Stöße während einer Schallperiode nicht mehr ausreicht, um den Austausch zwischen Schwingung und Translation zu ergeben, so daß mit wachsender Frequenz schließlich der Freiheitsgrad der Schwingung abstirbt. Für die Einstellungszeit der hier nur in Frage kommenden Deformationsschwingung ${}^2\delta_u{}^{\perp}$ des CO_2 bekam er 10^{-6} sec. Bei den Versuchsbedingungen (Zimmertemperatur und Atmosphärendruck im CO_2) würde danach erst jeder $6 \cdot 10^4$te Stoß eine Umwandlung von Translations- in Schwingungsenergie bewirken. Entsprechende Beobachtungen und Überlegungen teilten EUCKEN, MÜCKE und BEKKER[3], sowie HENRY[4] für Stickstoff, Sauerstoff und Chlor mit[5]. Auch hier sind bei den Schallgeschwindigkeitsmessungen die Zeiten für eine vollständige Energieaufnahme der Schwingungsfreiheitsgrade zu klein. Die Einstellzeiten sind noch größer als beim CO_2*. Durch zugesetzte Gase können sie herabgesetzt werden[6]. Genauere Resultate als aus der Schalldispersion erhält man aus der Schallabsorption, wie KNESER[7] gezeigt hat.

Für die geringe Ausbeute bei den Schallgeschwindigkeitsmessungen versuchten HEIL[8], EUCKEN, MÜCKE und BECKER[3] unter

---

[1] HERZFELD, K. F. u. O. K. RICE: Physic. Rev. Bd. 31 (1928) S. 691.

[2] KNESER, H. O.: Ann. Physik Bd. 11 (1931) S. 761, 777; Bd. 12 (1932) S. 1015. — KNESER, H. O. u. S. ZÜHLKE: Z. Physik Bd. 77 (1932) S. 649.

[3] EUCKEN, A., O. MÜCKE u. R. BECKER: Naturwiss. Bd. 20 (1932) S. 85; Z. physik. Chem. Abt. B Bd. 18 (1932) S. 167.

[4] HENRY, P. S. H.: Nature, Lond. Bd. 129 (1932) S. 200.

[5] Für verschiedene mehratomige Gase siehe RICHARDS, W. T. u. J. A. REID: J. Chem. Physics Bd. 2 (1934) S. 193, 206.

* Mit der LUMMER-PRINGSHEIMschen Methode (isentropische Druck- und Temperaturänderung) erhielten EUCKEN und Mitarbeiter hingegen c_S-Werte, die mit einer PLANCK-EINSTEIN-Formel in vollem Einklang stehen, so daß jetzt kein Beispiel vorliegt, für welches diese Darstellung nicht benutzt werden dürfte.

[6] Vgl. EUCKEN, A. u. R. BECKER: Z. physik. Chem. Abt. B Bd. 27 (1934) S. 219, 255.

[7] KNESER, H. O.: Ann. Physik Bd. 16 (1933) S. 337; J. Acoust. Soc. Amer. Bd. 5 (1933) S. 122. — KNESER, H. O. u. V. O. KNUDSEN: Ann. Physik Bd. 21 (1935) S. 682.

[8] HEIL, O.: Z. Physik Bd. 74 (1932) S. 31.

Anlehnung an Impulssatzüberlegungen von OLDENBERG[1] ein Verständnis zu gewinnen. Es wurde berücksichtigt, daß nach klassischen Betrachtungen nicht die volle Relativenergie der Translation in Schwingungsenergie übergeht, sondern nur ein gewisser Teil. Damit nun ein volles Schwingungsquant im Stoß übertragen werden kann, muß die Relativenergie der Translation entsprechend größer angenommen werden. Zu einer vollständigen Erklärung dieser und anderer Erscheinungen[2] reichen die Überlegungen aber nicht aus, wie FRANCK und EUCKEN[3] gezeigt haben. Sie nahmen daher außer der Anregung von Schwingungen durch direkte Impulsübertragung an ein Atom im Molekül noch eine zweite Möglichkeit der Anregung an. Diese besteht darin, daß das herannahende stoßende Teilchen eine Störung des Elektronensystems veranlaßt, die sich in der Änderung der Bindungskräfte im Molekül (z. B. eines Atoms an den Rest des Moleküls) auswirkt (Eindringungsanregung). Moleküle im Grundzustand werden danach weniger störbar sein und weniger störend wirken als solche in angeregten Zuständen (Näheres s. S. 379). Bei den akustischen Versuchen handelt es sich aber gerade um normale unangeregte Moleküle. Es ist daher verständlich, daß sie eine große Zahl von Zusammenstößen überdauern, ehe einmal eine Schwingung angeregt wird.

Am Schluß dieses Paragraphen sei noch ein Beispiel erwähnt, in dem erstmalig ein Elektronenterm zur Darstellung der spezifischen Wärme herangezogen (abgesehen von der Dublettaufspaltung beim Grundterm des NO) und aus ihrer Temperaturabhängigkeit gleichzeitig vorausgesagt wurde. Es handelt sich um die spezifische Wärme des Sauerstoffmoleküls. LEWIS und v. ELBE[4] bestimmten nach der Explosionsmethode die spezifische Wärme in dem Temperaturgebiet 1400—2500^0 abs. und fanden sie durchweg höher liegend als die berechneten Werte. Der Effekt wurde ausgesprochener mit höheren Temperaturen. Sie vermuteten, daß bei den benutzten Temperaturen Moleküle in einem niedrig liegenden Elektronenniveau anwesend sind, die in der Rechnung nicht berücksichtigt sind. Die am nächsten liegende Annahme ist, daß

[1] OLDENBERG, O.: Physic. Rev. Bd. 37 (1931) S. 194.

[2] Siehe S. 379.

[3] FRANCK, J. u. A. EUCKEN: Z. physik. Chem. Abt. B Bd. 20 (1933) S. 460.

[4] LEWIS, B. u. G. v. ELBE: Physic. Rev. Bd. 41 (1932) S. 678. — J. Amer. Chem. Soc. Bd. 55 (1933) S. 511.

es sich um das theoretisch verlangte $^1\Delta$-Niveau handelt, das zwischen dem Grundterm $^3\Sigma$ und dem $^1\Sigma$-Term der atmosphärischen Sauerstoffbanden liegen muß. Aus den statistischen Gewichten für $^3\Sigma$ und $^1\Delta$ folgt, daß der Bruchteil der Moleküle, die bei der Temperatur T im Zustande $^1\Delta$ sind, sein muß: $\frac{N_{^1\Delta}}{N_{^3\Sigma}} = \frac{2}{3} \cdot e^{-\frac{E_{^1\Delta}}{kT}}$, und die Energiedifferenz, die man aus den beobachteten und berechneten spezifischen Wärmen bekommt, muß gleich diesem Bruchteil mal $E_{^1\Delta}$ sein. Daraus schätzen LEWIS und v. ELBE die Lage des $^1\Delta$-Terms zu 0,75 Volt, was zu den theoretischen Erwartungen gut paßt. Tatsächlich haben ELLIS und KNESER[1] den Term seither im Absorptionsspektrum des flüssigen Sauerstoffs und HERZBERG[2] im ultraroten Sonnenspektrum nachgewiesen. Er liegt 7882 cm^{-1} = 0,97 Volt über dem Grundzustande.

b) Entropie.

Wir hatten für die Energie eines Mols $u = 3/2\, RT + RT^2 \frac{d \ln Z}{dT}$ und für die Molwärme $c_v = \left(\frac{\partial u}{\partial T}\right)_v = \frac{3}{2} R + R \frac{d}{dT}\left[T^2 \frac{d \ln Z}{dT}\right]$ angegeben, wo Z die Summe $\Sigma g_n e^{-\frac{E_n}{kT}}$ bedeutet (S. 282). Dabei rührt der erste Term von der translatorischen, der zweite von der inneren Energie her. Die Entropie S ist definiert durch $dS = \frac{du}{dT} d \ln T$. Auch sie setzt sich aus den Anteilen zusammen, die von der inneren und der translatorischen Energie stammen. Betrachten wir die ersteren zuerst. Die entsprechende Entropie ist

$$S_i = R\left(\ln Z + T \frac{d \ln Z}{dT}\right), \tag{56}$$

während die von der Translation herrührende Entropiegleichung (Sackur-Tetrode) ist

$$S_t = 3/2\, R \ln M + 5/2\, R \ln T - R \ln P + 5/2 R + C + R \ln R, \tag{57}$$

wo der Druck P in Atm. und R in cal gemessen wird, M = Molekulargewicht. Ferner ist $C = R \ln\left[\frac{(2\pi k)^{3/2}}{h^3 N^{5/2}}\right] = -16{,}024$ cal/Mol und Grad und $C + R \ln R = -7{,}267$. Die Gesamtentropie S ist $S = S_i + S_t$.

[1] ELLIS, J. W. u. H. O. KNESER: Z. Physik Bd. 86 (1933) S. 583.
[2] HERZBERG, G.: Nature, Lond. Bd. 133 (1934) S. 759.

Die Gleichungen gelten für den idealen Gaszustand und 298° abs. Es ist also möglich, die Entropie mit Hilfe *spektroskopischer* Daten zu *berechnen*, da diese ja in die Zustandssumme Z eingehen. Eine *experimentelle* Bestimmung der Entropie ist möglich, wenn die spezifischen Wärmen des Kondensats, die Wärmetönungen bei den auftretenden Phasenänderungen und die Verdampfungswärmen bei dem Übergang in den Gaszustand bekannt sind. Beim Vergleich der beiden Werte miteinander muß nun Verschiedenes berücksichtigt werden. Berechnet man z. B. die Entropie für Wasserstoff bei Atmosphärendruck und 298°, so erhält man $S_i + S_t = S = 3{,}14 + 28{,}090 = 31{,}23$ cal/grad u. mol*, während aus thermischen Messungen 29,64 cal für den Gaszustand gefunden wurde. Daß die Diskrepanz vom Kernspin herrührt, werden wir von dem über spezifische Wärme Gesagten her vermuten. In der Tat: genau so, wie wir dort den Wasserstoff als aus zwei Modifikationen bestehend auffassen und die spezifische Wärme nach der Mischungsregel berechnen mußten, haben wir hier aus den gleichen Gründen eine Entropie des Mischens zu berücksichtigen. Sie rührt eben davon her, daß sich die Ortho- und die Paraform des Wasserstoffs, die sich wegen des Kernspins ausbilden, nur sehr langsam miteinander ins Gleichgewicht setzen. Diese Mischungsentropie beträgt 1,64 cal. Addieren wir sie zum experimentellen Wert 29,64, so erhalten wir 31,28 in guter Übereinstimmung mit oben.

Bei den eben durchgeführten Betrachtungen ist in der Mischungsentropie von 1,64 cal aber nicht der Anteil der reinen Kernspinentropie enthalten. Wir müssen ihn berücksichtigen, falls es uns auf eine Absolutberechnung der Nullpunktsentropie ankommt. Er beträgt $R \ln 4 = 2{,}75$ cal. Die gesamte Nullpunktsentropie ist nämlich $S_0 = R\left(\ln Z^2 + \frac{Z(Z+1)}{2Z^2} \ln 3\right)$**; speziell für Wasserstoff mit $Z = 2$ ist $S_0 = R \ln 4 + R\, 3/4 \ln 3$. Das zweite Glied enthält die Mischungsentropie. Wir haben nur dieses betrachtet, weil für praktische Zwecke meist das Studium von Gleichgewichten in Frage kommt, wobei sich die Kernspinentropien herausheben. Es konnten nämlich für Reaktionen, in denen ein- und zweiatomige Substanzen beteiligt sind, GIBSON und HEITLER[1] mit Hilfe der Quantenmechanik zeigen, daß der Kernspin gleichermaßen zur absoluten Entropie der Reaktionsteilnehmer und der entstehenden Produkte beiträgt. Auf diese Weise konnten sie sehr genau die Konstante für das Dissoziationsgleichgewicht $J_2 = J + J$ be-

* GIAUQUE, W. F.: J. Amer. Chem. Soc. Bd. 52 (1930) S. 4816. — EUCKEN, A.: Physik. Z. Bd. 30 (1929) S. 818.

** Siehe z. B. LUDLOFF, H.: Z. Physik Bd. 68 (1931) S. 433.

[1] GIBSON, G. E. u. W. HEITLER: Z. Physik Bd. 49 (1928) S. 465.

rechnen, obgleich der Kernspin des Jodatoms unbekannt ist. Daß die entsprechenden Überlegungen für Reaktionen mit mehratomigen Molekülen gelten, hat EUCKEN[1] experimentell bewiesen.

Unsere Ausführungen bedeuten, daß der Kernspin beim Wasserstoff bei der Anwendung des dritten Wärmesatzes zu berücksichtigen ist, daß dieser also hier in der von NERNST ausgesprochenen Form nicht gültig ist.

Ein weiteres Beispiel, in dem die spektroskopisch und experimentell bestimmten Entropien nicht übereinstimmen, bildet das CO*. Da aber der Normalzustand des CO ein $^1\Sigma$-Zustand ist und die vorherrschenden Isotopen des C und O keinen Kernspin besitzen, scheint hier nicht die gleiche Erklärung angängig wie bei Wasserstoff. Die Differenz zwischen theoretischem und experimentellem Wert ist etwa $R \ln 2$. GIAUQUE[2] gibt dafür folgende Erklärung: Wenn mit abnehmender Temperatur die CO-Moleküle zum Kristallgitter zusammentreten, so besteht an sich keine Bevorzugung besonderer C- und O-Lagen. Für jedes CO-Molekül existieren im Gitter zwei verschiedene Lagen, die energetisch sehr wenig voneinander verschieden sind. Falls im Gitter die Moleküle nicht bei tiefen Temperaturen im energetisch tiefsten Zustand vorhanden sind, werden sich daher im Kristall winzige Energieunterschiede bemerkbar machen. Das Gitter stellt dann eine eingefrorene Phase dar, wenn die Umklappzeit von der höheren in die energetisch tiefere Lage groß ist gegen die Versuchsdauer. Beim N_2 hingegen, das mit CO isoelektronisch ist, kann ein solcher Effekt nicht auftreten, weil infolge der Gleichheit der Atome die beiden Lagen nicht unterscheidbar sind. In der Tat wurde auch beim N_2 keine Entropiediskrepanz gefunden[3]. Der Effekt ist ähnlich wie beim Wasserstoff, nur hat er eine andere Ursache. Im Extremfall, wenn gar keine Unterscheidung der Lagen der C- und O-Atome angenommen wird, ergibt sich so eine Mischungsentropie von $R \ln 2 = 1{,}38$ cal. Die wahre Differenz beträgt 38,38 (theor.) — 37,2 (exper.) = 1,12 cal und zeigt an, daß eine gewisse Ordnung bereits eingetreten ist. GIAUQUE vermutet, daß der genannte Effekt auch bei andern Molekülen auftreten wird und

---

[1] EUCKEN, A.: Physik. Z. Bd. 30 (1929) S. 818.

* CLUSIUS, K. u. W. TESKE: Z. physik. Chem. Abt. B Bd. 6 (1929) S. 135.

[2] CLAYTON, J. O. u. W. F. GIAUQUE: J. Amer. Chem. Soc. Bd. 54 (1932) S. 2610.

[3] EUCKEN, A.: l. c.

CLUSIUS[1] hält ihn allgemein für die Ursache des Versagens des dritten Wärmesatzes in allen Fällen, für die nicht Kernspineigenschaften in der beim H_2 besprochenen Art verantwortlich sind. Daß letztere Fälle aus verschiedenen Gründen sehr selten sein werden, hatten wir schon im vorigen Abschnitt gesagt. Hingegen gibt es für den Richteffekt in Gittern aus Molekülen mit ungleichen Kernen schon mehrere Beispiele, wie das NO. Es ist interessant, daß CLUSIUS[2] gefunden hat, daß der Effekt nur für Moleküle mit kleinem Dipolmoment merklich wird. Bei solchen mit höheren Dipolmomenten (Größenordnung $0{,}3 \cdot 10^{-18}$ *CGS*-Einh.) sind die diese bewirkenden Kräfte bereits bei höheren Temperaturen so stark, daß eine praktisch vollständige Ordnung des Gitters die Folge ist[3].

Tabelle 16.

	Mit dem Exp. zu vergleichen		Absolute Entropien	
CO_2	51,07 *		51,07 *	
N_2O	52,58		56,94	
HCN	48,23		51,79	
C_2H_2	48,00	47,2**	50,75	49,9**
C_2H_6	55,5 **		63,8 **	
C_6H_6	65,1		73,4	

Es sind in der letzten Zeit sehr viele Entropieberechnungen ausgeführt worden, die teilweise zu den erwähnten interessanten Ergebnissen geführt haben. In der Tabelle 16, die Arbeiten von BADGER und WOO* und MAYER, BRUNAUER und MAYER** entnommen ist, sind die Entropien für einige mehratomige Moleküle angegeben, und zwar die absoluten Entropien und diejenigen, die mit experimentellen Daten zu vergleichen sind, d. h. unter Abzug der Kernspinentropien.

[1] CLUSIUS, K.: Nature, Lond. Bd. 130 (1932) S. 775.

[2] CLUSIUS, K.: Gött. Nachr. 1933 S. 171. — Z. Elektrochem. Bd. 39 (1933) S. 598.

[3] Auf die Erscheinung der Rotation von Molekülen im Kristall, die zuerst von L. PAULING [Physic. Rev. Bd. 36 (1930) S. 430] eingehend theoretisch untersucht wurde, sei an dieser Stelle nicht näher eingegangen. Einen Übergang von der Schwingung zur Rotation im Gitterverband werden wir um so eher erwarten, je kleiner das Trägheitsmoment und die Wechselwirkungskräfte sind. Außerdem wird der Übergang in Molekülgittern, die nur durch VAN DER WAALSsche Kräfte zusammengehalten sind, bei tieferen Temperaturen erfolgen als in Ionengittern mit elektrostatischen Kräften (S. 366).

* BADGER, R. M. u. SHO-CHOW WOO: J. Amer. Chem. Soc. Bd. 54 (1932) S. 3523.

** MAYER, J. E., S. BRUNAUER u. M. GÖPPERT-MAYER: J. Amer. Chem. Soc. Bd. 55 (1933) S. 37.

c) Chemische Konstante.

Während in der amerikanischen und englischen Literatur fast ausschließlich mit der Entropie gerechnet wird, bevorzugen deutsche Autoren das Rechnen mit der chemischen Konstanten. Diese ist mit der Entropie durch die Beziehung verknüpft

$$S_{298^0} = 4{,}573\, j_k + 6{,}699\, c_p + \int\limits_0^{298} \frac{c_s}{T}\, dT. \tag{58}$$

j_k wird als chemische Konstante bezeichnet. Der Zahlenfaktor des ersten Gliedes ist $R \ln 10$. Der Faktor des zweiten Gliedes rührt von der Entropie des Gases her[1]. Das Integral verschwindet für einatomige Gase und liefert bei mehratomigen nur für kleine Schwingungsenergien einen merklichen Beitrag. Für j_k kann man eine ganz ähnliche Berechnungsweise angeben wie für die Entropie (mit Hilfe der Zustandssumme).

Die chemische Konstante j_k kann zur exakten Berechnung chemischer Gleichgewichte dienen. Die Integrationskonstante J_K in der Gleichung für die Temperaturabhängigkeit des chemischen Gleichgewichts $R \ln K_p = -\frac{Q_0}{T} - \frac{\Sigma F}{T} + J_K$ setzt sich nämlich additiv aus den chemischen Konstanten der Reaktionsteilnehmer zusammen, wobei die der verschwindenden Stoffe mit positivem und die der entstehenden mit negativem Vorzeichen zu nehmen sind: $J_K = \Sigma j_k$ (K_p = Gleichgewichtskonstante des Massenwirkungsgesetzes, Q_0 = Wärmetönung der Reaktion am absoluten Nullpunkt, F = freie Energie). Alle diese Betrachtungen gelten nur dann, wenn man auf rein statistischem Wege rechnet. Benutzt man die thermodynamisch ermittelte Entropie und aus ihr abzuleitende Konstanten (Dampfdruckkonstante j_p), so treten dieselben Schwierigkeiten auf, wie sie unter b) für die Entropie im Zusammenhang mit dem NERNSTschen Wärmetheorem besprochen wurden.

Auf die Ermittlung der freien Energie mit Hilfe bandenspektroskopischer Daten braucht wohl nicht näher eingegangen zu werden. Sie erfolgt in der angegebenen Weise mit Hilfe der Zustandssumme Z.

---

[1] Es ist nämlich $6{,}699\, c_p = \int\limits_0^{298} \frac{c_p}{T}\, dT + c_p = (2{,}3 \log 298 + 1)\, c_p$.

V. Die chemische Bindung und die chemische Wertigkeit.

A. Überblick über die Bindungsarten bei Gasmolekülen.

§ 1. Begriff der chemischen Wertigkeit.

Durch die Vereinigung zweier oder mehrerer Einzelatome entstehen die Moleküle. Die Vereinigung zahlreicher Gasmoleküle führt zu höheren Aggregaten, zu Flüssigkeiten und festen, meist kristallisierten Stoffen. Wenn ein chemisches Element mit einem andern Element verschiedene Verbindungen eingehen kann, dann stehen bekanntlich ihre relativen Mengen in diesen Verbindungen in bestimmten einfachen Zahlenverhältnissen zueinander (Gesetz der multiplen Proportionen). Die Zahlen, die angeben, in welchen kleinsten Zahlenverhältnissen die einzelnen Atome sich zu binden vermögen, sind für jedes Elementatom charakteristisch; sie werden als *Wertigkeiten* der Elemente oder als Valenzzahlen bezeichnet. Als Einheit der Wertigkeit hat man diejenige des Wasserstoffs gewählt. Man hat nämlich noch nie Verbindungen gefunden, in denen ein H-Atom mit mehr als *einem* andern Atom verbunden ist. Setzt man also die Valenz des Wasserstoffs gleich 1, so folgen aus der Reihe HF, H_2O, H_3N, H_4C die Valenzzahlen der betreffenden Elemente F = 1, O = 2, N = 3, C = 4. Daraus folgt aber nicht, daß diese Elemente immer mit dieser Wertigkeit auftreten müssen, vielmehr hängt die Valenzzahl vom Verbindungspartner ab. Der Valenzbegriff ist also keineswegs scharf definiert. So entspricht z. B. die Höchstzahl der O-Atome, mit denen sich ein Atom zu binden vermag, durchaus nicht seiner Valenz gegen Wasserstoff. Auch demselben Partner gegenüber kann ein Atom verschiedenwertig auftreten; so hat Cl in den Verbindungen Cl_2O, ClO_2, Cl_2O_7 die Wertigkeiten 1, 4, 7. Die Valenzzahlen der Elemente stehen in einer einfachen Beziehung zur Stellung des Elementes im periodischen System. Beschränkt man sich auf die Höchstwertigkeit gegen Sauerstoff, dann ist die Valenzzahl im allgemeinen identisch mit der Gruppennummer im periodischen System, steigt also von 1 auf 7, während die Wertigkeit gegen H (und die Halogene) von 1 bis 4 steigt und dann wieder auf 1 sinkt.

§ 2. Die Aufgaben einer Valenztheorie.

Betrachten wir die Reihe der Kohlenwasserstoffe CH, CH_2, CH_3, CH_4, CH_5 usw., so ist von diesen nur CH_4 im chemischen Sinne stabil. In diesem Molekül, dem Methan, hat das C-Atom bekanntlich die Valenzzahl 4. Welche Rolle aber spielt es in den übrigen, chemisch instabilen Gebilden? Der Charakter der Unstabilität ist in den vor CH_4 stehenden Molekülen ein anderer wie in den auf das Methan folgenden Gebilden. CH, CH_2 und CH_3 sind im physikalischen Sinne noch stabil. Das bedeutet, daß diese Moleküle (Radikale) zwar existenzfähig sind, aber bei Zusammenstößen miteinander oder mit andern Molekülen oder Atomen sofort reagieren. Und da bei jedem chemischen Arbeiten derartige Zusammenstöße der Moleküle unvermeidbar sind, sind sie im allgemeinen chemisch nicht nachweisbar. Gelingt es aber, z. B. im Entladungsrohr, diese Moleküle genügend schnell zu erzeugen und die sie zerstörenden Reaktionen lange genug zu vermeiden, so sind sie durch ihr Spektrum feststellbar[1]. Dem Spektroskopiker ist daher das CH-Molekül genau so bekannt wie das N_2 oder andere chemisch stabile Moleküle.

Die Verbindungen CH_5, CH_6 usw. hingegen sind weder im physikalischen noch im chemischen Sinne stabil. Sie sind einfach nicht existenzfähig, weil die Bruchstücke, aus denen sie entstehen könnten (z. B. $H + CH_4$, $H_2 + CH_3$ usw.) einander nur abstoßen.

Eine Theorie der Valenz hat im wesentlichen zwei Phänomene zu erklären: einmal das Wesen einer chemischen Bindung und zweitens das Zustandekommen der Absättigung der Valenzen.

§ 3. Einteilung der Bindungsarten bei Gasmolekülen[2].

Der Chemiker gebraucht hauptsächlich die Begriffe der *homöopolaren* und *heteropolaren Verbindung,* die auf Berzelius und Abegg zurückgehen. Danach sollen heteropolare Verbindungen aus *Ionen* entstehen; in diesen Verbindungen haben die einzelnen Valenzzahlen positives oder negatives Vorzeichen, verhalten sich also wie elektrische Ladungen. Die chemische Absättigung der heteropolaren Valenzen erfolgt so, daß die Summe der Valenzzahlen der Atome in der Verbindung Null ist. Als heteropolare Verbindungen sieht der Chemiker an NaCl, NH_4Cl usw.

[1] O. Oldenberg [J. Chem. Physics Bd. 3 (1935) S. 266; A. A. Frost u. O. Oldenberg: Physic. Rev. Bd. 47 (1935) S. 788] ist es z. B. gelungen, das im Entladungsrohr erzeugte OH-Radikal nicht nur durch sein Emissions-, sondern auch durch sein Absorptionsspektrum nachzuweisen und seine Lebensdauer auf etwa $^1/_8$ sec abzuschätzen.

[2] Für eine Einteilung ohne Beschränkung auf Gasmoleküle s. H. G. Grimm: Z. angew. Chem. Bd. 47 (1934) S. 53.

In den homöopolaren Verbindungen haben die Valenzzahlen kein Vorzeichen, diese Moleküle sollen aus *neutralen Atomen* aufgebaut sein. Die Absättigung der Valenzen erfolgt paarweise durch je zwei benachbarte Atome. Symbolisch wird dieses Verhalten durch den Valenzstrich angedeutet. Homöopolare Verbindungen sind O_2, CO, CN. Dabei ist aber die Grenze zwischen heteropolarer und homöopolarer Verbindung durchaus fließend.

In der Physik haben sich zwei andere Begriffspaare in der letzten Zeit herausgebildet. Von *polaren* und *unpolaren* Molekülen spricht man, wenn es sich darum handelt, die Ladungsverteilung in den fertigen Molekülen zu beschreiben. Polare Moleküle besitzen danach ein elektrisches Moment (Dipolmoment), unpolare Moleküle nicht. Über die Art der Valenzbetätigung ist hierbei von vornherein nichts ausgesagt.

Interessiert man sich für die Frage, in welche Bestandteile ein Molekül bei ausreichender Verstärkung der Schwingungsenergie auseinandergeht, so hat FRANCK zur Unterscheidung des verschiedenen Verhaltens der Moleküle die Bezeichnungen *Atommoleküle* und *Ionenmoleküle* vorgeschlagen. Während die Begriffspaare homöopolar-heteropolar und unpolar-polar für die gasförmige, flüssige und feste Phase gelten, waren die FRANCKschen Bezeichnungen für den Gaszustand geschaffen worden, da man für diesen die beiden Bindungsarten mit Hilfe spektroskopischer Kriterien unterscheiden kann (s. S. 300). Sie gelten zunächst nur für zweiatomige Moleküle. Ihrer Erweiterung auf mehratomige Moleküle steht aber prinzipiell nichts im Wege. Da sich dieses Buch hauptsächlich auf Moleküle in der Gasphase beschränkt, soll ausführlich nur auf die Bindungstypen der Gasmoleküle eingegangen werden[1]. Nach FRANCK ist eine Atomverbindung ein Molekül, das bei genügender Verstärkung der Schwingungsenergie im Gaszustande in zwei neutrale Atome dissoziieren würde. Entsprechend würde ein Ionenmolekül in zwei entgegengesetzt geladene Atomionen auseinandergehen. In diesem Sinne sind Elementmoleküle wie H_2, N_2, O_2, F_2 usw. Atomverbindungen. Es gehören hierher aber auch Moleküle wie NO, CO, JCl, HJ, AgCl. Während die Elementmoleküle *unpolare Atomverbindungen* sind, gehören die andern Beispiele zu den *polaren* Vertretern der *Atommoleküle*. NO, CO,

[1] Für feste kristallisierte Stoffe hat sich auf Grund verschiedener Kriterien (spektroskopische und andere) die Unterscheidung zwischen *Ionengittern* und *Atom-* (bzw. *Molekül-*) *Gittern* herausgebildet.

JCl haben kleine, AgCl, HJ große Dipolmomente. Ionenmoleküle im FRANCKschen Sinne sind z. B. die Alkalihalogenidmoleküle, also NaJ, KJ, CsJ, NaBr usw.

Die homöopolaren Verbindungen des Chemikers decken sich wohl stets mit den Atomverbindungen des Physikers. Nicht ganz so ist es mit den Begriffen heteropolar und Ionenbindung. Auch polare Atomverbindungen wie das HCl haben die Chemiker früher allgemein als heteropolar angesehen. Wir wollen im folgenden besonders die Einteilung in Atom- und Ionenverbindungen benutzen.

In die genannten Rubriken sind nicht ohne weiteres einzureihen die Moleküle einer Reihe von Metalldämpfen, wie Hg_2, Cd_2, Edelgasverbindungen wie HgA, HgKr usw. Diese Moleküle werden zusammengehalten durch die sog. VAN DER WAALSschen Kräfte. In der VAN DER WAALSschen Gasgleichung $(p + \frac{a}{v^2})\ (v - b) = RT$ rührt nämlich das Glied $\frac{a}{v^2}$ von den zwischenmolekularen anziehenden Kräften her, den „VAN DER WAALSschen Kräften". Da sie hauptsächlich auf Polarisationskräften beruhen, spricht man auch von einer *Polarisationsbindung*. Dem Chemiker sind diese „Polarisationsmoleküle" wegen ihrer außerordentlich kleinen Dissoziationsarbeit in der Regel nicht bekannt.

§ 4. Spektroskopische Bestimmungsmethoden der Bindungsarten bei Gasmolekülen[1].

In diesem Paragraphen sollen die Kriterien genannt werden, auf Grund deren FRANCK zu der erwähnten Einteilung der Bindungstypen gekommen ist. Die Methoden sind alle schon mehr oder weniger ausführlich in dem Paragraphen über Bestimmung von Dissoziationsarbeiten besprochen worden. Wir brauchen daher hier nur hinzuzufügen, was für Ergebnisse sie für das Erkennen der chemischen Bindung in den betrachteten Molekülen liefern.

a) Spektroskopische Merkmale für Atommoleküle.

Für Atommoleküle ergibt die Konvergenz der Schwingungsquanten des Grundzustandes einen Zerfall in Atome. In der Regel sind es normale Atome. Der erste Anregungszustand führt nach den bisherigen Erfahrungen in der Grenze meist zu einem normalen und einem angeregten Atom. Für die Feststellung des Bindungs-

[1] Siehe hierzu die Berichte: FRANCK, J.: Naturwiss. Bd. 19 (1931) S. 217; SPONER, H.: Leipzig. Vortr. 1931, S. 107; SAMUEL, R.: Absorption Spectra and Chemical Linkage, Ind. Acad. Sci. 1934.

charakters ist es also wichtig, die Dissoziationsprodukte für die betreffenden Zustände sicherzustellen. Nun ist aber das eben angegebene Kriterium kein eindeutiges. Es kann nämlich ausnahmsweise vorkommen, daß der stabilste Zustand eines Moleküls durch Verbindung eines normalen und eines angeregten Atoms gebildet wird und der angeregte Zustand in der Grenze zu zwei normalen Atomen führt. Es können ferner auch Grundzustand *und* angeregter Zustand normale Atome ergeben[1]. MULLIKEN hält z. B. diesen letzten Fall im N_2^+ und CN für wahrscheinlich, während HERZBERG die zuerst erwähnte Möglichkeit als Deutung bevorzugt. Die Schwierigkeit der Entscheidung liegt hier an der Unsicherheit der Extrapolation der Schwingungsquanten und den nicht genügend bekannten Atomspektren (C, N^+). Ja, selbst bei beobachteter Bandenkonvergenz ist die Zuordnung der Dissoziationsprodukte nicht immer leicht. Z. B. kennt man (S. 246) die Dissoziationsarbeit des O_2 erst genau, seit die tiefliegenden metastabilen Terme des O-Atoms bekannt sind. Oft liegt die Unsicherheit an der Kleinheit der Anregungsenergie. Aus diesem Grunde war z. B. die Entscheidung so schwierig, ob der erste angeregte Zustand des JCl in zwei normale Atome oder in ein $J\,(^2P_{\frac{3}{2}})$ und ein $\mathrm{Cl}\,(^2P_{\frac{1}{2}})$ dissoziiert. Mit Hilfe thermodynamischer Daten und theoretischer Erwägungen ist diese Frage jetzt zugunsten der ersten Auffassung entschieden[2]. Schließlich kann es auch vorkommen, daß angeregte Zustände von Atommolekülen bei der Dissoziation Ionen liefern. Dieses ist für höhere Anregungen bei TlJ und TlBr beobachtet worden[3] und auch für J_2 sehr wahrscheinlich[4].

Während man nun aus der Feststellung, daß der Grundzustand in der Grenze zu Atomen — seien es normale oder ein angeregtes und ein normales — führt, stets auf ein Atommolekül schließen darf, muß man bei Schlüssen aus dem ersten Anregungszustand vorsichtig sein, wie die Betrachtung der Ionenmoleküle gleich zeigen wird. Nur wenn eindeutig der erste angeregte Zustand bei der Dissoziation mindestens ein angeregtes Atom liefert, liegt sicher ein Atommolekül vor.

---

[1] Angeregte Zustände, die in der Grenze zu normalen Atomen führen, sind sicher bei den Halogenmolekülen vorhanden. BROWN, W. G.: Physic. Rev. Bd. 38 (1931) S. 1179, 1187.

[2] BROWN, W. G. u. G. E. GIBSON: Physic. Rev. Bd. 40 (1932) S. 529.

[3] TERENIN, A. u. B. POPOW: Physik. Z. Sowjetunion Bd. 1 (1932) S. 307. — Z. Physik Bd. 75 (1932) S. 338.

[4] WARREN, D. T.: Physic. Rev. Bd. 47 (1935) S. 1.

Diese Erkenntnisse sind an zweiatomigen Molekülen gewonnen worden. Ihre Erweiterung auf mehratomige Moleküle steht noch in den Anfängen. So kommt WIELAND[1] zu dem Schluß, daß die dreiatomigen dampfförmigen Quecksilberhalogenide als Atommoleküle anzusehen sind, weil ihre niedrigste Anregungsstufe oberhalb des Grundzustandes so gedeutet wird, daß bei der Dissoziation ein normales und ein angeregtes Partikel entstehen. Das Gleiche ergibt sich nach BUTKOW[2] und OESER[3] für die schwach polaren Moleküle der zweiwertigen Halogensalze von Zn und Cd.

b) Spektroskopische Merkmale für Ionenmoleküle.

Für Ionenmoleküle ergibt die Konvergenz der Schwingungsquanten des Grundzustandes einen Zerfall in Ionen. Hier ist also der Elektronenzustand, dessen Schwingungssystem in der Grenze zu normalen Atomen führt, nicht der stabilste und somit ein Anregungszustand des Ionenmoleküls. Da die Ionisierungsarbeiten meist groß sind im Vergleich zu den Elektronenaffinitäten, ist die zur Trennung in Ionen erforderliche Energie immer größer als die zur Dissoziation in neutrale Atome. Infolgedessen liegen die Konvergenzgrenzen der Grundzustände sehr hoch und ihre Potentialkurven werden in der Regel von denjenigen angeregter Zustände geschnitten. Die Abb. 75 gibt den typischen Verlauf von Potentialkurven eines Ionenmoleküls wieder. Die Potentialkurve des ersten Anregungszustandes schneidet die des Grundzustandes. Übergänge vom Grundzustand zum ersten Anregungszustand durch Lichtabsorption führen also in der Grenze zum Zerfall in normale Atome. Ein solches Verhalten ist als charakteristisch für Ionenmoleküle anzusehen[4]. [Allerdings darf man, wie aus dem unter a) Gesagten hervorgeht, nicht umgekehrt den Schluß ziehen, daß jedes Molekül, das durch Lichtabsorption in zwei normale Atome dissoziiert, ein Ionenmolekül ist.] Die Potentialkurven der angeregten

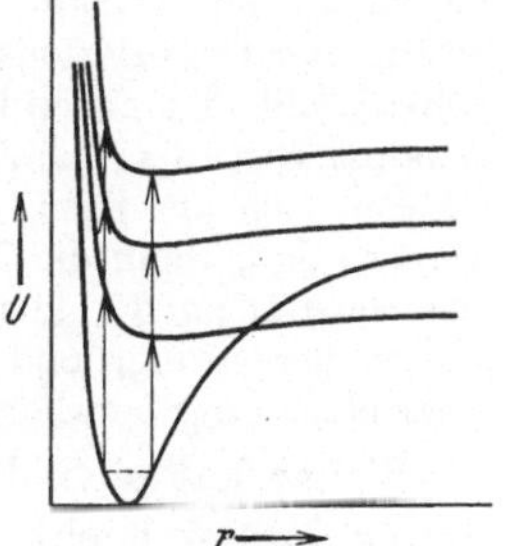

Abb. 75. Potentialkurven eines Ionenmoleküls.

---

[1] WIELAND, K.: Z. Physik Bd. 76 (1932) S. 801; Bd. 77 (1932) S. 157.

[2] BUTKOW, K.: Physik. Z. Sowjetunion Bd. 4 (1933) S. 577.

[3] OESER, E.: Z. Physik Bd. 95 (1935) S. 699.

[4] FRANCK, J., H. KUHN u. G. ROLLEFSON: Z. Physik Bd. 43 (1927) S. 155. — FRANCK, J.: Naturwiss. Bd. 19 (1931) S. 217.

Zustände von typischen Ionenmolekülen haben sehr schwach ausgeprägte Minima. Ionenmoleküle haben daher vorzugsweise kontinuierliche Absorptionen. Der Einwand, daß die Überschneidung der Potentialkurven eine Zweideutigkeit für die Extrapolation der Schwingungsquanten bis zur Konvergenzstelle hervorrufen könnte, was eine Unterscheidung zwischen Ionen- und Atommolekülen hinfällig machen würde, ist erhoben und diskutiert worden[1].

Von theoretischer Seite ist eingewandt worden, daß nach Hund ein Kreuzungspunkt im Prinzip für Terme gleicher Rasse immer vermieden werden muß. Es besteht keine Schwierigkeit, wenn die sich kreuzenden Terme verschiedene Rasse haben. Adiabatisch läßt sich die Rasse eines Terms nicht ändern. In diesem Falle ist also die Zuordnung eindeutig. Aber bei den Alkalihalogeniden, an denen die ganzen Gedankengänge entwickelt worden sind, ist es wahrscheinlich, daß es sich um Terme gleicher Rasse handelt. Trotzdem hat vom experimentellen wie vom theoretischen Standpunkt die Kreuzung der Potentialkurven einen Sinn. Experimentell gelingt eine eindeutige Zuordnung bestimmter Dissoziationsprozesse zu den verschiedenen kontinuierlichen Gebieten[2], und theoretisch liegt speziell bei den Alkalihalogeniden, wie London[3] erwähnt hat, der Schnittpunkt in ziemlich großem Kernabstande. Hier weichen sich die Kurven außerordentlich wenig aus und es kann gezeigt werden, daß, wenn die Trennung der Atome nicht extrem langsam erfolgt, das Molekül an der kritischen Stelle von der einen Potentialkurve in die andere überspringt und die Dissoziation so vor sich geht, als wäre eine Überschneidung wirklich vorhanden.

Bisher hat sich diese Zuordnung stets als eindeutig erwiesen. Sie ist immer leicht, wenn zwei oder mehr Maxima im Abstande der Anregungsenergien der bei der Dissoziation entstehenden Atome auftreten, da dann geschlossen werden kann, daß die Potentialkurven der angeregten Zustände annähernd parallel laufen. Vorsicht ist geboten, wenn nur ein Kontinuum vorhanden ist und die Schlüsse aus seiner langwelligen Grenze gezogen werden. Je nachdem, ob die entsprechende Dissoziationsarbeit einem Zerfall in normale Atome oder in ein angeregtes und ein normales Atom entspricht, wird man an Ionen- oder Atombindung denken. Die Gründe dafür, daß die langwellige Grenze eines Kontinuums prinzipiell nur einen oberen Grenzwert für die Dissoziationsenergie ergeben kann, waren schon in Kapitel IV, §1 ausführlich besprochen worden. Entsprechend sind die Rückschlüsse auf die Bindungsart vorsichtig zu ziehen, ganz besonders dann, wenn es sich um mehratomige Moleküle handelt, da bei diesen ja auch Schwingungs-

[1] Siehe die Diskussion bei H. Sponer: Leipzig. Vortr. 1931 S. 107.
[2] Schmidt-Ott, H. D.: Z. Physik Bd. 69 (1931) S. 724; s. auch S. 256.
[3] London, F.: Z. Physik Bd. 46 (1928) S. 455.

energie in den Dissoziationsprodukten stecken kann[1]. Manchmal zeigen die Absorptionskurven einen schwachen Ausläufer am langwelligen Ende. Dieser ist nicht geeignet als Kriterium für die Bindungsart. Z. B. haben ROLLEFSON und BOOHER, sowie DATTA[2] die Halogenwasserstoffe im Gegensatz zu FRANCK als Ionenmoleküle angesprochen, weil sie bei hohen Drucken eine sehr schwache Absorption bis zu Wellenlängen hin beobachteten[3], die kleineren Energien als einer Zerlegung in normales H und angeregtes Hal entsprechen. Sollte diese geringe Absorption wirklich zu normalen Atomen führen, so müßte man an eine Analogie zu den Halogenmolekülen denken (s. S. 300, Anm. 1), nicht aber an eine zu den Alkalihalogeniden[1]. Eine Zerlegung der Absorptionskurve in zwei Absorptionsgebiete[4] wie bei den Alkalihalogeniden ist nicht genügend gesichert.

Bei mehratomigen Molekülen kann der RAMAN-Effekt als grober Hinweis auf die vorliegende Bindung dienen. Ionenmoleküle zeigen keinen oder sehr schwachen RAMAN-Effekt, Atommoleküle hingegen einen starken. Diesen Schluß hat KRISHNAMURTI[5] empirisch gezogen und PLACZEK[6] theoretisch verständlich gemacht. Um den Zusammenhang zwischen RAMAN-Effekt und chemischer Bindung zu verstehen, müssen wir die Abhängigkeit der Polarisierbarkeit vom Kernabstand betrachten. Diese kann in Ionenmolekülen (falls diese aus Ionen mit schwacher Wechselwirkung bestehen) nur eine äußerst geringe sein, da sich die Polarisierbarkeit eines solchen Moleküls sehr nahe additiv aus den Polarisierbarkeiten der einzelnen Ionen zusammensetzt. Infolgedessen wird, wenn überhaupt, nur ein sehr schwacher RAMAN-Effekt auftreten. Bei Atommolekülen hingegen steht im Gegensatz dazu ein jedes Elektron nicht unter dem Einfluß eines Kerns, sondern beider Kerne, und da an diesen Elektronen auch RAYLEIGH-Streuung und RAMAN-Effekt erfolgt, wird die Polarisierbarkeit und damit der RAMAN-Effekt vom Kernabstand abhängig sein. Es geben sowohl unpolare wie polare Atommoleküle einen kräftigen RAMAN-Effekt.

---

[1] Siehe z. B. FRANCK, J. u. H. KUHN: Naturwiss. Bd. 20 (1932) S. 923.

[2] ROLLEFSON, G. K. u. J. H. BOOHER: J. Amer. Chem. Soc. Bd. 53 (1931) S. 1728. — DATTA, A. K.: Z. Physik Bd. 77 (1932) S. 404.

[3] Zusatz b. d. Korr.: Siehe hierzu eine neue Arbeit von C. F. GOODEVE u. A. W. C. TAYLOR: Proc. Roy. Soc. Lond. A Bd. 152 (1935) S. 221.

[4] SEN-GUPTA P. K.: Z. Physik. Bd. 88 (1934) S. 647.

[5] KRISHNAMURTI, P.: Ind. J. Phys. Bd. 5 (1930) S. 113.

[6] PLACZEK, G.: Z. Physik Bd. 70 (1931) S. 84.

c) Spektroskopische Merkmale für Polarisationsmoleküle.

Schon auf S. 122f.[1] war auseinandergesetzt worden, daß das Auftreten diffuser Spektren (die nicht auf Prädissoziation beruhen) gedeutet werden kann als Folge eines Übergangs zwischen einem Zustand fester und einem solchen sehr lockerer Bindung. Dabei kann der lockere Zustand sowohl der obere wie der untere Zustand sein. In dem hier betrachteten Zusammenhange interessieren uns nur Fälle mit lockerem Grundzustand, und zwar werden wir jetzt umgekehrt aus dem Auftreten derartiger Spektren auf eine sehr lose Bindung des Moleküls schließen. Die Bindungsfestigkeit solcher Moleküle ist sehr klein und von der Größenordnung der allgemeinen VAN DER WAALSschen Molekularattraktion. Das typische Merkmal der entsprechenden Absorptionsspektren ist, wie noch einmal wiederholt werden soll, das Auftreten diffuser Absorptionsbänder, die sich an die Atomlinien anschließen und in denen man unter gewissen Bedingungen in Emission und Absorption Struktur feststellen kann. Die Abschattierung der Absorptionsbanden liegt nach kurzen Wellen. Die Banden gehen auf der kurzwelligen Seite in anscheinend kontinuierliche Intensitätsfluktuationen über mit Bandenbreiten und Bandenabständen, die nach kurzen Wellen hin kleiner werden.

Diese an zweiatomigen Polarisationsmolekülen gewonnenen Ergebnisse sind auf die Spektren von O_4-Polarisationsmolekülen übertragen[2] und ihre Erweiterung auf andere mehratomige Polarisationsmoleküle besprochen worden.

B. Die Atombindung (homöopolare Valenz).

I. Zweiatomige Moleküle.

§ 1. Die halbempirische Valenztheorie von LEWIS[3].

In der Valenztheorie von LEWIS, die von LANGMUIR und andern weiter entwickelt wurde, wird die Bindung dadurch bewirkt, daß ein oder mehrere Elektronenpaare den zum Molekül verbundenen Atomen gemeinsam angehören. Dabei kommt gewöhnlich je

---

[1] Siehe dort Literaturzitate.

[2] FINKELNBURG, W.: Z. Physik Bd. 90 (1934) S. 1; daselbst weitere Lit.

[3] LEWIS, G. N.: Valence and the Structure of Atoms and Molecules. The Chemical Catalogue Company, New York 1923.

ein Elektron des Paares von einem der beiden Atome. LEWIS stellte dies durch folgende Symbole dar: $\mathrm{H:H}$, $\underset{\cdot\cdot}{\overset{\cdot\cdot}{\mathrm{O}}}::\underset{\cdot\cdot}{\overset{\cdot\cdot}{\mathrm{O}}}$, $\mathrm{:N:::N:}$. Dabei sollen, wie am Beispiel des O_2 und des N_2 ersichtlich ist, die Elektronen sich ähnlich wie in der KOSSELschen Theorie der heteropolaren Bindung (s. S. 339) möglichst in Achtergruppen anordnen. Es kann dann unter Umständen ein Elektronenpaar wie das mittlere Paar in den $\mathrm{:C:C:}$-Verbindungen zwei Achterschalen gleichzeitig angehören. Man kann also nach der LEWISschen Theorie die Molekülelektronen einteilen in bindende Elektronen, die eben immer zu Paaren auftreten und nichtbindende Elektronen, das sind die restlichen inneren Elektronen, die, wenn überhaupt, eine geringe Rolle bei der Bindung spielen. Verglichen mit der Valenzstrichchemie stellt jedes LEWISsche Punktepaar einen Valenzstrich dar: $\mathrm{H - H}$, $\mathrm{O = O}$, $\mathrm{N \equiv N}$.

Wir werden im folgenden sehen, daß sowohl durch die HEITLER-LONDONsche Spinvalenztheorie wie durch die Theorie der bindenden und lockernden Elektronen von HERZBERG, HUND und MULLIKEN eine theoretische Rechtfertigung der auf halbempirischer Grundlage entwickelten Theorie von LEWIS gegeben wird.

§ 2. Die Spinvalenztheorie von HEITLER und LONDON[1].

a) Allgemeine Züge der Theorie.

Im Kapitel III (S. 138) ist am Beispiel der Bildung des H_2-Moleküls bereits das Prinzipielle der Theorie auseinandergesetzt worden. Hier sei nur das für die chemische Bindung Wichtige kurz zusammengestellt:

Die homöopolare Bindung kann nur durch Elektronen verursacht werden, die *nicht* schon im eigenen Atom mit einem zweiten Elektron äquivalent gebunden und symmetrisch verknüpft sind. Solche Elektronen werden als Valenzelektronen bezeichnet. Die Valenzzahl eines Atoms wird daher durch die Anzahl der nicht paarweise äquivalent gebundenen Elektronen angegeben. Jedes Valenzelektron kann mit einem Valenzelektron des andern Atoms zu einem symmetrischen Elektronenpaar verknüpft werden. Wegen

[1] Siehe hierzu auch W. HEITLER: Quantentheorie und homöopolare chemische Bindung. Handbuch der Radiologie Bd. VI/2, 1934; BORN, M.: Erg. exakt. Naturwiss. Bd. 10 (1931) S. 387.

der Gültigkeit des PAULI-Prinzips müssen in diesem (in bezug auf die Elektronen-Schwerpunkts-Eigenfunktion) symmetrischen Zustand die Spinvektoren der Elektronen entgegengesetzt gerichtet sein ($S = 0$), was als Spinabsättigung bezeichnet wird. Bei antisymmetrischer Verknüpfung haben sie hingegen gleiche Richtung. Wird beim Zusammenbringen von zwei ursprünglich getrennten Atomsystemen die Anzahl der symmetrisch verknüpften Elektronenpaare um ein weiteres vermehrt, so bedeutet dies die Betätigung und Absättigung einer homöopolaren Valenz. Na besitzt z. B. ein nicht symmetrisch verknüpftes Elektron. Na ist einwertig und verbindet sich vorzugsweise mit Atomen, die ebenfalls ein nicht symmetrisch verknüpftes Elektron haben, z. B. NaH, Na_2.

Aus der HEITLER-LONDON-Theorie wird sofort verständlich, warum es kein H_3-Molekül gibt. Da nach dem PAULI-Prinzip nicht mehr als zwei Elektronen äquivalent und symmetrisch gebunden sein dürfen, kann das dritte nicht mehr in gleicher Weise gebunden werden. Nur wenn die beiden ersten H-Atome eine antisymmetrische Eigenfunktion ergeben, könnte das dritte angezogen werden. Dann stoßen sich aber die beiden ersten ab.

In ähnlicher Weise haben HEITLER und LONDON die Wechselwirkung zwischen 2 He-Atomen studiert und in Übereinstimmung mit der Erfahrung gefunden, daß 2 He-Atome im Grundzustande sich abstoßen.

Damit haben LONDON und HEITLER eine quantenmechanische Theorie erhalten, die im wesentlichen die gleichen Resultate wie die Elektronenpaartheorie von G. N. LEWIS liefert. Die Ladungsdichteverteilungen, wie sie die Quantenmechanik ergibt, können zur Illustration der LEWISschen Ideen dienen. In Abb. 76a und b sind die Ladungsdichteverteilungen für die symmetrische und antisymmetrische Eigenfunktion der beiden H-Atome im Normalzustande aufgezeichnet. (Atome als steife Gebilde betrachtet, Polarisation nicht berücksichtigt.) Auf einer durch beide Kerne gehenden Ebene sind die Kurven gleicher elektrischer Dichte aufgetragen. Die Kerne sind in einem Abstande angenommen, wie er beim H_2-Molekül vorliegt. Im Falle der Abstoßung sind die Dichten nach außen abgedrängt. Bei weiterer Annäherung würde eine noch stärkere Einschnürung der Dichte zwischen den Atomen sich ausbilden. Im Falle der Anziehung hingegen drängen sich die Dichtekurven gleichsam einander entgegen. Die Abb. 76 kann natürlich nur angenähert richtig sein, da die ungestörten Eigenfunktionen der getrennten Atome benutzt worden sind. Die Berücksichtigung der Polarisation würde die Ladungsverteilung beeinflussen, aber das Charakteristische gibt bereits die erste Näherung.

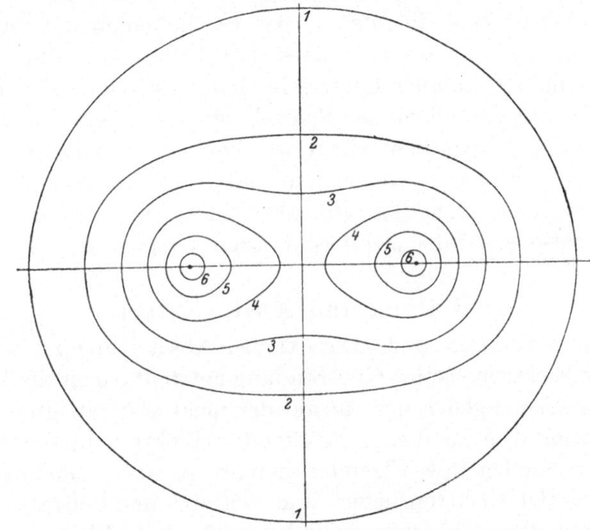

Abb. 76a. Dichteverteilung bei homöopolarer Bindung. (Nach LONDON.)

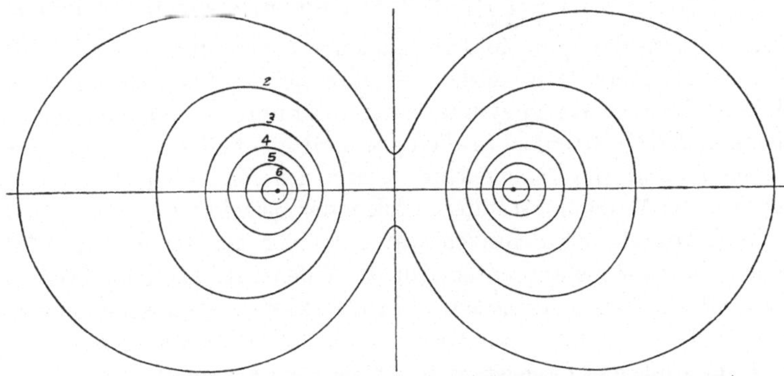

Abb. 76b. Dichteverteilung bei elastischer Reflexion. (Nach LONDON.)

Einige Worte seien noch über die sog. Austauschkräfte gesagt. Die Valenzbindung zweier H-Atome beruht nach HEITLER und LONDON auf dem typisch quantenmechanischen Wechselwirkungs- oder Austauschglied (s. S. 138). Wenn wir nun die neuen „Austauschkräfte“ oder Valenzkräfte mit den bereits bekannten Kräften der klassischen Mechanik vergleichen, so ist zu sagen, daß sie keine COULOMB-Kräfte oder BIOT-SAVARTsche Kräfte sind, daß sie aber doch darum keine neuen Elementargesetze bedingen. In der Aufstellung der Differentialgleichung wird auch nur die COULOMBsche Wechselwirkung benutzt. Aber wir haben in den quantenmechanischen Modellen eine andersartige Ladungsverteilung (nämlich eine mit e^{-r} abfallende) wie in den klassischen Fällen, und wir haben hier vor allem das Schwebungsphänomen, wonach das Elektron sowohl bei dem einen wie bei dem andern Atom sein kann. Das ergibt eine andere Kinematik der Elementarladungen wie in der klassischen Theorie, aber ihrer Natur nach sind die neuen Kräfte ebenfalls elektrostatischen Ursprungs.

b) Valenz und Multiplizität.

Da nach LONDON und HEITLER bei Absättigung zweier antiparalleler Elektronenspins eine Bindung entsteht, so ist die Wertigkeit eines Atoms gleich der Anzahl der nicht abgesättigten Eigendrehimpulse. Die zu diesen gehörenden Elektronen, die Valenzelektronen, stellen ihre Eigendrehimpulse parallel zueinander ein. Jedes derartige Elektron liefert zum Vektor S den Beitrag $s = 1/2$. Die Anzahl der nicht symmetrisch verknüpften Elektronen, also die Valenzzahl, ist $V = \frac{S}{1/2} = 2\,S$. So kann in der LONDON-HEITLERschen Theorie die Spinzahl S als bequemes Erkennungszeichen für die Wertigkeit genommen werden. Werden bei der Vereinigung zweier Atome alle Elektronen symmetrisch verknüpft, so hat das Molekül die Spinzahl $S = 0$ und ist in allen gewöhnlichen Fällen diamagnetisch.

Nun steht der Spinvektor S mit der Multiplizität M eines Atom- oder Molekülzustandes in folgender Beziehung $M = 2\,S + 1$. Die Valenzzahl ist demnach um 1 kleiner als die Multiplizität. Einem Dublettzustand entspricht die Valenzzahl 1, einem Triplettzustand die Valenzzahl 2 usw. Für die Bildung chemischer Verbindungen kommen nicht nur Grundzustände, sondern auch angeregte Zustände in Frage, doch ist für den Chemiker meist die Molekülbildung aus unangeregten Atomen am wichtigsten. Wie früher gesagt, ist bei Zusammenführung zweier normaler Atome nicht nur ein Molekülterm möglich, sondern eine ganze Reihe. Es liegen die Terme mit kleinster Multiplizität am tiefsten, die mit größter am höchsten[1].

[1] Gilt aber wieder nur bei Beschränkung auf S-Zustände der Atome und negative Austauschintegrale.

Als Beispiel betrachten wir die Zusammenfügung zweier Stickstoffatome $N + N \rightarrow N_2 : 1\,s^2\,2\,s^2\,2\,p^3\,{}^4S + 1\,s^2\,2\,s^2\,2\,p^3\,{}^4S \rightarrow$ $(1\,s^2)\,(1\,s^2)\,\sigma\,2\,s^2\,\sigma\,2\,s^2\,\pi\,2\,p^4\,\sigma\,2\,p^2\,{}^1\Sigma$. In jedem N-Atom (Grundzustand ${}^4S$) haben wir drei ungepaarte Elektronenspins, die von den drei p-Elektronen herrühren, d. h. $S = 3/2$. Im vereinigten Molekül sind die sechs Elektronen paarweise verbunden, die Spinvektoren stehen paarweise antiparallel. Das bedeutet $S = 0$, so daß das Stickstoffmolekül aus abgeschlossenen Schalen besteht. An sich sind bei der Vektoraddition von $S = 3/2$ und $S = 3/2$ für das Molekül die Werte möglich 3, 2, 1, 0. Der tiefste Wert entspricht dem Grundzustand. Die Zahl der Valenzstriche ist drei.

Wenn sich zwei Atome mit gleicher Valenz vereinigen, so ist die größte mögliche Zahl der Valenzstriche $N_{\mathrm{max}} = 2\,S_1 = 2\,S_2$. Andere Möglichkeiten sind durch $N = 0, 1, \ldots 2\,S_1$ gegeben. Bei der Bildung von Atomen aus S-Zuständen besitzt der stabilste Molekülzustand den größten N-Wert.

Wenn sich zwei Atome mit ungleichen Valenzen vereinigen, so ist, wenn $V_1 > V_2$ ist, der Maximalwert $\mathrm{N}_{\mathrm{max}}$ der Valenzstriche gleich V_2 und das Molekül hat noch $V_1 - V_2$ ungesättigte Valenzen.

Ebenso wie die geraden und ungeraden Multipletts wechseln im periodischen System auch die geraden und ungeraden Valenzzahlen ab. Wir haben also einen Valenzwechselsatz vor uns, der dem spektroskopischen Wechselsatz der Multiplizitäten nachgebildet ist.

Der Wechselsatz der homöopolaren Valenzzahlen ist vor allem für Elemente gültig, welche in den kurzen Perioden oder in den langen Perioden am Anfang oder am Ende stehen. Bei diesen sind nur Elektronen mit der gleichen Hauptquantenzahl an der Valenz beteiligt. Weniger klare Valenzverhältnisse liegen bei denjenigen Atomen vor, bei denen sich der Einbau von inneren Schalen vollzieht, da die Valenzelektronen sich sowohl außerhalb als auch innerhalb der betreffenden Schale befinden können.

c) Ergänzungen der Theorie.

Die weitere Entwicklung der Theorie, bei der die Ladungswolken der Atome nicht mehr als steif angesehen werden, rührt von LONDON und EISENSCHITZ her und ist bei der Besprechung der Molekülterme bereits erwähnt worden (S. 141). Da wir außerdem im Abschnitt über Polarisationsbindung darauf zurückkommen müssen, weil sich die hinzugenommenen Polarisationskräfte als Charakteristikum der VAN DER WAALSschen Anziehung erwiesen haben, sei an dieser Stelle auf ein näheres Eingehen verzichtet.

Das gleichzeitige Auftreten einer Austausch- und einer Resonanzentartung kommt nur für angeregte Zustände in Betracht und ist daher ebenfalls bei der Besprechung der Molekülterme erwähnt worden (S. 140).

Hier seien diejenigen Fälle besprochen, in denen ein Drehimpuls vorhanden ist, welcher nicht vom Elektronenspin, sondern von der Schwerpunktsbewegung der Elektronen herrührt (Atome in P-, D- usw. -Zuständen). Man spricht dann von einer zur Austauschentartung hinzutretenden Richtungsentartung. HEITLER[1] und gleichzeitig LENNARD-JONES[2] hatten ursprünglich diese L- oder Bahnvalenz besonders untersucht und gefunden, daß die Berücksichtigung der Richtungsentartung zu Kopplungsenergien zwischen den Bahnimpulsen führt, die von der gleichen Größenordnung wie die Austauschenergien sind. Die Anziehung der Atome kommt danach dadurch zustande, daß die in P-Zuständen nicht mehr kugelsymmetrischen Ladungswolken der Elektronen durch die Aufhebung der Richtungsentartung gegen die Kernverbindungslinie orientiert werden. Die allgemeinen Formeln für den Zusammentritt eines Atoms im S-Zustand und eines im P-Zustand sind noch relativ einfach, während diejenigen zweier Atome mit p-Elektronen vorläufig unauswertbare Wechselwirkungsintegrale enthalten[3]. BARTLETT[4] hat den speziellen Fall zweier wasserstoffähnlicher Atome mit je einem p-Valenzelektron unter Vernachlässigung des Einflusses der inneren s-Elektronen betrachtet. PAULING und SLATER haben die Bahnvalenz zur Erklärung der gerichteten Valenz bei mehratomigen Molekülen herangezogen, worauf weiter unten eingegangen werden wird.

Es hat sich nun gezeigt, daß Fälle wie die Grundzustände von C_2 oder O_2 mit Hilfe folgender Erweiterung zu deuten sind. Falls die einfache Theorie, die nur für S-Zustände gilt, verallgemeinert werden dürfte, würde sie für den Grundzustand des O_2 einen

---

[1] HEITLER, W.: Naturwiss. Bd. 17 (1929) S. 546.
[2] LENNARD-JONES, J. E.: Trans. Faraday Soc. Bd. 25 (1929) S. 668.
[3] HEITLER, W.: Physik. Z. Bd. 31 (1930) S. 185.
[4] BARTLETT, J. H.: Physic. Rev. Bd. 37 (1931) S. 507.

Singuletterm fordern, während ein $^3\Sigma$-Term beobachtet ist. Es entsteht also offenbar bei der Bindung von O_2 nur *ein* symmetrisch verknüpftes Elektronenpaar und die beiden andern Elektronen bleiben ungepaart. Das wird verständlich, wenn man bedenkt, daß dem ^3P-Grundterm des O energetisch ziemlich benachbart (1,95 Volt) der ^1D-Term liegt, von dem ebenfalls starke Bindungen ausgehen. So wird eine gegenseitige Beeinflussung von Potentialkurven gleicher Rasse eintreten, die zu den verschiedenen Atomgrenzzuständen gehören. Benutzt man nicht die Eigenfunktionen der Grundzustände allein, sondern nimmt höhere energetisch benachbarte Zustände hinzu, so führt die theoretische Überlegung in der Tat zu dem empirisch bekannten Befund[1]. In dieser Richtung werden noch weitere Erklärungen zu suchen sein, s. Abschnitt d).

d) Vergleich der Theorie mit der Erfahrung.

Ganz allgemein ist die Feststellung nicht uninteressant, daß die meisten chemisch stabilen Moleküle eine gerade Anzahl von Valenzelektronen besitzen, wie man es nach der Theorie von HEITLER und LONDON erwarten würde. Der in ihrer Theorie abgeleitete Valenzbegriff deckt sich im wesentlichen mit der chemischen Valenz gegen Wasserstoff. Übereinstimmung mit der Erfahrung müssen wir verlangen für Moleküle, die aus Atomen in S-Zuständen gebildet sind. Solche sind: Wasserstoff, die Edelgase, die Alkalien, die Erdalkalien, die Stickstoffgruppe.

Über den Wasserstoff hatten wir schon ausführlich gesprochen.

Die Edelgase haben die Wertigkeit 0 (^1S-Zustände) und können keine Moleküle bilden. Es existieren zwar He_2-Banden, doch entsteht das zugehörige Molekül aus einem angeregten und einem normalen Atom in Übereinstimmung mit der Theorie. Die von OLDENBERG[2] gefundenen Quecksilberedelgasmoleküle beruhen nicht auf homöopolarer Bindung, wie später gezeigt werden wird.

Die einwertigen Alkalien vereinigen sich zu Molekülen, die einen $^1\Sigma$-Term als Grundzustand haben. Die gleichen Grundzustände besitzen die Alkalihydride. ROSEN[3] hat die Wechselwirkung zwischen Atomen mit ein oder zwei äquivalenten s-Elektronen außerhalb der abgeschlossenen Schalen mit einer von SLATER

[1] HEITLER, W. u. G. PÖSCHL: Nature, Lond. Bd. 133 (1934) S. 833. — PÖSCHL, G: Physic. Rev. Bd. 47 (1935) S. 803.

[2] OLDENBERG, O.: Z. Physik Bd. 55 (1929) S. 1.

[3] ROSEN, N.: Physic. Rev. Bd. 38 (1931) S. 255.

angegebenen Rechenmethode untersucht. Die Theorie wurde mit gutem Erfolg auf das normale Na_2 angewandt. Das Li_2-Molekül ist nach der HEITLER-LONDON-Methode berechnet worden[1]. Für seine Dissoziationsarbeit finden BARTLETT und FURRY 1,09 Volt und für den Gleichgewichtsabstand 2,4 Å. Die entsprechenden bandenspektroskopischen Werte sind 1,14 Volt[2] und 2,67 Å[3]. Als einfachstes Molekül mit zwei ungleichen Kernen ist von HUTCHISSON und MUSKAT[4] das LiH gerechnet worden. Die Abweichung zwischen theoretischen und experimentellen Werten für Kernabstand und Dissoziationsarbeit ist rund 10%.

Die Erdalkalien sind nach der einfachen Theorie nullwertig. Quantenmechanisch ist häufiger die Wechselwirkung zwischen zwei Be-Atomen untersucht worden. Das Resultat ist, daß zwei normale Be-Atome einander abstoßen. Aus einem normalen Be-Atom und einem mit der Konfiguration $2s\,2p$ sollten hingegen nach der Berechnung von FURRY und BARTLETT[5] unter acht möglichen Molekülzuständen zwei stabile entstehen. Experimentell sind Be_2-Banden bisher noch nicht gefunden.

Sehen wir uns das chemische Verhalten der Erdalkalien an, so fällt uns auf, daß sie nicht null-, sondern zweiwertig auftreten[6]. Damit die Theorie richtig bleibt, müßten also leicht anregbare Zustände existieren, in denen diese Elemente zweiwertig sind. In der Tat besitzen die Tripletterme der Erdalkalien im Gegensatz zu denen der Edelgase eine kleine Anregungsspannung. Aber die Grundzustände sollten keine Valenzbindung eingehen können. Wir kennen jedoch Spektren der Hydride und Halogenide von Elementen dieser Kolonne des periodischen Systems. Aus den Spektren ist auf Moleküle mit gewöhnlichen Bindungsenergien, die sich aus normalen Atomen gebildet haben, zu schließen, während nach der skizzierten Theorie von LONDON und HEITLER eine derartige Molekülbildung nicht zu erwarten ist. Allerdings entstehen die Halogenide aus einem ^1S- und einem ^2P-Atom, doch die Hydride sind aus zwei Atomen in S-Zuständen ($^1S + {}^2S$) gebildet. Die

[1] DELBRÜCK, M.: Ann. Physik Bd. 5 (1930) S. 36. — BARTLETT, J. H. u. W. H. FURRY: Physic. Rev. Bd. 38 (1931) S. 1615.

[2] LOOMIS, F. W. u. R. E. NUSBAUM: Physic. Rev. Bd. 37 (1931) S. 1712.

[3] HARVEY, A. u. F. A. JENKINS: Physic. Rev. Bd. 35 (1930) S. 789.

[4] HUTCHISSON, E. u. M. MUSKAT: Physic. Rev. Bd. 40 (1932) S. 340.

[5] FURRY, W. H. u. J. H. BARTLETT: Physic. Rev. Bd. 39 (1932) S. 210.

[6] Allerdings ist die Zweiwertigkeit der Erdalkalien wohl meist heteropolarer Natur.

Bindungsenergien sind: HgH = 0,4 Volt; CdH $\sim$ 0,7 Volt; ZnH $\sim$ 0,9 Volt; CaH $\sim$ 0,6 Volt; MgH $\sim$ 0,7 Volt; BeH $\sim$ 2 Volt; sie sind also von einer andern Größenordnung als die später zu besprechenden Polarisationsbindungen. Nun sind die genannten Moleküle nicht im chemischen Sinne stabil. Die Hydride setzen sich sofort um, da das Wasserstoffatom bei den betreffenden experimentellen Bedingungen stets energetisch günstigere Bindungen mit sich selbst eingehen kann. Etwas besser steht es um die Halogenide, die wenigstens im Gleichgewicht vorhanden sind. Aber nach der einfachen HEITLER-LONDONschen Theorie sollte auch eine physikalische Stabilität ausgeschlossen sein, da ja Atome in ^1S-Zuständen überhaupt keine Bindung eingehen sollen. Eine Erklärung wird wieder in einer gemeinsamen Betrachtung der Grund- und angeregten Zustände zu suchen sein. In dieser Weise ist inzwischen das BeH von IRELAND[1] behandelt worden. Die von den angeregten Zuständen ausgehenden starken Bindungen beeinflussen die von den Grundzuständen erfolgenden Abstoßungen, so daß die zu diesen gehörenden Potentialkurven heraufgedrückt, während die Kurven der angeregten Zustände heruntergedrückt werden. Beim HgH, wo der angeregte Term des Hg schon recht hoch liegt (4,9 Volt), entsteht infolgedessen nur eine sehr geringe Beeinflussung der Abstoßungskurve. Sie geht in eine solche mit schwacher Anziehung über (Bindungsenergie 0,37 Volt), so daß man von einer Polarisationsbindung sprechen könnte. Wir sehen also, daß eine entsprechende Änderung der einfachen Theorie wohl auch diese Fälle umfassen würde.

Die Elemente der Stickstoffgruppe sind, wie bereits erwähnt, nach Theorie und Erfahrung dreiwertig. Die Grundzustände der sich bildenden Moleküle haben immer die kleinste Multiplizität.

In den übrigen Kolonnen des periodischen Systems haben die Normalzustände P-Terme. Hier gilt das unter c) Gesagte. Wir betrachten als Beispiel nur den Kohlenstoff. Nach der einfachen Theorie sollte er im Grundzustand zweiwertig sein und zur Betätigung seiner Vierwertigkeit einer Anregung bedürfen. Diese Forderung glaubten ursprünglich HEITLER und HERZBERG[2] aus dem Verhalten der CN-Banden bestätigen zu können. Die Schwingungsquanten des Grundterms $^2\Sigma$ scheinen zu einer höher gelegenen Konvergenzstelle zu führen als die des oberen, so daß sich eine

[1] IRELAND, C. E.: Physic. Rev. Bd. 43 (1933) S. 329.

[2] HEITLER, W. u. G. HERZBERG: Z. Physik Bd. 53 (1929) S. 52.

Kreuzung der Kurven ergibt. Dann würde der erste Anregungszustand Dissoziation in normale Atome ergeben, während der Grundzustand in der Grenze in ein normales und ein angeregtes Atom übergeht. Als Anregungsstufe wurde der ^5S-Term angenommen, der die geforderte Vierwertigkeit des C erklären könnte. Die Schlüsse aus den Potentialkurven haben sich jedoch nicht als stichhaltig erwiesen[1]. Die Extrapolation der Schwingungsquanten im Grundzustand ist immerhin recht beträchtlich. Es ist überhaupt die Frage, ob in dem betrachteten Molekül von einer Kreuzung zu sprechen einen Sinn hat. In der Nähe der Kreuzung sind die Störungen so stark, daß eine andere Extrapolation mit demselben Recht durchgeführt werden kann[2] (s. auch S. 300). Sie ist in der Tat heute als die viel wahrscheinlichere anzusehen. Eine Erklärung für das chemische Verhalten des Kohlenstoffs wird in dem Zusammenwirken der Terme ^3P und ^5S gesucht. Bacher und Goudsmit[3] haben kürzlich berechnet, daß letzterer 4,32 e-Volt über dem Grundzustande ^3P liegt. Dieser Wert ist höher, als man ursprünglich erwartet hatte.

e) Kritische Betrachtungen.

Bei einer kritischen Betrachtung der Heitler-London-Theorie muß man zwei Dinge auseinanderhalten: 1. die Beurteilung des Heitler-Londonschen Rechenverfahrens, 2. die Frage nach der Gültigkeit der Heitler-Londonschen Valenztheorie.

Daß die Heitler-Londonsche Störungsrechnung, da sie nur für schwache Kopplung, also große Kernabstände gilt, nicht das geeignetste Verfahren ist, das fertige Molekül zu beschreiben, war schon bei der Besprechung der Zuordnungsfragen zu entnehmen. In der Tat ist die Übereinstimmung zwischen theoretischen und experimentellen Werten stets nur mehr oder weniger qualitativ, wie die angeführten Beispiele zeigen. Trotzdem handelt es sich um ein außerordentlich wichtiges und wertvolles Verfahren, da es neben der Darstellung der Bindungsverhältnisse im Molekül auch die *Berechnung* von Molekülkonstanten gestattet, wenn diese auch oft nur genäherte Werte sind. Die von London und Eisenschitz durchgeführte Rechnung in nächster Näherung ist schon

---

[1] Siehe auch G. Herzberg: Z. physik. Chem. Abt. B Bd. 17 (1932) S. 79. — Heitler, W.: Handbuch der Radiologie Bd. VI/2 (1934).

[2] Siehe Mulliken, R. S.: Rev. Mod. Physics Bd. 4 (1932) S. 1.

[3] Bacher, R. F. u. S. Goudsmit: Physic. Rev. Bd. 46 (1934) S. 948; s. auch Edlén, B.: Nova Acta Reg. Soc. Sci. Uppsala IV, Bd. 9 (1934) Nr. 6.

recht kompliziert, wenn man sich nicht auf die allereinfachsten Fälle beschränkt.

Auf die übrigen Rechenmethoden, in denen das RITZsche Variationsverfahren der Lösung von Differentialgleichungen benutzt wird, sei hier nicht eingegangen. Es gilt zwar für kleinere Kernabstände als das HEITLER-LONDON-Verfahren, ist aber nur auf einfache Fälle anwendbar. Benutzt wurde es in den zitierten Arbeiten von WANG, GUILLEMIN und ZENER, TELLER, PODOLANSKI.

Das, was wir in diesem Abschnitt hauptsächlich zu besprechen haben, ist die Frage nach der Gültigkeit der LONDON-HEITLERschen Valenztheorie. Sie hat in ihrer Einfachheit zweifellos viel Einnehmendes für sich. Sie gibt auch viele typische Fälle richtig wieder. Sie gilt aber streng nur für Moleküle, die aus Atomen in S-Zuständen aufgebaut sind. Aber selbst bei Beschränkung auf S-Zustände bedarf die Theorie einer Erweiterung, sobald die benachbarten angeregten Atomterme nicht mehr hoch liegen im Vergleich zur Bindungsenergie des entstehenden Moleküls, wie wir bei der Besprechung der Hydride und Halogenide der zweiten Kolonne des periodischen Systems gesehen haben. Die gleiche Erweiterung hat in einigen Fällen die Molekülbildung aus P-Atomen verstehen lassen.

Auf keinen Fall sollte man verallgemeinern, daß *jede* symmetrische Verknüpfung der zu verschiedenen Atomen gehörenden Elektronen zu einem Energiegewinn führt oder sollte Behauptungen aufstellen, wie: wo chemische Valenzabsättigung mit chemischer Stabilität vorliegt, ist stets HEITLER-LONDONsche Spinabsättigung vorhanden. Auch die Umkehrung gilt nicht allgemein, denn Moleküle wie BH und AlH mit abgesättigten Spinvalenzen sind chemisch instabil. Natürlich kann man hier anführen, daß auch der chemische Valenzbegriff kein strenger ist. Man kann aber doch zweifeln, ob die symmetrische Verknüpfung zweier Elektronen das Wesentliche für die Bindung ist. (Theoretisch würde das heißen, ob die Austauschintegrale das Wesentliche sind.) Diese Verknüpfung könnte ja mehr zufällig sein. In der Tat soll im nächsten Paragraphen auch diese Auffassung geschildert werden. Hierzu sei jedoch bemerkt, daß wir bei den mehratomigen Molekülen weitreichende Beziehungen zwischen Spinvalenz und chemischer Valenz finden werden. Vor allem aber ist die besprochene bisher die einzige Theorie, die sich für die Reaktionskinetik hat verwenden lassen. Trotzdem liegt der Wunsch nahe, dem Verständnis der chemischen Valenz noch von einer andern Seite her näherzukommen. Das Verfahren von HEITLER und LONDON, von den getrennten Atomen auszugehen, beruhte auf dem Wunsch, in Anlehnung an die chemische Erfahrung die Valenz als Eigenschaft des einzelnen Atoms zu definieren. Es müßte eine Ergänzung der Theorie durch ein Verfahren eintreten, das nicht von den getrennten Atomen ausgeht, sondern von dem sog. Zweizentrenproblem. Genau so wie man für die Ermittlung der Molekülzustände aus den Atomzuständen von den getrennten Atomen ausgehen und diese zusammenführen kann (WIGNER-WITMER, HEITLER-LONDON, S. 132f.) oder die Molekülterme nach einer Art Aufbauprinzip erhalten kann (MULLIKEN, HUND, HERZBERG, S. 146), ist auch für das Studium der Valenzverhältnisse eine derartige doppelte Betrachtung erwünscht. Im folgenden Paragraphen werden wir näher darauf eingehen, welche Aussagen über die chemische Bindung mit Hilfe der Methode der Elektronenkonfiguration gemacht werden können.

§ 3. Theorie der bindenden und lockernden Elektronen.

(HERZBERG, HUND, MULLIKEN.)

Die Methode der Elektronenkonfiguration war bereits früher auseinandergesetzt worden. Man hält dabei die Kerne des Moleküls fest (Zweizentrensystem), fügt nach und nach die einzelnen Elektronen hinzu und sieht zu, in welcher Weise sie sich anordnen. Unter Zweizentrensystem werden dabei zwei gleiche oder nahezu gleiche Kerne verstanden. In diesem Paragraphen soll die Anwendung des Verfahrens auf die chemische Bindung besprochen werden.

a) Bindende und lockernde Elektronen, Mechanismus der Bindung.

Wir hatten schon früher gesagt, daß es bei dem Verfahren der Zuordnung darauf ankommt, ob die Elektronen der getrennten Atome im Molekül in den gleichen oder in einen verschiedenen Quantenzustand kommen. Dabei wird untersucht, ob eine einzelne Elektronenschale bei Annäherung der Kerne energetisch höher oder tiefer rückt. Das Höherrücken rührt von einer geringeren, das Tieferrücken von einer festeren Bindung im Felde zweier Kerne her (Näheres S. 151). Elektronen, die den ersten Effekt bewirken, hatten wir nach HERZBERG bereits als lockernde und Elektronen, die den zweiten veranlassen, als bindende Elektronen bezeichnet. Besitzt ein Molekül mehr bindende als lockernde Elektronen, so ist es stabil, andernfalls stoßen sich die beiden Atome ab.

Hund[1] hat die Herzbergschen Überlegungen vertieft und erweitert und dabei eine Reihe weiterer Ergebnisse gewonnen. Diese sind wiederum von Mulliken ergänzt worden[2].

Für die Bindung eines zweiatomigen Moleküls ergibt sich nach den Hundschen Überlegungen kurz folgender Mechanismus: Haben die beiden zu einem Molekül zusammentretenden Atome außerhalb der abgeschlossenen Schalen je ein s-Elektron, so werden diese im Molekül beide möglichst tiefe Bahnen einzunehmen bestrebt sein. Dabei muß sich der Molekülzustand möglichst stetig an einen oder beide Atomzustände anschließen. Da eine σ-Schale erst mit zwei Elektronen komplett ist, werden sie beide in einer solchen untergebracht werden können, und zwar in der möglichst tiefsten. Es resultiert ein bindendes Elektronenpaar. Beide Elektronen haben antiparallele Spins. Da aber in den getrennten Atomen *zwei* Elektronenzustände vorlagen mit je einem Elektron, so müssen auch im Molekül zwei Elektronenzustände zur Verfügung stehen. Das heißt aber, wenn das erste Elektron in einem niedrigen Zustand ist, so kann das zweite — und das ist dann der Fall, wenn die Spins parallel stehen — in einen höheren Zustand kommen, der lockernd wirkt. Es entsteht ein angeregter Zustand des Zweizentrensystems, und zwar in diesem Fall einer mit Abstoßung. Haben die beiden Atome zusammen drei s-Elektronen, so kann das dritte Elektron immer nur in einen lockernden Molekülzustand kommen. In demselben lockernden Molekülzustand hat auch noch das vierte Elektron Platz, so daß jetzt ein bindendes und ein lockerndes Elektronenpaar vorhanden sind. Das bedeutet, daß es allgemein eine Bindung zwischen zwei Atomen mit je zwei s-Elektronen nicht gibt[3].

Das Resultat kann verändert werden, wenn höhere Terme benachbart liegen und daher Störungen bedingen.

Für die Hundschen Überlegungen ist wichtig, daß sie prinzipiell auch die Molekülbildung aus Ionentermen umfassen. Denken wir

[1] Hund, F.: Z. Physik Bd. 63 (1930) S. 719.

[2] Siehe z. B. Mulliken, R. S.: Physic. Rev. Bd. 46 (1934) S. 549.

[3] Die quantitative Rechnung hat gezeigt, daß die entsprechenden Resonanzglieder einander ungefähr aufheben und die Coulomb-Anziehung durch die Kernabstoßung wirkungslos gemacht wird.

an das auf S. 142 benutzte einfache Muldenbeispiel, so sind bei großen Abständen der Minima die Mulden fast unabhängig voneinander. Jene Eigenfunktionen, bei denen je ein Elektron in einer Mulde ist, beschreiben Atomterme und jene, bei denen beide Elektronen in der gleichen Mulde sind, beschreiben Ionenterme. Man kann also mit der Betrachtungsweise von Herzberg, Hund und Mulliken auch an die heteropolare Bindung herangehen. Wir kommen später darauf zurück.

Hat das eine der beiden Atome (außer abgeschlossenen Schalen) ein p-Elektron, das andere ein s-Elektron, so wird auch hier wieder der resultierende Molekülzustand sich möglichst stetig an die Atomzustände anschließen müssen, denn die beiden Elektronen sollen ja jetzt *gemeinsame* Molekülelektronen werden, d. h. sie sollen bald bei dem einen, bald bei dem andern Atom sein. Das s-Elektron, das wegen $l = 0$ keinen Drehimpuls um die Kernverbindungslinie bedingt, wird ein σ-Elektron. Wenn das p-Elektron mit dem σ-Elektron in derselben Schale gebunden werden soll, so muß es einen Drehimpuls senkrecht zur Kernverbindungslinie haben. Es wird dann zu einem σ-Elektron und die beiden Elektronen werden danach in einer $p\,\sigma$-Schale gebunden. Man erhält starke Bindung. Da das p-Elektron aber auch einen Drehimpuls parallel zur Kernverbindungslinie besitzen kann, wird es in diesem Fall eine andere Bahn als das s-Elektron einnehmen, es wird zu einem π-Elektron. Da die π-Schale energetisch etwas höher liegen wird, wird der sich ergebende Molekülzustand über dem vorigen, in dem beide Elektronen eine gemeinsame σ-Schale hatten, zu suchen sein. Je nach Richtung der Elektronenspins sind hier in Wirklichkeit zwei Zustände, nämlich $^1\Pi$ und $^3\Pi$, zu erwarten.

Entsprechende Überlegungen kann man anstellen, wenn außer abgeschlossenen Schalen zwei p-Elektronen und ein s-Elektron oder etwa nur p-Elektronen usw. vorhanden sind. Sie gelten alle streng nur dann, wenn der Abstand vom betrachteten Term zum nächsthöheren Term groß gegen die Bindungsenergie ist. Haben wir z. B. eine $s - s$-Bindung, und liegt in dem einen Atom ein P-Term in der Nähe des betrachteten S-Terms, so kann dieser störend auf den S-Term wirken. Man kann den Fall in zweifacher Weise behandeln. Einmal kann man die Rechnung in erster Näherung so durchführen, als ob überhaupt kein naheliegender P-Term vorhanden sei und erst in zweiter Näherung die durch ihn entstehende Störung untersuchen. Dabei kann sich zeigen, daß dadurch gewisse Molekülterme der ersten Näherung energetisch höher oder tiefer rücken, d. h. Bindungen gelockert oder verfestigt werden. Es können also z. B. aus Abstoßungszuständen solche mit schwacher Bindung entstehen, die man von diesem Standpunkt aus als Polarisationsbindungen ansehen könnte (siehe auch S. 313).

Die andere Behandlung gibt die bisherige Annahme auf, daß die Moleküleigenfunktion der Elektronen im wesentlichen höchstens eine Eigenfunktion von jedem Atom enthält. Man faßt vielmehr die S- und P-Eigenfunktionen gleichsam in einen neuen Term zusammen und betrachtet beim Zusammenführen der Atome von diesem Standpunkt aus wieder echte Valenzbindungen.

Wir werden zu dem in diesem Abschnitt Gesagten gleich noch Beispiele betrachten.

b) Wertigkeit einer Bindung.

HERZBERG[1] hat als Wertigkeit einer Bindung die Zahl: bindende Elektronenpaare minus lockernde Elektronenpaare bezeichnet. Die Moleküle Li_2, C_2, N_2, O_2, F_2 haben danach eine 1-, 2-, 3-, 2- und 1-wertige Bindung.

MULLIKEN möchte nicht das Elektronen*paar,* sondern das *einzelne* bindende Elektron als natürliche Bindungseinheit ansehen. Dann muß das lockernde Elektron als negative Einheit aufgefaßt werden. Damit hätten wir die „Einelektronbindung" (one-electron bond), die zuerst SIDGWICK[2] für die Borhydride angenommen und die PAULING[3] am Beispiel des H_2^+ näher diskutiert hat. In MULLIKENscher Ausdrucksweise ist die Einelektronenbindung eben ein bindendes Elektron und die Elektronenpaarbindung besteht aus zwei bindenden Elektronen, die symmetrisch verknüpft sind. Im wesentlichen ist diese Ausdrucksweise kaum verschieden von derjenigen HERZBERGs und HUNDs, wie aus dem unter a) Gesagten hervorgeht. Wenn diese auch die Wertigkeit mit Hilfe der Elektronenpaare definieren, weil die Elektronenpaarbindung sich als wichtig erweist, so sprechen sie doch auch von einzelnen bindenden und lockernden Elektronen, falls kein Paar gebildet wird. Die Valenzzahl eines Atoms ist von dem hier betrachteten

[1] HERZBERG, G.: Z. Physik Bd. 57 (1929) S. 601.
[2] SIDGWICK, N. V.: Electronic Theory of Valency. London 1929, S. 103.
[3] PAULING, L.: J. Amer. Chem. Soc. Bd. 53 (1931) S. 3225.

Standpunkt einfach die Differenz zwischen bindenden und lockernden Elektronen, die das Atom zur Bindung mitbringt. Wir wollen alle diese Verhältnisse an den folgenden Beispielen näher erläutern.

c) Beispiele.

Das einfachste Beispiel für eine $s - s$-Bindung ist natürlich die Bildung des Wasserstoffmoleküls. Zwei normale H-Atome geben bei großem Kernabstand zwei Terme, $1s\sigma^2\,{}^1\Sigma_g$ oder $1s\sigma 2ps\,{}^3\Sigma_u$, je nachdem ob die beiden Elektronen antiparallelen oder parallelen Spin haben, d. h. je nachdem ob sie beide in der innersten $s\,\sigma$-Schale oder in zwei verschiedenen Schalen gebunden sind. Daß das $1s(1s\sigma)$-Elektron als bindendes Elektron anzusehen ist, haben quantenmechanische Rechnungen von BURRAU[1] gezeigt, der für H_2^+ eine erhebliche Bindungsfestigkeit (2,7 e-Volt Dissoziationsenergie) errechnete. Es kann also schon ein einzelnes bindendes Elektron eine ziemlich feste Bindung geben (Einelektronbindung von PAULING). Werden im H_2 beide Elektronen $s\,\sigma$-Elektronen, so hat man eine erhöhte Bindungsfestigkeit zu erwarten, der tatsächlich die beobachtete Dissoziationsarbeit von 4,4 e-Volt entspricht. Dagegen entspricht dem ${}^3\Sigma_u$-Term keine Bindung, da hier ein bindendes und ein lockerndes Elektron zusammentreten. Es ist der Grundterm des Triplettsystems im H_2, der in Übereinstimmung mit HEITLER und LONDON eine Abstoßung der beiden Atome ergibt. HUND[2] hat auch die höher angeregten Zustände behandelt, worauf wir aber hier nicht eingehen wollen.

Eine Bindung $s^2 - s$ begegnet uns im He_2^+, und eine vom Typus $s^2 - s^2$ im He_2. Die theoretischen Elektronenterme des He_2 gewann HUND[2], indem er zu dem Zweizentrensystemrest mit drei Elektronen $1s\sigma^2\ 2p\sigma(He_2^+)$ ein viertes Elektron in verschiedenen Zuständen $2p\sigma$, $2s\sigma$, $2p\pi$ usw. hinzufügte und die entstehenden Terme betrachtete. Für den Grundzustand kommen zwei Elektronenpaare (σ_g^2 und σ_u^2) in Frage, von denen das zweite Paar in der $p\,\sigma$-Schale gebunden wird. Beim Übergang von den Atomen zum Molekül rückt diese Schale sehr hoch, so daß sich kein stabiler Molekülzustand ergibt. Wohl aber können aus einem normalen und einem angeregten He-Atom stabile Molekülzustände entstehen. Eine Bindung tritt ein, wenn das angeregte Elektron kein lockerndes Elektron wird. Der tiefste mögliche Zustand ist $1s\sigma^2\,2p\sigma\,2s\sigma$ (${}^1\Sigma$ und ${}^3\Sigma$) mit einem bindenden Elektronenpaar. Auch He + He^+ ergibt Bindung, da hier zwei bindende und ein lockerndes Elektron zusammentreten. Die entsprechenden Banden sind von WEIZEL[3] beobachtet worden.

Zur $s^2 - s$-Bindung wollen wir ferner die Hydride BeH, MgH, ... HgH rechnen, obgleich die Begriffe der bindenden und lockernden Elektronen eigentlich nur für Moleküle mit zwei gleichen Kernen gelten. Wir fassen die Bindung so auf, daß die beiden s-Elektronen der Metallatome ein bindendes Elektronenpaar geben und das dritte hinzukommende H-Elektron lockernd wirkt. Die abgeschlossene $1s^2$-Schale des Be müßte dann auch im Molekül

---

[1] BURRAU, O.: Danske Vid. Selskab. Bd. 7 Nr. 14 (1927).
[2] HUND, F.: Z. Physik Bd. 63 (1930) S. 719.
[3] WEIZEL, W.: Z. Physik Bd. 59 (1930) S. 320.

dem Be zugeordnet werden und die resultierende Elektronenkonfiguration wäre $\sigma^2(1s)_{Be} 2s\sigma^2\, 2p\sigma\, {}^2\Sigma$, d. h. man enthält einen ${}^2\Sigma$-Term und eine echte Valenzbindung. Im ganzen sind die Begriffe bindende und lockernde Elektronen bei allen Hydriden nicht so besonders nützlich, wie MULLIKEN betont. Wenn man aber die Unterscheidung machen will, so spricht auch MULLIKEN[1] das Wasserstoff-1s-Elektron als lockerndes Elektron an, da es in den hier betrachteten verschiedenen Molekülen in einer $p\sigma$-Schale gebunden wird (promoted electron von MULLIKEN) ($2p\sigma$ in BeH, $6p\sigma$ in HgH). Die beiden äußersten s-Elektronen des Metallatoms ($2s$ in Be, $6s$ in Hg) betrachtet er als mehr oder weniger stark angezogen durch den H^+-Kern. Entsprechend geben sie einen mehr oder weniger großen Beitrag zur Bindung, der auch im HgH noch positiv ist. Alle Überlegungen geben also echte, wenn auch nicht sehr feste Bindung. Damit steht in Übereinstimmung die von MULLIKEN und CHRISTY[2] aus den Banden gefolgerte Tatsache, daß selbst im Grundzustand des HgH mit nur 0,37 e-Volt Bindungsfestigkeit die Elektronenkonfiguration weitgehend der des vereinigten Atoms ähnelt. Bei einer Polarisationsbindung würde man Ähnlichkeit mit der der getrennten Atome erwarten.

Das einfachste Beispiel für eine $p-s$-Bindung im Grundzustand ist das BH. Das p-Elektron des Bor wird entweder mit dem Wasserstoff-s-Elektron eine gemeinsame Schale ausfüllen, in der beide antiparallele Spins haben und einen $\sigma^2\sigma^2\sigma^2\,{}^1\Sigma$- (oder $1s\sigma^2\, 2s\sigma^2\, 2p\sigma^2$-)-Term geben oder es wird zwar auch ein σ-Elektron, aber mit parallelem Spin, so daß beide in verschiedene Schalen kommen und einen Tripletterm geben, nämlich $\sigma^2\,\sigma^2\,\sigma\,\sigma\,{}^3\Sigma$. Eine weitere Möglichkeit ist, daß das p-Elektron im Molekül zum π-Elektron und in einer höheren Schale gebunden wird. Auf diese Weise entstehen zwei Terme, $\sigma^2\,\sigma^2\,\sigma\,\pi\,{}^1\Pi$ und ${}^3\Pi$. Beide Übergänge ${}^1\Pi \rightarrow {}^1\Sigma$ und ${}^3\Pi \rightarrow {}^3\Sigma$ haben LOCHTE-HOLTGREVEN und VAN DER VLEUGEL[3] im BH gefunden.

Eine p^2-p^2-Bindung ist im Kohlenstoffmolekül vorhanden. Aus C $1s^2\,2s^2\,2p^2\,{}^3P$ + C $1s^2\,2s^2\,2p^2\,{}^3P$ sind als tiefe Terme ${}^3\Pi$, ${}^1\Pi$, ${}^1\Sigma$ zu erwarten. Der untere Zustand der SWAN-Banden, ein ${}^3\Pi_u$, ist wahrscheinlich der Grundzustand des Moleküls. Nach LONDON und HEITLER sollte ein ${}^1\Sigma_g^+$, der aus zwei ${}^5S$-Atomen zu erwarten ist, mit vier symmetrisch verknüpften Elektronenpaaren viel tiefer liegen als der ${}^3\Pi_u$, der wahrscheinlich aus zwei normalen ${}^3P$-Atomen entsteht und nur ein symmetrisch verknüpftes Elektronenpaar besitzt. Vom Standpunkt der bindenden und lockernden Elektronen enthalten beide Terme zwei Valenzbindungen.

Das N_2-Molekül ist ein Beispiel für eine p^3-p^3-Bindung, indem die $6p$-Elektronen drei bindende Elektronenpaare $\pi_u^4\,\sigma_g^2$ bilden. Das steht in Übereinstimmung mit der chemischen Dreiwertigkeit des Stickstoffs und den Aussagen der HEITLER-LONDONschen Theorie.

Das Sauerstoffmolekül hat zwei Elektronen mehr als N_2. Diese werden zu $\pi_g\,2p$-Elektronen, d. h. lockernden Elektronen, die in eine $d\pi$-Schale kommen. Eine p^4-p^4-Bindung ist also weniger fest als eine p^3-p^3-Bindung.

---

[1] MULLIKEN, R. S.: Chem. Rev. Bd. 9 (1931) S. 347.

[2] MULLIKEN, R. S. u. A. CHRISTY: Physic. Rev. Bd. 38 (1931) S. 87.

[3] LOCHTE-HOLTGREVEN, W. u. E. S. VAN DER VLEUGEL: Z. Physik Bd. 70 (1931) S. 188.

Für das F_2-Molekül ist eine noch geringere Bindungsfestigkeit als für das O_2-Molekül zu erwarten, da zwei weitere lockernde Elektronen hinzukommen. In der Reihe N_2, O_2, F_2 geht also mit wachsender Zahl der $2p$-Elektronen eine Abnahme der Dissoziationsenergie Hand in Hand. Gleichzeitig wächst der Gleichgewichtsabstand der beiden Kerne ($1{,}1 \cdot 10^{-8}$ cm in N_2, $1{,}2 \cdot 10^{-8}$ cm in O_2 und etwa $1{,}5 \cdot 10^{-8}$ cm in F_2). Wegen dieser Abnahme und der Veränderung der einzelnen Schalen mit zunehmender Kernladung werden die Bedingungen für die Bindung der Atomelektronen andere im N_2 wie im F_2 sein. MULLIKEN vermutet[1], daß die inneren $2s$-Elektronen, die in σ-Schalen gebunden werden, beim N_2 als zu beiden Kernen gehörig betrachtet werden können, aber im F_2 bereits mehr zu jedem einzelnen Kern gehören. Ähnliche, wenn auch weniger deutliche Verhältnisse sind für die $2p$-Elektronen zu erwarten. Konsequenterweise sollte die Ionisierungsspannung des F_2 ungefähr gleich derjenigen des F sein[2]. Man kann die einwertige Bindung des F_2 erhalten, indem man in Analogie zum N_2 und O_2 die Differenz 3 bindende Elektronenpaare minus 2 lockernde Elektronenpaare bildet. Aber wahrscheinlich werden nur noch die $\sigma\, 2p$-Elektronen als stark bindendes Paar aufzufassen und für die einwertige Bindung verantwortlich sein, während die anderen Elektronen nur noch in geringem Maße als bindende und lockernde Elektronen wirken werden, da sie mehr oder weniger bereits zu den einzelnen Kernen gehören.

Das letzte Beispiel sei das NO. Als $p^3 - p^4$-Bindung sollte es lockerer gebunden sein als N_2 und CO ($p^3 - p^3$ und $p^2 - p^4$), aber fester als O_2 ($p^4 - p^4$). Tatsächlich liegt seine Dissoziationsarbeit (5,3 Volt) etwas höher als die des Sauerstoffs (5,1 Volt) und niedriger als die von N_2 und CO (7,3 bzw. 8,4 Volt).

d) Kritische Betrachtungen.

Betrachten wir auch hier wieder zuerst kurz das benutzte Verfahren und dann die für die Valenz sich ergebenden Folgerungen. Die Methode, nach welcher die bei verschiedenem Kernabstand (getrennte Kerne, weite Kerne, nahe Kerne, vereinigtes Atom) sich ergebenden Terme einander zugeordnet werden, war früher geschildert worden (S. 146). Dabei hatte sich schon gezeigt, daß danach zwar die relative Lage der Terme zueinander abgeleitet werden kann, aber Molekülkonstanten der Terme, z. B. Kernabstände und Bindungsenergien, nicht quantitativ berechnet werden können. Qualitativ aber ergibt sich, indem man empirische Daten mitbenutzt, eine recht gute Beschreibung der energetischen Verhältnisse des Moleküls in den betreffenden Zuständen. (Das Verfahren umfaßt

[1] MULLIKEN, R. S.: Rev. Mod. Physics Bd. 4 (1932) S. 1. — Chem. Rev. Bd. 9 (1931) S. 347.

[2] MULLIKEN [Physic. Rev. Bd. 46 (1934) S. 549] hat für die Ionisierungsspannung des F_2 den Wert 18,2 e-Volt berechnet, während für F der beobachtete Wert 18,6 e-Volt beträgt.

Grund- und angeregte Zustände.) Die Näherung, von der man ausgeht, ist sicher besser den im wirklichen Molekül herrschenden Verhältnissen angepaßt als diejenige von HEITLER und LONDON, die nur für weite Kerne gilt. Daher ist das Verfahren geeigneter zur Darstellung eines Molekültermschemas als das ihrige. Außerdem ist seine Anwendung einfach. Ein weiterer Vorteil wäre die Berechtigung seiner allgemeinen Anwendbarkeit. Prüfen wir daher seine Voraussetzungen. Die wesentliche Voraussetzung des Verfahrens ist, daß man die Elektronen im gesamten Kerngerüst einzeln betrachten darf, d. h. die Elektronen werden vollständig entkoppelt. Das führt dazu, daß man bei Molekülen aus schwereren Atomen eine falsche Ladungsverteilung bekommen kann und dieses Ergebnis willkürlich halb empirisch, halb gefühlsmäßig korrigiert, indem man eine gewisse Anzahl innerer Elektronen als zu jedem Kern einzeln gehörig betrachtet und sie für die Bindung ausscheiden läßt. Die Berechtigung der Voraussetzung, die Elektronenwechselwirkung zu vernachlässigen, ist also nicht allgemein, sondern nur von Fall zu Fall durch den Erfolg bewiesen. Man kann daher nicht von einer allgemeinen Anwendbarkeit schlechthin sprechen. Ferner ist das ganze Schema für das Zweizentrensystem entwickelt worden und dann auf die wirklichen gleichatomigen Moleküle übertragen worden. Die Erweiterung der Theorie auf Moleküle mit ungleichen Kernen befindet sich noch in der Ausgestaltung. Die sichersten Aussagen beziehen sich hier auf die Grundzustände. Diese sind allerdings für den Chemiker praktisch fast allein von Wichtigkeit.

Bei der Bindung sind nicht die Austauschintegrale das Wesentliche, sondern es kommt hauptsächlich darauf an, in was für Schalen die Elektronen gebunden werden, d. h. ob sie einen positiven oder negativen Beitrag zur Bindungsfestigkeit geben. Damit ist nicht das bindende Elektronenpaar (symmetrisch verknüpfte Elektronen von HEITLER und LONDON) für eine Bindung unbedingt notwendig, sondern schon ein einzelnes bindendes Elektron kann dazu genügen. Der Austauschenergie von HEITLER und LONDON entsprechen in dieser Theorie Energieänderungen, zu denen wir folgendermaßen gelangen können, wobei wir das H_2^+ und H_2 als Beispiele benutzen[1]: Bei H_2^+ kommt die Energieänderung so zustande, daß die s-Schale in $H + H^+$ in die $1s\sigma$-Schale des H_2^+ verwandelt wird (negative Energieänderung) bzw. in die hochgerückte $2p\sigma$-Schale (positive Energieänderung). In H_2 und andern

[1] MULLIKEN, R. S.: Chem. Rev. l. c.

Molekülen muß man noch die Änderungen der Abstoßungsenergie der beiden Elektronen berücksichtigen, die mit der Schalenänderung Hand in Hand gehen. Das häufige Vorkommen symmetrisch verknüpfter Elektronenpaare im Sinne von HEITLER und LONDON ergibt sich einfach aus der Gültigkeit des PAULI-Prinzips und den Eigenschaften des Elektronenspins, so daß eben in einer Schale des Moleküls gerade zwei Elektronen gebunden werden können (bei π-Schalen vier) (S. 149). Übereinstimmung zwischen beiden Theorien ist immer dann vorhanden, wenn die Maximalzahl der bindenden Elektronen nur für Zustände mit der kleinsten Multiplizität vorliegt. Dann haben wir abgeschlossene Schalen und ${}^1\Sigma$-Terme.

Betrachten wir jetzt den Zusammenhang mit dem Valenzbegriff der Chemiker. Die Definition der Valenzzahl eines Atoms als resultierende Anzahl der bindenden Elektronen ist für die Bildung von Molekülen mit zwei gleichen Kernen abgeleitet. Sind die Kerne nicht zu verschieden voneinander, so ist eine Übertragung auf diese Fälle möglich. In extremen Fällen aber wie bei den Hydriden ist sie bereits mehr oder weniger willkürlich. D. h. man muß im Einzelfall untersuchen, welche Elektronen bei dem Eingehen einer bestimmten Bindung als bindende und welche als lockernde auftreten würden. Erst dann kann man aussagen, ob die betreffende Bindung möglich ist oder nicht. Ferner ist nicht zu vergessen, daß, wenn man auch für praktische Zwecke im allgemeinen die Elektronen in bindende und lockernde einteilen kann, doch die energetische Gleichsetzung der bindenden und der lockernden Elektronen für sich eine grobe Näherung ist, die, für gleiche Kerne aufgestellt, bei ungleichen Kernen kaum noch gelten wird. Es ist, ganz genau genommen, überhaupt nicht möglich, die bei der Bildung eines Moleküls freiwerdende Energie in einzelne Anteile aufzuteilen, die man den einzelnen Elektronen zuschreiben kann. So kann zwar die Theorie für Gruppen von sich verbindenden Elektronen (s — s-Bindung, p — s-Bindung, p — p-Bindung usw.) Aussagen über die Möglichkeit und Festigkeit der entstehenden Bindungen machen, aber zur Aufstellung von allgemeinen Regeln ist sie nicht geeignet. Ihre Anwendung läuft schließlich immer auf die Untersuchung des Einzelfalls hinaus.

Wir können jetzt die verschiedene Leistungsfähigkeit der beiden Valenztheorien erkennen, die man je nach den verfolgten

Zielen verschieden verwenden wird. Die HEITLER-LONDONsche hat allgemeinere Gesichtspunkte, aber einen beschränkten Anwendungsbereich, die HERZBERG-HUND-MULLIKENsche ist viel allgemeinerer Anwendung fähig, kann die einzelnen Beispiele aber nicht von allgemeinen Gesichtspunkten her, sondern muß jedes für sich gesondert betrachten (wobei natürlich Vergleiche mit ähnlichen Molekülen zu Hilfe genommen werden können).

II. Mehratomige Moleküle.

§ 1. Die Spintheorie von HEITLER und RUMER[1].

Ebenso wie bei den zweiatomigen Molekülen liefert die erweiterte Theorie von HEITLER und LONDON ein Abbild der Punktepaartheorie von G. N. LEWIS. Man geht wieder von den getrennten Atomen aus und fügt ihre Valenzelektronen im fertigen Molekül in ähnlicher Weise wie LEWIS zu Paaren zusammen. In Analogie zu den zweiatomigen Molekülen führt die symmetrische Verknüpfung von Elektronenpaaren zur Anziehung, d. h. zur Molekülbildung. Nach dem PAULI-Prinzip bedeutet wieder die symmetrische Verknüpfung antiparallele Einstellung der Spins. Für die Multiplizität ergibt sich somit Ähnliches wie bei zweiatomigen Molekülen.

Diese Paarbildung ist aber nur symbolisch aufzufassen. Es ist nicht so, daß die beiden Elektronen in gemeinsamen Bahnen um die Kerne des Moleküls laufen müssen, sondern es kommt nur darauf an, daß man eine sinnvolle und eindeutige Zuordnung der LEWISschen Valenzbilder zu einer Zusammensetzung der Zustände der einzelnen Atome bekommt. Eine Angabe, wie diese Zuordnung im einzelnen geschieht, würde hier zu weit führen. Daß man mit dem anschaulichen Bild von parallel und antiparallel eingestellten Spins der Elektronen arbeiten kann, liegt an dem Formalismus der Zuordnung geeigneter Eigenfunktionen zu den empirischen Valenzbildern. Man spricht daher besser von Spinpaaren anstatt von Elektronenpaaren, wie es HEITLER und RUMER auch tun.

---

[1] HEITLER, W. u. G. RUMER: Gött. Nachr. 1930, S. 277; s. auch den zusammenfassenden Bericht von W. HEITLER: Quantentheorie und chemische Bindung. Handbuch der Radiologie Bd. VI/2, 1934 und von M. BORN: Erg. exakt. Naturwiss. Bd. 10 (1931) S. 387; ferner die ausführlichen Rechnungen von H. HELLMANN: Z. Physik Bd. 82 (1933) S. 192.

Besonders einfach sind jene Fälle, bei denen nur *eine* Möglichkeit besteht, alle Elektronen zu Paaren zusammenzufügen. Als typisches Beispiel können wir das CH_4 ansehen, wenn wir vom ^5S-Zustand des C-Atoms ausgehen und daher vier Elektronen vom C-Atom zur Paarbildung zur Verfügung haben. Das einzig mögliche LEWISsche Bild ist hier:

$$\begin{array}{c} \mathrm{H} \\ \mathrm{H} : \ddot{\underset{..}{\mathrm{C}}} : \mathrm{H}. \\ \mathrm{H} \end{array}$$

Sieht man von der Wechselwirkung der H-Atome untereinander ab[1], so ergibt sich für die Bindungsenergie das Vierfache der HEITLER-LONDONschen Bindungsenergie für CH. Das könnte wie eine theoretische Rechtfertigung der Additivitätsregel für die Bindungsenergien aussehen. In den folgenden Beispielen werden wir aber sehen, daß diese Rechtfertigung durchaus nicht so leicht zu erbringen ist.

Es gibt nämlich andere Fälle, in denen es mehrere Möglichkeiten gibt, die Elektronen in Paaren anzuordnen. Als Beispiel nehmen wir C_2H_2, wobei wir wieder den ^5S-Zustand als Ausgangszustand des C-Atoms wählen. Hier bestehen offenbar folgende Möglichkeiten der Elektronenverteilung, wobei wegen der Schwierigkeit, die betreffenden räumlichen Anordnungen durch Punktepaare auf dem Papier wiederzugeben, statt eines Punktepaares jeweils ein Valenzstrich gesetzt ist:

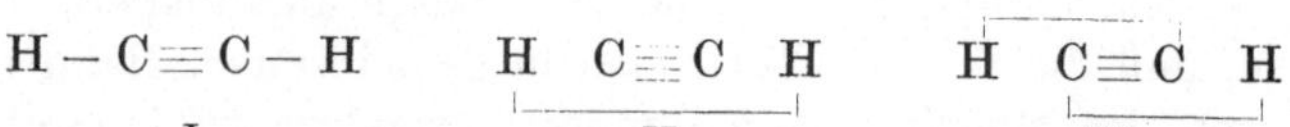

H – C ≡ C – H	H C ≡ C H (H und H durch Valenzstrich unten verbunden)	H C ≡ C H (H und zweites C oben, erstes C und H unten verbunden)
I	II	III

Die drei Valenzbilder entsprechen drei verschiedenen Elektronenzuständen, die HEITLER und RUMER als reine Valenzzustände bezeichnen. Sie gehören zu drei verschiedenen Eigenfunktionen (die Spininvarianten genannt werden). Diese drei Eigenfunktionen sind jedoch nicht linear unabhängig voneinander. Wir wollen uns das an folgendem einfachen Beispiel klarzumachen versuchen. Wir betrachten einen zweidimensionalen Oszillator, etwa ein Pendel. Zur Beschreibung seiner Bewegung benutzen wir nicht wie gewöhnlich zwei, sondern drei Richtungen, die miteinander etwa Winkel von 120^0 bilden sollen. Die Bewegungen in diesen drei ausgezeichneten Richtungen entsprechen dann den drei vorher beschriebenen Valenzzuständen. Es besteht eine lineare Beziehung zwischen den drei Bewegungen, so daß man stets die

[1] Das ist berechtigt, weil sie voneinander entfernter liegen.

eine durch die beiden andern ausdrücken kann. Das Gleiche gilt für die Valenzzustände. Die drei aufgezeichneten Valenzzustände des C_2H_2 sind aber nicht nur linear abhängig voneinander, sondern sie entsprechen auch nicht den stationären Zuständen des Moleküls. Diese sind vielmehr aus den reinen Valenzzuständen linear zusammenzusetzen. In unserm Beispiel von dem Pendel bedeutet das, daß die drei Bewegungsrichtungen im allgemeinen nicht mit den beiden Hauptschwingungsrichtungen zusammenfallen. Für den betrachteten Fall des C_2H_2 gilt ferner die Additivitätsregel nicht mehr. Das war auch zu erwarten, da ja den stationären Zuständen nicht eindeutig Valenzbilder zugeordnet werden konnten.

Die oben angedeuteten Betrachtungen sind gesondert für jede Kernlage durchzuführen. Ändert man die Kernlage, so verschieben sich die Eigenwerte und bilden eine Potentialfläche. Zur Bestimmung der Ruhelage der Kerne im fertigen Molekül muß man das Minimum der tiefsten dieser Potentialflächen aufsuchen. Bei einer Verschiebung der Kernlagen ändert sich außer dem Energiewert noch die Zusammensetzung der Moleküleigenfunktion aus den einzelnen Spininvarianten (den Eigenfunktionen der einzelnen Valenzzustände). Es überwiegt in der Gleichgewichtslage derjenige Valenzzustand, der dem chemischen Bilde I entspricht. Ändert sich die Lage der

```
                   H     H        H   H
  H C C H                         •   •
  • • • •          • C C •         C C
                     • •           • •
     a                  b           c
```

vier Kerne in der in b angegebenen Weise, so enthält der tiefste Zustand in der Lage b bereits mehr Anteile des Valenzzustandes II, und schließlich in Lage c praktisch vollständig II. Gerade die Nichtadditivität der chemischen Bindungsenergien für allgemeine Lagen (z. B. Lage b) gibt uns die Möglichkeit, Erscheinungen wie das Auftreten einer Aktivierungsenergie zu verstehen, da z. B. für den gemischten Elektronenzustand in Lage b ein wesentlich erhöhter Eigenwert der Elektronenenergie vorhanden sein kann. Man kann außerdem hoffen, daß für solche Gleichgewichtslagen, die man angenähert durch einfache Valenzbilder darstellen kann, auch die Additivitätsregel herauskommen wird. Doch konnte das bis jetzt nicht allgemein bewiesen werden. Wenn nämlich die Anzahl der Atome im Molekül wächst, werden nicht nur die möglichen Valenzzustände sehr zahlreich, sondern auch die Anzahl der linearen Beziehungen zwischen ihnen nimmt zu. So konnten kompliziertere Moleküle wie Propan, deren Berechnung für die Prüfung der Additivitätsregel wichtig wären, bisher wegen der mathematischen Schwierigkeiten nicht durchdiskutiert werden.

Die Theorie von HEITLER und RUMER bedarf ebenso wie diejenige von HEITLER und LONDON einer Ergänzung. Man muß nämlich, wenn die Bindungsenergien relativ groß und die Anregungsenergien der Einzelatome relativ klein sind, auch den Einfluß von höher angeregten Zuständen in Betracht ziehen. Vor allem muß man natürlich beim C-Atom den eigentlichen Grundzustand, den ^3P-Term, hauptsächlich berücksichtigen.

Ferner spielt die Erweiterung der Theorie von S-Zuständen auf P- und D-Zustände bei den mehratomigen Molekülen eine noch wichtigere Rolle als bei den zweiatomigen, da die Berücksichtigung der nicht kugelsymmetrischen P- und D-Zustände zur Erklärung von gerichteten Valenzen benutzt werden kann[1]. Diese Erweiterungen sind aber noch nicht abschließend behandelt worden.

§ 2. Die Theorie der gerichteten Valenzen von SLATER[2] und PAULING[3].

Anstatt nur die tiefsten Atomzustände für die Molekülbildung zu berücksichtigen, kann man in jedem einzelnen Atom auch die benachbarten Zustände heranziehen. Um das Verfahren nicht zu kompliziert zu gestalten, nimmt man nur die sehr dicht liegenden Zustände (Energiedifferenz klein gegen die Bindungsenergie des entstehenden Moleküls), entfernter liegende werden vernachlässigt. Die eng benachbarten Zustände läßt man in einen Term höherer Entartung zusammenfallen. Dieses Programm wird von PAULING und SLATER zwar nicht so durchgeführt, aber in folgender Weise angenähert:

Das Zusammenfallen der benachbarten Zustände wird bei ihnen in der Weise erreicht, daß die Bahnen der einzelnen Elektronen getrennt betrachtet werden und ihre Wechselwirkung innerhalb

---

[1] HEITLER, W. u. G. PÖSCHL: Nature, Lond. Bd. 133 (1934) S. 833. — PÖSCHL, G.: Physic. Rev. Bd. 47 (1935) S. 803.

[2] SLATER, J. C.: Physic. Rev. Bd. 37 (1931) S. 481; Bd. 38 (1931) S. 1109.

[3] PAULING, L.: J. Amer. Chem. Soc. Bd. 53 (1931) S. 1367. — Physic. Rev. Bd. 37 (1931) S. 1185. — PAULING, L u. G. W. WHELAND: J. Chem. Physics Bd. 1 (1933) S. 362. — PAULING, L. u. J. SHERMAN: J. Chem. Physics Bd. 1 (1933) S. 679.

des eigenen Atoms vernachlässigt wird, d. h. man vernachlässigt zwei Dinge: einmal die Energieaufspaltung infolge der verschiedenen Spineinstellungen (Singulett-Triplett-Abstand bei 2 Valenz-Elektronen im Atom) und dann die Aufspaltungen, die von der verschiedenen Einstellung der Bahndrehimpulse der Elektronen gegeneinander im Atom herrühren (zwei p-Elektronen können einen S-, P- und D-Term ergeben). Durch die getrennte Behandlung einzelner Elektronenbahnen gewinnt man gleichzeitig eine anschauliche Methode zur Beschreibung der Valenzen. Man bildet nämlich auch hier Elektronenpaare aus Elektronen der getrennten Atome in ähnlicher Weise wie HEITLER und LONDON es für das H_2-Molekül angegeben haben. Diese Elektronenpaare sind aber nicht wie bei HEITLER und LONDON nur symbolisch aufzufassen.

Der tiefste Zustand wird nicht berechnet (wie bei HEITLER und RUMER), sondern nach folgenden Gesichtspunkten aufgesucht: Man faßt aus benachbarten Atomen je ein Elektron zu einem Paar zusammen und untersucht, welche Elektronenbahnen sich besonders gut für eine Paarbildung eignen, da wegen der Entartung in den einzelnen Atomen eine mehr oder weniger große Anzahl an Bahnen zur Verfügung steht. Man wird für das fertige Molekül verlangen, daß die Bahnen bzw. die Ladungswolken der beiden zu einem Paar zusammengefügten Elektronen sich möglichst überdecken. Jedes Elektronenpaar bildet für sich eine abgeschlossene Schale und deshalb werden die verschiedenen Elektronenpaare einander abstoßen und ihre Ladungswolken gegenseitig ausweichen. Ferner müssen zwei Elektronenbahnen, die aus dem gleichen Atom zur Bildung zweier verschiedener Elektronenpaare benutzt wurden, zueinander orthogonal sein, denn sonst könnten sie nicht voneinander unabhängig mit Elektronen besetzt werden, ohne gegen das PAULI-Prinzip zu verstoßen.

Die Art der Durchführung wollen wir am Beispiel des H_2O andeuten. Vom O-Atom betrachten wir die vier p-Elektronen näher, von denen bereits zwei im O-Atom sich in derselben Bahn befinden und zu einem Paar verbunden sind. Zur Molekülbildung bleiben somit zwei übrig. Die H-Atome bringen jedes ein s-Elektron mit. Welche von den p-Bahnen sind jetzt zur Molekülbildung mit den s-Bahnen der H-Atome am geeignetsten? Von den drei Bahnen mit den Drehimpulsen 0, $\pm$ 1 um eine Achse, etwa die z-Achse, wird die Bahn mit dem Impuls 0 am geeignetsten sein, da die Ladungsdichte in der $\pm z$-Richtung zusammengedrängt ist und daher die

Überlappung mit einem in der $\pm z$-Richtung liegenden H-Atom besonders gut möglich ist. Die Bahnen mit den Drehimpulsen ± 1 sind weniger geeignet, weil ihre Ladungsdichte auf einem Ringe um die z-Achse verteilt liegt. An ihrer Stelle kann man Bahnen mit Drehimpulsen 0 um die beiden andern Richtungen (x und y) benutzen. Sie werden ebenfalls orthogonal zueinander sein. Außerdem weichen sich ihre Ladungsdichten aus, weil sie in zwei zueinander senkrechten Richtungen liegen[1]. Die drei besprochenen Bahnen wollen wir mit p_x, p_y und p_z bezeichnen. Eine möglichst stabile Konfiguration bekommen wir nun, wenn wir etwa aus einem p_x-Elektron und dem Elektron des ersten H-Atoms ein Elektronenpaar, aus einem p_y-Elektron und dem Elektron des zweiten H-Atoms ein zweites Paar bilden. Aus dem oben Gesagten folgt dann nämlich, daß alle angegebenen Bedingungen möglichst gut erfüllt sind. Um eine besonders vollständige Überdeckung zu bekommen, müssen die beiden H-Atome in der x- und y-Richtung liegen, so daß der Valenzwinkel 90^0 beträgt. Es erscheint vielleicht merkwürdig, daß das Ausweichen von Elektronenwolken nicht einen Valenzwinkel von 180^0, d. h. ein gestrecktes Molekül, ergibt, aber man hat sich die Elektronenwolken so vorzustellen, daß sie sich über das O-Atom hinaus in gerader Linie fortsetzen, so daß zwei solche Ladungswolken, falls sie sich ausweichen sollen, senkrecht zueinander stehen müssen. Natürlich handelt es sich hier nur um eine grobe Näherungsbetrachtung, bei der unter anderm auch die elektrostatische Abstoßung der H-Atome vernachlässigt wird. Man wird es daher nicht als eine sehr schlechte Übereinstimmung empfinden, wenn der tatsächlich gefundene Valenzwinkel 104^0 beträgt.

Beim NH_3 hat man vom N herrührend drei p-Elektronen, die alle zur Molekülbildung herangezogen werden müssen. Man wird sie auf die p_x-, p_y- und p_z-Bahnen verteilen. Entsprechend sollten die drei Verbindungslinien N—H senkrecht aufeinander stehen. In Wirklichkeit beträgt der Winkel HNH etwa 109^0.

Beim CH_4* muß man, um einen vierwertigen Zustand zu bekommen, vier Elektronen vom C-Atom benutzen. Diese sind hier aber nicht Elektronen in äquivalenten Bahnen, sondern es

[1] Die zirkularen Ladungswolken mit den Drehimpulsen ± 1 sind zwar auch orthogonal zueinander, weichen aber einander nicht aus.

* Für eine neuere Behandlung des CH_4 siehe J. H. van Vleck: J. Chem. Physics Bd. 2 (1934) S. 20.

sind s- und p-Bahnen. Es tritt jetzt zu den vorher besprochenen Vernachlässigungen eine weitere hinzu, indem die Energiedifferenz zwischen den s- und p-Elektronen als verschwindend klein angesehen wird. Man könnte daran denken, als Bahnen p_x, p_y und p_z, ferner s auszuwählen. Die kugelsymmetrische Ladungsverteilung einer s-Bahn ist aber nicht geeignet, mit einer H-Elektronenwolke stark zu überlappen und ein Elektronenpaar zu bilden. Außerdem weicht die s-Bahn den p-Bahnen nicht genügend aus. Es haben sich folgende Linearkombinationen der den einzelnen Bahnen entsprechenden Eigenfunktionen als zweckmäßig erwiesen:

$$\frac{1}{2}(s + p_x + p_y + p_z); \qquad \frac{1}{2}(s + p_x - p_y - p_z);$$
$$\frac{1}{2}(s - p_x + p_y - p_z); \qquad \frac{1}{2}(s - p_x - p_y + p_z).$$

Die entsprechenden Elektronenbahnen liegen in den vier Richtungen eines Tetraeders, das man sich folgendermaßen vorstellen kann: Man denke sich einen Würfel mit Kanten parallel zur x-, y- und z-Achse. Die Tetraederecken fallen dann zusammen mit den vier Ecken $(+x, +y, +z)$, $(+x, -y, -z)$, $(-x, +y, -z)$ und $(-x, -y, +z)$. Die vier Richtungen sind in Abb. 77 angegeben. In diesen Richtungen werden die Maxima der Ladungsverteilungen liegen und mithin die H-Atome zu binden sein.

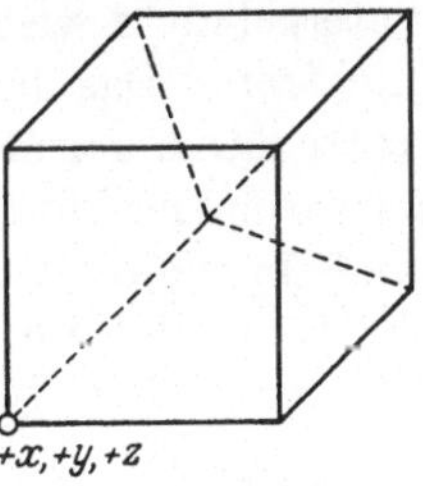

Abb. 77.

§ 3. Die HUNDsche Theorie der entkoppelten Elektronen[1].

Die in I § 3 skizzierten Überlegungen wurden von HUND und MULLIKEN sinngemäß auf mehratomige Moleküle erweitert. Auch in dieser Theorie ist ebenso wie in den übrigen der Ausgangspunkt die Betrachtung von Elektronenbahnen im einzelnen Atom. Während aber HEITLER und RUMER die einzelnen Elektronen zuerst zu Atomtermen zusammenfassen, bevor sie zur Molekülbildung übergehen, und während SLATER und PAULING die Schalenbildung unter Berücksichtigung des PAULI-Prinzips innerhalb der Atome vor der Zusammenfügung zu Molekültermen betrachten,

[1] HUND, F.: Z. Physik Bd. 73 (1931) S. 1; Bd. 73 (1932) S. 565. — MULLIKEN, R. S.: Physic. Rev. Bd. 40 (1932) S. 55; Bd. 41 (1932) S. 49 u. 751; s. auch die neuesten Arbeiten J. Chem. Physics Bd. 3 (1935) S. 375, 506, 514, 517, 564.

faßt HUND die Elektronenbahnen zuerst zu Molekülbahnen zusammen und wendet erst auf diese das PAULI-Prinzip an. Auf diese Weise erreicht er, daß jedes Elektron für sich einen Beitrag (positiv — bindendes Elektron; negativ — lockerndes Elektron) zur Bindung liefert und somit die Paarbildung nicht das Wesentliche ist. Wir wollen jetzt wieder die einzelnen Bindungstypen betrachten, die sich darin unterscheiden, welche Atomeigenfunktionen zur Moleküleigenfunktion zusammengesetzt werden.

a) Bindungstypen.

s — s — s-Bindung.

Wir hatten früher gesehen (s. S. 317), daß, sobald zwei Atome mit drei s-Elektronen gebunden werden, das dritte Elektron immer nur in einen lockernden Molekülzustand kommen kann. Auch wenn drei Atome mit je einem s-Elektron zusammentreten, können nur zwei von diesen in einem möglichst tiefen Zustand gemeinsam untergebracht werden. Das dritte Elektron wird ein lockerndes Elektron. Das bedeutet aber hier nichts anderes, als daß das dritte Atom gar nicht gebunden werden kann; es entstehen nur ein zweiatomiges Molekül und ein einzelnes Atom. Diese Überlegungen sind in vollkommener Übereinstimmung mit der Theorie von HEITLER und LONDON.

s — p^2 — s-Bindung.

Betrachten wir drei Atome, zwei (A und C) mit je einem s-Valenzelektron, und das dritte (B) mit zwei p-Valenzelektronen. Die drei Atome sollen auf einer Geraden liegen, und zwar B in der Mitte. Die p-Elektronen können sich in einem $p\,\sigma$- oder in einem $p\,\pi$-Zustand befinden. Für die Bindung kommen nur die $p\,\sigma$-Elektronen in Frage, da die $p\,\pi$-Elektronen mit den s-Elektronen von A und C keine gemeinsame Schale ergeben können. Die beiden $p\,\sigma$- und die beiden s-Elektronen können nun nicht alle in einem gemeinsamen bindenden Zustand untergebracht werden (wegen PAULI-Prinzip). Infolgedessen muß auch ein lockernder Zustand besetzt werden. Das bedeutet, daß sich für das gestreckte dreiatomige Molekül keine Bindung ergibt. Es bilden sich ein zweiatomiges Molekül und ein Atom. Es nützt also für die Bindung nichts, daß die p-Elektronen verschiedene Orientierungsmöglichkeiten haben (p-Entartung). Danach sollte es z. B. ein gestrecktes CH_2 nicht geben.

Ist hingegen das dreiatomige Molekül gewinkelt, so kann die verschiedene Orientierungsmöglichkeit der p-Elektronen für die Bindung nutzbar gemacht werden. Es gibt jetzt zwei bindende Zustände, in denen alle vier Elektronen untergebracht werden können. Der einfachste Fall ist wieder wie bei SLATER und PAULING derjenige, bei dem die Verbindungslinien der Atome senkrecht aufeinander stehen. Man kann dann die auf S. 330 definierten p_x- und p_y-Zustände zur Bildung von Molekülbahnen heranziehen. Allgemeiner wird man Bindung erwarten, wenn ein genügend großer Winkel vorhanden ist. CH_2 sollte demnach gewinkelt sein, wenn man von den p-Elektronen des C-Atoms ausgeht.

$s - p^2 - p$-Bindung.

In diesem Falle ist auch bei gestreckter Form des Moleküls eine stabile Gleichgewichtslage möglich. Das s- und ein p-Elektron können in eine gemeinsame Schale ($p\,\sigma$) kommen und die beiden p-Elektronen können zu π-Elektronen werden. In diesem Falle ergibt sich ein Unterschied gegen SLATER und PAULING, bei denen eine Winkelung immer auftritt, sobald die Valenzelektronen des Zentralatoms p-Elektronen sind. Bei HUND kommt es außerdem noch auf die Elektronenzustände der übrigen Atome an.

$s - p^4 - s$-Bindung.

Diese verhält sich im wesentlichen so wie eine $s - p^2 - s$-Bindung. Das hat den gleichen Grund, aus welchem bei SLATER und PAULING bei der Bildung des H_2O-Moleküls nur zwei p-Elektronen des O anstatt vier verwandt wurden.

$s - p^2 - p^2 - s$-Bindung.

Für ein vieratomiges Molekül, das diesem Bindungstyp entspricht, sollte wieder ein gestrecktes Modell möglich sein, denn jede p^2-Valenz, die an sich zwei Atome binden kann, wird hier nur durch ein s-Elektron und ein p-Elektron abgesättigt.

$p^3\begin{matrix} / s \\ - s \\ \backslash s \end{matrix}$-Bindung.

Damit Absättigung eintritt, müssen die Eigenfunktionen der drei Molekülbahnen, die aus einer p- und einer s-Eigenfunktion gebildet werden, keine neuen Knoten haben. Dazu müssen die drei p-Eigenfunktionen unabhängig sein, was aber nur bei nicht ebener Anordnung erfüllt ist. Sind hingegen statt der drei s-Valenzen eine p-Valenz und zwei s-Valenzen vorhanden, so ist auch bei gestreckter Gestalt des Moleküls Absättigung möglich. Man bekommt auch hier das gleiche Resultat wie SLATER und PAULING, wenn außer dem Zentralatom lauter Atome mit s-Elektronen vorliegen, hingegen etwas anderes, wenn mehrere Atome mit p-Elektronen da sind.

Als Beispiel für den betrachteten Bindungstyp ist das NH_3 zu nennen.

q-Bindungen.

Entsprechend wie bei SLATER und PAULING kann man, sobald der Energieunterschied der s- und p-Terme gleicher Hauptquantenzahl klein ist im Vergleich zu den Termänderungen beim Zusammenführen der Atome, die vier Eigenfunktionen der s- und p-Bahnen als eine vierfach entartete Bahn auffassen und sie q-Bahn nennen. Man kann dann je nach Bedarf vier orthogonale Linearkombinationen der ursprünglichen s- und p-Eigenfunktionen für den q-Term benutzen. (Dann bilden acht q-Elektronen eine abgeschlossene Schale, nämlich $s^2 + p^6$.) Für CH_4 sind es die auf S. 331 bereits angegebenen Eigenfunktionen.

$s — q^2 — s$-Bindung.

Im Gegensatz zur $s — p^2 — s$-Bindung bekommt man auch hier bei gestreckter Anordnung Anziehung. Es stehen nämlich im Zentralatom zwei Bahnen — s- und p-Bahnen — zur Verfügung, aus denen man zwei bindende Schalen mit vier Elektronen aufbauen kann. Wenn man die C-Elektronen als q-Elektronen auffaßt, kann es auch ein gestrecktes CH_2 geben.

b) Einführung des Begriffes der lokalisierten Bindung.

Bei den mehratomigen Molekülen tritt in verstärktem Maße eine früher erwähnte Schwierigkeit auf. Dadurch, daß die Elektronen im Mehrzentrensystem als unabhängig voneinander betrachtet werden, entsteht eine merkliche Wahrscheinlichkeit, zu viele Elektronen an dem gleichen Atom anzutreffen. Dieser Übelstand wird teilweise durch Einführung des Begriffes der lokalisierten

Bindung beseitigt[1]. Würde man jedes Elektron an seinem Atom lassen, so würde zwar diese Schwierigkeit nicht auftreten, aber es gäbe auch keine Bindung. Bildet man nun in einem mehratomigen Molekül Bahnen aus nur zwei benachbarten Atomen (lokalisierte Bindung), so wird die Anzahl der Elektronen, die sich bei dem einen Atom befinden können, auch noch ziemlich klein sein. Dem Bestreben der Elektronen, sich gegenseitig auszuweichen, ist also noch einigermaßen Rechnung getragen. Für die Bahn eines Elektrons im Mehrzentrensystem bedeutet natürlich die im vorigen Abschnitt dargelegte Betrachtungsweise die bessere Näherung, denn man hat keinen Grund, die Elektronenbewegung nur auf zwei benachbarte Atome zu beschränken. Berücksichtigt man aber noch die Wechselwirkung der Elektronen, so kann es doch vorteilhaft sein, mit solchen lokalisierten Bahnen und Bindungen zu arbeiten. Man wählt damit in vielen Fällen einen berechtigten Mittelweg.

Der Gedanke der lokalisierten und nichtlokalisierten Bindungen lag der Betrachtung des Benzolrings von HÜCKEL[1] zugrunde. HÜCKEL denkt sich die Formel für Benzol zuerst mit Einfachbindungen aufgeschrieben, ordnet jedem Bindungsstrich eine Elektronenbahn zu, die man aus den Eigenfunktionen der entsprechenden benachbarten Atome aufbauen kann und füllt eine jede Elektronenbahn mit zwei Elektronen. Auf diese Weise werden aber nicht alle Elektronen verbraucht, sondern es bleiben sechs übrig. (Die Elektronen der K-Schale bleiben wie immer unberücksichtigt.) Diese überzähligen Elektronen sollen nicht lokalisiert sein, sondern Molekülbahnen bilden. HÜCKEL nimmt also im gleichen Molekül lokalisierte und nichtlokalisierte Bindungen an. Die nichtlokalisierten Elektronen bewegen sich im Felde eines regulären Sechsecks. Man wird für ihre Bahn eine Ähnlichkeit mit der Bahn in einem kreissymmetrischen Felde erwarten. Als tiefste Bahn bietet sich das Analogon zu einer gewöhnlichen σ-Bahn dar. Sie ist wie diese unentartet. Die nächsthöhere Bahn wird ebenso wie die π-Bahn eine zweifache Entartung haben. Die erste Bahn kann zwei, die zweite vier Elektronen fassen, so daß mit Bildung dieser abgeschlossenen Schale alle sechs Elektronen untergebracht sind. Durch genauere Diskussion der Eigenfunktionen dieser Bahnen kann HÜCKEL das Nichtexistieren

[1] HÜCKEL, E.: Z. Physik Bd. 70 (1931) S. 204. — SLATER, J. C.: Physic. Rev. Bd. 38 (1931) S. 1109. — Die Formulierung und Diskussion der lokalisierten Bindung ist von HUND weitergeführt. Zur nichtlokalisierten Bindung s. auch MULLIKEN, R. S.: J. Chem. Physics Bd. 3 (1935) S. 375.

der Metachinone, sowie auch die Unterschiede zweier Klassen von Substituenten verstehen. Die eine Klasse läßt bei einer folgenden Substitution eine Para- oder Orthoverbindung entstehen, die andere eine Metaverbindung. Die nichtlokalisierten Elektronen sind also geeignet, die Fernwirkungen im Benzolring zu erklären.

§ 4. Betrachtung der Doppelbindung nach MULLIKEN[1].

Die erste theoretische Behandlung der Doppelbindung ist von HÜCKEL[2] gegeben worden, wobei als spezielles Beispiel das Äthylen besprochen wurde. Wir bringen dieses hier kurz, wollen uns jedoch dabei einer von MULLIKEN gegebenen Betrachtungsweise anschließen. Besonders interessiert am C_2H_4 die Starrheit der Doppelbindung. Das steht in Zusammenhang mit den Symmetrieeigenschaften der Eigenfunktionen der bindenden Elektronen[3] in beiden Gruppen. Werden nämlich zwei Valenzelektronen von getrennten Atomen im Molekül zu σ-Elektronen, so entsteht bei der Bindung eine Eigenfunktion, deren Symmetrieeigenschaften bei einer Drehung der aneinander gebundenen Molekülteile um die Bindungsachse ungeändert bleiben. Bei π-Elektronen ist hingegen eine Auszeichnung gewisser Richtungen möglich, und daher werden diese für die Aufhebung der freien Drehbarkeit verantwortlich sein.

Zur Vorbereitung für eine Behandlung des C_2H_4 beginnen wir mit dem CH_2, für das wir als Modell ein gleichschenkeliges Dreieck zugrunde legen. Wir legen die z-Achse des Koordinatensystems in die Halbierende des Winkels HCH, die x-Achse senkrecht zur Molekülebene und die y-Achse senkrecht zu beiden. Als Eigenfunktionen benutzen wir die schon früher eingeführten s-, p_x-, p_y- und p_z-Funktionen des C-Atoms; die s-Eigenfunktionen der beiden H-Atome bezeichnen wir mit s_1 und s_2. Man kann folgende bindende Molekülbahnen konstruieren: $as + d'(s_1 + s_2) = [s]$; $bp_z + d''(s_1 + s_2) = [z]$ und $cp_y + d'''(s_1 - s_2) = [y]$. Dabei ist darauf geachtet worden, daß nur solche Eigenfunktionen zusammengesetzt wurden, die gleiche Symmetrien besitzen. Das ist auch der Grund, daß $p_x = [x]$ nicht mit den s_1- und s_2-Eigenfunktionen zusammengefügt werden kann, sondern eine Bahn für sich bildet. Sie ist nämlich antisymmetrisch zur Molekülebene, während s_1 und s_2 symmetrisch dazu sind. Die drei genannten bindenden Bahnen kann man jetzt mit den vier zweiquantigen Elektronen des C-Atoms und den beiden H-Elektronen voll besetzen. Das so gebildete CH_2 besteht aus abgeschlossenen Schalen und eignet sich wegen der abstoßenden Wirkung von diesen nicht zur Bildung von Polymeren.

Daher muß man, um ein C_2H_4 zu bekommen, von *angeregten* CH_2-Molekülen ausgehen. Um die für die Bindung günstigste Anregung herauszufinden, nähern wir die beiden CH_2 einander in Richtung ihrer Winkelhalbierenden und sehen dabei, daß die $[z]$-Elektronen am geeignetsten für die Bindung der beiden Gruppen wären, wenn sie nicht schon in voll besetzten Schalen

---

[1] MULLIKEN, R. S.: Physic. Rev. Bd. 43 (1933) S. 279.

[2] HÜCKEL, E.: Z. Physik Bd. 60 (1930) S. 423.

[3] Vergleiche über die Einteilung der Elektroneneigenfunktionen nach ihren Symmetrieeigenschaften S. 216.

sich befinden würden. Daher wollen wir ein $[z]$-Elektron anregen, und zwar bringen wir es am besten in einen $[x]$-Zustand, der innerhalb der CH_2-Gruppen wenn auch nicht bindend, so doch auch nicht lockernd wirkt. Wir müssen jetzt zwei Fälle unterscheiden, je nachdem ob die CH_2-Dreiecke in der gleichen Ebene liegen oder senkrecht zueinander. Im ersten Falle wird man als Molekülbahnen folgende benutzen: $[s]_1$; $[s]_2$; $[y]_1$; $[y]_2$; $[z]_1 + [z]_2$; $[x]_1 + [x]_2$. (Die angehängten Indizes beziehen sich auf die beiden CH_2-Gruppen.) Die genannten Bahnen werden durch die 12 verfügbaren Elektronen voll besetzt. Die vier ersten Bahnen sind abgeschlossene Schalen der entsprechenden CH_2-Gruppe, die beiden letzten gehören ihnen gemeinsam an und bewirken die Bindung. Da *zwei* Bahnen zur Bindung beitragen, spricht man von einer *Doppelbindung.*

Stehen die beiden Molekülebenen senkrecht zueinander, so kann man von den beiden Zuständen der Doppelbindung nur $[z]_1 + [z]_2$ bilden, aber nicht $[x]_1 + [x]_2$, da $[x]_1$ und $[x]_2$ jetzt zu verschiedenen Ebenen antisymmetrisch sind und deshalb nicht eine gemeinsame Bahn bilden können. Man kann auch keinen zweiten bindenden Zustand finden; durch die Drehung der einen Gruppe um 90^0 ist die Doppelbindung aufgehoben worden. Die zuerst besprochene Lage ist die stabilere. Wir sehen also, daß die $[x]$-Elektronen eine Behinderung der freien Drehbarkeit bewirken. Die Aufhebung der freien Drehbarkeit kommt letzten Endes eben dadurch zustande, daß die $[x]$-Elektronen beim Übergang zum zylindersymmetrischen Falle π-Elektronen entsprechen, die eine Richtung um die Moleküle auszeichnen können. σ-Elektronen geben immer freie Drehbarkeit; in unserm Beispiel entsprechen ihnen die $[z]$-Elektronen, die auch nichts zur Stabilisierung der ebenen Anordnung beitragen.

§ 5. Vergleich der betrachteten Theorien miteinander.

Alles in den Absätzen „Kritische Betrachtungen“ S. 314 und 322 Ausgeführte gilt auch für die mehratomigen Moleküle. Hinzuzufügen wäre noch, daß die Theorie von SLATER und PAULING eine Mittelstellung zwischen denjenigen von HEITLER-RUMER und HUND-MULLIKEN einnimmt, und zwar sowohl was die allgemeine Anwendbarkeit als auch was die Folgerungen für die chemische Bindung und die Darstellung der Molekülzustände angeht. In der Art der Rechnung ist sie eher dem HEITLER-LONDONschen bzw. HEITLER-RUMERschen Verfahren verwandt, indem sie von Elektronen der *getrennten Atome* ausgeht; die Beziehung zum HUNDschen Verfahren zeigt sich darin, daß sie von *einzelnen Elektronen* ausgeht. Dadurch wird sie etwas besser anwendbar für kleine Kernabstände. Im folgenden soll an Hand der Betrachtung einiger Fragen noch einmal kurz zusammengestellt werden, wie sich die einzelnen Theorien zueinander verhalten.

1. Inwieweit gibt die Theorie das Valenzstrichschema der Chemie wieder?

2. Gibt sie ein richtiges Bild für die Elektronenverteilung im Molekül?

3. Kann sie die Stabilität von gewissen Valenzrichtungen erklären?

4. Ist die Additivitätsregel der Bindungsenergien erfüllt?

5. Inwieweit sind die Aussagen der Theorie ohne Hilfe der Erfahrung gewonnen?

Die HUNDsche Auffassung der lokalisierten Bindung, sowie diejenige von SLATER und PAULING geben das Valenzstrichschema der Chemiker sehr gut wieder. Die Methode der entkoppelten Elektronen ist hingegen dort gut anwendbar, wo eine Beschreibung durch Valenzstriche Schwierigkeiten bereitet (Benzolring). Bei der Spintheorie von HEITLER und RUMER ist die Beziehung zwischen Valenzstrich und theoretisch gefundenem Molekülzustand nicht mehr eine so direkte. Es gibt zwar „reine Valenzzustände", diese bedeuten aber nicht den energetisch tiefsten Zustand des Moleküls, sondern dieser ist aus verschiedenen Valenzzuständen irgendwie zusammengesetzt. Diese Komplikation hat aber auch Vorteile, indem sie zu verstehen erlaubt, wieso bei Reaktionen verschiedene Valenzbilder kontinuierlich ineinander übergehen können.

Bei der zweiten Frage kann man die Theorie der entkoppelten Elektronen auf der einen Seite und alle übrigen auf der andern Seite betrachten. Letztere vermeiden eine allzu große Wahrscheinlichkeit, mehr (oder weniger) Elektronen, als dem neutralen Atom zukommen, an einem Atom anzutreffen (besonders ist das bei SLATER-PAULING und HEITLER-RUMER der Fall), dafür beschränken sie aber auch die Bewegung eines Elektrons auf einen kleinen Bereich innerhalb des Moleküls. Nach der HUNDschen Theorie der entkoppelten Elektronen fällt dieser Übelstand weg, wie dies besonders MULLIKEN verwertet hat; dafür häufen sich die Elektronen manchmal zu sehr an einer Stelle an.

Zu Punkt 3 können wir sagen, daß die Theorie der gerichteten Valenzen von SLATER-PAULING und die HUND-MULLIKENsche Theorie die wirklichen Verhältnisse gut wiedergeben. Die HEITLER-RUMERsche Theorie ist dazu nur imstande, wenn man sie für weitere Zustände (P, D, ...) vervollständigt. Wir hatten schon erwähnt, daß Ansätze in dieser Richtung vorhanden sind.

Die Additivitätsregel kommt bei SLATER-PAULING und bei der lokalisierten Bindung von HUND gut heraus. HEITLER[1] ist es

[1] HEITLER, W.: Z. Physik Bd. 79 (1932) S. 143.

gelungen, durch geeignete Vernachlässigungen (die übrigens nicht klein sind) in der HEITLER-RUMERschen Theorie die Additivitätsregel ebenfalls zu bekommen.

Diejenige Theorie, die innerhalb ihres Gültigkeitsbereiches am wenigsten auf die Erfahrung angewiesen ist, ist die HEITLER-RUMERsche. Allerdings müssen auch hier die Austauschintegrale den empirischen Befunden angepaßt werden und ihre Zahl geht bei Erweiterung auf angeregte Zustände, deren Berücksichtigung nötig ist, sobald sie dem Grundzustand energetisch benachbart liegen, sehr in die Höhe. SLATER und PAULING greifen in stärkerem Maße auf die Erfahrung zurück. Am meisten ist aber die HUND-MULLIKENsche Auffassung darauf angewiesen, empirische Daten zu verwenden. Natürlich kann sie infolgedessen auch am besten dem Einzelfalle angepaßt werden.

Es sei zum Schluß noch bemerkt, daß die HEITLER-RUMERsche Behandlungsweise die größte mathematische Abstraktion erfordert, während die übrigen Methoden mehr auf anschaulicher Grundlage aufgebaut sind.

C. Die Ionenbindung (heteropolare Valenz)[1].

§ 1. Allgemeines über die heteropolare Valenz.

Während es sich in dem vorhergehenden Abschnitt über die homöopolare Valenz besonders um die Deutung der Wasserstoffvalenz gehandelt hat, betätigen die Elemente in den Ionenverbindungen vor allem ihre typische Sauerstoffvalenz. Nachdem schon DRUDE und J. J. THOMSON die chemische Wertigkeit zu einer Zahl „locker" gebundener Atomelektronen in Beziehung setzten, schlossen dann KOSSEL und G. N. LEWIS, daß die Edelgasatome besonders symmetrische und stabile Elektronenkonfigurationen besitzen und daher schwer Elektronen abgeben und aufnehmen (s. S. 19). Diese Edelgasschalen werden von den im periodischen System auf die Edelgase folgenden Alkalien unter Elektronenabgabe und Bildung positiver Ionen ebenso zu erreichen gesucht wie von den vor den Edelgasen stehenden Halogenen, die dabei ein Elektron aufnehmen und negative Ionen bilden. Die Elemente in den den Edelgasen fernerstehenden Kolonnen (Erdalkalien, Erdmetalle usw.) bauen entsprechend ihre Elektronenschalen soweit

[1] Zu diesem Abschnitt siehe das Buch von A. E. VAN ARKEL und J. H. DE BOER: Chemische Bindung als elektrostatische Erscheinung, Leipzig: S. Hirzel 1931.

ab, daß sie genau so viele Elektronen enthalten, wie das vor ihnen stehende Edelgas. Der Abbau auf die He-Konfiguration (Li^+, Be^{++}, H^-) führt zu einer Struktur der äußeren Elektronenhülle, die durch das Symbol s^2 charakterisiert ist (S. 21). Die edelgasähnlichen Ionen in den höheren Perioden des periodischen Systems haben die Zusammensetzung p^6. Abgeschlossene s- und p-Schalen sind also für die Ionenbildung wichtig. Auch die abgeschlossene d-Schale, d^{10}, kann zur Ionenbildung führen, wie die Beispiele Cu^+, Zn^{++}, Ga^{+++} lehren. Aus dem Gesagten folgt, daß die meisten chemisch wichtigen Ionen als Grundzustand einen $^1S_0$-Term haben, obgleich dies natürlich nicht allgemeingültig sein kann, sonst gäbe es nicht Cu^{++}, Fe^{+++} usw., bei denen man von abgeschlossenen Schalen nicht sprechen kann. Andererseits sind von vielen Elementen der dritten Kolonne des periodischen Systems keine einwertigen Ionen-Verbindungen bekannt, obgleich zur Bildung eines Ions im ^1S-Zustand nur ein Elektron abzubauen wäre (Sc, Y, La).

Die elektrostatische Anziehung der entgegengesetzt geladenen Ionen vereinigt sie zum Molekül, oder, da es sich hier meist um bei gewöhnlichen Temperaturen feste Stoffe handelt, bewirkt die Bildung eines Ionengitters. Die entstandenen Verbindungen sind Salze oder salzartige Stoffe.

Danach liegt die physikalische Bedeutung der chemischen Wertigkeit bei Ionenverbindungen darin, daß sie angibt, wie viele Elektronen von einem neutralen Atom bei Eingehung einer Verbindung abgegeben (positive Wertigkeit) oder aufgenommen (negative Wertigkeit) werden. Die Valenz ist also gleich der wirksamen Ionenladung. Ihre Absättigung erfolgt so, daß die Summe der „wirksamen" Valenzen der Atome in der Verbindung Null ist; die Absättigung ist also eine solche der Ladungen. Daher muß ein einwertiges positives Ion nicht immer genau ein negatives binden, sondern steht häufig mit mehreren Nachbarionen in gleicher Wechselwirkung. So hat im Kochsalzkristall jedes Na^+-Ion sechs gleichwertige Nachbarn Cl^-. Auch in Komplexmolekülen ist ein zentrales Ion oft von mehr Nachbarionen umgeben als seiner Ladung entspricht. Die Zahl der Nachbarn, die noch von den Ionenradien und der Größe der Ladung der Partner abhängt, heißt nach WERNER Koordinationszahl. Eine Beziehung dieser für den Chemiker wichtigen Zahl zum Platz der betreffenden Elemente im periodischen System ist sicher vorhanden, konnte aber bisher nicht einfach dargestellt werden.

Die Zahl der aufgenommenen oder abgegebenen Valenzelektronen ist häufig identisch mit der Zahl der Elektronen mit der höchsten Hauptquantenzahl n. Sie besitzen die geringste Ablösearbeit. Manchmal kommen auch Elektronen mit der Hauptquantenzahl $n - 1$ als Valenzelektronen in Frage. Immer ist das Zustandekommen einer Verbindung durch die energetischen Verhältnisse bedingt, indem sich die Bindung mit der größten positiven Wärmetönung bildet (GRIMM und HERZFELD).

§ 2. Klassisch-theoretische Vorstellungen über die Kräfte zwischen Ionen[1].

a) Die Kräfte zwischen kompressiblen nichtpolarisierbaren Ionen.

α) **Die BORNsche Gittertheorie.** Wir nehmen an, daß die Ionenverbindungen so zustande kommen, daß die beteiligten Atome zuerst ionisiert werden, indem die neutralen Atome ein oder mehrere Elektronen austauschen und daß dann diese Ionen sich wegen ihrer entgegengesetzten Ladungen nach dem COULOMBschen Gesetze anziehen und aneinander lagern, so daß neutrale Moleküle (oder Kristalle) entstehen. Die für die Bildung positiver Ionen maßgeblichen Ionisierungsspannungen sind aus optischen und Elektronenstoßmessungen mit mehr oder weniger hoher Genauigkeit bestimmbar. Über die entsprechende Größe bei der Bildung negativer Ionen, die Elektronenaffinität, soll später gesprochen werden. Jetzt interessieren wir uns für den Vorgang der Ionenvereinigung, der auf bekannte physikalische Kräfte zurückgeführt werden kann. Nimmt man in erster Näherung an, daß sich die Ionen wie vollkommen harte Kugeln verhalten (KOSSEL, LEWIS), so wirkt zwischen ihnen die einfache COULOMBsche Anziehungskraft $K = \frac{z_1 z_2 e^2}{r^2}$, wo z_1 und z_2 die Wertigkeiten der beiden Ionen und r den Abstand ihrer Mittelpunkte bedeuten. Für kompressible Ionen nimmt man eine Abstoßungskraft hinzu, die bei großen Entfernungen verschwindend klein ist, aber bei Annäherung schnell ansteigt. Die Entfernung, in der sich die anziehende und abstoßende Kraft gegenseitig kompensieren, gibt die Gleichgewichtslage der beiden Ionen an. Bei größerer Entfernung überwiegt die Anziehung,

[1] Siehe hierzu auch BORN, M. u. M. GÖPPERT-MAYER: Handbuch der Physik, Bd. XXIV/2, 2. Aufl. 1933.

bei geringerer die Abstoßung der Ionen, so daß im letzten Falle bei ihrer Annäherung Arbeit geleistet werden muß. Da die festen Körper wenig kompressibel sind, ist man zu dem Schluß berechtigt, daß diese Arbeit mit stärkerer Annäherung der Ionen rasch zunimmt. Für die potentielle Energie der Ionen aufeinander macht man nach diesen Überlegungen den Ansatz (BORN und LANDÉ)[1]

$$P = -\frac{e^2}{r} + \frac{B}{r^n} \qquad (n \gg 1) \tag{59}$$

dessen graphische Darstellung Abb. 78 wiedergibt. Die gestrichelte Hyperbel I stellt die reine Anziehung dar, die gestrichelte Kurve II veranschaulicht die Abstoßung und die ausgezogene Kurve stellt die algebraische Addition von I und II dar. Wie bei den Atommolekülen gibt r_0 die Gleichgewichtsentfernung der Mittelpunkte beider Ionen an und die Ordinate P_0 stellt die Bildungswärme der Ionenmoleküle aus den getrennten Ionen dar. Der Wert des Exponenten n muß in dieser Theorie empirisch ermittelt werden. Für Gasmoleküle kann man ihn aus den entsprechenden Potentialkurven entnehmen, falls solche vorliegen, d. h. dann müssen die Kernabstände (r-Werte), Kernschwingungen und Dissoziationsarbeiten bekannt sein. Die Kenntnis der Spektren der Ionenmoleküle ist nur leider im allgemeinen dürftiger als die der Atommoleküle.

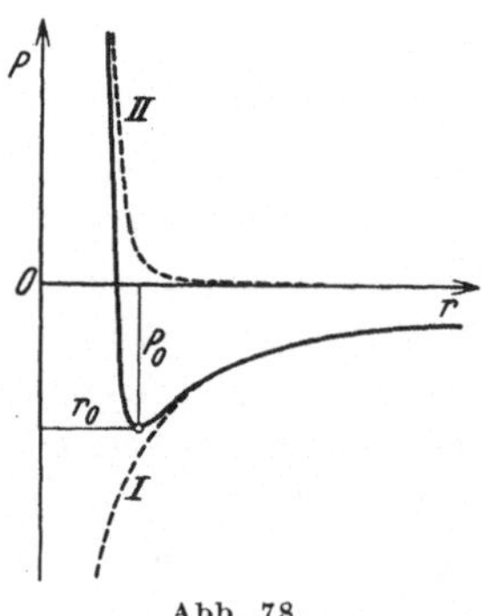

Abb. 78.

Es seien hier noch einige Bemerkungen über feste Körper hinzugefügt, weil die skizzierte Theorie gerade auf diesem Gebiet besondere Anwendung und Ausgestaltung erfahren hat (BORN und Mitarbeiter, FAJANS, GRIMM und HERZFELD). Mit Hilfe empirischer Daten für die Kompressibilität der Alkalihalogenide ergab sich für den Abstoßungsexponenten in Ionengittern $n \sim 9$*. Es gelang weiter, auch die Arbeit U zu berechnen, die frei wird,

[1] BORN, M. u. A. LANDÉ: Berl. Ber. 1918 S. 1048. — Verh. dtsch. physik. Ges. Bd. 20 (1918) S. 210. — BORN, M.: Verh. dtsch. physik. Ges. Bd. 21 (1919) S. 13.

* Bei regulär kristallisierenden Ionengittern kann man n auch aus elastisch-thermischen Daten nach der DEBYEschen elastischen Schwingungstheorie der spezifischen Wärme berechnen.

Auf einem noch andern Wege gelangte LENNARD-JONES (Arbeiten in den Proc. Roy. Soc., Lond. A von 1924—1926) zu einer Bestimmung von n. Er schloß aus der Abstoßung von Edelgasatomen, wie man sie etwa aus der

wenn je ein Gramm-Atom gasförmige Ionen, z. B. Na^+- und Cl^- aus dem Unendlichen zum festen Salz zusammentreten. Diese Arbeit wird Gitterenergie der Salze genannt. Die BORNsche Formel zur Berechnung der Gitterenergie der Alkalihalogenide lautet

$$U = \frac{N e^2 a}{8 r}\left(1 - \frac{1}{n}\right). \tag{60}$$

Hierin ist a die sog. MADELUNGsche Konstante. Sie ist vom Gittertypus abhängig, berücksichtigt also die geometrische Anordnung der Ionen im Kristall. n ist gleich 9, wenn man die Li-Salze unberücksichtigt läßt. Die Gitterenergie U ist also umgekehrt proportional dem Kernabstand r der Ionen. Aus der Formel geht hervor, daß die Abstoßungskraft die durch die Anziehung freiwerdende Arbeit um $1/n$, also rund 10% verringert.

Mit eingesetzten Zahlenwerten vereinfacht sich die Formel bedeutend. Sie wird mit $N = 6{,}06 \cdot 10^{23}$, $a = 13{,}94$, $e = 4{,}77 \cdot 10^{-10}$ el. st. E., $n = 9$ und $r = 0{,}938 \sqrt[3]{V} \cdot 10^{-8}$ cm (aus dem NaCl-Gitter mit $V = 2 N r^3$, wo $V = \frac{\text{Mol.-Gew. } M}{\text{Dichte } d}$ ist) und Umrechnung in kcal, $U = 545 \sqrt[3]{\frac{d}{M}}$ kcal, woraus sich für NaCl eine Gitterenergie von 181 kcal errechnet.

β) Die Gittertheorie von BORN und MAYER. Die skizzierte BORNsche Gittertheorie schien experimentell ganz gut fundiert, erst später zeigten sich gewisse Unstimmigkeiten. BORN hatte zur Prüfung seiner Theorie einen Kreisprozeß ersonnen, aus dem mit Hilfe der theoretisch errechneten Gitterenergien gewisse physikalisch und thermochemisch wichtige Größen wie die Elektronenaffinitäten der Halogene berechnet werden können. Auf diesen Kreisprozeß wird später noch eingegangen werden. Bis vor kurzem lagen jedoch keine zuverlässigen experimentellen Werte zum Vergleich vor, doch konnte man in einigen Fällen die Differenzen von Gitterenergien zu einer befriedigenden Prüfung benutzen. Eine experimentelle Absolutbestimmung der Gitterenergie (die die erste experimentelle Elektronenaffinitätsbestimmung enthält) wurde dann von MAYER[1] durchgeführt (S. 358) und zeigte Übereinstimmung bis auf 6 %[2]. Ferner hat FAJANS[3] die Theorie an Folgerungen über die Lösungswärmen der Salze geprüft. Er bestimmte die Summe der Lösungswärmen der beiden Ionen, indem er die Gitterenergie, die thermische Energie von 0 bis 291° abs. und die Lösungswärme des Salzes addierte. Benutzt man Salze mit gleichem Anion und verschiedenen Kationen, so erhält man durch Subtraktion die Differenz der Lösungswärmen der beiden Kationen, die unabhängig von der Natur des Anions sein sollte. FAJANS fand jedoch Abweichungen, die auf Fehler in der theoretischen Gitterenergie (in Li- und Rb-Salzen bis zu 10%) schließen ließen.

inneren Reibung entnehmen kann, auf diejenige edelgasartiger Ionen und kam je nach der Ionenart zu einem Abstoßungsexponenten zwischen 9 und 11.

[1] MAYER, J. E.: Z. Physik Bd. 61 (1930) S. 798. — HELMHOLZ, L. u. J. E. MAYER: J. Chem. Physics Bd. 2 (1934) S. 245.

[2] MAYER, J. E. u. L. HELMHOLZ: Z. Physik Bd. 75 (1932) S. 19.

[3] FAJANS, K.: Verh. dtsch. physik. Ges. Bd. 21 (1919) S. 539, 549, 709. — FAJANS, K. u. E. SCHWARTZ: Z. physik. Chem., BODENSTEIN-Festband 1931, S. 717.

Ferner kann die Theorie nicht von der Beobachtungstatsache Rechenschaft ablegen, daß manche Alkalihalogenide im Steinsalztyp und andere im Cäsiumchloridtyp kristallisieren. Nach ihr sollte stets der NaCl-Typus stabiler sein. Über den Zusammenhang der relativen Stabilität (Morphotropie) mit den Größenverhältnissen der Bausteine hat GOLDSCHMIDT[1] experimentelle Untersuchungen angestellt. Zur Deutung der Ergebnisse betrachtete er die Packung der Ionen (oder Atome) in Kristallen als Kugelpackung[2], indem er die Anionen und Kationen so nahe benachbart annahm, daß sich die entsprechenden Kugeln berühren. Die Vorstellung ist vor allen Dingen für Ionenkristalle geeignet, die wenig kompressible kugelförmige (d. h. abgeschlossene Schalen enthaltende) Ionen besitzen, zwischen denen nur eine sehr geringe Wechselwirkung besteht (Fehlen von Polarisierbarkeit). Das trifft aber für Kristalle von der betrachteten Art der Alkalihalogenide zu, denn da in diesen Gittern jedes Ion völlig symmetrisch von entgegengesetzt geladenen Ionen umgeben ist, sollte eine gegenseitige Polarisation der Ionen nicht merklich sein. Trotzdem reichen die geometrischen Verhältnisse der Ionenradien nicht aus, um das Umschlagen vom NaCl- in den CsCl-Typ zu erklären. GOLDSCHMIDT weist darauf hin, daß hier die Polarisierbarkeit der Partner die entscheidende Rolle spielen muß.

Um diese Befunde auch gittertheoretisch zu erfassen, haben BORN und MAYER[3] den alten Ansatz für die potentielle Energie der Ionen aufeinander unter Benutzung inzwischen gewonnener Erkenntnisse der Quantenmechanik (s. S. 351) abgeändert. Der Potenzansatz für die Abstoßungskraft wurde durch ein Exponentialgesetz ersetzt, das ebenfalls zwei Konstanten enthält. Statt $\frac{B}{r^n}$ steht also jetzt $B e^{-\frac{r}{\varrho}}$. Die e-Funktion berücksichtigt besser das sehr rasche Abklingen der Abstoßungskraft mit der Entfernung und die Tatsache von starren definierten Ionenradien[4]. Der Gleichgewichtsabstand ist $r = r_1 + r_2$. ϱ ist eine universelle Konstante, die sich für 17 untersuchte Alkalihalogenide bis auf eine mittlere Schwankung von 6% als konstant erwiesen hat.

Außerdem benutzen BORN und MAYER als Anziehungskraft nicht allein die COULOMBsche Anziehung, sondern berücksichtigen noch die VAN DER WAALSsche Attraktion. Diese spielt zwar nur bei Molekülgittern die Hauptrolle, während sie bei Ionengittern einen kleinen Beitrag neben der COULOMB-Kraft liefert. Es hat sich aber gezeigt, daß trotz der kleinen Absolutbeträge ihre Differenzen beim Umschlagen von einem Gittertyp in den andern gar

[1] GOLDSCHMIDT, V. M.: Skrifter Norske Vid. Akad. Oslo 1926 Nr. 2; 1927 Nr. 8. — Fortschr. d. Mineral., Krystallogr., Petrogr. Bd. 15 (1931) S. 73.

[2] A. MAGNUS [Z. anorg. Chem. Bd. 124 (1922) S. 288] hatte schon vorher das Modell der starren sich berührenden Kugeln zur Erklärung der Koordinationszahlen in anorganischen Komplexmolekülen benutzt. A. LANDÉ [Z. Physik Bd. 1 (1920) S. 191; Bd. 2 (1920) S. 87] hat diese Vorstellung für die Kristalle verwandt.

[3] BORN, M. u. J. E. MAYER: Z. Physik Bd. 75 (1932) S. 1.

[4] Die Gitterkonstante ist nur durch die Radiensumme der Ionen bestimmt, wenn diese sich wirklich berühren. Ist eines der Ionen zu klein, so ist allein der Radius des größeren Ions maßgebend.

nicht klein, sondern sogar größer als diejenigen des COULOMB-Potentials sind. Wir hatten schon erwähnt (S. 141) und werden noch näher darauf eingehen (S. 363), daß nach quantenmechanischen Überlegungen von LONDON und EISENSCHITZ die VAN DER WAALSsche Anziehungskraft umgekehrt proportional r^6 ist. Diese Anziehungskraft hängt mit Ioneneigenschaften zusammen, die der Polarisierbarkeit parallelgehen, wodurch sich der erwähnte GOLDSCHMIDTsche Befund erklärt. Das quantenmechanische Ergebnis wurde von BORN und MAYER übernommen und das entsprechende Glied mit $\frac{C}{r^6}$ in den Potentialansatz eingeführt.

Schließlich wurde noch die Summe der Nullpunktsenergien aller Eigenschwingungen berücksichtigt und als kleines Korrektionsglied ε zur Gitterenergie addiert. Der vollständige Ansatz für die gesamte Gitterenergie pro Molekül eines einwertigen Ionenkristalls ist demnach

$$U = -\frac{a e^2}{r} - \frac{C}{r^6} + B(r) + \varepsilon, \tag{61}$$

wo $B(r)$ das mittlere Abstoßungspotential (Exponentialfunktion) pro Ion bedeutet[1].

Von den Ergebnissen seien die quantitative Deutung der Morphotropie und die Neuberechnung der Absolutwerte der Gitterenergien hervorgehoben.

Für eine Reihe von Salzen wurde die Änderung der Gitterenergie für den Übergang vom NaCl- in den CsCl-Typus berechnet. Ist die Änderung negativ, so bedeutet sie kleinere Energie für den CsCl-Typus, d. h. dieser ist die stabilere Form. In allen Fällen ist die Energieänderung, die vom Abstoßungsanteil herrührt, am größten in Übereinstimmung mit der alten Theorie. Es zeigt sich aber weiter, daß das VAN DER WAALSsche Potential stark veränderlich ist mit dem Typ und daß diese Veränderung, wie schon erwähnt, diejenige der COULOMBschen Anziehung überwiegt. Die Addition der einzelnen Energieanteile ergibt, daß gerade für die im CsCl-Typ kristallisierenden Salze CsCl, CsBr und CsJ die Energieänderung negativ wird.

Die Absolutwerte der Gitterenergien sind von MAYER und HELMHOLZ[2] neu berechnet worden. Auf Grund verschiedener Prüfungen erwiesen sie sich innerhalb von 3 kcal (d. h. 2%) richtig. Die Autoren ziehen noch eine Reihe weiterer thermochemischer Folgerungen, für die aber auf die Originalarbeit verwiesen werden muß.

Die Berechnung der Gitterenergien für die Tl- und Ag-Halogenide ergab[3], daß diese Salze bis auf AgJ ebenfalls reine Ionen-

[1] Eine rein empirische Formel, aus der die Gitterenergie mit Hilfe der Ionenradien berechnet werden kann, ist von A. KAPUSTINSKY [Z. physik. Chem. B Bd. 22 (1933) S. 257] gegeben worden. Sie lautet $U = -256{,}1 \frac{\Sigma n\, \eta_1 \eta_2}{r_K + r_A}$, wo r_K und r_A die Radien des Kations und Anions sind, Σn die Ionenanzahl und η_1 und η_2 die Valenzzahlen der Ionen. Die hiernach berechneten Gitterenergien stimmen mit den von MAYER und HELMHOLZ berechneten innerhalb von $3^1/_2$% überein. In den übrigen Fällen entspricht die Rechengenauigkeit im allgemeinen derjenigen der alten BORNschen Formel.

[2] MAYER, J. E. und L. HELMHOLZ, l. c.

[3] MAYER, J. E.: J. Chem. Physics Bd. 1 (1933) S. 327.

gitter darstellen. Bei AgJ muß ein etwa 10%iger Anteil der Bindung homöopolaren Charakters sein. So sollte es als reine Ionenverbindung im Kochsalztyp kristallisieren, während der Zinkblendetyp gefunden wird. AgBr hat vermutlich auch einen, aber außerordentlich geringen homöopolaren Anteil. Ebenso sind die Cu-Halogenide, insbesondere das Jodid, nicht völlig reine Ionenverbindungen[1].

b) Die Kräfte zwischen polarisierbaren Ionen und die Bildungswärme von Ionenmolekülen.

α) **Die Theorie von Born und Heisenberg (an freien Alkalihalogenidmolekülen entwickelt).** Bisher hatten wir mit starren Elektronenhüllen der Ionen gerechnet und von ihrer Polarisierbarkeit kaum Gebrauch gemacht. Wir müssen diese Vernachlässigung fallen lassen, sowie es sich um die Berechnung der Bildungswärme von Alkalihalogenid-*Dampfmolekülen* handelt. Wenn hier das Na^+-Ion sich dem Cl^--Ion nähert, werden die einzelnen Elektronen im Cl^- angezogen und sein Kern abgestoßen, so daß als Ergebnis eine Verzerrung oder Deformation der Elektronenhüllen zu erwarten ist. Die dem Na-Ion zugewandte Seite des Cl-Ions wird negativ, die entgegengesetzte positiv aufgeladen, das Cl-Ion wird polarisiert. Es ist zu einem Dipol geworden, der vom Na-Ion angezogen wird. Ganz entsprechend verhält sich das Na-Ion unter der Wirkung des Cl-Ions. Man kann bei der Rechnung diese einseitige Polarisation der Ionen, die sich zu den Überschußladungen der starren Ionen addiert, berücksichtigen. Born und Heisenberg[2] haben das getan und so die Energie berechnet, die bei der Vereinigung gasförmiger Ionen zu Molekülen frei wird. Da durch die Polarisation die ursprüngliche Anziehung verstärkt wird, wird bei der Molekülbildung mehr Energie frei, als wenn das Molekül aus starren Ionen aufgebaut wäre. Als Maß der Polarisierbarkeit α eines Atoms oder Ions versteht man den Betrag des elektrischen Momentes $e \cdot l$, den es im Felde $\mathfrak{E} = 1$ annimmt, d. h. $\alpha = \frac{e \cdot l}{\mathfrak{E}}$. Born und Heisenberg haben die Werte von α aus den Rydberg- und Ritz-Korrektionen der Serienspektren alkaliähnlicher Atome und Ionen abgeleitet. Ist das Leuchtelektron in diesen Stoffen weit vom edelgasartigen Rumpf entfernt, so kann sein elektrisches Feld für

[1] Mayer, J. E. u. R. B. Levy: J. Chem. Physics Bd. 1 (1933) S. 647.
[2] Born, M. u. W. Heisenberg: Z. Physik Bd. 23 (1924) S. 388.

den Rumpf als homogen angesehen werden. Es erzeugt dann im Rumpf ein Dipolmoment, das seinerseits wieder auf das Elektron zurückwirkt. Diese Polarisierbarkeit sehen BORN und HEISENBERG als Grund an für die Abweichung der Serienformel dieser Ionen von der einfachen Wasserstofformel, und sie benutzen die Größe der Abweichung (RYDBERG-RITZ-Korrektionen) zur Bestimmung von α*. α-Werte für die Halogenionen gewannen BORN und HEISENBERG aus Refraktionsdaten, d. h. aus Messungen des Brechungsexponenten. Zwar stehen uns Brechungsexponenten für freie Ionen nicht zur Verfügung (nur für Edelgase sind sie direkt berechenbar), doch sehen wir näherungsweise die Refraktionen der Ionen in den Gittern gleich denen der gasförmigen an, so setzt sich die Refraktion der Alkalihalogenide additiv aus den Ionenrefraktionen zusammen, und wenn wir nun die aus den Spektren gewonnenen α-Werte für die Alkaliionen einsetzen, müssen wir diejenigen der Halogenionen erhalten. In Wirklichkeit sind aber die Refraktionen des freien und des im Gitter gebundenen Ions nicht gleich, außerdem sind sie für das gleiche Ion in den verschiedenen Gittern verschieden. Trotzdem haben BORN und HEISENBERG erst mal überschlagsweise mit konstanten Mittelwerten gerechnet. Sie prüften ihre Theorie daran, daß die von ihnen mit Hilfe der α-Werte berechnete Bildungswärme A der gasförmigen Alkalihalogenidmoleküle gleich sein muß der Gitterenergie des festen Salzes vermindert um die von v. WARTENBERG, ALBRECHT und SCHULZ[1] gemessene Sublimationswärme S ($A = U - S$). Die Gleichung erwies sich als angenähert erfüllt.

Man kann auch für die Alkaliionen α-Werte aus den Molrefraktionen gewinnen. Diesen Weg haben WASASTJERNA[2], FAJANS und JOOS[3] eingeschlagen. Ausgehend von der Überlegung, daß die Refraktion eines undeformierten Ions größer sein wird als die eines deformierten, freie Ionen also den höchsten Refraktionswert besitzen müssen, haben FAJANS und JOOS eben diesen Wert aus experimentellen Refraktionsdaten abgeleitet. Ihr

* Kürzlich sind genauere Rechnungen und viel ausführlichere Resultate gegeben worden von J. E. MAYER und M. GOEPPERT-MAYER: Physic. Rev. Bd. 43 (1933) S. 605.

[1] WARTENBERG, H. v. u. PH. ALBRECHT: Z. Elektrochem. Bd. 27 (1921) S. 162. — WARTENBERG, H. v. u. H. SCHULZ: Z. Elektrochem. Bd. 27 (1921) S. 568.

[2] WASASTJERNA, J. A.: Comm. Fenn. Bd. 1 Nr. 37 (1913) S. 7.

[3] FAJANS, K.: Naturwiss. Bd. 10 (1923) S. 165. — FAJANS, K. u. G. JOOS: Z. Physik Bd. 23 (1924) S. 1.

Gedankengang möge nur sehr kurz angedeutet werden[1]. Sie benutzen die direkt bestimmbaren Refraktionen von Edelgasen und die Summe der Ionenrefraktionen (günstigstenfalls zweier Ionen) aus wässerigen Lösungen, da die Refraktionen in unendlich verdünnten Lösungen sich als streng additiv erwiesen haben. Ferner benutzen sie Ungleichungen der Art $\ldots > \frac{R_{\text{Ion}^{--}}}{R_{\text{Ion}^{-}}} > \frac{R_{\text{Ion}^{-}}}{R_{\text{Edelgas}}} > \frac{R_{\text{Edelgas}}}{R_{\text{Ion}^{+}}} > \ldots$, da für Ionen mit der gleichen Edelgaskonfiguration die Kernladungserhöhung um 1 sich stärker bemerkbar machen wird beim Ändern der Ladung von $Z - 1$ auf Z als von Z auf $Z + 1$. Sie arbeiten so ein Näherungsverfahren aus, mit dessen Hilfe sie den Refraktionswert für das freie gasförmige Na^+ einengen können. Damit können sie weiter die Refraktionen für die übrigen Alkaliionen mit Hilfe experimenteller Daten berechnen. Die von ihnen gewonnenen α-Werte stimmen erstaunlich gut mit den von BORN und HEISENBERG ermittelten überein.

Man kann nun weiterhin aus dem BORN-HEISENBERGschen Modell eines Alkalihalogenidmoleküls seine Grundschwingungsquanten berechnen. Diese sind später von SOMMERMEYER[2] experimentell aus den entsprechenden Spektren (s. S. 123) entnommen und mit den BORN-HEISENBERGschen Werten in guter Übereinstimmung gefunden worden, worauf schon früher hingewiesen wurde. Die Übereinstimmung läßt nach, sowie man sich stärker von der Gleichgewichtslage des Moleküls entfernt. SOMMERMEYER schlägt als Korrektion vor, den Abstoßungsexponenten n und die Polarisierbarkeit α abhängig vom Kernabstand r anzunehmen. n müßte nach SOMMERMEYER mit r wachsen und α sollte in der Gleichgewichtslage einen kleinen Wert besitzen, um dann rasch mit r bis auf einen Grenzwert anzusteigen. Das entspricht der schon vorher erwähnten Tatsache, daß die Polarisierbarkeit des freien Ions am größten ist.

Während die Alkalihalogenide im festen wie im dampfförmigen Zustand Ionenbindungen eingehen, gilt das für die vorher erwähnten Tl-, Cu- und Ag-Halogenide nicht. Sie stellen nach den auf S. 299f. genannten spektroskopischen Kriterien im Dampfzustand Atommoleküle dar, und zwar je nach der Größe ihres elektrischen Moments mehr oder weniger stark polare. Beim Übergang vom Kristall zum Dampfe muß also ein Elektronensprung stattfinden, der sich z. B. in einem Farbigwerden der Schmelze mit wachsender Temperatur äußern könnte.

---

[1] Für eine Begründung sei außer auf die Originalarbeiten noch auf die Darstellung in dem Buche von VAN ARKEL und DE BOER (Chemische Bindung als elektrostatische Erscheinung) verwiesen.

[2] SOMMERMEYER, K.: Z. Physik Bd. 56 (1929) S. 548.

β) **Einige weitere elektrostatische Molekülmodelle.** Es ist möglich, auch kompliziertere Moleküle elektrostatisch aufzufassen, d. h. Bindungsenergien und Molekülkonstanten zu berechnen unter der Annahme einer Polarisierbarkeit der einzelnen Ionen. Von diesem Standpunkt ist z. B. das H_2O von HUND[1] behandelt worden. Er hat gezeigt, daß als stabile Gleichgewichtskonfiguration das gleichschenkelige Dreieck anzusehen ist. (In den vorhergehenden Abschnitten hatten wir aus andern Gründen die gleiche Struktur gefolgert.) Die Molekülenergie E setzt sich aus folgenden Bestandteilen zusammen: der COULOMB-Anziehung $+ 2 \cdot \frac{2e^2}{r}$ der beiden H^+-Ionen durch das O^{--}-Ion, der COULOMB-Abstoßung $-\frac{e^2}{s}$ der beiden H^+-Ionen voneinander, der BORNschen Abstoßung $-\frac{2B}{r^5}$ zwischen den beiden H^+-Ionen und dem O^{--}-Ion, der Anziehung $+2\frac{e\,p_\alpha}{r^2}\cos\frac{\vartheta}{2}$ zwischen den beiden H^+-Ionen und dem im O^{--} erzeugten Dipol (ϑ = Winkel zwischen O^{--} und den H^+-Ionen), der Energie $-\frac{p_\alpha^2}{2\alpha}$, die zur Erzeugung des Dipols aufzuwenden ist $\left(\alpha = \text{Polarisierbarkeit}, p_\alpha = \frac{2\alpha e}{r^2}\cos\frac{\vartheta}{2}\right)$. Hierzu treten die Gleichgewichtsbedingungen, daß nämlich das Modell in bezug auf kleine Veränderungen im Dipolmoment und in den Abständen O—H und H–H im Gleichgewicht sein muß. Die Rechnung ergibt für die Energie folgenden Ausdruck: $E = +e^2\left(\frac{3{,}20}{r} - \frac{0{,}90}{s} + \frac{0{,}40\,r^2}{s^3}\right)$. Setzen wir die aus der Analyse der Ultrarotspektren bekannten Werte für den O—H-Abstand $r = 0{,}965 \cdot 10^{-8}$ und den H—H-Abstand $s = 1{,}526 \cdot 10^{-8}$ ein, so erhalten wir $E = 6{,}4 \cdot 10^{-11}$ erg und pro Grammolekül $E \cdot N_L = 40{,}5$ e-Volt. Mit Hilfe eines Kreisprozesses der im nächsten Paragraphen zu besprechenden Art ergibt sich aus experimentellen Daten für die Molekülenergie des Wassers pro Grammolekül 43 e-Volt in recht guter Übereinstimmung mit dem theoretischen Wert. Eine weitere Prüfung des Modells ist die Berechnung seines Dipolmomentes μ. Zu diesem Zwecke muß

[1] HUND, F.: Z. Physik Bd. 31 (1925) S. 81; Bd. 32 (1925) S. 1; s. auch das öfters zitierte Buch von VAN ARKEL und DE BOER, S. 106, deren Darstellung wir hier folgen.

man von dem durch die Ladungen der Ionen gegebenen Dipolwert den im Sauerstoffion induzierten Dipol abziehen (der entgegengesetzte Richtung hat). Man erhält für das Dipolmoment $\mu = 4{,}2 \cdot 10^{-18}$ el. st. E., während der experimentelle Wert $1{,}85 \cdot 10^{-18}$ ist. Hier ist die Übereinstimmung also nicht gut. Bis vor kurzem war es noch zweifelhaft, ob das Wassermolekül nicht durch ein erheblich spitzwinkligeres Modell beschrieben werden könne. Dieses würde nämlich eine weit bessere Übereinstimmung in den Dipolmomenten ergeben, in den Molekülenergien allerdings eine schlechtere. Heute aber liegt die Struktur des H_2O fest. Außerdem ist es nach dem früher Gesagten sehr wahrscheinlich, daß seine Bindung (Grundzustand) als Atombindung aufzufassen ist. Das Beispiel ist hier nur gebracht worden, um zu zeigen, daß eine Erklärung seiner Struktur auch vom Standpunkt der Ionenbindung aus möglich ist.

In entsprechender Weise ist ein Pyramidenmodell für das NH_3 diskutierbar, indem man das Molekül aus drei H^+-Ionen in den Ecken eines gleichseitigen Dreiecks und dem N^{---}-Ion auf der im Schwerpunkt des Dreiecks errichteten Senkrechten aufgebaut annimmt. Für das Methan ist ein Tetraedermodell zu verwenden. Hier ist aber die Auffassung einer Ionenbindung schon recht bedenklich. VAN ARKEL und DE BOER[1] machen darauf aufmerksam, daß bei einer solchen Annahme das H-Atom am besten als Halogen, d. h. negativ aufzufassen sei. Bei einem stets positiven Wasserstoff müßte sonst der Kohlenstoff in den Verbindungen CCl_4, CCl_3H, CCl_2H_2, $CClH_3$, CH_4 die Ladungswerte + 4, + 2, 0, — 2, — 4, annehmen, was für die Erklärung der Ähnlichkeit von Eigenschaften in dieser Reihe Schwierigkeiten bereiten würde. VAN ARKEL und DE BOER haben mit negativen H-Ionen und positivem C-Ion die Molekülenergie für ein reguläres Tetraeder berechnet und keine sehr gute Übereinstimmung mit dem experimentell abgeleiteten Werte gefunden. Sie erwähnen selbst, daß die Polarisationseffekte hier groß sein werden, so daß eine scharfe Abgrenzung von Zentralion und Wasserstoff nicht mehr vorhanden sein wird. Das bedeutet aber den Übergang zur Atombindung, mit deren Hilfe man das CH_4 in der Tat viel befriedigender darstellen kann (S. 331).

---

[1] ARKEL, A. E. VAN u. J. H. DE BOER: Z. Physik. Bd. 41 (1927) S. 27, 38; Chemische Bindung als elektrostatische Erscheinung S. 116.

§ 3. Die Kräfte zwischen Ionen nach der Quantenmechanik und die Ionenradien.

a) Quantenmechanische Betrachtungen.

Die zur Deutung der Ionenbindung behandelte Modellvorstellung von vorwiegend elektrostatisch aufeinander wirkenden geladenen Atomen findet auch in der Quantenmechanik Platz. Die Trennung des Potentials in einen anziehenden und abstoßenden Teil fällt zwar weg, doch konnte UNSÖLD[1] zeigen, daß Abstoßungskräfte durch die räumliche Ausdehnung der Ladungswolken hervorgerufen werden. Die Ionen mit einem S-Grundzustand (edelgasähnliche Ionen) besitzen eine kugelsymmetrische Ladungsverteilung. In großer Entfernung ziehen sich die Ionen nach dem einfachen COULOMBschen Gesetze an. Wir nehmen sie von verschiedener Größe, nämlich die Kationen klein und die Anionen groß an. Bei Annäherung der Ionen dringen nicht nur ihre Elektronenwolken ineinander ein, was eine elektrostatische Anziehung gäbe, sondern es kommt auch der Kern des Kations in den Bereich der Elektronenwolke des Anions. Dadurch wirkt derjenige Teil der Ladungswolke nicht mehr anziehend, der außerhalb des gegenseitigen Kernabstandes liegt. Das bedeutet eine Verminderung der Anziehungskraft. Die Wirkung ist also die einer Abstoßung, die sich zu der Abstoßung der beiden Kerne addiert. Man kann daher sagen, daß in kleiner Entfernung sich Abstoßungskräfte bemerkbar machen, die der elektrostatischen Anziehung das Gleichgewicht halten, wie es in der Gittertheorie verlangt wird. Dieses kugelsymmetrische Abstoßungspotential wird durch ein Polynom dargestellt, das mit einem Faktor multipliziert wird, der wie e^{-r} für größere Entfernungen verschwindet[2]. UNSÖLD hat eine Störungsmethode gewählt, als deren Ausgangspunkt er ein H-Atom und ein in einem gewissen Abstande von dessen Kern festgehaltenes Proton wählte. Er findet, daß die Störungsenergie erster Ordnung den BORN-LANDÉschen Abstoßungskräften entspricht, und daß diejenige zweiter Ordnung von der Deformierbarkeit des H-Atoms durch den zweiten Kern herrührt.

UNSÖLD hat statt des H-Atoms auch Anionen mit abgeschlossenen K- und L-Schalen betrachtet, während er das punktförmige

[1] UNSÖLD, A.: Ann. Physik Bd. 82 (1927) S. 355. — Z. Physik Bd. 43 (1927) S. 563.

[2] Eben dieser Befund veranlaßte BORN und MAYER, das alte Potenzgesetz der Abstoßung durch ein Exponentialgesetz zu ersetzen.

Kation zunächst beibehielt. Ist dieses nicht mehr klein gegen das Anion, dann treten noch Resonanzglieder hinzu, die wie bei der besprochenen homöopolaren Bindung von der gegenseitigen Vertauschbarkeit der Elektronen stammen. Die Glieder sind verschwindend klein, falls das Kation klein gegen das Anion ist.

Brück[1] hat die skizzierte Theorie weiter ausgebaut, indem er auch Anionen mit abgeschlossenen M- und N-Schalen in den Bereich der Betrachtung zog. Die Kationen nimmt er wieder als klein gegen die Anionen an. Er berechnet schließlich für die unter seine Voraussetzungen fallenden Alkalihalogenide Kompressibilitäten und Gitterenergien. Letztere liegen durchweg etwas höher als die neuen Werte von Born und Mayer. Ferner hat Brück die Bildungswärmen der entsprechenden gasförmigen Moleküle berechnet und findet in Übereinstimmung mit Born und Heisenberg, daß die Polarisierbarkeit der Ionen noch berücksichtigt werden müsse.

Ein weiterer Ausbau der Theorie wird vor allen Dingen in der Richtung zu suchen sein, daß die Kationen und Anionen vergleichbare Größen besitzen.

b) Die Ionenradien.

Einige Eigenschaften der Ionenkristalle hängen nicht nur vom Kernabstand der Ionen (Radiensumme $r_1 + r_2$ der Ionen), sondern auch von ihrem Radienverhältnis $\frac{r_1}{r_2}$ ab, und eben dieses Verhältnis kann Eigentümlichkeiten bei den Alkalihalogeniden verständlich machen, die vorher als durch Deformation hervorgerufen erklärt wurden.

Die zu benutzenden Werte für die Ionenradien r können aus den Kristallgittern unter der Annahme berechnet werden, daß die entgegengesetzt geladenen Ionenkugeln sich im Gitter berühren[2]. Der Ionenabstand r (Kernabstand, Abstand der Ionenmittelpunkte) kann durch Röntgenanalyse bestimmt werden. Radientabellen sind verschiedentlich aufgestellt worden. Die heute

[1] Brück, H.: Z. Physik Bd. 51 (1928) S. 707.

[2] Zuerst hat A. Landé [Z. Physik Bd. 1 (1920) S. 191] rein empirisch auf folgende Weise Ionenradien bestimmt: Wenn z. B. MgS und MnS fast genau die gleichen Gitterdimensionen haben, so nahm er an, daß hier die Anionen-Kugeln einander berühren und die kleinen Kationen in den Zwischenräumen sich befinden. Hieraus folgt sofort die Bestimmung des Anionenradius.

besten Werte sind die von GOLDSCHMIDT[1] empirisch bestimmten und von PAULING[2] halbtheoretisch ermittelten Radien. GOLDSCHMIDT benutzte dabei die von WASASTJERNA aus optischen Daten gewonnenen Werte für die Ionen F^- und O^{--}, verglich ferner die röntgenographisch bestimmten r-Werte in möglichst vielen Kristallen und erhielt so eine schrittweise Festlegung der verschiedenen Ionenradien. PAULING ging halbtheoretisch vor. In der Wellenmechanik ist es ja zunächst unbestimmt, wie man einen Radius der statistischen Ladungsverteilung definieren soll. PAULING verwendet daher außer der quantenmechanischen Ladungsverteilungskurve der edelgasähnlichen Ionen (zum Teil auch nichtedelgasähnlichen) empirische r-Werte aus Kristalldaten und Molrefraktion. Z. B. bildet er etwa für das Li^+ das Verhältnis von empirischem Ionenradius und Ladungsverteilungskurve. Mit dem Quotienten geht er in eine andere derartige theoretische Kurve ein, um für die entsprechenden Ionen ebenfalls Radien zu definieren. Für edelgasähnliche und nichtedelgasähnliche Ionen, die Gitter vom Kochsalztyp bilden und bei denen man eine Berührung der Ionen im Kristall annehmen kann, erhielt er auf diese Weise ein System von Ionenradien. Die folgende Tabelle 17 enthält die von GOLDSCHMIDT empirisch bestimmten und von PAULING errechneten Werte für edelgasähnliche Ionen in Gittern der Koordinationszahl 6. Trotz der guten Übereinstimmung der auf zwei ganz verschiedene Weisen abgeleiteten Radien ist doch eine sehr große Absolutgenauigkeit nicht zu erwarten. Für praktische Zwecke sind die gewonnenen Ionenradien auf alle Fälle von großer Wichtigkeit. Die quantitative Verfeinerung der Vorstellung und Berechnung der Radien edelgasähnlicher Ionen ist von ZACHARIASEN[3] gegeben worden. Er berücksichtigt quantitativ nicht nur den Einfluß, den die Koordinationszahl auf den Abstand ausübt (GOLDSCHMIDT), sondern erstmalig auch den Einfluß der absoluten Ladungsgröße der Partner auf die Ionenabstände. Hiermit wird eine Genauigkeit von rund 1% in der Vorausberechnung der Abstände edelgasähnlicher Ionen in beliebigen Kristallgittern erreicht.

---

[1] GOLDSCHMIDT, V. M.: Skrift. Norske Vid. Akad. Oslo, I. Math.-Nat. Klasse Bd. 2 (1926); Bd. 3 (1927). — Ber. dtsch. chem. Ges. Bd. 60 (1927) S. 1263.

[2] PAULING, L.: J. Amer. Chem. Soc. Bd. 49 (1927) S. 765. — Z. Kristallogr. Bd. 67 (1928) S. 377.

[3] ZACHARIASEN, W. H.: Z. Kristallogr. Bd. 80 (1931) S. 137.

Da für viele Zwecke Ionenradien unbekannter oder noch nicht untersuchter Verbindungen wichtig sind, haben RABINOWITSCH und THILO[1] solche auf folgende Weise abgeschätzt. Sie setzen die Radien gleichwertiger Ionen gleich an, wenn ihre Außenelektronen in der gleichen Schale gebunden sind. So wird für alle einwertigen Ionen mit äußeren Elektronen der Konfiguration $2p^n$ (C^+, N^+, O^+, F^+, Ne^+, Na^+) der von GOLDSCHMIDT für Na^+ gefundene Radius von 0,98 Å angenommen. Sie schließen nämlich, daß

Tabelle 17.
Die Ionenradien ϱ nach GOLDSCHMIDT (G.) und PAULING (P.) in Å.
Die edelgasähnlichen Ionen.

	—IV	—III	—II	—I	+I	+II	+III	+IV	+V	+VI	+VII
				H	Li	Be	B	C	N	O	F
G.				1,27	0,78	0,34		$\leqq 0,2$	$\leqq 0,1$ bis 0,2		
P.				2,08	0,60	0,31	0,20	0,15	0,11	0,09	0,07
	C	N	O	F	Na	Mg	Al	Si	P	S	Cl
G.			1,32	1,33	0,98	0,78	0,57	0,39	0,3 bis 0,4	0,34	
P.	2,60	1,71	1,40	1,36	0,95	0,65	0,50	0,41	0,34	0,29	0,26
	Si	P	S	Cl	K	Ca	Sc	Ti	V	Cr	Mn
G.			1,74	1,81	1,33	1,06	0,83	0,64	$\sim 0,4$	0,3 bis 0,4	
P.	2,71	2,12	1,84	1,91	1,33	0,99	0,81	0,68	0,59	0,52	0,46
	Ge	As	Se	Br	Rb	Sr	Y	Zr	Nb	Mo	
G.			1,91	1,96	1,49	1,27	1,06	0,87	0,69		
P.	2,72	2,22	1,98	1,95	1,48	1,13	0,93	0,80	0,70	0,62	
	Sn	Sb	Te	J	Cs	Ba	La	Ce			
G.			2,11	2,20	1,65	1,43	1,22	1,02			
P.	2,94	2,45	2,21	2,16	1,69	1,35	1,15	1,01			
								Th			
G.								1,10			
P.								1,02			

zwar die Ladungsverteilungskurven in der Reihe dieser Ionen durch die sukzessive Elektronenanlagerung überhöht werden müssen, daß andererseits aber durch die wachsende Kernladung die gesamte Elektronenhülle stärker angezogen und kontrahiert wird. In erster Näherung nehmen sie eine gegenseitige Aufhebung der Effekte an. Tatsächlich sind z. B. die Ionenradien von Mn^{++}, Fe^{++}, Co^{++}, Ni^{++} und Zn^{++}, die man kennt, nahezu gleich. Weniger gut ist die Gleichheit bei den vierwertigen Ionen V^{4+}, Mn^{4+}, Ge^{4+} erfüllt. Für die Ionen mit Außenelektronen in der p- oder d-Schale

[1] RABINOWITSCH, E. u. E. THILO: Z. physik. Chem. Abt. B Bd. 6 (1930) S. 284.

kommen RABINOWITSCH und THILO rasch zu einer Radienabschätzung, da für diese Reihen immer mindestens ein Vertreter mit der Hauptquantenzahl $n=1$ bis 6 bekannt ist. Schlechter ist das Verfahren bei s-Außenelektronen. Hier kennt man nur Li^+, Be^{++}, B^{3+}, C^{4+} (die beiden letzten von PAULING berechnet), Te^{4+}, Tl^+, Pb^{++}. Daher setzen RABINOWITSCH und THILO die auf die angegebene Weise nicht ermittelbaren Ionenradien gleich den Radien solcher gleichwertigen Ionen, deren äußere Elektronen in einer p-Schale mit gleicher Hauptquantenzahl sitzen, z. B. $r_{Mg^+} = r_{K^+}$. Auf diese Weise erhält man untere Grenzwerte für die Radien, denn die Ladungsverteilung ist in s-Zuständen immer am ausgedehntesten.

c) Bemerkungen zur Ionenbindung vom Standpunkt der Theorie der bindenden und lockernden Elektronen.

Es war schon früher erwähnt worden (S. 317), daß im Prinzip das Zuordnungsverfahren die Bildung der Moleküle aus Ionen ebenfalls umfaßt. Nach dieser Theorie, die als das Wesentliche die Art der Elektronenkonfiguration in dem gebildeten Molekül ansieht, kann die bei Zusammenführung zweier Ionen entstandene Bindung ebenfalls durch das Zusammenwirken bindender und lockernder Elektronen erklärt werden. Ja, für sie ist bei dem Zusammenführungsprozeß nicht die Natur der Partner das Interessante (ob Atome oder Ionen), sondern nur die aus ihren Elektronenkonfigurationen gebildete Konfiguration der entstehenden Verbindung. Von diesem Standpunkt aus ist die Grenze zwischen homöopolarer und heteropolarer Bindung durchaus fließend.

Betrachten wir als Beispiel die Bildung von HF*. Ob wir nun von neutralen oder ionisierten Atomen ausgehen, immer resultiert letzten Endes ein Gebilde mit einer Edelgaskonfiguration wie die des Ne:

$$\mathrm{H}\,(1\,s) + \mathrm{F}\;(1\,s^2\,2\,s^2\,2\,p^5) \to \mathrm{HF}\;\;(1\,s\,\sigma^2\;\,2\,s\,\sigma^2\,2\,p\,\sigma^2\;\,2\,p\,\pi^4) + D$$
$$\mathrm{H}^+\quad + \mathrm{F}^-\,(1\,s^2\,2\,s^2\,2\,p^6) \to \mathrm{HF}\;\;(1\,s\,\sigma^2\;\,2\,s\,\sigma^2\,2\,p\,\sigma^2\;\,2\,p\,\pi^4) + D',$$

nur die freiwerdende Bildungsenergie (Dissoziationswärme) ist von verschiedener Größe. Daß HF chemisch weniger träge ist als das „vereinigte Atom" Ne, liegt daran, daß seine positive Ladung in zwei Kerne aufgeteilt ist, und sein Dipolmoment rührt davon her, daß um den F-Kern ein geringer Überschuß an negativer Ladung sich befindet. Er ist aber nicht so groß, daß die Formel $H^+ F^-$ berechtigt scheint. Der H-Kern kommt dem F-Kern sehr nahe,

* Siehe z. B. MULLIKEN, R. S.: Chem. Rev. Bd. 9 (1931) S. 347.

wie wir aus dem Kernabstand von $0{,}864 \cdot 10^{-8}$ cm wissen[1]. Wenn wir daher nicht sagen können, daß das HF-Molekül aus zwei Ionen *besteht*, so könnte es trotzdem aus zwei Ionen *gebildet* worden sein. Sollte sich die letztere Möglichkeit aus dem spektroskopischen Verhalten noch als Tatsache erweisen, so hätten wir das HF nach dem Franckschen Kriterium als Ionenmolekül anzusprechen.

In extremen Fällen, z. B. bei Na^+Cl^-, ist es hingegen berechtigt, das freie zweiatomige Molekül als (selbst näherungsweise) aus zwei Ionen *bestehend* aufzufassen.

§ 4. Der Born-Habersche Kreisprozeß und die Existenzgrenzen von Ionenverbindungen.

Um ein Verständnis für das Auftreten oder Nichtauftreten einer Ionenverbindung zu bekommen, ist es lehrreich, einen Kreisprozeß zu studieren, den Born[2] sich für die Prüfung seiner Gittertheorie überlegt hatte und dessen meist benutzte Schreibweise von Haber[3] stammt. In diesem Kreisprozeß wird die Bildung einer Verbindung auf zwei Wegen vorgenommen: erstens durch direkte Vereinigung der Elemente unter Freiwerden der Bildungswärme Q und zweitens auf einem Umwege, der am Beispiel (Abbildung 79) von einem Mol Kochsalz erläutert werden soll. Das [Na] wird unter Zuführung der Sublimationswärme S_{met} verdampft, ferner wird das halbe Mol Halogen in Atome dissoziiert, wozu wir die Dissoziationsarbeit D benötigen. Die gasförmigen Na-Atome werden jetzt unter Zuführung der Ionisierungsarbeit J ionisiert, während die Halogenatome durch Einfangen von Elektronen zu negativen Ionen werden, dabei wird die Elektronenaffinität E frei. Läßt man nun die gasförmigen Ionen direkt zum Gitter zusammentreten, so wird dabei die Bornsche Gitterenergie U frei. Man kann auch erst die Gasionen zu

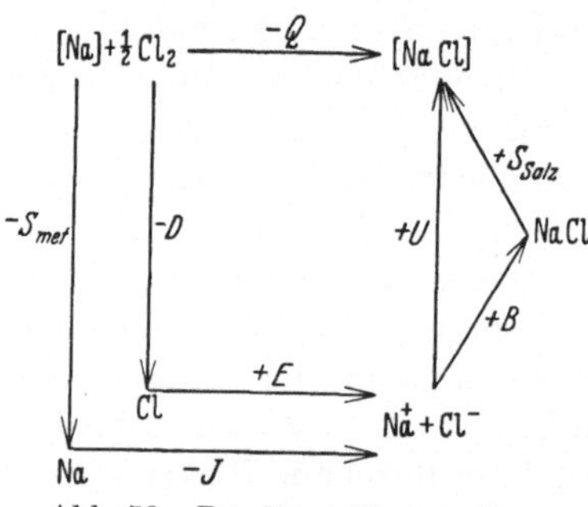

Abb. 79. Der Born-Habersche Kreisprozeß.

[1] Im Sinne der klassisch-elektrostatischen Theorie würden wir von einer sehr starken Deformierbarkeit des F^--Ions infolge des Naherückens vom H^+ sprechen.

[2] Born, M.: Verh. dtsch. physik. Ges. Bd. 21 (1919) S. 13 u. 679.

[3] Haber, F.: Verh. dtsch. physik. Ges. Bd. 21 (1919) S. 750.

Gasmolekülen unter Freiwerden der Bildungswärme B sich vereinigen und dann den Salzdampf unter Gewinn der Sublimationswärme des Salzes S_{Salz} zum Gitter kondensieren lassen. Man kann dann für die Bildungswärme Q zwei Gleichungen aufstellen:

$$Q = -S_{\text{met}} - D - J + E + U$$
$$Q = -S_{\text{met}} - D - J + E + B + S_{\text{Salz}}$$

Da BORN mit Hilfe dieses Prozesses die Gitterenergie U für den Vergleich mit seiner Theorie berechnen wollte, mußte er die Bildungswärmen Q aus chemischen Daten einsetzen, brauchte also die zweite Gleichung gar nicht. Wir aber schließen uns einer Betrachtungsweise von RABINOWITSCH und THILO an und setzen Q als unbekannt voraus, müssen also U und B theoretisch berechnen. Die übrigen Energiebeträge wie die Dissoziationswärmen, Sublimationswärmen, Ionisierungsarbeiten und Elektronenaffinitäten sind der Messung direkt zugänglich. Vergleicht man die Größen der einzelnen Energieanteile miteinander, so überragen J und U oder B alle andern, d. h. das Vorzeichen von Q wird durch das Verhältnis dieser Größen bestimmt. Vergleicht man weiterhin Verbindungen aus verschiedenen Elementen, aber mit gleicher Wertigkeit, so wird ihre Existenz oder Nichtexistenz bereits durch die Größe der Ionisierungsspannung geregelt, da in diesen Fällen die Größen Q und B der einzelnen Verbindungen nicht sehr verschieden voneinander sind.

Ein paar Worte seien noch über die Elektronenaffinitäten eingefügt. Experimentell ist bisher nur die Elektronenaffinität des Jods direkt bestimmt worden. Zwar sind schon verschiedentlich kontinuierliche Absorptionsspektren von Gasen und Dämpfen als Elektronenaffinitätsspektren gedeutet worden, doch hat sich die Deutung jedesmal als Trugschluß erwiesen. OLDENBERG[1] hat kürzlich unter wesentlich günstigeren Versuchsbedingungen erneut nach den Elektronenaffinitätsspektren der Halogene gesucht und nichts gefunden. Der Rekombinationsprozeß positiver Ionen und Elektronen ist offenbar viel wahrscheinlicher als die Bildung negativer Ionen. Die heute bekannten Elektronenaffinitätsspektren sind in Lösungen beobachtet. Man war auf eine Berechnung der Elektronenaffinitäten aus der BORNschen Gittertheorie angewiesen. BORN stellte zu diesem Zwecke die Kreisprozesse für verschiedene

---

[1] OLDENBERG, O.: Physic. Rev. Bd. 43 (1933) S. 534.

Alkalisalze, z. B. des Chlors, auf, benutzte die theoretischen Gitterenergien und erhielt tatsächlich innerhalb der Fehlergrenzen übereinstimmende Werte für E_{Cl}.

Die erwähnte experimentelle Bestimmung stammt von MAYER und HELMHOLZ und MAYER[1]. Es wird das Gleichgewicht der thermischen Dissoziation von dampfförmigem CsJ, KJ, RbBr und NaCl in Ionen gemessen, indem der positive und negative Ionenstrom gemessen wird, der aus einem Loch in der Wand des Hohlraums, in dem sich das erhitzte Salz befand, austrat. Daraus kann die Dissoziationsarbeit in Ionen ermittelt werden. Nimmt man noch die Dissoziationsarbeit in Atome und die Ionisierungsspannung des Alkaliatoms hinzu, so läßt sich die Elektronenaffinität des Halogenatoms berechnen. Die Übereinstimmung mit den aus der neuen Gittertheorie von BORN und MAYER berechneten Werten ist eine sehr gute. Die aus der Gittertheorie ermittelten Elektronenaffinitäten werden bis auf $\pm$ 3 kcal genau angegeben. Die Werte sind: $E_F = 95{,}3$, $E_{Cl} = 86{,}5$, $E_{Br} = 81{,}5$*, $E_J = 74{,}2$ kcal/Mol.

Die Elektronenaffinität des H-Atoms kennt man theoretisch. Sie ist von HYLLERAAS[2] und BETHE[3] quantenmechanisch berechnet worden. Sie beträgt 0,71 e-Volt oder 16,4 kcal/Mol. GLOCKLER[4] hat die Elektronenaffinitäten für die leichten Elemente von H bis A, ferner für Ni, Cu, Ag und Hg mit Hilfe einer empirischen Extrapolation der Ionisierungsspannungen analoger isoelektronischer Systeme berechnet. Für H erhielt er z. B. 0,76 e-Volt. Seine Werte

[1] MAYER, J. E.: Z. Physik Bd. 61 (1930) S. 798. — HELMHOLZ, L. u. J. E. MAYER: J. Chem. Physics Bd. 2 (1934) S. 245. Kürzlich ist von P. P. SUTTON und J. E. MAYER [J. Chem. Physics Bd. 2 (1934) S. 145; J. Chem. Physics Bd. 3 (1935) S. 20] eine direkte elegante Methode der Elektronenaffinitätsbestimmung angegeben worden, die mit geringen Abänderungen von allgemeinerer Anwendbarkeit ist. Es handelt sich um eine Gleichgewichtsmessung zwischen Molekülen X_2, Atomen X, Elektronen und Ionen, die infolge Kontakts des Gases X_2 (tiefe Drucke) mit einer heißen Metalloberfläche (z. B. Glühdraht) entstehen. Gemessen werden der negative Ionenstrom und der Elektronenstrom, die von der heißen Oberfläche ausgehen; aus ihrem Verhältnis kann die Elektronenaffinität berechnet werden. Der Versuch wurde für J_2 durchgeführt und ergab für die Elektronenaffinität des Jodatoms 72,4 $\pm$ 1,5 kcal.

* Die experimentellen Werte für Chlor und Brom sind: $E_{Cl} = 86{,}5 \pm$ 4 kcal, $E_{Br} = 88{,}3 \pm 4$ kcal.

[2] HYLLERAAS, E. A.: Z. Physik Bd. 60 (1929) S. 624; Bd. 63 (1930) S. 291.

[3] BETHE, H.: Z. Physik Bd. 57 (1929) S. 815.

[4] GLOCKLER, G.: Physic. Rev. Bd. 46 (1934) S. 111.

scheinen im allgemeinen einen Höchstfehler von $\pm$ 0,3 bis $\pm$ 1 e-Volt zu besitzen.

MAYER und MALTBIE[1] haben die Elektronenaffinitäten von Sauerstoff und Schwefel mit Hilfe der nach der neuen Theorie berechneten Gitterenergien der Erdalkalioxyde und -sulfide ermittelt. Es ergeben sich die ersten Elektronenaffinitäten positiv, und zwar $E_O = 50$ kcal und $E_S = 65$ kcal. Die zweiten Elektronenaffinitäten hingegen werden negativ, da das zweite Elektron durch das bereits negativ geladene Ion abgestoßen wird. Die gefundenen Mittelwerte sind für Sauerstoff -150 ± 50 kcal und für Schwefel -90 ± 50 kcal. Der obige Wert von 50 kcal für die erste Elektronenaffinität des Sauerstoffs wird gestützt durch eine Untersuchung von LOZIER[2], der aus Elektronenstoßmessungen hierfür $2{,}2 \pm 0{,}2$ e-Volt oder 50,7 kcal abgeleitet hat[3].

Der BORN-HABERsche Kreisprozeß ist verschiedentlich benutzt worden, um etwas über die Bildungswärmen von Ionenverbindungen vorauszusagen. So haben GRIMM und HERZFELD[4] mit seiner Hilfe die Bildungswärmen hypothetischer Verbindungen wie NeF, NaF_2, MgF_3 usw. berechnet und dafür stark negative Wärmetönungen erhalten. Ihre Rechnungsergebnisse z. B. für die Fluoride zeigten, daß diejenigen Verbindungen instabil sind, zu deren Bildung ein Elektron aus der Ne-Schale (p^6-Schale) herausgeholt werden mußte. Vergleicht man Verbindungen verschiedener Valenzstufen desselben Kations, z. B. Mg^+, Mg^{++}, Mg^{3+} ... miteinander, so ergibt sich rechnerisch ein Maximum der Bildungswärme für diejenige Verbindung, deren Kation bis auf eine stabile Schale abgebaut ist, also hier Mg^{++}. Das steht in vollkommener

[1] MAYER, J. E. u. M. MCMALTBIE: Z. Physik Bd. 75 (1932) S. 748.

[2] LOZIER, W. W.: Physic. Rev. Bd. 46 (1934) S. 268.

[3] Ausführliche Betrachtungen über den Zusammenhang der Ionisierungsspannungen und Elektronenaffinitäten mit den Elektronenkonfigurationen der verschiedenen Atomzustände hat R. S. MULLIKEN [J. Chem. Physics Bd. 2 (1934) S. 782] angestellt, worauf aber hier nur hingewiesen werden kann.

Zu den Elektronenaffinitäten von Molekülen bemerkt N. E. BRADBURY [J. Chem. Physics Bd. 2 (1934) S. 840], daß negative Ionen bisher nur in Molekülen (O_2, NH, OH, CN, SO) beobachtet worden sind, die keine $^1\Sigma$-Grundterme besitzen. Die Elektronenaffinität des O_2 und der Radikale OH und HO_2 ist soeben von J. WEISS [Trans. Faraday Soc. Bd. 31 (1935) S. 966] aus Kreisprozessen berechnet worden. Die Werte sind: $E_{O_2} = 2{,}7$ e-Volt, $E_{OH} = 3{,}7$ e-Volt und $E_{HO_2} = 4{,}6$ e-Volt.

[4] GRIMM, H. G. u. K. F. HERZFELD: Z. Physik Bd. 19 (1923) S. 141. — Z. angew. Chem. Bd. 37 (1924) S. 249.

Übereinstimmung mit der Erfahrung. Auch die 18-Schale (d^{10}-Schale) wird bei der Betätigung der polaren Valenz selten angegriffen, es kann aber doch vorkommen. So wird beim Cu^{++} das zweite Valenzelektron der stabilen d^{10}-Schale des Cu^{+} entnommen und beim Ce^{4+} fehlen ein Elektron aus dem N-Niveau mit $n = 4$ und drei aus dem O-Niveau mit $n = 5$. Hier spielt die Größe der Ionisierungsarbeiten eine wichtige Rolle. Die Periodizität der chemischen Eigenschaften ist ja nicht nur in der Wiederkehr ähnlicher Anordnungen der Außenelektronen begründet, sondern auch darin, daß die Ionisierungsarbeiten homologer Elemente mit steigender Größe der Atomrümpfe in ähnlicher Weise wie die Gitterenergien abnehmen und daß dadurch die Bildungswärmen von gleicher Größenordnung bleiben.

Weiterhin haben Rabinowitsch und Thilo[1] unter Heranziehung des Born-Haberschen Kreisprozesses die Bildungswärmen der Chloride und Jodide der verschiedenen Elemente von der Zusammensetzung AHal bis $AHal_4$ teilweise berechnet und teilweise abgeschätzt. Sie haben dabei die Ergebnisse von Grimm und Herzfeld bestätigt und ergänzt. Fast alle Verbindungen, die nach der Tabelle von Rabinowitsch und Thilo existieren sollten, sind auch wirklich bekannt. Nur von den niedrigwertigen Halogeniden der Elemente der dritten Spalte Sc, Y und La sind nur die dreiwertigen Verbindungen bekannt, während auch die ein- und zweiwertigen zu erwarten sind. Vor allem versteht man nach diesen Rechnungen, warum Metalle in der Mitte der langen Perioden — Fe, Co, Ni usw. mit Ausnahme einiger Metalle der Pt- und Pd-Gruppe — gegenüber Halogenen zwei- oder dreiwertig auftreten und nicht einwertig oder mit einer Wertigkeit, die dem Abbau des Kations bis auf eine edelgasähnliche Konfiguration entsprechen würde.

Umgekehrt kennen wir eine Reihe von Verbindungen, die nach Rabinowitsch und Thilo nicht existieren dürften. Bei näherem Zusehen ergibt sich aber, daß es sich bei diesen so gut wie sicher um Atomverbindungen handelt. Hierher gehören vor allem die flüchtigen Halogenide wie CCl_4, $SiCl_4$, SCl_2, Cl_2O usw. Negativ — wenn auch nicht so stark negativ — ergeben sich auch die Bildungswärmen der Jodide der Schwermetalle (Co, Ni, Cu, Zn, Hg, Cd, Au, Ag, sowie SnJ_2 und PbJ_2) und der Chloride AuCl,

[1] Rabinowitsch, E. u. E. Thilo: Z. physik. Chem., Abt. B Bd. 6 (1930) S. 284.

HgCl und $HgCl_2$. Diese Stoffe kristallisieren in Schichtengittern oder Molekülgittern, die beide den eigentlichen Ionengittern ferner stehen. Es handelt sich hier wahrscheinlich um Verbindungen mit einem mehr oder weniger großen Anteil an Atombindung (vgl. S. 346). Zwar bilden sie größtenteils in wässerigen Lösungen Ionen, doch ist das kein Beweis für ihre Natur im festen Zustande, noch auch im gasförmigen Zustande. Aus spektroskopischen Daten kann gefolgert werden, daß die entsprechenden Gasmoleküle Atomverbindungen sind (S. 301).

D. Die Polarisations- oder VAN DER WAALSsche Bindung[1].

§ 1. Die VAN DER WAALSsche Bindung in der klassischen Theorie.

a) Allgemeine Bemerkungen.

Bei der Theorie der Polarisationsbindung handelt es sich um eine Erklärung der Erscheinung, das sich auch Atome oder Gruppen ohne freie Valenz gegenseitig beeinflussen. Diese sog. zwischenmolekularen Kräfte bewirken z. B. bei tiefen Temperaturen Kondensation, sie herrschen zwischen Hg und Edelgasatomen, sie veranlassen die Entstehung von Metalldampfmolekülen wie Hg_2, Cd_2 usw.

Da ein gleichmäßig rotierendes neutrales Gebilde in irgendeinem Raumpunkte die elektrische Kraft 0 erzeugt, sofern man über alle Orientierungen im Raum mittelt, wird zur Entstehung von Anziehungskräften nach der zuerst vorgeschlagenen klassischen Theorie angenommen, daß aneinander vorbeirotierende Moleküle einen gegenseitigen Einfluß auf die innere Bewegung ihrer elektrischen Ladungen ausüben. Dieser Einfluß verursacht zweierlei Effekte. Einmal können nach KEESOM[2] die Moleküle sich gegenseitig orientieren, indem ihre Drehbewegungen voneinander beeinflußt werden. Man spricht dann von einem Richteffekt. Oder aber es wird nicht die Orientierung eines Moleküls als Ganzes geändert, sondern die Moleküle deformieren sich nach DEBYE[3] nur gegenseitig, indem die Bewegungen der elektrischen Ladungen im Molekül

---

[1] Siehe auch die Darstellung bei K. F. HERZFELD: Handbuch der Physik Bd. XXIV/2, 2. Aufl., S. 181. 1933.

[2] KEESOM, W. H.: Comm. Leiden 1912—1914, Nr. 24 a, b, 25, 26; 1915—1916, Nr. 39 a, b, c. — Physik. Z. Bd. 22 (1921) S. 129; 643, Bd. 25 (1922) S. 225.

[3] DEBYE, P.: Physik. Z. Bd. 21 (1920) S. 178; s. auch FALKENHAGEN, H.: Physik. Z. Bd. 23 (1922) S. 87.

etwas geändert werden. Man spricht in diesem Falle von einem Influenz- oder Induktionseffekt. Der Richteffekt ist temperaturabhängig, der Induktionseffekt nicht.

b) Der Richteffekt.

Die Anziehung beim Richteffekt kommt dadurch zustande, daß nach dem BOLTZMANNschen Verteilungsgesetz die Lagen, bei denen Anziehung zwischen den Molekülen besteht, häufiger eingenommen werden als diejenigen mit Abstoßung. Mit zunehmender Temperatur verschwindet der Unterschied, weil die stärkere Wärmebewegung die Verteilung gleichmäßiger zu gestalten sucht. Bei tieferen Temperaturen hingegen ist ein merklicher Effekt zu erwarten. Er ist hier, wie KEESOM gezeigt hat, für Dipol- und Quadrupolgase verschieden. Verschieden ist auch die Abhängigkeit von der gegenseitigen Entfernung der Moleküle. Der Effekt nimmt für Dipolgase mit der dritten, für Quadrupolgase mit der fünften Potenz der Entfernung ab.

c) Der Induktionseffekt.

Dieser auf der Deformierung der Moleküle beruhende Effekt gibt die Erklärung für die auch bei hohen Temperaturen übrigbleibende VAN DER WAALSsche Attraktion, d. h. mittelt man bei hohen Temperaturen über sämtliche Lagen der Moleküle, so bleibt im Durchschnitt auch dann noch Anziehung übrig, wenn die Moleküle keine Zeit zur gegenseitigen Orientierung haben. DEBYE erklärt das durch die Annahme, daß jedes Molekül durch das Feld des anderen so deformiert wird, daß von den positiven Ladungen des einen Moleküls die negativen des anderen angezogen, seine positiven aber abgestoßen werden, so daß stets Anziehung die Folge ist. Der Effekt ist besonders für Dipolmoleküle wegen ihrer kräftigen molekularen Felder zu erwarten. Die Anziehungskonstante a der VAN DER WAALSschen Gleichung ist für diese umgekehrt proportional der dritten Potenz der Entfernung der Moleküle, für Quadrupolmoleküle umgekehrt proportional der fünften Potenz der Entfernung.

Der Induktionseffekt tritt bei allen Temperaturen auf. Bei einatomigen Gasen kommt er allein in Frage, also z. B. bei der Hg_2-Bildung oder bei der Kondensation der Edelgase.

Bei zwei- und mehratomigen Gasen ist bei gewöhnlicher Temperatur meist der Richteffekt der größere. Bei tiefen Temperaturen sind für mehratomige Moleküle beide Effekte nicht immer prinzipiell zu trennen, da dann auch der Induktionseffekt zur Bevorzugung gewisser Richtungen führen kann. Auf den genannten Effekten, besonders dem Richteffekt, beruht es, daß polare Substanzen (HF, H_2O usw.) häufig in flüssiger Phase starke Assoziationserscheinungen ergeben, daß sie hohe Siedepunkte haben und hohe Dielektrizitätskonstanten.

Nach der Theorie ergeben sich für N_2, O_2, Cl_2, H_2 usw., sowie für die Edelgase nicht unerhebliche Quadrupolmomente. Diese anzunehmen ist notwendig, da sich sonst bei ihnen keine klassische Erklärung für die VAN DER WAALSsche Anziehung geben ließe. Heute bevorzugen wir aber Modellvorstellungen, die für diese Moleküle gleichmäßigere Ladungsverteilungen fordern. Statt Quadrupolmüssen wir z. B. für die Edelgase Kugelsymmetrie annehmen; dann aber können wir bei ihnen die VAN DER WAALSsche Attraktion nicht durch den Richt- und Influenzeffekt beschreiben, sondern müssen nach anderen Kraftwirkungen suchen. Diese haben quantenmechanische Betrachtungen aufgezeigt.

§ 2. Die VAN DER WAALSsche Bindung in der Quantenmechanik.

Die Molekularkräfte, die den Hauptanteil der VAN DER WAALSschen Attraktion liefern, ergeben sich, theoretisch gesprochen, als Störungseffekt zweiter Ordnung, wie er bereits auf S. 141 erwähnt worden ist. Betrachten wir die Zusammenführung von Atomen oder Atomgruppen, deren erster angeregter Term energetisch weit vom Grundzustand entfernt liegt, so kann die Wechselwirkung nach dem HEITLER-LONDONschen Verfahren berechnet werden. Die erste Näherung (Effekt erster Ordnung) wird durchgeführt, indem die Moleküleigenfunktion durch die Eigenfunktionen der Grundzustände der Atome oder Atomgruppen beschrieben wird. Die Bindungsenergie nimmt dann exponentiell mit dem Abstand ab (S. 139), so daß die entsprechenden Kräfte als Kräfte geringer Reichweite bezeichnet werden. Wir hatten früher gesehen, daß sie charakteristisch für die Valenz sind und das Merkmal der Absättigung zeigen. EISENSCHITZ und LONDON[1] haben in zweiter Näherung Polarisationswirkungen der sich nähernden Gebilde hinzugenommen und die Rechnung als Störungsrechnung durch-

[1] EISENSCHITZ, R. u. F. LONDON: Z. Physik Bd. 60 (1930) S. 491; s. auch PAULING, L. u. J. Y. BEACH: Physic. Rev. Bd. 47 (1935) S. 686.

geführt. Jetzt wird die Moleküleigenfunktion nicht mehr mit Hilfe der getrennten Atomgrundzustände allein, sondern auch durch die Berücksichtigung der Eigenfunktionen höherer Terme beschrieben. Auf diese Weise enthält der Ausdruck für die Wechselwirkungsenergie Glieder, die mit $\frac{1}{r^6}$ abnehmen, wenn r den Kernabstand bedeutet. Die ihnen entsprechenden Kräfte überwiegen bei großen

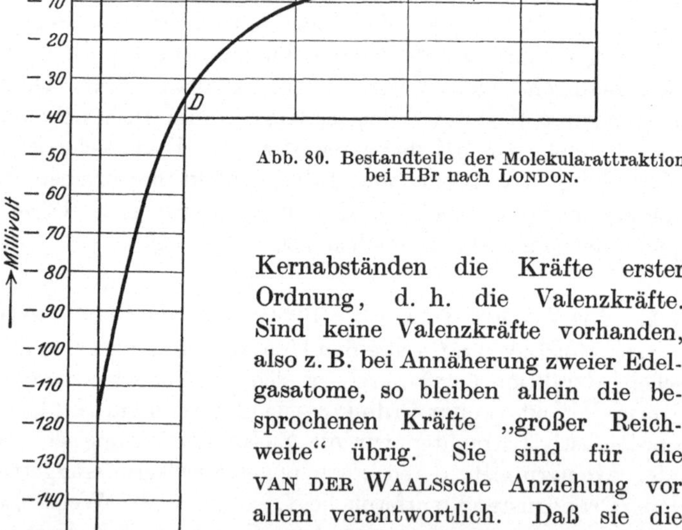

Abb. 80. Bestandteile der Molekularattraktion bei HBr nach LONDON.

Kernabständen die Kräfte erster Ordnung, d. h. die Valenzkräfte. Sind keine Valenzkräfte vorhanden, also z. B. bei Annäherung zweier Edelgasatome, so bleiben allein die besprochenen Kräfte „großer Reichweite" übrig. Sie sind für die VAN DER WAALSsche Anziehung vor allem verantwortlich. Daß sie die Eigenschaft der Additivität besitzen, hat LONDON[1] gezeigt. Die Kräfte sind temperaturunabhängig. Den von ihnen herrührenden Effekt bezeichnet LONDON als Dispersionseffekt.

In welchem Verhältnis stehen diese quantenmechanischen Molekularkräfte zu dem klassischen Richteffekt und dem klassischen Induktionseffekt? Diese Effekte müssen schließlich auch quantenmechanische Analoga haben. Das ist in der Tat der Fall[2]. Die eben besprochenen Kräfte großer Reichweite, die auf einer kurzperiodischen gegenseitigen Störung der inneren Elektronenbewegung der Moleküle beruhen, kommen bei allen Molekülen vor und be-

[1] LONDON, F.: Z. physik. Chem., Abt. B Bd. 11 (1930) S. 222.
[2] LONDON, F.: Z. Physik Bd. 63 (1930) S. 245.

dingen für die *einatomigen* Gase allein die VAN DER WAALSsche Anziehung. Bei *Molekül*gasen treten aber Zusatzeffekte auf. Sie rühren von den tiefliegenden Rotationstermen des Grundzustandes her und beruhen auf einer Umwandlung der Rotationsbewegung der sich nähernden Moleküle in eine Pendelbewegung um Gleichgewichtslagen. Das ist nichts anderes als die Wechselwirkung starrer rotierender Multipole oder der KEESOMsche Richteffekt. Da die Häufigkeit der tiefsten Rotationsterme temperaturabhängig ist, ist es auch der damit verknüpfte Effekt.

Bei Molekülen mit Dipolmoment kommt noch ein langsam periodischer Beitrag hinzu, der durch die Polarisierbarkeit des Moleküls im quasistatischen Felde eines anderen langsam rotierenden Moleküls entsteht. Er ist temperaturunabhängig und bedeutet den DEBYEschen Induktionseffekt. Er ist in der Regel größenordnungsmäßig kleiner als der LONDONsche Dispersionseffekt.

Auf Besonderheiten, wie sie durch die Entartung der betrachteten Terme entstehen, sei hier nicht eingegangen.

Die vorstehende Abb. 80 enthält die drei besprochenen Anteile der allgemeinen Molekularattraktion für ein schwaches Dipolgas (HBr). Die Buchstaben J, R und D bedeuten Induktionseffekt, Richteffekt und Dispersionseffekt. Die überragende Bedeutung des Dispersionseffektes geht klar daraus hervor.

Leider kann man nun die ihm zugrunde liegenden Kräfte nicht theoretisch berechnen. Man kann sie aber aus optischen Daten, nämlich Dispersionskurven, und aus bekannten Molrefraktionen abschätzen. Den Ausdruck für die Wechselwirkungsenergie zweier gleichartiger Moleküle im tiefsten Zustand hat LONDON zu $\varepsilon = -\frac{3}{4}\frac{h\nu\alpha^2}{r^6}$* abgeschätzt, wobei α die Polarisierbarkeit darstellt und ν die Eigenfrequenz der Moleküle ist. Danach hängt also die Wirkung bei unangeregten Teilchen von der Existenz einer Nullpunktsenergie ab.

§ 3. Anwendungen.

Die Möglichkeit, die neuen Molekularkräfte aus optischen und Refraktionsdaten abzuschätzen, eröffnet allerlei Perspektiven der Anwendung. Einmal spielt die VAN DER WAALSsche Anziehung

---

* Siehe auch S. C. SLATER u. J. G. KIRKWOOD: Physic. Rev. Bd. 37 (1931) S. 682.

eine Rolle bei der Berechnung von Gitterenergien gewisser Kristalltypen[1], ihre Kenntnis ist nötig zur Ermittlung von Sublimationswärmen von Molekülgittern, mit ihrer Hilfe können Adsorptionswärmen adsorbierter Gase abgeschätzt[2] und Polarisierbarkeiten berechnet werden*. Ferner gelingt es, aus der Theorie Werte für die Dissoziationswärmen lockerer, nur durch VAN DER WAALSsche Kräfte zusammengehaltener Moleküle abzuschätzen[2], [3]. Letztere sind mit spektroskopischen Werten zu vergleichen. Folgende Tabelle 18 gibt die bisher gerechneten Beispiele.

Tabelle 18.

Molekül	D (theor.	D (exper.)
	in e-Volt[8]	in e-Volt
Hg_2	0,086 [2]	0,07 ± 0,02 [4]
HgKr	0,075 [2]	0,035 [5]
HgA	0,063 [2]	0,025 [5]
Cd_2	0,096 [6]	0,09 ± 0,02 [6]
Cs_2	[7]	∼ 0,1 — 0,2 [7]
Na_2	[3]	∼ 0,1 [7]

Auf das spektroskopische Verhalten solcher Polarisationsmoleküle war schon früher hingewiesen worden (S. 304). Insbesondere dürfte die Bildung mehratomiger VAN DER WAALS-Moleküle bei chemischen Reaktionen eine Rolle spielen (s. S. 435).

Schließlich sei noch darauf hingewiesen, daß die Rotationen in den untersten Termen und die Nullpunktsschwingung einen erheblichen Einfluß auf das Verhalten der Moleküle bei tiefen Temperaturen ausüben. Je nachdem, wie sich der Übergang von der rotierenden zu der in bevorzugten Richtungen pendelnden Bewegung vollzieht, werden die Moleküle im Gitterverbande mehr

[1] BORN, M. u. J. E. MAYER: Z. Physik. Bd. 75 (1932) S. 1.

[2] LONDON, F.: Z. physik. Chem. Abt. B Bd. 11 (1930) S. 222.

* Siehe auch S. C. SLATER u. J. G. KIRKWOOD: Physic. Rev. Bd. 37 (1931) S. 682.

[3] MARGENAU, H.: Physic. Rev. Bd. 37 (1931) S. 1425.

[4] KOERNICKE, E.: Z. Physik Bd. 33 (1925) S. 219. — KUHN, H. u. K. FREUDENBERG: Z. Physik. Bd. 76 (1932) S. 38.

[5] OLDENBERG, O.: Z. Physik Bd. 55 (1929) S. 1.

[6] KUHN, H. u. S. ARRHENIUS: Z. Physik Bd. 82 (1933) S. 716.

[7] KUHN, H.: Z. Physik Bd. 76 (1932) S. 782. — ROMPE, R.: Z. Physik Bd. 74 (1932) S. 175. — FREUDENBERG, K.: Z. Physik Bd. 67 (1931) S. 417.

[8] In der Berechnung der drei ersten theoretischen Werte sind die Abstoßungspotentiale vernachlässigt. Bei ihrer Berücksichtigung würden sich kleinere Zahlen ergeben. Z. B. berechnen H. EKSTEIN und M. MAGAT [C. R. Bd. 199 (1934) S. 264] für D_{Hg_2} den Wert 0,064 e-Volt, wenn sie eine Korrektion nach BORN und MAYER [Z. Physik Bd. 75 (1932) S. 1] anbringen; sie bekommen 0,055 e-Volt mit dem Ansatz von SLATER und KIRKWOOD.

oder weniger frei sein. Der eine Extremfall ist derjenige der freien Molekularrotation in Gittern bei tiefen Temperaturen[1], der andere derjenige der in bestimmten Richtungen schwingenden Moleküle des Gitters. Letzterer ist der gewöhnlich vorkommende Fall, ersterer der interessantere, da er besonders deutlich zeigt, daß man in vielen Fällen auch noch im festen Gitterverbande einfacher anorganischer Verbindungen von Einzelmolekülen sprechen darf.

VI. Molekülanregung durch Stöße.

Bei den bisherigen Betrachtungen, die sich vor allem auf spektroskopische und strukturelle Eigenschaften, sowie Bindungsverhältnisse bezogen, trat die Kinetik der Moleküle stark zurück. Im letzten Kapitel soll nun der Anwendungsbereich auf eine Reihe chemischer Problemkreise erweitert werden, z. B. Photochemie, Reaktionskinetik, Aktivierungswärme usw. Für alle diese Gebiete ist es aber wichtig zu untersuchen, welche Moleküleigenschaften bei Stoßprozessen eine Rolle spielen. Darum soll in diesem Kapitel kurz zusammengestellt werden, was wir über die Molekülanregung durch Stöße wissen[2].

A. Anregung (Ionisierung, Dissoziation) durch Elektronenstoß.

§ 1. Einige allgemeine Bemerkungen.

Anstatt durch Lichtabsorption können Atome und Moleküle auch durch Zusammenstöße mit Elektronen gewisser Geschwindigkeit in einen angeregten Zustand versetzt werden. Da nach dem ersten BOHRschen Grundpostulat ein Atom oder Molekül nur diskreter Energiezustände fähig ist, müssen bei allmählich von

[1] PAULING, L.: Physic. Rev. Bd. 36 (1930). S. 430. — STERN, T. E.: Proc. Roy. Soc., Lond. A Bd. 130 (1930) S. 551. — Exper. Lit. siehe z. B. in den Artikeln von K. F. HERZFELD und R. DE L. KRONIG im Handbuch der Physik, Bd. XXIV/2, 2. Aufl. 1933, sowie bei O. HASSEL: Kristallchemie 1934.

[2] Als zusammenfassende Darstellungen des Gebiets siehe vor allem: FRANCK, J. u. P. JORDAN: Anregung von Quantensprüngen durch Stöße. Berlin: Julius Springer 1926. — COMPTON, K. T. u. F. L. MOHLER: Critical Potentials, Nat. Res. Council 1925. — BLOCH, L.: Ionisation et Résonance des Gas et des Vapeurs. Paris 1925. — MOTT, N. F. u. H. S. W. MASSEY: Theory of Atomic Collisions, Oxford 1933. Kleinere Referate sind: GROOT, W. DE u. F. M. PENNING: Anregung von Quantensprüngen durch Stoß. Handbuch der Physik Bd. 23, erster Teil (1933). — SMYTH, H. D.: Rev.

Null gesteigerter Geschwindigkeit des stoßenden Elektrons die Zusammenstöße anfänglich völlig *elastisch* verlaufen, wobei an das getroffene Atom oder Molekül wegen der gegen die Atom- (Molekül-) Masse verschwindend kleinen Elektronenmasse äußerst kleine Beträge an kinetischer Energie übertragen werden (Energie- und Impulssatz). *Unelastische* Zusammenstöße mit Energieübertragung können erst dann auftreten, wenn die kinetische Energie des Elektrons mindestens so groß ist, wie die Energiedifferenz zwischen dem Grundzustand des Atoms oder Moleküls und dem nächsthöheren Quantenzustand. Bei Molekülen kann es sich dabei um Rotations-, Schwingungs- und Elektronenzustände handeln, bei Atomen nur um letztere. Betrachten wir zuerst nur die Anregung von Elektronensprüngen. Ist der angeregte Elektronenzustand kein metastabiler Zustand (S. 71), so wird bei der erforderlichen Elektronengeschwindigkeit zum ersten Male Licht angeregt[1], und nach dem früher Gesagten kann es sich bei Atomen nur um die Aussendung der Resonanzlinie, bei Molekülen, falls mit dem Elektronensprung keine Kernschwingungsenergie übertragen wird, um die Aussendung von Banden des Resonanzspektrums mit $v' = 0$ handeln. Die Mindestspannung, nach deren Durchlaufen das stoßende Elektron einen unelastischen Zusammenstoß erfahren kann und die Emission der Resonanzlinie verursacht, bezeichnet man als *Resonanzspannung* (V_R). Für diese gilt

$$1/2\ m v_R^2 = e\,V_R = W_1 - W_2 = h\,\nu = \frac{h\,c}{\lambda}. \tag{62}$$

Bei weiterer Steigerung der Geschwindigkeit des stoßenden Elektrons können höhere Quantenzustände angeregt und so die Emission weiterer Spektrallinien oder Banden veranlaßt werden. (Dasselbe geschieht bei großer Stärke des Elektronenstroms durch stufenweise Anregung auch ohne Steigerung der Elektronen-

Mod. Physics Bd. 3 (1931) S. 347. — Kallmann, H. u. B. Rosen: Physik. Z. Bd. 32 (1931) S. 521. — Compton, K. T. u. J. Langmuir: Rev. Mod. Physics Bd. 2 (1930) S. 123; Bd. 3 (1931) S. 191. — Darrow, K. K.: Bell. Syst. Techn. J. Bd. 9 (1930) S. 668. — Condon, E. U.: Rev. Mod. Physics Bd. 3 (1931) S. 43. — Morse, P. M.: Rev. Mod. Physics Bd. 4 (1932) S. 577. — Brode, R. B.: Rev. Mod. Physics Bd. 5 (1933) S. 257. — Beeck, O.: Physik. Z. Bd. 35 (1934) S. 36:

[1] Der direkte spektrale Nachweis, daß Atome nach einem Zusammenstoß mit Elektronen definierter Geschwindigkeit eine bestimmte Spektrallinie emittieren, wurde zuerst von J. Franck u. G. Hertz erbracht [Verh. dtsch. physik. Ges. Bd. 16 (1914) S. 512].

geschwindigkeit.) Reicht die Energie des Stoßelektrons aus, um das am lockersten gebundene Elektron ganz aus dem Atomverbande zu entfernen, so bezeichnet man die hierzu erforderliche beschleunigende Spannung als *Ionisierungsspannung*. Ist die Ionisierungsspannung erreicht, so kann, wenn man Wiedervereinigung zuläßt (kleine elektrische Felder), das abgetrennte Elektron stufenweise über alle möglichen Niveaus in den Grundzustand zurückkehren. Die Energiestufen der Atome und Moleküle können also durch das Auftreten von Spektrallinien bei bestimmten Elektronengeschwindigkeiten oder durch rein elektrische Messung der Energieverluste der Elektronen bestimmt werden. Es würde zu weit führen, im Rahmen dieses Buches auf die Methodik der Elektronenstoßversuche einzugehen. Dazu sei auf die genannten Darstellungen verwiesen.

§ 2. Bemerkungen zum Stoßvorgang und zur Ausbeute an Quantensprüngen.

Nach der klassischen Mechanik gelten für den Stoß zweier Teilchen der Energie- und Impulssatz. Aus der Anwendung dieser beiden Erhaltungssätze ergibt sich, daß immer nur ein Teil der kinetischen Energie des stoßenden Teilchens zur Anregung bzw. Ionisierung verwandt werden kann. Ist das stoßende Teilchen ein Elektron, wie wir in diesem Abschnitt voraussetzen, so erfolgt Anregung oder Ionisierung, wenn seine kinetische Energie $E \geqq A$ oder J ist (A = Anregungs-, J = Ionisierungsenergie). Das gestoßene Teilchen ist vor dem Stoß in Ruhe. Haben stoßendes und gestoßenes Teilchen vergleichbare Massen, so kann Anregung oder Ionisierung erst bei höheren kinetischen Energien einsetzen, Ionisierung z. B. bei $E_{\text{kin}} \geqq 2\,J$ bei gleichen Massen. Die klassische Theorie sagt also, wann eine Energieübertragung durch Stoß energetisch möglich ist. Aus dem Experiment wissen wir aber, daß nicht jede energetisch mögliche Energieübertragung auch wirklich stattfindet. Daher ist die nächste Frage diejenige nach der Wahrscheinlichkeit einer Anregung oder Ionisierung. Auch über den Elementarprozeß der Anregung und Ionisierung wird man mehr wissen wollen, als die obigen einfachen Überlegungen ergeben. Das ist aber ohne spezielle Annahmen nicht möglich. Wir wollen uns im Augenblick auf die Anregung von Elektronensprüngen beschränken und diejenige von Schwingungs- und Rotationsenergie später behandeln.

Klassisch-theoretische Betrachtungen über die Wahrscheinlichkeit der Ionisierung stammen von THOMSON[1]. Sie gelten für große Elektronengeschwindigkeiten, enthalten gewisse Vereinfachungen und ergeben, daß die Ausbeute (Verhältnis der ionisierenden Stöße zur Gesamtzahl der Stöße mit genügend Energie) bis zu etwa der doppelten Ionisierung ansteigt und dann wieder abfällt. Für die Anregung ist eine entsprechende Aussage abzuleiten. Eine quantenmechanische Theorie für große Geschwindigkeiten entwickelte, anschließend an BORN[2], BETHE[3]. Er erhielt als Resultat, daß die Anregungs- und Ionisierungswahrscheinlichkeiten für schnelle Elektronen ungefähr proportional den optischen Übergangswahrscheinlichkeiten und umgekehrt proportional dem Quadrat der Geschwindigkeit sind[4]. Das Gebiet kleiner Geschwindigkeiten wurde von MORSE und STÜCKELBERG[5] behandelt. Alle Aussagen in diesen Theorien können wir qualitativ auch ohne Rechnung durch einfache Überlegungen gewinnen.

Wenn wir fragen, mit welcher Wahrscheinlichkeit ein Atom- oder Molekülterm durch Elektronenstoß angeregt wird, so ist es das Naheliegendste, nach der Wahrscheinlichkeit der Anregung dieses Terms durch Licht zu fragen. Daß Elektronenstoß und Lichtstrahlung in ganz ähnlicher, wenn nicht gleicher Weise auf Atome und Moleküle einwirken, haben schon FRANCK und JORDAN in ihrem Buche auseinandergesetzt. Wenn in einem Atom oder Molekül durch Lichtabsorption ein Quantenübergang mit großer Häufigkeit stattfindet, bedeutet dies, daß dem Übergang ein Dipolmoment zugeordnet ist. Übergänge, bei denen es sich nicht um Dipol-, sondern um höhere Momente handelt, treten ungeheuer viel seltener auf. Ebenso wird ein Elektron stärker auf ein Partikel einwirken, wenn der Übergang einer Dipol-

---

[1] THOMSON, J. J.: Philos. Mag. Bd. 23 (1912) S. 448.

[2] BORN, M.: Z. Physik Bd. 37 (1926) S. 863; Bd. 38 (1927) S. 803. Mit Hilfe der BORNschen Theorie hat z. B. W. W. WETZEL [Physic. Rev. Bd. 44 (1933) S. 25) die Ionisierungswahrscheinlichkeit schneller Elektronen für He berechnet und mit dem Experiment [SMITH P. T.: Physic. Rev. Bd. 36 (1930) S. 1293] verglichen.

[3] BETHE, H.: Ann. Physik Bd. 5 (1930) S. 325.

[4] In einer neueren Untersuchung hat J. W. LISKA [Physic. Rev. Bd. 46 (1934) S. 169] Messungen in He und Hg bis 11 kV ausgeführt und Übereinstimmung mit der quantenmechanischen Theorie in einem erheblich größeren Geschwindigkeitsbereich gefunden als mit der klassischen Theorie.

[5] MORSE, P. M. u. E. C. G. STÜCKELBERG: Ann. Physik Bd. 9 (1931) S. 579.

strahlung als wenn er einer Quadrupolstrahlung entspricht. Daß aber eine Quadrupolstrahlung durch Elektronen immer noch verhältnismäßig stark angeregt wird, liegt daran, daß das Elektron wegen seines erheblich inhomogenen Feldes mit einem Quadrupol in stärkere Wechselwirkung treten kann als das Lichtquant. Diese Tatsache und die Möglichkeit, daß das stoßende Elektron ausgetauscht werden kann mit einem Elektron des getroffenen Atoms, geben eine Erklärung für die häufige Durchbrechung von Auswahlregeln durch Elektronenstoß. So werden z. B. mit Elektronen leicht Interkombinationen angeregt. Steigert man die Elektronengeschwindigkeit über den kritischen Wert hinaus, so steigt die Ausbeute mit dieser Geschwindigkeit (SEELIGER bezeichnet diese Abhängigkeit als Anregungsfunktion), um später wieder abzusinken. Einen ähnlichen Verlauf zeigt die Ausbeute der Ionisation. Die Überschußenergie über die beim Quantensprung verbrauchte bleibt als kinetische Energie des stoßenden Elektrons erhalten. Es hat sich gezeigt, daß die Anregungsfunktion für Interkombinationen ein steiles Maximum kurz oberhalb der Anregungsspannung, für gewöhnliche Übergänge ein breiteres bei höheren Spannungen besitzt[1].

Bei der Anregung und Ionisierung von *Molekülen* werden wir die aus der Bandenspektroskopie gewonnenen Erkenntnisse zu Hilfe nehmen, d. h. wir werden aus den Potentialkurven der Moleküle (soweit sie bekannt sind) Aussagen über die Verknüpfung der Elektronenanregung mit Kernschwingungen (und Rotationen) entnehmen. Wir betrachten den Elektronenstoßprozeß genau wie die Lichteinwirkung als einen so schnellen Prozeß, daß während seines Ablaufs die gegenseitige Lage der Kerne sich nicht wesentlich ändert. Es ist wohl am einfachsten, die Verhältnisse an einem Beispiel zu erläutern. Als solches wählen wir Wasserstoff. Die Potentialkurven des H_2 sind in Abb. 81 angegeben und sollten nach den Ausführungen der früheren Kapitel verständlich sein. Die benutzten Rechenverfahren sind durch Angabe der betreffenden Autoren kenntlich. Der schraffierte Bereich umfaßt das Kernabstandsgebiet, in dem die Nullpunktsschwingung des Moleküls im Grundzustand stattfindet[2]. Übergänge ohne Kernabstands-

[1] HANLE, W.: Physik. Z. Bd. 30 (1929) S. 901. — SCHAFFERNICHT, W.: Z. Physik Bd. 62 (1930) S. 106. — SEILER, R.: Z. Physik Bd. 83 (1933) S. 789. — MAIER-LEIBNITZ, H.: Z. Physik Bd. 95 (1935) S. 499.

[2] Die neueste Zusammenstellung der experim. Ergebnisse siehe im Bericht von DE GROOT und PENNING im Handbuch der Physik Bd. 23/1 (1933).

änderung können von diesem zu höheren Termen innerhalb des schraffierten Gebietes erfolgen. Danach wird bei etwa 9 e-Volt die Anregung des $^3\Sigma_u$-Terms möglich. RAMIEN[1] findet schon für 9,3-Volt-Elektronen eine Anregungswahrscheinlichkeit von 0,005 pro Zusammenstoß. Im übrigen verläuft die Anregungsfunktion ähnlich wie bei Elektronensprüngen in Atomen. Im Zusammenhang mit der Anregung des $^3\Sigma_u$-Niveaus steht das beobachtete Auftreten atomaren Wasserstoffs. Bei 11,5 e-Volt wird auch die Anregung des $^1\Sigma_u$-Terms möglich und ist auch beobachtet worden. Daß also für das Resonanzpotential des H_2 stets 11,5 e-Volt und nicht 11,12 e-Volt, wie sich spektroskopisch ergeben hat, gefunden worden ist, findet demnach durch die gleichzeitige Anregung von Schwingungsenergie seine Erklärung. Mit Elektronen etwas höherer Geschwindigkeit (etwa 11,9 Volt) kann der $^3\Sigma_g$-Term erreicht werden.

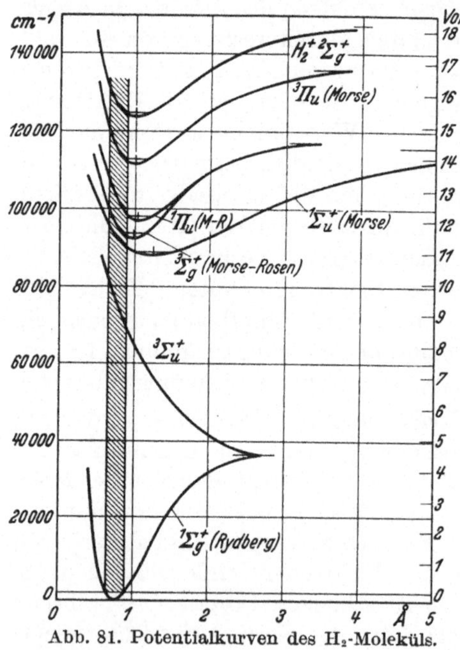

Abb. 81. Potentialkurven des H_2-Moleküls.

In den letzteren Zustand versetzte Moleküle können unter Ausstrahlung in den $^3\Sigma_u$-Term übergehen unter Aussendung eines kontinuierlichen Spektrums[2]. Dieses ist ein Teil des ausgedehnten Wasserstoffkontinuums, das mit so großem Erfolg als ultraviolette Lichtquelle verwendet wird. Es kommt durch Übergänge aus den verschiedenen Triplettzuständen in den instabilen Triplett-Grundzustand zustande. Mit wachsender Elektronengeschwindigkeit werden die Anregungsmöglichkeiten natürlich größer. Jeder an-

---

[1] RAMIEN, H.: Z. Physik Bd. 70 (1931) S. 353.

[2] WINANS, I. G. u. E. C. G. STÜCKELBERG: Proc. Nat. Acad. Sci. Bd. 14 (1928) S. 867.

geregte Tripletterm vergrößert außerdem durch Rückkehr in den $^3\Sigma_u$-Term die Zahl der H-Atome.

Der Grundzustand des ionisierten Wasserstoffmoleküls $^2\Sigma_g$ liegt bei 15,37 e-Volt, der zugehörige Kernabstand ist größer als der des neutralen Moleküls. Erst bei Übertragung von etwa 0,5 e-Volt Schwingungsenergie wird im ionisierten Molekül der gleiche Kernabstand wie im Normalzustand erreicht. Damit steht in Übereinstimmung, daß die experimentellen Arbeiten[1] als Mittelwert eine Ionisierungsspannung von 15,8 e-Volt ergeben. Nur BLEAKNEY[2] ist es gelungen, die Ionisierung des Wasserstoffs bei tieferen Werten festzustellen. Er erklärt sein Resultat durch eine größere Empfindlichkeit seiner Anordnung. Der von ihm angegebene Wert ist $15,37 \pm 0,03$ e-Volt.

Wird durch den Elektronenstoß gleichzeitig mit dem Elektronenquantensprung soviel Kernschwingungsenergie übertragen, daß eine Dissoziation in dem betreffenden Zustand möglich ist, so entstehen genau wie bei der durch Licht bewirkten Dissoziation als Spaltprodukt neutrale, angeregte oder ionisierte Atome. Die Spannungen, bei denen man nach den Potentialkurven angeregte oder ionisierte H-Atome erwarten muß, sind im Einklang mit den verschiedenen Beobachtungen.

Zum Schluß dieses Paragraphen sei noch die Anregung von Schwingungsenergie durch Elektronenstoß diskutiert. Daß Elektronen geringer Geschwindigkeit, die noch keine Elektronensprünge anregen können, doch unelastische Zusammenstöße erleiden können, wurde von HARRIES[3] (bei CO und N_2) und RAMIEN[4] (bei H_2) festgestellt. Bei diesen Versuchen kann es sich wegen der kleinen Elektronenmasse nicht um direkte Stoßübertragung von kinetischer Energie an die Kerne des Moleküls handeln, vielmehr erfolgt nach Überlegungen von FRANCK[5] die Vermehrung der Schwingungsenergie auf dem Umwege einer Deformation des Elektronensystems. Das stoßende Elektron dringt in das Elektronensystem ein, durch diese Störung wird die Kernbindung beeinflußt und den

[1] Literatur s. in dem zitierten Artikel von DE GROOT u. PENNING: Handbuch der Physik Bd. 23/1 (1933).

[2] BLEAKNEY, W.: Physic. Rev. Bd. 40 (1932) S. 496.

[3] HARRIES, W.: Z. Physik Bd. 42 (1927) S. 26.

[4] RAMIEN, H.: l. c.

[5] FRANCK, J. u. P. JORDAN: Anregung von Quantensprüngen durch Stöße, S. 255.

Kernen potentielle Energie übermittelt. Während die Störung des Elektronensystems adiabatisch zurückgeht, können die Kerne die erhaltene potentielle Energie in Schwingung umsetzen. Nach dem FRANCK-CONDON-Prinzip wird vorzugsweise *ein* Quant angeregt. Bei gleicher Elektronengeschwindigkeit ist die Ausbeute im CO größer als im isoelektronischen N_2. Das ist genau das, was wir in Analogie zur Wahrscheinlichkeit optischer Übergänge erwarten werden: CO besitzt wegen seines Dipolmomentes ein ultrarotes Rotationsschwingungsspektrum und N_2 wegen des fehlenden Dipols keines. Im Widerspruch damit scheint, daß H_2 eine größere Ausbeute als N_2 hat, trotzdem es ebenfalls kein Dipolmoment besitzt. Das Resultat wird aber verständlich, wenn wir uns überlegen, daß H_2 mit seinen nur zwei Elektronen durch ein eindringendes Elektron stärker gestört werden muß als die andern Gase. Für die Wahrscheinlichkeit der besprochenen Schwingungsanregung werden wir annehmen, daß sie mit der Durchgangszeit des störenden Elektrons wächst. Je größer diese Zeit ist, um so eher wird die Kernschwingung eingeleitet sein, bevor das stoßende Elektron wieder ganz aus dem Molekülbereich verschwunden ist. Tatsächlich steigt von größeren zu kleineren Elektronengeschwindigkeiten die Ausbeute an. Nimmt man an, daß das Maximum in Analogie zu den Elektronenquantensprüngen wenige Zehntel Volt oberhalb des kritischen Wertes liegt, so kann man die maximale Ausbeute im H_2 auf größenordnungsmäßig 10% abschätzen[1]. Ansätze zu einer quantenmechanischen Behandlung der Übertragung von Schwingungsenergie durch Elektronenstoß sind kürzlich von MASSEY[2] gegeben worden.

Für die Übertragung von Rotationsenergie durch Elektronenstoß sind die Arbeiten über Intensitätsverteilung in der Rotationsfeinstruktur der Banden in Entladungsröhren heranzuziehen. Aus ihnen geht hervor, daß die Rotationsenergie durch Elektronenstoß sich praktisch nicht ändert. In Analogie zu den für Licht geltenden Auswahlprinzipien wird man eine Änderung um ± 1 Rotationsquant annehmen dürfen.

Kurz zusammengefaßt ergibt sich folgendes für die Chemie Wichtige: Dissoziation und Ionisierung durch Elektronenstoß treten im allgemeinen nicht bei den kritischen Werten auf, die man dafür

---

[1] FRANCK, J. u. A. EUCKEN: Z. physik. Chem. Abt. B Bd. 20 (1933) S. 460.

[2] MASSEY, H. S. W.: Trans. Faraday Soc. Bd. 31 (1935) S. 556.

aus spektroskopischen und chemischen Daten berechnet, sondern bei höheren Werten. Der Energieüberschuß wird in kinetische Energie der Spaltprodukte umgesetzt. Sein Betrag ergibt sich aus den Potentialkurven durch Anwendung des FRANCK-CONDON-Prinzips.

Für andere Moleküle als H_2 sind die Ergebnisse in den Tabellen 23 und 24, Bd. I und Tabelle 24, Bd. II nur tabellarisch zusammengestellt und durch einige Anmerkungen ergänzt.

B. Anregung (Ionisierung, Dissoziation) durch Stoß neutraler Atome bzw. Moleküle. (Umsatz von kinetischer Energie in Anregungsenergie.)

Beim Elektronenstoß war die kinetische Energie, die die *Elektronen* beim Durchlaufen elektrischer Felder gewonnen hatten, zum Umsatz in Anregungsenergie benutzt worden. Auch die kinetische Energie *neutraler* Teilchen kann dazu nutzbar gemacht werden. Darunter können wir einmal die kinetische Energie der gewöhnlichen Wärmebewegung verstehen; man spricht dann von „thermischer Anregung" durch molekulare Zusammenstöße. Zweitens können wir darunter die Anregung durch Stoß mit Neutralstrahlen (Atome, Moleküle) bekannter Geschwindigkeit verstehen.

Für den Stoßvorgang selbst werden wir wieder die Anregung von reiner Elektronenenergie, solcher mit Kernschwingungs- und Rotationsenergie und schließlich reiner Kernschwingungs- und Rotationsenergie gesondert betrachten.

§ 1. Temperaturanregung und Temperaturionisation.

a) Allgemeines über Temperaturanregung.

Wir behandeln zuerst den Fall der Anregung von Elektronenquantensprüngen durch molekulare Zusammenstöße. Der Einfachheit halber stellen wir die Überlegungen an einatomigen Gasen an und schließen chemische Reaktionen aus. Im allgemeinen ist auch bei relativ hohen Temperaturen die *mittlere* Energie der Wärmebewegung noch zu gering, um Atome oder Moleküle anregen zu können. Nach der MAXWELLschen Geschwindigkeitsverteilung gibt es aber Partikel mit kleinerer und solche mit größerer kinetischer Energie. Bei hohen Temperaturen können daher einige Teilchen kinetische Energien von der Größenordnung ihrer Anregungsenergie haben, und bei einem Zusammenstoß zweier solcher rasch bewegter Atome (oder Moleküle) können ihre Translationsenergien zur Anregung eines der stoßenden Teilchen verwandt werden. Die folgende Tabelle 19 zeigt, welcher Bruchteil an Atomen nach dem MAXWELLschen Verteilungsgesetz bei verschiedenen mittleren (abs.) Temperaturen des Gases eine kinetische Energie hat, die zur Anregung einer Resonanzlinie von 5000 Å genügt.

Tabelle 19.

T abs.	
500°	$7{,}1 \cdot 10^{-22}$
1000°	$5{,}7 \cdot 10^{-11}$
2000°	$1{,}35 \cdot 10^{-6}$
5000°	$7{,}5 \cdot 10^{-3}$

Handelt es sich um mehratomige Gase, so erfolgt mit dem Elektronensprung die gleichzeitige Anregung von Schwingungs- (und Rotations-) Energie. Bei ihnen können außerdem durch die molekularen Zusammenstöße *nur* Kernschwingungs- und Rotationsquanten angeregt werden. Wird dabei allmählich soviel Schwingungsenergie (evtl. auch Rotationsenergie, s. S. 127) übertragen, daß das Molekül auseinanderschwingt, so haben wir den dem Chemiker als thermische Dissoziation bekannten Prozeß vor uns. Hierbei erfolgt der Energieumsatz durch reine Stoßübertragung. Die Tatsache, daß in Molekülen durch die Wärmebewegung Rotationen und Kernschwingungen angeregt werden, haben wir schon früher bei der Berechnung der spezifischen Wärme benutzt. Auf die Anregung von reiner Kernschwingungsenergie (und Rotation) kommen wir unter d) noch einmal zu sprechen.

b) Experimentelle Methoden und Ergebnisse.

Eine einfache Erzeugungsart von Temperaturleuchten stellen die Flammen dar. Auf diese Weise werden z. B. die ultraroten Wasserdampf- und Kohlensäurebanden in den Bunsenflammen und vermutlich die OH-, CH- und C_2-Banden in den Ätherflammen angeregt. Allerdings spielen hier außerdem chemische Reaktionen, Molekülbildung und -zerfall eine nicht unerhebliche Rolle, wofür das sichtbare Leuchten der sog. kalten Flammen (z. B. Flamme von Schwefelkohlenstoff gemischt mit Tetrachlorkohlenstoff) ein Beispiel ist.

Unter sauberen Bedingungen wird das Temperaturleuchten in elektrischen Öfen beobachtet. Für Atome (Alkalien) ist es zuerst von PRINGSHEIM[1], dann sehr sorgfältig von GIBSON[2] (Thallium) und seither besonders ausführlich für zahlreiche Metallspektren von KING[3] untersucht worden. Auf Grund der Beobachtung, daß beim gleichen Metalldampf mit steigender Temperatur immer mehr Linien herauskommen, teilte KING die Spektrallinien in verschiedene Temperaturklassen ein. Diese Einteilung hat sich als wertvolles Hilfsmittel für die Ordnung der Atomserienspektren erwiesen.

Für einwandfreie Temperaturanregung von Molekülspektren besitzen wir ebenfalls einige Beispiele. KONEN[4] und WOOD[5] haben das Leuchten des Joddampfes oberhalb 550° C untersucht, welches auf Temperaturanregung beruht. B. ROSEN[6] hat dann das Temperaturleuchten der Dämpfe von Schwefel, Selen und Tellur studiert und die auftretenden Banden mit den von ihm beobachteten Fluoreszenzbanden übereinstimmend gefunden. Das Leuchten beginnt bei Temperaturen zwischen 800° und 1000° C merklich zu werden. KONDRATJEW und LEIPUNSKY[7] haben das Temperaturleuchten in den überhitzten Dämpfen von Cl_2, Br_2 und J_2 untersucht, wobei sie mit den Temperaturen bis zu 1000° C gingen. Die erhaltenen Spektren konnten mit den bekannten sichtbaren Absorptionsspektren identifiziert werden.

Neuere Untersuchungen haben fernerhin ergeben, daß die Anregung im Gleichstromlichtbogen vorwiegend thermischer Art ist. WITTE[8] hat nach Vorarbeiten von MANNKOPFF[9] diesen Schluß gezogen, nachdem es ihm gelungen war, im Lichtbogen die Anregung durch Temperaturbewegung von der Anregung durch im elektrischen Felde beschleunigte Elektronen zu trennen. Nach WITTE ist die Anregung bei Atmosphärendruck zu mehr als 98% thermischer Art, was sich mit Berechnungen von anderer Seite

[1] PRINGSHEIM, E.: Ann. Physik Bd. 45 (1892) S. 428; Bd. 49 (1893) S. 347; Bd. 51 (1894) S. 441.

[2] GIBSON, G. E.: Physik. Z. Bd. 12 (1911) S. 1145.

[3] KING, A. S.: Astroph. J. Bd. 21 (1905) S. 236 u. folg. Bände.

[4] KONEN, H.: Ann. Physik Bd. 65 (1898) S. 257.

[5] WOOD, R. W.: Philos. Mag. Bd. 12 (1906) S. 329.

[6] ROSEN, B.: Z. Physik Bd. 43 (1927) S. 69.

[7] KONDRATJEW, V. u. A. LEIPUNSKY: Z. Physik Bd. 50 (1928) S. 366; Bd. 56 (1929) S. 353.

[8] WITTE, H.: Z. Physik Bd. 88 (1934) S. 415.

[9] MANNKOPFF, R.: Z. Physik Bd. 76 (1932) S. 396.

deckt[1]. ORNSTEIN und Mitarbeiter[2] haben Intensitätsmessungen in im Lichtbogen emittierten Banden ausgeführt und eine dem MAXWELL-BOLTZMANNschen Gesetz entsprechende Verteilung gefunden. Es ist wahrscheinlich, daß diese „Rotationstemperatur" im wesentlichen mit der wahren Gastemperatur übereinstimmt. Die aus der Energieverteilung der Schwingungszustände folgende Temperatur stimmt mit der Rotationstemperatur überein. Das Bedenken, daß Messungen im Wechselstrombogen für die Feststellung einer Temperaturanregung nicht so geeignet sind, da hier Schwankungen der Temperatur im Verlaufe einer Schwingung auftreten können, scheint, wie man aus der Arbeit von WITTE schließen kann, nicht begründet. v. ENGEL und STEENBECK[3] haben die zu den Translationsgeschwindigkeiten der Moleküle gehörende Temperatur aus Gasdichtemessungen in der Achse eines Luft- bzw. Stickstoffbogens bestimmt und die gleichen Werte (5000^0 abs.) wie sie bei ORNSTEIN gefunden wurden, erhalten.

c) Temperaturionisation.

Bei genügend hohen Temperaturen kann die Anregung bis zur Ionisierung gehen, was sich z. B. in Flammen durch das Auftreten einer Leitfähigkeit bemerkbar macht. Nach dem unter a) Gesagten mag uns das verwunderlich scheinen, doch ist erstens der elektrische Nachweis von Ionen eine sehr empfindliche Methode, und zweitens kann man die Anzahl der ionisierten Teilchen nicht nach der Formel $Z_2 = Z_1 e^{-\frac{E}{kT}}$ berechnen. Bei der Ionisierung entstehen ja zwei Partikel (Ion und Elektron), und außerdem bedeutet die Ionisierung nicht die Anregung eines Zustandes, sondern eines Kontinuums von Zuständen. Man muß daher, wie EGGERT[4] getan hat, den Ionisierungsvorgang als richtiges chemisches Gleichgewicht behandeln, wobei in die Dissoziationsgleichung statt der chemischen Wärmetönung die Ionisierungsarbeit eingesetzt wird.

---

[1] MANNKOPFF, R.: Z. Physik Bd. 86 (1933) S. 161. — Siehe auch HÖRMANN, H.: Z. Physik, erscheint demnächst.

[2] Für Literatur s. W. DE GROOT u. M. PENNING: Handbuch der Physik Bd. 23/1 (1933) S. 182.

[3] ENGEL, A. v. u. M. STEENBECK: Wiss. Veröff. Siemens-Konzern Bd. 10 (1931) S. 155.

[4] EGGERT, J.: Physik. Z. Bd. 20 (1919) S. 570.

Die Theorie ist vor allem von SAHA[1] ausgebaut und auf Sternatmosphären angewandt worden. NOYES und WILSON[2] haben sie an Leitfähigkeitsmessungen in Flammen geprüft.

d) Umsatz von Translationsenergie in Schwingungsenergie und Rotationsenergie.

Wir haben in dem Abschnitt b) nur einen kleinen Teil von Experimenten erwähnt, in denen Translationsenergie in Schwingungsenergie (und Rotation) umgewandelt wird. Insbesondere haben wir bisher nichts über die Häufigkeit dieses Vorganges gesagt. Bevor wir darauf eingehen, seien einige experimentelle Gebiete genannt, in denen man auf Ausbeuten für den Umsatz von Translations- in Schwingungs- und Rotationsenergie schließen kann.

Zuerst erinnern wir uns an die auf S. 289 besprochenen Messungen der spezifischen Wärme nach der Schallgeschwindigkeitsmethode. Hier hatte sich z. B. für CO_2 ergeben, daß erst jeder $6 \cdot 10^4$te Stoß eine Umwandlung von Translations- in Schwingungsenergie bewirkt. Wir haben hier also eine sehr kleine Ausbeute. Umgekehrt ergibt sich eine relativ große Ausbeute aus Untersuchungen, in denen die Wirksamkeit verschiedener Gase auf bestimmte angeregte Moleküle studiert wird. Das kann geschehen, indem man die Molekülfluoreszenz bei Fremdgaszusatz untersucht. Das Molekül (z. B. Jod, Selen, Schwefel, SO_2) wird monochromatisch angeregt, d. h. durch Lichtabsorption in einen angeregten Elektronenzustand mit bestimmtem Schwingungs- und Rotationszustand gebracht. Bei ungestörter Ausstrahlung entstehen die von WOOD zuerst beobachteten Resonanzlinienzüge (s. S. 67), bei Störung durch das Fremdgas ein linienreicheres Spektrum. Der Vorgang wird mit *Überführung* bezeichnet. Aus der Veränderung des Fluoreszenzspektrums kann man angeben, wie oft ein oder mehrere Schwingungsquanten beim Zusammenstoß übertragen

---

[1] SAHA, M. N.: Philos. Mag. Bd. 40 (1920) S. 472. — Z. Physik Bd. 6 (1921) S. 40. — siehe auch FOWLER, R. H.: Philos. Mag. Bd. 45 (1923) S. 1 und MILNE, E. A.: Philos. Mag. Bd. 50 (1925) S. 547.

[2] NOYES, A. A. u. H. A. WILSON: Astroph. J. Bd. 57 (1923) S. 20; neuere Literatur in dem zusammenfassenden Bericht von H. A. WILSON: Rev. Mod. Physics Bd. 3 (1931) S. 156. — Vgl. auch ROLLA, L. u. G. PICCARDI: Philos. Mag. Bd. 7 (1929) S. 286.

wurden. Dabei findet sowohl eine Vermehrung, als auch eine Verminderung der Schwingungsenergie statt. Letzteres bedeutet die Umkehrung des bisher betrachteten Vorganges. Daß allgemein angeregte Atome (oder Moleküle) nicht nur durch Ausstrahlung in den Normalzustand zurückkehren, sondern daß sie ihre Anregungsenergie auch durch Zusammenstöße mit andern Partikeln (Elektronen, Atome, Moleküle) verlieren können, wobei die zur Verfügung stehende Energie nach den Stoßgesetzen in Form von kinetischer Energie zwischen den beiden Teilchen aufgeteilt wird, ist aus einfachen thermodynamischen Überlegungen zuerst von KLEIN und ROSSELAND[1] und von FRANCK[2] gefolgert worden. Diese sog. Stöße II. Art bedeuten die Umkehrung der Temperaturanregung. Sowohl die Zunahme wie die Abnahme der Schwingungsenergie bei molekularen Zusammenstößen ist recht häufig. Die Ausbeute für die Rotations- und Schwingungsüberführung ergibt sich in Jod mit Edelgaszusatz von der gleichen Größenordnung[3]. Sie übertrifft diejenige bei der Schalldispersion um mehrere Zehnerpotenzen.

Es besteht also ein großer Unterschied in der Ausbeute für die Zusammenstöße mit angeregten Molekülen und derjenigen bei den Schallgeschwindigkeitsuntersuchungen. Eine weitere Gruppe bilden schließlich die Untersuchungen der sog. pseudomonomolekularen Reaktionen, auf die wir in dem Abschnitt über Reaktionskinetik zu sprechen kommen werden (S. 419). Hier sei nur kurz erwähnt daß einige mehratomige meist organische Moleküle, wie N_2O_5, CH_3COCH_3, $C_{10}H_{16}$ bei höheren Drucken monomolekular, bei tieferen bimolekular zerfallen[4]. Der bimolekulare Zerfall setzt ein, sobald die Energiezufuhr durch die Stöße langsamer ist als der spontane Zerfall der aktivierten Moleküle. Er kann durch Zusatz von Fremdgasen wieder monomolekular gemacht werden, falls diese aktivierend wirken. Dabei ergab sich z. B. nach HINSHELWOOD, daß Dimethyläther durch Zusammenstöße mit eigenen Molekülen recht

---

[1] KLEIN, O. u. S. ROSSELAND: Z. Physik Bd. 4 (1921) S. 46.

[2] FRANCK, J.: Z. Physik Bd. 9 (1922) S. 259.

[3] RÖSSLER, F.: Z. Physik Bd. 96 (1935) S. 251. — ELIASCHEWITSCH, M.: Physik. Z. Sowjetunion Bd. 1 (1932) S. 510. — Für ältere qualitative Angaben s. z. B. WOOD, R. W. u. W. F. LOOMIS: Philos. Mag. Bd. 6 (1928) S. 231.

[4] Z. B. HINSHELWOOD, C. N. u. P. J. ASKEY: Proc. Roy. Soc., Lond. A Bd. 115 (1927) S. 215.

gut aktiviert wird, dagegen nicht nachweisbar durch Stöße mit N_2, CH_4 und He, während Wasserstoff wiederum gut wirksam ist*.

Fassen wir das experimentelle Material zusammen, so ist das Wesentlichste die große Individualität der Ausbeute bei den verschiedenen Stoßpartnern unter verschiedenen Bedingungen. Zwar ergibt eine einfache Anwendung der Impulssätze, daß nicht jeder Zusammenstoß, der mit der nötigen Energie erfolgt, zu einem Umsatz führen kann, aber die gefundene Individualität kann nicht ganz erklärt werden. Solche Überlegungen stammen vor allem von OLDENBERG[1], HEIL[2] und EUCKEN[3]. Sie ergaben, daß die Ausbeuten für die Umsetzung von Translations- in Schwingungs- und Rotationsenergie < 1 sind, außerdem sind Verschiedenheiten in der Ausbeute je nach den Massenunterschieden der zusammenstoßenden Teilchen zu erwarten. Es bleibt aber unverständlich der Unterschied von H_2 und He bei den pseudomonomolekularen Reaktionen, ferner die so sehr verschiedenen Ausbeuten bei den Fluoreszenz- und den Schallgeschwindigkeitsuntersuchungen. Es gelingt nun eine qualitative Deutung der Ergebnisse, wenn wir die gleiche Erweiterung vornehmen[4], die zum Verständnis der Anregung von Schwingungsquanten durch den Stoß langsamer Elektronen herangezogen wurde. Auch Molekülstöße können eine Störung des Elektronensystems und somit der Bindung bedingen. So beruht die verschiedene Wirksamkeit von Wasserstoff und He bei monomolekularen Reaktionen auf der Verschiedenheit ihrer Struktur. Die Potentialkurve des Wasserstoffs wird bei seiner Annäherung an das zu stoßende Teilchen selbst beeinflußt, und Austauschkräfte werden wirksam. Wir werden eine verschieden starke Beeinflussung erwarten, je nachdem ob das stoßende oder das gestoßene Teilchen oder beide abgeschlossene oder nichtabgeschlossene Elektronensysteme besitzen. Letztere werden leichter störbar sein und selbst leichter stören. In diesem Sinne wirken Radikale. Eine besonders wirksame Störung wird man vermuten, wenn die Stoßpartner (mindestens theoretisch) eine chemische

---

* Siehe auch den von M. VOLMER und Mitarbeitern untersuchten Einfluß von Fremdgasen auf den N_2O-Zerfall: Z. physik. Chem. Abt. B Bd. 19 (1933) S. 85; Bd. 21 (1933) S. 257; Bd. 25 (1934) S. 81.

[1] OLDENBERG, O.: Physic. Rev. Bd. 37 (1931) S. 194.

[2] HEIL, O.: Z. Physik. Bd. 74 (1931) S. 31.

[3] EUCKEN, A. u. R. BECKER: Naturwiss. Bd. 20 (1932) S. 85.

[4] FRANCK, J. u. A. EUCKEN: Z. physik. Chem. Abt. B Bd. 20 (1933) S. 460.

Verbindung eingehen können[1]. Daß Dipolgase gute Ausbeuten geben, beruht auf der elektrostatischen Störung der Elektronensysteme. Auch die großen Ausbeuten bei den Fluoreszenzuntersuchungen sind verständlich, da hier durch Zusammenstöße angeregte stark schwingende Moleküle getroffen werden, die somit leicht störbare Elektronensysteme besitzen.

Es fragt sich noch, ob bereits eine quantenmechanische Bearbeitung der besprochenen Stoßprobleme vorliegt. In der Tat existieren einige Arbeiten, die sich damit beschäftigen. ZENER[2] und RICE[3] haben den Austausch zwischen Schwingungs- und Translationsenergie behandelt. ZENER hat mit halb quantenmechanischen, halb klassischen Methoden ein vereinfachtes Modell untersucht und ist für allerdings sehr einfache Fälle zu Aussagen über die Wahrscheinlichkeit des betrachteten Energieaustausches gekommen. RICE hat die Überlegungen erweitert und vor allem auf die erwähnten pseudomonomolekularen Reaktionen anzuwenden versucht. Danach wird erwartet, daß H_2 in viel lebhafteren Energieaustausch mit den organischen Molekülen tritt als andere Gase; der beobachtete starke Unterschied zwischen H_2 und He konnte aber nicht recht erklärt werden. Im ganzen ist die Anwendungsmöglichkeit der Theorie auf experimentelle Ergebnisse wegen der vorgenommenen starken Idealisierungen noch unbefriedigend[4].

§ 2. Anregung (Ionisierung) durch Atom- bzw. Molekülstrahlen bestimmter Energie.

Hierfür liegen bisher nur wenige Experimentaluntersuchungen vor. BEECK[5] untersuchte die *Ionisation* von Argon und Neon durch neutrale Argonstrahlen, die durch Umladung (Näheres s. S. 398) erzeugt wurden. Die letzten Versuche sind mit Strahlen ausgeführt, die 350—650 Volt entsprechen. In diesem Gebiet steigt die Ionisierungsfunktion dauernd an. Die Ausbeute ist etwa viermal so groß wie beim Stoß von K^+ gegen A. BRASEFIELD[6]

[1] EUCKEN, A. u. R. BECKER: Z. physik. Chem. Abt. B Bd. 20 (1933) S. 472.

[2] ZENER, C.: Physic. Rev. Bd. 37 (1931) S. 536; Bd. 38 (1931) S. 277.

[3] RICE, O. K.: Physic. Rev. Bd. 40 (1932) S. 126. — J. Amer. Chem. Soc. Bd. 54 (1932) S. 4558.

[4] Zusatz b. d. Korr.: Siehe jedoch neuere Arbeiten, z. B. RICE, O. K. u. H. GERSHINOWITZ: J. Chem. Physics Bd. 3 (1935) S. 479.

[5] BEECK, O.: Z. Physik Bd. 76 (1932) S. 799. — Physic. Rev. Bd. 44 (1933) S. 317 — Ann. Physik Bd. 19 (1934) S. 121. — BEECK, O. u. H. WAYLAND: Ann. Physik Bd. 19 (1934) S. 129.

[6] BRASEFIELD, C. J.: Physic. Rev. Bd. 43 (1933) S. 785.

findet, daß die Edelgase A, Ne und He durch ihre eigenen Atome erst bei etwa 100 Volt ionisiert werden und durch fremde Edelgase im untersuchten Bereich bis 200 Volt überhaupt nicht. Die von ihm früher[1] gefundenen niedrigeren Einsatzpotentiale deutet er als durch sekundäre Elektronen veranlaßt. Die mit beschleunigten positiven Edelgasionen durchgeführten Ionisierungsversuche ergeben viel höhere Einsatzpotentiale, was mit ihrem Ladungszustand zusammenhängt. Wir kommen darauf und auf die hierher gehörenden theoretischen Überlegungen im Abschnitt über positive Ionen zurück.

In einer neuen Arbeit wird von MAURER[2] die *Lichtanregung* von He durch He-Atomstöße von 0 bis 6000 Volt untersucht. Es werden für 13 He-Linien die Anregungsfunktionen im Gebiet von 300 bis 6000 Volt angegeben, doch findet auch noch unter 100 Volt Lichtanregung statt. Beim Vergleich mit entsprechenden Elektronenstoßmessungen wird eine bemerkenswerte Ähnlichkeit zwischen He-Atomstoß und Elektronenstoß festgestellt.

C. Anregung (Ionisierung, Dissoziation) durch Stoß angeregter Atome bzw. Moleküle. (Umsatz von Anregungsenergie und Translationsenergie.)

§ 1. Allgemeine Bemerkungen zum Stoß zwischen angeregten und normalen Teilchen.

Wir hatten bereits auf S. 380 erwähnt, daß angeregte Atome (Moleküle) ihre Anregungsenergie nicht nur durch Ausstrahlung, sondern auch durch Stöße verlieren können. Wir setzten hinzu, daß sie dann nach dem Stoß als kinetische Energie der beiden Stoßpartner in Erscheinung tritt. Diese, eine Ausstrahlung verhindernden Stöße werden häufig Stöße II. Art genannt[3]. Wir müssen jetzt den Begriff der Stöße II. Art dahin erweitern, daß die Anregungsenergie des Atoms (Moleküls) beim Stoß auch wieder in Anregungsenergie überführt werden kann, wobei nur die übrigbleibende Energiedifferenz in kinetische Energie beider Teilchen aufgeteilt wird.

Die angeregten Atome oder Moleküle erzeugt man sich am bequemsten durch Einstrahlung. Der Nachweis einer derartigen

[1] BRASEFIELD, C. J.: Physic. Rev. Bd. 42 (1932) S. 11.

[2] MAURER, W.: Z. Physik Bd. 96 (1935) S. 489.

[3] Im Gegensatz hierzu werden die anregenden Stöße (Umsatz von kinetischer Energie in Anregungsenergie) oft als Stöße I. Art bezeichnet.

Umsetzung von Anregungsenergie ist einfach zu führen. Man bestrahlt z. B. ein Gemisch von Quecksilberdampf und einem andern Metalldampf, der eine langwelligere Resonanzlinie als jener besitzt, mit der Hg-Linie 2537 Å und photographiert die auftretende Fluoreszenz[1]. Solche Versuche sind mit Zumischung von Thallium, Blei, Wismut, Silber und Cadmium, Indium und Zink ausgeführt worden[2]. Bei niederer Temperatur treten dann in Fluoreszenz[3] nur diejenigen Linien auf, deren Anregungsenergie kleiner als die für die Linie 2537 Å benötigte ist. Diejenigen Linien sind besonders stark, deren Energie fast gleich der von 2537 Å ist. Wird die Temperatur jedoch so hoch gewählt, daß die Relativenergie beim Zusammenstoß einen merklichen Beitrag zur Anregung liefern kann, so treten auch kürzerwellige Spektrallinien auf.

§ 2. Gesetzmäßigkeiten bei der hier besprochenen Energieübertragung.

a) Prinzip der Resonanz.

Es hat sich allgemein gezeigt, daß bei niederer Temperatur Stöße II. Art selten sind, bei denen ein größerer Betrag von Anregungsenergie in Translationsenergie umgewandelt wird. Dieser Fall tritt z. B. in solchen Gemischen einatomiger Gase auf, bei denen die normalen Atome zur eigenen Anregung einen höheren Energiebetrag brauchen, als in der angeregten Atomsorte vorhanden ist. Eine wesentlich größere Ausbeute tritt ein, wenn eine Überführung von Anregungsenergie wieder in Anregungsenergie möglich ist, und nur kleine Energiebeträge als kinetische Relativenergie verbraucht werden. Die Ausbeute ist am größten, wenn eine vollständige Umwandlung von Anregungsenergie wieder in Anregungsenergie stattfindet[4]. Dieses ist möglich,

---

[1] Franck, J.: Z. Physik Bd. 9 (1922) S. 259. — Cario, G.: Z. Physik Bd. 10 (1922) S. 185.

[2] Literatur s. bei J. Franck u. P. Jordan (Anregung von Quantensprüngen) und bei P. Pringsheim (Fluoreszenz und Phosphoreszenz 1928); s. ferner die Artikel von W. de Groot und F. M. Penning und von P. Pringsheim im Handbuch der Physik Bd. 23/1, 2. Aufl. 1933.

[3] Die auf diese Weise angeregte Fluoreszenz nennt man sensibilisierte Fluoreszenz.

[4] Es hat sich als bequem erwiesen, als Maß der Ausbeute den Wirkungsquerschnitt einzuführen. Das ist der pro Atom (Molekül) für eine ganz bestimmte Gasdichte gerechnete wirksame Querschnitt für die einzelnen Prozesse multipliziert mit der Teilchenzahl pro cm^3.

wenn 1. das angeregte Teilchen neben seinem Zustand energetisch dicht benachbart einen zweiten (oder mehrere) besitzt, in den es beim Stoß übergehen kann — dann ändert sich die Translationsenergie des andern Stoßpartners wenig oder garnicht —, 2. das angeregte Teilchen sich in einem Zustand befindet, dessen Energie ganz oder nahezu mit einem angeregten Zustand des vor dem Stoß im Grundzustand befindlichen zweiten Teilchens übereinstimmt. In diesem Falle kann im Sinne der neuen Wellenmechanik ein Hin- und Herwandern der Energie von dem einen zum andern Teilchen stattfinden wie zwischen zwei gekoppelten Pendeln. Es entstehen schwache Wechselwirkungskräfte zwischen beiden, und wenn zunächst das eine Teilchen angeregt war, so wird allmählich die Energie auf das andere übergehen, und zwar mit um so größerer Wahrscheinlichkeit, je besser die Frequenzen der beiden Partikel miteinander übereinstimmen. In diesem Sinne spricht man von einer „Resonanzwirkung" bei Stößen.

b) Prinzip der Erhaltung der Multiplizität.

Es kommt nun nicht nur auf die energetische Lage der Niveaus in den beiden stoßenden Teilchen an, damit die Ausbeute der Übertragung von erheblicher Größe ist, sondern es spielt auch die Natur der Terme eine Rolle. Daß ihre Lebensdauern in Betracht kommen, erscheint selbstverständlich. Auch die statistischen Gewichte der Terme sind zu berücksichtigen. Außerdem hat WIGNER[1] gezeigt, daß nach der Quantenmechanik außer dem Energie-, Impuls- und Drehimpulssatz die Forderung gilt, daß bei der Energieübertragung im Stoßprozeß im Grenzfall verschwindender Koppelung zwischen Bahnbewegung und Spin der Elektronen die Multiplizität des Gesamtsystems erhalten bleiben muß. Unter Gesamtsystem wird dabei verstanden, daß die Elektronengebäude der beiden stoßenden Teilchen während des Stoßes zu einem System zusammengefaßt werden. BEUTLER und EISENSCHIMMEL[2] haben in einer Experimentaluntersuchung den WIGNERschen Erhaltungssatz bestätigt gefunden[3]. Dabei verwandten sie allerdings

[1] WIGNER, E.: Gött. Nachr. 1927 S. 375.

[2] BEUTLER, H. u. W. EISENSCHIMMEL: Z. physik. Chem. Abt. B Bd. 10 (1930) S. 89. — BATES, J. R.: J. Amer. Chem. Soc. Bd. 54 (1932) S. 569.

[3] Siehe auch eine Untersuchung von W. MAURER u. R. WOLF [Z. Physik Bd. 92 (1934) S. 100], die Experimente in He nur unter Verletzung des WIGNERschen Interkombinationsverbots deuten können.

schwere Atome, bei denen in der Anwendung des Satzes Vorsicht geboten ist.

Sie benutzten eine Entladung in Hg-Dampf mit geringem Kr-Zusatz. Beim Stoß eines metastabilen $^3P_2$-Kryptonatoms mit einem ^1S Hg-Atom ist für dieses Gesamtsystem eine Triplettmultiplizität anzusetzen. Nach dem Stoß kann das Kr nur im $^1S_0$-Grundterm sein, dagegen könnte sich das Hg nach der energetischen Resonanz im $5\,^1D_2$-Term oder im $5\,^3D_3$-Term befinden. Die Resonanzunschärfe[1] beträgt 0,033 bzw. 0,038 e-Volt. Die Erhaltung der Multiplizität erfordert den zweiten Übergang. Entsprechend sollen die instabilen $^3P_1$ Kr-Atome bevorzugt $6\,^3D_3$ vor $6\,^1D_2$ anregen. Die Resultate sind tatsächlich mit diesen Forderungen in Übereinstimmung. Die Anregung der Triplett-Terme im Hg kommt dann so zustande. daß während des Stoßes ein Elektronenaustausch zwischen ^3P Kr und ^1S Hg stattfindet. Er ist möglich durch die während der Stoßdauer (die viel größer ist als beim Elektronenstoß) herrschende Wechselwirkung zwischen den neutralen Teilchen.

§ 3. Theoretische Überlegungen.

Eine nähere Untersuchung der Stoßprozesse ist bisher nur für Stöße zwischen Atomen vorgenommen worden. Dabei kann man grob qualitativ das Gesamtsystem Atom A + Atom B vor dem Stoß durch eine Potentialkurve und nach dem Stoß durch eine andere Potentialkurve darstellen. Da sowohl vor wie nach dem Stoß das System aus zwei getrennten Atomen besteht, kommen als Potentialkurven vor allem Abstoßungskurven in Frage, wie wir sie für dissoziierende Moleküle kennengelernt haben. Es ist naheliegend. daß wir auch die früher besprochenen Begriffe von sich schneidenden oder sich nicht schneidenden Kurven auf die Darstellung der Stoßprozesse übertragen können. Soll eine Energieübertragung mit merklicher Wahrscheinlichkeit beim Stoß stattfinden, so ist auf alle Fälle erforderlich, daß die Kurven sich nahekommen.

Handelt es sich um Stöße zwischen Atomen und Molekülen oder Molekülen untereinander, so sind die Vorgänge viel komplizierter, da das Molekül in mehrfacher Weise innere Energie aufnehmen kann. Eine theoretische Behandlung dieser Stoßprozesse liegt noch nicht vor.

Für Atomstöße II. Art seien noch kurz die wichtigsten theoretischen Arbeiten genannt. Der Vorgang der dabei auf-

[1] Unter Resonanzunschärfe wird die Energiedifferenz zwischen dem angeregten und dem anzuregenden Term verstanden.

tretenden Energieübertragung wurde zuerst von NORDHEIM[1] mit korrespondenzmäßig-quantentheoretischen Betrachtungen untersucht. Er fand in Übereinstimmung mit dem Experiment qualitativ, daß bei einem Umsatz von Anregungsenergie zwischen Atomen diejenigen Übergänge beim Stoß bevorzugt werden, bei denen von der inneren Energie möglichst viel wieder in solche und möglichst wenig in Translationsenergie umgewandelt wird. KALLMANN und LONDON[2] haben dann mit einer halb klassischen, halb quantenmechanischen Rechenmethode das Auftreten von Resonanzerscheinungen bei Stößen II. Art behandelt, während MORSE und STÜCKELBERG[3], LONDON[4], LANDAU[5] und STÜCKELBERG[6] rein quantenmechanische Betrachtungsweisen anwandten.

§ 4. Einige Beispiele.

Auf die Tatsache der Bedeutung der Resonanz für Stöße II. Art hat zuerst FRANCK[7] hingewiesen. Den Beweis für eine scharfe Resonanz bei Stößen II. Art erbrachten dann zuerst BEUTLER und JOSEPHY[8] bei Beobachtungen der sensibilisierten Fluoreszenz in Hg—Na-Gasgemischen. Die Bestrahlung eines Hg—Na-Gemisches mit der Hg-Linie 2537 Å ergab eine Intensitätsverteilung, bei der diejenigen Na-Nebenserienlinien am stärksten auftraten, zu deren Anregung möglichst die gesamte Anregungsenergie des Hg nötig ist. Die Resonanz in den BEUTLER-JOSEPHYschen Versuchen war so scharf, daß trotz einer mittleren Translationsenergie von etwa 2,5 kcal Terme, die um 1 kcal abweichen, schon seltener erreicht wurden.

Als Beispiele für Stöße II. Art zwischen Atomen und *Molekülen* seien Versuche über Auslöschung der Atomfluoreszenz durch zugesetzte Molekülgase genannt. Hier kann Umsetzung der Anregungsenergie in die Freiheitsgrade der inneren Energie der Moleküle stattfinden, so daß die Moleküle nach dem Stoß

[1] NORDHEIM, L.: Z. Physik Bd. 36 (1926) S. 496.

[2] KALLMANN, H. u. F. LONDON: Z. physik. Chem. Abt. B Bd. 2 (1929) S. 207.

[3] MORSE, P. M. u. E. C. G. STÜCKELBERG: Ann Physik Bd. 9 (1931) S. 579.

[4] LONDON, F.: Z. Physik Bd. 74 (1932) S. 143.

[5] LANDAU, L.: Z. Physik Sowjetunion Bd. 1 (1932) S. 89.

[6] STÜCKELBERG, E. C. G.: Helv. phys. Acta Bd. 5 (1932) S. 370.

[7] FRANCK, J.: Erg. exakt. Naturwiss. Bd. 2 (1923) S. 106.

[8] BEUTLER, H. u. B. JOSEPHY: Naturwiss. Bd. 15 (1927) S. 540. — Z. Physik Bd. 53 (1929) S. 747.

Schwingungs- und Rotationsenergie enthalten, in einen angeregten Zustand des Elektronensystems übergehen bzw. auch dissoziieren können. Am genauesten ist in zahlreichen Arbeiten die Auslöschung der Hg-Resonanzfluoreszenz untersucht worden[1]. Selbst dieses einfache Problem bietet Schwierigkeiten. Erstens wird durch die zugesetzten Molekülgase die Absorption der Linie 2537 Å durch Stoßverbreiterung (und Abkürzung der Lebensdauer des angeregten Zustandes) verändert, und zweitens kommen außer dem Übergang in den Grundzustand solche Stöße in Frage, die einen Übergang in den metastabilen $2\,^3P_0$-Term ergeben. Die erste Schwierigkeit bedingt, daß man zur Anregung der Resonanzfluoreszenz nicht direkt die breite evtl. selbstumgekehrte Linie, wie sie die Hg-Lampe liefert, benutzen darf, denn in diesem Falle kann man durch Zusatz von Gasen im Resonanzgefäß statt der Abnahme sogar manchmal eine Zunahme der Fluoreszenz erhalten, da mit Verbreiterung des Absorptionsgebietes die stärkere Strahlung zu beiden Seiten von der Selbstumkehrstelle der erregenden Linie absorbiert wird. Man vermeidet die Störung, indem man als Lichtquelle eine Resonanzlampe ohne Gaszusatz verwendet und die Auslöschung der sekundären Resonanz in einem zweiten Gefäß mißt, dem steigende Mengen der Zusatzgase zugeleitet werden. Die erste dieser Arbeiten stammt von Stuart[2]. Er maß die Stärke der sekundären Fluoreszenz, die von der Oberfläche des zweiten Resonanzgefäßes zurückgestrahlt wird. Dies Verfahren ist ebenfalls nicht völlig genau, da mit wachsendem Gaszusatz das Licht der primären Fluoreszenz tiefer in das Resonanzgefäß eindringt; das gibt Störungen durch Reabsorption, sowie durch kleine Veränderungen der geometrischen Abbildungsverhältnisse. Zemansky[3] verbesserte daher das Verfahren, indem er als zweites Resonanzgefäß ein dünnes scheibenförmiges Rohr benutzte. In diesem wurde sowohl die Stärke der Absorption als Funktion des Druckes vom Zusatzgas gemessen als auch die Reemission. Auf diese Weise wurde eine Zahl von Gasen untersucht[4] und festgestellt, daß für die stark auslöschenden Gase die auslöschenden Stöße mit vergrößertem Wirkungsquerschnitt erfolgen. Viele Gase, wie N_2,

---

[1] Für ausführliche Literatur und experimentelle Angaben sei auf das Buch von P. Pringsheim, Fluoreszenz und Phosphoreszenz, verwiesen.

[2] Stuart, H. A.: Z. Physik Bd. 32 (1925) S. 262.

[3] Zemansky, M. W.: Physic. Rev. Bd. 36 (1930) S. 919.

[4] Siehe auch J. R. Bates: J. Amer. Chem. Soc. Bd. 52 (1930) S. 3825.

CO, CO_2, NH_3 und einige Kohlenwasserstoffe ergeben bevorzugt den Übergang $2\,^3P_1 - 2\,^3P_0$. Wood[1] beobachtete schon vorher diese starke Wirkung des Stickstoffs auf den Hg-Übergang $2\,^3P_1 \rightarrow 2\,^3P_0$. Er studierte im Absorptionsspektrum des Quecksilbers direkt das Auftreten von Linien, die vom Zustand $2\,^3P_0$ ausgehen, wenn er dem durch Einstrahlung der Linie 2537 Å angeregten Dampf bestimmte Fremdgase zusetzte. Analoge Schlüsse zog Donat[2] aus der Beeinflussung der durch Hg sensibilisierten Fluoreszenz durch zugesetzten Stickstoff. Der stark vergrößerte Wirkungsquerschnitt für den genannten Übergang bei Zusatz von Stickstoff[3] und den anderen Gasen steht in engem Zusammenhang mit der mehr oder weniger gut erfüllten Energieresonanz zwischen einem Schwingungsquant des stoßenden Moleküls und der Differenz $2\,^3P_1 - 2\,^3P_0$. Diese Energiedifferenz stimmt z. B. mit dem ersten Schwingungsquant + Rotationsquanten im N_2 (die Anregung erfolgt vom normalen N_2-Molekül mit Rotationsenergie aus) bis auf etwa 0,05 Volt überein. Der Wirkungsquerschnitt dieser Übertragung hat etwa den 10—15fachen gaskinetischen Wert[4].

In Gasen, in denen nur der Stoß II. Art $2\,^3P_1 - 2\,^3P_0$ vorkommt, interessiert das Schicksal der Hg-Atome im $2\,^3P_0$-Zustand. Ist das Gas völlig rein und sind Wandeinflüsse vermieden, so wird die Wahrscheinlichkeit dafür groß, daß ein Stoß I. Art den Übergang zurück in den $2\,^3P_1$-Zustand bewirkt. Die Häufigkeit dieser Übergänge nimmt mit wachsender Temperatur zu. Daher finden z. B. Cario und Franck keine Auslöschung für Stickstoff bei höherer Temperatur[5]. Bei tieferer Temperatur verstreicht eine so lange Zeit zwischen einem Stoß II. Art und einem evtl. möglichen Stoß I. Art, daß die Atome in $2\,^3P_0$-Zustand bei Anwesenheit geringer Verunreinigungen vorher Stöße mit diesen erleiden, die sie in den Grundzustand überführen. Dann beobachtet man Auslöschung in einer Stärke, die der Häufigkeit der durch Stöße hervorgerufenen Übergänge $2\,^3P_1 - 2\,^3P_0$ entspricht.

---

[1] Wood, R. W.: Proc. Roy. Soc., Lond. A. Bd. 106 (1924) S. 679.

[2] Donat, K.: Z. Physik. Bd. 29 (1924) S. 345.

[3] Oldenberg, O.: Z. Physik Bd. 49 (1928) S. 609. — Klumb, H. u. P. Pringsheim: Z. Physik Bd. 52 (1928) S. 610.

[4] Kallmann, H. u. F. London: Z. physik. Chem. Abt. B Bd. 2 (1929) S. 207.

[5] Cario, G. u. J. Franck: Z. Physik Bd. 37 (1926) S. 619. — Siehe auch G. Ramsauer: Z. Physik Bd. 40 (1927) S. 675.

Das Prinzip der Energieresonanz für Stöße II. Art zwischen angeregten Atomen und Molekülen darf jedoch nicht zu schematisch angewandt werden. Bei den vielen Schwingungs- und Rotationstermen eines Moleküls findet man immer energetisch gut stimmende Niveaus, besonders bei mehratomigen Molekülen, die aber durchaus nicht bevorzugt angeregt werden müssen. Die Anwendung der Energieresonanz bezieht sich ohne weiteres nur auf den Umsatz von Elektronenanregungsenergie wieder in solche. Übergänge, bei denen sie wesentlich in Kernschwingung oder Rotation umgesetzt wird, kommen nur vor, wenn beim Stoß starke Orts- und Geschwindigkeitsänderungen der schweren Massen eintreten. Das ist nach dem Impulssatz nur möglich, wenn ein Energieaustausch zwischen den Freiheitsgraden der schweren Massen selbst erfolgt. (Vgl. hierzu S. 73 Übertragung von potentieller Energie an die schweren Massen.)

Dissoziation durch Stöße II. Art tritt hingegen auf. Z. B. wird, wie FRANCK und CARIO zeigten, H_2 durch Zusammenstöße mit Hg-Atomen im $2\,^3P_1$- und im $2\,^3P_0$-Zustand mit großer Ausbeute dissoziiert. Wir kommen auf diesen Prozeß bei den sensibilisierten Photoreaktionen zurück (S. 438). Hier genügt zu erwähnen, daß die Tatsache der Dissoziation des H_2 nicht im Widerspruch steht mit der erwähnten geringen Wahrscheinlichkeit für Anregung von starker Schwingung, denn die Dissoziation wird anscheinend durch den Übergang des Elektronensystems des H_2 in die Abstoßungskurve des Triplettsystems hervorgerufen. Der Hauptsache nach handelt es sich also um einen Elektronensprung (wenn auch die Lage der Kerne hierbei nicht konstant bleibt).

Schließlich sei auf die Veränderung von Spektren in Entladungen bei Zusatz von Fremdgasen hingewiesen. Hier können gewisse Banden und Linien bei bestimmten Zumischungen geschwächt oder verstärkt werden, so daß die Intensitätsverteilung innerhalb eines Systems oder einer Bande eine andere ist wie bei Anregung ohne Zusatzgase[1]. Als Beispiel sei die selektive Anregung der sog. LYMAN-Banden in einem Argon-Wasserstoffgemisch genannt. LYMAN[2] hatte bei Anwesenheit von Spuren Wasserstoff in etwa 2—3 mm Argon, durch das eine starke unkondensierte Entladung geleitet wird, einen sehr vereinfachten Bandenzug des

[1] Literatur siehe z. B. bei O. S. DUFFENDACK und H. L. SMITH: Physic. Rev. Bd. 34 (1929) S. 68.

[2] Siehe bei E. E. WITMER: Physic. Rev. Bd. 28 (1926) S. 1223. Aus diesem Bandenzug hat zuerst WITMER die Dissoziationsarbeit des H_2-Moleküls ermittelt, eine genauere Bestimmung erfolgte von H. BEUTLER [Z. physik.

H_2 erhalten. Es wird ein einziger Anfangszustand der Banden angeregt, von dem aus erfolgen Übergänge nach einer Reihe von Schwingungszuständen des Grundniveaus. Diese selektive Anregung ist durch den Resonanzeffekt bei Stößen II. Art zu erklären, indem angeregte A-Atome ihre Energie möglichst vollständig (ohne Translationsenergie) an H_2-Moleküle als innere Energie abgeben.

Oft bewirkt die Übertragung beim Stoß II. Art eine Ionisierung des gestoßenen Teilchens, die bei genügender Energie mit gleichzeitiger Anregung des Ions verbunden sein kann. Im Spektrum treten dann bevorzugt die entsprechenden Funkenlinien auf[1] (s. auch S. 398). Analog sind Beobachtungen über die Veränderlichkeit der Zündspannung von Glimmentladungen in Edelgasen mit Gaszusatz zu deuten[2]. Metastabile Edelgasatome, etwa A-Atome, ionisieren im Stoß die Zusatzgase, z. B. Hg-Atome und erniedrigen auf diese Weise die Zündspannung. Reicht die Energie des metastabilen Atoms zur Ionisierung des Fremdgases nicht aus, so kann gegebenenfalls Anregung oder Dissoziation erfolgen. Setzt man z. B. einem A-Hg-Gemisch noch 1% H_2 oder N_2 zu, so sinkt die Wahrscheinlichkeit für die Ionisierung der Hg-Atome, weil die metastabilen A-Atome die Molekülgase anregen oder dissoziieren können. Die Folge ist ein erneutes Ansteigen der Zündspannung.

D. Anregung (Ionisierung, Dissoziation) durch Stoß von Atom- bzw. Molekülionen. (Umsatz von kinetischer Energie und Ionisierungsenergie in Anregungs- und Ionisierungsenergie.)

§ 1. Anregung und Ionisierung durch Ionenstoß.

Es liegt nahe, auch den Stoß positiver Ionen zur Bestimmung von Energiestufen in Atomen und Molekülen heranzuziehen, da Ionen infolge ihrer Ladung beschleunigt werden können wie Elektronen. Doch liegen hier die Verhältnisse viel komplizierter. Vor allem ist zu beachten, daß beim Zusammenstoß von Ionen mit neutralen Atomen nicht die ganze kinetische Energie zur Anregung oder Ionisation ausgenutzt werden kann, da nicht wie beim Elektronenstoß die eine Masse gegenüber der andern vernachlässigt

---

Chem. Abt. B Bd. 27 (1934) S. 287] aus einem weiteren solchen Bandenzug, s. hierzu S. 251.

[1] Lit. s. in d. zit. Handbuchartikel von W. DE GROOT u. F. M. PENNING.

[2] Siehe PENNING, F. M.: Z. Physik Bd. 46 (1928) S. 335; Physica Bd. 10 (1930) S. 47.

werden kann. Die Anregungsgrenze hängt also von der Natur der Ionen ab. Außerdem hängt sie von dem Winkel ab, den die Stoßrichtung mit der Bewegungsrichtung des Ions bildet. Derartige Betrachtungen stammen von FRANCK[1], JOOS und KUHLENKAMPFF[2] und ZWICKY[3]. FRANCK berücksichtigte neben dem Impulssatz noch die potentielle Energie des stoßenden und des neugebildeten Ions, die dadurch entsteht, daß das abgerissene Elektron sich wegen seiner kleinen Masse sehr schnell von den stoßenden Atomen trennt. Danach darf beim Stoß eines Ions auf ein Atom gleicher Masse die Ionisierung nicht unter dem vierfachen Wert der gewöhnlichen Ionisierungsspannung einsetzen. ZWICKYs Erklärung läuft im wesentlichen auf das Gleiche hinaus. Sowohl FRANCK wie ZWICKY machen darauf aufmerksam, daß die Ausnutzung der kinetischen Energie für Ionisationsprozesse wesentlich günstiger sein muß, wenn schnelle neutrale Atome mit neutralen Atomen zusammentreffen, als wenn es Ionen tun (S. 382). Der Grund liegt darin, daß die potentielle Energie des im ersten Falle gebildeten Paares Atomion-Atom wesentlich kleiner ist als die des im zweiten Prozeß gebildeten Paares Atomion-Atomion.

WEIZEL und BEECK[4] weisen darauf hin, daß in Übereinstimmung mit weiter unten zu besprechenden Experimenten die Ionisierungsausbeuten bei Stößen zwischen Edelgasen und positiven Alkaliionen bei bestimmten höheren Spannungen einen jähen Anstieg erfahren müssen. Dieses folgt aus der Abschätzung der Lage des Schnittpunktes der Potentialkurven des Systems Edelgasatom-Alkaliion und Edelgasion-Alkaliion. Es ist anzunehmen, daß die Kurve der potentiellen Energie von Edelgasion auf Alkaliion (z. B. $Ne^+ Na^+$) mit kleiner werdendem Kernabstand wegen der elektrostatischen Abstoßung schnell ansteigt, so daß ihr Schnittpunkt mit der Potentialkurve Edelgasatom-Alkaliion weit oberhalb der Ionisierungsspannung des Edelgases liegt. Hieraus ergeben sich die hohen Einsatzspannungen, die für die Ionisierung der Edelgase durch Alkaliionen nötig sind.

Für Moleküle werden die Überlegungen komplizierter, da außer Ionisationsvorgängen noch Dissoziationsprozesse eine Rolle spielen

---

[1] FRANCK, J.: Z. Physik Bd. 25 (1924) S. 312.
[2] JOOS, G. u. H. KUHLENKAMPFF: Physik. Z. Bd. 25 (1924) S. 257.
[3] ZWICKY, F.: Proc. Nat. Acad. Sci. Bd. 18 (1932) S. 314.
[4] WEIZEL, W. u. O. BEECK: Z. Physik Bd. 76 (1932) S. 250. — Siehe auch E. C. G. STÜCKELBERG: Helv. phys. Acta Bd. 5 (1932) S. 369.

können. Eine Theorie besteht noch nicht und die vorliegenden Experimente sind spärlich.

Es liegen nur sehr wenige Arbeiten vor, aus denen etwas über die *Mindestenergie* der *Anregung* für den Stoß langsamer Ionen entnommen werden kann. Für Moleküle, mit denen wir uns hier beschäftigen, gibt es keine derartigen Experimentaluntersuchungen [1], für Atome sind die älteren in dem Buche von FRANCK und JORDAN, die neueren in dem Bericht von BEECK besprochen worden. So findet KIRSCHSTEIN [2], der das Auftreten der Linie 2537 Å beim Zusammenstoß von Hg-Atomen mit Na-Ionen (KUNSMANsche Ionenquelle) bis zu Spannungen von 35 Volt hinunter verfolgen konnte, daß mit 50-Volt-Ionen von 10^5 Stößen einer zur Anregung führt. Mit Hg^+-Ionen beobachteten HANLE und LARCHÉ [3] Anregung im Quecksilber schon bei 50 Volt. Auf weitere Einzelheiten kann hier nicht eingegangen werden.

Eine Reihe von Arbeiten beschäftigt sich mit der Ionisation von Edelgasen durch die Alkaliionen Li^+, Na^+, Rb^+ und Cs^+*. Es wurde meist eine massenspektroskopische Anordnung benutzt. Im allgemeinen wird die Ionisation zwischen 100 und 300 Volt meßbar. An diesen Stellen ist der Ausbeuteanstieg bemerkenswert steil (s. S. 392). Die Ausbeute der Ionisierung kommt für höhere Geschwindigkeiten (etwa 500 Volt) in die Größenordnung der bei Elektronenstoß gefundenen; langsame Ionen ionisieren hingegen sehr viel schlechter als Elektronen gleicher Energie. Die Wahrscheinlichkeit der Ionisierung ist verschieden für verschiedene Edelgas-Alkaliion-Kombinationen. BEECK und MOUZON fanden, daß ein Edelgasatom von *dem* Alkaliion am leichtesten ionisiert wird (niedrigste Einsatzspannung), das dem Edelgas im periodischen System am nächsten steht (Übereinstimmung in der Zahl der äußeren Elektronen). VARNEY bestätigte qualitativ die Resultate von BEECK und MOUZON mit einer empfindlicheren Anordnung, in der die gebildeten Ionen durch das Zusammenbrechen einer Elektronen-Raumladung nachgewiesen werden. Er fand aber etwas niedrigere Einsatzspannungen, ferner konnte er mit Li^+-Ionen keine Ionisierung bekommen. Versuche mit den Molekülgasen H_2, N_2 und CH_4 verliefen ergebnislos, während FRISCHE mit schnellen K^+-Ionen (bis 4000 Volt) in H_2 schwache, in N_2 und CO stärkere Ionisation (etwa wie in Ne) gefunden hat.

---

[1] Aus einer Untersuchung von O. SCHMIDT [Ann. Physik Bd. 21 (1934) S. 241] ist nur zu entnehmen, daß K^+-Ionen von 200 Volt Geschwindigkeit in einer Reihe von Molekülgasen unelastische Stöße zu machen vermögen.

[2] KIRSCHSTEIN, B.: Z. Physik Bd. 60 (1930) S. 184.

[3] HANLE, W. u. K. LARCHÉ: Physik. Z. Bd. 32 (1932) S. 884.

* SUTTON, R. M.: Physic. Rev. Bd. 33 (1929) S. 364. — SUTTON, R. M. u. J. C. MOUZON: Physic. Rev. Bd. 35 (1930) S. 694; Bd. 37 (1931) S. 379. — BEECK, O.: Ann. Physik Bd. 6 (1930) S. 1001. — BEECK, O. u. J. C. MOUZON: Physic. Rev. Bd. 38 (1931) S. 967. — Ann. Physik Bd. 11 (1931) S. 737, 858. — MOUZON, J. C.: Physic. Rev. Bd. 41 (1932) S. 605. — NORDMEYER, M.: Ann. Physik Bd. 16 (1933) S. 706. — FRISCHE, C. A.: Physic. Rev. Bd. 43 (1933) S. 160. — MOUZON, J. C.: Physic. Rev. Bd. 44 (1933) S. 688. — VARNEY, R. N.: Physic. Rev. Bd. 47 (1935) S. 483. — Über Versuche mit Mg^+-Ionen s. MOUZON, J. C. u. N. H. SMITH: Physic. Rev. Bd. 48 (1935) S. 420.

§ 2. Dissoziation durch Ionenstoß.

Die Experimente, die sich mit einer durch Ionenstoß bewirkten *Dissoziation* befassen, kann man in zwei Klassen einteilen. In der einen wird die durch das stoßende Ion veranlaßte Dissoziation des gestoßenen Moleküls untersucht und in der anderen wird das stoßende Ion durch den Stoß selbst dissoziiert.

Zur Frage nach der Dissoziation von Molekülen durch den Stoß *langsamer* positiver Ionen haben LEIPUNSKY und SCHECHTER[1], MITCHELL[2], KUNSMAN und NELSON[3], SCHECHTER[4], sowie SEMENOFF und SCHECHTER[5] Beiträge geliefert. In den vier erstgenannten Arbeiten wird die Dissoziation von Wasserstoff durch Li^+-, Na^+-, K^+- und Cs^+-Ionen untersucht, in den beiden letzten diejenige von Stickstoff. In der Deutung der verschiedenen Versuche besteht noch Meinungsverschiedenheit. Der Effekt wird durch Druckabnahme nachgewiesen, denn die Atome werden unter den gewählten Bedingungen an den Wänden adsorbiert. Während MITCHELL, KUNSMAN und NELSON die Druckabnahme nicht auf eine Dissoziation des H_2 infolge Ionenstoßes zurückführen (KUNSMAN und NELSON bringen sie mit chemischen Reaktionen an der Ionenquelle in Zusammenhang), wird von den anderen Autoren auf Dissoziation (die sekundär erfolgen soll) geschlossen, und diese Ansicht erneut[6] begründet. Mit wachsender Ionengeschwindigkeit steigt die Dissoziationsausbeute an. Für N_2 wird nach SCHECHTER die Druckabnahme zwischen 20 und 30 Volt bei Zusammenstößen mit K^+-Ionen merklich (Ausbeute 1% für etwa 30 Volt).

Neuerdings ist die Bildung von NH_3 durch Stoß langsamer positiver Alkaliionen in einem Wasserstoff-Stickstoffgemisch untersucht worden[7]. Die Synthese setzt bei bestimmten kritischen Geschwindigkeiten ein, die mit dem Atomgewicht des Ions zunehmen. Es wird berechnet, daß das N_2-Molekül beim Stoß mit den Alkaliionen Energiebeträge von 17—22 Volt aufnimmt. Wie der

---

[1] LEIPUNSKY, A. u. A. SCHECHTER: Z. Physik Bd. 59 (1930) S. 857.

[2] MITCHELL, A. C. G.: J. Franklin Inst. Bd. 210 (1930) S. 269.

[3] KUNSMAN, C. H. u. R. A. NELSON: Physic. Rev. Bd. 40 (1932) S. 936. — J. Chem. Physics Bd. 2 (1934) S. 752.

[4] SCHECHTER, A.: Z. Physik Bd. 75 (1932) S. 671.

[5] SEMENOFF, N. u. A. SCHECHTER: Nature, Lond. Bd. 126 (1930) S. 436.

[6] SCHECHTER, A.: J. Chem. Physics Bd. 3 (1935) S. 433.

[7] FEDOROV, F., I. MOČAN, S. ROGINSKY u. A. SCHECHTER: C. R. Leningrad Bd. 2 (1934) S. 367.

Bildungsprozeß im einzelnen vor sich gehen soll, ist noch nicht klar.

Über die Dissoziation von Molekülen durch *schnelle* Ionen scheint bisher nichts Näheres bekannt geworden zu sein. Die für langsame Ionen gefundene relativ gute Ausbeute ist nach den Überlegungen über den Umsatz von Translationsenergie in innere Energie für Ionenstoß zu erwarten.

Die zweite Gruppe von Arbeiten ist mit Kanalstrahlen- und massenspektroskopischen[1] Methoden gewonnen worden. Aus Dopplereffektuntersuchungen an Kanalstrahlen ist bekannt, daß schnelle Molekülionen beim Stoß mit Atomen und Molekülen dissoziieren können[2]. Die Dissoziationsprodukte fliegen mit praktisch der gleichen Geschwindigkeit weiter wie das ursprüngliche Molekülion, und zwar in der alten Richtung.

Die Verhältnisse im Massenspektrographen sind von KALLMANN und Mitarbeitern[3] kürzlich nochmals eingehend untersucht worden. Durch Elektronenstoß gebildete Molekülionen wurden auf 400 Volt beschleunigt und konnten in einem besonderen Raume mit Gasatomen zusammenstoßen. Aus einer darauffolgenden magnetischen Ablenkung wurde ihr $\frac{m}{e}$-Wert bestimmt. Durch Zusammenstöße zerfallen z. B. CO^+ in C^+ und O, CO^{++} in C und O^{++}, NO^+ in N und O^+, NO_2^+ in NO^+ und O, NO_2^{++} in NO^{++} und O. Das Auffallende ist, daß bei diesen zwei- und dreiatomigen Molekülen immer nur *ein* Zerfallsprozeß bevorzugt auftritt. Offenbar erfolgt bei dem Zusammenstoß des schnellen Molekülions mit einem Gasatom ein Umsatz der kinetischen Energie in Kernschwingungsenergie des (unangeregten) Ions, die stets zu dem beobachteten Zerfall führt. Beim Elektronenstoß kann man hingegen aus neutralen Molekülen verschiedene Ionenarten freimachen. Das beruht darauf, daß die Moleküle auf dem Umweg über das Elektronensystem, nämlich als angeregte Molekülionen, zerfallen und je nach dem Anregungszustand verschiedene Atomionen (bzw. Molekülionen) ergeben können.

---

[1] SMYTH, H. D.: Physic. Rev. Bd. 25 (1925) S. 452. — KALLMANN, H. u. M. A. BREDIG: Z. Physik Bd. 43 (1927) S. 16.

[2] DEMPSTER, A. J. u. H. F. BATHO: Astroph. J. Bd. 75 (1932) S. 34.

[3] FRIEDLÄNDER, E., H. KALLMANN, W. LASAREFF u. B. ROSEN: Z. Physik Bd. 76 (1932) S. 60.

§ 3. Umladungen (Stöße II. Art bei Ionenstoß).

Bei den auf S. 393 behandelten Ionisierungsprozessen wurde angenommen, daß beim Stoß ein neues Ion gebildet wird, während das ursprüngliche Ion seine Ladung behält: $A^+ + B = A^+ + B^+ +$ Elektron. Es kann aber auch das Ion A^+ dem Teilchen B ein Elektron entreißen, indem es sich selbst dabei neutralisiert: $A^+ + B = A + B^+$. Dieser Vorgang, den wir als Stoß II. Art auffassen können, wird mit *Umladung* bezeichnet. Er ist zuerst bei Untersuchungen über Kanalstrahlen beobachtet worden. Hier steht zur Ionisierung von B außer der kinetischen Energie von A^+ noch seine Neutralisierungsenergie zur Verfügung. So kann bei kleiner Ionisierungsenergie von B und großer von A etwa ein angeregtes B^+ entstehen oder auch ein angeregtes A. Wenn z. B. ein Heliumion sehr kleiner Geschwindigkeit auf ein Cäsiumatom trifft (Gedankenexperiment), so kann es diesem ein Elektron entreißen und es selbst in einem angeregten Zustand binden. Das so entstandene angeregte He könnte weiter durch Strahlung oder durch Stoß II. Art ein nächstes Cs-Atom ionisieren. Handelt es sich um Stöße, bei denen Moleküle beteiligt sind, so ist außerdem noch Umsatz von Schwingungs- und Rotationsenergie möglich.

Die für Atomstöße II. Art gewonnenen Erkenntnisse, daß ein angeregtes Teilchen seine innere Energie um so besser an ein normales Teilchen abgeben kann, je geringer die in kinetische Energie umzuwandelnde Restenergie ist, sind von Kallmann und Rosen[1] und Morse und Stückelberg[2] auch auf die Umladung angewandt werden. Wir werden erwarten, daß die Umladung um so wahrscheinlicher ist, je kleiner die Differenz der Ionisierungsspannungen ist, daß also für kleinere und größere Ionengeschwindigkeiten die Umladungswahrscheinlichkeit besonders groß ist, wenn die Ionen und neutralen Moleküle der gleichen Gassorte angehören.

Umladungsvorgänge sind, wie bereits erwähnt, schon früher bei Kanalstrahluntersuchungen bemerkt worden. Zu den ersten quantitativen Aussagen über Umladungs- und Stoßquerschnitte

---

[1] Kallmann, H. u. B. Rosen: Z. Physik Bd. 61 (1930) S. 61.

[2] Morse, P. M. u. E. C. G. Stückelberg: Ann. Physik Bd. 9 (1931) S. 579.

kam DEMPSTER[1] beim Studium des Verhaltens von H^+ und H_2^+-Ionen gegenüber Stößen mit He-Atomen. Für unser vorliegendes Problem wichtiger sind die folgenden Untersuchungen, bei denen wegen der kleineren Ionengeschwindigkeiten die Resonanzerscheinungen ausgeprägter sind. Die Untersuchungsmethoden waren die der Massenspektroskopie. SMYTH und HARNWELL einerseits und HOGNESS und LUNN[2] andererseits ionisierten gleichprozentige Gasgemische durch Elektronenstoß, wobei die stoßenden Elektronen kinetische Energien hatten, die oberhalb der Ionisierungsenergie der beiden Gassorten lagen. Bei der Messung der relativen Intensität der beiden Ionen in Abhängigkeit vom Druck des Gasgemisches fanden sie, daß die relative Intensität des Ions mit der höheren Ionisierungsspannung mit zunehmendem Drucke regelmäßig abnahm. Sie erklärten den Effekt durch Stöße zwischen Ionen und Atomen oder Molekülen, bei welchen die Ionen diesen ein Elektron entreißen, sich neutralisieren und Ionen kleinerer Ionisierungsspannung bilden. In diesen ersten Untersuchungen haben sie folgende Prozesse beobachtet

$$He^+ + Ne = Ne^+ + He \qquad A^+ + NO = NO^+ + A$$
$$Ne^+ + A = A^+ + Ne \qquad He^+ + NO = NO^+ + He$$

Mit abnehmendem Druck nehmen diese Reaktionen ab. Entsprechende Umladungen beobachtete HARNWELL[3] in Gemischen von Edelgasen mit Wasserstoff und Stickstoff, während SMYTH und STÜCKELBERG[4] die Stöße II. Art in Gemischen von Sauerstoff mit Edelgasen untersuchten. Aus allen diesen Arbeiten geht hervor, daß die Häufigkeit eines derartigen Prozesses um so größer ist, je geringer die Differenz der Ionisierungsspannungen der beteiligten Ionen ist, wie wir auch nach dem früher Gesagten erwarten würden.

Diese Umladungserscheinungen sind der Grund gewesen, daß in früheren massenspektroskopischen Untersuchungen ein Teil der gebildeten Ionen oft als durch sekundäre Prozesse entstanden gedeutet wurde, wie

[1] DEMPSTER, A. J.: Philos. Mag. Bd. 3 (1927) S. 115. In einer älteren Arbeit [Philos. Mag. Bd. 31 (1916) S. 438] war DEMPSTER zuerst darauf aufmerksam geworden, daß die relativen Mengen an H^+-, H_2^+- und H_3^+-Ionen, die in Wasserstoff gebildet wurden, mit dem Druck variierten.

[2] SMYTH, H. D., G. P. HARNWELL, T. R. HOGNESS, E. G. LUNN: Nature, Lond. Bd. 119 (1927) S. 85. — HARNWELL, G. P.: Physic. Rev. Bd. 29 (1927) S. 683. — HOGNESS, T. R. u. E. G. LUNN: Physic. Rev. Bd. 30 (1927) S. 26.

[3] HARNWELL, G. P.: Physic. Rev. Bd. 29 (1927) S. 830.

[4] SMYTH, H. D. u. E. C. G. STÜCKELBERG: Physic. Rev. Bd. 32 (1928) S. 779.

Kallmann und Rosen[1], die diese Ionenumladungen sehr sorgfältig studiert haben, zeigen konnten. Sie fanden, daß das Intensitätsverhältnis der zu messenden Ionen nicht nur durch Umladungen im *Ionisierungsraum*, sondern auch im *Ablenkungsraum* beeinflußt werden kann. Nun kommt der Effekt folgendermaßen zustande: Kommt ein Ion A^+ in die Nähe eines ruhenden neutralen Teilchens B, so wird infolge einer Wechselwirkung zwischen A^+ und B während der Stoßdauer das am lockersten gebundene Elektron von B eine Weile zwischen A^+ und B hin und her wandern, bis schließlich die Teilchen wieder auseinanderfliegen. Ist dabei das pendelnde Elektron gerade bei A^+, so ist das Teilchen neutralisiert und B bleibt als Ion zurück, d. h. es hat eine Umladung $A^+ + B = B^+ + A$ stattgefunden. Da im wesentlichen ein Umsatz von innerer Energie stattgefunden hat, braucht sich die Geschwindigkeit von A nur wenig zu ändern. Wir erhalten also ein neutrales schnelles Teilchen A und ein *langsames* Ion B^+. Bei Umladung im Ablenkungsraum wird dieses im Massenspektrographen nicht gemessen und wir beobachten nur eine Schwächung der Intensität von A^+. Nach Kallmann und Rosen beruht also die Änderung des Intensitätsverhältnisses auf einer verschiedenen Ionenabsorption im Ablenkungsraum, nach den amerikanischen Forschern auf einer Umladung im Ionisierungsraum. Wahrscheinlich wird je nach den Umständen jede dieser Erklärungen zutreffen.

Kallmann und Rosen fassen ihre Resultate kurz so zusammen: Atomares Ion im atomaren Gas zeigt im allgemeinen schlechte Umladung, wenn die Neutralisierungsenergie N des primären Ions größer oder kleiner als die Ionisierungsenergie J des zu bildenden Ions ist. Ist einer der Stoßpartner (oder beide) ein Molekül, so wird ein Ion nur dann schlecht umgeladen, wenn $N < J$ ist. Wenn $N > J$ ist, dann kann gute Umladung wegen der möglichen Anregung von Kernschwingungen vorhanden sein.

Es ist klar, daß man mit Hilfe der besprochenen Umladungserscheinungen Grenzen für bisher unbekannte Ionisierungsspannungen gewinnen kann, indem man die Stärke der Umladung der betreffenden Atome oder Moleküle in verschiedenen Gasen studiert. Kallmann und Rosen[2] haben auf diese Weise die Ionisierungsspannung von CN auf 14 Volt und die von C_2 auf etwa 12 Volt abgeschätzt.

Als eine weitere Methode zur Untersuchung von Umladungen sei noch das Studium von Erscheinungen im Niederspannungsbogen unter Zusatz von Gasen genannt. Duffendack und Mitarbeiter[3] haben Bogenentladungen z. B. in H_2, Ar, Ne, He unter Zumischung von Metalldämpfen untersucht. Aus den emittierten Funkenlinien kann auf die gebildeten angeregten Ionen geschlossen werden[4]. Auch hier ist der Wirkungsquerschnitt für diejenige Umladung mit Anregung am größten, für die der Energiebetrag am geringsten ist, der in kinetische Energie umgesetzt werden muß.

[1] Kallmann, H. u. B. Rosen: Z. Physik Bd. 61 (1930) S. 61.

[2] Kallmann, H. u. B. Rosen: Z. Physik Bd. 61 (1930) S. 332.

[3] Duffendack, O. S. u. H. L. Smith: Physic. Rev. Bd. 34 (1929) S. 68. Duffendack, O. S. u. K. Thomson: Physic. Rev. Bd. 43 (1933) S. 106; daselbst weitere Literatur.

[4] Die Methode erinnert an die von Paschen benutzte Hohlkathodenanordnung für die Anregung und Ionisierung von Edelgasen durch metastabile Atome.

Weitere andersartige Experimente, aus denen auf Umladungen geschlossen werden kann[1], sind in dem erwähnten Bericht von DE GROOT und PENNING zusammengestellt. Auf andere Wirkungen langsamer Ionen- (bzw. Molekül-) Strahlen, wie die Elektronenauslösung an metallischen Oberflächen, sei hier nicht eingegangen.

VII. Weitere Anwendungen spektroskopischer Ergebnisse auf chemische Probleme.

Die chemischen Reaktionen zwischen Gasatomen und Gasmolekülen sind als Zusammenstöße aufzufassen, bei denen alle möglichen Arten der Energieumsetzung stattfinden. In der Regel haben die Stoßpartner oder einer von ihnen vor dem Stoß außer der kinetischen Energie ihrer Translationsbewegung noch innere Energie, sei es in Form von Elektronenanregungsenergie mit oder ohne Schwingungs- und Rotationsenergie, sei es in Form reiner Schwingungs- und Rotationsenergie. Von diesen Energiebeträgen hängt der Verlauf des Stoßes und damit der chemischen Reaktion ab. Geschieht die primäre Anregung der Teilchen durch Licht, so spricht man von photochemischen Prozessen. Sie kann auch durch Elektronenstoß erfolgen oder durch Stoß II. Art, wobei aber das die Energie zuführende Fremdatom oder -molekül seine Anregungsenergie in der Regel durch Lichtabsorption erworben hat (sensibilisierte Photoreaktionen).

Die primäre Anregung eines Moleküls ist in den vorhergehenden Abschnitten ausführlich besprochen worden. Mit Hilfe der heutigen Kenntnisse der Molekülspektren ist es für eine Reihe von Fällen möglich, die photochemischen Primärreaktionen nicht nur für die Gasphase, sondern auch für Lösungen und feste Körper anzugeben. Die auf die primären Photoreaktionen folgenden Sekundärreaktionen verhalten sich wie gewöhnliche chemische Reaktionen[2]. Im folgenden sei zuerst auf die photochemischen Primärreaktionen eingegangen.

A. Die photochemischen Primärreaktionen.

§ 1. Das EINSTEINsche Äquivalentgesetz.

Mit ein paar Worten sei zur Einleitung an das Gesetz erinnert, das die Grundlage für die moderne Photochemie bildet, das EIN-

[1] Über den Einfluß der Umladung auf Probleme der Beweglichkeit von Gasionen siehe z. B. TYNDALL, A. M. u. C. F. POWELL: Proc. Roy. Soc., Lond. A Bd. 132 (1932) S. 125.

[2] Für die Anwendungen auf photochemische Prozesse sei besonders auf das Buch „Grundlagen der Photochemie" von K. F. BONHOEFFER und P. HARTECK, Dresden: Theodor Steinkopff, 1933 verwiesen.

STEINsche Äquivalentgesetz[1]. Dieses Gesetz, das auf die eigentlichen photochemischen Reaktionen zuerst von J. STARK[2] angewendet worden ist, sagt aus, daß der Energiebetrag E, den ein Molekül primär aus einer Strahlung der Frequenz ν aufnimmt, durch $E = h\nu$ gegeben und als Vorrat für weitere Reaktionen zur Verfügung steht. Er beträgt bei gelbem Licht etwa 50 kcal, bei violettem Licht 70 kcal und bei ultraviolettem Licht von 2000 Å 140 kcal pro Mol[3].

Das Äquivalentgesetz gilt streng nur für den Primärvorgang, d. h. obgleich pro absorbiertes Lichtquant ein Molekül angeregt wird, ist doch nicht die Zahl der absorbierenden Moleküle stets gleich der Zahl der chemisch umgesetzten. Das Verhältnis der Zahl der chemisch umgesetzten Moleküle des absorbierenden Stoffes zur Zahl der absorbierten Lichtquanten wird meist als Quantenausbeute der photochemischen Reaktion bezeichnet.

§ 2. Die Natur des photochemischen Primärprozesses.

Der Primärprozeß kann zweierlei Art sein. Entweder besteht er in einer *Aufspaltung* der absorbierenden Moleküle in Atome bzw. kleinere Moleküle oder Atomgruppen (WARBURG, NERNST)[4]. Diese gehen dann in darauffolgenden Stoßprozessen mit den übrigen Molekülen Umsetzungen ein. Oder der Primärprozeß besteht in einer *Überführung* eines Moleküls aus dem *normalen* in einen *angeregten* Zustand (STERN und VOLMER)[5]. Die primär angeregten Moleküle können dann entweder beim Stoß zerfallen oder mit den übrigen Molekülen chemisch reagieren.

§ 3. Erkennen des photochemischen Primärprozesses am Absorptionsspektrum der betreffenden Substanz.

Daß man heute das Auftreten beider Typen einer Primärreaktion in den meisten einfacheren Fällen direkt aus dem Ab-

---

[1] EINSTEIN, A.: Ann. Physik Bd. 17 (1905) S. 148; Bd. 37 (1912) S. 332 und 381.

[2] STARK, J.: Physik. Z. Bd. 9 (1908) S. 889.

[3] Für ein Mol (= $6{,}06 \cdot 10^{23}$) Lichtquanten haben M. BODENSTEIN und C. WAGNER [Z. physik. Chem. Abt. B Bd. 3 (1929) S. 456] die Bezeichnung „1 Einstein“ = 1 E vorgeschlagen.

[4] WARBURG, E.: Berl. Akad. 1916 S. 314; Z. Elektrochem. Bd. 26 (1920) S. 54; Bd. 27 (1921) S. 133. — NERNST, W.: Z. Elektrochem. Bd. 24 (1918) S. 335.

[5] STERN, O. u. M. VOLMER: Z. wiss. Photogr. Bd. 19 (1920) S. 275.

sorptionsspektrum des Moleküls ablesen kann, ist eine Erkenntnis, die wir FRANCK verdanken. Seine Überlegungen sind früher ausführlich besprochen worden (S. 74). Wir brauchen darum die Ergebnisse hier nur noch einmal zusammenfassend zu erwähnen, wobei wir uns auf Abb. 26 (S. 75) beziehen. Die Überlegungen gelten für Gasreaktionen, können aber zum Teil auf Reaktionen in anderen Phasen angewandt werden, wenn die Wirkung durch die Nachbarmoleküle berücksichtigt wird.

a) Die photochemische Dissoziation in einem Elementarakt.

Ist, wie in Diagramm c (Abb. 26), der Übergang durch Lichtabsorption vom nichtschwingenden Normalzustand nach dem angeregten Zustand mit einer Dissoziation des Moleküls verbunden, wobei die beiden sich trennenden Atome mit kinetischer Energie auseinanderfliegen, so werden wir in diesem Falle ein kontinuierliches Absorptionsspektrum erwarten. Dabei mögen die Potentialkurven so liegen, daß auch vom schwingenden Normalzustand (falls er bei den Versuchstemperaturen vorhanden ist) ein Übergang ins Kontinuum erfolgt. Dieser Fall liegt immer vor, wenn der angeregte Zustand einer Abstoßungskurve entspricht. Erste Erkenntnis: *Kontinuierliche Absorptionsspektren deuten auf eine primäre photochemische Dissoziation des Moleküls hin*[1].

Verlaufen die Kurven nach Abb. 26b, so sind vom nichtschwingenden Normalzustand Übergänge nach den höheren Schwingungen des angeregten Zustandes bis zur schließlichen Dissoziation möglich. Das Gleiche gilt für den schwingenden Normalzustand. Wir erwarten eine Reihe von Banden, die, da die Schwingungszustände eines Moleküls mit wachsender Quantenzahl näher aneinanderrücken, zu einer Grenze konvergieren, an die sich eine kontinuierliche Absorption anschließt. Ihr Beginn zeigt die einsetzende Dissoziation an. Zweite Erkenntnis: Sehen wir eine Reihe von *Absorptionsbanden nach einer Grenze konvergieren, an die sich kontinuierliche Absorption anschließt, so zeigt die Grenze den Beginn einer primären photochemischen Dissoziation an.*

Erfolgt durch Lichtabsorption ein Übergang vom Grundzustand zu einem angeregten Zustand α, dessen Potentialkurve nach Abb. 40a von der Potentialkurve eines Zustandes α' geschnitten wird, so

[1] Bei besonderer Lage der Potentialkurven können in den Kontinua wellige Intensitätsschwankungen auftreten (s. S. 122).

werden wir die üblichen Absorptionsbanden mit Feinstruktur so lange sehen, bis wir zu Niveaus gelangen, die oberhalb des Schnittpunktes von α mit α' liegen (D und E). Von hier ab werden die Übergänge unscharfe Banden ergeben, da ein Teil der Moleküle von der Kurve α auf die Kurve α' gerät und dort durch Auseinanderschwingen dissoziiert. Von diesen Stellen ab wird *Prädissoziation* beobachtet. Dritte Erkenntnis: *Aus dem Unscharfwerden einer Bandenfolge kann auf das Einsetzen eines photochemischen Primärprozesses der Dissoziation geschlossen werden.*

Die in den drei Fällen entstehenden Dissoziationsprodukte können normale oder angeregte Atome sein. Statt derartige Absorptionsspektren aufzunehmen, kann man die photochemische Zersetzung der Moleküle — falls es sich um Trennung in Atome handelt, von denen mindestens eins angeregt ist — auch durch das Auftreten von Atomfluoreszenz beobachten. Statt der langwelligen Grenze der kontinuierlichen Absorption bestimmt man dann die Grenzwellenlänge, bei der noch Atomfluoreszenz zu erhalten ist.

Die genannten Überlegungen gelten für zweiatomige gasförmige Moleküle. Für mehratomige liegen wegen der größeren Zahl von Schwingungsmöglichkeiten die Verhältnisse komplizierter. Die einfachen Potentialkurven sind durch Flächen zu ersetzen. Wenn auch ihre Diskussion im einzelnen sich schwieriger gestalten muß, so bleiben doch die als erste und zweite Erkenntnis bezeichneten Schlüsse prinzipiell bestehen. Allerdings sind Bandenkonvergenzen bei mehratomigen Molekülen noch nicht beobachtet worden, eben weil die alleinige hohe Anregung einer Schwingung im allgemeinen unwahrscheinlich ist. Kontinua sind die bei ihnen weitaus am häufigsten auftretenden Spektren. Die dritte Erkenntnis ist auf mehratomige Moleküle sinngemäß zu übertragen.

Die photochemische Zersetzung mehratomiger Moleküle kann entsprechend ebenfalls durch Fluoreszenzversuche ihrer Dissoziationsprodukte nachgewiesen werden, nur daß hier außer Atomfluoreszenz auch Molekülfluoreszenz auftreten kann.

b) Molekülanregung als Primärprozeß.

Wir kommen nun zum zweiten Typus eines photochemischen Primärprozesses, der in einer Molekülanregung besteht. Auch diesen können wir aus dem Spektrum ablesen; es handelt sich hier um Fälle, die durch das Kurvenbild Abb. 26a dargestellt werden. In den Spektren sieht man eine mehr oder minder lange Reihe von Banden, die entsprechend mehr oder weniger weit von der Konvergenzstelle entfernt sind, das Kontinuum fehlt ganz. Daher können wir sagen: *Besteht das Absorptionsspektrum aus einer diskreten Bandenreihe ohne Konvergenzstelle und Kontinuum, so kommt als photochemischer Primärprozeß Molekülanregung in Frage.* Die Überlegungen sind ohne weiteres auf mehratomige Moleküle zu übertragen. Die angeregten Moleküle müssen nun, damit photochemische Wirkungen beobachtet werden, innerhalb der Lebensdauer ihres Anregungszustandes mit den übrigen Molekülen Zusammenstöße machen können. Auf diese Sekundärreaktionen kommen wir noch zu sprechen (S. 434).

c) Bemerkungen zu photochemischen Primärprozessen in kondensierter Phase.

In Flüssigkeiten und Lösungen sind die Spektren in der Regel unschärfer als in gasförmiger Phase. Rotationsstruktur ist selten zu sehen, häufig ist auch die Schwingungsstruktur verwischt. Das liegt z. B. an Starkeffekten durch Nachbarmoleküle, Stoßdämpfung, Abkürzung der Lebensdauer durch Zusammenstöße mit den Molekülen des Lösungsmittels usw. Die Bedingungen für ein Erkennen des Primärprozesses sind infolgedessen hier häufig recht ungünstige. Entsprechendes gilt für feste Körper. Ist das entsprechende Spektrum in der Gasphase völlig geklärt, so kann man mit Vorsicht oft eine Übertragung auf den kondensierten Zustand vornehmen. Besonders einfach liegt der Fall, wenn es sich um Stoffe geringer Verdampfungs- und Sublimationswärme handelt. Hier sind die Spektren im gasförmigen und flüssigen oder festen Zustand einander sehr ähnlich. Z. B. stimmt das Absorptionsspektrum von gasförmigem und flüssigem Brom in seinem allgemeinen Verlauf weitgehend überein, wenn man von dem Verschwinden der feineren Struktur absieht.

Die gleichen Verhältnisse liegen vor, wenn zwischen gelöstem Stoff und Lösungsmittel geringe Wechselwirkung besteht, d. h. Solvatation und Hydratation (das sind Bindungen zwischen gelöstem Stoff und Lösungsmittelmolekülen) eine kleine Rolle spielen. Hingegen finden wir sehr große Veränderungen gegenüber den Absorptionsspektren gasförmiger Moleküle bei Ionenkristallen und elektrolytisch dissoziierten wässerigen Lösungen, bei denen große Solvatisierungsenergien vorliegen. Hier kann man im allgemeinen keine direkten Vergleiche der entsprechenden Spektren vornehmen. Doch ist auch hier in einigen Fällen ein Verständnis des Primärprozesses gelungen (s. S. 415).

Ähnliche Schwierigkeiten gelten für eine Diskussion der Quantenausbeuten. Sie lassen sich nach FRANCK und RABINOWITSCH[1] darauf zurückführen, daß in Lösungen die Partikel immer im Zustand des Zusammenstoßes sind. Die Unterscheidung zwischen Dissoziation in einem Elementarakt und Dissoziation eines angeregten Moleküls durch Zusammenstoß, die bei Gasen nicht zu hohen Druckes sinnvoll war, fällt weg, denn hier ist auch für die Dauer einer Halbschwingung, also im Mittel für 10^{-13} sec, das in einem Elementarakt dissoziierte Molekül ein angeregtes Teilchen. Auch während dieser äußerst kurzen Lebensdauer des angeregten Zustandes treten in Lösungen immer Zusammenstöße auf, so daß man hier prinzipiell mit den Möglichkeiten der Energiedissipation durch Zusammenstöße rechnen muß. Im Falle der Photolyse führt das zu einer Verminderung der Quantenausbeute für den Primärakt, die mit wachsender Überschußenergie weniger bemerkbar wird. Wenn schließlich eine primäre Dissoziation wirklich eingetreten ist, besteht eine merkliche Wahrscheinlichkeit für die Rekombination der gleichen Dissoziationspartner, da die Teilchen in relativ nahem Abstand voneinander ihre kinetische Überschußenergie bereits eingebüßt haben. Man sollte somit in Flüssigkeiten für den photochemischen Primärakt allgemein eine Ausbeute < 1 erwarten. Die Ausbeute 1 ist sicher möglich, wenn eine Dissoziation so vor sich geht, daß sofort abgeschlossene Moleküle oder wenigstens ein abgeschlossenes Teilchen entstehen, die sehr oft zusammentreffen können, ohne zurückzureagieren. Dieser Prozeß ist (s. spätere Beispiele) sowohl möglich durch Zerfall des durch Licht angeregten Moleküls allein, als unter Teilnahme der in direktem Kontakt mit dem aktivierten Molekül sich befindenden Moleküle der Umgebung.

§ 4. Beispiele für photochemische Primärprozesse bei Gasreaktionen.

a) Beispiele für Photodissoziationen.

Die Halogene stellen in vielen Photoreaktionen den lichtabsorbierenden Bestandteil dar. Für eine Reihe von Reaktionen

[1] FRANCK, J. u. E. RABINOWITSCH: Trans. Faraday Soc. Bd. 30 (1934) S. 120.

wirken sie als optischer Sensibilisator. Über den bei ihnen zugrunde liegenden Primärprozeß weiß man heute vollständig Bescheid. Das Absorptionsspektrum der Halogene Cl_2, Br_2, J_2 zeigt im sichtbaren Spektralbereich eine Bandenkonvergenz mit anschließendem Kontinuum[1]. Die von der Konvergenzstelle ab auftretenden Primärreaktionen sind

$$Cl_2 + h\nu\,(4785\ \text{Å}) = Cl + Cl^*$$
$$Br_2 + h\nu\,(5107\ \text{Å}) = Br + Br^*$$
$$J_2 + h\nu\,(4990\ \text{Å}) = J + J^*.$$

Die angeregten Halogenatome befinden sich im metastabilen ${}^2P_{\frac{1}{2}}$-Zustand. In den Abb. 82—85 sind die Extinktionskoeffizienten bei Atmosphärendruck in Abhängigkeit von der Wellenlänge dargestellt. Beim Jod liegt das Maximum der Absorption in der Nähe der Konvergenzstelle, beim Brom etwa 800 Å und beim Chlor etwa 1400 Å kurzwelliger. Der Anteil des kontinuierlichen Spektrums an der Absorption wächst erheblich von Jod zu Chlor[2]. Der angegebene Primärprozeß gilt für Br_2 und Cl_2 für den ganzen photochemisch untersuchten Spektralbereich von der Bandenkonvergenzstelle bis zur Durchlässigkeitsgrenze des Quarzes[3]. Bei Jod ist außerdem zwischen 2765 und 1750 Å Bandenabsorption, d. h. primäre Molekülanregung, möglich[4]. Der Unterschied bei Bestrahlung mit kurzen Wellenlängen gegenüber längeren besteht für das kontinuierliche Gebiet lediglich darin, daß bei der primären Dissoziation die Partner eine hohe kinetische Energie erhalten.

[1] MECKE, R.: Ann. Physik Bd. 71 (1923) S. 104 (J_2). — KUHN, H.: Z. Physik Bd. 39 (1926) S. 77 (Br_2, Cl_2). — BROWN, G. W.: Physic. Rev. Bd. 38 (1931) S. 1179. — NAKAMURA, G.: Coll. Scient. Kyoto Univ. Bd. 9 (1926) S. 335 (Br_2). — ELLIOT, A.: Proc. Roy. Soc., Lond. A Bd. 123 (1929) S. 629; Bd. 127 (1930) S. 638 (Cl_2).

[2] Wegen des diskreten Charakters im langwelligen Teil ist der Absorptionskoeffizient nicht scharf definiert. In den Abbildungen ist übrigens der „BUNSENsche" (dekadische) Extinktionskoeffizient a benutzt, der durch die Gleichung $J = J_0\ 10^{-\alpha d}$ gegeben ist.

[3] Die im Roten bis Ultraroten liegenden Absorptionsbanden des Br_2 und J_2 [BROWN, W. G.: Physic. Rev. Bd. 38 (1931) S. 1187; Bd. 39 (1932) S. 777], deren Konvergenz zu einer Dissoziation in normale Atome führt, sind sehr viel schwächer und spielen für die Photochemie eine untergeordnete Rolle.

[4] PRINGSHEIM, P. u. B. ROSEN: Z. Physik Bd. 50 (1928) S. 1. — SPONER, H. u. W. W. WATSON: Z. Physik Bd. 56 (1929) S. 184. — KIMURA, M. u. M. MIYANISHI: Sci. Pap. J. Inst. Physic. Chem. Res., Tokyo Bd. 10 (1929) S. 33. — CURTIS, W. E. u. S. F. EVANS: Proc. Roy. Soc., Lond. A Bd. 141 (1933) S. 603. — WARREN, D. T.: Physic. Rev. Bd. 47 (1935) S. 1.

Bestrahlung im Bandengebiet vor der Konvergenzstelle ergab für J_2[1] und Br_2[2] ebenfalls Atombildung, die aber sekundär durch Stoß erfolgte. Bei Bestrahlung mit noch kürzeren Wellenlängen werden Übergänge in Abstoßungskurven möglich (kontinuierliche Spektren), die ebenfalls zu Photodissoziationen führen[3], aber schon jenseits des photochemisch untersuchten Spektralgebiets liegen.

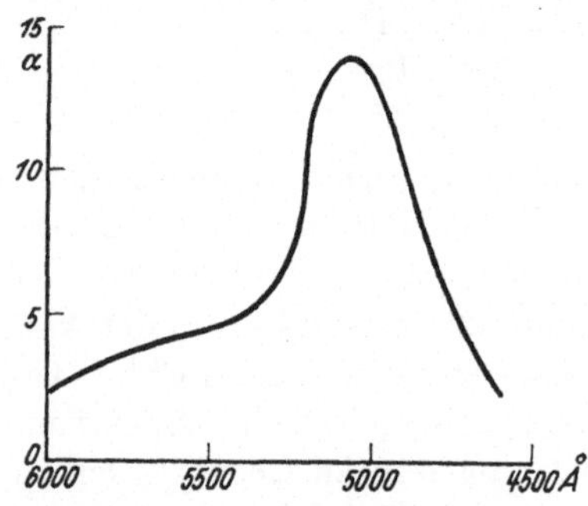

Abb. 82. Extinktionskoeffizient für Joddampf. (Nach BONHOEFFER u. HARTECK aus Daten von VOGT u. KÖNIGSBERGER.)

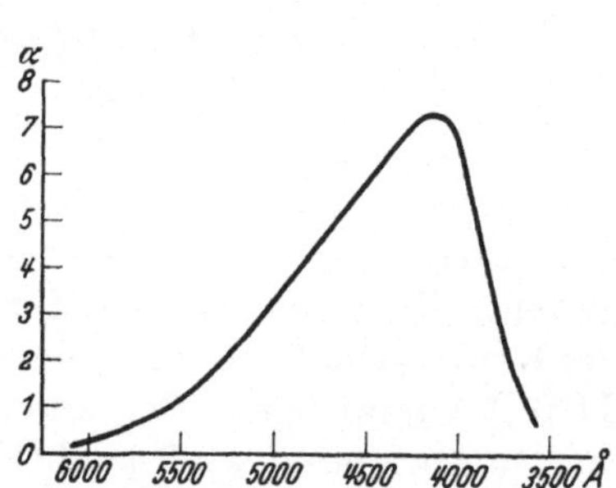

Abb. 83. Extinktionskoeffizient für Bromdampf. (Nach BONHOEFFER u. HARTECK aus Daten von RIBAUD.)

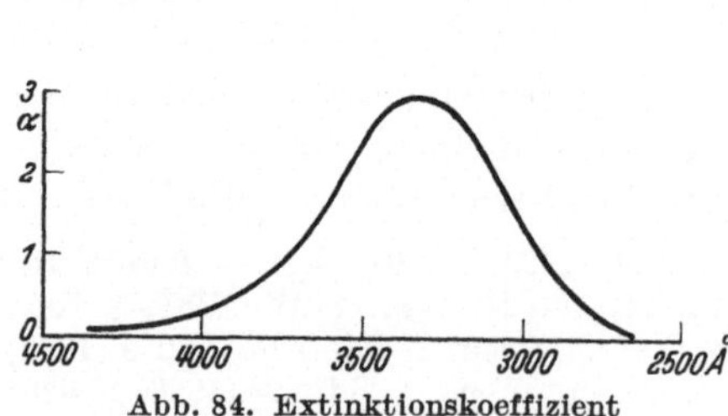

Abb. 84. Extinktionskoeffizient für Chlordampf. (Nach v. HALBAN u. SIEDENTOPF.)

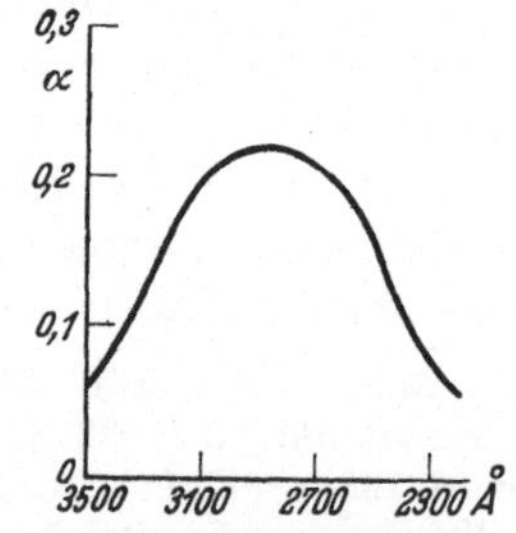

Abb. 85. Extinktionskoeffizient für Fluordampf. (Nach BONHOEFFER u. HARTECK aus Daten von v. WARTENBERG und Mitarbeitern.)

F_2 besitzt nur ein kontinuierliches Absorptionsgebiet, für das v. WARTENBERG[4] einen den übrigen Halogenen entsprechenden Primärprozeß annimmt.

[1] TURNER, L. A. u. E. W. SAMSON: Physic. Rev. Bd. 37 (1931) S. 1684.

[2] JOST, W.: Z. physik. Chem. Bd. 134 (1928) S. 92. — Z. physik. Chem. Abt. B Bd. 3 (1929) S. 95.

[3] CORDES, H. u. H. SPONER: Z. Physik Bd. 63 (1930) S. 334.

[4] WARTENBERG, H. v. u. J. TAYLOR: Gött. Nachr. 1930, Heft 1. — WARTENBERG, H. v., G. SPRENGER u. J. TAYLOR: Z. physik. Chem. BODENSTEIN-Festband 1931 S. 61.

Die photochemische Zerlegung eines Ionenmoleküls, nämlich des NaJ durch Lichtabsorption hat zuerst TERENIN[1] beobachtet, wobei er die bei Bestrahlung unter 2500 Å auftretenden angeregten Na-Atome durch Fluoreszenz nachwies. Die kontinuierlichen Absorptionsspektren der Alkalihalogenide sind häufig untersucht worden[2], insbesondere hat SCHMIDT-OTT die den verschiedenen Absorptionen zugrunde liegenden Photodissoziationen angeben können (s. auch S. 256). Ebenso sind die mit den Dissoziationen hier auftretenden Atomfluoreszenzen verschiedentlich Gegenstand der Untersuchung gewesen[1, 3].

In einigen Fällen ist auch die Deutung von Primärprozessen gelungen, die kontinuierlichen Spektren komplizierterer Moleküle zugrunde liegen. Bei den Halogeniden des Hg, Cd und Zn gelang dies durch Kombination der Absorptionsversuche mit Fluoreszenzuntersuchungen der entstehenden Dissoziationsprodukte[4]. So hat sich beispielsweise bei den Hg-Halogeniden gezeigt, daß bei der Lichteinstrahlung in drei kurzwellige Absorptionsgebiete je ein molekulares Fluoreszenzspektrum angeregt wird nach folgender Gleichung

$$\mathrm{HgX_2} + h\,\nu_a = \mathrm{HgX'} + \mathrm{X}; \quad \mathrm{HgX'} = \mathrm{HgX} + h\,\nu_{\mathrm{fl}},$$

wobei $h\,(\nu_a - \nu_{\mathrm{fl}}) = Q$ (Dissoziationsenergie von $\mathrm{HgX_2} \rightarrow \mathrm{HgX} + \mathrm{X}$) ist und X für das betreffende Halogen steht. Das langwelligste Kontinuum, das mit keiner Fluoreszenz verknüpft ist, wird einer Dissoziation in $\mathrm{HgX} + \mathrm{X'}$ ($\mathrm{X'}$ = metastabiles Halogen) oder möglicherweise in $\mathrm{HgX'} + \mathrm{X}$ (wo $\mathrm{HgX'}$ seinerseits in der Grenze in $\mathrm{Hg} + \mathrm{X'}$ zerfallen müßte) zugeordnet.

Interessant sind Untersuchungen, in denen ein mehratomiges Molekül durch Lichtabsorption in einem Elementarakt in kleinere

---

[1] TERENIN, A.: Z. Physik. Bd. 37 (1926) S. 98. — KONDRATJEW, V.: Z. Physik Bd. 39 (1926) S. 191.

[2] ANGERER, E. v. u. L. A. MÜLLER: Physik. Z. Bd. 26 (1925) S. 643. — MÜLLER, L. A.: Ann. Physik Bd. 82 (1927) S. 39. — FRANCK, J., H. KUHN u. G. ROLLEFSON: Z. Physik Bd. 43 (1927) S. 155. — SOMMERMEYER, K.: Z. Physik Bd. 56 (1929) S. 548. — SCHMIDT-OTT, H. D.: Z. Physik Bd. 69 (1931) S. 724.

[3] BUTKOW, K. u. A. TERENIN: Z. Physik Bd. 49 (1928) S. 865. — VISSER, G. H.: Z. Physik Bd. 63 (1930) S. 402; Diss. Delft 1932. — HEEL, A. C. S. VAN u. G. H. VISSER: Z. Physik Bd. 70 (1931) S. 605.

[4] WIELAND, K.: Z. Physik Bd. 76 (1932) S. 801; Bd. 77 (1932) S. 157. — BUTKOW, K.: Z. Physik Bd. 71 (1931) S. 678. — Physik. Z. Sowjetunion Bd. 4 (1933) S. 577. — TERENIN, A.: Z. Physik Bd. 44 (1927) S. 713. — OESER, E.: Z. Physik Bd. 95 (1935) S. 699.

Bruchstücke derart zerfällt, daß dabei zwei Bindungen beansprucht werden. Z. B. beobachtete TERENIN[1] in SnJ_4-Dampf bei Bestrahlung mit λ 2500—2150 Å die sichtbaren Jodbanden in Fluoreszenz. Sie entstehen, indem bei der Dissoziation von SnJ_4 zwei J-Atome zu einem angeregten Molekül zusammentreten. Hierher gehören auch Untersuchungen von NORRISH[2] und Mitarbeitern über die photochemische Zerlegung von Karbonylverbindungen, bei der aus einem Aldehydmolekül ein gesättigtes Kohlenwasserstoffmolekül und ein CO in einem Elementarakt gebildet werden soll.

UREY, DAWSEY und RICE[3] haben die primäre photochemische Zerlegung von H_2O_2 in 2OH wahrscheinlich gemacht. H_2O_2 kann man optisch wie ein Halogenmolekül auffassen. Das OH-Radikal hat die gleiche Valenzelektronenzahl wie das F-Atom. Es hat als Grundterm einen verkehrten $^2\Pi$-Term, wie die Halogene als Grundterm einen verkehrten ^2P-Term besitzen. Daher sollen die beiden bei der Dissoziation entstehenden OH-Radikale in den beiden $^2\Pi$-Zuständen sein. Außerdem werden bei Bestrahlung mit 2160 Å die OH-Banden in Fluoreszenz beobachtet.

Bei der Untersuchung der photochemischen Zersetzung von NO_2 haben NORRISH[4] und DICKINSON und BAXTER[5] gefunden, daß bei Bestrahlung mit λ 3650 Å und kürzeren Wellenlängen die Quantenausbeute konstant ist (2 Moleküle NO). Die Ausbeute 2 kommt, wie hier kurz erwähnt werden möge, dadurch zustande, daß auf die Primärreaktion $NO_2 + h\nu = NO + O$ folgt $NO_2 + O = NO + O_2$. Zwischen 4100 und 3650 Å ist die Quantenausbeute viel kleiner und oberhalb 4100 Å ist sie 0. Das Absorptionsspektrum des NO_2[6] zeigt die Erscheinung der Prädissoziation[7] (s. S. 239). Der Prozeß, der die Verwaschenheit der Banden hervorruft, ist

$$NO_2 + h\nu\,(3700\,\text{Å}) = NO + O.$$

Ein zweites Absorptionsspektrum des NO_2 beginnt bei 2596 Å

[1] TERENIN, A.: Nature, Lond. Bd. 135 (1935) S. 543.

[2] NORRISH, R. G. W.: Trans. Faraday Soc. Bd. 30 (1934) S. 103.

[3] UREY, H. C., L. H. DAWSEY u. F. O. RICE: J. Amer. Chem. Soc. Bd. 51 (1929) S. 1371.

[4] NORRISH, R. G. W.: J. Chem. Soc., Lond. 1927 S. 761; 1929, S. 1604.

[5] DICKINSON, R. G. u. W. P. BAXTER: J. Amer. Chem. Soc. Bd. 50 (1928) S. 774.

[6] HARRIS, L.: Proc. Nat. Acad. Sci. Bd. 14 (1928) S. 690.

[7] HENRI, V.: Nature, Lond. Bd. 125 (1930) S. 202. — MECKE, R.: Z. physik. Chem. Abt. B Bd. 7 (1930) S. 108.

und wird plötzlich von 2450 Å ab unscharf. Die Deutung ist hier[1]

$$NO_2 + h\nu\,(2450\,Å) = NO + O^*.$$

Die Gleichung ist als recht genau anzusprechen. Da man die Anregung des O-Atoms nach FRERICHS[2] zu 45,2 kcal (1,96 e-Volt) kennt, ist sofort abzuleiten, daß der erste Prozeß statt bei 3700 Å theoretisch bei 4033 Å einsetzen sollte. Das Einsetzen bei größeren Energiewerten erklärt sich nach S. 239 durch den besonderen Verlauf der Potentialflächen. Mit der gegebenen Deutung stehen die Resultate von NORRISH in guter Übereinstimmung. Bei Anregung mit λ 4358 Å erhält er intensive Molekülfluoreszenz, bei Bestrahlung mit λ 4050 Å wird sie schwach und Zersetzung des NO_2 beobachtet. Bei Bestrahlung mit λ 3650 Å verschwindet die Fluoreszenz vollständig. Daß die durch λ 4050 Å hervorgerufene Fluoreszenz schwach ist, beruht teils auf einer sehr langsam einsetzenden Prädissoziation, teils darauf, daß die Moleküle durch das Licht so hoch angeregt werden, daß sie durch Stöße II. Art in normale Teilchen zerfallen können[3]. Damit wird die geringe Quantenausbeute zwischen 4100 und 3650 Å verständlich. Bei den von NORRISH verwandten Drucken können durchaus Stöße II. Art auftreten. Vor allem wird es sich aber um ein allmähliches Einsetzen der Prädissoziation handeln, die schon bei Wellenlängen vorhanden sein kann, bei denen noch kein merkliches Unscharfwerden der Linien in Absorption eintritt (S. 109).

Auch die Zersetzung von NH_3 in N_2 und H_2, die von WARBURG[4] bei Bestrahlung mit Wellenlängen 2030—2140 Å studiert wurde, verläuft primär sehr wahrscheinlich über einen Dissoziationsvorgang. Nahegelegt wurde diese Annahme durch Untersuchungen von W. KUHN[5], MITCHELL[6] und besonders von BONHOEFFER und FARKAS[7], die das NH_3-Spektrum als Prädissoziationsspektrum deuteten. Der Primärprozeß ist

$$NH_3 + h\nu = NH_2 + H,$$

---

[1] KONDRATJEW, V.: Z. physik. Chem. Abt. B Bd. 7 (1930) S. 70.

[2] FRERICHS, R.: Physic. Rev. Bd. 36 (1930) S. 398.

[3] TURNER, L. A.: Z. Physik Bd. 68 (1931) S. 178.

[4] WARBURG, E.: Berl. Akad. Ber. 1911 S. 746.

[5] KUHN, W.: C. R. Acad. Sci., Paris Bd. 178 (1924) S. 708; J. chim. physique Bd. 23 (1926) S. 521.

[6] MITCHELL, A. C. G.: J. Amer. Chem. Soc. Bd. 49 (1927) S. 2699.

[7] BONHOEFFER, K. F. u. L. FARKAS: Z. physik. Chem. Bd. 134 (1928) S. 337.

dessen Deutung von GEIB und HARTECK[1] durch direkten Nachweis der Bildung von H-Atomen gestützt und von WIIG und KISTIAKOWSKY[2] sichergestellt wurde. Auf die Größe der Quantenausbeute gehen wir bei den Sekundärreaktionen ein.

Prädissoziationsspektren zeigen ferner die Dämpfe einer Reihe von Aldehyden, wie Formaldehyd, Benzaldehyd, Acetaldehyd[3] usw. Das hierbei gefundene CO (S. 408) könnte direkt oder z. B. dadurch entstehen, daß primär gebildete Radikale gleich innerhalb des Moleküls weiterreagieren.

b) Beispiele für Molekülanregung.

Die Ozonbildung aus Sauerstoff bietet ein Beispiel, in dem sehr wahrscheinlich je nach dem Wellenlängenbereich des eingestrahlten Lichtes der Primärvorgang auf einer Dissoziation oder auch auf einer Anregung des Moleküls beruht. Die von WARBURG[4] benutzten Wellenlängen betrugen 2070 und 2537 Å entsprechend 137 und 112 kcal. Da die Dissoziationsarbeit des O_2 117,3 kcal entsprechend 2420 Å beträgt, so können mit langwelligerem Licht nur angeregte Moleküle geschaffen werden. Die Absorption bei 2537 Å ist bei gewöhnlichen Drucken eine sehr schwache, ganz gleich, ob sie in den SCHUMANN-RUNGE-Banden oder in dem von HERZBERG bei großen Schichtdicken gefundenen Absorptionssystem erfolgt. Da die WARBURGschen Untersuchungen sich bis zu 300 Atm. erstreckten, ist für die Absorption vermutlich der zwischen 2900 und 2400 Å gelegene Bandenzug des O_4-Polarisationsmoleküls verantwortlich zu machen. Das Bandensystem tritt stark im komprimierten und flüssigen Sauerstoff auf[5]. Seine

[1] GEIB, K. H. u. P. HARTECK: Z. physik. Chem. BODENSTEIN-Band 1931 S. 861.

[2] WIIG, E. O. u. G. B. KISTIAKOWSKY: J. Amer. Chem. Soc. Bd. 54 (1932) S. 1806.

[3] HENRI, V.: Leipz. Vorträge 1931, S. 131. — Siehe auch LÖCKER, T. u. F. PATAT: Z. physik. Chem., Abt. B Bd. 27 (1934) S. 431.

[4] WARBURG, E.: Berl. Akad. Ber. Bd. 1912 S. 216; 1914 S. 872. — Z. Elektrochem. Bd. 27 (1921) S. 133.

[5] CIECHOMSKI: Diss. Freiburg Schweiz 1910, zit. Beibl. Ann. Physik Bd. 39 (1915) S. 240. — SHAVER: Proc. Roy. Soc. Canada Bd. 15 sect. III (1931) S. 7. — WULF, O. R.: Proc. Nat. Acad. Sci. Bd. 14 (1928) S. 356, 603. — FINKELNBURG, W. u. W. STEINER: Z. Physik Bd. 79 (1932) S. 69. — FINKELNBURG, W.: Z. Physik Bd. 90 (1934) S. 1.

Intensität steigt nach FINKELNBURG uns STEINER etwa quadratisch mit dem Druck.

Bei Bestrahlung mit 2070 Å ist an sich Molekülanregung (SCHUMANN-RUNGE-Banden) und Dissoziation möglich. Wahrscheinlicher als eine Molekülanregung ist wegen der verwandten hohen Drucke in diesem Wellenlängengebiet aber eine Dissoziation, denn bei 2429 Å schließt sich an die HERZBERG-Banden ein Kontinuum, das einer Dissoziation in normale Atome entspricht, und vor allem findet sich ein starkes Kontinuum bei den O_4-Banden, das ebenfalls eine Dissoziation andeutet. Wir kommen im Abschnitt über Sekundärreaktionen auf diese Verhältnisse noch einmal zu sprechen.

Ein weiteres Beispiel für eine primäre Molekülanregung scheint nach neueren Versuchen von KISTIAKOWSKY bei der photochemischen Zersetzung von Nitrosylchlorid vorzuliegen[1], da er für NOCl ein diskretes Absorptionsspektrum von 6300—3650 Å findet.

§ 5. Beispiele für photochemische Primärprozesse in Lösungen.

Bei der Chlorierung von Trichlorbrommethan ist als Primärvorgang eine Dissoziation des Chlormoleküls in Analogie zum Verhalten des gasförmigen Chlors angenommen worden. Es ist aber auch möglich, eine andere Erklärung des Primärprozesses zu geben, die den Überlegungen auf S. 404 Rechnung trägt. Da die von NODDACK[2] gefundene Ausbeute 1 ist, indem pro absorbiertes Quant ein Molekül Brom entsteht, könnte eine Reaktion des durch Lichtabsorption aktivierten Chlormoleküls nach der Gleichung $(Cl_2^*)CCl_3Br \rightarrow CCl_4 + BrCl$ stattfinden[3] und als Folgereaktion, die hier gleich angegeben werden mag: $BrCl + CCl_3Br = CCl_4 + Br_2$.

Den photochemischen Dissoziationsprozeß der negativen Ionen in Atome und Elektronen haben FRANCK und SCHEIBE, sowie FRANCK und HABER[4] den von HANTZSCH, SCHEIBE, FROMHERZ und

---

[1] KISTIAKOWSKY, G. B.: J. Amer. Chem. Soc. Bd. 52 (1930) S. 102.

[2] NODDACK, W.: Z. Elektrochem. Bd. 27 (1921) S. 359.

[3] Mit der Schreibweise (Cl_2) CCl_3Br soll angedeutet werden, daß das Cl_2-Molekül im Augenblick der Lichtabsorption im Kontakt mit CCl_3Br steht. Ob man, wie in obiger Gleichung geschehen, die Bildung von BrCl oder diejenige eines Cl- und eines Br-Atoms annimmt, ist relativ gleichgültig, da ja mindestens ein abgeschlossenes Molekül in einem Elementarakt, nämlich CCl_4, entsteht.

[4] FRANCK, J. u. G. SCHEIBE: Z. physik. Chem. Bd. 139 (1928) S. 22. — FRANCK, J. u. F. HABER: Berl. Akad. Ber. 1931 S. 250.

ihren Mitarbeitern[1] beobachteten kontinuierlichen Spektren (2300 bis 1900 Å) von Halogenionen in wässerigen Lösungen zugeordnet. Schon SCHEIBE hatte vermutet, daß es sich bei diesen an Alkalijodiden und -bromiden in Wasser untersuchten Spektren um die Abtrennung eines Elektrons vom negativen Ion handle. Abb. 86 ergibt den Verlauf der Absorption. Als Abszissen sind Wellenlängen, als Ordinate ist der Absorptionskoeffizient aufgetragen. Die beiden Maxima bei 2250 und 1920 Å haben den Abstand von etwa 8000 cm^{-1} voneinander. Das entspricht der Energiedifferenz $2\,{}^2P_{\frac{3}{2}} - 2\,{}^2P_{\frac{1}{2}} = 7600$ cm^{-1} der Grundterme im Jodatom. Es handelt sich aber nicht um reine Elektronenaffinitätsspektren,

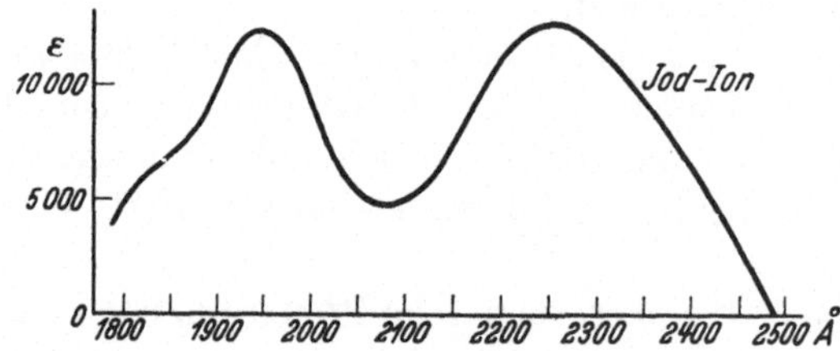

Abb. 86. Molekularer Extinktionskoeffizient des Jodions in wässeriger Lösung.

wie FRANCK und SCHEIBE ursprünglich glaubten, und wonach Atome und freie Elektronen gebildet werden müßten. Vielmehr haben FRANCK und HABER erkannt, daß die Hydratation des Elektrons eine Rolle spielt. Das Elektron wird nach der Hypothese von FRANCK und HABER durch den Absorptionsprozeß vom Halogenion entfernt und geht dabei zu einem benachbarten H_2O-Molekül über, das im gleichen Elementarprozeß in H und OH gespalten wird. Das Elektron verbleibt dabei am OH. Der Primärprozeß besteht also in der Bildung von Halogenatomen, H-Atomen und OH-Ionen.

Mit dieser Auffassung ist auch die photochemische Zerlegung von HJ in wässerigen Lösungen zu verstehen, die von WARBURG und RUMP[2] untersucht worden ist. Sie beobachteten in wässeriger Lösung eine Abnahme der Ausbeute mit wachsender Wellenlänge und abnehmender Normalität. Dieses Resultat in der wässerigen

[1] HANTZSCH, A.: Ber. dtsch. chem. Ges. Bd. 59 (1926) S. 1096. — SCHEIBE, G.: Z. Elektrochem. Bd. 34 (1928) S. 497. — Z. physik. Chem. Abt. B Bd. 5 (1929) S. 355. — FROMHERZ, H. u. W. MENSCHICK: Z. physik. Chem. Abt. B Bd. 7 (1930) S. 439.

[2] WARBURG, E. u. W. RUMP: Z. Physik Bd. 47 (1928) S. 305.

Lösung erklären sie durch die Annahme, daß nur der undissoziierte Anteil des Jodwasserstoffs photochemisch zerlegt wird, während die Jodionen sich nur an der Absorption, nicht aber an der Photoreaktion beteiligen sollen. Die Abhängigkeit der Ausbeute von der Normalität wird damit durch die Variation des Dissoziationsgrades gedeutet. Nimmt man an, daß HJ als starke Säure auch in größeren Konzentrationen völlig dissoziiert ist, so kann man den von FRANCK und HABER vorgeschlagenen Primärprozeß für alle Konzentrationen annehmen: $J^- H_2O + h\nu = J + H + OH^-$. Bei kleinen Konzentrationen würde die unmittelbare Wiedervereinigung von J und H zu JH die geringe Ausbeute erklären können, bei hohen Konzentrationen könnte diese durch Stöße von H mit HJ oder $J^-(H_2O)$ verhindert werden, wobei $H_2 + J$ oder $H_2 + J + OH^-$ entstehen[1].

Für die photochemische Zersetzung von HJ in Hexan fanden WARBURG und RUMP die Ausbeute 2, die die gleiche ist wie in Gasen. Außer der Deutung der Autoren, die die Zerlegung von HJ in H und J mit der Ausbeute 1 als Primärakt auch in der Lösung annehmen, können wir nach den Überlegungen auf S. 404 wie beim vorigen Beispiel eine Reaktion des angeregten HJ mit einem in Kontakt befindlichen Hexanmolekül annehmen, wobei ein abgeschlossenes Molekül, ein schwaches Radikal und das starke Radikal H gebildet werden. Letzteres zerlegt ein weiteres HJ-Molekül.

In entsprechender Weise können Untersuchungen von BUTKOW[2] an Alkalihalogenidlösungen gedeutet werden.

Ferner sei noch der Prozeß erwähnt, der die erste Stufe zur Autoxydation der schwefligen Säure im Licht darstellt und auf den wir auf S. 446 näher eingehen werden. Das Absorptionsspektrum des SO_3^{--}-Ions beginnt bei etwa 2655 Å (6 cm Schichtdicke, normale Lösung) und breitet sich kontinuierlich nach kurzen Wellen aus. Auch hier handelt es sich nach FRANCK und HABER um ein Elektronenaffinitätsspektrum, dem der Primärprozeß zugrunde liegt:

$$SO_3^{--}(H_2O) + h\nu = SO_3^- + H + OH^-.$$

Der Ablauf dieser Reaktion ist in einer Arbeit von HABER und WANSBROUGH-JONES[3] in bezug auf seine Ausbeute direkt

---

[1] Siehe K. F. BONHOEFFER u. P. HARTECK: Grundlagen der Photochemie, S. 162.

[2] BUTKOW, K.: Z. Physik Bd. 62 (1930) S. 71.

[3] HABER, F. u. O. H. WANSBROUGH-JONES: Z. physik. Chem. Abt. B Bd. 17 (1932) S. 103.

untersucht worden. Es ergibt sich, was nach dem auf S. 404 Gesagten zu erwarten ist, eine photochemische Ausbeute an Wasserstoff von nur etwa 1%.

Ein Beispiel aus der organischen Chemie, bei dem primär nur abgesättigte Moleküle entstehen, bietet die Bestrahlung von Essigsäure in wässeriger Lösung[1]. Das Absorptionsspektrum, das im Dampfzustand und in Hexanlösungen sehr ähnlich ist, beginnt bei 2300 Å und besitzt ein Maximum bei etwa 2040 Å. Der absorbierende Bestandteil ist die COOH-Gruppe. Die Primärreaktion lautet

$$CH_3COOH + h\nu = CH_4 + CO_2.$$

Die Ausbeute bleibt jedoch hinter dem Quantenäquivalent zurück. Das beruht auf einer parallel laufenden Reaktion mit den umgebenden Wassermolekülen:

$$CH_3COOH(H_2O) + h\nu = CH_3OH + HCOOH.$$

Ähnlich verhält sich der photochemische Zerfall von Propionsäure in wässeriger Lösung.

§ 6. Beispiele für photochemische Primärprozesse in festen Körpern.

Quantitativ untersucht worden ist bei festen Körpern folgende Photodissoziation

$$\text{Gitterion} + h\nu = \text{Gitterion}^+ + \text{Elektron}.$$

Diese Reaktion ist studiert worden von GUDDEN und POHL und Mitarbeitern[2] in ihren Arbeiten über den lichtelektrischen Effekt, der im Innern von Kristallen ausgelöst wird. Hier gilt das Äquivalentgesetz quantitativ, d. h. für jedes absorbierte Lichtquant läßt sich ein abgetrenntes Elektron nachweisen. Für die Absorption kommen hierbei nicht die normalen Gitteratome in Frage, sondern irgendwelche fremden in Störstellen. Die genauesten derartigen Messungen sind wohl am Diamant durchgeführt worden.

Auch bei den Alkalihalogeniden ist es gelungen, den durch die Lichtabsorption hervorgerufenen Primärprozeß mit ziemlicher

---

[1] HENRI, V.: Photochimie S. 90. — HANTZSCH, A.: Ber. dtsch. chem. Ges. Bd. 59 (1926) S. 1096. — LEY H. u. B. AHRENDS: Z. physik. Chem., Abt. B Bd. 4 (1929) S. 234. — FARKAS, L. u. O. H. WANSBROUGH-JONES: Z. physik. Chem., Abt. B Bd. 18 (1932) S. 124.

[2] Literatur s. bei B. GUDDEN: Lichtelektrische Erscheinungen. Berlin: Julius Springer 1928.

Wahrscheinlichkeit festzustellen. Schon HERZFELD und WOLF[1] hatten darauf aufmerksam gemacht, daß die kristallisierten Alkalihalogenide sich zum Nachweis der Spektren der negativen Bestandteile dieser Gitter eignen würden. PFUND und später SMITH[2] haben im Anschluß an diese Arbeit die Absorption der festen Alkalihalide im Vakuumultraviolett untersucht. Im nahen Ultraviolett liegen Absorptionen, die von POHL und seinen Mitarbeitern gefunden und eingehend untersucht wurden[3]. Hier besitzen die Alkalihalogenide zwei Absorptionsstufen im Abstande der Differenz $2\,^2P_{\frac{3}{2}} - 2\,^2P_{\frac{1}{2}}$ der Grundterme im betreffenden Halogenatom, ganz entsprechend den Abständen in den Spektren der Alkalihalogeniddämpfe (s. S. 256) und der Alkalihalogenidlösungen (s. S. 412). Auch die Deutung ähnelt den dort gegebenen. Im Dampfzustande entspricht das langwelligere Absorptionsgebiet einer Dissoziation in zwei normale Atome, das kurzwelligere einem Zerfall in ein normales Alkali- und ein angeregtes Halogenatom. In der Lösung handelt es sich um den Primärprozeß $\text{Halogen}^-_{\text{hydrat.}} + h\nu = \text{Halogen} + \text{H} + \text{OH}^-$, wobei das neutrale Halogen einmal unangeregt und beim zweiten Absorptionsgebiet angeregt zurückbleibt. Im festen Kristall endlich bewirkt das Licht die Abtrennung eines Elektrons vom Halogenion und Überführung dieses Elektrons zum Kation, das dadurch in ein neutrales Alkaliatom verwandelt wird[4]. Dabei bleibt das Halogen bei der Absorption des langwelligeren Lichtes im $2\,^2P_{\frac{3}{2}}$-Zustand, bei der Absorption des kurzwelligeren Gebietes im $2\,^2P_{\frac{1}{2}}$-Zustand zurück. Ferner finden HILSCH und POHL, daß der Übergang des Elektrons vom Anion zum Kation auch so erfolgen kann, daß nicht ein normales, sondern ein angeregtes Alkaliatom entsteht, wie man es in Analogie zu den Untersuchungen der Dämpfe auch erwarten würde[5].

---

[1] HERZFELD, K. F. u. K. L. WOLF: Ann. Physik Bd. 78 (1925) S. 36, 196.

[2] PFUND, A.: Physic. Rev. Bd. 32 (1928) S. 39. — SMITH, A.: Physic. Rev. Bd. 44 (1933) S. 520.

[3] HILSCH, R. u. R. W. POHL: Z. Physik Bd. 57 (1929) S. 145; Bd. 59 (1930) S. 812; Bd. 64 (1930) S. 606; Bd. 68 (1931) S. 721.

[4] Schwierigkeiten dieser Erklärung [s. WOLF, K. L. u. K. F. HERZFELD: Handbuch der Physik Bd. 20 S. 632 u. BORN, M.: Z. Physik Bd. 79 (1932) S. 62] sind von W. KLEMM [Z. Physik Bd. 81 (1933) S. 529] beseitigt worden.

[5] Hingegen nimmt A. v. HIPPEL an [Z. Physik Bd. 93 (1934) S. 86], daß im Kristall diese Anregungszustände durch Starkeffekt vernichtet sind und deutet die Struktur der Absorption durch die verschiedenen Möglichkeiten für die Lagerung der Reaktionspartner im Gitter.

Die Primärprozesse führen zu optisch nachweisbaren Reaktionsprodukten. Die Alkaliatome mit ihrer Absorption im Sichtbaren sind besonders leicht nachzuweisen. Die folgende Abb. 87 zeigt links das Absorptionsspektrum des Kristallgitters von KJ. Stufe 1 und 2 gehören dem Primärprozeß $K^+ J^- + h\nu = KJ$ bzw. $KJ_{ang.}$ an, die dritte kurzwelligste dem Prozeß $K^+ J^- + h\nu = K_{ang.} J$. Rechts liegt das Absorptionsspektrum des entstehenden Kaliumatoms. Es ist aber keineswegs gleich dem des freien Atoms, sondern die primär gebildeten Atome werden durch die Gitterkräfte energetisch stark beeinflußt. Für die Lage ihres Spektrums fand MOLLWO[1] die empirische Beziehung $\nu d^2 = 0{,}50\ \mathrm{cm}^2\ \mathrm{sec}^{-1}$, wo d die Gitterkonstante ist. Dieses Spektrum ist die Ursache für die bekannte Verfärbung der Alkalihalogenidkristalle, die hier durch ultraviolettes Licht, die aber z. B. auch durch Röntgenstrahlen hervorgerufen werden kann. Die Stärke der Fremdfärbung hängt erheblich von der Kristallbeschaffenheit ab, besonders von der Anwesenheit fremder Bausteine im Gitter. In einem ideal reinen Gitter würde nach HILSCH und POHL eine sofortige Rückbildung der ursprünglichen Ionen stattfinden und diese Regeneration des Gitters würde eine Verfärbung nicht aufkommen lassen. Die Entfärbung kann künstlich durch Bestrahlung mit rotem Licht (d. h. in der Metallabsorptionsbande) oder auch durch Temperaturerhöhung bewirkt werden. Dabei wird der photochemische Prozeß wieder rückgängig gemacht, indem das Elektron vom Alkaliatom zum Halogenatom zurückgeht. Die photochemische Ausbeute an Farbzentren hängt von der Temperatur ab[2]. Bei sehr tiefen Temperaturen geht sie gegen null, bei hohen strebt sie dem Werte 1 zu. Dieses wird so gedeutet, daß zur Entstehung eines Verfärbungszentrums pro absorbiertes Lichtquant nötig ist, daß das im Absorptionsakt frei werdende Elektron sofort kinetische Energie durch die Wärmebewegung erhält, damit keine Rekombination eintritt.

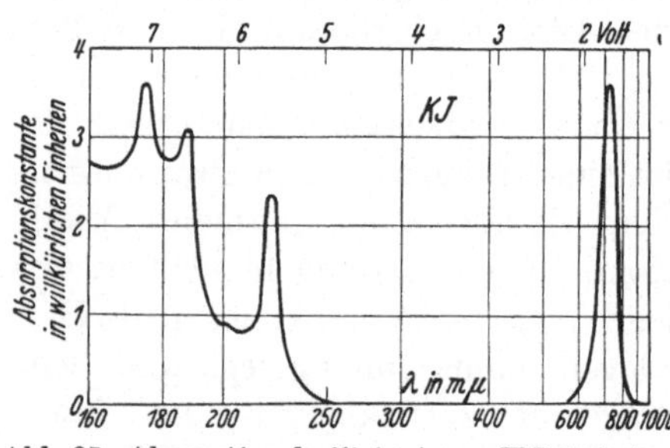

Abb. 87. Absorptionskoffizient von KJ (links) und der Verfärbung (rechts). (Nach HILSCH und POHL).

[1] MOLLWO, E.: Gött. Nachr. 1931 S. 97.
[2] HILSCH, R. u. R. W. POHL: Gött. Nachr. Bd. 1 (1934) S. 115 Nr. 9.

Im übrigen kann wegen Raummangel nur noch auf die interessanten Verhältnisse hingewiesen werden, die sich bei der Untersuchung „sensibilisierter“ Kristalle darbieten[1, 2]. Das sind Kristalle, in denen durch Elektroneneinwanderung eine optische Absorptionsbande entsteht. Die eben besprochenen Ausbeutemessungen sind ebenfalls mit derartigen Kristallen durchgeführt worden.

Geht man zu Untersuchungen in Silberhalogenidkristallen über, so sind die Absorptionsspektren dieser Kristalle durch keine so deutlichen Energiestufen ausgezeichnet wie bei den Alkalihalogeniden. Auch hier entstehen durch Lichtabsorption Farbzentren. Es handelt sich dabei sehr wahrscheinlich um die primäre Entstehung eines Silberatoms, das im Gitter anders als ursprünglich gebunden ist (unter Auftreten von Kolloiden). Diesen Prozeß sehen HILSCH und POHL als den Grundprozeß auch für die photographische Trockenplatte an, denn auch bei dieser werden ja AgBr-Kristalle belichtet. So kann man das atomar verteilte Alkali im Kristallgitter als das „latente Bild“ der photochemischen Alkalihalogenidzerlegung bezeichnen und das atomar verteilte Silber als das „latente Bild“ der primären photochemischen Zerlegung der Silberhalogenidkristalle. Für die Konzentrationen und Belichtungszeiten wählten HILSCH und POHL durchaus die gleichen Verhältnisse wie bei der photographischen Trockenplatte (an einer entwickelbaren photographischen Schicht verhält sich die Zahl der Keime des latenten Bildes zur Zahl der ursprünglichen AgBr-Moleküle etwa wie $1 : 10^7$). Die Latenz der Lichtwirkung bei der Platte ist nur auf die geringe Dicke der Bromsilberschicht zurückzuführen. So kann man die obigen Versuche gewissermaßen als erste Ausbeutemessungen für den Fall des latenten photographischen Bildes bezeichnen. Auch die gefundene Temperaturabhängigkeit paßt in den Vergleich, denn die Empfindlichkeit photographischer Platten nimmt mit sinkender Temperatur ab[3].

Bei den Alkalihalogeniden konnte die Verfärbung der Kristalle durch langwellige Bestrahlung wieder rückgängig gemacht werden. Bei den Silberhalogeniden ergaben die Versuche ein viel weniger übersichtliches Bild. Mit monochromatischem Licht ist eine völlige Entfärbung nicht zu erreichen. Erwarten könnte man sie bei

[1] HILSCH, R. u. R. W. POHL: Gött. Nachr. Bd. 1 (1934) S. 115 Nr. 9.
[2] HILSCH, R. u. R. W. POHL: Gött. Nachr. 1933 S. 322 u. 406.
[3] LUFT, F.: Photogr. Korresp. Bd. 69 (1934) S. 161.

Bestrahlung mit einem Wellenlängenbereich, der die ganze Absorptionsbande umfaßt. Tatsächlich war es möglich, die Farbzentren des latenten Bildes von AgBr weitgehend durch Bestrahlung mit Licht bis λ 6000 Å (Rotfilter) zu beseitigen. Nach HILSCH und POHL liegt hierin der physikalische Grund für den bei der Photographie bekannten HERSCHEL-Effekt.

B. Bemerkungen zur Reaktionskinetik.

§ 1. Reaktionsordnung und Molekularität.

Bevor wir zur Besprechung der Sekundärreaktionen übergehen, seien einige Bemerkungen über Reaktionskinetik vorausgeschickt.

Über Reaktionsordnungen wollen wir im folgenden nur einige Punkte erwähnen, die mit dem Thema des Buches im engeren Zusammenhang stehen. Bei einfachen Reaktionen ergibt sich die Reaktionsgeschwindigkeit proportional gewissen Potenzen der Konzentration der zur Reaktion gelangenden Stoffe. Der Proportionalitätsfaktor heißt Geschwindigkeitskonstante der Reaktion, die Potenzen kennzeichnen die Ordnung der Reaktion. Ihre Summe bezeichnet nämlich die Ordnung der Gesamtreaktion, die einzelnen Exponenten hingegen die Reaktionsordnung in bezug auf die Konzentration eines bestimmten Reaktionsteilnehmers. Ist bei einer Reaktion der Partner A und B, deren Konzentrationen c_A und c_B sind, die Reaktionsgeschwindigkeit durch die Gleichung

$$\frac{dx}{dt} = k\, c_A\, c_B^2$$

ausdrückbar, so ist die Reaktion in bezug auf A erster, in bezug auf B zweiter Ordnung. k ist die Geschwindigkeitskonstante.

Was uns vom physikalischen Standpunkt hier mehr interessiert, ist die Molekularität einer Reaktion. Darunter verstehen wir eine Aussage darüber[1], wie viele Moleküle an der einzelnen Elementarreaktion teilnehmen. In diesem Sinne sind an monomolekularen Reaktionen nur immer ein Molekül, an bimolekularen zwei Moleküle, an trimolekularen drei Moleküle usw. beteiligt. Für Elementarreaktionen im Gaszustande stimmen Gesamtordnung und Molekularität überein.

Das vermutlich allein einwandfreie Beispiel für monomolekulare Reaktionen bietet der Zerfall radioaktiver Substanzen. Die Zahl der pro Zeiteinheit sich umsetzenden radioaktiven Atome ist streng proportional der Zahl der vorhandenen, so daß die bekannte logarithmische Zerfallskurve entsteht. Sucht man chemische Beispiele für monomolekulare Reaktionen, so ist von vornherein klar, daß man sich auf Zerfallsreaktionen und innere Umlagerungen beschränken muß. Aber auch bei diesen tritt im Gegensatz zu dem radioaktiven Zerfall die Komplikation auf, daß die z. B. für den Zerfall notwendige Energie dem Molekül von außen zugeführt werden muß. Überträgt man sie durch Einstrahlung von Licht, so kommt man in das

[1] Siehe R. C. TOLMAN: Statistical Mechanics S. 237, und K. F. BONHOEFFER u. P. HARTECK: Grundlagen der Photochemie, S. 188.

besprochene Gebiet der Photochemie. Führt man sie durch Zusammenstöße zu, so kann die Reaktion nicht mehr streng monomolekular sein, da jetzt das Eintreten des Zerfalls an den Stoß zweier Teilchen geknüpft ist. Trotzdem zeigen einige mehratomige Moleküle (z. B. N_2O_5, CH_3COCH_3, $C_{10}H_{16}$) einen Reaktionsverlauf, der einer monomolekularen Reaktion entspricht. Man hat daher eine Zeitlang geglaubt, derartige Reaktionen photochemisch deuten zu müssen, indem man annahm, daß die Energiezufuhr nicht durch Zusammenstöße, sondern durch die bei der Temperatur herrschende Wärmestrahlung erfolge. Diese Theorie hat sich nicht bewährt, da die Strahlung und ihre Absorption größenordnungsmäßig zu gering ist. Eine Deutung ergab sich erst, als man, einer Theorie LINDEMANNS[1] folgend, diese Reaktionen als „pseudomonomolekular" erkannte. Hierunter versteht man, daß die Reaktion nur oberhalb eines gewissen Druckbereiches der Gesetzmäßigkeit einer monomolekularen Reaktion folgt. In der Tat hat sich bei den meisten bisher genau untersuchten Fällen ergeben, daß bei tiefen Drucken wie erwartet Abweichungen vom monomolekularen Verlauf und Übergänge zu höher molekularen Reaktionsordnungen eintreten. Ein Verständnis hierfür kann man aus folgender Überlegung gewinnen.

Man muß unterscheiden zwischen dem Prozeß der Energiezufuhr und dem der Verwendung der Energie für die chemische Reaktion, z. B. für die Dissoziation. Von diesen beiden Vorgängen wird der erste durch Zusammenstöße bedingt, ist also bimolekular. Der zweite hängt nur von den Eigenschaften des betreffenden Moleküls ab, ist also monomolekular. Da für die Reaktionsgeschwindigkeit allgemein der langsamere Prozeß bestimmend ist, so kann die Reaktion monomolekular sein, solange der zweite Prozeß der langsamere ist. Für zwei- oder dreiatomige Moleküle schließt sich an den Prozeß der Energiezufuhr der Dissoziationsprozeß sehr schnell[2] an, so daß in diesen Fällen die Energiezufuhr der langsamere, geschwindigkeitsbestimmende Vorgang ist. Wir erhalten daher bimolekulare (und trimolekulare) Reaktionen. Wenn es sich dagegen um eine Zerfallsreaktion (oder innere Umlagerung) eines vielatomigen Moleküls handelt, so kann, wie erwähnt, der zweite Prozeß der langsamere sein. Ein solches Molekül besitzt nämlich eine große Anzahl von Freiheitsgraden der Schwingung der verschiedenen Molekülpartner gegeneinander. Im Mittel kommt auf jeden Freiheitsgrad die gleiche Energie. Besitzt das Molekül insgesamt eine innere Energie, die größer als die Dissoziationsarbeit ist, so kann infolge der statistischen Schwankungen die Energie sich mal auf einen Schwingungsfreiheitsgrad so anhäufen[3] (Interferenz der Eigenschwingungen), daß die betreffende Bindung überbeansprucht und gelöst wird. Dann dissoziiert das Molekül spontan durch Umsatz seiner inneren Energie in potentielle Energie der Bruchstücke aufeinander. Die Energiewanderung von vielen Freiheitsgraden auf einen bestimmten wird unanschaulich, wenn man bedenkt, daß nach der Quantentheorie nur ganze Quanten übertragen werden können und außerdem berücksichtigt, daß ihre Größe für die verschiedenen Bindungen verschieden ist.

[1] LINDEMANN, F. A.: Trans. Faraday Soc. Bd. 17 (1922) S. 598.

[2] Siehe hierzu auch S. 404 und 428.

[3] Von der Translations- und Rotationsenergie kann abgesehen werden, da sie im freien Molekül aus Impulssatzgründen nicht zur spontanen Dissoziation ausgenutzt werden kann.

Sobald allerdings die Schwingungen miteinander in Wechselwirkung treten, werden die Quantenzustände unscharf. Für den auf die Energieübertragung folgenden Dissoziationsprozeß gibt es keinerlei Schwierigkeiten, da die Dissoziationsprodukte eine kontinuierliche Folge von Energiewerten als kinetische Relativenergie annehmen können.

Bimolekulare Reaktionen sind die am häufigsten vorkommenden Gasreaktionen. Wir erinnern nur an die einfachen Dissoziationsprozesse von Molekülen in zwei Dissoziationspartner. Hierauf braucht nicht näher eingegangen zu werden. Jedoch sollen ein paar Worte gesagt werden über die Umkehrung dieser Prozesse, die naturgemäß durch Dreierstöße zu erfolgen hat. Gehen wir von den getrennten Dissoziationsprodukten aus, so ist die Notwendigkeit der Dreierstöße für die Rekombination bzw. Ausnahmen hiervon kinetisch etwas näher zu begründen.

Prinzipiell wird immer eine Molekülbildung im Zweierstoß möglich, sobald zwei Teilchen mit freien Valenzen zusammenstoßen. Daß sie so außerordentlich selten stattfindet, liegt daran, daß außerdem gewisse Bedingungen erfüllt sein müssen. Die Überlegungen gestalten sich verschieden, je nachdem ob das entstehende Molekül gerade einen (über seine Dissoziationsenergie hinausgehenden) passenden diskreten Quantenzustand besitzt oder nicht. Besitzt es keinen, so muß während der Stoßdauer (10^{-13} sec Größenordnung der Schwingungsperiode) die Überschußenergie durch Stoß oder Strahlung abgeführt werden. Der Prozeß der Ausstrahlung wird bei einer Stoßdauer von 10^{-13} sec im allgemeinen selten auftreten, also bleibt zur Stabilisierung der Dreierstoß erforderlich. Diese Forderung wird verschärft dadurch, daß bei der Reaktion nicht nur Energie- und Impulssatz, sondern auch der Drehimpulssatz[1] erfüllt sein müssen.

Es fragt sich nun, ob die Lebensdauer des im Stoße gebildeten Systems größer als 10^{-13} sec ist, wenn dieses System zufällig einen für die verfügbare Energie passenden Quantenzustand besitzt. Der Vorgang würde einem rückläufigen Prädissoziationsprozesse entsprechen. Prädissoziationsniveaus zweiatomiger Moleküle haben gewöhnlich eine Lebensdauer von 10^{-12} sec, wie sich aus der Unbestimmtheitsrelation $\tau \cdot \Delta E = h$ (τ = Lebensdauer, ΔE = Breite des Quantenzustandes) ergibt. Sie kann größer sein, wenn ein Übergangsverbot infolge der Kronigschen Auswahlregeln oder wegen Nichterfüllung des Franck-Condon-Prinzips vorliegt. Dann aber muß entsprechend die Wahrscheinlichkeit einer Molekülbildung kleiner sein. Polanyi und Wigner[2] haben diese für ein „Quasimolekül" im thermodynamischen Gleichgewicht mit seinen Dissoziationsprodukten aus der Lebensdauer berechnet. Die Stoßausbeute ist der Lebensdauer umgekehrt proportional und beträgt etwa 1/10, wenn $\tau = 10^{-12}$ ist. Das Vorhandensein von passenden Prädissoziationszuständen bedeutet also keinen Vorteil für eine endgültige Molekülbildung, die durch nachträgliche Stabilisierung erfolgt. Viel günstiger liegt der Fall für mehratomige Moleküle. Hier liegen die passenden Energie-

---

[1] Beutler, H. u. E. Rabinowitsch: Z. physik. Chem. Abt. B Bd. 8 (1930) S. 231.

[2] Polanyi, M. u. E. Wigner: Z. Physik Bd. 33 (1925) S. 429.

niveaus viel dichter, außerdem besitzen diese Moleküle nicht eine, sondern viele Schwingungsmöglichkeiten, auf die die Energie verteilt werden kann, so daß leicht größere Beträge als der Dissoziationsarbeit entsprechen, aufgenommen werden können. Die Prädissoziationsniveaus sind vor allem Schwingungsniveaus. Ihre Lebensdauern haben POLANYI und WIGNER theoretisch zu 10^{-7} bis 10^{-9} sec abgeschätzt[1]. Zwar ist auch bei mehratomigen Molekülen die Bildungswahrscheinlichkeit der Lebensdauer umgekehrt proportional, doch ist sie immerhin so groß, daß im Zweierstoß verhältnismäßig oft ein langlebiges Assoziationsmolekül gebildet wird. Kondensationen von Gasen an festen Oberflächen sind solche Zweierstoßreaktionen. Hier ist als Ausbeute etwa 1 anzunehmen.

§ 2. Die Aktivierungswärme.

Es hat sich herausgestellt, daß die Konstanten k temperaturabhängig sind. Zur genaueren Wiedergabe der Temperaturabhängigkeit der gemessenen Werte von k läßt sich fast stets eine zuerst von ARRHENIUS vorgeschlagene Formel

$$\log k = c - \frac{A}{R\,T} \tag{63}$$

verwenden, die nur zwei (zunächst empirisch zu bestimmende) Konstanten enthält. Schreibt man die Gleichung in der Form

$$\frac{d \log k}{dT} = \frac{A}{R\,T^2},$$

so erinnert sie sofort an die VAN'T HOFFsche Beziehung aus der Thermodynamik

$$\frac{d \log K}{d\,T} = \frac{Q}{R\,T^2},$$

die die Temperaturabhängigkeit der Gleichgewichtskonstanten K angibt, wenn Q die Reaktionswärme bedeutet. $K = \frac{k_1}{k_2}$ (wir betrachten jetzt nur bimolekulare Reaktionen), wenn k_1 und k_2 die Geschwindigkeitskonstanten in beiden Richtungen sind.

ARRHENIUS interpretierte die Gleichung (63), die nach der Integration geschrieben werden kann

$$k = c \cdot e^{-\frac{A}{R\,T}}, \tag{64}$$

so, daß er ein Gleichgewicht zwischen gewöhnlichen und „aktiven" Molekülen annahm, in dem nur die aktiven, die einen kleinen Bruchteil aller vorhandenen ausmachen, zur chemischen Umsetzung befähigt sind. Die aktiven Moleküle entstehen endotherm aus den normalen. Dazu muß die Wärmemenge A aufgenommen werden, die darum „Aktivierungsenergie" genannt wird.

---

[1] POLANYI, M. u. E. WIGNER: Z. physik. Chem. Abt. A Bd. 139 (1928) S. 439.

Die Größe der Aktivierungsenergie wird häufig mit Hilfe gaskinetischer Vorstellungen aus der Beziehung berechnet[1]

$$\frac{\text{Zahl der wirksamen Stöße}}{\text{Gesamtstoßzahl}} = e^{-\frac{E}{R\,T}}. \tag{65}$$

E bedeutet die Aktivierungsenergie. Die Gesamtstoßzahl Z ist hierbei gleich $\sqrt{2}\,\pi\,\sigma^2\,\bar{u}\,N^2$, wobei σ = Molekülradius, $\bar{u}$ die Wurzel aus dem mittleren Geschwindigkeitsquadrat und N die Zahl der Moleküle pro Kubikzentimeter bedeuten. In dieser Ableitung der gaskinetischen Beziehung stecken folgende Annahmen:

1. *Jeder* Zusammenstoß, in dem die Gesamtenergie der stoßenden Teilchen (bei einer bimolekularen Reaktion die Einzelenergien $E_1 + E_2) \geqq E$ ist, bewirkt die Auslösung einer chemischen Reaktion,

2. die Aktivierungsenergie ist kinetische Energie, für die bei jedem Molekül *ein* Freiheitsgrad angenommen wird.

Diese Annahmen sind nicht zutreffend. Aber selbst wenn eine Verteilung der Aktivierungsenergie auf alle translatorischen Freiheitsgrade angenommen wird, ist weiter zu berücksichtigen, daß beim Stoß nach dem Impulssatz nicht die volle Energie ausgenützt werden kann, sondern daß in die Formel die „relative“ Masse eintreten muß. Damit ist gaskinetisch exakt gerechnet und außerdem berücksichtigt worden[2], daß nicht jeder Zusammenstoß, der die ARRHENIUSsche Energiebedingung erfüllt, erfolgreich sein muß, wie schon früher vielfach vermutet wurde. Es wird im Gegenteil ein verhältnismäßig kleiner Bruchteil sein, denn die Energie kann schließlich auch in andere Formen als nur in chemische Energie umgesetzt werden[3]. Während nach HINSHELWOOD k sich folgendermaßen berechnet

$$k = \sqrt{2}\,\pi\,\sigma^2\,\bar{u}\,e^{-\frac{E}{R\,T}}, \tag{66}$$

ist jetzt dafür zu setzen

$$k = 2\,\alpha\,\sigma^2 \sqrt{2\,\pi\,\frac{m_1 + m_2}{m_1\,m_2} R\,T}\; e^{-\frac{E}{R\,T}} \left(\frac{E}{R\,T} + 1\right). \tag{67}$$

Der Faktor α trägt der Tatsache Rechnung, daß nicht jeder mit der nötigen Energie verlaufende Zusammenstoß auch erfolgreich sein muß[4]. Man bezeichnet ihn häufig als „sterischen“ Faktor, da er vermutlich in Beziehung zur Molekülform steht. FOWLER berechnet z. B. für die thermische Zersetzung von HJ $\alpha = \frac{1}{11}$, während HINSHELWOOD dafür ungefähr 1 erhält.

In den obigen Formeln überwiegt der Einfluß der e-Potenz bei weitem den der übrigen Faktoren auf das Resultat. Solange daher die Aktivierungs-

[1] Siehe z. B. C. N. HINSHELWOOD: Reaktionskinetik gasförmiger Systeme.

[2] Siehe FOWLER, R. H.: Statistical Mechanics, Cambridge 1929, S. 460.

[3] Siehe Kapitel VI.

[4] L. S. KASSEL [Proc. Nat. Acad. Sci. Bd. 16 (1930) S. 358] entwickelt z. B. spezielle Vorstellungen darüber, daß die Wahrscheinlichkeit für erfolgreiche Stöße (Energie $\geqq E$) nicht plötzlich von 0 auf 1 steigt, sondern allmählich größer wird mit zunehmender Energie.

wärmen nicht sehr genau bestimmt werden können, kann man auf Grund keiner von beiden Formeln etwas Genaues über den Ausbeutefaktor α und über die Zahl der Freiheitsgrade aussagen, die zur Berechnung der Aktivierungswärme berücksichtigt werden müssen. Die Formel (67) ist vom gaskinetischen Standpunkt aus zweifellos korrekter als Formel (66), jedoch ist die in ihr steckende Annahme, daß die Aktivierungsenergie nur kinetische Energie ist, auch willkürlich und physikalisch kaum glaublich. Man kann die Rechnung auch durchführen unter der Annahme, daß auch die innere Energie zur Aktivierung beiträgt. Sie ist ebenfalls bei FOWLER angegeben. Dann ist die Funktion $e^{-\frac{E}{RT}}\left(\frac{E}{RT}+1\right)$ in (67) durch folgende Ausdrücke[1] zu ersetzen: Ist die Zahl n der inneren Freiheitsgrade[2] der beiden stoßenden Teilchen geradzahlig, so steht dafür $\frac{e^{-\frac{E}{RT}}\left(\frac{E}{RT}\right)^{\frac{1}{2}n+1}}{\left(\frac{n}{2}+1\right)!}$; ist sie hingegen ungeradzahlig, so tritt an die Stelle der Ausdruck $\frac{e^{-\frac{E}{RT}}\left(\frac{E}{RT}\right)^{\frac{1}{2}n+1}}{\frac{1}{2}\cdot\frac{3}{2}\cdots\left(\frac{n}{2}+1\right)\sqrt{\pi}}$. Wenn man z. B. die gleiche Rechnung für HJ wie oben mit nur insgesamt zwei zusätzlichen Freiheitsgraden der inneren Energie der beiden beteiligten Moleküle ($2\,HJ \rightarrow H_2 + J_2$) durchführt, so erhält man, wie FOWLER ausgerechnet hat, einen zusätzlichen Faktor 13, d. h. der sterische Faktor α muß noch 13mal kleiner sein. Bei mehr Freiheitsgraden ist die Abweichung von der einfachen HINSHELWOODschen Formel noch viel größer, so daß man hoffen könnte, aus genauen Messungen der Reaktionsgeschwindigkeit außer der e-Funktion auch Aussagen über den sterischen Faktor zu gewinnen. Eigentlich müßte man auch die Quantengewichte der beteiligten Molekülzustände berücksichtigen, was z. B. für Freiheitsgrade der Rotation zu einer Vermehrung der Moleküle mit höherer Energie und damit zu einer weiteren Verkleinerung des sterischen Faktors führen würde.

Aus den Experimenten geht also hervor, daß zum Einsetzen einer Reaktion eine Aktivierungswärme nötig ist, d. h. daß eine Energie zugeführt werden muß, die im Prinzip nichts mit der Reaktionswärme zu tun hat. Diese Tatsachen, die hier in einer gedrängten Form dargestellt worden sind, sind aus elementarsten chemischen Erfahrungen ersichtlich. Wir erwähnen als bekanntes Beispiel, daß ein stöchiometrisches Gemisch von H_2 und O_2 bei Normaltemperatur sich nicht mit meßbarer Geschwindigkeit vereinigt, trotzdem bei der Reaktion eine große Wärmemenge frei wird. Eine Aktivierung

---

[1] Der allgemeine Ausdruck ist $\frac{e^{-\frac{E}{RT}}\left(\frac{E}{RT}\right)^{\left(\frac{n}{2}+1\right)}}{\Gamma\left(\frac{n}{2}+2\right)}$, wo Γ die Gammafunktion bedeutet.

[2] Freiheitsgrade der Schwingung sind doppelt zu zählen (wie beim Äquipartitionsgesetz), für die Rotation einfach.

kann durch Temperaturerhöhung, durch elektrische Entladung, durch Lichteinstrahlung usw. hervorgerufen werden, also durch Prozesse, bei denen die Energie aller oder einzelner Moleküle wesentlich gesteigert wird, so daß die zum Einsetzen der Reaktion notwendige „Aktivierungswärme" zur Verfügung steht.

Warum eine Aktivierungswärme notwendig ist, wird aus quantenmechanischen Vorstellungen verständlich, die LONDON[1], auf der Theorie von HEITLER und LONDON über homöopolare Bindung aufbauend, entwickelt hat. Nähert man zwei abgesättigte Atome oder Moleküle einander, so stoßen sie sich zunächst ab. Man spricht von einem „Energiewall" oder „Potentialwall", der jedes Molekül umgibt und dessen Überwindung erst zu einer Anziehung und entsprechend chemischen Umsetzung führt. Die wirkliche Rechnung kann für den erwähnten Fall nicht durchgeführt werden, da man die Potentialverteilungen solcher abgesättigten Moleküle oder Atome nicht kennt. Wohl aber hat LONDON[1] den Fall betrachtet, daß ein reaktionsfähiges Atom oder Molekül an ein valenzmäßig abgeschlossenes Molekül herangeführt wird. Er betrachtete also Reaktionen vom Typus $AB + C = A + BC$. Das Wesentliche, worauf es ankommt, ist, daß bei Annäherung des Atoms C an das Molekül AB eine Auflockerung des Moleküls erfolgen muß, bei der die verschiedenen Kernabstände so ausgeglichen werden müssen, daß die Bildung von $A + BC$ möglich wird. Diese Auflockerung ist nur durch Überwindung der Potentialschwelle möglich; dazu ist aber die Aktivierungsenergie nötig. Ihre Größe wird bestimmt durch die Höhe des Potentialwalles, während der sterische Faktor von der Gestalt des Potentialwalles abhängig ist. Wodurch wird nun die Höhe der Energieschwelle bestimmt? Offenbar durch die Größe der COULOMBschen Wechselwirkung zwischen dem Molekül AB und dem herannahenden Atom C und durch die Größe des Austauscheffektes, der zwischen den beiden Atomen des abgesättigten Moleküls AB besteht. Beide Effekte arbeiten sich entgegen. Die nächste Frage ist, in welcher Weise die Auflockerung des Moleküls erfolgt. Die Antwort lautet: vorwiegend durch Anregung von Kernschwingungen. Diese setzen die homöopolaren Bindungskräfte des zerfallenden Moleküls AB beträchtlich herab und schaffen die für die neue Konfiguration $A + BC$ günstigen Kernabstände des Systems. Die Rechnung, die einige Vernach-

[1] LONDON, F.: SOMMERFELD-Festschrift, S. 104. Leipzig: S. Hirzel 1928. Z. Elektrochem. Bd. 35 (1929) S. 552.

lässigungen enthält und als erste Näherung aufzufassen ist, hat ergeben, daß Reaktionen der betrachteten Art mit größter Aktivierungswärme vor sich gehen, wenn die Annäherung auf einer Mittelsenkrechten zur Kernverbindungslinie von AB erfolgt, mit kleinster Aktivierungswärme hingegen, wenn das Atom *C* sich dem Molekül AB in Richtung der Molekülachse BA nähert:

$$\mathrm{C} \rightarrow \mathrm{BA} = \mathrm{CB} \rightarrow \mathrm{A}$$

In diesem Falle beträgt die Aktivierungswärme etwa 10% der Dissoziationsarbeit. Das gibt im allgemeinen Aktivierungswärmen bis zu 15 kcal. Ganz entsprechend wie freie Atome verhalten sich Radikale.

Als Beispiel seien hier Versuche von POLANYI und Mitarbeitern angeführt, über die im Abschnitt „Chemilumineszenz" bei Besprechung der hochverdünnten Flammen näher berichtet werden wird (S. 450). Danach verlaufen Reaktionen zwischen Alkalien und Halogenen, einigen Halogensalzen, Halogenwasserstoffen mit sehr geringer Aktivierungswärme, d. h. praktisch „trägheitslos". Kleine Aktivierungswärmen haben auch VON HARTEL und POLANYI[1] bei Umsetzungen von Na-Dampf mit organischen Halogeniden gefunden. Die Reaktionen verlaufen im Gasraum, und zwar so, daß neben einem Salzmolekül der nach Abspaltung des Halogenatoms übrigbleibende Rest als freies Radikal entsteht. Die Reaktionen erfordern eine Aktivierungsenergie, die gesetzmäßig abgestuft ist. Z. B. steigt in der Reihe Methyljodid, -bromid, -chlorid, -fluorid die Reaktionsträgheit vom Werte 0 bei Methyljodid bis zum Fluorid so stark an, daß die Folge der Reaktionsgeschwindigkeiten noch bei 500^0 mehr als 7 Zehnerpotenzen umfaßt. Bei Methylbromid und Methylchlorid läßt sich die Reaktionsträgheit auf eine Aktivierungsenergie von 3 bzw. 8 kcal zurückführen, während man für Methylfluorid 20 kcal annehmen müßte. Die Befunde lassen sich an Hand der LONDONschen Theorie und ihrer Weitergestaltung durch POLANYI und EYRING[2] gut verstehen.

EYRING und POLANYI haben nämlich die LONDONsche Rechnung für die oben betrachtete Umsetzung eines Atoms mit einem zweiatomigen Molekül ohne die LONDONschen Vernachlässigungen durchgeführt. Z. B. haben sie als dritten Faktor für die Höhe der Energieschwelle noch die Valenzwirkung (Austauschwirkung)

[1] HARTEL, H. v. u. M. POLANYI: Z. physik. Chem. Bd. 11 (1930) S. 97.

[2] EYRING, H. u. M. POLANYI: Z. physik. Chem. Bd. 12 (1931) S. 279. — POLANYI, M.: Naturwiss. Bd. 20 (1932) S. 289.

zwischen den beiden außenstehenden Partnern des sich gerade umbildenden Systems (in unserm Beispiel zwischen C und A) eingeführt. Ebenso muß die Änderung der Nullpunktsenergie während der chemischen Umsetzung berücksichtigt werden.

EYRING und POLANYI haben ihre Rechnung z. B. auf die Reaktion $H + H_2$ angewandt. Vom rein chemischen Standpunkt aus mag dieses Beispiel sinnlos erscheinen, doch hat es sich gezeigt, daß das Wasserstoffmolekül in zwei Modifikationen existieren kann, die sich durch die verschiedene Einstellung des Kernspins (parallel — Orthowasserstoff, antiparallel — Parawasserstoff) unterscheiden[1]. Gewöhnlicher Wasserstoff besteht normalerweise aus einer Mischung dieser beiden Modifikationen im Verhältnis 1 : 3. FARKAS[2] und HARTECK und GEIB[3] haben die Aktivierungswärme der Umsetzung

$$H + H_2\,(\text{Para}) = H_2\,(\text{Ortho}) + H$$

zu etwa 7 kcal bestimmt. Die Rechnung von EYRING und POLANYI ergibt einen Wert $\sim$ 13 kcal. PELZER und WIGNER[4] haben die Geschwindigkeitskonstante der Reaktion berechnet und ihre Größe in Übereinstimmung mit der Erfahrung gefunden.

Andere Verhältnisse liegen für Austauschreaktionen zwischen zwei abgesättigten Molekülen (Singulettzustand) vom Typus $AB + CD = BC + AD$ vor. Hier fordert die Quantenmechanik beträchtliche Aktivierungsenergien, die in die Größenordnung der Dissoziationsenergien fallen. Für einige Reaktionen sind auf vereinfachte Weise Aktivierungswärmen abgeschätzt worden[5], die mit der Erfahrung im Einklang stehen. Als besonders einfaches Beispiel sei hier auf die Umsetzung $H_2 + J_2 = 2\,HJ$ hingewiesen.

Die Rechnungen von LONDON, sowie EYRING und POLANYI sind unter der Annahme durchgeführt, daß beim Stoßvorgang die Energie sich als kontinuierliche Funktion der Kernabstände ändert, d. h. daß der Vorgang adiabatisch abläuft. PELZER und WIGNER[4] haben untersucht, unter welchen Bedingungen diese Voraussetzung erfüllt ist. Sie haben gefunden, daß dies dann der Fall ist, wenn

---

[1] Siehe z. B. S. 284.

[2] FARKAS, A.: Z. physik. Chem. Abt. B Bd. 10 (1930) S. 419.

[3] GEIB, K. u. P. HARTECK: Z. physik. Chem. (BODENSTEIN-Festband) 1931 S. 849.

[4] PELZER, H. u. E. WIGNER: Z. physik. Chem. Abt B Bd. 15 (1932) S. 445.

[5] EYRING, H.: J. Amer. Chem. Soc. Bd. 53 (1931) S. 2537. — ECKSTEIN, H. u. M. POLANYI: Z. physik. Chem. Abt. B Bd. 15 (1932) S. 334.

die angeregten Elektronenzustände des Systems weit entfernt von dem untersten liegen. Da das nicht immer zutrifft, sind auch qualitative Betrachtungen von Wert, die mit dieser Annahme nicht rechnen. Qualitativ haben FRANCK und RABINOWITSCH[1] mit Hilfe gaskinetischer Überlegungen Aktivierungswärmen abgeschätzt. Da ihre Betrachtung einen raschen Überblick für die praktische Anwendung ermöglicht, sei sie hier ganz kurz geschildert. Als Maß der gegenseitigen möglichen Annäherung zweier Moleküle bei einem Zusammenstoß wird die Summe ihrer gaskinetischen Radien angesehen. Wenn man dann die Kernabstände im Augenblick des Zusammenstoßes mit den Kernabständen in den zu bildenden Molekülen vergleicht — die man aus den Bandenpektren kennt —, so sieht man, daß es kein Paar von zweiatomigen Molekülen gibt, das sich ganz ohne Aktivierungswärme umsetzen könnte. Es ergibt sich die allgemeine Folgerung, daß die Aktivierungsenergien um so größer sein müssen, je kleiner die Kernabstände r im Vergleich zu den Stoßradien d (und je größer die Bindungsenergien) bei allen beteiligten Molekülen sind. Die Eigenschaften der zu bildenden Moleküle sind für die Aktivierungswärmen von gleicher Bedeutung wie die der Reaktionspartner.

Als Beispiele für Reaktionen mit *geringen* Aktivierungswärmen werden solche zwischen Halogenen angeführt, etwa $Cl_2 + J_2 = 2\,JCl$, da für beide Ausgangsmoleküle ein günstiges (d. h. großes) Verhältnis $\frac{r}{d}$ existiert. Eine *mittlere* Aktivierungswärme ist für die Reaktion $H_2 + J_2 = 2\,HJ$ zu erwarten, bei der ein Partner, nämlich H_2, ein kleines Verhältnis $\frac{r}{d}$ hat. *Große* Aktivierungswärmen müßten Umsetzungen zwischen N_2 und O_2 erfordern, die beide einen kleinen $\frac{r}{d}$-Wert besitzen. Überlegungen dieser Art führten FRANCK und RABINOWITSCH dazu, auch für Reaktionen vom Typus $AB + C = A + BC$, an denen freie Atome oder Radikale beteiligt sind, eine Aktivierungswärme zu erwarten. Das ist in Übereinstimmung mit den Betrachtungen auf S. 425 (vgl. auch weiter die Diskussion der $H_2 + Cl_2$-Kettenreaktion).

Schließlich sei noch ein interessantes Beispiel besprochen, bei dem sicher nicht ein adiabatischer Vorgang vorliegt, und das wir etwas anders behandeln wollen. Das ist der von VOLMER und

[1] FRANCK, J. u. E. RABINOWITSCH: Z. Elektrochem. Bd. 36 (1930) S. 794.

KUMMEROW[1] studierte monomolekulare Zerfall des N_2O. Sie fanden eine 100—1000mal kleinere Geschwindigkeitskonstante (Aktivierungsenergie 53 kcal) als nach der im § 1 skizzierten Überlegung einer Dissoziation durch Interferenz der Schwingungen zu erwarten ist. Dieser Faktor kann nicht vollständig darauf geschoben werden, daß diese Rechnungsart eigentlich nur für vielatomige Moleküle gilt. Die Erklärung ist von PELZER und WIGNER[2] angedeutet und von HERZBERG[3] unabhängig ausführlicher gegeben worden. Der Grundzustand des N_2O ist mit ziemlicher Sicherheit ein $^1\Sigma$. Sowohl einer Trennung in normales NO + N als einer solchen in normales N_2 + O entspricht eine Änderung der Multiplizität des Gesamtsystems[4], nämlich vom Singulett- in einen Triplettzustand, wie sich aus den auf S. 133 besprochenen Zuordnungsregeln ergibt. Eine solche Änderung ist aber nach den Auswahlregeln verboten. Der Elektronengrundzustand kann daher nicht aus normalen Teilchen gebildet sein und es muß erst ein strahlungsloser Übergang in einen andern Elektronenterm des N_2O erfolgen, der eine Dissoziation in zwei normale Partikel ergibt. Das bedeutet eine Prädissoziation. Nun darf sich auch bei Prädissoziationen die Systemmultiplizität nicht ändern, doch können sehr schwach auch Interkombinationen auftreten (wie bei Übergängen mit Strahlung). Dieser Fall liegt hier offenbar vor, indem nur manchmal, nämlich unter 1000 Malen etwa einmal, eine Dissoziation des Moleküls eintritt, wenn infolge Interferenz der Schwingungen die Aktivierungsenergie gerade in der N—O-Bindung angehäuft ist. Während bei der gewöhnlichen Prädissoziation die Lebensdauer des aktivierten Moleküls bis zum Zerfall etwa 10^{-12} sec ist, ergibt sich für die hier besprochene gehemmte Prädissoziation etwa 10^{-10} sec in Übereinstimmung mit der Erfahrung.

Die Überlegungen über die Aktivierungswärme bezogen sich auf homöopolare Bindungen. Bei heteropolaren Bindungen sind die Austauschkräfte klein gegen die COULOMB-Kräfte. Das bedingt, da die Bindungsenergien infolge der fehlenden Absättigung nicht jäh mit der Entfernung abfallen, einen unmeßbar schnellen Ablauf

[1] VOLMER, M. u. H. KUMMEROW: Z. physik. Chem. Abt. B Bd. 9 (1930) S. 141.

[2] PELZER, H. u. E. WIGNER: l. c.

[3] HERZBERG, G.: Z. physik. Chem. Abt. B Bd. 17 (1932) S. 68.

[4] Die Grundzustände sind N_2 ($^1\Sigma$), NO ($^2\Pi$), O (^3P), N (^4S). Einer Trennung in N_2 ($^1\Sigma$) + O (^1D) würde eine wesentlich höhere Energie entsprechen als die gefundene Aktivierungswärme.

von Reaktionen $AB + C \doteq A + BC$. Die Aktivierungsenergie fällt daher weg. Daher bilden die heteropolaren Verbindungen im festen Zustande Ionengitter, bei denen der Begriff des Einzelmoleküls nicht mehr ohne Willkür aufrechtzuerhalten ist.

C. Photochemische Sekundärreaktionen.

Der Zusammenhang dieses Abschnittes mit dem Thema des Buches ist naturgemäß ein viel loserer als für die photochemischen Primärreaktionen, doch sollen einige wenige Beispiele gebracht werden, da je nach den im Primärprozeß gebildeten Produkten der weitere Reaktionsablauf ein verschiedener ist.

§ 1. Sekundärreaktionen nach primärer Photodissoziation.

a) Gasreaktionen.

Gut untersucht ist z. B. die chemische Bromwasserstoffbildung. Es ist wohl die einzige Reaktion, deren Geschwindigkeit und Temperaturkoeffizient als völlig aufgeklärt gelten kann. Da die Reaktion verschiedentlich ausführlich dargestellt worden ist[1], möge hier dieser Hinweis genügen.

Als Beispiele seien zwei Reaktionen gebracht, von denen die eine mit kleiner, die andere mit extrem großer Ausbeute verläuft: die Zersetzung von Ammoniak und die Vereinigung von Chlorknallgas. Die Primärreaktion der Ammoniakzersetzung ist auf S. 410 besprochen worden. Daß pro Quant nur etwa 0,25 Moleküle[2] bei Zimmertemperatur zerfallen, muß offenbar an einer teilweisen Rückbildung des NH_3 in Sekundärreaktionen der Zerfallsprodukte liegen. Da nach WIIG und KISTIAKOWSKY H_2-Zusatz die Zerfallsgeschwindigkeit nicht beeinflußt, erfolgt die Rückbildung nicht mit Hilfe von H_2. OGG, LEIGHTON und BERGSTROM[3] schlagen einen Mechanismus vor, bei dem die Rückbildung teilweise über Hydrazin erfolgen soll. FARKAS und HARTECK[4] machen die Bildung eines Zwischenproduktes NH_4 in der Reaktion $NH_3 + H \rightleftarrows NH_4$ sehr wahrscheinlich. Die Quantenausbeute 0,25 kommt dann

[1] Siehe z. B. BONHOEFFER, K. F. u. P. HARTECK: Grundlagen der Photochemie.

[2] Literatur s. S. 409 und 410.

[3] OGG, R. A., PH. A. LEIGHTON u. F. W. BERGSTRÖM: J. Amer. Chem. Soc. Bd. 56 (1934) S. 318.

[4] FARKAS, L. u. P. HARTECK: Z. physik. Chem. Abt. B Bd. 25 (1934) S. 257.

dadurch zustande, daß die Reaktion $NH_4 + NH_2 = 2\,NH_3$ dreimal schneller abläuft als $NH_4 + NH_2 = NH_3 + NH + H_2$.

Treten extrem große Ausbeuten auf, so handelt es sich dabei um eine Erscheinung, die man heute allgemein als Kettenreaktion bezeichnet. Durch den Umsatz des primär gebildeten Atoms oder primär angeregten Moleküls entsteht wieder ein reaktionsfähiges Atom oder Molekül, die wieder weiter reagieren können. Der Mechanismus wiederholt sich so lange, bis diese Kette durch irgendeine anders laufende Reaktion abgebrochen wird. Das meist studierte Beispiel einer solchen Kettenreaktion ist die Vereinigung von Chlor mit Wasserstoff.

Es sind gerade in der letzten Zeit wesentliche Beiträge zur Erklärung dieser Reaktion geliefert[1] worden, aber ein eindeutiger Mechanismus für ihren Ablauf ist auch heute noch nicht allgemein angebbar. Cl_2 und H_2 vereinigen sich im sichtbaren Licht mit einer Ausbeute[2] von etwa 10^5 Molekülen pro $h\nu$. Bodenstein[3] nahm als erster eine Kettenreaktion an. Nernst[4] schlug später folgendes Schema dafür vor

$$\begin{aligned} Cl_2 + h\nu &= 2\,Cl && \text{primär} \\ Cl + H_2 &= HCl + H && \text{sekundär} \\ H + Cl_2 &= HCl + Cl && \text{sekundär usw.} \end{aligned}$$

Die Kette bricht ab, sobald im Dreierstoß reagieren $H + H = H_2$, $Cl + Cl = Cl_2$, $Cl + H = HCl$ oder die Atome an der Wand verschwinden. Bodenstein und Unger[5] schlossen ferner, daß auch in sauerstofffreien Gemischen eine im Gasraum vor sich gehende Reaktion mit irgendeiner Verunreinigung (vermutlich ein durch Reaktion von Chlor mit den Gefäßwänden entstehendes flüchtiges Siliciumoxychlorid) die freien Cl-Atome wegfängt und Kettenabbruch herbeiführt. Ritchie und Norrish[6] nehmen zu obigen

[1] Eine ausführliche Literaturangabe findet sich in dem erwähnten Buch von K. F. Bonhoeffer und P. Harteck.

[2] Kornfeld, G. u. H. Müller: Z. physik. Chem. Bd. 117 (1925) S. 242. — Coehn, A. u. G. Jung: Chem. Ber. Bd. 56 (1923) S. 696. — Z. physik. Chem. Bd. 110 (1924) S. 705. — Marshall, A. L.: J. Physic. Chem. Bd. 29 (1925) S. 1453. — Porter, F., Bardwell, D. C. u. S. C. Lind: J. Amer. Chem. Soc. Bd. 48 (1926) S. 2603. — Göhring, R.: Z. Elektrochem. Bd. 27 (1921) S. 511.

[3] Bodenstein, M.: Z. Elektrochem. Bd. 22 (1916) S. 53.

[4] Nernst, W.: Z. Elektrochem. Bd. 24 (1918) S. 335.

[5] Bodenstein, M. u. W. Unger: Z. physik. Chem. Abt. B Bd. 11 (1930) S. 255.

[6] Ritchie, M. u. R. G. W. Norrish: Proc. Roy. Soc., Lond. A Bd. 140 (1933) S. 112.

Gleichungen noch die Sekundärreaktion $H + HCl = H_2 + Cl$ hinzu und folgern einen reaktionshemmenden Einfluß des HCl, was BODENSTEIN und SCHENK[1] nicht bestätigen können.

Daraus, daß die Ketten Dunkelreaktionen sind, ergibt sich, daß sie auch anders eingeleitet werden können wie durch Licht, z. B. durch Einführung von Cl-Atomen, die durch Elektronenstoß gebildet sind[2] oder von Wasserstoffatomen[3] oder durch chemische Reaktionen[4]. In besonders anschaulicher Weise wurde die Annahme einer Kettenreaktion von WEIGERT und KELLERMANN[5] geprüft. Eine mit Chlorknallgas gefüllte Zelle wurde mit einem kräftigen Funken von einer Millionstel Sekunde Dauer belichtet. Danach bildeten sich im Gas infolge der Reaktionswärme Schlieren aus, deren Intensität bis zu $^1/_{200}$ Sekunde anwuchs — ein unmittelbarer Beweis für die an den Primärakt anschließende Kettenreaktion —, um dann nach etwa $^1/_{20}$ Sekunde wieder zu verschwinden.

Die Ausbeute hängt stark von Verunreinigungen ab, z. B. ist Sauerstoff ein starker Inhibitor. Die photochemische Kinetik der Reaktion zwischen Cl_2, H_2 und O_2 wurde kürzlich wieder ausführlich von BODENSTEIN und SCHENK[6] studiert. Schon aus der Tatsache, daß Sauerstoff hemmend wirkt, folgt, daß die Reaktion $Cl + H_2 = HCl + H$ oder die Reaktion $H + Cl_2 = HCl + Cl$ oder beide nicht bei jedem Zusammenstoß erfolgen. Also muß wenigstens eine dieser Reaktionen, die nach den Energiebeziehungen glatt ablaufen können, eine Aktivierungswärme brauchen[7]. Es hat sich gezeigt, daß dies besonders für die erste Reaktion zutrifft. Je größer die Aktivierungswärme ist, um so länger wird ein Cl-Atom im freien Zustand existieren müssen, bevor es mit einem H_2-Molekül zur Reaktion kommt. Daher wird nicht nur die Wirkung von Verunreinigungen die Cl-Atome wegfangen können, sondern es wird auch das Verschwinden der Cl-Atome an der Wand und

---

[1] BODENSTEIN, M. u. P. W. SCHENK: Z. physik. Chem. Abt. B Bd. 20 (1933) S. 420.

[2] FASSBENDER, H.: Z. physik. Chem. Bd. 62 (1908) S. 743.

[3] BÖHM, E. u. K. F. BONHOEFFER: Z. physik. Chem. Bd. 119 (1926) S. 396.

[4] POLANYI, M. u. STEF. v. BOGDANDY: Z. Elektrochem. Bd. 33 (1927) S. 556.

[5] WEIGERT, F. u. K. KELLERMANN: Z. Elektrochem. Bd. 28 (1922) S. 456. — Z. physik. Chem. Bd. 107 (1923) S. 1.

[6] BODENSTEIN, M. u. P. W. SCHENK: l. c.

[7] Siehe z. B. TRIFONOFF, A.: Z. physik. Chem. Abt. B Bd. 3 (1929) S. 195.

Wiedervereinigung im Gasraum eine Rolle spielen können. Alle diese Reaktionshemmungen fallen weg oder werden wesentlich verringert, sobald man höhere Temperaturen benutzt. Dann steht beim Zusammenstoß der Cl-Atome mit den H_2-Molekülen eine größere Energie zur Verfügung, die bei einem großen Prozentsatz der Zusammenstöße für die Aktivierungswärme ausreichen kann. So ist es verständlich, daß POLANYI und v. HARTEL[1] nachweisen konnten, daß bei höherer Temperatur die NERNSTsche Kette glatt abläuft. Sie schätzten die Aktivierungswärme für die Reaktion $Cl + H_2 = HCl + H$ aus ihren Versuchen über hochverdünnte Flammen (chemisch induzierte Chlorknallgasreaktion) auf etwa 7 kcal. RODEBUSH und KLINGELHOEFER[2] haben kürzlich durch Bestimmung des Temperaturkoeffizienten die Aktivierungswärme zu $6{,}1 \pm 1$ kcal festgelegt. Sie fanden, daß etwa jeder 10^5te Stoß zur Umsetzung führt[3]. Für die Reaktion $H + Cl_2 = HCl + Cl$ geben BODENSTEIN und SCHENK[4] 1,9 kcal an. Der Kettenabbruch bei der durch Sauerstoff gehemmten Reaktion ist durch $Cl + O_2 = ClO_2$ oder $H + O_2 = HO_2$ möglich. Die zweite Reaktion ist die hauptsächlich auftretende in Übereinstimmung mit Untersuchungen von RITCHIE und NORRISH[5], sowie KRAUSKOPF und ROLLEFSON[6].

Bei Zimmertemperatur hat sich gezeigt, daß bei den üblichen Herstellungsmethoden des Chlorknallgases die Reaktion bei extremer Trocknung und Belichtung mit sichtbarem Licht gar nicht abläuft[7].

Hingegen lassen Spuren von Wasserdampf sofort eine lange Kette entstehen, nach COEHN und JUNG[8] ist der Mindestdampf-

[1] HARTEL, H. v. u. M. POLANYI: Z. physik. Chem. Abt. B Bd. 11 (1930) Bd. 97.

[2] RODEBUSH, W. H. u. W. C. KLINGELHOEFER: Proc. Nat. Acad. Sci. Bd. 18 (1932) S. 531. — J. Amer. Chem. Soc. Bd. 55 (1933) S. 130.

[3] Siehe auch M. BODENSTEIN: Trans. Faraday Soc. Bd. 27 (1931) S. 414.

[4] BODENSTEIN, M. u. P. W. SCHENK: l. c.

[5] RITCHIE, M. u. R. G. W. NORRISH: Proc. Roy. Soc., Lond. A Bd. 140, (1933) S. 713.

[6] KRAUSKOPF, K. B. u. G. K. ROLLEFSON: J. Amer. Chem. Soc. Bd. 56 (1934) S. 327.

[7] COEHN, A. u. H. TRAMM: Ber. dtsch. chem. Ges. Bd. 56 (1923) S. 158. — Z. physik. Chem. Bd. 105 (1923) S. 356. — COEHN, A. u. G. JUNG: Ber. dtsch. chem. Ges. Bd. 56 (1923) S. 696. — Z. physik. Chem. Bd. 110 (1924) S. 705.

[8] COEHN, A. u. G. JUNG: Chem. Ber. Bd. 56 (1923) S. 696. — Z. physik. Chem. Bd. 110 (1924) S. 705.

druck etwa 10^{-6} mm Hg. Nach neuen Versuchen von BERNREUTHER[1] werden mit dem Trocknen reaktionshemmende Stoffe unmerklich eingeführt, so daß damit der Effekt eine einfache unerwartete Erklärung erfährt. In Wirklichkeit reagiert also intensiv getrocknetes Chlorknallgas genau so wie feuchtes. In den früheren Versuchen diente der Wasserdampf dazu, die Partikel der Verunreinigung, die im Gasraum vorhanden sein müssen, durch eine adsorbierte Wasserhaut gegen Adsorption von Cl-Atomen zu schützen. Ohne diesen Schutz würden an ihnen die Cl-Atome rekombinieren.

Schließlich sei noch die Frage der Wellenlängenabhängigkeit der Quantenausbeute gestreift. Nach HERTEL[2] findet auch bei Bestrahlung mit Wellenlängen aus dem Bandengebiet des Chlors Umsetzung statt. Die Dissoziation erfolgt hier sekundär durch Zusammenstoß zweier angeregter Cl-Moleküle, wobei bei $\lambda > 5000$ Å aus der kinetischen Energie der Stoßpartner die zur Reaktion fehlende Energie genommen werden muß. Die Quantenausbeute ist kleiner als bei Bestrahlung im Kontinuum.

b) Reaktionen in kondensierter Phase.

Für Reaktionen in kondensierter Phase verwischt sich der Unterschied eines Primärprozesses, der zu einer Dissoziation oder einer Molekülanregung führt. Wir behandeln daher die sich anschließenden Sekundärreaktionen einheitlich. Sie sind sehr oft an einen photochemischen Primärakt gebunden, bei dem man das Auftreten von Radikalen annahm. Wie wir auf S. 404 ausgeführt haben, wird man in den Fällen, in denen bisher ein Primärprozeß dieser Art mit der Ausbeute 1 angenommen wurde, oft Reaktionen mit angelagerten Lösungsmittelmolekülen annehmen müssen. Die hierbei entstehenden Reaktionsprodukte können Sekundärreaktionen ausführen, wofür ebenfalls Beispiele auf S. 411 f. erwähnt worden sind. Andererseits gibt es jedoch auch Reaktionen, bei denen der Primärakt wirklich nur Radikale liefert und folglich eine kleine Ausbeute hat. Meist schließt sich aber an einen solchen Primärakt eine lange Kette an, so daß die Gesamtausbeute sehr groß werden kann. Ein Beispiel hierfür ist die photochemische Zersetzung von H_2O_2 in wässerigen Lösungen in H_2O und $1/2\ O_2$,

[1] BERNREUTHER, F. u. M. BODENSTEIN: Berl. Akad. Ber. 1933 S. 333.
[2] HERTEL, E.: Z. physik. Chem. Abt. B Bd. 15 (1932) S. 325.

die mit einer Ausbeute 4—100 verläuft[1]. Der Primärprozeß wird allgemein als Dissoziation in 2 OH angenommen. Die Kette läuft nach WEISS[2] und KORNFELD[3] über das Radikal HO_2 und sein Anion O_2^- nach dem Schema: $OH + H_2O_2 = HO_2 + H_2O$ und $O_2^- + H_2O_2 = O_2 + OH^- + OH$. Als Ende der Kette wird die Reaktion von OH mit HO_2 zu H_2O und O_2 angenommen.

Hierher gehört auch die Ausbildung des Kettenmechanismus bei der Autoxydation einiger organischer Substanzen, z. B. der Aldehyde[4]; doch würde seine Besprechung zu weit führen.

Über Sekundärreaktionen in festen Körpern ist wenig Sicheres bekannt, so daß wir auf Beispiele verzichten wollen.

§ 2. Sekundärreaktionen nach primärer Molekülanregung (Gaszustand).

Besteht der Primärprozeß in einer Molekülanregung, so müssen die angeregten Moleküle, damit photochemische Wirkungen beobachtet werden, innerhalb der Lebensdauer ihres Anregungszustandes mit den übrigen Molekülen Zusammenstöße machen können. Sie können dabei dissoziieren, wenn ihre *innere Energie größer als die Dissoziationsarbeit* ist. Dieser Prozeß war z. B. benutzt worden, um zu erklären, daß NORRISH Zersetzung des NO_2 bei Einstrahlung von Licht erhielt, das langwelliger war als der Prädissoziationsgrenze entspricht (S. 409). Statt zu dissoziieren, können die Moleküle auch bei einem Stoß einen Teil ihrer Energie in Form von Translationsenergie an das gestoßene Teilchen abgeben. Auf diese Weise wird die Quantenenergie zerstreut. Da also verschiedene Verwendungsmöglichkeiten der Anregungsenergie bestehen, sollte man bei primärer Molekülanregung eine kleinere Ausbeute an dissoziierten Molekülen bekommen, als nach dem Äquivalentgesetz zu erwarten ist. Erst wenn das aufgenommene Quant *wesentlich* größer als die Dissoziationsarbeit ist, sollte die Ausbeute der aus dem Äquivalentgesetz berechneten sich nähern,

---

[1] UREY, H. C., L. H. DAWSEY u. F. O. RICE: J. Amer. Chem. Soc. Bd. 51 (1929) S. 1371. — ALLMAND, A. J. u. D. W. STYLE: J. Chem. Soc., Lond. (1930) S. 596 u. 606.

[2] WEISS, J.: Naturwiss. Bd. 23 (1935) S. 64; Trans. Faraday Soc. Bd. 31 (1935) S. 668.

[3] KORNFELD, G.: Z. physik. Chem. Abt. B Bd. 29 (1935) S. 205.

[4] HABER, F. u. R. WILLSTÄTTER: Ber. dtsch. chem. Ges. Bd. 64 (1931) S. 2844. — BÄCKSTRÖM, H. L. J.: Z. physik. Chem. Abt. B Bd. 25 (1934) S. 99 und dort angegebene Literatur.

da trotz Dissipation noch genug Energie für die Dissoziation bleibt. Wenn der Stoß nur zu ihrer Auslösung dient, kommt es übrigens für das Eintreten des photochemischen Prozesses nicht darauf an, mit welchem Atom oder Molekül das angeregte Molekül zusammenstößt. Es kann daher ein zugesetztes neutrales Fremdgas sein. Nur die Ausbeute kann davon abhängen. Bei sehr tiefen Drucken — geringe Stoßwahrscheinlichkeit — muß Molekülfluoreszenz auftreten, da das Molekül ohne Stoß innerhalb der Lebensdauer seine Energie reemittiert.

Hat ein angeregtes Molekül einen *geringeren Energiebetrag* aufgenommen als der *Dissoziationsarbeit* entspricht, so kann ein Zusammenstoß eine Dissoziation des Moleküls in seine freien Atome nur hervorrufen, wenn der Fehlbetrag aus der thermischen Energie der Stoßpartner gedeckt wird. Eine Zerlegung des angeregten Moleküls unter gleichzeitiger Reaktion der Zerfallsprodukte mit den Stoßpartnern ist natürlich ebenfalls möglich, wenn der zur Zerlegung fehlende Energiebetrag aus der Wärmetönung der chemischen Reaktion entnommen werden kann.

Bei der photochemischen Ozonbildung aus Sauerstoff (S. 410) hatten wir angenommen, daß der Primärprozeß je nach der eingestrahlten Wellenlänge in einer Dissoziation oder einer Anregung des Moleküls besteht. Folgende Schemata sind für den Reaktionsverlauf in beiden Fällen möglich:

I.

a) $(O_2 \cdot O_2) + h\nu\ (2537) = O_2 + O_2^*$ primär

b) $O_2 + O_2^* = O_3 + O$ sekundär

c) $O + O_2 = O_3$ sekundär (Dreierstoß)

II.

a) $(O_2 \cdot O_2) + h\nu\ (2070) = O_2 + O + O$ primär

b) $2\,O + 2\,O_2 = 2\,O_3$ sekundär (Dreierstoß)

oder

a) $(O_2 \cdot O_2) + h\nu\ (2070) = O_3 + O$ primär

b) $O + O_2 = O_3$ sekundär (Dreierstoß).

Betrachten wir zuerst die primäre Dissoziation, wie sie bei Bestrahlung mit 2070 Å statthat. Die nach dem Äquivalentgesetz geforderte Ausbeute 2 (bezogen auf die gebildeten O_3-Moleküle) wird für 50 Atm. erreicht, bei 300 Atm. werden jedoch nur noch 78% der beanspruchten Sauerstoffmoleküle zerlegt. Daß die Ausbeute mit wachsendem Druck über ein Maximum geht, deuten BONHOEFFER und HARTECK[1] dahingehend, daß vielleicht bei den hohen Dichten gelegentlich Rekombinationen der O-Atome mit dem eigenen Dissoziationspartner vorkommen (s. S. 404).

Bei Bestrahlung mit 2537 Å bleibt die Ausbeute stets hinter dem theoretischen Wert zurück. Bei 125 Atm. werden 55% und bei 50 Atm. 29% der angeregten Sauerstoffmoleküle gespalten. Hier werden neben Reaktion Ib auch Stöße eine Rolle spielen, die einfach die Quantenenergie des angeregten O_2 dissipieren und daher die theoretische Ausbeute herunterdrücken. In Wirklichkeit werden wohl bei Bestrahlung mit 2070 Å beide Reaktionsschemata nebeneinander vorkommen, so daß dadurch das Bild noch komplizierter wird.

Als weiteres Beispiel war die photochemische Zersetzung von Nitrosylchlorid genannt worden (s. S. 411). An den Primärprozeß $NOCl + h\nu = NOCl^*$ soll sich nach KISTIAKOWSKY sekundär anschließen

$$NOCl^* + NOCl = 2\ NO + Cl_2,$$

woraus sich die beobachtete Ausbeute 2 Moleküle NO pro absorbiertes $h\nu$ ergibt. Da bei Bestrahlung mit rotem Licht die angeregten Moleküle eine innere Energie erhalten, die gleich oder sogar etwas kleiner als die Dissoziationsarbeit (46 kcal) ist, könnte man nach dem auf S. 434 Gesagten für dieses Licht eine etwas kleinere Ausbeute und erst bei kürzeren Wellenlängen den theoretischen Wert 2 erwarten. Sie ist hingegen in dem beobachteten Wellenlängengebiet von 6300—3650 Å praktisch konstant gleich 2. Interessant ist ferner, daß Stickstoffzusatz die Ausbeute nicht beeinflußt; für diese Experimente hat KISTIAKOWSKY die Wellenlängen 6350 Å und 4350 Å benutzt. Dieses Ergebnis würde nahelegen, als Primärprozeß statt einer Anregung eine Photodissoziation anzunehmen. Demgegenüber steht aber der Befund von KISTIAKOWSKY, daß das Molekülspektrum in dem benutzten Wellenlängenbereich diskontinuierlich ist und auch nicht die Erscheinung der Prädissoziation zeigt[2]. Man kann für die experi-

[1] BONHOEFFER, K. F. u. P. HARTECK: Grundlagen der Photochemie, S. 252.

[2] Es ist natürlich nicht ganz ausgeschlossen, daß trotz der im Absorptionsspektrum fehlenden Diffusität Prädissoziation vorliegt, da die Diffusität kein sehr empfindliches Kriterium darstellt, wie auf S. 109 auseinandergesetzt wurde.

mentellen Tatsachen durch folgende Überlegung eine Erklärung versuchen: Da die Reaktion $2\,NOCl = 2\,NO + Cl_2$ zu ihrem Ablauf nur 35 kcal braucht, verläuft die Sekundärreaktion $NOCl^* + NOCl = 2\,NO + Cl_2$ in dem verwandten Wellenlängenbereich mit Energieüberschuß. Bei Belichtung mit λ 6350 Å hat dieser den Minimalwert 9 kcal. Der für die Dissoziation des NOCl fehlende Energiebetrag wird also aus der Wärmetönung der Sekundärreaktion geliefert. Bei den verwandten hohen Drucken (87 mm, 615 mm, 685 mm) werden viele Zusammenstöße stattfinden. Die Überschußenergie ist groß genug, daß ein Teil der Stöße energiezerstreuend wirken kann und doch die Ausbeute 2 erreicht wird. Das Ergebnis mit N_2-Zusatz würde dann durch die Annahme verständlich, daß angeregtes NOCl gegen Zusammenstöße mit N_2 sehr unempfindlich ist (87 mm NOCl und 606 mm N_2 zeigten keine Änderung der Ausbeute), so daß diese Stöße nicht stören. Diese Annahme ist nicht ganz unplausibel, denn auch in anderen Experimenten hat sich eine ähnliche Unempfindlichkeit gegen Zusammenstöße mit N_2 gezeigt (s. Kapitel VI).

Es ist aber auch eine andere Erklärung möglich. Es war schon erwähnt, daß die Experimente bei hohen Drucken, d. h. großen Stoßzahlen, ausgeführt sind. Wenn hier praktisch jeder Stoß zur Dissoziation führt, so würde ein Zusatz von N_2 an dem Resultat nichts ändern. Weitere Experimente bei verschiedenen Drucken und verschiedenem Mischungsverhältnis $NOCl:N_2$ könnten darüber Aufschlüsse bringen. Leider hat KISTIAKOWSKY nur ein Mischungsverhältnis angegeben.

Über Flüssigkeiten und feste Körper s. S. 433.

D. Sensibilisierte Photoreaktionen.

§ 1. Gasreaktionen.

Prinzipiell sehr ähnlich den besprochenen Vorgängen ist derjenige Fall, bei dem die Substanz, die den chemischen Umsatz erfährt, nicht selbst das Licht absorbiert. Das lichtabsorbierende Molekül wirkt nur als Sensibilisator. Die einfachsten Fälle einer Sensibilisierung bestehen darin, daß das lichtabsorbierende Molekül seine Energie durch Stoß II. Art auf ein anderes überträgt und es dadurch reaktionsfähig macht, während es selbst an dem chemischen Umsatz nicht teilnimmt. Man erhält so sensibilisierte

Reaktionen, die eine vollkommene Analogie zu der auf S. 384 erwähnten sensibilisierten Fluoreszenz bilden. In komplizierteren Fällen werden chemische Reaktionen des Sensibilisators — in deren Verlaufe er zurückgebildet werden kann — eine Rolle spielen. Ferner kann der Sensibilisator mit den reaktionsfähigen Gebilden lockere Komplexverbindungen bilden.

Wir betrachten zuerst einfache Fälle. Hierher gehört die photochemische Zersetzung von H_2, die von FRANCK und CARIO[1] durch Zusammenstöße mit Hg-Atomen im $2\,{}^3P_1$-Zustand hervorgerufen wurde. Die durch Bestrahlung mit λ 2537 Å (112 kcal, die Dissoziationsarbeit von H_2 ist 102 kcal) primär angeregten Hg-Atome übermitteln diese Energie beim Zusammenstoß den Wasserstoffmolekülen. Es ist möglich, daß nicht jeder Stoß zur Dissoziation führt, da die Anregungsenergie zur Bildung von HgH + H verwandt werden kann[2]. Beide Dissoziationsprozesse, nämlich

$$\mathrm{Hg}^* + \mathrm{H}_2 = \mathrm{Hg} + \mathrm{H} + \mathrm{H} \quad \text{und}$$
$$\mathrm{Hg}^* + \mathrm{H}_2 = \mathrm{HgH} + \mathrm{H}$$

werden nebeneinander vorkommen. Der erste verläuft nicht nur mit angeregten Hg-Atomen im $2\,{}^3P_1$-Zustand mit ziemlicher Geschwindigkeit, sondern auch mit metastabilen Atomen im $2\,{}^3P_0$-Zustand mit angenähert gleicher Wirksamkeit[3]. Dagegen scheinen bei dem zweiten Prozeß vor allem die metastabilen Hg-Atome eine Rolle zu spielen (BEUTLER und RABINOWITSCH).

Die von CARIO und FRANCK entdeckte Methode der H-Atombildung ist für das photochemische Arbeiten von großer Wichtigkeit geworden. Z. B. kann man auf diese Weise bequem H-Atome im Knallgas erzeugen (man belichtet ein Gemisch von Knallgas und Hg-Dampf mit der Linie 2537 Å) und die durch diese eingeleitete Wasserstoffsuperoxydbildung studieren[4]. Oder man kann

[1] FRANCK, J. u. G. CARIO: Z. Physik Bd. 11 (1922) S. 161.

[2] COMPTON, K. T. u. L. A. TURNER: Philos. Mag. Bd. 48 (1924) S. 360. — Physic. Rev. Bd. 25 (1925) S. 606. — GAVIOLA E. u. R. W. WOOD: Philos. Mag. Bd. 6 (1928) S. 1191. — BEUTLER, H. u. E. RABINOWITSCH: Z. physik. Chem. Abt. B Bd. 8 (1930) S. 403.

[3] MEYER, E.: Z. Physik Bd. 37 (1926) S. 639.

[4] TAYLOR, H. S., A. L. MARSHALL u. J. R. BATES: Nature, Lond. Bd. 117 (1926) S. 267. — BONHOEFFER, K. F. u. S. LÖB: Z. physik. Chem. Bd. 119 (1926) S. 474. — MARSHALL, A. L.: J. Physic. Chem. Bd. 30 (1926)

in einer mit Hg 2537 Å belichteten Mischung von Hg, H_2 und CO die Bildung von Formaldehyd [1], Glyoxal [2] usw. betrachten. Ferner ist von SENFTLEBEN und Mitarbeitern [3] die durch angeregten Hg-Dampf verursachte Dissoziation des Wasserdampfes studiert worden.

In einer Reihe von Arbeiten wurde fernerhin der Einfluß beobachtet, den durch Hg-Sensibilisierung erzeugte H-Atome auf Kohlenwasserstoffe ausüben [4]. Sie bewirken Hydrierungen, Dehydrierungen und Sprengen von Kohlenstoffbindungen.

Ist Wasserstoff nur in geringem Maße oder gar nicht vorhanden, so wirkt das angeregte Hg direkt auf die Kohlenwasserstoffe ein. Derartige sensibilisierte Reaktionen sind ebenfalls in großer Zahl untersucht worden [5].

Sensibilisierte Reaktionen, bei denen das absorbierende Molekül in den chemischen Umsatz eingeht, sind z. B. die zuerst von WEIGERT [6] studierten mit Chlor sensibilisierten Reaktionen, wie die Ozonzersetzung durch bestrahltes Chlor, Wasserstoff- und Sauerstoffvereinigung unter gleichen Bedingungen usw. Hierher gehört auch die chlorsensibilisierte Zersetzung von gasförmigem Chlormonoxyd, für die bei Bestrahlung mit Wellenlängen zwischen

---

S. 34, 1078, 1634. — J. Amer. Chem. Soc. Bd. 45 (1932) S. 4460. — FRANKENBURGER, W. u. H. KLINKHARDT: Z. physik. Chem. Abt. B Bd. 8 (1930) S. 138; Bd. 15 (1932) S. 421. — TAYLOR, H. S. u. D. J. SALLEY: J. Amer. Chem. Soc. Bd. 55 (1933) S. 96. — BATES, J. R. u. D. J. SALLEY: J. Amer. Chem. Soc. Bd. 55 (1933) S. 110. — BATES, J. R.: J. Amer. Chem. Soc. Bd. 55 (1933) S. 426.

[1] TAYLOR, H. S. u. A. L. MARSHALL: J. Physic. Chem. Bd. 29 (1925) S. 1140. — MARSHALL, A. L.: J. Physic. Chem. Bd. 30 (1926) S. 1078, 1634. — TAYLOR, H. S.: Z. physik. Chem. Bd. 120 (1926) S. 183.

[2] FRANKENBURGER, W.: Z. Elektrochem. Bd. 36 (1930) S. 757.

[3] SENFTLEBEN, H. u. J. REHREN: Z. Physik Bd. 37 (1926) S. 529. — RIECHEMEIER, O., H. SENFTLEBEN u. H. PASTORFF: Ann. Physik. Bd. 19 (1934) S. 202.

[4] TAYLOR, H. S. u. J. R. BATES: Proc. Nat. Acad. Sci. U. S. A. Bd. 12 (1926) S. 714. — TAYLOR, H. S. u. D. G. HILL: Z. physik. Chem. Abt. B Bd. 2 (1929) S. 449. — FRANKENBURGER, W. u. R. ZELL: Z. physik. Chem. Abt. B Bd. 2 (1929) S. 395.

[5] TAYLOR, H. S. u. J. R. BATES: Proc. Nat. Acad. Sci. U. S. A. Bd. 12 (1926) S. 714. — DICKINSON, R. G. u. A. C. G. MITCHELL: Proc. Nat. Acad. Sci. U. S. A. Bd. 12 (1926) S. 692. — SENFTLEBEN, H. u. J. REHREN: Z. Physik Bd. 37 (1926) S. 529.

[6] WEIGERT, F.: Ann. Physik (4) Bd. 24 (1907) S. 55, 243.

4000 und 4600 Å folgender Reaktionsverlauf als sehr wahrscheinlich anzusehen ist[1]:

$$Cl_2 + h\nu = Cl + Cl^* \quad \text{Primärreaktion}$$
$$2\,Cl + 2\,Cl_2O = 2\,Cl_2 + 2\,ClO \quad \text{Folgereaktionen}$$
$$ClO + ClO = Cl_2 + O_2 \quad \text{Folgereaktionen.}$$

Dieser Mechanismus trägt dem Befund Rechnung[2], daß pro absorbiertes Lichtquant 2 Moleküle Cl_2O zersetzt werden.

Neuere Versuche[3] zeigten, daß für Wellenlängen zwischen 4360 und 3130 Å die Quantenausbeute etwa 3 ist, wobei gleich ist, ob der Zerfall chlorsensibilisiert ist oder nicht, d. h. ob das Licht vom Cl_2 oder Cl_2O absorbiert wird. Um höhere Ausbeuten als 2 zu bekommen, muß das oben in der ersten Folgereaktion gebildete ClO weiterreagieren, damit Seitenketten entstehen können. Es kommen in Frage die Reaktionen: $ClO + Cl_2O = Cl_2 + O_2 + Cl$ und $ClO + Cl_2O = ClO_2 + Cl_2$. Die erste Reaktion schafft Cl-Atome und damit Ketten. Für den Abbruch der Ketten werden von Finkelnburg, Schumacher und Stieger verschiedene Möglichkeiten diskutiert.

§ 2. Reaktionen in Flüssigkeiten.

Eine der beststudierten Reaktionen ist die durch Brom sensibilisierte Maleinesterumlagerung in die stereoisomere Fumarform.

```
H\  /COOCH3            H\  /COOCH3
   C                      C
   ||                     ||
   C                      C
H/  \COOCH3      H3COOC/  \H

     cis                   trans
Maleinsäure-           Fumarsäure-
dimethylester.         dimethylester.
```

Borinski[4] und Wachholtz[5] arbeiteten mit den Diäthylestern, als Lösungsmittel diente Tetrachlorkohlenstoff. Sie fanden, daß bei

[1] Schumacher, H. J. u. C. Wagner: Z. physik. Chem. Abt. B Bd. 5 (1929) S. 199.

[2] Bowen, E. J.: J. Chem. Soc., Lond. Bd. 123 (1923) S. 2328. — Bodenstein, M. u. G. Kistiakowsky: Z. physik. Chem. Bd. 116 (1925) S. 371.

[3] Finkelnburg, W., H. J. Schumacher u. G. Stieger: Z. physik. Chem. Abt. B Bd. 15 (1931) S. 127.

[4] Borinski: Diss. Berlin 1923.

[5] Wachholtz, F.: Z. physik. Chem. Bd. 125 (1927) S. 1; Bd. 135 (1928) S. 147.

Belichtung in Gegenwart von Brom pro absorbiertes $h\nu$ 150 Fumarestermoleküle gebildet wurden. WACHHOLTZ gab einen möglichen Reaktionsmechanismus an, nach dem als Primärprozeß die Spaltung der Brommoleküle in die Atome angenommen wurde. Später hat SCHMIDT[1] eine entsprechende Untersuchung mit den Dimethylestern durchgeführt. Sie beweist die Richtigkeit des von WACHHOLTZ angenommenen Primärprozesses, wie das in Analogie zu der Bromabsorption im Gaszustand naheliegend ist[2]. Auch die Folgereaktionen kann man nach entsprechender Analogie verständlich machen. Die im Primärprozeß entstandenen Br-Atome können sich bei Stößen an die Maleinestermoleküle anlagern. Durch diese Anlagerung wird gewissermaßen die Starrheit der $C = C$-Doppelbindung gelockert[3] und die Aktivierungsenergie, die zur Umwandlung der cis- in die trans-Form nötig ist, herabgesetzt (die cis-Form ist an sich die energiereichere Verbindung). Es werden Drehungen der $COOCH_3$-Gruppe um die $C = C$-Achse möglich. Machen jetzt die Additionsverbindungen MBr irgendwelche weiteren Zusammenstöße, so wird die Bindung wieder stabilisiert, wobei das angelagerte Br-Atom wieder entlassen wird. Aus dem Maleinestermolekül kann jedoch bei dem Prozeß ein Fumarestermolekül entstehen. Nebenher läuft eine Anlagerung von Brom an den Malein- und Fumarester unter Bildung von Dibrombernsteinsäureester. Die Quantenausbeute φ für die Umlagerung beträgt 400. Es entstehen also Ketten. Die Ausbeute ist abhängig von der Esterkonzentration, der Lichtintensität, der Br_2-Konzentration, der Wellenlänge des eingestrahlten Lichtes und der Temperatur. Der Gang der Abhängigkeiten läßt sich in diesem wie in andern Fällen nach Überlegungen von FRANCK und RABINOWITSCH[4] verstehen. Wir wollen diese schematisch wiedergeben. In Flüssigkeiten sei ein Molekül A_2 dissoziiert durch Lichtabsorption in zwei Atome: $A_2 + h\nu = 2\,A$. Daran schließen sich Ketten an, etwa $A + B_2 = AB + B$ usw. Der Kettenabbruch erfolgt durch $A + A = A_2$, denn die Bedingung des Dreierstoßes liegt in Flüssigkeiten immer vor. Eine Temperaturabhängigkeit, Konzentrationsabhängigkeit und Abhängigkeit von der Lichtintensität deutet

[1] SCHMIDT, R.: Z. physik. Chem. Abt. B Bd. 1 (1928) S. 205.
[2] Siehe auch EGGERT, J.: Z. Elektrochem. Bd. 33 (1927) S. 542.
[3] Siehe z. B. auch E. HÜCKEL: Z. Physik Bd. 60 (1930) S. 423.
[4] FRANCK, J. u. E. RABINOWITSCH: Trans. Faraday Soc. Bd. 30 (1934) S. 120.

dann immer darauf hin, daß die zweite Reaktion eine große Aktivierungswärme hat, so daß nur ein sehr kleiner Teil aller Zusammenstöße zwischen A und B_2 zur Reaktion führt. Dadurch wird diese Reaktion in ihrer Häufigkeit vergleichbar mit der Kettenabbruchsreaktion trotz der geringen Atomkonzentration, was alle Abhängigkeiten bis auf die von der Wellenlänge deuten läßt. Die Wellenlängenabhängigkeit bezieht sich nur auf die erste Reaktion, d. h. nur auf die Kettenzahl, nicht aber auf die Kettenlänge, wie nach dem früher über den Primärakt Gesagten verständlich ist.

In diesen Abschnitt gehört noch die wichtigste in der Natur vorkommende sensibilisierte Reaktion: der Assimilationsprozeß der Pflanzen. Das Chlorophyll der grünen Blätter ist der Sensibilisator, der das Licht (Rot bis Blau) absorbiert. Diese Energie muß auf irgendeine Weise für die Reduktion der Kohlensäure verwandt werden. Es ist bekannt, daß vier Lichtquanten ein CO_2-Molekül zu Formaldehyd reduzieren und ein O_2-Molekül freimachen. Ferner hat sich gezeigt, daß es sich nicht um eine reine durch das Chlorophyll sensibilisierte Reaktion handelt, sondern daß an der Reaktion zwei locker gebundene H-Atome des Chlorophylls beteiligt sind, die schließlich durch Zersetzung des Wassers dem Chlorophyll wieder zurückgewonnen werden[1]. FRANCK[2] hat kürzlich einen Mechanismus für die Assimilation vorgeschlagen, der diese Tatsachen und weiter unten zu besprechende Versuche berücksichtigt.

Danach soll in einer Vorperiode, die der beobachteten photochemischen Induktionsperiode entspricht, unter Lichtabsorption in Gegenwart von O_2 aus gewöhnlichem vollhydriertem Chlorophyll (bei FRANCK mit HH-Chlorophyll bezeichnet) das Monodehydrochlorophyll (mit H-Chlorophyll bezeichnet) gebildet werden. Der photochemisch abdissoziierte Wasserstoff wird dabei von Sauerstoff gebunden. An die entstehenden H-Chlorophyllmoleküle lagert sich Kohlensäure an. Der eigentliche photochemische Prozeß, der zum Verbrauch der vier Lichtquanten führt, soll folgender sein:

---

[1] WILLSTÄTTER, R. u. A. STOLL: Untersuchungen über die Assimilation der Kohlensäure. Berlin 1918. — STOLL, A.: Naturwiss. Bd. 20 (1932) S. 955. — WILLSTÄTTER, R.: Naturwiss. Bd. 21 (1933) S. 252.

[2] FRANCK, J.: Naturwiss. Bd. 23 (1935) S. 226.

$$1.\quad \text{H-Chlorophyll}\,{}^{\text{OH}}_{\text{OH}}\!>\!C=O \qquad + h\nu \rightarrow \text{OH-Chlorophyll}\,{}^{\text{H}}_{\text{OH}}\!>\!C=O$$

$$2.\quad \text{OH-Chlorophyll}\,{}^{\text{H}}_{\text{OH}}\!>\!C=O + H_2O + h\nu \rightarrow \text{H-Chlorophyll}\,{}^{\text{H}}_{\text{OH}}\!>\!C=O + H_2O_2$$

$$3.\quad \text{H-Chlorophyll}\,{}^{\text{H}}_{\text{OH}}\!>\!C=O \qquad + h\nu \rightarrow \text{OH-Chlorophyll} + {}^{\text{H}}_{\text{H}}\!>\!C=O$$

$$4.\quad \text{OH-Chlorophyll} + H_2O \qquad + h\nu \rightarrow \text{H-Chlorophyll} + H_2O_2$$

Wie man sieht, handelt es sich in allen vier Hauptreaktionen um einen Platzwechsel zwischen H und OH, der durch die Lichtabsorption aktiviert wird. Die Bindungsenergie des lockeren H-Atoms im Chlorophyll wird aus Chemilumineszenzbeobachtungen entnommen. (Die Fluoreszenz von sauerstofffreien Chlorophylllösungen[1] wird nämlich durch die Annahme gedeutet[2], daß der durch Lichtabsorption angeregte Farbstoff seine Energie im Stoß II. Art in Abtrennungsarbeit eines H-Atoms umwandeln und daß danach die Wiedervereinigung zur Wiederanregung des Chlorophylls und Chemilumineszenz führen kann.) Der angegebene Assimilationsprozeß wird von einer langsamen Dunkelreaktion gefolgt[3], in der ein kleiner Teil des gebildeten Formaldehyds (bzw. der Ameisensäure) wieder rückoxydiert wird und aus dem Monodehydrochlorophyll das vollhydrierte Chlorophyll zurückgebildet wird. Die Annahme der Notwendigkeit des Monodehydrochlorophylls für die Reaktionsfolge[4] wird mit einer vermuteten Instabilität des HOH-Chlorophylls in Zusammenhang gebracht. Schreibt man obige Gleichungen unter Benutzung von HH-Chlorophyll, so würde HOH-Chlorophyll entstehen und, wenn es instabil ist, in Dehydrochlorophyll und Wasser zerfallen. Das gebildete Wasserstoffperoxyd wird nach allgemeiner Annahme durch die Blattkatalase unter Sauerstoffabgabe zersetzt. Der vorgeschlagene Mechanismus der Lichtreaktionen ist mit den bisher vorliegenden Untersuchungen im Einklang, doch werden noch weitere Experimente seine Richtigkeit zu prüfen haben. Insbesondere scheinen zur Deutung der Rolle

[1] KAUTSKY, H.: Ber. dtsch. chem. Ges. Bd. 68 (1935) S. 152; Bd. 66 (1933) S. 1588.

[2] FRANCK, J. u. H. LEVI: Naturwiss. Bd. 23 (1935) S. 229.

[3] Die Annahme einer Dunkelreaktion ist notwendig, um die Beobachtungen von KAUTSKY und Mitarbeitern [KAUTSKY, H., H. HIRSCH u. F. DAVIDSHÖFER: Ber. dtsch. chem. Ges. Bd. 65 (1932) S. 1762] über die zeitliche Abhängigkeit der Chlorophyll-Fluoreszenz im lebenden Blatt deuten zu können. Für eine nähere Begründung muß auf die Originalarbeiten verwiesen werden.

[4] WILLSTÄTTER, R.: Naturwiss. Bd. 21 (1933) S. 252.

des Sauerstoffs bei der Assimilation noch erneute Untersuchungen wünschenswert[1]. Immerhin ist es sehr wahrscheinlich, daß allgemein bei sensibilisierten Photooxydationen verschiedener Substanzen durch fluoreszenzfähige Farbstoffe primär durch das angeregte Farbstoffmolekül die zu oxydierende Substanz, der sog. Akzeptor, „aktiviert“ wird und nicht der Sauerstoff[2] (der dann im energiereichen Zustand mit dem Akzeptor reagieren soll).

§ 3. Reaktionen im festen Körper.

Die praktisch wichtigste Reaktion ist die Sensibilisierung der photographischen Trockenplatte. Da das Bromsilber erst von 4600 Å an absorbiert, ist die Platte für rotes, gelbes und grünes Licht unempfindlich. Badet man sie aber in einem Farbstoff, der diese Wellenlängen absorbiert, so wird sie für diese sensibilisiert. In der „orthochromatischen“ Platte absorbieren die Moleküle des zugesetzten Farbstoffes das langwellige Licht und übertragen seine Energie auf die Bromsilberkristalle, die nun zerlegt werden. Hierbei fällt das Empfindlichkeitsmaximum nicht mit dem Absorptionsmaximum des gelösten Farbstoffmoleküls zusammen, was damit zusammenhängen wird, daß das Absorptionsspektrum eines adsorbierten Moleküls gegenüber dem des gelösten Moleküls verschoben sein wird.

Sehr interessant ist die von Kautsky und de Bruijn[3] beobachtete und diskutierte Lumineszenztilgung fluoreszierender Stoffe durch Sauerstoff, die als sensibilisierter Vorgang aufgefaßt werden kann. Zwei getrennt hergestellte Kieselsäureadsorbate, das eine von einem fluoreszierenden Farbstoff (z. B. Trypaflavin), das andere von einem Akzeptor (z. B. *p*-Leukanilin) wurden miteinander verrieben und mit sichtbarem Licht belichtet. Dabei färbte sich die belichtete Stelle durch Oxydation der Leukoverbindung rot, während das farblose Adsorbat der Leukoverbindung für sich allein durch Belichten ungeändert blieb. Als Erklärung gibt Kautsky an, daß die angeregten Farbstoffmoleküle die absorbierte

---

[1] Siehe z. B. Gaffron, H.: Naturwiss. Bd. 23 (1935) S. 528.

[2] Gaffron, H.: Biochem. Z. Bd. S. 264 (1933) 251; Ber. dtsch. chem. Ges. Bd. 68 (1935) S. 1409. — Franck, J. u. H. Levi: Z. physik Chem. Abt. B Bd. 27 (1935) S. 409; Naturwiss. Bd. 23 (1935) S. 229. — Weiss, J.: Naturwiss. Bd. 23 (1935) S. 610.

[3] Kautsky, H. u. H. de Bruijn: Naturwiss. Bd. 19 (1931) S. 1043.

Lichtenergie in der Grenzfläche auf Sauerstoffmoleküle übertragen. Diese diffundieren aus der Grenzfläche des Trypaflavinadsorbates durch den Gasraum an die Grenzfläche des Akzeptoradsorbates und oxydieren dort die adsorbierten Moleküle des *p*-Leukanilins zum roten *p*-Rosanilin. Die angeregten O_2-Moleküle sollen in einem metastabilen Zustand sein.

In Analogie zu den Betrachtungen am Schluß des vorigen Paragraphen ist aber auch eine andere Erklärung möglich[1]. Danach könnte der Farbstoff photochemisch H-Atome (oder Radikale) abdissoziieren (primär oder sekundär), die mit Sauerstoff zur Bildung des Radikals HO_2 führen. Dieses HO_2 soll dann die oben geschilderte Rolle des Sauerstoffs übernehmen. Für eine endgültige Klärung dieser Fragen sind weitere Versuche nötig.

E. Bemerkungen zur Katalyse.

Einige Bemerkungen zur Katalyse seien hier darum gebracht, weil mehr und mehr auf diesem Gebiet spektroskopisch bestimmte Größen wie Ionisierungsspannungen, Dissoziationsarbeiten, photochemisch wirksame Absorptionsspektren eine Rolle zu spielen beginnen. Ferner handelt es sich um Vorgänge, deren Deutung erst durch molekulartheoretische Überlegungen der Quantenmechanik möglich scheint.

Katalyse bedeutet in den meisten Fällen die Eröffnung eines Reaktionsweges mit kleinerer Aktivierungsenergie. Es gibt jedoch auch eine Form der katalytischen Wirkung, die nicht durch eine Herabsetzung der Aktivierungswärme, sondern durch Zusatz von Gasen bedingt ist, die besonders geeignet sind, die Aktivierungsenergie bei Zusammenstößen an die Moleküle zu übertragen. In beiden Fällen wird die Katalyse durch Anwesenheit eines dritten Stoffes bewirkt, der sich nach Ablauf der Reaktion in unverändertem chemischem Zustand wieder vorfindet. Man unterscheidet homogene und heterogene Katalyse, wie man homogene und heterogene Reaktionen unterscheidet.

Die zweite Form der Katalyse durch Gaszusätze spielt eine Rolle bei den auf S. 419 erwähnten pseudomonomolekularen Zerfallsreaktionen komplizierterer organischer Moleküle. Wir hatten dort erwähnt, daß bei hohen Drucken der spontane Zerfall der aktivierten Moleküle langsamer abläuft als die Energiezufuhr, d. h. die Aktivierung. Bei niederen Drucken, bei denen die Reaktion bimolekular wird, ist der Prozeß der Aktivierung der langsamere Vorgang. Durch Zusatz neutraler Gase läßt sich die Geschwindigkeit der Aktivierung wieder so steigern, daß die Reaktion schneller abläuft und wieder dem monomolekularen Gesetz gehorcht. In diesem Fall wirkt also der Zusatz der an der Reaktion nicht beteiligten Moleküle katalysierend.

[1] Weiss, J.: Naturwiss. Bd. 23 (1935) S. 610.

Man unterscheidet gute und schlechte Katalysatoren. Gute sind solche, die besonders geeignet sind, den zu aktivierenden Molekülen Schwingungsenergie zu übermitteln. Als Beispiel sei erwähnt, daß Dimethyläther durch Zusammenstöße mit H_2-Molekülen gut zum Zerfall aktiviert wird.

Der allgemeinere Fall ist der zuerst erwähnte, nämlich die Eröffnung eines Reaktionsweges mit kleinerer Aktivierungswärme, d. h. eines Weges mit kleinerer Potentialschwelle. Meist ist dabei die katalysierende Substanz nur scheinbar an der Reaktion nicht beteiligt, indem sie instabile Zwischenverbindungen eingeht, die sich zum Schluß wieder zersetzen. Damit ist chemisch das Problem gelöst. Der Physiker interessiert sich jedoch dafür, *warum* die Zwischenreaktionen kleinere Potentialberge ergeben. In einigen wenigen Fällen ist das zu zeigen gelungen. Wir bringen als Beispiel die von FRANCK und HABER[1] diskutierte Autoxydation von Sulfit zu Sulfat. Die chemische Gleichung würde lauten $2\ SO_3^{--} + O_2 = 2\ SO_4^{--}$. Diese Reaktion läuft, wie von einer Reihe von Chemikern gezeigt wurde, in Lösungen reiner Sulfite nicht ab; sie wird jedoch durch Schwermetallionen, besonders Cupriionen katalysiert[2]. Daß für den durch die obige Gleichung gegebenen Prozeß eine hohe Aktivierungsenergie vorliegen muß, ist evident. Einmal soll nämlich das fertige abgeschlossene O_2-Molekül mit den SO_3-Ionen, die ebenfalls abgeschlossene Schalen haben, reagieren, wobei durch Austauschkräfte Abstoßungen eintreten, und zweitens sollen zwei doppelt negativ geladene Ionen zusammengebracht werden, was eine elektrostatische Abstoßung ergibt. Die Deutung der katalytischen Wirkung von Schwermetallionen verschiedener Wertigkeitsstufen ergab sich aus photochemischen Untersuchungen. BÄCKSTRÖM[3] hatte gefunden, daß durch Bestrahlung mit ultraviolettem Licht, das von den hydratisierten SO_3-Ionen absorbiert wird, eine Kettenreaktion der Autoxydation ausgelöst wird. FRANCK und HABER deuteten das Absorptionsspektrum als Elektronenaffinitätsspektrum, so daß aus dem SO_3^{--}-Ion ein Radikalion der Monothionsäure SO_3^- wird. Die in der sauren Lösung sich bildende Monothionsäure HSO_3, die ebenfalls ein Radikal ist, reagiert dann mit H_2O und O_2 zu H_2SO_4 und OH-Radikalen. Die letzteren entreißen einem Sulfition ein Elektron und der Prozeß geht weiter. Die gleiche Wirkung haben die Cupriionen, indem sie den Sulfitionen ein Elektron entreißen und auf diese Weise eine Kettenreaktion der eben besprochenen Art in Gang setzen. Das Cupriion wird dabei zum Cuproion. Es wird dann durch O_2 zum Cupriion zurückoxydiert. Wir haben das Beispiel ausführlicher gebracht, da in diesem Falle deutlich wird, warum die Potentialwälle abgebaut werden. Der Grund liegt einmal in der Verkleinerung der Ladungen und ferner in der Schaffung von Radikalen. Die Ionen mehrerer Wertigkeitsstufen sind besonders geeignet zur Katalyse, da sie in der wässerigen Lösung an der oberen Grenze ihrer Stabilität sich befinden. Die Überlegungen sind der Ausgangspunkt für eine Reihe weiterer Untersuchungen

[1] FRANCK, J. u. F. HABER: Berl. Akad. 1931 S. 250.

[2] TITOFF, A.: Z. physik. Chem. Bd. 45 (1903) S. 641. — REINDERS, W. u. F. VLES: Rec. d. Trav. chim. Pays-Bas Bd. 44 (1925) S. 29.

[3] BÄCKSTRÖM, H. L. J.: J. Amer. Chem. Soc. Bd. 49 (1927) S. 1460; Medd. K. Vetenskaps-Akad. Nobel-Inst. Bd. 6 (1927) Nr. 15 u. 16; Trans. Faraday Soc. Bd. 24 (1928) S. 601, 706.

geworden[1]. HABER und WILLSTÄTTER[2] haben sie fernerhin auf die Autoxydation organischer Substanzen auszudehnen versucht.

Ein weiteres Beispiel, das völlig geklärt scheint, ist die Umwandlung von Para- in Orthowasserstoff durch Zusatz paramagnetischer Gase[3]. Während die normale Parawasserstoffumwandlung in Gasform über Atome führt, ist die Umwandlung in Gegenwart paramagnetischer Substanzen mit viel geringerer Energie durch rein magnetische Einflüsse zu erklären. Die Reaktion verläuft bimolekular und ist erster Ordnung in bezug auf Wasserstoff. Das molekulare inhomogene Magnetfeld eines Stoffes wie O_2, NO, NO_2 vermag beim Zusammenstoß ein Umklappen der Spinrichtungen der Kerne hervorzurufen, wie theoretisch von WIGNER[4] begründet wurde. Bei der Berechnung der Umwandlungswahrscheinlichkeit wurde angenommen, daß sich die Stoßpartner unendlich schnell bis zum Stoßabstand nähern, in dieser Stellung die mittlere Stoßzeit verweilen und sich dann wieder unendlich schnell trennen. Während der Stoßzeit wird die Einwirkung des paramagnetischen Moleküls durch ein Dipolfeld beschrieben. Der Verlauf der beobachteten Temperaturabhängigkeit, die sehr gering ist, und die Absolutgeschwindigkeit der Reaktion sind im Einklang mit den theoretischen Vorstellungen. FARKAS und SACHSSE[5] haben die Untersuchung der homogenen paramagnetischen Katalyse der Parawasserstoffumwandlung auch auf paramagnetische Ionen in Lösung ausgedehnt und in Übereinstimmung mit der WIGNERschen Theorie eine quadratische Abhängigkeit der Umwandlungsgeschwindigkeit vom magnetischen Moment des Ions gefunden.

Es ist bemerkenswert, daß auch in heterogener Phase eine paramagnetische Umwandlung $p\mathrm{H}_2 \rightleftharpoons o\mathrm{H}_2$ vorkommt. BONHOEFFER, FARKAS und RUMMEL[6] deuten nämlich die bei tiefen Temperaturen stattfindende heterogene katalytische Parawasserstoffumwandlung durch eine infolge magnetischen Einflusses bedingte monomolekulare Umwandlung eines adsorbierten Wasserstoffmoleküls (unabhängig von der Temperatur). Dabei ist das Vorhandensein magnetischer Dipole an Kohleoberflächen nur eine Vermutung; auf alle Fälle aber wird die bei sehr tiefen Temperaturen (flüssige

[1] ALBU, H. W. u. P. GOLDFINGER: Z. physik. Chem. Abt. B Bd. 16 (1931) S. 338. — ALBU, H. W. u. H. D. GRAF VON SCHWEINITZ: Ber. dtsch. chem. Ges. Bd. 65 (1932) S. 729. — HABER, F. u. O. H. WANSBROUGH-JONES: Z. physik. Chem. Abt. B Bd. 18 (1932) S. 103. — GOLDFINGER, P. u. H. D. GRAF VON SCHWEINITZ: Z. physik. Chem. Abt. B Bd. 19 (1932) S. 219; Bd. 22 (1933) S. 241. — Siehe ferner BÄCKSTRÖM, H. L. J.: Z. physik. Chem. Abt. B Bd. 25 (1934) S. 122.

[2] HABER, F. u. R. WILLSTÄTTER: Ber. dtsch. chem. Ges. Bd. 64 (1931) S. 2844.

[3] FARKAS, L. u. H. SACHSSE: Z. physik. Chem. Abt. B Bd. 23 (1933) S. 1. Paramagnetische Gase katalysieren die gleiche Umwandlung auch in schwerem Wasserstoff [FARKAS, L., A. FARKAS u. P. HARTECK: Proc. Roy. Soc., Lond. A Bd. 144 (1934) S. 481].

[4] WIGNER, E.: Z. physik. Chem. Abt. B Bd. 23 (1933) S. 28.

[5] FARKAS, L. u. H. SACHSSE: Z. physik. Chem. Abt. B Bd. 23 (1933) S. 19; s. auch SACHSSE, H.: Z. Elektrochem. Bd. 40 (1934) S. 531.

[6] BONHOEFFER, K. F., A. FARKAS u. K. W. RUMMEL: Z. physik. Chem. Abt. B Bd. 21 (1933) S. 225.

Luft) durch Sauerstoff hervorgerufene Reaktionsbeschleunigung durch den oben genannten magnetischen Effekt erklärt[1]. (Der bei Temperatur der flüssigen Luft adsorbierte O_2 bleibt molekular. Bei höheren Temperaturen, z. B. der der festen Kohlensäure, reagiert er mit der Kohle und wirkt dann reaktionshemmend.) Auch TAYLOR und DIAMOND[2] berichten über eine heterogene paramagnetische Umwandlung an Oxyden der seltenen Erden.

Als Beispiel einer heterogenen Katalyse, bei der das Abbauen der Potentialberge ebenfalls durch Einwirkung der katalysierenden Substanz verständlich scheint, sei die Hydrierungskatalyse durch die Metalle Pd, Ni, Fe usw. genannt. Ihre Deutung ist von SCHMIDT[3] und besonders von FRANCK[4] neuerdings gegeben worden. FRANCK nimmt an, daß man das Metall im Innern als Lösung behandeln darf, in der (in Analogie zum Verhalten der Ionen in den durch DEBYE untersuchten starken konzentrierten Elektrolyten) die Elektronen vermöge ihrer hohen Konzentration um jedes Proton eine Schwarmbildung verursachen. Die Löslichkeit des H_2 geht also mit einem Zerfall in Protonen und Elektronen einher (durch Schwarmbildungswärme und Elektronenaffinität des festen Metalls bedingt)[5]. Die Grundlage für diese Betrachtung bilden die Arbeiten von COEHN und Mitarbeitern[6], nach denen der Wasserstoff im Pd in Richtung eines positiven elektrischen Stromes wandert. Entweicht der Wasserstoff aus dem Metall wieder in den Außenraum, so muß eine Rückbildung zu Molekülen stattfinden. Dazwischen muß eine Schicht liegen, in der erst freie Atome und daraus dann Moleküle gebildet werden. Bei der Kontaktkatalyse müssen die Moleküle, mit denen der Wasserstoff reagieren soll, in diese Übergangsschicht eintreten, damit sie die freien Atome für die Hydrierung benutzen können.

[1] E. CREMER [Z. physik. Chem. Abt. B Bd. 28 (1935) S. 383] hat die heterogene Orthowasserstoffumwandlung an festem Sauerstoff genauer untersucht und gefunden, daß die gegenüber der Gasreaktion größere Umwandlungsgeschwindigkeit sich durch das Vorhandensein einer Adsorptionsschicht von Orthowasserstoff erklären läßt.

[2] TAYLOR, H. S. u. H. DIAMOND: J. Amer. Chem. Soc. Bd. 55 (1933) S. 2614.

[3] SCHMIDT, O.: Naturwiss. Bd. 21 (1933) S. 351.

[4] FRANCK, J.: Gött. Nachr. 1933 S. 293 Nr. 44.

[5] Die Energie der Schwarmbildung entsprechend der FRANCKschen Vorstellung ist neuerdings von K. F. HERZFELD und M. GÖPPERT-MAYER [Z. physik. Chem. Abt. B Bd. 26 (1934) S. 203] berechnet worden. Danach liefert die Schwarmbildung einen Betrag von etwa 6 e-Volt oder 138 kcal zu der Arbeit, die sich ergibt, wenn ein Proton vom Pd aufgenommen wird und im Innern des Pd frei bleiben soll. Den Gesamtbetrag hatte FRANCK zu etwa 11 e-Volt abgeschätzt. Die Schwarmbildung sollte den Einfluß eines äußeren Feldes stark abschirmen und infolgedessen die Beweglichkeit im Verhältnis zum Diffusionskoeffizienten stark heruntersetzen. In der Tat ergab eine entsprechende Untersuchung von B. DUHM [Z. Physik Bd. 94 (1935) S. 434; Bd. 95 (1935) S. 801], daß infolge des Schwarmeffektes der Elektronen um die Protonen die wirksame Ladung nur etwa $^1/_{25}$ der Elementarladung beträgt.

[6] COEHN, A.: Z. Elektrochem. Bd. 35 (1929) S. 676. — COEHN, A. u. W. SPECHT: Z. Physik Bd. 62 (1930) S. 1. — COEHN, A. u. H. JÜRGENS: Z. Physik Bd. 71 (1931) S. 179. — COEHN, A. u. K. SPERLING: Z. Physik Bd. 83 (1933) S. 291.

Schließlich sei noch die Katalyse durch Adsorption von Gasen an festen Körpern erwähnt. Hier hat man zum Teil als Wirkung des Katalysators eine Verzerrung der adsorbierten Moleküle angenommen[1]. Sie soll eine Betätigung der Oberflächenvalenzen darstellen und in einer Reihe von Fällen stark genug sein, um die adsorbierten Moleküle aufzuspalten[2]. Ob man in diesem Falle von Atomadsorption oder von einer Zwischenverbindung zwischen Atom und Wand sprechen soll — das Entsprechende gilt für adsorbierte nur verzerrte Moleküle —, ist prinzipiell gleichgültig. Die Deutung der Katalyse durch Annahme von Zwischenverbindungen, die öfters auch mechanisch nachgewiesen sind, ist wiederum nur dann eine volle Erklärung, wenn ein Grund dafür angegeben werden kann, warum der Weg über die Zwischenverbindungen einer kleineren Aktivierungswärme bedarf als die direkte Reaktion.

Da sich aus den Experimenten ergeben hat, daß die Oberfläche eines Katalysators nicht gleichmäßig wirksam ist, sondern daß die katalytische Wirksamkeit an „aktive“ Stellen gebunden ist[3], so wird man annehmen, daß besonders an diesen große Kräfte zwischen Adsorbens und Oberfläche herrschen. Die aktiven Stellen scheinen Störungsstellen des Gitters, Oberflächen„lockerstellen“ zu sein. Die Untersuchung der Eigenschaften der aktiven Stellen ist besonders von TAYLOR und Mitarbeitern in Angriff genommen worden. Vor allem haben sie Adsorptionswärmen an aktiven Stellen gemessen, z. B. an Metallkatalysatoren, Oxydkatalysatoren, Platin. Sie fanden hohe Werte für die Adsorptionswärmen verglichen mit den mittleren Adsorptionswärmen, so daß danach eine Verzerrung der adsorbierten Moleküle durchaus möglich erscheint.

Verschiedentlich sind auch Versuche gemacht worden, den nach der Quantenmechanik möglichen Durchgang von Partikeln durch Potentialwälle zur Deutung katalytischer Prozesse heranzuziehen. Zu nennen sind in diesem Zusammenhange Arbeiten von LANGER[4], BORN und FRANCK[5], BORN und WEISSKOPF[6]. Es scheint aber fraglich, ob die dort betrachtete Durchlässigkeit der Potentialwälle für die immerhin schweren chemischen Atome eine Bedeutung hat. Am ehesten wird man für das H-Atom an eine solche

[1] Siehe z. B. POLANYI, M.: Z. Elektrochem., Heft der Bunsentagung 1929. — TAYLOR, H. S.: Z. Elektrochem., Heft der Bunsentagung 1929.

[2] Die Versuche [Literatur bei H. S. TAYLOR: Proc. Roy. Soc., Lond. A Bd. 113 (1926) S. 77], in denen die Existenz der adsorbierten freien Atome dadurch nachgewiesen wird, daß mit Elektronenstoß die Anregungsstufen z. B. des atomaren Wasserstoffs an Metallflächen, an denen Wasserstoff adsorbiert ist, erhalten werden, sind wohl nicht ganz beweiskräftig. Unter anderm wäre kaum einzusehen, warum die Adsorptionskräfte, die die Moleküle aufspalten sollen, nicht auch die Anregungsstufen der Atome verändern.

[3] Siehe H. S. TAYLOR: Z. Elektrochem., Heft der Bunsentagung 1929.

[4] LANGER, R. M.: Physic. Rev. Bd. 34 (1929) S. 92.

[5] BORN, M. u. J. FRANCK: Gött. Nachr. 1931 S. 77.

[6] BORN, M. u. V. WEISSKOPF: Z. physik. Chem. Abt. B Bd. 12 (1931) S. 206.

Möglichkeit denken können. Wichtiger scheint die von WIGNER[1] behandelte Durchlässigkeit der Spitzen der Potentialberge bei den chemischen Reaktionen zu sein. Hierzu s. auch eine Arbeit von CREMER und POLANYI[2].

F. Chemilumineszenz.

§ 1. Allgemeine Bemerkungen.

Unter Chemilumineszenz versteht man die Anregung von Lichtemission, zu der die noch nicht dissipierte Reaktionsenergie frisch entstehender Moleküle die Energie liefert. Geht diese Molekülbildung *selbst* unter Lichtemission vor sich, so bedeutet das eine Umkehrung des in einem Elementarakt verlaufenden *photochemischen primären Dissoziationsprozesses*. Der Vorgang würde sein $A + B = AB + h\nu$, bedeutet also eine Additionsreaktion im Zweierstoß. Aus dem früher Gesagten geht hervor, daß eine solche Rekombination im allgemeinen eine sehr geringe Wahrscheinlichkeit besitzt. Die übliche Chemilumineszenz wird durch Dreierstöße oder in Austauschreaktionen angeregt. Wird die Reaktionswärme unter der Einwirkung des *Stoßes* zur Anregung des frisch gebildeten Moleküls selbst benutzt, so verläuft der Vorgang nach dem Schema: $A + B + C = AB^* + C$; $AB^* \rightarrow AB + h\nu$. Wir sehen sofort, daß hier die Umkehrung eines *photochemischen Prozesses* mit *primärer Molekülanregung* vorliegt. Wird nun die Reaktionswärme des frisch gebildeten Moleküls im *Stoß an andere Moleküle* (Atome) übertragen, so haben wir die Umkehrung der *sensibilisierten photochemischen Reaktion* vor uns. Der Vorgang ist nämlich: $A + B + C = AB + C^*$; $C^* \rightarrow C + h\nu$. Eine diesem letzteren Falle entsprechende Austauschreaktion würde sein $AB + C = AC + B^*$; $B^* \rightarrow B + h\nu$. Hierbei nimmt auch AC außer kinetischer Energie einen mehr oder weniger großen Anteil als innere Energie (in der Regel Kernschwingungsenergie) auf. Der andere Fall ist derjenige, bei dem das entstehende Molekül AC den Hauptbetrag der Reaktionsenergie aufnimmt und ihn selbst ausstrahlt oder durch Stoß an B oder andere evtl. zugesetzte Gasteilchen D weitergibt: $AB + C = AC^* + B$, $AC^* \rightarrow AC + h\nu$ oder $AC^* + B = AC + B^*$, $B^* \rightarrow B + h\nu$ bzw. $AC^* + D = AC + D^*$, $D^* \rightarrow D + h\nu$.

---

[1] WIGNER, E.: Z. physik. Chem. Abt. B Bd. 19 (1932) S. 203.

[2] CREMER, E. u. M. POLANYI: Z. physik. Chem. Abt. B Bd. 19 (1932) S. 443.

§ 2. Chemilumineszenz bei Rekombination im Zweierstoß.

Dieser Vorgang hat, wie eben erwähnt, eine sehr kleine Wahrscheinlichkeit. Diese ist begründet einmal durch die Forderung, daß eines der beiden rekombinierenden Atome angeregt sein muß, um ein angeregtes Molekül zu ergeben. (Die Bildung angeregter Molekülniveaus aus normalen Atomen ist seltener.) Zweitens hat man theoretische Gründe, auch bei Erfüllung dieser Bedingung die Strahlungswahrscheinlichkeit als klein anzusehen. KONDRATJEW[1] schätzt sie auf 10^{-5} bis 10^{-7}. (Allerdings auf theoretisch nicht völlig einwandfreie Weise.) Unter gewöhnlichen Bedingungen ist der Dreierstoßvorgang um viele Größenordnungen wahrscheinlicher. Bei den Reaktionen der hochverdünnten Flammen, bei denen wegen der kleinen Drucke die Verhältnisse günstig liegen und bei denen zwei normale Atome (z. B. Na + Cl) zu einem angeregten Ionenmolekül sich vereinigen (S. 301), ist der besprochene Rekombinationseffekt beobachtet worden[2]. Ein anderes Beispiel ist die Deutung, die KONDRATJEW und LEIPUNSKY[3] für das kontinuierliche Spektrum erhitzter Halogendämpfe geben. Doch kann man hier auch von Temperaturanregung sprechen (S. 377). Sie erhitzten die Dämpfe von Cl_2, Br_2 und J_2 bis zu 1000^0 C und erhielten ein Leuchten, dessen Spektrum sich mit dem Absorptionsspektrum des betreffenden Halogens als identisch erwies. Daher vermuteten sie, daß der kontinuierliche Teil des Spektrums dem Vorgang entspricht $\text{Hal} + \text{Hal}^* = \text{Hal}_2 + h\nu$. Durch Intensitätsuntersuchungen bei verschiedenen Temperaturen konnten sie diese Annahme stützen.

§ 3. Chemilumineszenz der „hochverdünnten Flammen".

Für die andere Art der Chemilumineszenzen, die der Umkehrung einer primären photochemischen Molekülanregung entsprechen, sei an das Leuchten „kalter Flammen" erinnert, welche auf so niedriger Temperatur gehalten werden, daß thermische Anregung keine Rolle spielt. Sie kommen durch Chemilumineszenz zustande. Für ganz einfache Fälle sind die ihnen zugrunde liegenden

---

[1] KONDRATJEW, V.: Physik. Z. Sowjetunion Bd. 1 (1932) S. 501. — Siehe auch A. TERENIN u. N. PRILESHAJEWA: Physik. Z. Sowjetunion Bd. 2 (1932), S. 337.

[2] Siehe hierzu auch BEUTLER, H.: Z. angew. Chem. Bd. 45 (1932) S. 249.

[3] KONDRATJEW, V. u. A. LEIPUNSKY: Z. Physik Bd. 50 (1928) S. 366. — Siehe auch H. C. UREY u. J. R. BATES: Physic. Rev. Bd. 34 (1929) S. 1541.

Vorgänge untersucht worden. Die Pionierarbeit wurde hier von HABER und ZISCH[1] geleistet. Untersucht wurde das Spektrum, das durch Zusammenführen von Na-Dampf und Cl_2 angeregt wurde (ebenso von Na und $HgCl_2$). Um die Temperatur niedrig zu halten, wurden Na- und Cl_2-Dampf in einer Stickstoffatmosphäre zusammengebracht. Die Erhitzung des Gasgemisches, die sich aus Umsatz und Wärmeableitung berechnen läßt, war so gering, daß ein Temperaturleuchten ausgeschlossen war. Die Umsetzung erfolgte bei der Temperatur der zuströmenden Gase (etwa 500° C). Trotz der niedrigen Temperatur wurde eine Emission der *D*-Linien beobachtet. HABER schloß, daß die bei der NaCl-Bildung freiwerdende Reaktionswärme in irgendeinem Stoßvorgang zur Anregung der Na-Atome verwandt wird.

POLANYI und Mitarbeiter[2] haben die Versuche dahin weiter ausgebaut, daß sie die reagierenden Gase in sehr verdünntem Zustande (also geringen Drucken) zusammenbrachten und die Chemilumineszenz dieser „hochverdünnten Flammen" photographierten. Bei ihnen fällt also die Kühlung durch ein inertes Fremdgas weg; sie erfolgt vielmehr durch Wärmeleitung nach den Wänden des Reaktionsgefäßes. Eine wesentliche Erwärmung des Gasgemisches kann nicht eintreten, da bei den großen Verdünnungen die in der Zeiteinheit stattfindenden Umsätze klein sind und die Wärmeableitung sich nicht genügend mit dem Druck ändert. Außerdem gibt diese Anordnung eine größere Lichtausbeute als diejenige mit der Gaskühlung. Denn die zugesetzten Fremdgasmoleküle dissipieren in Zusammenstößen die Energie der angeregten Teilchen, so daß diese für die Lichtemission wegfallen.

Das Verfahren bestand im Prinzip darin, daß in einem evakuierten Glasrohr bei niedrigen Drucken (etwa 0,01 mm Hg) Na-Dampf und Cl_2-Dampf von beiden Enden her aufeinander zuströmten. In der Mitte des Rohres erfolgte die Reaktion unter Ausbildung flammenartiger Erscheinungen, wobei sich an der Gefäßwand ein NaCl-Niederschlag zeigte. Die beiden Gasströme dringen um so tiefer ineinander ein, je langsamer die Umsetzung vor sich geht. Um so länger ist auch die Flamme. Bei sehr geringem Gasdruck, d. h. einer mittleren freien Weglänge von mehreren Zentimetern, wird die Flamme selbst dann einige Zentimeter lang sein, wenn jeder Zusammenstoß zur Reaktion führt. Findet erst bei jedem soundsovielten Stoß ein Umsatz statt, so wird die Flamme dementsprechend verlängert.

---

[1] HABER, F. u. W. ZISCH: Z. Physik Bd. 9 (1922) S. 302.

[2] Literatur siehe in dem zusammenfassenden Bericht von G. SCHAY über „Hochverdünnte Flammen" in Fortschr. Chem., Physik u. physik. Chem. Bd. 21 (1930) Heft 1.

Aus ihrer Länge kann also auf die Umsetzungsgeschwindigkeit geschlossen werden. Die Länge wird einmal aus der Verteilung des Niederschlages entnommen und zweitens aus der Lichtverteilung selbst.

Die später benutzte Methode der „Düsenflammen" ergab größere Lichtausbeute, da der Partialdruck des Na-Dampfes höher gehalten werden konnte. Es wurde hier in die Mitte eines das Reaktionsrohr ausfüllenden überschüssigen Na-Dampfstromes der andere Partner durch eine enge Düse eingeführt[1]. Wegen näherer Angaben muß auf die Originalliteratur verwiesen werden.

Die Untersuchungen haben in den Na-Halogenflammen und den Na- und K-Quecksilberhalogenflammen zwei ausgesprochen verschiedene Reaktionstypen ergeben. Die Untersuchung der K-Halogenflamme, sowie die Reaktionen von Na mit den Cadmiumsalzen $CdCl_2$, $CdBr_2$ und CdJ_2, sowie $ZnCl_2$ ergab kein so einfaches Bild, wenn auch starke Ähnlichkeit mit den beiden ersten Typen. Reaktionen mit Halogenwasserstoffen bilden einen Typus für sich. „Hochverdünnte Flammen ohne Lumineszenz" treten z. B. auf bei Reaktionen der Alkalimetalldämpfe mit Organohalogenen und Chloralkylen.

Bei den Reaktionen des ersten Typus entsteht primär atomares Halogen. Seine Bildung haben v. BOGDANDY und POLANYI[2] bei den Natrium-Chlorflammen direkt dadurch nachgewiesen, daß sie Wasserstoff zumischten und die HCl-Bildung nach dem NERNSTschen Kettenschema beobachteten. Die einzelnen Reaktionen, die bei jedem Zusammenstoß erfolgen, sind

$$\begin{aligned} Na + Cl_2 &= NaCl + Cl + 37{,}5\ \text{kcal} \\ Na + Br_2 &= NaBr + Br + 38{,}2\ \text{kcal} \\ Na + J_2 &= NaJ + J + 32{,}8\ \text{kcal}. \end{aligned}$$

Da für die Anregung der beobachteten Chemilumineszenz der D-Linien 48,3 kcal notwendig sind, können die Primärreaktionen nicht die Ursache des Leuchtens sein. Das Licht verdankt vielmehr einer Sekundärreaktion seinen Ursprung. Sekundärreaktionen sind

$$\begin{aligned} Na + Cl &= NaCl &&\text{Wandreaktion} \\ Na_2 + Cl &= NaCl^* + Na &&\text{Gasreaktion.} \end{aligned}$$

[1] Über eine Methode, die bei hochverdünnten Flammen ohne Lumineszenzerscheinung angewandt wurde, siehe H. v. HARTEL u. M. POLANYI: Z. physik. Chem. Abt. B Bd. 11 (1930) S. 97. Hier wird der in den Reaktionsraum eindringende Na-Dampf durch Beleuchtung mit einer Na-Resonanzlampe sichtbar gemacht und kurz als „Na-Flamme" bezeichnet.

[2] BOGDANDY, ST. v. u. M. POLANYI: Z. Elektrochem. Bd. 33 (1927) S. 556.

(Die erste wäre als Gasreaktion nur in Dreierstößen möglich, was bei der großen Verdünnung der reagierenden Gase praktisch nicht vorkommen wird.) Da verhältnismäßig wenig Moleküle im Dampf vorhanden sind, tritt die Gasreaktion gegenüber der Wandreaktion stark zurück. Beide Arten verlaufen bei jedem Zusammenstoß, und zwar mit einer größeren Wärmetönung als die für die Anregung der D-Linien nötigen 48 kcal. Daß die *Gasreaktion* für die Chemilumineszenz verantwortlich ist, konnte aus der Temperaturabhängigkeit des Flammenleuchtens gefolgert werden[1]. Es könnte in dieser Reaktion das Na-Atom direkt angeregt werden oder erst ein energiereiches NaCl-Molekül entstehen, welches dann auf ein an der Reaktion unbeteiligtes Na-Atom stößt und dieses zum Leuchten anregt. Daß die zweite Erklärung zutrifft, ist aus den spektroskopischen Beobachtungen sowie solchen über die Auslöschung der Chemilumineszenz durch N_2-Zusatz zu entnehmen. Das Spektrum besteht nämlich nicht nur aus den D-Linien, sondern auch aus den höheren Serienlinien des Na, sowie Na_2-Banden. Für letztere ist Stoßübertragung sowieso erforderlich und für erstere reicht die Energie *eines* NaCl nicht aus, so daß man annehmen muß, daß diese Linien beim Zusammenstoß *zweier* energiereicher NaCl-Moleküle entstehen können. Es ist anzunehmen, daß dieser Energievorrat im wesentlichen Kernschwingungsenergie ist, da die ersten Elektronenniveaus, die aus den Versuchen über die optische Dissoziation der Alkalihalogenidmoleküle bekannt sind (s. S. 256) höher liegen[2].

Die Diskussion hat gezeigt, daß der beschriebene Reaktionsmechanismus, nach dem die Na_2-Moleküle für die Chemilumineszenz eine entscheidende Rolle spielen, die drei charakteristischen Merkmale des Reaktionstypus I gut wiedergibt, nämlich: 1. die größere Breite der Lichtverteilungskurve im Vergleich zur Niederschlagskurve; 2. die starke Schwächung des Lichts durch Überhitzen der Reaktionszone; 3. das stärker als proportionale Ansteigen der Lichtausbeute mit wachsendem Na-Partialdruck.

---

[1] Als Nebenresultat ergab sich hierbei eine Bestimmung der Dissoziationswärme des Na_2-Moleküls. Denn da das von der Düsenflamme ausgehende Licht unter sonst ungeänderten Bedingungen (konstanter Na-Druck und Umsatz) proportional ist dem jeweiligen molekularen Anteil des Na-Dampfes, muß die Messung der Lichtintensität bei verschieden starker Überhitzung die Dissoziationskurve des Natrium-Dampfes ergeben.

[2] Translations- und Rotationsenergie kommen aus Impulssatzgründen und Drehimpulssatzgründen nicht in Frage.

Bei der zweiten Gruppe, nämlich den Reaktionen von Alkalidämpfen mit flüchtigen Quecksilberhalogeniden, entstehen in der Primärreaktion keine freien Halogenatome, sondern freie Radikale. Der Reaktionsmechanismus ist für die Sublimatflamme

$$Na + HgCl_2 = NaCl + HgCl + 22{,}4 \text{ kcal primär}$$
$$Na + HgCl = NaCl + Hg + \text{etwa } 60 \text{ kcal sekundär.}$$

Das Licht wird dadurch angeregt, daß die in der Sekundärreaktion entstehenden energiereichen NaCl-Moleküle mit einem Na-Atom zusammenstoßen und diesem Energie übermitteln. Da hier die Na_2-Moleküle für die Chemilumineszenz bedeutungslos sind, wird kein Überhitzungseffekt beobachtet, ferner steigt die Lichtausbeute langsamer als proportional zum Na-Partialdruck an. Schließlich fällt hier die Verteilungskurve des Niederschlages und des Lichtes zusammen[1].

Die Wahrscheinlichkeit dafür, daß ein NaCl im Stoß ein Na-Atom anregt, beträgt bei der Reaktion $Na_2 + Cl$ etwa 1, bei der Reaktion Na + HgCl etwa 0,1. Das liegt daran, daß der Vorgang $Na_2 + Cl$ bei jedem und der Vorgang Na + HgCl erst bei etwa jedem 10. Stoß abläuft. Im letzteren Falle tritt nämlich ein sterischer Faktor $\frac{1}{2}$ auf, weil es darauf ankommt, daß das Na sich dem HgCl auf der Chlorseite nähert. Ein weiterer Faktor ergibt sich aus der Berücksichtigung des WIGNERschen Multiplizitätssatzes, der nur bei speziellen Zusammenstößen erfüllt ist[2].

Für die Reaktionen von K mit Halogenen, die wegen der kleinen Anregungsenergie des K einen komplizierteren Mechanismus der Chemilumineszenz ergeben, muß auf die Originalarbeiten verwiesen werden[3].

Die Na—Cd-Halogenidflammen fassen HORN, POLANYI und SATTLER[4] als zum Typus II gehörig auf. Es ist aber keineswegs ausgeschlossen, daß die Anregung nicht allein durch die Sekundärreaktion bewirkt wird, sondern daß die Reaktionswärme der Primärreaktion zum mehr oder weniger großen Teil in die

---

[1] Über die Kalium-Sublimatflamme, die sich analog verhält, siehe eine neue Arbeit von I. BERGER u. G. SCHAY: Z. physik. Chem. Abt. B Bd. 28 (1935) S. 332.

[2] KONDRATJEW, V.: Physik. Z. Sowjetunion Bd. 4 (1933) S. 57.

[3] OOTUKA, H.: Z. physik. Chem. Abt. B Bd. 7 (1930) S. 422. — KROSZAK, M. u. G. SCHAY: Z. physik. Chem. Abt. B Bd. 19 (1932) S. 344. — ROTH, E. u. G. SCHAY: Z. physik. Chem. Abt. B Bd. 28 (1935) S. 323.

[4] HORN, E., M. POLANYI u. H. SATTLER: Z. physik. Chem. Abt. B Bd. 17 (1932) S. 220.

Monohalogenide CdCl usw. übergeht und in der Sekundärreaktion zusammen mit der Wärmetönung derselben auf die Na-Halogenidmoleküle übertragen wird. Die Anregungsenergie für die Na-Atome würde dann aus beiden Reaktionen stammen.

Durch die Versuche an den hochverdünnten Flammen wird bestätigt, daß viele Austauschreaktionen, an denen freie Atome oder Radikale teilnehmen, relativ trägheitlos, d. h. mit kleiner Aktivierungswärme, verlaufen (vgl. S. 425 und 432). In der endothermen Richtung müssen natürlich auch die praktisch trägheitslosen Reaktionen eine Aktivierungswärme besitzen, und zwar mindestens eine der Wärmetönung gleiche. Aus den bisher besprochenen Reaktionen läßt sich das nicht beweisen. Das geschah erst in Untersuchungen von SCHAY[1] über hochverdünnte Flammen von Alkalimetalldämpfen mit Halogenwasserstoffen. Hier verläuft die Primärreaktion $Na + HCl = NaCl + H$ endotherm. Die aus den D-Linien bestehende Chemilumineszenz beruht auf den Sekundärreaktionen $H + HCl = H_2 + Cl$ und $H + NaH = H_2 + Na$, wobei NaH aus Na und H an der Wand entsteht. Die in der ersten Reaktion gebildeten freien Halogenatome reagieren mit dem Na-Dampf ebenso weiter wie in den Halogenflammen. Näher sei auf den Mechanismus nicht eingegangen. Das hier hauptsächlich interessierende Ergebnis ist, daß aus der Stoßausbeute der endothermen Primärreaktionen von Na mit HCl, HBr und HJ Aktivierungswärmen von rund 5000, 1900 und 200 cal folgen. Es zeigte sich, daß diese fast vollständig den negativen Wärmetönungen entsprechen.

§ 4. Aktiver Wasserstoff.

Großes Interesse haben auch die durch aktiven Wasserstoff hervorgerufenen Chemilumineszenzen beansprucht. Er entsteht nach WOOD in gewöhnlichen wasserstoffgefüllten Entladungsrohren, durch die eine Glimmentladung bei niederem Druck geschickt wird. Aktiver Wasserstoff ist einatomig.

R. W. WOOD[2] und später BONHOEFFER[3] haben nämlich gezeigt, daß in einem mit nicht ganz reinem Wasserstoff gefüllten Ent-

[1] SCHAY, G.: Z. physik. Chem. Abt. B Bd. 11 (1930) S. 291. — HARTEL, H. v.: Z. physik. Chem. Abt. B Bd. 11 (1930) S. 316.

[2] WOOD, R. W.: Philos. Mag. Bd. 42 (1921) S. 729; Bd. 44 (1922) S. 538. — Proc. Roy. Soc., Lond. Bd. 102 (1922) S. 1.

[3] BONHOEFFER, K. F.: Z. physik. Chem. Bd. 113 (1924) S. 199; Bd. 116 (1925) S. 391. — Z. Elektrochem. Bd. 32 (1927) S. 536. — Erg. exakt. Naturwiss. Bd. 6 (1927) S. 201.

ladungsrohr an Stellen, die weit von den Elektroden entfernt sind, unter dem Einfluß der Entladung der Wasserstoff praktisch vollständig dissoziiert ist und in einatomiger Form aus dem Rohr durch schnellwirkende Pumpen in Ansatzrohre hinübergepumpt werden kann. Die Verunreinigung, z. B. Sauerstoff oder Wasserdampf, dient dazu, die katalytische Rückbildung der Wasserstoffatome an der Wand zu verhindern. Bringt man Substanzen mit katalytisch wirkender Oberfläche in den Strom des dissoziierten Wasserstoffs, so bewirken sie Molekülbildung. Aus der langen Lebensdauer des aktiven Wasserstoffs (von BONHOEFFER bis $^1/_3$ Sekunden beobachtet) geht hervor, daß die Molekülbildung nicht beim Zusammenstoß zweier H-Atome eintreten kann, sondern bei Dreierstößen, die viel seltener stattfinden. Mischt man leicht erregbares Fremdgas hinzu, so wird es als dritter Stoßpartner durch die freiwerdende Rekombinationswärme angeregt. BONHOEFFER beobachtete z. B. bei zugemischtem Na die *D*-Linien in Chemilumineszenz. Daß bei Zumischung von Hg-Dampf die Linie 2537 Å beobachtet wurde, obgleich ihre Anregungsenergie größer als die Dissoziationswärme des H_2 ist, kann an kumulativen Effekten oder daran liegen, daß ihre Anregung über HgH erfolgt. Streicht nämlich atomarer Wasserstoff über Quecksilberoberflächen, so nimmt man über seiner Oberfläche ein kräftiges dunkelblaues Leuchten wahr. Spektrale Beobachtung zeigt, daß es durch die Emission der HgH-Banden hervorgerufen ist.

Da aktiver Wasserstoff identisch mit freien H-Atomen ist, ist er überall dort vorhanden, wo diese gebildet werden. So ist er vermutlich wesensgleich mit dem aus chemischen Reaktionen bekannten naszierenden Wasserstoff[1], er entsteht im Verlaufe vieler Reaktionen, wie wir bereits verschiedentlich gesehen haben, er ist in Lichtbögen erhältlich usw.

Auch mit Kohlenwasserstoffen reagiert aktiver Wasserstoff unter Leuchterscheinung[2]. Bei Äthan, Pentan, Petroläther, Acetylen und Benzol tritt das gleiche Leuchten auf[3], das aus einer grünen Flamme mit blauem Saum nahe an der Einströmungsstelle

---

[1] Dieser entsteht meist beim Lösen von Metallen in Säuren oder Basen oder entwickelt sich kathodisch bei der Elektrolyse wässeriger Lösungen. Die H-Atome sind hier adsorbiert und nicht unbedingt als frei anzusprechen.

[2] BONHOEFFER, K. F. u. P. HARTECK: Z. physik. Chem. Abt. A Bd. 139 (1928) S. 64.

[3] Methan verhielt sich indifferent.

des aktiven Wasserstoffs besteht. Das grüne Licht zeigt die dem C_2 angehörenden SWAN-Banden, das blaue Leuchten die CH-Banden. Diese Teilchen müssen also aus allen Kohlenwasserstoffen freigemacht werden. Sie sind vor raschem Verschwinden geschützt, da sie mit den H-Atomen nicht reagieren. Die C_2-Bildung erfolgt vielleicht über $CH + CH = C_2H_2$ und nachfolgender Dehydrierung. Die Reaktionsmöglichkeiten der H-Atome mit den Kohlenwasserstoffen bestehen also in einer Dehydrierung, einer Hydrierung und einer Kettensprengung (s. auch S. 439).

Die bei der Reaktion von aktivem Wasserstoff mit Chloroform auftretende Chemilumineszenz, die hauptsächlich aus den SWAN-Banden besteht, wurde von FROMHERZ und SCHNELLER[1] untersucht.

§ 5. Aktiver Stickstoff.

Wir kommen jetzt zur Chemilumineszenz des Stickstoffs. Wird gasförmiger N_2 einer kondensierten elektrischen Entladung ausgesetzt, so entsteht eine Modifikation des Stickstoffs mit chemischer Aktivität und der Fähigkeit, intensiv nachzuleuchten[2]. SPONER[3] hatte in Analogie zu den Überlegungen beim aktiven Wasserstoff vermutet, daß aktiver Stickstoff genau wie dieser atomarer Natur sei. In der Tat ist die atomistische Hypothese durch Diffusionsversuche von WREDE sichergestellt worden[4]. Außerdem konnten BAY und STEINER[5] durch eine schwache elektrodenlose Entladung im aktiven Stickstoff Bogen- und Funkenlinien des Stickstoffatoms erzeugen; im inaktiven traten sie gar nicht oder stark geschwächt auf. Hingegen mußte die einfache SPONERsche Deutung für das Nachleuchten, welches durch die Rekombination von Atomen im Dreierstoß entstehen sollte, modifiziert werden. Die freiwerdende Dissoziationsarbeit sollte die Anregungsenergie liefern. Die Schwierigkeit für diese Deutung erwuchs aus Arbeiten, die den ursprünglich angenommenen Wert von 11,4 Volt für die Dissoziationsarbeit des Stickstoffs als zu hoch erkennen ließen[6]. Ferner konnte sie

[1] FROMHERZ, H. u. H. SCHNELLER: Z. physik. Chem. Abt. B Bd. 20 (1933) S. 158.

[2] Zusatz b. d. Korr.: Siehe als neueste Arbeit LORD RAYLEIGH: Proc. Roy. Soc., Lond. A Bd. 151 (1935) S. 567.

[3] SPONER, H.: Z. Physik Bd. 34 (1925) S. 622.

[4] WREDE, E.: Z. Physik. Bd. 54 (1929) S. 53.

[5] BAY, Z. u. W. STEINER: Z. physik. Chem. Abt. B Bd. 3 (1929) S. 149.

[6] Siehe z. B. den zusammenfassenden Bericht von H. O. KNESER: Erg. exakt. Naturwiss. Bd. 8 (1929) S. 229 u. G. HERZBERG u. H. SPONER: Z. physik. Chem. Abt. B Bd. 26 (1934) S. 1.

nicht erklären, warum Fremdgaszusätze, z. B. Metalldämpfe, nur bis zu etwa 9,5 Volt angeregt werden konnten. Vor der Dreierstoßhypothese hatten SAHA und SUR[1] die Hypothese aufgestellt, daß aktiver N_2 aus metastabilen Molekülen von etwa 8 Volt Energie bestünde, die im Stoß II. Art zugesetzte Fremdgase zur Chemilumineszenz anregen könnten. Das Leuchten sei irgendwie sekundärer Natur. CARIO und KAPLAN[2] kamen nach ihren Versuchen zu der Auffassung, daß am Zustandekommen des Nachleuchtens sowohl atomarer Stickstoff wie metastabile Moleküle beteiligt seien. Es sollen die Vorgänge gleich unter Benutzung einer neuen Arbeit von CARIO[3] besprochen werden, der, nachdem jetzt die Dissoziationsenergie des N_2-Moleküls und die Lage seiner Terme festgelegt sind[4], die einzelnen Bildungsprozesse genau energetisch angeben und sowohl das sichtbare als auch das ultrarote Nachleuchten erklären konnte. Es ergibt sich kurz folgender Mechanismus: Aktiver Stickstoff ist atomarer Stickstoff; die atomare Natur bedingt wie beim aktiven Wasserstoff seine lange Lebensdauer. Er entsteht unter gewöhnlichen Bedingungen bis zu einigen Prozent im Entladungsrohr. Bei der Rekombination von zwei normalen Atomen im Dreierstoß mit einem normalen Molekül als dem wahrscheinlichsten Stoßpartner entstehen metastabile Moleküle. Da die Dissoziationsarbeit des N_2 7,35 e-Volt oder 169,4 kcal und die Anregung des ersten Niveaus ($A\ ^3\Sigma_u^+$) über dem Grundzustand 6,14 e-Volt beträgt, enthalten diese Moleküle mehr oder weniger Schwingungsenergie. Maximal ist die Übertragung von 7 Schwingungsquanten möglich[5]. Die Schwingungsenergie wird durch Stöße leicht abgegeben werden können, so daß man vorzugsweise mit 6,14 e-Volt-Molekülen wird rechnen können. Der Zusammenstoß zweier derartiger metastabiler Moleküle ist die wahrscheinlichste Bildungsquelle für metastabile Atome: Hierbei entstehen ein normales und ein ^2P-Atom mit 3,56 Volt Energie oder zwei ^2D-Atome mit je 2,37 Volt Energie, denn $6{,}14 + 6{,}14 = \sim 7{,}3 + 3{,}56$ bzw. $\sim 7{,}3 + 2{,}37 + 2{,}37$ (alles

[1] SAHA, M. N. u. N. K. SUR: Philos. Mag. Bd. 48 (1924) S. 421.

[2] CARIO, G. u. J. KAPLAN: Z. Physik Bd. 58 (1930) S. 769.

[3] CARIO, G.: Z. Physik Bd. 89 (1934) S. 523.

[4] HERZBERG, G. u. H. SPONER: Z. physik. Chem. Abt. B Bd. 26 (1934) S. 1. — VEGARD, L.: Z. Physik Bd. 75 (1932) S. 30. — KAPLAN, J.: Physic. Rev. Bd. 45 (1934) S. 675.

[5] Es könnte auch gerade das nächste Niveau $B\ ^3\Pi_g$ noch erreicht werden, doch bleibt dann nichts mehr für die Translationsenergie der Stoßpartner übrig, was nicht wahrscheinlich ist.

in e-Volt). Nun liegt die in der sog. zweiten positiven Gruppe des Stickstoffs beobachtete[1] Prädissoziation gerade so, daß man sich den zweiten Bildungsprozeß auch so vorstellen könnte, daß beim Zusammenstoß erst ein hochangeregtes Molekül entsteht, welches sich auf einer Abstoßungskurve befindet und infolgedessen zerfällt. Da auch die beim 20. Schwingungsquant im oberen Term der ersten positiven Gruppe beobachtete Prädissoziation[2] durch einen Übergang in eine Abstoßungskurve verursacht ist, würde eine Dissoziation in ein normales und ein ^2D-Atom in der gleichen Weise möglich sein. Nachdem jetzt die Entstehung der metastabilen Moleküle und Atome erklärt ist, werden nach CARIO und KAPLAN die für das sichtbare Nachleuchten nötigen Ausgangsterme erreicht durch Stoß II. Art zwischen einem metastabilen Molekül (6,14 e-Volt) und einem metastabilen Atom im ^2P- (3,56 e-Volt) oder im ^2D-Zustand (2,37 e-Volt). Dadurch wird mit 9,70 Volt bzw. 8,51 Volt das 12. bzw. das 6. Schwingungsquant im oberen Zustand ($B\,^3\Pi_g$) der ersten positiven Gruppe erreicht. In Ausgangsterme mit weniger Schwingungsenergie kommen die Moleküle durch Stöße. Auf diese Weise ist eine Erklärung der beobachteten Intensitätsverteilung möglich. Das beobachtete bimolekulare Abklingungsgesetz beruht auf der einleitenden Dreierstoßreaktion.

Das ultrarote Nachleuchten, das an sich stets mit dem sichtbaren verknüpft auftritt, scheint durch die gleichen Anregungsprozesse geliefert zu werden wie dieses. Es wird nämlich etwa vom 5. Schwingungsquant des oberen Zustandes ($B\,^3\Pi_g$) der ersten positiven Gruppe ab energetisch durch Stoß ein Übergang in einen andern Term möglich ($a\,^1\Pi_u$, s. hierzu Bd. I, S. 14/15). Moleküle mit weniger Schwingungsquanten werden bei normaler Temperatur garnicht oder außerordentlich selten in diesen andern Zustand überführt werden können. Diese sollen das rote und ultrarote Nachleuchten liefern. Damit könnte verständlich werden, daß die von den mittleren Schwingungsniveaus (6 und 7) ausgehenden Banden besonders bei hohen Drucken relativ geschwächt erscheinen. Wie im einzelnen noch verständlich wird, daß die metastabilen ^2P-Atome häufiger vorkommen als die ^2D-Atome, kann hier nicht ausgeführt werden.

---

[1] HERZBERG, G.: Erg. exakt. Naturwiss. Bd. 10 (1931) S. 207. — COSTER, D., F. BRONS u. A. VAN DER ZIEL: Z. Physik Bd. 84 (1933) S. 304.

[2] KAPLAN, J.: Physic. Rev. Bd. 37 (1931) S. 1406; Bd. 38 (1931) S. 1079; Bd. 41 (1932) S. 114. — VAN DER ZIEL, A.: Nature, Lond. Bd. 133 (1934) S. 416; Physica Bd. 1 (1934) S. 353.

Der Befund steht in Übereinstimmung mit dem Experiment von JACKSON und BROADWAY[1], die einen Strom aktiven Stickstoffs einem STERN-GERLACH-Versuch unterwarfen und vor allem ^2P-Atome nachwiesen.

So entsteht kurz gesprochen die Chemilumineszenz des aktiven Stickstoffs auf Kosten der freiwerdenden Rekombinationsenergie atomaren Stickstoffs, wenn auch die Anregung nicht direkt geschieht, sondern über eine Reihe von Zwischenprozessen führt. Damit wird verständlich, daß der aktive Stickstoff mit der Fähigkeit des Nachleuchtens nicht diejenige zu verlieren braucht, thermisch, chemisch und lichtanregend zu wirken, wie sich z. B. aus Versuchen von STRUTT[2], CARIO und KAPLAN[3], BAY und STEINER[4] und WILLEY[5] ergibt. Metastabile Atome und Moleküle können neben den Rekombinationsprozessen anregend wirken und für beobachtete Reaktionen, z. B. Dissoziationsprozesse, verantwortlich sein. Das Beispiel ist darum so ausführlich gebracht worden, weil hier besonders klar ersichtlich ist, wie allein durch spektroskopische Untersuchungen und Beobachtungen eine Klärung dieses auch für den Chemiker wichtigen und interessanten Problems der Chemilumineszenz des aktiven Stickstoffs möglich wurde.

§ 6. Sonstige Chemilumineszenzen.

Es würde leider zu weit führen, noch weitere Beispiele über Chemilumineszenz hier zu besprechen. Hingewiesen sei wenigstens auf die interessanten Arbeiten von KAUTSKY und ZOCHER[6], sowie KAUTSKY und NEITZKE[7] über die Oxydation ungesättigter Si-Verbindungen, bei denen der Reaktionsmechanismus im groben mit einiger Wahrscheinlichkeit angegeben werden konnte.

Die häufig untersuchte Chemilumineszenz des oxydierenden Phosphors[8] ist auch heute noch nicht als völlig geklärt zu betrachten.

---

[1] JACKSON, L. C. u. L. F. BROADWAY: Proc. Roy. Soc., Lond. A Bd. 127 (1930) S. 678.

[2] STRUTT, R. J.: Proc. Roy. Soc., Lond. A Bd. 85 (1911) S. 219. — FOWLER, A. u. R. J. STRUTT: Proc. Roy. Soc., Lond. A Bd. 85 (1911) S. 377.

[3] CARIO, G. u. J. KAPLAN: l. c.

[4] BAY, Z. u. W. STEINER: l. c.

[5] WILLEY, E. J. B.: J. Chem. Soc., Lond. 1927 S. 2831.

[6] ZOCHER, H. u. H. KAUTSKY: Physik. Z. Bd. 9 (1922) S. 267.

[7] KAUTSKY, H. u. O. NEITZKE: Z. Physik Bd. 31 (1925) S. 60.

[8] Z. B. PETRIKALN, A.: Z. Physik Bd. 51 (1928) S. 395. — GOSH, P. N. u. G. N. BALL: Z. Physik Bd. 71 (1931) S. 362.

G. Zur Bedeutung des schweren Wasserstoffisotops für chemische Vorgänge[1].

Schließlich seien noch ein paar Worte dem schweren Wasserstoffisotop gewidmet. Aus der Fülle der Probleme, für die es sich als wichtig erwiesen hat, können hier nur wenige Beispiele herausgegriffen werden. Zuerst sei auf die Bedeutung der durch die Isotopen bedingten Verschiedenheit der Nullpunktsenergien eingegangen.

Da das Massenverhältnis der beiden Wasserstoffisotope den extremen Fall 1 : 2 darstellt, so müssen in den Schwingungsquanten von Molekülen, die die Wasserstoffisotopen enthalten, beträchtliche Unterschiede auftreten. Sie sind am größten in den Wasserstoffmolekülen selbst. Diese Unterschiede bedingen verschiedene Nullpunktsenergien. Für H^1_2 und H^2_2 sind diese beispielsweise 6188 cal und 4391 cal, für H^1H^2 5370 cal. Die gewöhnlichen Wasserstoff enthaltenden Moleküle haben entsprechend größere Amplituden der Kernbewegung als die mit dem schweren Wasserstoff. Bildet man das Verhältnis $\frac{\text{Trägheitsmoment}}{\text{reduzierte Masse}}$ für die folgenden Moleküle, so weichen je zwei nur durch die H-Isotopen sich unterscheidenden Verbindungen im Grundzustand mit der Nullpunktsenergie um die angegebenen prozentualen Beträge voneinander ab: H^1_2 und H^2_2 0,84; H^1Cl und H^2Cl 0,41; OH^1 und OH^2 0,53. Die mittleren Kernabstände unterscheiden sich dann um etwa $^1/_2$ dieser prozentualen Differenzen[2]. Obgleich also der Unterschied in den mittleren Kernabständen klein ist, ist er es nicht so sehr für die ganzen Nullpunktsamplituden.

Die verschiedene Nullpunktsenergie der H-Isotopen spielt eine Rolle bei zahlreichen Eigenschaften ihrer Verbindungen, von denen Wasser am ausführlichsten untersucht wurde. Nach LEWIS und MACDONALD[3] liegt der Gefrierpunkt des schweren Wassers bei $+\,3{,}8^0$ und sein Siedepunkt bei $101{,}42^0$, also höher als der des gewöhnlichen Wassers; das Dichtemaximum liegt bei $11{,}6^0$

---

[1] Hierzu siehe die zusammenfassenden Berichte von L. FARKAS: Naturwiss. Bd. 22 (1934) S. 614, 640, 658 und von H. C. UREY u. G. K. TEAL: Rev. Mod. Physics Bd. 7 (1935) S. 41; sowie das Buch von A. FARKAS: Orthohydrogen, Parahydrogen and Heavy Hydrogen, Cambridge 1935.

[2] Siehe UREY, H. C.: Rev. Sci. Instr. Bd. 4 (1933) S. 423.

[3] LEWIS, G. N. u. R. T. MACDONALD: J. Amer. Chem. Soc. Bd. 55 (1933) S. 3057.

statt bei 4° wie beim gewöhnlichen Wasser. Diese und einige andere physikalische Eigenschaften der beiden Wasserstoffmodifikationen haben BERNAL und FOWLER[1] qualitativ theoretisch behandelt. Sie betrachten Wasser gewissermaßen als „weiches Eis", bestehend aus je 4 regulär tetraedrisch assoziierten Molekülen, die gegenseitig in gewissem Abstand koordiniert sind. Assoziation und Koordination sollen bei schwerem Wasser wegen der kleineren Nullpunktsenergie etwas besser sein, so daß Schmelzpunkt, Siedepunkt, Temperatur des Dichtemaximums zu höheren Temperaturen verschoben werden. Eine quantitative Behandlung fehlt; außerdem versagt eine solche Betrachtung in anderen Fällen, z. B. bei den Ammoniaks, die ähnliche Variationen der genannten Eigenschaften zeigen.

Auf der Verschiedenheit der Nullpunktsenergien beruhen ferner letzten Endes die Anreicherungsverfahren durch Eindampfung größerer Mengen flüssigen Wasserstoffs[2] und großenteils auch die elektrolytische Anreicherungsmethode[3], die sich nach den Untersuchungen von LEWIS als besonders wirkungsvoll erwiesen hat. Auch für die Reaktionsgeschwindigkeiten spielt die Verschiedenheit der Nullpunktsenergien eine Rolle[4]. So wird aus diesem Grunde die Aktivierungsenergie für Reaktionen verschieden sein, in denen Moleküle mit dem einen oder anderen H-Isotop beteiligt sind[5]. Z. B. läuft die photochemische Chlorknallgasreaktion des schweren Wasserstoffisotops[6] dreimal langsamer ab als die des gewöhnlichen, da die Reaktion $Cl + H^2_2 = H^2Cl + H^2$ infolge einer vergrößerten Aktivierungswärme dreimal langsamer ist als die Reaktion $Cl + H^1_2 = H^1Cl + H^1$ (auch die Reaktion $Cl + H^1H^2 = H^2Cl + H^1$ ist langsamer). Die zusätzliche Aktivierungswärme ergibt sich als Differenz

---

[1] BERNAL, J. u. R. H. FOWLER: J. Chem. Physics Bd. 1 (1933) S. 548. — FOWLER, R. H.: Proc. Cambr. Phil. Soc. Bd. 30 (1934) S. 225.

[2] UREY, H. C., F. G. BRICKWEDDE u. G. M. MURPHY: Physic. Rev. Bd. 39 (1932) S. 164, 864; Bd. 40 (1932) S. 32.

[3] WASHBURN, E. W. u. H. C. UREY: Proc. Nat. Acad. Sci. U. S. A. Bd. 18 (1932) S. 496. — LEWIS, G. N. u. R. T. MACDONALD: J. Chem. Physics Bd. 1 (1933) S. 341. — J. Amer. Chem. Soc. Bd. 55 (1933) S. 1297.

[4] Der Unterschied von $1 : \sqrt{2}$ in den Geschwindigkeiten der Isotopen genügt nicht zur Erklärung ihres verschiedenen Verhaltens.

[5] CREMER, E. u. M. POLANYI: Z. physik. Chem. Abt. B Bd. 19 (1932) S. 443. — EYRING, H.: Proc. Nat. Acad. Sci. U. S. A. Bd. 19 (1933) S. 78.

[6] FARKAS, L. u. A. FARKAS: Naturwiss. Bd. 22 (1934) S. 218. — ROLLEFSON, G. K.: J. Chem. Physics Bd. 2 (1934) S. 144.

der Nullpunktsenergien. Man kann also auch mit Hilfe dieser Reaktion eine Separation der beiden Isotopen vornehmen.

Außerdem aber sollten die Reaktionsgeschwindigkeiten dadurch beeinflußt werden, daß der früher besprochene quantenmechanische Durchgangseffekt durch einen Potentialhügel für das leichtere Teilchen höhere Wahrscheinlichkeit besitzt als für das schwerere Teilchen[1]. Beide Ursachen für eine Beeinflussung der Reaktionsgeschwindigkeit wirken in der Richtung, daß sie die Geschwindigkeit für Reaktionen mit gewöhnlichen H-Teilchen und seinen Verbindungen im allgemeinen größer machen[2]. Die Bedeutung der quantenmechanischen Effekte der Nullpunktsenergie und der Durchlässigkeit von Potentialschwellen ist kürzlich noch einmal genauer von BAWN und OGDEN[3] untersucht worden. So rechnen sie z. B. aus, daß bei einer 6,5 kcal/Mol ($4{,}5 \cdot 10^{-13}$ erg/Molekül) entsprechenden Höhe der Potentialschwelle und einer Breite von 1,5 Å bei 273° abs. 4mal mehr H^1-Atome durch die Schwelle gehen als H^2-Atome (bei gleicher Konzentration). Ist die Höhe 15 kcal ($1 \cdot 10^{-12}$ erg/Mol), so ist der Faktor bereits 74, erniedrigt sich aber für eine Schwellenbreite von 2 Å auf 23. Mit dem quantenmechanischen Durchgangseffekt wollen sie im wesentlichen die Entmischung der Isotopen bei der Oberflächendiffusion adsorbierter Gemische und der Diffusion durch Metalle erklären, wie sie für die H-Isotopen in einer Reihe von Arbeiten beobachtet wurde[4]. Außerdem halten sie ihn bei dem elektrolytischen Anreicherungsverfahren für merklich.

In den genannten und daran anschließenden Arbeiten werden die Unterschiede in den Eigenschaften der beiden H-Isotopen

---

[1] CREMER, E. u. M. POLANYI: Z. physik. Chem. Abt. B Bd. 19 (1932) S. 443. — WIGNER, E.: Z. physik. Chem. Abt. B Bd. 19 (1932) S. 203.

[2] Daß z. B. unter Umständen der Einfluß der Nullpunktsenergie den umgekehrten Effekt bedingen könne, erwähnte M. POLANYI: Nature, Lond. Bd. 132 (1933) S. 819. Das bisher einzige Beispiel für eine Vergrößerung der Reaktionsgeschwindigkeit durch Substitution von schwerem Wasserstoff scheint die Rohrzuckerspaltung zu sein, die durch D^+-Ionen 1,4—1,8mal besser katalysiert wird als durch H^+-Ionen. [BONHOEFFER, K. F. u. E. A. MOELWYN-HUGHES: Naturwiss. Bd. 22 (1934) S. 174.]

[3] BAWN, C. E. H. u. G. OGDEN: Trans. Faraday Soc. Bd. 30 (1934) S. 432.

[4] LEWIS, G. N.: Quimica-Fisica, Publikationen des IX. Internat. Kongr. f. Chemie, Madrid 1934. — FARKAS, A. u. L.: Nature, Lond. Bd. 132 (1933) S. 894. — Proc. Roy. Soc. Lond. A Bd. 144 (1934) S. 467. — HARRIS, L., W. JOST u. R. W. PEARSE: Proc. Nat. Acad. Sci. U.S.A. Bd. 19 (1933) S. 991.

untersucht und die theoretischen Gründe hierfür diskutiert. Es gibt auch eine andere Richtung von Arbeiten, in denen das H^2-Isotop einfach als Wasserstoffindikator[1] benutzt wird, indem die Ähnlichkeit der beiden Isotopen vorausgesetzt wird. So kann man den Gleichgewichtsprozeß $NH_3 + H_2O \rightleftharpoons NH_4OH$ untersuchen[2]. Findet ein Austausch von den an Stickstoff gebundenen H-Atomen mit denen des Wassers statt, so muß bei einer Mischung von etwa gleichen Teilen schweren Wassers und gewöhnlichen Ammoniaks schließlich mittelschweres Wasser und Ammoniak gebildet werden. Das wird in der Tat beobachtet. Es ist für einen solchen Austausch eine Abhängigkeit von der Bindungsart zu vermuten. Damit steht in Übereinstimmung, daß in Versuchen mit Rohrzuckerlösungen gefunden wurde, daß die Wasserstoffatome der Hydroxylgruppen des Rohrzuckers mit den Wasserstoffatomen des Wassers ausgetauscht werden[3], während das bei den an Kohlenstoff gebundenen H-Atomen, z. B. der CH_3-Gruppe in der Essigsäure, nicht der Fall ist. Werden aber z. B. beim Übergang von einer Keto- zu einer Enolform die H-Atome einer CH_3-Gruppe frei beweglich — Beispiel $CH_3COCH_3 \rightarrow CH_3C(OH) = CH_2$ — und unterliegen auch hier wieder die H-Atome der Hydroxylgruppe einem Austausch, so können bei einem dauernden Pendeln zwischen den beiden Formen schließlich alle H-Atome ausgetauscht werden[4].

Zum Schluß sei noch erwähnt, daß die Verwendung schweren Wassers als Hilfsmittel bei biologisch-chemischen und biologischen Versuchen wichtig zu werden verspricht.

Seit der Entdeckung des H^2-Isotops ist bereits eine Fülle von interessanten Arbeiten erschienen und noch ist seine Bedeutung für chemische, biologische und technische Probleme nicht abzusehen. Wird man erst außerdem die schweren Isotopen des Kohlenstoffs, Stickstoffs und Sauerstoffs in genügenden Mengen rein darstellen können, so ist eine weitere fruchtbare Entwicklung auf physikalischem und chemischem Gebiet zu erwarten.

---

[1] Lewis, G. N. u. R. T. Macdonald: J. Chem. Physics Bd. 1 (1933) S. 341.

[2] Bonhoeffer, K. F. u. W. G. Brown: Z. physik. Chem. Abt. B Bd. 23 (1933) S. 171. — Lewis, G. N.: J. Amer. Chem. Soc. Bd. 55 (1933) S. 3502.

[3] Bonhoeffer, K. F. u. W. G. Brown: l. c.

[4] Bonhoeffer, K. F. u. R. Klar: Naturwiss. Bd. 22 (1934) S. 45. — Klar, R.: Z. physik. Chem. Abt. B Bd. 26 (1934) S. 335. Weitere Literatur siehe in den zusammenfassenden Darstellungen von Urey und Teal, sowie Farkas l. c.

Anhang zum

Tabelle 20. Konstanten für

Ergänzungen zu den Tabellen 1—6, 8, 25 und 26 in Band I.

Molekül	Elektronenterm	A_0 in cm^{-1}	Übergang	$\nu_{0,0}$ in cm^{-1}	ν_e in cm^{-1}	ω_e in cm^{-1}	$\omega_e x_e$ in cm^{-1}
H_2				Nicht eingeordnete Banden im äußersten			
			Ausdehnung der Banden $2\,p\pi\,{}^1\Pi \rightleftharpoons 1\,s\sigma\,{}^1\Sigma^+$ und				
	$3p\sigma\,{}^3\Sigma^+$		$3p\sigma{}^3\Sigma \to 2s\sigma{}^3\Sigma$		11825,68	1905,17	51,70
HD	$2s\,\sigma\,{}^3\Sigma^+$					Siehe im übrigen	
	$3\,p\sigma\,{}^3\Sigma_u^+$		$3p\sigma{}^3\Sigma \to 2s\sigma{}^3\Sigma$		11813,40	1556,64	34,51
D_2	$2s\,\sigma\,{}^3\Sigma_g^+$					Siehe im übrigen	
	$B\ {}^1\Sigma_u^+$	14020,62	$B\,{}^1\Sigma \rightleftharpoons A\,{}^1\Sigma$	R 14020,62	14068,29	255,523	1,603
Li_2	$A\ {}^1\Sigma_g^+$	0			Siehe im übrigen Band I		
Zn_2, Cd_2					Diffuse Banden und Kontinua.		
	A	19522,7	$A \rightleftharpoons X$	R 19522,7	19570,8	K 159,22	0,882
Pb_2	X	0				K 256,5	2,96
	B	40833,0	$B \rightleftharpoons X$	R 40833,0	(40912)	K (~270)	
	A	40260,9	$A \rightleftharpoons X$	R 40260,9	(40340)	K (~260)	
As_2	X	0				K 429,44	1,12
O_2^+					Ausdehnung der ersten negativen		
	B	44757	$B \leftarrow X$	44757	44780	K 226,0	1,17
Sb_2	X	0				K 272,8	0,62
	B	40602	$B \leftarrow X$	40602	40617	K 190,2	0,73
SbBi	X	0				K 220,0	0,50
		Kurze Angabe einer neuen Analyse der $B\,{}^3\Sigma \rightleftharpoons X\,{}^3\Sigma$-Banden, die von					
						$r_e = 1{,}73$ Å für den	
	b	?	$b \to a$	V (13321)		K (506)	(4)
S_2	a	?				K (328)	(2)
			Beobachtung diffuser Banden, die vielleicht einem				
Se_2			Etwas abgeänderte Konstanten für das System $B\,{}^1\Sigma \rightleftharpoons X\,{}^1\Sigma$				
		Ankündigung einer Einordnung der Übergänge $A \to X$ und $B\,{}^1\Sigma \rightleftharpoons X\,{}^1\Sigma$					
	$B\ \Sigma$	22148	$B\,\Sigma \rightleftharpoons X\,\Sigma$	R 22148	22189	K 169,2	0,92
Te_2	$X\ \Sigma$	0				K 251,5	1,0
J_2				Emissionsbanden $C \to B\,O_u^+$; kurze Notiz.			
	$A\ {}^1\Sigma^+$	25931,8	$A\,{}^1\Sigma \rightleftharpoons X\,{}^1\Sigma$	R 25931,79	26516,24	234,41	−28,95
Li H	$X\ {}^1\Sigma^+$	0				1405,65	23,20

abellenband.

pektren zweiatomiger Moleküle.

ür die Bedeutung der Bezeichnungen siehe Band I.)

B_e in cm⁻¹	I_e in 10^{-40} gcm²	α in cm⁻¹	r_e in 10^{-8} cm	D in Volt	Dissoziations-produkte	Spektral-gegend in Å	Lit.
ltraviolett bis 738 Å. Kurze Notiz.							1
$p\sigma\,^1\Sigma^+ \rightleftharpoons 1\,s\sigma\,^1\Sigma^+$ (s. Band I S. 137).							2
20,766	1,3319	1,010	1,0966			6200—8900	3
d. I S. 137.							
13,856	1,9961	0,541	1,0965			6100—8850	3
d. I S. 137.							
0,4974	55,604	0,00519	3,117	Untersuchung des Isotopie-Effekts.		6554—7690	4
12/13 und S. 138/139.							
nd im Grundzustand Polarisationsmoleküle.							5, 6
						4600—5200	7
		Durch diese Angaben sind diejenigen in Bd. I S. 138/139 überholt.			vermutlich As ^4S + As ^4S	2100—3700	8, 9
ınden (s. Band I S. 16/17).							10
	Siehe im übrigen Bd. I S. 16/17.					2180—2330	11
						2400—2530	11
n bisher gegebenen (s. Band I S. 18/19 und 138/139) abweicht und zu :undzustand führt.							12
						6650—7765	13
lymerisierten Se-Molekül zuzuschreiben sind.							14
Bd. I S. 18/19); Beobachtung des Isotopie-Effekts.							15
ein einziges System; kurze Notiz ohne nähere Angaben.							16
		Isotopie-Effekt beobachtet. Siehe im übrigen Bd. I S. 18/19.					17
ehe im übrigen Bd. I S. 18/19.							18
2,8186 7,5131	9,813 3,681	—0,0783 0,2132	2,600 1,593	Siehe im übrigen Bd. I S. 20/21.		3000—5000	19

Tabelle 2(

Molekül	Elektronenterm	A_0 in cm⁻¹	Übergang	$\nu_{0,0}$ in cm⁻¹	ν_e in cm⁻¹	ω_e in cm⁻¹	$\omega_e x_e$ in cm⁻¹
				Ferner Ausdehnung der Bande			
	$E\,^1\Pi$	(27957)	$E\,^1\Pi \to X\,^1\Sigma$	R (27957)			
	$D\,^1\Pi$	~27074	$D\,^1\Pi \to X\,^1\Sigma$	R ~27074	~27264	~1568	~54,8
CuH	$X\,^1\Sigma$	0				Siehe im übrige	
	$A\,^1\Sigma$		$A\,^1\Sigma \to X\,^1\Sigma$	R	23411		
CuD	$X\,^1\Sigma$	0				1384,4	19,1
	$A\,^1\Sigma$		$A\,^1\Sigma \to X\,^1\Sigma$	R			
AgD	$X\,^1\Sigma$	0					
	$E\,^2\Pi$		$E\,^2\Pi \to X\,^2\Sigma$	V			
	$D\,^2\Sigma$		$D\,^2\Sigma \to X\,^2\Sigma$				noch nicl
	$C\,^2\Sigma$	26300	$C\,^2\Sigma \to X\,^2\Sigma$	V 26300			
SrH	$X\,^2\Sigma^+$	0				Siehe im übrige	
	$B\,^2\Sigma$		$B\,^2\Sigma \to X\,^2\Pi$				
	$A\,^2\Delta$		$A\,^2\Delta \to X\,^2\Pi$				
CD	$X\,^2\Pi$	0					
			Beobachtung der 1,0-Bande (3035 Å) und der 0,1-Band				
				Ankündigung einer Umdeutung de			
	$b\,^1\Pi$	39528	$b\,^1\Pi \to c\,^1\Sigma$	R			
	$c\,^1\Sigma^+$						
	$B\,^3\Pi$	29750	$B\,^3\Pi \to A\,^3\Sigma$			(~3300)	
NH	$A\,^3\Sigma^-$	0				(~3300)	
	$B\,^1\Sigma$	21278,2	$B\,^1\Sigma \to X\,^1\Sigma$	R 21278,2	21266,7	~1728	~42,6
	$A\,^1\Pi$	4908,8	$B\,^1\Sigma \to A\,^1\Pi$	V 16369,4	16349,8	1740,7	35,8
BiH	$X\,^1\Sigma$	0				1699,5	31,9
OD⁺				Kurze Mitteilung der Beobachtung de			
	$B\,^2\Sigma$	(29227)	$B\,^2\Sigma \to A\,^2\Pi$	R (29227)			
				(26574)			
HBr⁺	$A\,^2\Pi_{\frac{1}{2}}$	2653					
	$^2\Pi_{\frac{3}{2}}$	0					
HI	$^1\Sigma$	0	Ultrarotbanden	R		2309,58	39,72
						Ein weiteres Syster	
	$B\,^2\Sigma$		$B \to X$	V 28094,8	28074,6	K 534,7	6,10
	$A\,^2\Pi$		$A \to X$	R 24010,8	24139,9	K 233,0	
				24181,8	24310,9		
AgO	$X\,^2\Sigma$	0 ?				K 493,2	4,10

Fortsetzung).

B_e in cm^{-1}	I_e in 10^{-40} gcm^2	α in cm^{-1}	r_e in 10^{-8} cm	D in Volt	Dissoziations-produkte	Spektral-gegend in Å	Lit.
$^1\Sigma \rightleftharpoons X\,^1\Sigma$ und $B\,^1\Sigma \rightarrow X\,^1\Sigma$.							
(*6,070)	(*4,56)		(*1,669)		vermutlich Cu ^2D + H ^2S	3576 u. 3832	20
6,547	4,22	0,327	1,607	(~1,4)		3500—3960	
Bd. I S. 20/21.							
3,515	7,87	0,090	1,564			4290—4580	21
4,037	6,85	0,093	1,459				
*3,1015	*8,918		*1,654			bei 3340	22
3,2595	8,485	0,0732	1,613				
*3,6388	*7,601		*2,151			bei 5323	23
*3,8687	*7,149		*2,086				
analysiert						5000—6700	
*3,930	*7,038		*2,070			3808 u. 3984	
Band I S. 22/23							
*6,88	*4,02		*1,19		Sehr kurze Notiz.	bei 3865	24
						bei 4300	
*7,70	*3,59		*1,12				
3610 Å) des $b\,^1\Pi \rightarrow a^1\,\Delta$-Systems.							25
Bande bei 2530 Å.							26
						bei 4502	27
*16,401	*1,69		*1,043		Siehe im übrigen Bd. I S. 26/27.	3360 u. 3370	28
16,65	1,66	0,72	1,04				
16,65	1,66	0,64	1,04				
Siehe im übrigen Bd. I S. 26/27.				(~2,1)		4330—5110	29
				(2,5)		5800—6880	
5,141	5,380	0,159	1,803	(2,7)			
OD$^+$-Banden ohne nähere Angaben.							30
*5,85	*4,72		*1,70			3000—4000	31
*7,98	*3,47		*1,45				
*7,93	*3,49		*1,46				
6,555	4,221	0,190	1,600		J ^2P + H ^2S		32
liegt im Rot							
Isotopie-Effekt des Ag beobachtet.						3400—3700	33
						4100—4600	

Tabelle 20.

Molekül	Elektronenterm	A_0 in cm^{-1}	Übergang	$\nu_{0,0}$ in cm^{-1}	ν_e in cm^{-1}	ω_e in cm^{-1}	$\omega_e x_e$ in cm^{-1}
	$E\ ^1\Pi$	Dieses Niveau war in Bd. I S. 28/29					
	$D\ ^1\Pi$		$D\,^1\Pi \to B\,^1\Pi$	R	29753,0	K 1083,1	11,1
BeO	$B\ ^1\Pi$					K 1148,7	11,6
	$B\ ^1\Sigma$		$B\,^1\Sigma \to A\,^1\Sigma$				
MgO	$A\ ^1\Sigma$	Siehe im übrigen Bd. I S. 28/29.					
BO		Für $\nu_{0,0}$ der β-Banden (s. Bd. I S. 28/29)					
	$B\ ^2\Sigma^+$						
	$A\ ^2\Pi_{\frac{1}{2}}$	Siehe im übrigen Bd. I S. 30/31.					
	$^2\Pi_{\frac{3}{2}}$						
CO^+	$X\ ^2\Sigma^+$						
		Die „5 B-Banden" (s. Bd. I S. 32/33) bilden den $v' = 1$-Bandenzug dissoziation mit der der 3. positiven					
CO	$b\ ^3\Sigma$					$\omega_{beob}=2109$	
NdO, SmO		Nicht einge-					
	$C\ ^3\Pi_2$		$C\,^3\Pi \to X\,^3\Pi$	R 21539,54			
	$^3\Pi_1$			21551,84			
	$^3\Pi_0$			21635,70			
ZrO	$X\ ^3\Pi_2$						
	$^3\Pi_1$					} 937,20	} 3,35
	$^3\Pi_0$						
	$A\ ^2\Sigma$		$A\,^2\Sigma \to X\,^2\Pi$				
PO	$X\ ^2\Pi_{\frac{3}{2}}$	Siehe im übrigen Bd. I S. 36/37.					
	$^2\Pi_{\frac{1}{2}}$						
	$A\ ^2\Delta$		$A\,^2\Delta \to X\,^2\Delta$	R 17426,6	17501,3	K 863,5	5,4
VO	$X\ ^2\Delta$	0 ?	Die Werte in Bd. I S. 36/37 sind durch diese neuen Angaben überholt.			K 1012,7	4,9
	B		$B \to X$	(33167)		K (*513)	
SeO	X	0 ?				K (*910)	
	$A\ ^1\Pi$		$A \to X$	(35145)	(35250)	K (* 830)	
CSe	$X\ ^1\Sigma$	0 ?				K (*1040)	(8)

(Fortsetzung).

B_e in cm^{-1}	I_e in 10^{-40} gcm²	α in cm^{-1}	r_e in 10^{-8} cm	D in Volt	Dissoziations-produkte	Spektral-gegend in Å	Lit.
mit $D\,^1\Pi$ bezeichnet worden.							
						3250—3500	34
Die Abweichung von den Werten für $B\,^1\Pi$ in Bd. I S. 28/29 rührt davon her, daß die neuen Werte sich auf die Bandkanten und nicht auf die Nulllinien beziehen.							
0,7625 0,6852	36,27 40,36	0,0062 0,0075	1,510 1,593	Isotopie-Effekt beobachtet. (Mg^{24}, Mg^{25} und Mg^{26}.)			35
wird 42873,16 cm^{-1} angegeben.							36
1,800 1,662 1,624 1,978	15,37 16,64 17,03 13,98	0,0360 0,0192 0,0192 1,0214	1,166 1,213 1,227 1,112		Es wird vermutet, daß die Dissoziationsprodukte aller drei Terme die gleichen sind.		37
der 3. positiven Gruppe $b^3\Sigma \rightarrow a^3\Pi$. Identifiziert man ihre Grenze der Prä- Banden und Ångström-Banden, so ergibt sich							38, 39
2,075	13,33	0,033	1,086				
ordnete Banden.							40
0,5333 0,5211 0,6149 0,6186 0,6244	51,869 53,080 44,979 44,717 44,296	0,01232 0,00539 0,00594 0,00447 0,01067	1,521 1,539 1,417 1,413 1,406	Beobachtung der Isotopen Zr^{90} und Zr^{94} Siehe im übrigen Bd. I S. 34/35.			41
0,8121 0,7645 0,7613	34,109 36,233 36,385	0,0056 0,0055 0,0055	1,402 1,443 1,446				42
0,3348 0,3876	82,67 71,42	0,0027 0,0024	2,029 1,886	(4,2) (6,4)	vermutlich V ^4F + O ^3P	4400—8650	43
				(4,2)		bei 3300	44
						2770—3050	45

Tabelle 20.

Molekül	Elektronenterm	A_0 in cm^{-1}	Übergang	$\nu_{0,0}$ in cm^{-1}	ν_e in cm^{-1}	ω_e in cm^{-1}	$\omega_e x_e$ in cm^{-1}
	C	32940,3	$C \leftarrow X$	R 32940,3	33037,0	K 294,25	1,15
	B	28260,5	$B \leftarrow X$	R 28260,5	28337,9	K 331,9	1,25
	A	23157,5	$A \leftarrow X$	R 23157,5	23211,8	K 379,8	3,15
SnS	X	0				K 487,68	1,34
	Die Konstanten sind aus 46 genommen und stimmen im allgemeinen gut durch diese neuen						
AgCl	Neue Emissionsbanden bei 4200—4600 Å und						
	In 49 wird vorgeschlagen, daß die Systeme $B\,^2\Sigma \rightarrow X\,^2\Sigma$ und $A\,^2\Pi \rightarrow X\,^2\Sigma$ daß das erste ein Übergang $D\,^2\Sigma \rightarrow B'\,^2\Sigma$ ist, wobei $D\,^2\Sigma$ ein in 50 neu ent- weitig zu beweisen sein wird, sich ergebende Schema sei hier angeführt.						
	$D\,^2\Sigma$	(33686)	$D\,^2\Sigma \rightarrow X\,^2\Sigma$	(33686)		K 363,1	1,7
	$C\,^2\Pi$	26483	$C\,^2\Pi \rightarrow X\,^2\Sigma$	R 26483	26498,9	K 336,0	1,4
	$B'\,^2\Sigma$	(17591)	$D\,^2\Sigma \rightarrow B'\,^2\Sigma$	V 16845	16849,0	K 366,0	1,5
	$A\,^2\Pi$	16165	$A\,^2\Pi \rightarrow X\,^2\Sigma$	V 16165	(16164)	K(355)	(0,4)
		16094,6		16094,6		K 364,9	1,2
CaCl	$X\,^2\Sigma$	0				K 361,8	1,0
ZnCl	Kurze Beschreibung von Emissionsbanden						
	$A\,^1\Pi$	36753,6	$A\,^1\Pi \rightarrow X\,^1\Sigma$	VR 36753,6	36761,4	K 815,6	7,63
BCl	$X\,^1\Sigma$	0	Durch diese neuen Angaben sind diejenigen in Bd. I S. 46/47 überholt.			K 830,0	5,26
	$A\,^1\Pi$	33909,9	$A\,^1\Pi \rightleftharpoons X\,^1\Sigma$	VR 33909,9	33935,3	K 643,0	18,3
BBr	$X\,^1\Sigma$	0	Durch diese neuen Angaben sind diejenigen in Bd. I S. 46/47 überholt.			K 686,3	3,8
AlBr	Q-Kantenformel mit wenig Beobachtung des Spektrums in Absorption.						
	Beobachtung diffuser Absorptions-						
	$A\,^3\Pi_1$?	(22098)	$A\,^3\Pi_1 \rightarrow X\,^1\Sigma$	(22098)	(22089,5)	K(333,4)	(2,0)
AlJ	$X\,^1\Sigma$	0					
SiF	Die Banden $A \rightarrow X$ (s. Bd. I S. 48/49) gehören anscheinend zwei sich über- X zu groß bestimmt worden; die Trägheitsmomente sind etwa halb so groß						
	B	?	$B \rightarrow A$	V 23890,5	23875,8	K 912,5	3,7
TiCl	A	?				K 883,7	5,0
CrCl	Zwei Systeme, das eine bei 2600 Å mit Rotabschattierung und Schwingungs- Abschattierung.						
FeCl, CoCl, NiCl			Zahlreiche Banden zwischen 3200 und 6800 Å. Andeutung				

Schließl. sei hier noch nachgetragen, daß die Alkalihalogenide nur diffuse Banden u. kontinu- H. LEVI, ω-Werte nach SOMMERMEYER) sind: LiJ: ω_e=450, NaCl: ω_e=380, NaBr: ω_e=315,

'ortsetzung).

B_e in cm^{-1}	I_e in 10^{-40} gcm²	α in cm^{-1}	r_e in 10^{-8} cm	D in Volt	Dissoziations-produkte	Spektral-gegend in Å	Lit.
				(6,4)	vielleicht $S\,^3P + Sn\,^1D_2$	2630—3325	46, 47
				(6,2)	$S\,^3P + Sn\,^3P_2$	3200—4300	
Isotopie-Effekt des Sn beobachtet.						4200—4700	
				(5,5)	$S\,^3P + Sn\,^3P_0$		
it denen aus 47 überein. Die Werte in Bd. I S. 142/43 sind ngaben überholt.							
'60—2820 Å, Träger nicht geklärt, Analyse fehlt.							48
inen gemeinsamen Endzustand haben, wie bisher angenommen wurde, sondern ckte Niveau darstellt. Das nach der neuen Annahme, die erst noch ander-im Vergleich siehe die bisher allgemeine Annahme in Bd. I S. 42/43.							49, 50
*~0,24	*115		*1,93		$(Ca\,^3S + Cl\,^2P)$	bei 2975 3645—4025	
					$(Ca\,^3P_0 + Cl\,^2P)$	5810—6070	
					$(Ca\,^3P + Cl\,^2P$ oder $Ca\,^3D + Cl\,^2P)$	6050—6360	
*~0,26	*106		*1,86		$(Ca\,^3P_0 + Cl\,^2P)$		
ne Ausmessung und ohne Analyse.							48
Isotopie-Effekt des B und Cl beobachtet.				(0,7) (5,1)	$(B\,^2P + Cl\,^2P_{\frac{1}{2}})$ $(B\,^2P + Cl\,^2P_{\frac{3}{2}})$	2600—2900	51
Isotopie-Effekt des B beobachtet.				(0,7) (4,4)	$(B\,^2P + Br\,^2P_{\frac{1}{2}})$ $(B\,^2P + Br\,^2P_{\frac{3}{2}})$	2850—3100	51, 52
geänderten Konstanten.							53
ehe im übrigen Bd. I S. 46/47 und 142/43.							52
nden mit Maximum bei 3180 Å.							52
Siehe im übrigen Bd. I S. 46/47; dort war $X\,^1\Sigma$ mit A bezeichnet.						4330—4750	51
gernden Systemen an. Daher sind bisher die Rotationskonstanten von A und d die Kernabstände etwa 1,6 Å. Nähere Angaben fehlen. Kurze Notiz.							54
Kurze Notiz.						3730—4340	55
quenzdifferenzen von 116 cm^{-1}, das andere bei 5800—6300 Å mit wechselnder urze Notiz.							56
n verschiedenen Systemen. Kurze Beschreibung.							56, 48

rlicheSpektren besitzen. Näheres s.S.122f. Die Grundschwingungsquanten (ω_e-Werte nach aJ: ω_e=286, KCl: ω_e=280, KBr: ω_e=231, KJ: ω_e=212, RbJ: ω~180, CsJ: ω~140, CsBr: ω~190.

Tabelle 21. Prädissoziation in Spektren zweiatomiger Moleküle.
Ergänzungen zu den Tabellen 7 und 26 in Band I.

Molekül	Spektrum	Literatur
CO[1]	$B\,^1\Sigma \rightarrow A\,^1\Pi$ ANGSTRÖM-Banden	57
	$B\,^1\Sigma \rightleftharpoons X\,^1\Sigma$ HOPFIELD-BIRGE-Banden	58
	$b\,^3\Sigma \rightarrow a\,^3\Pi$ 3. positive Gruppe	59
	$\mathrm{C}\,^1\Sigma \rightarrow \mathrm{A}\,^1\Pi$ HERZBERG-Banden	60
	$A\,^1\Pi \rightleftharpoons X\,^1\Sigma$ 4. positive Gruppe	61
SnS	$A \leftarrow X$	47 (Effekt vermutet)

[1] Wegen einer Verwechselung in Bd. I S. 50 sind für CO die neuen und alten Daten zusammengestellt, so daß hiermit die früheren Angaben überholt sind.

Literaturverzeichnis zu den Tabellen 20 und 21.

1) J. J. HOPFIELD: Physic. Rev. Bd. 47 (1935) S. 788. (H_2.)
2) Y. FUJIOKA u. T. WADA: Sci. Pap. Inst. Physic. Chem. Res., Tokyo Bd. 27 (1935) S. 210. (HD.)
3) G. H. DIEKE: Physic. Rev. Bd. 48 (1935) S. 606, 610. (HD.)
4) G. M. ALMY u. G. R. IRWIN: Physic. Rev. Bd. 48 (1935) S. 104. (Li_2.)
5) T. S. SUBBARAYA: Proc. Ind. Acad. Sci. Bd. 1 A (1935) S. 663. (Zn_2.)
6) W. FINKELNBURG: Z. Physik Bd. 96 (1935) S. 714. (Cd_2.)
7) E. N. SHAWHAN: Physic. Rev. Bd. 48 (1935) S. 343. (Pb_2.)
8) G. E. GIBSON u. A. MACFARLANE: Physic. Rev. Bd. 46 (1934) S. 1059. (As_2.)
9) G. M. ALMY u. G. D. KINZER: Physic. Rev. Bd. 47 (1935) S. 721. (As_2.)
10) L. BOZÓKY u. R. SCHMID: Physic. Rev. Bd. 48 (1935) S. 465. (O_2^+.)
11) G. NAKAMURA u. T. SHIDEI: Japan. J. Physics Bd. 10 (1935) S. 11. (Sb_2, SbBi.)
12) E. W. VAN DIJK u. A. J. LAMERIS: Physica Bd. 2 (1935) S. 785. (S_2.)
13) M. DÉSIRANT u. J. DUCHESNE: C. R. Acad. Sci., Paris Bd. 201 (1935) S. 597. (S_2.)
14) B. ROSEN u. M. DÉSIRANT: Nature, Lond. Bd. 135 (1935) S. 913. (Se_2.)
15) T. E. NEVIN: Philos. Mag. Bd. 20 (1935) S. 347. (Se_2.)
16) R. K. ASUNDI u. Y. P. PARTI: Curr. Sci. Bd. 3 (1935) S. 548. (Se_2.)
17) E. OLSSON: Z. Physik Bd. 95 (1935) S. 215. (Te_2.)
18) J. STUHLMAN jr.: Physic. Rev. Bd. 48 (1935) S. 381. (S_2.)
19) F. H. CRAWFORD u. T. JORGENSEN jr.: Physic. Rev. Bd. 47 (1935) S. 932. (LiH.)
20) T. HEIMER: Z. Physik Bd. 95 (1935) S. 321. (CuH.)
21) T. HEIMER: Naturwiss. Bd. 23 (1935) S. 372. (CuD.)
22) PH. G. KOONTZ: Physic. Rev. Bd. 48 (1935) S. 138. (AgD.)
23) W. R. FREDERICKSON, M. E. HOGAN u. W. W. WATSON: Physic. Rev. Bd. 48 (1935) S. 602. (SrH.)

24) A. McKellar u. Ch. A. Bradley: Physic. Rev. Bd. 47 (1935) S. 787. (CD.)
25) G. Nakamura u. T. Shidei: Japan. J. Physics Bd. 10 (1935) S. 5. (NH.)
26) R. W. Lunt, R. W. B. Pearse u. E. C. W. Smith: Nature, Lond. Bd. 136 (1935) S. 32. (NH.)
27) R. W. Lunt, R. W. B. Pearse u. E. C. W. Smith: Proc. Roy. Soc., Lond. A Bd. 151 (1935) S. 602. (NH.)
28) G. W. Funke: Z. Physik Bd. 96 (1935) S. 787. (NH.)
29) A. Heimer: Z. Physik Bd. 95 (1935) S. 328. (BiH.)
30) A. Clark u. W. H. Rodebush: J. Amer. Chem. Soc. Bd. 57 (1935) S. 228. (OD^+).
31) F. Norling: Z. Physik Bd. 95 (1935) S. 179. (HBr^+.)
32) A. H. Nielsen u. H. H. Nielsen: Physic. Rev. Bd. 47 (1935) S. 585. (HJ.)
33) F. W. Loomis u. T. F. Watson: Physic. Rev. Bd. 48 (1935) S. 280. (AgO.)
34) A. Harvey u. H. Bell: Proc. Phys. Soc., Lond. Bd. 47 (1935) S. 415. (BeO.)
35) P. C. Mahanti: Ind. J. Physics Bd. 9 (1935) S. 455. (MgO.)
36) J. Funke u. C. F. E. Simons: K. Akad. Amsterd. Proc. Bd. 38 (1935) S. 142. (BO.)
37) H. Bulthius: Dissert. Groningen 1935; K. Akad. Amsterd. Proc. Bd. 38 (1935) S. 604. (CO^+.)
38) L. Gerö: Z. Physik Bd. 95 (1935) S. 747. (CO.)
39) R. Schmid u. L. Gerö: Z. Physik Bd. 96 (1935) S. 198. (CO.)
40) G. Piccardi: Rend. Accad. Linc. Bd. 21 Serie 6 (1935) S. 584 u. 589. (NdO, SmO.)
41) F. Lowater: Roy. Soc. Philos. Trans. A Bd. 234 (1935) S. 355. (ZrO.)
42) A. K. Sen Gupta: Proc. Phys. Soc., Lond. Bd. 47 (1935) S. 247. (PO.)
43) P. C. Mahanti: Proc. Phys. Soc., Lond. Bd. 47 (1935) S. 433. (VO.)
44) R. K. Asundi, M. Jan-Khan u. R. Samuel: Nature, Lond. Bd. 136 (1935) S. 642. (SeO, SeO_2.)
45) B. Rosen u. M. Désirant: C. R. Acad. Sci., Paris Bd. 200 (1935) S. 1659. (CSe.)
46) G. D. Rochester: Proc. Roy. Soc., Lond. A Bd. 150 (1935) S. 668. (SnS.)
47) E. N. Shawhan: Physic. Rev. Bd. 48 (1935) S. 521. (SnS.)
48) P. Mesnage: C. R. Acad. Sci., Paris Bd. 200 (1935) S. 2072. (AgCl, ZnCl, NiCl.)
49) R. K. Asundi: Proc. Ind. Acad. Sci. Bd. 1 (1935) S. 830. (CaCl.)
50) A. E. Parker: Physic. Rev. Bd. 47 (1935) S. 349. (CaCl.)
51) E. Miescher: Helv. Phys. Acta Bd. 8 (1935) S. 279. (BCl, BBr, AlJ.)
52) E. Miescher: Helv. Phys. Acta Bd. 8 (1935) S. 486. (BBr, AlBr, AlJ.)
53) P. C. Mahanti: Ind. J. Physics Bd. 9 (1935) S. 369. (AlBr.)
54) R. M. Badger u. Ch. M. Blair: Physic. Rev. Bd. 47 (1935) S. 881. (SiF.)
55) A. E. Parker u. A. H. Parker: Physic. Rev. Bd. 47 (1935) S. 812. (TiCl.)
56) P. Mesnage: C. R. Acad. Sci., Paris Bd. 201 (1935) S. 389. (CrCl, FeCl, CoCl.)
57) D. Coster u. F. Brons: Physica Bd. 1 (1934) S. 155, 635. (Prädiss. CO.)
58) D. N. Read: Physic. Rev. Bd. 46 (1934) S. 571. (Prädiss. CO.)
59) F. Brons: Nature, Lond. Bd. 135 (1935) S. 873. (Prädiss. Co.)
60) R. Schmid u. L. Gerö: Z. Physik Bd. 96 (1935) S. 546. (Prädiss. CO.)
61) F. Brons: Nature, Lond. Bd. 136 (1935) S. 796. (Prädiss. CO.)

Tabelle 22. Daten für Ultrarot- und Raman-Spektren mehratomiger Moleküle. Ergänzungen zu den Tabellen 10—15 und 27 in Band I.

Molekül	Frequenzen in cm^{-1}	Valenzwinkel, Trägheitsmomente I in gcm^2, Kernabstände in cm	Aktivität	Bemerkungen	Lit.
COS	$\nu_t^{(1)} \parallel = 2050,5$ ${}^2\delta \perp = 521,5$	C—O-Abstand $1,13 \cdot 10^{-8}$ C—S-Abstand $1,58 \cdot 10^{-8}$	U 4,9 μ; R U 19 μ; R	Alle drei Frequenzen des COS sind als Ramanlinien in 1 beobachtet. In 2 neue Ultrarotmessungen, die für die hier angeführten Frequenzen etwas andere Werte gegen früher ergeben, s. Bd. I S. 75. Kernabstände aus 3 und 4.	1—4
DCN	$\nu_t^{(1)} \parallel = 2630$ $\nu_t^{(2)} \parallel = (1897)$ ${}^2\delta \perp = 570,2$	$I = 22,92 \cdot 10^{-40}$	U 3,8 μ; (R) (U); R U 17,5 μ; (R)	Der eingeklammerte Wert ist berechnet, die Ramanlinie liegt bei 1906.	2, 5
D_2S	$\nu t \parallel = 1875$		(U); R	Beobachtung an der Flüssigkeit.	5
H_2Se D_2Se	$\nu t \parallel = 2312$ $\nu t \parallel = 1665$		(U); R (U); R	Modell wie H_2O. Beobachtungen an der Flüssigkeit.	6
NO_2		$<$ ONO 110^0—120^0		Siehe im übrigen Bd. I S. 78.	7
F_2O	$\nu t \parallel = 1740$ $\nu \perp = 1280$ $\delta t \parallel = 870$	$<$ FOF etwa 100^0. O—F Abstand $1,4 \cdot 10^{-8}$ F—F Abstand $2,2 \cdot 10^{-8}$	U 5,75 μ; (R) U 7,8 μ; (R) U 11,5 μ; (R)	Die Zuordnung (Modell in Analogie zu H_2O) ist noch nicht als ganz gesichert zu betrachten. Valenzwinkel und Kernabstände aus 4 und 9.	8, 9
Cl_2O		$<$ ClOCl 111 ± 2^0 Cl—O Abstand $1,71 \cdot 10^{-8}$		Werte stammen aus Elektronenbeugungsversuchen. Siehe im übrigen Bd. I S. 79.	9

NH_2D NHD_2	$\delta_t \parallel =$ 884 $\delta_t \parallel =$ 813		U 11,3 μ; (R) U 12,3 μ; (R)		10
ND_3	$\delta_t \parallel =$ 747,8	$I_A = I_C = 5{,}40 \cdot 10^{-40}$	U 13,5 μ; (R)	Siehe im übrigen Bd. I S. 144. Im Raman-Effekt (s. 13) sind zwei starke Linien bei 2341 und 2399 cm^{-1} beob.	11, 12 13
CD_4	$\nu_t = 2108$ ${}^3\nu = 2141$		(U); R (U); R	Zuordnung in Analogie zu CH_4.	14
SiH_4	$\nu_t = (2243)$ ${}^3\delta = 910$ ${}^2\delta =$? ${}^3\nu = 2183$	$I = 8{,}9 \cdot 10^{-40}$ Si—H Abstand $1{,}5 \cdot 10^{-8}$	(R) U 11 μ; (R) (R) U 4,5 μ; (R)	Modell und Zuordnung in Analogie zu CH_4, s. Bd. I S. 82. Der eingeklammerte Wert ist aus der Deutung von Kombinationsbanden erschlossen. Werte für Trägheitsmomente und Kernabstand sind vorläufige.	15
GeH_4	$\nu_t = (2090)$ ${}^3\delta = 833$ ${}^2\delta =$? ${}^3\nu = 2125$		(R) U 12 μ; (R) (R) U 4,7 μ; (R)	Modell und Zuordnung in Analogie zu CH_4, s. Bd. I S. 82. Der eingeklammerte Wert ist aus der Deutung von Kombinationsbanden erschlossen. Kurze vorläufige Notiz.	16
$GeBr_4$	$\nu_t = 234$ ${}^3\delta = 111$ ${}^2\delta = 78$ ${}^3\nu = 328$		R (U); R R (U); R	Modell und Zuordnung in Analogie zu $SnBr_4$, s. Bd. I S. 83.	17

Tabelle 22 (Fortsetzung).

Molekül	Frequenzen in cm^{-1}	Valenzwinkel, Trägheitsmomente I in gcm^2, Kernabstände in cm	Aktivität	Bemerkungen	Lit.
CH_3Cl CH_3Br CH_3J	Beobachtung der langwelligsten Bande $\nu_t^{(1)} \parallel$ mit größerer Dispersion als bisher. Bei CH_3Cl und CH_3Br Beobachtung des Isotopie-Effekts.				18
CCl_3D	$\nu_t^{(1)} \parallel = 2256$ $\delta_t \parallel = 366$ $\nu_t^{(2)} \parallel = 651$ $^2\delta \perp^{(1)} = 908$ $^2\delta \perp^{(2)} = 262$ $^2\nu \perp = 736$		(U); R (U); R (U); R (U); R (U); R (U); R	Zum Vergleich siehe gewöhnliches Chloroform Bd. I S. 85.	19, 20
SeF_6	$\nu_t = 708$ $^2\nu$] 662 $^3\delta^{(1)}$] 405 $^3\delta^{(2)} = 245$ $^3\delta^{(3)}$] 461 $^3\delta^{(4)}$] 787		R R R U 21,7 μ U 12,7 μ	Siehe auch SF_6 Bd. I S. 91.	21, 22, 23
TeF_6	$\nu_t = 701$ $^2\nu$] 674 $^3\delta^{(1)}$] 313 $^3\delta^{(2)} = 165$ $^3\delta^{(3)}$] 370 $^3\delta^{(4)}$] 752		R R R (U) U 13,3 μ		21, 22, 23

Literaturverzeichnis zu Tabelle 22.

1) A. Dadieu u. K. W. F. Kohlrausch: Physik. Z. Bd. 33 (1932) S. 165. (Ramaneffekt COS.)
2) P. F. Bartunek u. E. F. Barker: Physic. Rev. Bd. 48 (1935) S. 516. (Ultrarot COS u. DCN.)
3) R. W. Dornte: J. Amer. Chem. Soc. Bd. 55 (1933) S. 4126. (Elektronenbeugung COS.)
4) H. Boersch: Mh. Chem. Bd. 65 (1935) S. 311. (Elektronenbeugung COS, F_2O.)
5) A. Dadieu u. H. Klopper: Wien. Anz. 1935 S. 92. (Ramaneffekt DCN, D_2S.)
6) A. Dadieu u. W. Engler: Wien. Anz. 1935 S. 128. (Ramaneffekt H_2Se, D_2Se.)
7) G. B. B. M. Sutherland u. W. G. Penney: Nature, Lond. Bd. 136 (1935) S. 146. (Winkelberechnung im NO_2.)
8) G. Hettner, R. Pohlmann u. H. J. Schumacher: Z. Physik Bd. 96 (1935) S. 203. (Ultrarot F_2O.)
9) L. E. Sutton u. L. O. Brockway: J. Amer. Chem. Soc. Bd. 57 (1935) S. 473. (Elektronenbeugung F_2O, Cl_2O.)
10) E. F. Barker u. M. Migeotte: Physic. Rev. Bd. 47 (1935) S. 702. (Ultrarot NH_2D u. NHD_2.)
11) M. V. Migeotte u. E. F. Barker: Physic. Rev. Bd. 47 (1935) S. 812. (Ultrarot ND_3.)
12) J. B. Howard: J. Chem. Physics Bd. 3 (1935) S. 207. (Berechnung von Frequenzen für NH_3, ND_3, PH_3 u. AsH_3.)
13) A. Dadieu u. H. Klopper: Wien. Anz 1935 S. 127. (Ramaneffekt ND_3.)
14) A. Dadieu u. W. Engler: Naturwiss. Bd. 23 (1935) S. 355. (Ramaneffekt CD_4.)
15) W. B. Steward u. H. H. Nielsen: Physic. Rev. Bd. 47 (1935) S. 828. (Ultrarot SiH_4.)
16) W. B. Steward u. H. H. Nielsen: Physic. Rev. Bd. 47 (1935) S. 792. (Ultrarot GeH_4.)
17) A. Tchakirian u. H. Volkringer: C. R. Acad. Sci. Paris Bd. 200 (1935) S. 1758. (Ramaneffekt $GeBr_4$.)
18) E. F. Barker u. E. K. Plyler: J. Chem. Physics Bd. 3 (1935) S. 367. (Ultrarot Methylhalide.)
19) R. W. Wood u. D. H. Rank: Physic. Rev. Bd. 48 (1935) S. 63. (Ramaneffekt CCl_3D.)
20) O. Redlich u. F. Pordes: Naturwiss. Bd. 22 (1934) S. 808. (Ramaneffekt CCl_3D.)
21) H. Sachsse u. E. Bartholomé: Z. physik. Chem. Abt. B Bd. 28 (1935) S. 257. (Ultrarot und spez. Wärme SeF_6 u. TeF_6.)
22) D. M. Yost, C. C. Steffens u. S. T. Gross: J. Chem. Physics Bd. 2 (1934) S. 311. (Ramaneffekt Hexafluoride.)
23) A. Eucken u. E. Sauter: Z. physik. Chem. Abt. B Bd. 26 (1934) S. 463. (Berechnung der Kraftkonstanten der Hexafluoride.)

Tabelle 23. Daten für Elektronenspektren mehratomiger Moleküle.
Ergänzungen zu den Tabellen 16—22 in Band I.

Molekül	Spektral-gebiet in Å	Frequenzen in cm^{-1}	Charakteristik der Übergänge	Bemerkungen	Lit.
C_2H_2	2400—2090		Absorptions-banden	Auffindung zahlreicher neuer Banden. Aussehen von Doppelbanden wahrscheinlich als *P*- und *R*-Zweige zu deuten. Die gegebenen Einordnungen sind nicht als endgültig zu betrachten. Bande bei 2189,5 Å wird analysiert und für das Trägheitsmoment im angeregten Zustand $25{,}61 \cdot 10^{-40}$ gcm^2 gefunden.	1
				In 2 Analyse der Bande 2260 Å, die *P*- und *R*-Zweig hat. Wird als $^1\Sigma$—$^1\Sigma$-Übergang betrachtet. Siehe im übrigen Bd. I S. 101.	2
C_4H_2	2860—1900		Absorptions-banden	Das angegebene Spektralgebiet gilt für einen Druck von 252 mm und eine Schichtlänge von 130 cm. Bei 1 mm Druck ist C_4H_2 bis 2490 Å durchlässig. Bandenzüge mit $\sim$2100 cm^{-1} Abstand. Banden teils rotabschattiert, teils ohne Kanten.	3
HCN	2000—1790		Absorptions-banden	Banden sind nach Rot abschattiert. Häufigeres Auftreten einer Frequenzdifferenz von 450 cm^{-1}. Schichtdicken von 10 und 35 cm und Drucke zwischen 1—530 mm benutzt. Bei 1770 Å beginnt kontinuierliche Absorption. Siehe im übrigen Bd. I S. 101.	4
CS_2	2300—1000		Absorptions-banden	Verschiedene lange Bandenzüge. Vorläufige, sehr kurze Angaben. Siehe im übrigen Bd. I S. 98.	5

H_2S	unterhalb 1650		Absorptionsbanden	Banden sind rot abschattiert. Einige aufgelöste Banden zeigen *P*-, *Q*- und *R*-Zweige. Drei RYDBERG-Serien gehen zur Grenze 84420 cm^{-1} und eine zu 84510 cm^{-1}. Daraus werden die Ionisierungsspannungen $10{,}414 \pm 0{,}002$ und $10{,}425 \pm 0{,}003$ e-Volt berechnet. Siehe im übrigen Bd. I S. 102.	5
SO_2	3130—2680		Absorptionsbanden	Es wird eine andere Analyse vorgeschlagen als in 40a S. 103 Bd. I. Beide Analysen zeigen gewisse Schwierigkeiten.	6
	2300—1000		Absorptionsbanden	Verschiedene lange Bandenzüge. Beginn einer Bandenserie bei 1350 Å. Sehr kurze vorläufige Angaben. Siehe im übrigen Bd. I S. 103.	5
SeO_2	bei 3100	$\omega_1'' = 901$ $(\nu_t \parallel)$ $\omega_2'' = 1189$ $(\nu\perp)$ $\omega_1' = 663$ $\omega_2' = 790$	Absorptionsbanden	Vorläufige kurze Notiz, daher kann über die Sicherheit der angegebenen Frequenzen nichts ausgesagt werden.	44 S. 474
Cl_2S	5800—3700		kontinuierliche Absorption	Maximum bei 3860 Å und vielleicht bei 5165 Å.	7
	2770—2450		desgl.	Maximum bei 2610 Å } Die den verschiedenen Kontinua entsprechenden Dissoziationsprozesse werden diskutiert.	
	2350—2260		,,	Maximum bei 2280 Å }	
				Die in Bd. I S. 103 als zweifelhaft genannten Banden gehören dem SO_2 an.	
H_2O_2	bei 2055		kontinuierliche Absorption	Einsatz bei 2055 Å wird als scharf beobachtet. Der Dissoziationsprozeß des Kontinuums und der Rekombinationsprozeß mit Emission bei 4800 Å werden diskutiert.	8

Tabelle 23 (Fortsetzung).

Molekül	Spektralgebiet in Å	Frequenzen in cm^{-1}	Charakteristik der Übergänge	Bemerkungen	Lit.
Cu_2Cl_2 Cu_2Br_2	bei 2230 bei 2300		Maxima kontinuierlicher Absorption	Bei 350° C und 0,15 mm Druck. Beide Absorptionen erscheinen unter analogen Bedingungen und nehmen mit wachsendem Druck zu. Bei Bestrahlung mit etwa 2300 Å erscheinen in Fluoreszenz CuCl- bzw. CuBr-Banden und Cu-Linien. Siehe im übrigen Bd. I S. 105.	9
$SnCl_2$				Das schon in Bd. I S. 105 erwähnte kontinuierliche Absorptionsspektrum wird anderen Dissoziationsprozessen als in 56f. S. 105 zugeschrieben. In 56f. wird bei 4130 Å das erste Maximum, in 10 die erste langwellige Grenze angegeben.	10
$TeBr_2$	6255—5685 5685—4600		Absorptionsbanden desgl.	Diffuse Banden, in Tripletts angeordnet. Schichtlänge 50 cm. Banden sind schwach und breit wegen überlagerter kontinuierlicher Absorption. Im Sichtbaren und Ultravioletten kontinuierliche Absorption mit stark temperaturabhängigen langwelligen Grenzen. Die Dissoziationsprozesse werden diskutiert.	11
$(HF)_6$	3200—2400 unterhalb 2300		Absorptionsbanden desgl.	Drucke von 20—760 mm und Schichtlängen von 15 und 30 cm verwandt. Benutztes Gas war HF; die Existenz des angegebenen Polymers ist sehr wahrscheinlich. Vorläufige kurze Mitteilung.	12

NH_3	unterhalb 2170	$\omega_1' = 890$ (entspricht $\delta_t \parallel = 950$ im Grundzustand)	Absorptionsbanden	Ausdehnung der in 59 S. 106 Bd. I unterhalb 2430 Å beobachteten und analysierten diffusen Banden ins Vakuumultraviolett und Aufstellung einer Formel $\nu = 46157 + 878\,(v'+\frac{1}{2}) + 4\,(v'+\frac{1}{2})^2 - 475$. Hier steht 475 für $\omega_e''(v''+\frac{1}{2}) + \omega_e'' x_e''\,(v''+\frac{1}{2})^2$ mit $v''=0$.	13
	1675—1150	$\omega_1' = 950$ $\omega_1' = 920$ $\omega_1' = 988$	Drei Systeme von Absorptionsbanden	Banden sind scharf. Folgende Formeln werden angegeben: $\nu = \begin{Bmatrix} 60135 \\ 69769 \\ 82851 \end{Bmatrix} + \begin{Bmatrix} 936{,}28 \\ 902{,}56 \\ 954{,}2 \end{Bmatrix}(v'+\frac{1}{2}) + \begin{Bmatrix} 7{,}22 \\ 9{,}04 \\ 17{,}2 \end{Bmatrix}(v'+\frac{1}{2})^2 - \begin{Bmatrix} 475 \end{Bmatrix}$ ωx ist in allen Fällen negativ. Banden zeigen Rotationsstruktur. Das erste System hat rotabschattierte Banden, in den beiden anderen mehrfache Köpfe. Bei etwa 1200 Å beginnt kontinuierliche Absorption.	
ND_3	2300 bis ~1100		Drei Systeme von Absorptionsbanden	Das erste System besteht aus diffusen, die beiden anderen aus scharfen Banden. Diffusität rührt von Prädissoziation her. Kurze Notiz.	14
GeH_4	unterhalb 1700		kontinuierliche Absorption	Aus apparativen Gründen nur bis 1550 Å beobachtet. Die Dissoziation in $GeH_3 + H$ konnte wahrscheinlich gemacht, aber nicht absolut sichergestellt werden.	15
CH_3J	2100—1900	$\omega_1'' = 525\ (\nu_t^1 \parallel)$ $\omega_2'' = 1237\ (\delta_t \parallel)$ $\omega_3'' = 880\ (^2\delta\perp^{(1)})$ $\omega_1' = 508$ $\omega_2' = 1090$ $\omega_3' = 780$ $\omega_4' = 1250$ (entspricht $^2\delta\perp^{(2)}$ im Grundzustand)	Absorptionsbanden, hauptsächlich $\parallel$-Banden und einige $\perp$-Banden	Neue Untersuchung des langwelligen Systems der in Bd. I S. 108 angegebenen Absorptionsbanden. Nullbande bei 49715 cm^{-1}. Ein zweiter angeregter Elektronenterm wird bei 49220 cm^{-1} angenommen. Im übrigen siehe Bd. I S. 108.	16

Tabelle 23 (Fortsetzung).

Molekül	Spektralgebiet in Å	Frequenzen in cm^{-1}	Charakteristik der Übergänge	Bemerkungen	Lit.
C_2H_5J	unterhalb 2000		Absorptionsbanden	Zwei RYDBERG-Serien mit den Grenzen 9,295±0,005 und 9,885±0,005 e-Volt. Kurze Notiz. Siehe im übrigen Bd. I S. 110.	17
C_2H_5Br	unterhalb 1770		desgl.	Zwei RYDBERG-Serien mit den Grenzen 10,24±0,01 und 10,56±0,01 e-Volt. Siehe im übrigen Bd. I S. 111.	
C_2H_5Cl	unterhalb 1460		„	Zwei RYDBERG-Serien mit den Grenzen 10,79 und 10,87 e-Volt. Siehe im übrigen Bd. I S. 111.	
$C_2H_2Cl_2$ trans cis	bei 1950 bei 1850		kontinuierliche Absorption	Gilt für kleine Drucke und 20 cm Schichtdicke. Mit wachsendem Druck zunehmende Absorption; bei 188 mm für die cis- und 278 mm für die trans-Form ist unterhalb 2400 Å vollständige Absorption.	18
trans	1570—1450		Absorptionsbanden	Banden sind rotabschattiert. Analyse wird versucht, Frequenzdifferenz von 1440 cm^{-1} im angeregten Zustand.	
cis	1570—1350		desgl.	Banden sind violettabschattiert, Kontinuum unterlagert. Frequenzdifferenz von 1420 cm^{-1} tritt im angeregten Zustand auf. Zwei RYDBERG-Serien mit Grenzen von 9,58 und 9,63 e-Volt.	
trans	1430—1150		„	Sehr breite diffuse Banden, vielleicht Prädissoziation.	
cis	bei 1345 und 1280		kontinuierliche Absorption	Verbreitert sich mit wachsendem Druck. Dissoziationsprozeß wird diskutiert.	

C_6H_6	2700—2200		Absorptionsbanden	Untersuchung der Temperaturabhängigkeit des Spektrums und Diskussion der Produkte der Prädissoziation. Siehe im übrigen Bd. I S. 112.	19
	1600—1360	$\omega'_1 = 970$ $\omega'_2 = 680$	desgl.	Zwei RYDBERG-Serien wurden gefunden: $\nu = 74495 - \frac{R}{(n+0{,}97)^2}$ mit $n = 3, 4, 5 \ldots$ $\nu = 74590 - \frac{R}{(n+0{,}55)^2}$. Die Grenze entspricht $9{,}190 \pm 0{,}005$ e-Volt.	20
	unterhalb 1360		,,	Diffuse Banden. Wird vermutet, daß sie zu einer Grenze von $11{,}7 \pm 0{,}3$ e-Volt Ionisierungsspannung gehen.	
C_6D_6	1600—1360	$\omega'_1 = 930$ $\omega'_2 = 630$	,,	Die entsprechenden RYDBERG-Serien werden beobachtet mit praktisch gleicher Grenze. Die Serien beider Benzole sind von schwächeren Banden begleitet, deren endgültige Deutung noch aussteht.	
	unterhalb 1360		,,	Wie bei C_6H_6.	
C_2H_4	1970—1760		Absorptionsbanden	Banden sind unscharf und haben geringe Intensität. Siehe im übrigen Bd. I S. 114.	4
N_2H_4	2540—2280		Absorptionsbanden	Banden sind nach Violett abschattiert, sind nicht sehr scharf und haben geringe Intensität. Rotationsstruktur wurde teilweise aufgelöst und das Trägheitsmoment des angeregten Zustandes abgeschätzt.	4
	unterhalb 2270		kontinuierliche Absorption	Wird einer Dissoziation des Moleküls in zwei NH_2-Gruppen zugeschrieben.	
				Die sog. Schusterbanden bei 5643 und 5681 Å werden einem Übergang von einem angeregten stabilen Zustand des N_2H_4 zu einem Abstoßungszustand (mit geeignet liegender Potentialkurve) zugeschrieben.	21

Tabelle 23 (Fortsetzung).

Molekül	Spektralgebiet in Å	Frequenzen in cm^{-1}	Charakteristik der Übergänge	Bemerkungen	Lit.
$C_6H_4\langle{}^{CH}_{CH}\rangle C_6H_4$ (CH–CH verbunden) Anthracen	3710—2870		Absorptionsbanden	Rotabschattierte Banden mit ziemlich unscharfen Kanten. Es tritt eine Frequenzdifferenz von etwa 1400 cm^{-1} auf.	1
	bei 2440 und 2370		desgl.	Sehr breite und sehr diffuse Bänder.	
C_6H_4CH | ‖ C_6H_4CH Phenanthren	3360—2340		„	Gruppen von sehr breiten diffusen Banden; die beiden letzten entsprechen den in Anthracen gefundenen diffusen Banden.	
	2960—2830		„	Banden mit relativ scharfen Kanten.	
CH_2O Formaldehyd			Absorptionsbanden	Ausführlicher Bericht der Notiz 30a aus Bd. I S. 115. Die RYDBERG-Serien sind $\nu = 87830 - \frac{R}{(n+0{,}60)^2}$, $\nu = 87710 - \frac{R}{(n+0{,}30)^2}$ für $n = 2, 3, 4 \ldots$ Die Grenze gibt $10{,}83 \pm 0{,}01$ e-Volt als Ionisierungsspannung, die der $C = O$-Bindung zugeschrieben wird. Banden der zweiten Serie haben doppelte und mehrfache Köpfe.	22
				Theoretische Behandlung der Elektronenzustände von Aldehyden und Ketonen in 23.	23
				Bei der Prädissoziation bei 2750 Å werden keine freien H-Atome nachgewiesen, s. 24. Siehe im übrigen Bd. I S. 115.	24

C_2H_3CHO Akrolein	4000—3300	$\omega_1' = 1270$ $\omega_2' = 500$	Absorptionsbanden	Feinstrukturlinien einer Bande folgen einer einfachen quadratischen Formel, doch ist Deutung als *R*-Zweig unsicher, da sich für Grundzustand verschiedene Trägheitsmomente ergeben. ω_1' wird als C = O-Schwingung und ω_2' als Schwingung der Methylengruppe gegen die C = C-Bindung gedeutet. Siehe im übrigen Bd. I S. 116.	25
C_3H_5CHO Krotonaldehyd	3800—2750	$\omega' \sim 1200$	Absorptionsbanden	ω' wird als C = O-Schwingung gedeutet. Siehe im übrigen Bd. I S. 115.	25
CH_3CHO Acetaldehyd C_2H_5CHO Propionaldehyd C_3H_7CHO Butyraldehyd C_3H_7CHO Isobutyraldehyd C_4H_9CHO Isovaleraldehyd $C_6H_{13}CHO$ Heptaldehyd	bei 2900	$\omega' = 1053$ $\omega' = 1023$ $\omega' = 1027$ $\omega' = 1027$ $\omega' = 1023$ $\omega' = 1021$	Absorptionsbanden	Absorption entspricht der C = O-Gruppe. Banden sind meist breit und diffus, bei Acetaldehyd Auflösung, bei Propionaldehyd teilweise Auflösung der Banden. Die ω' sind Mittelwerte von Frequenzdifferenzen. Siehe im übrigen Bd. I S. 115.	26
C_5H_5N Pyridin	3100—2500		Absorptionsbanden	Für den Grundzustand werden die Frequenzen 600, 1029 und 1488 cm^{-1}, für den angeregten Zustand 542 cm^{-1} vorgeschlagen. Kurze Notiz. Siehe im übrigen Bd. I S. 117.	27
CH_3NH_2 Methylamin	2500—2000	$\omega_1'' = 650$ $\omega_2'' = 2050$ $\omega' = 1000$	Absorptionsbanden	Erscheinen teilweise schon bei 0,1 mm Druck und 50 cm Schichtdicke. Schichtdicken 3, 40, 53, 100 cm und Drucke zwischen 0,1—432 mm benutzt. Zuordnung der Frequenzen wird aus Untersuchung der Temperaturabhängigkeit gefolgert. Weitere Versuche zur Stütze der Analyse geplant und erwünscht.	28

Tabelle 23 (Fortsetzung).

Molekül	Spektralgebiet in Å	Frequenzen in cm^{-1}	Charakteristik der Übergänge	Bemerkungen	Lit.
HNCO Isocyansäure	2240		Langwellige Grenze kontinuierlicher Absorption	In den folgenden Fällen wurden Schichtdicken von 10, 130 und 285 cm benutzt.	29
	2570—2250		Absorptionsbanden	Sind sehr diffus und breit.	
CH_3NCO Methyl-Isocyanat	2550		Langwellige Grenze kontinuierlicher Absorption	Die Dissoziationsprozesse werden diskutiert.	
C_2H_5NCO Äthyl-Isocyanat	2480				
C_6H_5NCO Phenyl-Isocyanat	2420				
	2770—2550		Absorptionsbanden	Wellenlängen werden nicht angegeben, Anregung wird im Benzolring vermutet.	
CH_3COCl Acetylchlorid	2750, 2305 und 2017		Maxima kontinuierlicher Absorption	Kurze Notiz. Siehe im übrigen Bd. I S. 118.	30
CH_3COBr Acetylbromid	2500				
CCl_3COCl Trichloracetylchlorid	2575, 2140 und 1675				
S_2Cl_2 Schwefelmonochlorid	2770—2390		kontinuierliche Absorption	Maximum bei 2580 Å. In 31 wird bei 2135 Å Beginn einer zweiten Absorption festgestellt.	7, 31
$SOCl_2$ Thionylchlorid	2900—2400		desgl.	Maximum bei 2450 Å. In 31 wird bei 2040 Å Beginn einer zweiten Absorption festgestellt.	
SO_2Cl_2 Sulfurylchlorid	unterhalb 2600		„	Die Dissoziationsprozesse der drei Verbindungen werden diskutiert und Werte für die einzelnen Bindungen in 7 abgeleitet. Die in Bd. I S. 117 erwähnten Banden sind wahrscheinlich SO_2-Banden	

$Zn(C_2H_5)_2$ Zinkdiäthyl	unterhalb 2400	$\omega_1'' \sim 450$ $\omega_1' = 370$ $\omega_2' = 1090$	Banden und kontinuierliche Absorption	ω_1'' und ω_1' werden als symmetrische Zn—C-Schwingungen, ω_2' als symmetrische Deformationsschwingung der Methylgruppe gedeutet. Weitere Frequenzen von 690 und 880 cm^{-1} im angeregten Zustand und eine bei höheren Temperaturen bei 2451 Å erscheinende Bande werden diskutiert. Nullbande wird bei 41719 cm^{-1} angenommen. Siehe im übrigen Bd. I S. 122.	32
$Hg(CH_3)_2$ Quecksilberdimethyl	2320—2270 2100—1970		Absorptionsbanden	Frequenzabstand ∼500. Frequenzabstand ∼350. } Banden sind sehr diffus.	33 34
	unterhalb 2250		kontinuierliche Absorption	Gilt für 0,1 mm Druck und 20 cm Schichtdicke.	
$Hg(C_2H_5)_2$ Quecksilberdiäthyl	2760—2420		desgl.	Maximum bei ∼2560 Å. Erscheint bei großen Schichtlängen (etwa 100 cm).	32, 34, 35
	oberhalb 2380		„	Erscheint bei Drucken von mehreren mmHg und Schichtlängen von 30—100 mm.	
	2400—2200	$\omega_1'' \sim 490$ $\omega_1' = 307$ $\omega_2' \sim 1050$	Absorptionsbanden	Erscheinen bei Drucken von 0,1—1 mm, sind diffus und zeigen Rotabschattierung. ω_1'' und ω_1' werden als symmetrische Hg—C-Schwingung, ω_2' als symmetrische Deformationsschwingung der Methylgruppe gedeutet. Als Nullbande wird 42337 cm^{-1} angenommen.	
$Hg(C_6H_5)_2$ Quecksilberdiphenyl	2830		Langwellige Grenze kontinuierlicher Absorption	Maximum bei 2600 Å. Schichtlänge 10 cm.	34
	bei 2639 und 2580		Absorptionsbanden	Sehr breit und diffus.	
$(C_2H_5)HgCl$ Äthylquecksilberchlorid	3200		} Langwellige Grenzen kontinuierlicher Absorption	Maximum bei 2366 Å. } Die Dissoziationsprozesse werden diskutiert.	34
$(C_6H_5)HgCl$ Phenylquecksilberchlorid	2730			Maxima bei 2595 und 2378 Å.	
	2570—2500		Absorptionsbanden		

Tabelle 23 (Fortsetzung).

Molekül	Spektralgebiet in Å	Frequenzen in cm^{-1}	Charakteristik der Übergänge	Bemerkungen	Lit.
$Pb(C_6H_5)_4$ Bleitetraphenyl	2900		Langwellige Grenze kontinuierlicher Absorption	Maximum bei 2550 Å. Schichtdicke 10 cm, 225° C.	34
$Ge(CH_3)_4$ Germaniumtetramethyl	unterhalb 2300		kontinuierliche Absorption		32, 35
$N(C_2H_5)_3$ Triäthylamin $P(C_2H_5)_3$ Triäthylphosphin	unterhalb 2700 unterhalb 2500		kontinuierliche Absorption	Vielleicht bei kleinen Drucken und sehr großen Schichtlängen in diffuse Banden auflösbar in Analogie zu Diäthylamin usw., s. Bd. I S. 119.	32
$S(C_2H_5)_2$ Diäthylsulfid	unterhalb 2300 bei 2290 bei 2240		kontinuierliche Absorption Absorptionsbande kontinuierliche Absorption	Bei Drucken höher als 1 mmHg. Sehr breit und diffus; erscheint bei kleineren Drucken als das erste Kontinuum. Erscheint bei sehr kleinen Drucken und großen Schichtlängen.	32, 35
C_2H_5SH Äthylmerkaptan	2700		Langwellige Grenze kontinuierlicher Absorption	Bei 200 mm Druck und 17 cm Schichtlänge.	32
C_6H_5—$(CH=CH)$—C_6H_5 Stilben C_6H_5—$(CH=CH)_4$—C_6H_5 Diphenylbutadien C_6H_5—$(CH=CH)_6$—C_6H_5 Diphenylhexatrien C_6H_5—$(CH=CH)_8$—C_6H_5 Diphenyloktatetraen	bei 3064 und 2949 3204, 3073, 2926 3397—2940 3575—3076		Absorptionsbanden	Banden sind verwaschen; die Bandenabstände liegen zwischen 1300 und 1600 cm^{-1}.	36

Literaturverzeichnis zu Tabelle 23.

1) H. GÖPFERT: Z. wiss. Photogr. Bd. 34 (1935) S. 156. (Absorption C_2H_2, Anthracen, Phenanthren.)

2) A. JONESCO: C. R. Acad. Sci., Paris Bd. 200 (1935) S. 817. (Analyse C_2H_2.)

3) SHO-CHOW WOO u. T. C. CHU: Physic. Rev. Bd. 47 (1935) S. 886; J. Chem. Physics Bd. 3 (1935) S. 541. (Absorption C_4H_2.)

4) H. J. HILGENDORFF: Z. Physik Bd. 95 (1935) S. 781. (Absorption HCN, C_2H_4, N_2H_4.)

5) W. C. PRICE: Physic. Rev. Bd. 47 (1935) S. 788. (Absorption CS_2, H_2S, SO_2.)

6) R. K. ASUNDI u. R. SAMUEL: Proc. Ind. Acad. Sci. Bd. 2 (1935) S. 30. (Absorption und Analyse SO_2.)

7) R. K. ASUNDI u. R. SAMUEL: Curr. Sci. Bd. 3 (1935) S. 417; Proc. Phys. Soc., Lond. Bd. 48 (1935) im Druck. (Absorption Schwefelchloride und -oxychloride.)

8) R. S. SHARMA: Acad. Sci. Proc. U. P. India Bd. 4 (1934) S. 51. (Absorption H_2O_2.)

9) J. TERRIEN: C. R. Acad. Sci. Paris Bd. 200 (1935) S. 1096. (Absorption Cu_2Cl_2, Cu_2Br_2.)

10) H. TRIVEDI: Ind. J. Physics Bd. 9 (1935) S. 331. (Absorption $SnCl_2$.)

11) J. LARIONOV: Acta physicochim. USSR. Bd. 2 (1935) S. 67. (Absorption $TeBr_2$.)

12) K. SIGA u. H. J. PLUMLEY: Physic. Rev. Bd. 48 (1935) S. 105. (Absorption $(HF)_6$.)

13) A. B. F. DUNCAN: Physic. Rev. Bd. 47 (1935) S. 822. (Absorption und Analyse NH_3.)

14) A. B. F. DUNCAN: Physic. Rev. Bd. 47 (1935) S. 886. (Absorption ND_3.)

15) H. E. MAHNCKE u. W. A. NOYES jr.: J. Amer. Chem. Soc. Bd. 57 (1935) S. 456. (Absorption GeH_4.)

16) A. HENRICI u. H. GRIENEISEN: Z. physik. Chem. Abt. B Bd. 30 (1935) S. 1. (Absorption und Analyse CH_3J.)

17) W. C. PRICE: J. Chem. Physics Bd. 3 (1935) S. 365. (Absorption Äthylhalide.)

18) H. E. MAHNCKE u. W. A. NOYES jr.: J. Chem. Physics Bd. 3 (1935) S. 536. Absorption $C_2H_2Cl_2$.)

19) V. HENRI u. C. H. CARTWRIGHT: C. R. Acad. Sci. Paris Bd. 200 (1935) S. 1532. (Absorption C_6H_6.)

20) W. C. PRICE u. R. W. WOOD: J. Chem. Physics Bd. 3 (1935) S. 1. (Absorption C_6H_6 und C_6D_6.)

21) R. W. LUNT, J. E. MILLS u. E. C. W. SMITH: Trans. Faraday Soc. Bd. 31 (1935) S. 792. (Deutung der Schusterbanden des Ammoniaks.)

22) W. C. PRICE: J. Chem. Physics Bd. 3 (1935) S. 256. (Absorption CH_2O.)

23) R. S. Mulliken: J. Chem. Physics Bd. 3 (1935) S. 564. (Theorie Aldehyde, Ketone.)
24) T. Löcker u. F. Patat: Z. physik. Chem. Abt. B Bd. 27 (1934) S. 431. (Prädissoziation CH_2O.)
25) E. Eastwood u. C. P. Snow: Proc. Roy. Soc., Lond. A. Bd. 149 (1935) S. 446. (Absorption Akrolein und Krotonaldehyd.)
26) E. Eastwood u. C. P. Snow: Proc. Roy. Soc., Lond. A. Bd. 149 (1935) S. 434. (Absorption Aldehyde.)
27) V. Henri u. P. Angenot: C. R. Acad. Sci., Paris Bd. 200 (1935) S. 1032. (Absorption Pyridin.)
28) V. Henri u. W. Lasareff: C. R. Acad. Sci., Paris Bd. 200 (1935) S. 829; J. Chim. Physique Bd. 32 (1935) S. 353. (Absorption Methylamin.)
29) Sho-Chow Woo u. Ta-Kong Liu: J. Chem. Physics Bd. 3 (1935) S. 544. (Absorption Cyansäure und Isocyanate.)
30) C. M. Bhasker Rao u. R. Samuel: Curr. Sci. Bd. 3 (1935) S. 549. (Absorption Acetylhalogene.)
31) H. Trivedi: Acad. Sci. Proc. U. P. India Bd. 4 (1935) S. 263. (Absorption S_2Cl_2, $SOCl_2$.)
32) H. W. Thompson: Proc. Roy. Soc., Lond. A. Bd. 150 (1935) S. 603. (Absorption Alkylverbindungen.)
33) A. Terenin: J. Chem. Physics Bd. 2 (1934) S. 441. (Absorption $Hg(CH_3)_2$.)
34) R. K. Asundi, C. M. Bhasker Rao u. R. Samuel: Proc. Ind. Acad. Sci. Bd. 1 (1935) S. 542. (Absorption metallische Alkylverbindungen.)
35) H. W. Thompson u. J. J. Frewing: Nature, Lond. Bd. 135 (1935) S. 507. (Absorption Alkylverbindungen.)
36) K. W. Hausser, R. Kuhn u. G. Seitz: Z. physik. Chem. Abt. B Bd. 29 (1935) S. 391. (Absorption Diphenylpolyene.)

Tabelle 24. Elektronenstoßprozesse in Molekülen.
Ergänzungen zu den Tabellen 23 und 24 in Band I.

Molekül	Ionisierungsspannung bzw. Dissoziationsspannung in e-Volt beob.	ber. bzw. opt.	Elementarprozeß	Bemerkungen	Lit.
N_2	21,2 23,1	21,8 23,7	$N_2 \rightarrow N + N^+$ $N_2 \rightarrow N + N^+_{ang}$	Falls es sich um die angegebenen Prozesse handelt, liegen die beob. Werte merkwürdig niedrig. Siehe im übrigen Bd. I S. 131.	1
NO NO^+	44 ±1,0 9,37±0,2		$NO \rightarrow NO^{++}$ $NO^+ \rightarrow N + O^+$	S. im übrigen Bd. I S. 132. Vorläufige Notiz.	2 3
HCl	12,9±0,2 35,7±1,0 18,6±0,3 28,4±0,3 17,2±0,5 21,2±0,5 45,7±0,3 ~160 ~1,6 4,7±0,2	 17,9 17,4 4,4	$HCl \rightarrow HCl^+$ $HCl \rightarrow HCl^{++}$ $HCl \rightarrow H^+ + Cl$ beob. H^+ $HCl \rightarrow H + Cl^+$ beob. Cl^+ beob. Cl^{++} beob. Cl^{+++} beob. Cl^- $HCl \rightarrow H + Cl$	Vorläufige Notiz. mit D_{HCl} = 4,4 Volt gerechnet. Vorläufige Notiz. Die unter ber. angeführten Werte stammen aus spektroskopischen Betrachtungen.	4 3
HCl^+	4,7±0,2	3,6	$HCl^+ \rightarrow H + Cl^+$		
C_2N_2	14,1±0,1 19,8±0,5 21,3±0,3 18,6±0,5		$C_2N_2 \rightarrow C_2N_2^+$ $C_2N_2 \rightarrow C_2N^+ + N$ $C_2N_2 \rightarrow CN^+ + CN$ beob. C_2^+		2
CH_4	13,7 14,7 15,7 23 27 31		$CH_4 \rightarrow CH_4^+$ $CH_4 \rightarrow CH_3^+ + H$ beob. CH_2^+ beob. CH^+ beob. C^+ beob. H^+	Vorläufige Notiz.	5
cis $C_2H_2Cl_2$ trans	9,7±0,3 11,3	9,58 u. 9,63	$C_2H_2Cl_2 \rightarrow C_2H_2Cl_2^+$ $C_2H_2Cl_2 \rightarrow C_2H_2Cl_2^+$	Berechnete Werte stammen aus RYDBERG-Serien.	6
C_2H_6CO	10,1±0,4	10,20	$C_2H_6CO \rightarrow C_2H_6CO^+$	Berechneter Wert aus RYDBERG-Serie.	7

Literaturverzeichnis zu Tabelle 24.

1) M. DE HEMPTINNE u. J. SAVARD: C. R. Acad. Sci., Paris Bd. 200 (1935) S. 2147. (Ionisierung N_2.)
2) J. T. TATE, P. T. SMITH u. A. L. VAUGHAN: Physic. Rev. Bd. 48 (1935) S. 525. (Ionisierung NO, C_2N_2.)
3) E. E. HANSON: Physic. Rev. Bd. 48 (1935) S. 476. (Dissoziation NO^+ und HCl.)
4) A. O. NIER u. E. E. HANSON: Physic. Rev. Bd. 48 (1935) S. 477. (Ionisierung HCl.)
5) J. A. HIPPLE jr. u. W. BLEAKNEY: Physic. Rev. Bd. 47 (1935) S. 802. (Ionisierung CH_4.)
6) H. E. MAHNCKE u. W. A. NOYES jr.: J. Chem. Physics Bd. 3 (1935) S. 536. (Ionisierung $C_2H_2Cl_2$.)
7) W. A. NOYES jr.: J. Chem. Physics Bd. 3 (1935) S. 430. (Ionisierung C_2H_6CO.)

Namenverzeichnis.

(Die in den Literaturverzeichnissen der Tabellen 20—24 des Anhangs enthaltenen Namen sind hier nicht noch einmal aufgeführt.)

Sachverzeichnis.

(Die im Anhang enthaltenen Moleküle sind hier nicht noch einmal aufgeführt.)